環境・エネルギー問題
レファレンスブック
2
地球環境・公害・循環型社会

日外アソシエーツ

●編集担当● 小川 修司
装 丁：赤田 麻衣子

刊行にあたって

　地球温暖化が叫ばれて久しい。気象庁によれば、2024年今夏（6〜8月）の平均気温は平年比で1.76度高く、2023年と並んで統計のある1898年以降で史上最高を記録したという。世界平均気温も7月21・22日に観測史上最高を更新、誰もが地球温暖化の深刻化を肌で実感することとなった。さらに国際情勢の緊迫化を背景とするエネルギー価格の変動も相まって、今、環境問題・エネルギー問題に強い注目が集まっている。

　本書は『環境・エネルギー問題　レファレンスブック』（2012年8月刊）の追補版であり、2011年から2024年10月までに日本国内で刊行された1,845点の参考図書を収録している。全体を、環境問題・エネルギー問題に分け、それぞれを参考図書のテーマに沿ってわかりやすく分類している。さらに事典、辞書、ハンドブック、年表、図鑑・図集など形式ごとに分けて収録した。また、できる限り内容解説あるいは目次のデータを付記し、どのような調べ方ができるのかわかるようにした。巻末の索引では、書名、著編者名、主題（キーワード）から検索することができる。

　小社では、参考図書を分野別に収録した"レファレンスブック"シリーズを2010年以降継続刊行し、これまでに、『福祉・介護』『「食」と農業』『動植物・ペット・園芸』『児童書』『学校・教育問題』『美術・文化財』『歴史・考古』『文学・詩歌・小説』『図書館・読書・出版』『事故・災害』『児童・青少年』『音楽・芸能』『科学への入門』『スポーツ・運動科学』『日本語』『地理・地誌』『郷土・地域をしらべる』『観光・まちづくり』『日本の伝統文化・風習』『人をしらべる』『国際関係』『世界の伝統文化・風習』『家庭・社会・ジェンダー』『児童書2』『福祉・介護2』などを刊行している。

　インターネットの検索で必要最小限の情報をすぐに得られるようになった現代だが、専門の年鑑や統計集、事典に掲載されている詳細な内容から得られる情報が高い信頼性を持っていることは言うまでもない。本書が、環境およびエネルギー問題のための参考図書を調べるツールとして、既刊と同様にレファレンスの現場で大いに利用されることを願っている。

2024年11月

　　　　　　　　　　　　　　　　　　　　　　　　日外アソシエーツ

凡　例

1．本書の内容

　　本書は、環境・エネルギー問題に関する書誌、事典、ハンドブック、法令集、年鑑、統計集などの参考図書の目録である。いずれの図書にも、内容解説あるいは目次を付記し、どのような参考図書なのかがわかるようにした。

2．収録の対象

(1) 2011年（平成23年）から2024年10月（令和6年）までの間に日本国内で発売された、環境・エネルギー問題に関する参考図書計1,845点を収録した。
(2) 旧版と新版、改訂版などがある場合、原則として最新版のみを収録した。
(3) 研究者向けなど専門性の高い図書は原則本書では割愛した。

3．見出し

(1) 全体を「環境・エネルギー問題」「環境問題」「エネルギー問題」に大別し、大見出しを立てた。
(2) 上記の区分の下に、各参考図書の主題によって分類し、108の中見出し・小見出しを立てた。
(3) 同一主題の下では、参考図書の形式別に分類し「書誌」「年表」「事典」「辞典」「索引」「名簿・人名事典」「ハンドブック」「法令集」「図鑑・図集」「カタログ・目録」「地図帳」「年鑑・白書」「統計集」の小見出しを立てた。

4．図書の排列
    同一主題・同一形式の見出しの下では、書名の五十音順に排列した。

5．図書の記述
    記述の内容および記載の順序は以下の通りである。
    書名／副書名／巻次／各巻書名／版表示／著者表示／出版地（東京以外を表示）／出版者／出版年月／ページ数または冊数／大きさ／叢書名／叢書番号／注記／定価（刊行時）／ISBN（Ⓘで表示）／NDC（Ⓝで表示）／内容

6．索　引
  (1) 書名索引
    各参考図書を書名の五十音順に排列し、所在を掲載ページで示した。
  (2) 著編者名索引
    各参考図書の著者・編者を姓の五十音順、名の五十音順に排列し、その下に書名と掲載ページを示した。機関・団体名は全体を姓とみなして排列した。
  (3) 事項名索引
    本文の各見出しに関するテーマなどを五十音順に排列し、その見出しと掲載ページを示した。

7．典拠・参考資料
    各図書の書誌事項は、データベース「BookPlus」、JAPAN/MARC および TRC MARC に拠った。

目　次

環境・エネルギー問題

環境・エネルギー問題全般 ……………… 1

環境問題

環境問題全般 …………………………… 15
地球環境 ………………………………… 20
　気候・気象 …………………………… 26
　森林 …………………………………… 35
　海洋 …………………………………… 36
　河川・湖沼 …………………………… 38
　沙漠 …………………………………… 38
　風 ……………………………………… 38
　生物多様性 …………………………… 39
地球温暖化 ……………………………… 39
　CO2排出 ……………………………… 40
酸性雨 …………………………………… 41
環境汚染 ………………………………… 41
　環境測定 ……………………………… 41
　　環境測定（規格） ………………… 41
　大気汚染 ……………………………… 41
　　ダイオキシン ……………………… 44
　水質汚濁 ……………………………… 45
　海洋汚染 ……………………………… 47
　　海事政策 …………………………… 47
　土壌・地下水汚染 …………………… 50
　化学物質 ……………………………… 50
水 ………………………………………… 52
　水道 …………………………………… 56
　下水道 ………………………………… 58

廃棄物 …………………………………… 61
　一般廃棄物 …………………………… 65
　産業廃棄物 …………………………… 65
　廃棄物処理法 ………………………… 66
公害 ……………………………………… 67
　悪臭 …………………………………… 68
　騒音・振動 …………………………… 69
農林水産 ………………………………… 70
　農業 …………………………………… 71
　　環境保全型農業 …………………… 75
　　農薬・肥料 ………………………… 75
　林業 …………………………………… 77
　漁業 …………………………………… 80
　食糧問題 ……………………………… 83
　人口問題 ……………………………… 84
物流・包装 ……………………………… 85
　物流・包装（規格） ………………… 89
建設 ……………………………………… 89
　建設リサイクル ……………………… 90
建築 ……………………………………… 91
　シックハウス（規格） ……………… 93
　浄化槽 ………………………………… 93
　アスベスト …………………………… 93
環境政策 ………………………………… 93
　環境法 ………………………………… 95
環境アセスメント ……………………… 96
環境保全 ………………………………… 97
　自然保護 ……………………………… 97
　環境工学 ……………………………… 98
　環境経営 ……………………………… 98
　　環境経営（規格） ………………… 101
　環境技術 ……………………………… 101
　環境対策 ……………………………… 105

環境ビジネス ………………… 106	放射線(規格) ………………… 164
環境配慮型製品 …………… 109	風力発電 ……………………… 164
環境計画 …………………… 110	地熱発電 ……………………… 164
緑化 ……………………… 111	送電 …………………………… 165
港湾 ……………………… 111	エネルギー技術 ……………… 166
環境教育 …………………… 113	電池 ………………………… 168
循環型社会 ………………… 113	太陽電池 ………………… 169
SDGs ………………………… 115	新エネルギー ………………… 171
リサイクル …………………… 118	新エネルギー(規格) ……… 172
リサイクル(規格) ………… 121	水素エネルギー …………… 172
鉱物資源 ……………………… 121	バイオエネルギー ………… 173
	バイオマス ……………… 174
エネルギー問題	ヒートポンプ ……………… 175
	省エネルギー ………………… 175
エネルギー問題全般 ………… 123	
エネルギー経済 ……………… 127	書名索引 ……………………… 177
エネルギー ……………………… 129	著編者名索引 ………………… 201
石炭 ………………………… 130	事項名索引 …………………… 235
石油 ………………………… 131	
石油(規格) ……………… 134	
石油産業 ………………… 134	
石油タンク ……………… 136	
ガス ……………………… 137	
LPガス …………………… 137	
天然ガス ………………… 139	
電気 …………………………… 140	
電気(規格) ………………… 148	
電気設備(規格) …………… 149	
電気事業法 ………………… 149	
電化住宅 …………………… 150	
発電 …………………………… 150	
火力発電 …………………… 151	
水力発電 …………………… 151	
ダム ……………………… 151	
原子力発電 ………………… 152	
原子力政策 ……………… 161	
放射線防護 ……………… 162	
放射線計測 ……………… 164	

(7)

環境・エネルギー問題

環境・エネルギー問題全般

<書誌>

環境・エネルギー問題レファレンスブック　日外アソシエーツ株式会社編集　日外アソシエーツ　2012.8　372p　21cm　〈索引あり　発売：紀伊國屋書店〉　9000円　①978-4-8169-2374-6　Ⓝ519.031

(目次) 環境・エネルギー問題(環境・エネルギー問題全般, 環境・エネルギー関連機関), 環境問題(環境問題全般, 地球環境, 地球温暖化, 酸性雨, 環境汚染, 水, 廃棄物, 公害, 農林水産, 物流・包装, 建設, 建築, 環境政策, 環境アセスメント, 環境保全, リサイクル), エネルギー問題(エネルギー問題全般, エネルギー経済, エネルギー, 電気, 発電, 送電, エネルギー技術, エネルギー政策, 新エネルギー, 省エネルギー)

(内容) 1990年から2010年までに刊行された、環境・エネルギー問題に関する参考図書を網羅。事典、ハンドブック、法令集、年鑑、白書、統計集など2,273点を収録。目次・内容解説も掲載。巻末に書名、著編者名、事項名の索引を完備。

<事典>

環境・エネルギーの賞事典　日外アソシエーツ株式会社編集　日外アソシエーツ　2013.8　345p　21cm　〈索引あり　発売：紀伊國屋書店〉　14000円　①978-4-8169-2428-6　Ⓝ519.036

(目次) 環境(明日への環境賞, エコ＆アートアワード, エコ・プロダクツデザインコンペ, おおさか環境賞, 環境科学会学術賞 ほか), エネルギー(岩谷直治記念賞, エネルギー・資源学会学会賞, エネルギー・資源学会茅奨励賞, エネルギー・資源学会技術賞, エネルギー・資源学会論文賞 ほか)

(内容) 環境・エネルギー分野の主要な賞の概要と、第1回からの全受賞者情報を掲載。おおさか環境賞、環境デザイン賞、日韓国際環境賞、ブループラネット賞、省エネ大賞、石油学会賞、日本原子力学会賞など58賞収録。主催者から引ける「主催者名索引」、企業や個人の受賞者から引ける「受賞者名索引」付き。

資源・エネルギー史事典　トピックス1712-2014　日外アソシエーツ編集部編　日外アソシエーツ　2015.7　495p　21cm　〈文献あり　索引あり　発売：紀伊國屋書店〉　13880円　①978-4-8169-2553-5　Ⓝ501.6

(内容) 1712年から2014年まで、資源・エネルギーに関するトピック3,930件を年月日順に掲載。石炭、石油、ガス、核燃料などの資源と、熱エネルギー、電力、火力、原子力、再生可能エネルギーなどのエネルギー史に関する重要なトピックとなる出来事を幅広く収録。「分野別索引」「事項名索引」付き。

<索引>

国際比較統計索引　2020　日外アソシエーツ株式会社編集　日外アソシエーツ　2020.4　965p　26cm　〈発売：紀伊國屋書店〉　27000円　①978-4-8169-2821-5　Ⓝ350.31

(目次) アジア, 中東, ヨーロッパ, アフリカ, 北米, 中南米, オセアニア, その他

(内容) 国連、OECDなどが発表の国際統計が国ごとに検索できる索引。最新の国際統計集・白書に収載された統計集やグラフ2,964点を収録。必要な統計資料が載っている統計集・白書名と掲載頁が一目でわかる。257項目の国名・地域見出しと「国土・気象」「人口」「国際収支・金融・財政」「貿易」「国際協力・政府開発援助」「環境」など17種のテーマ見出しの下に図表タイトルが一覧できる。事項名索引付きでキーワードからも引ける。

統計図表レファレンス事典　環境・エネルギー問題　日外アソシエーツ株式会社編集　日外アソシエーツ　2012.10　17,388p　21cm　〈発売：紀伊國屋書店〉　8800円　①978-4-8169-2385-2　Ⓝ519.031

(目次) アイドリング, 赤潮発生頻度(大阪湾), 秋田県(油田・ガス田), 悪臭(苦情), アジア(エネルギー需要), アジア(原子力), アジア(石油需要), アジア(二酸化炭素排出量), アジェンダ21, アスベスト〔ほか〕

(内容) 調べたいテーマについての統計図表が、どの資料の、どこに、どんなタイトルで掲載されているかをキーワードから調べられる。1997年(平成9年)から2010年(平成22年)までに日本国内で刊行された白書・年鑑・統計集385種を精査。環境・エネルギー問題に関する表やグラフなどの形式の統計図表7,237点を収録。

＜ハンドブック＞

キーナンバーで綴る環境・エネルギー読本　市民から若手技術者まで〈デマンドサイド関係者〉のための　環境技術交換会著　日本工業出版　2017.3　269p　26cm　〈索引あり〉　3500円　①978-4-8190-2906-3　Ⓝ501.6

〔目次〕序章 エネルギー・環境の歴史とデマンドサイドシステム構築の重要性，第1章 エネルギーの基礎，第2章 エネルギー資源，第3章 日本のエネルギー供給システム，第4章 マクロエネルギー消費とデマンドサイド対応の概要，第5章 家庭部門でのエネルギー消費とその改善，第6章 業務部門でのエネルギー消費とその改善，第7章 エネルギーと環境，第8章 エネルギー関連のコストとシステムの経済的評価，付録A 熱と仕事の相互変換（工業熱力学のさわり）

＜年鑑・白書＞

環境・エネルギー触媒関連市場の現状と将来展望　2018　東京マーケティング本部第四部調査・編集　富士経済　2018.9　306p　30cm　180000円　①978-4-8349-2108-3　Ⓝ572.8093

〔内容〕触媒技術と市場を体系的にまとめたレポート。多岐にわたる触媒工業のうち，環境規制強化や次世代技術の要として触媒への注目が高まる環境・エネルギー分野を対象とする。

ジュニア地球白書　ワールドウォッチ研究所　2010-11　気候変動と人類文明　ワールドウォッチ研究所原本企画編集，林良博監修　ワールドウォッチジャパン　2011.8　211p　21cm　2500円　①978-4-948754-38-6

〔目次〕第1章 気候変動がもたらす，さまざまな影響（地球温暖化と気候変動，近年の異常気象ほか），第2章 気候変動が，農業と食料へ及ぼす影響（現実に存在する食料危機，世界の食料危機から，日本だけが逃れられるのか ほか），第3章 気候変動を抑えるために，再生可能エネルギーへ切り替える（すべての建築物を発電所に，再生可能エネルギーの利用を拡大する ほか），第4章 気候変動をめぐる，世界のさまざまな動き（強力な温室効果ガス―フルオロカーボン類，温室効果の大きいブラックカーボンの排出量を減らす ほか）

ジュニア地球白書　ワールドウォッチ研究所　2012-13　アフリカの飢えと食料・農業　ワールドウォッチ研究所編，林良博監修　ワールドウォッチジャパン　2013.12　261p　21cm　〈原書名：STATE OF THE WORLD 2011〉　2500円　①978-4-948754-41-6

〔目次〕第1章 「干ばつ」よりも恐ろしい「やせてゆく大地」，第2章 野菜の栄養的・経済的可能性を生かす，第3章 地域の農業資源と食料の多様性を守る，第4章 女性農業者への差別を改めて，その生産力を高める，第5章 重要な役割を果たしている都市農業，第6章 ポストハーベスト・ロス（収穫後の損失）を減らす取り組み，第7章 農業における水の利用効率を改善する，第8章 海外からの投資によって，アフリカの農地が奪われてゆく，第9章 アフリカ飢餓への日本の支援，付録 アフリカの飢餓に関係する資料

地球環境データブック　ワールドウォッチ研究所　2010-11　特別記事：世界の水産資源　将来世代のための管理　ワールドウォッチ研究所企画編集，松下和夫監訳　ワールドウォッチジャパン　2011.3　242p　21cm　〈原書名：Vital signs.〉　2600円　①978-4-948754-40-9　Ⓝ361.7

〔目次〕第1部 主要基礎データ（エネルギーと運輸の動向，環境と気候の動向，食料と農業と水産業の動向，世界経済と資源の動向，人口と社会の動向），第2部 ワールドウォッチ（自転車時代に追い風を，トイレットペーパーの原料にされる森林），第3部 特別記事 世界の水産資源：将来世代のための管理（世界の水産資源をめぐる動き，世界の水産資源の管理の展開―伝統的な資源管理の限界，地球環境問題としての水産資源―どのようなガバナンスが求められるか）

地球環境データブック　ワールドウォッチ研究所　2011-12　特別記事：フード＆ウオーター・セキュリティ　ワールドウォッチ研究所企画編集，松下和夫監訳　ワールドウォッチジャパン　2012.2　242p　21cm　〈原書名：Vital signs〉　2600円　①978-4-948754-43-0　Ⓝ361.7

〔目次〕第1部 主要基礎データ（エネルギーと運輸の動向，環境と気候の動向，食料と農業と水産業の動向，世界経済と資源の動向，人口と社会の動向），第2部 特別記事―フード＆ウオーター・セキュリティ：未来世代を養う食料と水の展望（再燃した世界の食料価格危機の動向，世界の食料需要の動向，世界の食料供給の動向，人口超大国である中国の食料需給の動向，地球の水資源，水資源の基本的性質と利用の現状，農業に利用される水資源の特徴，湿潤地域の灌漑農業の行方，バーチャル・ウオーター，気候変動が農業生産と食料供給に与える影響，農業生産が気候変動に与える影響）

地球環境データブック　ワールドウォッチ研究所　2012-13　ワールドウォッチ研究所企画編集，松下和夫監訳　ワールドウォッチジャパン　2013.2　260p　21cm　〈日本語版編集協力：環境文化創造研究所　原書名：VITAL SIGNS〉　2600円　①978-4-948754-44-7　Ⓝ361.7

〔目次〕第1部 主要基礎データ（エネルギーの動向，運輸の動向，環境と気候の動向，食料と農

業と水産業の動向，世界経済と資源の動向，人口と社会の動向），第2部 特別記事・世界の一次エネルギー──原子力・自然エネルギー・化石燃料（一次エネルギーの歴史的動向，原子力，自然エネルギー，化石燃料，日本の一次エネルギー──持続可能性へ向けた選択）

地球白書　ワールドウォッチ研究所 2011-12　特集 アフリカ大飢饉を回避する農業改革　ワールドウォッチ研究所企画編，エコ・フォーラム21世紀日本語版監修，環境文化創造研究所日本語版編集協力　ワールドウォッチジャパン　2012.7　384p　21cm　〈原書名：STATE OF THE WORLD 2011：Innovations that Nourish the Planet〉　2850円　①978-4-948754-42-3

〈目次〉飢餓のない世界を築くための展望，エコアグリカルチャーを農業の主流に，野菜の栄養的・経済的可能性を活かす，農業における水生産性を改善する，農業の研究開発を農業者が主導する，アフリカが直面する「土壌の地力喪失」と「大飢饉」，地域の農業資源と食料の多様性を守る，気候変動に対するレジリアンスを構築する，ポストハーベスト・ロス─食料不足問題のもうひとつの核心，増大する都市人口の食料を支える都市農業，女性農業者の知識と技術を活かす，アフリカで展開される「海外勢力」による農地争奪と農業投資，農産物の増産に留まらず，バリュー・チェーンを強化する，畜産改革によって，食糧生産を改革してゆく，生態系保全と食糧生産を両立させてゆくための改革

地球白書　2012-13　特集 持続可能で心豊かな社会経済を目指して　ワールドウォッチ研究所編，エコ・フォーラム21世紀日本語版監修，環境文化創造研究所日本語版編集協力　ワールドウォッチジャパン　2015.2　325p　21cm　〈原書名：STATE OF THE WORLD 2012：MOVING TOWARD SUSTAINABLE PROSPERITY〉　3000円　①978-4-948754-49-2

〈目次〉グリーン経済を，すべての人の味方にする，過剰開発国における脱成長への道，インクルーシブで，かつ持続可能な都市の開発計画，持続可能な交通輸送システムの実現に向けた取組，情報通信技術を利用して，住みやすく，公平で持続可能な都市を造る，アメリカの持続可能な都市開発の評価，企業を変革する，持続可能性のガバナンスに向けた，新たな国際機関の構造，九〇億人到達前に，人口増加を止める九つの戦略，持続可能なエコから，真に持続可能な建築物へ，より持続可能な消費に向けた公共政策，ブラジル，ひいては世界の経済界を動かす，持続可能な未来を育み発展させる，気候変動に脅かされる，世界のフード・セキュリティと平等，生物多様性：「第六の大量絶滅」との闘い，持続可能な繁栄をもたらす生態系サービス，地方政府を正す

地球白書　2013-14　特集 持続可能性確保の最終機会を活かす　ワールドウォッチ研究所編，エコ・フォーラム21世紀日本語版監修，環境文化創造研究所日本語版編集協力　ワールドウォッチジャパン　2016.12　309p　21cm　〈原書名：STATE OF THE WORLD 2013：IS SUSTAINABILITY Still Possible？〉　3200円　①978-4-948754-50-8

〈目次〉「サステナバブル」を超えて，第1部 持続可能性に関しての測定基準（地球の境界に配慮し，生物圏との関係を再構築する，『人類にとって，環境的に安全で，かつ基本的人権という視点から社会的に公正な空間領域』の定義，「地球一個分」に適合する生活を実現する ほか），第2部 真の持続可能性を実現するために（文化を再構築して『持続可能な文化』を生み出す，持続可能で望ましい経済を社会と自然のなかでつくる，企業を持続可能性の推進組織に改革する ほか），第3部 緊急事態に関して率直に議論する（激動の時代に備えた教育，危機に効果的に対応できるガバナンスの諸要因，「長く続く非常事態」におけるガバナンス ほか）

＜統計集＞

国別鉱物・エネルギー資源データブック　西山孝，別所昌彦，前田正史共編　オーム社　2014.10　1077p　31cm　85000円　①978-4-274-21632-9　Ⓝ501.6

〈内容〉鉱物とエネルギー資源の最新統計を集大成！国別に約1万タイトルのデータを収録！資源の埋蔵量や開発の現状，生産・需要量，価格などの動向は，その国の産業の盛衰ひいては国民生活に影響を及ぼす重要な指標です。本データブックは，『鉱物資源データブック』『エネルギー資源データブック』の姉妹書として，U.S.Geological Surveyや国連，BP，EIA，JOGMEC，資源エネルギー庁など権威ある国内外の資源統計資料より収集した，過去から現在までの鉱物とエネルギー資源に関する各種データを国別に一覧表にまとめたものです。

数字でみる日本の100年　日本国勢図会長期統計版　改訂第7版　矢野恒太記念会編集　矢野恒太記念会　2020.2　542p　21cm　〈索引あり〉　2900円　①978-4-87549-454-6　Ⓝ351

〈内容〉明治以後100年の日本の歩みを，社会，経済，その他様々な統計を使ってとらえ，日本の過去の状況を数字の集積の中に把握する。掲載データの更新及び見直しを行った改訂第7版。

世界国勢図会　世界がわかるデータブック　2011/12年版　第22版　矢野恒太記念会編　矢野恒太記念会　2011.9　494p　21cm　2571円　①978-4-87549-444-7

〈目次〉第1章 世界の国々，第2章 人口と都市，第3章 労働，第4章 経済成長と国民経済計算，

第5章 資源とエネルギー，第6章 世界の森林水産業，第7章 世界の工業・小売業，第8章 貿易と国際収支，第9章 財政・金融・物価，第10章 運輸と郵便，第11章 情報通信・科学技術，第12章 諸国民の生活，第13章 軍備・軍縮

(内容) 最新の社会・経済統計をもとに，世界の現状を表とグラフで明らかにした，学ぶ，調べるデータブックのスタンダード。

世界国勢図会　世界がわかるデータブック 2012/13年版　矢野恒太記念会編　矢野恒太記念会　2012.9　494p　21cm　2571円　⓵978-4-87549-445-4

(目次) 世界の国々，人口と都市，労働，経済成長と国民経済計算，資源とエネルギー，世界の農林水産業，世界の工業・小売業，貿易と国際収支，財政・金融・物価，運輸と郵便，情報通信・科学技術，諸国民の生活，軍備・軍縮

(内容) 世界の社会・経済情勢を表とグラフでわかりやすく解説したデータブック。日本統計学会統計活動賞受賞。

世界国勢図会　世界がわかるデータブック 2013/14年版　第24版　矢野恒太記念会編　矢野恒太記念会　2013.8　494p　21cm　2571円　⓵978-4-87549-447-8

世界国勢図会　世界がわかるデータブック 2014/15　第25版　矢野恒太記念会編　矢野恒太記念会　2014.9　494p　21cm　2685円　⓵978-4-87549-448-5

(目次) 世界の国々，人口と都市，労働，経済成長と国民経済計算，資源とエネルギー，農林水産業，工業・小売業，貿易と国際収支，財政・金融・物価，運輸と郵便，情報通信・科学技術，諸国民の生活，軍備・軍縮

世界国勢図会　世界がわかるデータブック 2015/16　第26版　矢野恒太記念会編　矢野恒太記念会　2015.9　494p　21cm　2685円　⓵978-4-87549-449-2

(目次) 世界の国々，人口と都市，労働，経済成長と国民経済計算，資源とエネルギー，農林水産業，工業・小売業，貿易と国際収支，財政・金融・物価，運輸と郵便，情報通信・科学技術，諸国民の生活，軍備・軍縮

(内容) 世界の社会・経済情勢を表とグラフでわかりやすく解説したデータブック。

世界国勢図会　世界がわかるデータブック 2016/17　第27版　矢野恒太記念会編　矢野恒太記念会　2016.9　488p　21cm　2685円　⓵978-4-87549-450-8

(目次) 主要国の基礎データ，世界の国々，人口と都市，労働，経済成長と国民経済計算，資源とエネルギー，農林水産業，工業，貿易と国際収支，財政・金融・物価，運輸と郵便，情報通信・科学技術，諸国民の生活，軍備・軍縮

(内容) 世界の社会・経済情勢を表とグラフで

かりやすく解説したデータブック。

世界国勢図会　世界がわかるデータブック 2017/18　第28版　矢野恒太記念会編　矢野恒太記念会　2017.9　478p　21cm　2685円　⓵978-4-87549-451-5　Ⓝ350

(目次) 世界の国々，人口と都市，労働，経済成長と国民経済計算，資源とエネルギー，農林水産業，工業，貿易と国際収支，財政・金融・物価，運輸と郵便，情報通信・科学技術，諸国民の生活，軍備・軍縮

(内容) 最新の社会・経済統計をもとに，世界の現状を表とグラフで明らかにした，学ぶ，調べるデータブックのスタンダード。

世界国勢図会　世界がわかるデータブック 2018/19　第29版　矢野恒太記念会編　矢野恒太記念会　2018.9　478p　21cm　2685円　⓵978-4-87549-452-2　Ⓝ350

(目次) 世界の国々，人口と都市，労働，経済成長と国民経済計算，資源とエネルギー，農林水産業，工業，貿易と国際収支，財政・金融・物価，運輸，情報通信・科学技術，諸国民の生活，軍備・軍縮

(内容) 世界の社会・経済情勢を表とグラフでわかりやすく解説したデータブック。

世界国勢図会　世界がわかるデータブック 2019/20　第30版　矢野恒太記念会編　矢野恒太記念会　2019.9　478p　21cm　2685円　⓵978-4-87549-453-9　Ⓝ350

(目次) 世界の国々，人口と都市，労働，経済成長と国民経済計算，資源とエネルギー，農林水産業，工業，貿易と国際収支，財政・金融・物価，運輸，情報通信・科学技術，諸国民の生活，軍備・軍縮

(内容) 最新の社会・経済統計をもとに，世界の現状を表とグラフで明らかにした，学ぶ，調べるデータブックのスタンダード。

世界国勢図会　世界がわかるデータブック 2020/21　第31版　矢野恒太記念会編　矢野恒太記念会　2020.9　478p　21cm　2700円　⓵978-4-87549-455-3

(目次) 世界の国々，人口と都市，労働，経済成長と国民経済計算，資源とエネルギー，農林水産業，工業，貿易と国際収支，財政・金融・物価，運輸，情報通信・科学技術，諸国民の生活，軍備・軍縮

(内容) 世界の社会・経済情勢を表とグラフでわかりやすく解説したデータブック。

世界国勢図会　世界がわかるデータブック 2021/22　矢野恒太記念会編　矢野恒太記念会　2021.9　478p　21cm　2700円　⓵978-4-87549-456-0

(目次) 特集 新型コロナウイルス感染症，世界の国々，人口と都市，労働，経済成長と国民経済

計算，資源とエネルギー，農林水産業，工業，貿易と国際収支，財政・金融・物価，運輸，情報通信・科学技術，諸国民の生活，軍事・軍縮
⓪内容 世界の社会・経済情勢を表とグラフでわかりやすく解説したデータブック。

世界国勢図会　世界がわかるデータブック 2022/23　第33版　矢野恒太記念会編　矢野恒太記念会　2022.9　478p　21cm　2700円　①978-4-87549-457-7
⓪目次 新型コロナウイルス感染症，世界の国々，人口と都市，労働，経済成長と国民経済計算，資源とエネルギー，農林水産業，工業，貿易と国際収支，財政・金融・物価，運輸，情報通信・科学技術，諸国民の生活，軍備・軍縮
⓪内容 厳選した各国の最新データをもとに，世界の社会・経済情勢を明らかにする，国際統計データブックの決定版。

世界国勢図会　世界がわかるデータブック 2023/24　矢野恒太記念会編集　矢野恒太記念会　2023.9　479p　21cm　3000円　①978-4-87549-458-4
⓪目次 各国通貨の名称と為替相場，第1章 世界の国々，第2章 人口と都市，第3章 労働，第4章 国民経済計算，第5章 資源とエネルギー，第6章 農林水産業，第7章 工業，第8章 貿易と国際収支，第9章 財政・金融・物価，第10章 運輸・観光，第11章 情報通信・科学技術，第12章 諸国民の生活，第13章 軍備・軍縮
⓪内容 厳選した各国の最新データをもとに，世界の社会・経済情勢を明らかにする，国際統計データブックの決定版。世界の現状を明らかにする最良の案内書。主要国以外の国のデータも多数掲載。調べるデータブックのスタンダード。各種資料や教科書，入試問題などに利用。

世界国勢図会　世界がわかるデータブック 2024/25　矢野恒太記念会編集　矢野恒太記念会　2024.9　479p　21cm　3000円　①978-4-87549-459-1
⓪目次 第1章 世界の国々，第2章 人口と都市，第3章 労働，第4章 国民経済計算，第5章 資源とエネルギー，第6章 農林水産業，第7章 工業，第8章 貿易と国際収支，第9章 財政・金融・物価，第10章 運輸・観光，第11章 情報通信・科学技術，第12章 諸国民の生活，第13章 軍備・軍縮
⓪内容 厳選した各国の最新データをもとに，世界の社会・経済情勢を明らかにする，国際統計データブックの決定版。世界の現状を明らかにする最良の案内書。主要国以外の国のデータも多数掲載。調べるデータブックのスタンダード。各種資料や教科書，入試問題などに利用。

世界統計白書　2011年版　特集 東日本大震災と世界　木本書店・編集部編　木本書店　2011.9　638p　21cm　3800円　①978-4-904808-02-3
⓪目次 特集 東日本大震災と世界，人口・面積，経済・金融・財政，環境，貿易，労働，工業，農林水産業，資源・エネルギー，運輸，政治・外交，軍事，治安・事故・災害，法律，教育，生活，医療・社会保障，情報・技術，旅行・観光，文化・宗教・スポーツ
⓪内容 国際比較に役立つ最新データ約550種を収録。

世界統計白書　2012年版　木本書店・編集部編　木本書店　2012.8　606p　21cm　2400円　①978-4-904808-07-8
⓪目次 人口・面積，経済・金融・財政，環境，貿易，労働，工業，農林水産業，資源・エネルギー，運輸，政治・外交，軍事，治安・事故・災害，法律，教育，生活，医療・社会保障，情報・技術，旅行・観光，文化・宗教・スポーツ
⓪内容 国際比較に役立つ最新データ約500種を収録。

世界統計白書　2013年版　木本書店編集部編　木本書店　2013.9　606p　21cm　3800円　①978-4-904808-11-5
⓪目次 人口・面積，経済・金融・財政，環境，貿易，労働，工業，農林水産業，資源・エネルギー，運輸，政治・外交，軍事，治安・事故・災害，法律，教育，社会・生活，医療・社会保障，情報・技術，旅行・観光，文化・宗教・スポーツ
⓪内容 国際比較に役立つ最新データ約500種を収録。

世界統計白書　2014年版　木本書店・編集部編　木本書店　2014.10　606p　21cm　3800円　①978-4-904808-13-9
⓪目次 人口・面積，経済・金融・財政，環境，貿易，労働，工業，農林水産業，資源・エネルギー，運輸，政治・外交，軍事，治安・事故・災害，法律，教育，社会・生活，医療・社会保障，情報・技術，旅行・観光，文化・宗教・スポーツ
⓪内容 国際比較に役立つ最新データ約500種を収録。

世界統計白書　2015-2016年版　木本書店・編集部編　木本書店　2015.12　591p　21cm　3800円　①978-4-904808-17-7
⓪目次 人口・面積，経済・金融・財政，環境，貿易，労働，工業，農林水産業，資源・エネルギー，運輸，政治・外交，軍事，治安・事故・災害，法律，教育，社会・生活，医療・社会保障，情報・技術，旅行・観光，文化・宗教・スポーツ
⓪内容 国際比較に役立つ最新データ約500種を収録。

世界の統計　2011年版　総務省統計研修所編　日本統計協会　2011.3　398p　21cm　1800円　①978-4-8223-3692-9
⓪目次 地理・気象，人口，国民経済計算，農林水産業，鉱工業，エネルギー，科学技術・情報

環境・エネルギー問題全般

通信，運輸，貿易，国際収支・金融・財政：国際開発援助，労働・賃金，物価・家計，国民生活・社会保障，教育・文化，環境，付録

世界の統計　2012年版　総務省統計局統計研修所編　日本統計協会　2012.3　389p　21cm　1800円　①978-4-8223-3717-9

(目次) 地理・気象，人口，国民経済計算，農林水産業，鉱工業，エネルギー，科学技術・情報通信，運輸，貿易，国際収支・金融・財政，国際開発援助，労働・賃金，物価・家計，国民生活・社会保障，教育・文化，環境，付録

世界の統計　2013年版　総務省統計局，総務省統計研修所編　日本統計協会　2013.3　375p　21cm　1800円　①978-4-8223-3725-4

(目次) 地理・気象，人口，国民経済計算，農林水産業，鉱工業，エネルギー，科学技術・情報通信，運輸，貿易，国際収支・金融・財政，国際開発援助，労働・賃金，物価・家計，国民生活・社会保障，教育・文化，環境

世界の統計　2014　総務省統計局編　日本統計協会　2014.3　373p　21cm　1800円　①978-4-8223-3735-3

(目次) 地理・気象，人口，国民経済計算，農林水産業，鉱工業，エネルギー，科学技術・情報通信，運輸，貿易，国際収支・金融・財政，国際開発援助，労働・賃金，物価・家計，国民生活・社会保障，教育・文化，環境

世界の統計　2015　総務省統計局編　日本統計協会　2015.3　373p　21cm　1850円　①978-4-8223-3790-2　Ⓝ350.9

(目次) 地理・気象，人口，国民経済計算，農林水産業，鉱工業，エネルギー，科学技術・情報通信，運輸，貿易，国際収支・金融・財政，国際開発援助，労働・賃金，物価・家計，国民生活・社会保障，教育・文化，環境

世界の統計　2016　総務省統計局編　日本統計協会　2016.3　315p　21cm　1850円　①978-4-8223-3866-4　Ⓝ350.9

(目次) 地理・気象，人口，国民経済計算，農林水産業，鉱工業，エネルギー，科学技術・情報通信，運輸・観光，貿易，国際収支・金融・財政，国際開発援助，労働・賃金，物価・家計，国民生活・社会保障，教育・文化，環境

世界の統計　2017　総務省統計局編　日本統計協会　2017.3　304p　21cm　1850円　①978-4-8223-3938-8

(目次) 地理・気象，人口，国民経済計算，農林水産業，鉱工業，エネルギー，科学技術・情報通信，運輸・観光，貿易，国際収支・金融・財政，国際開発援助，労働・賃金，物価・家計，国民生活・社会保障，教育・文化，環境

世界の統計　2018　総務省統計局編　日本統計協会　2018.3　280p　21cm　1900円　①978-4-8223-4004-9

(目次) 地理・気象，人口，国民経済計算，農林水産業，鉱工業，エネルギー，科学技術・情報通信，運輸・観光，貿易，国際収支・金融・財政，国際開発援助，労働・賃金，物価・家計，国民生活・社会保障，教育・文化，環境

世界の統計　2019　総務省統計局編　日本統計協会　2019.3　280p　21cm　2000円　①978-4-8223-4049-0

(目次) 地理・気象，人口，国民経済計算，農林水産業，鉱工業，エネルギー，科学技術・情報通信，運輸・観光，貿易，国際収支・金融・財政，国際開発援助，労働・賃金，物価・家計，国民生活・社会保障，教育・文化

世界の統計　2020年版　総務省統計局編　日本統計協会　2020.3　283p　21cm　2000円　①978-4-8223-4085-8

(目次) 地理・気象，人口，国民経済計算，農林水産業，鉱工業，エネルギー，科学技術・情報通信，運輸，貿易，国際収支・金融・財政，国際開発援助，労働・資金，物価・家計，国民生活・社会保障，教育・文化

(内容) 国際機関の統計書等を原資料として，世界各国の人口，経済，社会，文化などの実情や，世界における我が国の位置付けを知るための参考となる様々な統計を，簡潔にまとめる。

世界の統計　2021年版　総務省統計局編　日本統計協会　2021.3　284p　21cm　2000円　①978-4-8223-4110-7

(目次) 地理・気象，人口，国民経済計算，農林水産業，鉱工業，エネルギー，科学技術・情報通信，運輸・観光，貿易，国際収支・金融・財政，国際開発援助，労働・賃金，物価・家計，国民生活・社会保障，教育・文化，環境

(内容) 国際機関の統計書等を原資料として，世界各国の人口，経済，社会，文化などの実情や，世界における我が国の位置付けを知るための参考となる様々な統計を，簡潔にまとめる。

世界の統計　2022年版　総務省統計局編　日本統計協会　2020.3　284p　21cm　2000円　①978-4-8223-4139-8

(目次) 地理・気象，人口，国民経済計算，農林水産業，鉱工業，エネルギー，科学技術・情報通信，運輸・観光，貿易，国際収支・金融・財政，国際開発援助，労働・賃金，物価・家計，国民生活・社会保障，教育・文化，環境

(内容) 国際機関の統計書等を原資料として，世界各国の人口，経済，社会，文化などの実情や，世界における我が国の位置付けを知るための参考となる様々な統計を，簡潔にまとめる。

世界の統計　2023年版　総務省統計局編　日本統計協会　2023.3　284p　21cm　2000円　①978-4-8223-4176-3

(目次) 地理・気象，人口，国民経済計算，農林

水産業，鉱工業，エネルギー，科学技術・情報通信，運輸・観光，貿易，国際収支・金融・財政，国際開発援助，労働・賃金，物価・家計，国民生活・社会保障，教育・文化，環境

⟨内容⟩国際機関の統計書等を原資料として，世界各国の人口，経済，社会，文化などの実情や，世界における我が国の位置付けを知るための参考となる様々な統計を，簡潔にまとめる。

世界の統計　2024　総務省統計局編　日本統計協会　2024.3　288p　21cm　2200円　Ⓘ978-4-8223-4220-3

⟨目次⟩第1章 地理・気象，第2章 人口，第3章 国民経済計算，第4章 農林水産業，第5章 鉱工業，第6章 エネルギー，第7章 科学技術・情報通信，第8章 運輸・観光，第9章 貿易，第10章 国際収支・金融・財政，第11章 国際開発援助，第12章 労働・賃金，第13章 物価・家計，第14章 国民生活・社会保障，第15章 教育・文化，第16章 環境

地球温暖化＆エネルギー問題総合統計　2017-2018　三冬社　2017.4　346p　30cm　〈他言語標題：Databook of global warming & energy problems〉「地球温暖化統計データ集」の改題、巻次を継承〉　14800円　Ⓘ978-4-86563-024-4　Ⓝ519

⟨目次⟩第1章 地球温暖化について，第2章 自然環境の変化，第3章 気候変動と日本の農林水産業への影響，第4章 エネルギー消費と低炭素社会に関するデータ，第5章 温暖化対策の取組状況，第6章 地球温暖化・エネルギーに関する意識

⟨内容⟩気候変動のリスクの減少と日本のエネルギーの将来像を考える。温暖化や新エネルギーまでの統計データを集録。

地球温暖化＆エネルギー問題総合統計　2019-2020　三冬社　2019.4　325p　30cm　〈他言語標題：Databook of global warming & energy problems〉　14800円　Ⓘ978-4-86563-045-9　Ⓝ519

⟨目次⟩第1章 地球温暖化について，第2章 自然環境の変化に関するデータ，第3章 気候変動と日本への影響，第4章 エネルギーに関するデータ，第5章 温暖化対策の取組状況，第6章 地球温暖化・エネルギーに関する意識

⟨内容⟩温暖化対策とエネルギー問題をどうするのか？ CO_2の削減と原発問題の解決が必要な日本のための幅広い統計集。

地球温暖化＆エネルギー問題総合統計　2021　三冬社　2021.3　338p　30cm　14800円　Ⓘ978-4-86563-067-1　Ⓝ519

⟨目次⟩第1章 地球温暖化について，第2章 自然環境の変化に関するデータ，第3章 気候変動による農作物への影響，第4章 エネルギーに関するデータ，第5章 日本の地球温暖化対策，第6章 地球温暖化・エネルギーに関する意識

⟨内容⟩新型コロナウィルス禍後の生活・働き方の変化は？ 今後の環境・温暖化対策への影響を考えるための総合統計集。

地球温暖化＆エネルギー問題総合統計　2022　三冬社　2022.3　320p　30cm　14800円　Ⓘ978-4-86563-082-4　Ⓝ519

⟨目次⟩第1章 地球温暖化とは，第2章 温室効果ガスの排出量データ，第3章 自然環境の変化，第4章 温暖化に対する意識，第5章 温暖化対策，第6章 エネルギーに関するデータ，第7章 エネルギーに関する意識

⟨内容⟩ウクライナ侵攻で高騰するエネルギー価格！ 脱炭素政策は、温暖化対策は？ そして、私達の生活を考えるための総合的データ集。

地球温暖化＆エネルギー問題総合統計　2023　三冬社　2023.3　331p　30cm　〈他言語標題：Databook of global warming & energy problems〉　14800円　Ⓘ978-4-86563-097-8　Ⓝ519

⟨内容⟩地球温暖化の要因、気温の変化、主要国の温室効果ガス排出量、世界と日本のエネルギー自給率、地球温暖化対策計画における対策・施策、気候変動に関する世論調査など、地球温暖化＆エネルギー問題をめぐる統計データを集録。

地球温暖化＆エネルギー問題総合統計　2024　三冬社　2024.3　334p　30cm　〈他言語標題：Databook of global warming & energy problems〉　14800円　Ⓘ978-4-86563-108-1　Ⓝ519

⟨目次⟩第1章 地球温暖化について（温暖化とその影響―環境省「STOP THE 温暖化（2008・2012・2015）」，日本における地球温暖化予測―気象庁「地球温暖化予測情報 第9巻（2017年）」ほか），第2章 自然環境の変化と異常気象災害（気温の変化―気象庁，海洋の変化―気象庁「海洋の健康診断表」ほか），第3章 エネルギー（日本のエネルギーバランス・フロー概要（2021年度）―資源エネルギー庁「エネルギー白書2023・2022」，日本のエネルギー消費―資源エネルギー庁「総合エネルギー統計2022」「エネルギー白書2023」ほか），第4章 社会環境の変化・温暖化対策（地球温暖化対策計画における対策・施策―環境省「地球温暖化対策計画（令和3年10月22日閣議決定）」，政府実行計画の実施状況（2021年度）―環境省「2021年度における政府実行計画の実施状況（概要）（2023年6月）」ほか），第5章 意識調査・アンケート（気候変動に関する世論調査―内閣府「気候変動に関する世論調査」，環境に関する市民の意識 横浜市―横浜市「2023年度 環境に関する市民意識調査の結果（概要）」ほか）

⟨内容⟩大気と海洋の変化で注目される気候変動！ 世界的な人口増加で今後クローズアップされる食料やエネルギー問題を考えるための幅広い統計データ集。

日本国勢図会　日本がわかるデータブック　2011/12　矢野恒太記念会編　矢野恒太記

念会　2011.6　542p　21cm　2571円
①978-4-87549-142-2

(目次) 世界の国々、国土と気候、人口、府県と都市、労働、国民所得、資源・エネルギー、石炭・石油・天然ガス・原子力、電力・都市ガス、農業・農作物、畜産業、林業、水産業、工業、金属工業、機械工業、化学工業、食料品工業、その他の工業、建設業、サービス産業、商業、会社・企業、日本の貿易、世界の貿易、国際収支・ODA、物価・地価、財政、通貨・金融・株式・保険、運輸、郵便、情報通信・科学技術、国民の生活、教育、社会保障・社会福祉、保健・衛生、環境問題、災害と事故、犯罪・司法、国防と自衛隊

(内容) 厳選した最新のデータをもとに、日本の社会・経済情勢を表とグラフでわかりやすく解説したデータブック。

日本国勢図会　日本がわかるデータブック
2012/13年版　第70版　矢野恒太記念会編　矢野恒太記念会　2012.6　542p　21cm　2571円　①978-4-87549-143-9

(目次) 世界の国々、国土と気候、人口、府県と都市、労働、国民所得、資源・エネルギー、石炭・石油・天然ガス、電力・都市ガス、農業・農作物、農業・農作物、畜産業、林業、水産業、工業、金属工業、機械工業、化学工業、食料品工業、その他の工業、建設業、サービス産業、商業、会社・企業、日本の貿易、世界の貿易、国際収支・ODA、物価・地価、財政、通貨・金融・株式・保険、運輸、郵便、情報通信・科学技術、国民の生活、教育、社会保障・社会福祉、保健・衛生、環境問題、災害と事故、犯罪・司法、国防と自衛隊

(内容) 厳選した最新のデータをもとに、日本の社会・経済情勢を表とグラフでわかりやすく解説したデータブック。

日本国勢図会　日本がわかるデータブック
2013/14年版　第71版　矢野恒太記念会編　矢野恒太記念会　2013.6　542p　21cm　2571円　①978-4-87549-144-6

(目次) 世界の国々、国土と気候、人口、府県と都市、労働、国民所得、資源・エネルギー、石炭・石油・天然ガス・原子力、電力・都市ガス、農業・農作物、畜産業、林業、水産業、工業、金属工業、機械工業、化学工業、食料品工業、その他の工業、建設業、サービス産業、商業、会社・企業、日本の貿易、世界の貿易、国際収支・ODA、物価・地価、財政、通貨・金融・株式・保険、運輸、郵便、情報通信・科学技術、国民の生活、教育、社会保障・社会福祉、保健・衛生、環境問題、災害と事故、犯罪・司法、国防と自衛隊

(内容) 厳選した最新のデータをもとに、日本の社会・経済情勢を表とグラフでわかりやすく解説したデータブック。日本統計学会統計活動賞受賞。

日本国勢図会　日本がわかるデータブック
2014/15　第72版　矢野恒太記念会編　矢野恒太記念会　2014.6　542p　21cm　2685円　①978-4-87549-145-3

(目次) 世界の国々、国土と気候、人口、府県と都市、労働、国民所得、企業活動、資源・エネルギー、石炭・石油・天然ガス・原子力、電力・都市ガス〔ほか〕

(内容) 厳選した最新のデータをもとに、日本の社会・経済情勢を表とグラフでわかりやすく解説したデータブック。

日本国勢図会　日本がわかるデータブック
2015/16　第73版　矢野恒太記念会編　矢野恒太記念会　2015.6　542p　21×15cm　2685円　①978-4-87549-146-0

(目次) 世界の国々、国土と気候、人口、府県と都市、労働、国民所得、企業活動、資源・エネルギー、石炭・石油・天然ガス・原子力、電力・都市ガス〔ほか〕

(内容) 厳選した最新のデータをもとに、日本の社会・経済情勢を表とグラフでわかりやすく解説したデータブック。

日本国勢図会　日本がわかるデータブック
2016/17　第74版　矢野恒太記念会編　矢野恒太記念会　2016.6　526p　21cm　2685円　①978-4-87549-147-7

(目次) 世界の国々、国土と気候、人口、府県と都市、労働、国民所得、企業活動、資源・エネルギー、石炭・石油・天然ガス、電力・都市ガス、農業・農作物、畜産業、林業、水産業、工業、金属工業、機械工業、化学工業、食料品工業、その他の工業、建設業、サービス産業、商業、日本の貿易、世界の貿易、国際収支・ODA、物価・地価、財政、通貨・金融・株式・保険、運輸、郵便、情報通信・科学技術、国民の生活、教育、社会保障・社会福祉、保健・衛生、環境問題、災害と事故、犯罪・司法、国防と自衛隊

(内容) 厳選した最新のデータをもとに、日本の社会・経済情勢を表とグラフでわかりやすく解説したデータブック。創刊以来89年の伝統と権威。産業経済の最良の案内書。学校・職場・図書館・家庭必備のベストセラー。巻末：主要長期統計、府県別統計掲載。

日本国勢図会　日本がわかるデータブック
2017/18　第75版　矢野恒太記念会編　矢野恒太記念会　2017.6　526p　21cm　2685円　①978-4-87549-148-4　Ⓝ351

(目次) 世界の国々、国土と気候、人口、府県と都市、労働、国民所得、企業活動、資源・エネルギー、石炭・石油・天然ガス・原子力・都市ガス、農業・農作物、畜産業、林業、水産業、工業、金属工業、機械工業、化学工業、食料品工業、その他の工業、建設業、サービス産業、商業、日本の貿易、世界の貿易、国際収支・ODA、物価・地価、財政、通貨・金融・株式・保険、

運輸, 郵便, 情報通信・科学技術, 国民の生活, 教育, 社会保障・社会福祉, 保健・衛生, 環境問題, 災害と事故, 犯罪・司法, 国防と自衛隊

(内容) 厳選した最新のデータをもとに, 日本の社会・経済情勢を表とグラフでわかりやすく解説したデータブック。

日本国勢図会　日本がわかるデータブック
2018/19　第76版　矢野恒太記念会編　矢野恒太記念会　2018.6　526p　21cm　2685円　①978-4-87549-149-1　Ⓝ351

(目次) 世界の国々, 国土と気候, 人口, 府県と都市, 労働, 国民経済計算, 企業活動, 資源・エネルギー, 石炭・石油・天然ガス, 電力・ガス, 農業・農作物, 畜産業, 林業, 水産業, 工業, 金属工業, 機械工業, 化学工業, 食料品工業, その他の工業, 建設業, サービス産業, 商業, 日本の貿易, 世界の貿易, 国際収支・国際協力, 物価・地価, 財政, 金融・株式・保険, 運輸・郵便, 情報通信・科学技術, 国民の生活, 教育, 社会保障・社会福祉, 保健・衛生, 環境問題, 災害と事故, 犯罪・司法, 国防と自衛隊

(内容) 厳選した最新のデータをもとに, 日本の社会・経済情勢を表とグラフでわかりやすく解説したデータブック。

日本国勢図会　日本がわかるデータブック
2019/20　第77版　矢野恒太記念会編　矢野恒太記念会　2019.6　526p　21cm　2685円　①978-4-87549-150-7　Ⓝ351

(目次) 世界の国々, 国土と気候, 人口, 府県と都市, 労働, 国民経済計算, 企業活動, 資源・エネルギー, 石炭・石油・天然ガス, 電力・ガス, 農業・農作物, 畜産業, 林業, 水産業, 工業, 金属工業, 機械工業, 化学工業, 食料品工業, その他の工業, 建設業, サービス産業, 商業, 日本の貿易, 世界の貿易, 国際収支・国際協力, 物価・地価, 財政, 金融・株式・保険, 運輸・郵便, 情報通信・科学技術, 国民の生活, 教育, 社会保障・社会福祉, 保健・衛生, 環境問題, 災害と事故, 犯罪・司法, 国防と自衛隊

(内容) 厳選した最新のデータをもとに, 日本の社会・経済情勢を表とグラフでわかりやすく解説したデータブック。

日本国勢図会　日本がわかるデータブック
2020/21　第78版　矢野恒太記念会編　矢野恒太記念会　2020.6　527p　21cm　2700円　①978-4-87549-151-4

(目次) 世界の国々, 国土と気候, 人口, 府県と都市, 労働, 国民経済計算, 企業活動, 資源・エネルギー, 石炭・石油・天然ガス, 電力・ガス〔ほか〕

(内容) 厳選した最新のデータをもとに, 日本の社会・経済情勢を表とグラフでわかりやすく解説したデータブック。

日本国勢図会　日本がわかるデータブック
2021/22　第79版　矢野恒太記念会編　矢野恒太記念会　2021.6　527p　21cm　2700円　①978-4-87549-152-1

(目次) 特集 新型コロナウイルス感染症, 世界の国々, 国土と気候, 人口, 府県と都市, 労働, 国民経済計算, 企業活動, 資源・エネルギー, 石炭・石油・天然ガス・原子力〔ほか〕

(内容) 厳選した最新のデータをもとに, 日本の社会・経済情勢を表とグラフでわかりやすく解説したデータブック。巻末：主要長期統計, 府県別統計掲載。

日本国勢図会　日本がわかるデータブック
2022/23　第80版　矢野恒太記念会編　矢野恒太記念会　2022.6　527p　21cm　2700円　①978-4-87549-153-8

(目次) 特集 新型コロナウイルス感染症, 特集 第49回衆議院議員総選挙, 世界の国々, 国土と気候, 人口, 府県と都市, 労働, 国民経済計算, 企業活動, 資源・一次エネルギー, 電力・ガス, 農業・農作物, 畜産業, 林業, 水産業, 工業, 金属工業, 機械工業, 化学工業, 食料品工業, その他の工業, 建設業, サービス産業, 卸売業・小売業, 日本の貿易, 世界の貿易, 国際収支・国際協力, 物価・地価, 財政, 金融, 運輸・観光, 情報通信, 科学技術, 国民の生活, 教育, 社会保障・社会福祉, 保健・衛生, 環境問題, 災害と事故, 犯罪・司法, 国防と自衛隊

(内容) 厳選した最新のデータをもとに, 日本の社会・経済情勢を表とグラフでわかりやすく解説したデータブック。

日本国勢図会　日本がわかるデータブック
2023/24　矢野恒太記念会編集　矢野恒太記念会　2023.6　527p　21cm　3000円　①978-4-87549-154-5

(目次) 第1章 世界の国々, 第2章 国土と気候, 第3章 人口, 第4章 府県と都市, 第5章 労働, 第6章 国民経済計算, 第7章 企業活動, 第8章 資源, 第9章 一次エネルギー, 第10章 電力・ガス, 第11章 農業・農作物, 第12章 畜産業, 第13章 林業, 第14章 水産業, 第15章 工業, 第16章 金属工業, 第17章 機械工業, 第18章 化学工業, 第19章 食料品工業, 第20章 その他の工業, 第21章 建設業, 第22章 サービス産業, 第23章 卸売業・小売業, 第24章 日本の貿易, 第25章 世界の貿易, 第26章 国際収支・国際協力, 第27章 物価・地価, 第28章 財政, 第29章 金融, 第30章 運輸・観光, 第31章 情報通信, 第32章 科学技術, 第33章 国民の生活, 第34章 教育, 第35章 社会保障・社会福祉, 第36章 保健・衛生, 第37章 環境問題, 第38章 災害と事故, 第39章 犯罪・司法, 第40章 国防と自衛隊

(内容) 厳選した最新のデータをもとに, 日本の社会・経済情勢を表とグラフでわかりやすく解説したデータブック。創刊以来96年, 81版を重ねた伝統と信頼。産業経済や社会の最良の案内書。学校・職場・図書館・家庭必備のベストセラー。巻末：主要長期統計, 府県別統計掲載。

環境・エネルギー問題全般

**日本国勢図会　日本がわかるデータブック
2024/25**　矢野恒太記念会編集　矢野恒太記念会　2024.6　527p　21cm　3000円
①978-4-87549-155-2

〔目次〕第1章 世界の国々, 第2章 国土と気候, 第3章 人口, 第4章 府県と都市, 第5章 労働, 第6章 国民経済計算, 第7章 企業活動, 第8章 資源, 第9章 一次エネルギー, 第10章 電力・ガス, 第11章 農業・農作物, 第12章 畜産業, 第13章 林業, 第14章 水産業, 第15章 工業, 第16章 金属工業, 第17章 機械工業, 第18章 化学工業, 第19章 食料品工業, 第20章 その他の工業, 第21章 建設業, 第22章 サービス産業, 第23章 卸売業・小売業, 第24章 日本の貿易, 第25章 世界の貿易, 第26章 国際収支・国際協力, 第27章 物価・地価, 第28章 財政, 第29章 金融, 第30章 運輸・観光, 第31章 情報通信, 第32章 科学技術, 第33章 国民の生活, 第34章 教育, 第35章 社会保障・社会福祉, 第36章 保健・衛生, 第37章 環境問題, 第38章 災害と事故, 第39章 犯罪・司法, 第40章 国防と自衛隊

〔内容〕厳選した最新のデータをもとに、日本の社会・経済情勢を表とグラフでわかりやすく解説したデータブック。産業経済や社会の最良の案内書。巻末：主要長期統計、府県別統計掲載。

日本統計年鑑　第61回（平成24年）　総務省統計局統計研修所編　日本統計協会　2011.11　948p　26cm　〈付属資料：CD-ROM1　本文：日英両文　発売：毎日新聞社〉　13000円　①978-4-620-85021-4

〔目次〕国土・気象, 人口・世帯, 国民経済計算, 通貨・資金循環, 財政, 企業活動, 農林水産業, 鉱工業, 建設業, エネルギー・水, 情報通信・科学技術, 運輸・観光, 商業・サービス業, 金融・保険, 貿易・国際収支・国際協力, 労働, 賃金, 物価・地価, 住宅・土地, 家計, 社会保障, 保健衛生, 教育, 文化, 公務員・選挙, 司法・警察, 環境・災害・事故, 国際統計, 付1 統計資料案内, 付2 都道府県別統計表及び男女別統計表索引

〔内容〕日本の国土、人口、経済、社会、文化などの広範な分野にわたる基本的な統計を、網羅的かつ体系的に日英両語で収録した総合統計書。統計資料案内、都道府県別統計表及び男女別統計表索引付き。

日本統計年鑑　第61回（平成24年）　総務省統計局編　日本統計協会　2011.11　948p　26cm　〈本文：日英両文　付属資料：CD-ROM1　発売：毎日新聞社〉　13000円
①978-4-8223-3704-9

〔目次〕国土・気象, 人口・世帯, 国民経済計算, 通貨・資金循環, 財政, 企業活動, 農林水産業, 鉱工業, 建設業, エネルギー・水, 情報通信・科学技術, 運輸・観光, 商業・サービス業, 金融・保険, 貿易・国際収支・国際協力, 労働, 賃金, 物価・地価, 住宅・土地, 家計, 社会保障, 保健衛生, 教育, 文化, 公務員・選挙, 司法・警察, 環境・災害・事故, 国際統計, 付1 統計資料案内, 付2 都道府県別統計表及び男女別統計表索引

日本統計年鑑　第62回（平成25年）　総務省統計局, 総務省統計研修所編　日本統計協会　2012.11　940p　26cm　〈発売：毎日新聞社　付属資料：CD-ROM1〉　13000円
①978-4-8223-5022-1

〔目次〕国土・気象, 人口・世帯, 国民経済計算, 通貨・資金循環, 財政, 企業活動, 農林水産業, 鉱工業, 建設業, エネルギー・水〔ほか〕

日本統計年鑑　第62回（平成25年）　総務省統計局, 総務省統計研修所編　日本統計協会　2012.11　940p　26cm　〈発売：毎日新聞社　付属資料：CD-ROM1〉　13000円
①978-4-8223-3721-6

〔目次〕国土・気象, 人口・世帯, 国民経済計算, 通貨・資金循環, 財政, 企業活動, 農林水産業, 鉱工業, 建設業, エネルギー・水〔ほか〕

日本統計年鑑　第63回（平成26年）　総務省統計局編　日本統計協会　2013.11　942p　26cm　〈発売：毎日新聞社　付属資料：CD-ROM1〉　13000円　①978-4-620-85023-8

〔目次〕国土・気象, 人口・世帯, 国民経済計算, 通貨・資金循環, 財政, 企業活動, 農林水産業, 鉱工業, 建設業, エネルギー・水, 情報通信・科学技術, 運輸・観光, 商業・サービス業, 金融・保険, 貿易・国際収支・国際協力, 労働, 賃金, 物価・地価, 住宅・土地, 家計, 社会保障, 保健衛生, 教育, 文化, 公務員・選挙, 司法・警察, 環境・災害・事故, 国際統計, 付1 統計資料案内, 付2 都道府県別統計表及び男女別統計表索引

日本統計年鑑　第63回（平成26年）　総務省統計局編　日本統計協会, 毎日新聞社　2013.11　942p　26cm　〈付属資料：CD-ROM1〉　13000円　①978-4-8223-3731-5

〔目次〕国土・気象, 人口・世帯, 国民経済計算, 通貨・資金循環, 財政, 企業活動, 農林水産業, 鉱工業, 建設業, エネルギー・水, 情報通信・科学技術, 運輸・観光, 商業・サービス業, 金融・保険, 貿易・国際収支・国際協力, 労働, 賃金, 物価・地価, 住宅・土地, 家計, 社会保障, 保健衛生, 教育, 文化, 公務員・選挙, 司法・警察, 環境・災害・事故, 国際統計, 付1 統計資料案内, 付2 都道府県別統計表及び男女別統計表索引

日本統計年鑑　第64回（平成27年）　総務省統計局編　日本統計協会, 毎日新聞社　2014.11　945p　26cm　〈本文：日英両文, 付属資料：CD-ROM1〉　14000円　①978-4-620-85024-5

〔目次〕国土・気象, 人口・世帯, 国民経済計算, 通貨・資金循環, 財政, 企業活動, 農林水産業,

日本統計年鑑　第64回(平成27年)　総務省統計局編　日本統計協会, 毎日新聞社　2014.11　945p　26cm　〈本文：日英両文, 付属資料：CD-ROM1〉　14000円　①978-4-8223-3784-1
(目次) 国土・気象, 人口・世帯, 国民経済計算, 通貨・資金循環, 財政, 企業活動, 農林水産業, 鉱工業, 建設業, エネルギー・水〔ほか〕

日本統計年鑑　第65回(平成28年)　総務省統計局編　日本統計協会　2015.11　963p　26cm　〈本文：日英両文, 付属資料：CD-ROM1〉　14500円　①978-4-620-85025-2
(目次) 1部 地理・人口, 2部 マクロ経済活動, 3部 企業・事業所, 4部 労働・物価・住宅・家計, 5部 社会, 6部 国際

日本統計年鑑　第65回(平成28年)　総務省統計局編　日本統計協会, 毎日新聞出版　2015.11　963p　26cm　〈本文：日英両文, 付属資料：CD-ROM1〉　14500円　①978-4-8223-3859-6
(目次) 1部 地理・人口, 2部 マクロ経済活動, 3部 企業・事業所, 4部 労働・物価・住宅・家計, 5部 社会, 6部 国際

日本統計年鑑　第66回(平成29年)　総務省統計局編　日本統計協会, 毎日新聞出版　2016.11　753p　26cm　14500円　①978-4-620-85026-9
(目次) 1部 地理・人口, 2部 マクロ経済活動, 3部 企業・事業所, 4部 労働・物価・住宅・家計, 5部 社会, 6部 国際

日本統計年鑑　第66回(平成29年)　総務省統計局編　日本統計協会, 毎日新聞出版　2016.11　753p　26cm　〈本文：日英両文, 付属資料：CD-ROM1〉　14500円　①978-4-8223-3907-2
(目次) 1部 地理・人口, 2部 マクロ経済活動, 3部 企業・事業所, 4部 労働・物価・住宅・家計, 5部 社会, 6部 国際

日本統計年鑑　第67回(平成30年)　総務省統計局編　日本統計協会, 毎日新聞出版　2017.11　747p　26cm　〈付属資料：CD-ROM1〉　14500円　①978-4-8223-3980-7
(目次) 1部 地理・人口, 2部 マクロ経済活動, 3部 企業・事業所, 4部 労働・物価・住宅・家計, 5部 社会, 6部 国際

日本統計年鑑　第68回(平成31年)　総務省統計局編　日本統計協会, 毎日新聞出版　2018.11　748p　26cm　15000円　①978-4-620-85028-3
(目次) 1部 地理・人口, 2部 マクロ経済活動, 3部 企業・事業所, 4部 労働・物価・住宅・家計, 5部 社会, 6部 国際

日本統計年鑑　第68回(平成31年)　総務省統計局編　日本統計協会, 毎日新聞出版　2018.11　748p　26cm　〈付属資料：CD-ROM1〉　15000円　①978-4-8223-4031-5
(目次) 1部 地理・人口, 2部 マクロ経済活動, 3部 企業・事業所, 4部 労働・物価・住宅・家計, 5部 社会, 6部 国際

日本統計年鑑　第69回(令和2年)　総務省統計局編　日本統計協会　2019.11　750p　26cm　〈発売：毎日新聞出版　付属資料：CD-ROM1〉　15000円　①978-4-620-85029-0
(目次) 1部 地理・人口(国土・気象, 人口・世帯), 2部 マクロ経済活動(国民経済計算, 通貨・資金循環, 財政, 貿易・国際収支・国際協力), 3部 企業・事業所(企業活動, 農林水産業, 鉱工業, 建設業, エネルギー・水, 情報通信, 運輸・観光卸売業・小売業, サービス業, 金融・保険, 環境, 科学技術), 4部 労働・物価・住宅・家計(労働・賃金, 物価・地価, 住宅・土地, 家計), 5部 社会(社会保障, 保健衛生, 教育, 文化, 公務員・選挙, 司法・警察, 災害・事故), 6部 国際(国際統計)

日本統計年鑑　第69回(令和2年)　総務省統計局編　日本統計協会, 毎日新聞出版　2019.11　750p　26cm　〈付属資料：CD-ROM1〉　15000円　①978-4-8223-4063-6
(目次) 1部 地理・人口, 2部 マイクロ経済活動, 3部 企業・事業所, 4部 労働・物価・住宅・家計, 5部 社会, 6部 国際

日本統計年鑑　第70回(令和3年)　総務省統計局編　日本統計協会, 毎日新聞出版　2020.11　750p　26cm　〈付属資料：CD-ROM1〉　15000円　①978-4-620-85030-6
(目次) 1部 地理・人口, 2部 マクロ経済活動, 3部 企業・事業所, 4部 労働・物価・住宅・家計, 5部 社会, 6部 国際
(内容) 日本の国土、人口、経済、社会、文化などの広範な分野にわたる基本的な統計を、網羅的かつ体系的に日英両語で収録した総合統計書。統計表目次、事項索引付き。

日本統計年鑑　第70回(令和3年)　総務省統計局編　日本統計協会, 毎日新聞出版　2020.11　750p　26cm　15000円　①978-4-8223-4099-5
(目次) 1部 地理・人口, 2部 マクロ経済活動, 3部 企業・事業所, 4部 労働・物価・住宅・家

計，5部 社会，6部 国際

日本統計年鑑　第71回（令和4年）　総務省統計局編　日本統計協会，毎日新聞出版　2021.11　758p　26cm　〈付属資料：CD-ROM1〉　15000円　①978-4-8223-4131-2
（目次）1部 地理・人口，2部 マクロ経済活動，3部 企業・事業所，4部 労働・物価・住宅・家計，5部 社会，6部 国際
（内容）日本の国土、人口、経済、社会、文化などの広範な分野にわたる基本的な統計を、網羅的かつ体系的に日英両語で収録した総合統計書。統計表目次、事項索引付き。

日本統計年鑑　第72回（令和5年）　総務省統計局編　日本統計協会，毎日新聞出版　2022.11　760p　27×20cm　〈付属資料：CD-ROM〉　15000円　①978-4-620-85032-0
（目次）1部 地理・人口，2部 マクロ経済活動，3部 企業・事業所，4部 労働・物価・住宅・家計，5部 社会，6部 国際

日本統計年鑑　第72回（令和5年）　総務省統計局編　日本統計協会，毎日新聞出版　2022.11　760p　26cm　〈付属資料：CD-ROM1〉　15000円　①978-4-8223-4161-9
（目次）1部 地理・人口，2部 マクロ経済活動，3部 企業・事業所，4部 労働・物価・住宅・家計，5部 社会，6部 国際
（内容）日本の国土、人口、経済、社会、文化などの広範な分野にわたる基本的な統計を、網羅的かつ体系的に日英両語で収録した総合統計書。統計表目次、事項索引付き。

日本統計年鑑　第73回（令和6年）　総務省統計局編集　日本統計協会　2023.11　760p　27cm　15000円　①978-4-620-85033-7
（目次）1部 地理・人口，2部 マクロ経済活動，3部 企業・事業所，4部 労働・物価・住宅・家計，5部 社会，6部 国際

日本統計年鑑　第73回（令和6年）　総務省統計局編　日本統計協会　2023.11　1冊　26cm　15000円　①978-4-8223-4210-4
（目次）1部 地理・人口，2部 マクロ経済活動，3部 企業・事業所，4部 労働・物価・住宅・家計，5部 社会，6部 国際

日本の統計　2011年版　総務省統計局，総務省統計研修所編　日本統計協会　2011.3　376p　21cm　1800円　①978-4-8223-3688-2
（目次）グラフでみる日本の統計，統計表（国土・気象，人口・世帯，国民経済計算，通貨・資金循環，財政，企業活動，農林水産業，鉱工業，建設業，エネルギー・水，情報通信・科学技術，運輸，商業・サービス業，金融・保険，貿易・国際収支・国際協力，労働・賃金，物価，住宅・土地，家計，社会保障，保健衛生，教育，文化，公務員・選挙，司法・警察，環境・災害・事故）

日本の統計　2012年版　総務省統計局，総務省統計研修所編　日本統計協会　2012.3　379p　21cm　1800円　①978-4-8223-3713-1
（目次）グラフでみる日本の統計，統計表（国土・気象，人口・世帯，国民経済計算，通貨・資金循環，財政，企業活動，農林水産業，鉱工業，建設業，エネルギー・水，情報通信・科学技術，運輸，商業・サービス業，金融・保険，貿易・国際収支・国際協力，労働・賃金，物価・地価，住宅・土地，家計，社会保障，保健衛生，教育，分化，公務員・選挙，司法・警察，環境・災害・事故）

日本の統計　2013年版　総務省統計局，総務省統計研修所編　日本統計協会　2013.3　377p　21cm　1800円　①978-4-8223-3724-7
（目次）国土・気象，人口・世帯，国民経済計算，通貨・資金循環，財政，企業活動，農林水産業，鉱工業，建設業，エネルギー・水，国際開発援助，労働・賃金，物価・家計，国民生活・社会保障，教育・文化，環境

日本の統計　2014　総務省統計局編　日本統計協会　2014.3　377p　21cm　1800円　①978-4-8223-3734-6
（目次）グラフでみる日本の統計，統計表（国土・気象，人口・世帯，国民経済計算，通貨・資金循環，財政 ほか）

日本の統計　2015　総務省統計局編　日本統計協会　2015.3　377p　21cm　1850円　①978-4-8223-3838-1
（目次）グラフでみる日本の統計，統計表（国土・気象，人口・世帯，国民経済計算，通貨・資金循環，財政，企業活動，農林水産業，鉱工業，建設業，エネルギー・水 ほか）

日本の統計　2016　総務省統計局編　日本統計協会　2016.3　353p　21cm　1850円　①978-4-8223-3865-7
（目次）グラフでみる日本の統計，統計表，1部 地理・人口（国土・気象，人口・世帯），2部 マクロ経済活動（国民経済計算，通貨・資金循環，財政，貿易・国際収支・国際協力），3部 企業・事業所（企業活動，農林水産業，鉱工業，建設業，エネルギー・水，情報通信，運輸・観光，卸売業・小売業，サービス産業，金融・保険，環境，科学技術），4部 労働・物価・住宅・家計（労働・賃金，物価・地価，住宅・土地，家計），5部 社会（社会保障，保健衛生，教育，文化，公務員・選挙，司法・警察，災害・事故），都道府県資料一覧

日本の統計　2017　総務省統計局編　日本統計協会　2017.3　276p　21cm　1850円　①978-4-8223-3920-3
（目次）グラフでみる日本の統計，1部 地理・人口（国土・気象，人口・世帯），2部 マクロ経済

活動(国民経済計算, 通貨・資金循環, 財政, 貿易・国際収支・国際協力), 3部 企業・事業所(企業活動, 農林水産業, 鉱工業, 建設業, エネルギー, 情報通信, 運輸・観光, 卸売業・小売業, サービス産業, 金融・保険, 環境, 科学技術), 4部 労働・物価・住宅・家計(労働・賃金, 物価・地価, 住宅・土地, 家計), 5部 社会(社会保障, 保健衛生, 教育, 文化, 公務員・選挙, 司法・警察, 災害・事故)

日本の統計 2018 総務省統計局編 日本統計協会 2018.3 275p 21cm 1900円 ①978-4-8223-4003-2
(目次) グラフでみる日本の統計, 統計表(地理・人口, マクロ経済活動, 企業・事業所, 労働・物価・住宅・家計, 社会)

日本の統計 2019 総務省統計局編 日本統計協会 2019.3 277p 21cm 2000円 ①978-4-8223-4048-3
(目次) グラフでみる日本の統計, 1部 地理・人口(国土・気象, 人口・世帯), 2部 マクロ経済活動(国民経済計算, 通貨・資金循環, 財政, 貿易・国際収支・国際協力), 3部 企業・事業所(企業活動, 農林水産業, 鉱工業, 建設業, エネルギー・水, 情報通信, 運輸・観光, 卸売業・小売業, サービス産業, 金融・保険, 環境, 科学技術), 4部 労働・物価・住宅・家計(労働・賃金, 物価・地価, 住宅・土地, 家計), 5部 社会(社会保障, 保健衛生, 教育, 文化, 公務員・選挙, 司法・警察, 災害・事故)

日本の統計 2020 総務省統計局編 日本統計協会 2020.3 277p 21cm 2000円 ①978-4-8223-4084-1
(目次) グラフでみる日本の統計, 統計表(地理・人口, マクロ経済活動, 企業・事業所, 労働・物価・住宅・家計, 社会)
(内容) 我が国の国土, 人口, 経済, 社会, 文化などの広範な分野に関して, よく利用される基本的な統計を選んで体系的に編成し, ハンディで見やすい形に取りまとめたもの。

日本の統計 2021 総務省統計局編 日本統計協会 2021.3 279p 21cm 2000円 ①978-4-8223-4109-1
(目次) グラフでみる日本の統計(国土利用の割合, 経済成長率, 我が国の人口ピラミッド, 総人口の推移 ほか), 統計表(地理・人口, マクロ経済活動, 企業・事務所, 労働・物価・住宅・家計, 社会)
(内容) 我が国の国土, 人口, 経済, 社会, 文化などの広範な分野に関して, よく利用される基本的な統計を選んで体系的に編成し, ハンディで見やすい形に取りまとめたもの。

日本の統計 2022 総務省統計局編 日本統計協会 2022.3 279p 21cm 2000円 ①978-4-8223-4138-1
(目次) グラフでみる日本の統計(国土利用の割合, 経済成長率, 我が国の人口ピラミッド, 総人口の推移, マネーストック(平均残高)の増減率 ほか), 統計表(地理・人口, マクロ経済活動, 企業・事業所, 労働・物価・住宅・家計, 社会)
(内容) 我が国の国土, 人口, 経済, 社会, 文化などの広範な分野に関して, よく利用される基本的な統計を選んで体系的に編成し, ハンディで見やすい形に取りまとめたもの。

日本の統計 2023年版 総務省統計局編 日本統計協会 2023.3 279p 21cm 2000円 ①978-4-8223-4175-6
(目次) グラフでみる日本の統計(国土利用の割合, 経済成長率, 我が国の人口ピラミッド, 総人口の推移, マネーストック(平均残高)の増減率 ほか), 統計表(地理・人口, マクロ経済活動, 企業・事業所, 労働・物価・住宅・家計, 社会)
(内容) 我が国の国土, 人口, 経済, 社会, 文化などの広範な分野に関して, よく利用される基本的な統計を選んで体系的に編成し, ハンディで見やすい形に取りまとめたもの。

日本の統計 2024 総務省統計局編 日本統計協会 2024.3 10,277p 21cm 2200円 ①978-4-8223-4219-7
(目次) グラフでみる日本の統計, 統計表, 1部 地理・人口, 2部 マクロ経済活動, 3部 企業・事業所, 4部 労働・物価・住宅・家計, 5部 社会

ポケット統計資料 統計情報で見る世界と日本 2011 日本文教出版 2011.4 207p 18cm 540円 ①978-4-536-60038-5
(目次) 世界と日本の自然, 世界と日本の人口, エネルギー資源と環境, 農林水産業, 鉱工業, 貿易, 交通・運輸, 商業・企業, 国民所得, 物価・家計, 労働, 教育・文化, 社会保障・福祉・保健衛生, 国・地方の政治, 国際連合と国際協力

ポケット統計資料 統計情報で見る世界と日本 2012 日本文教出版 2012.4 207p 18cm 540円 ①978-4-536-60049-1
(目次) 世界と日本の自然, 世界と日本の人口, エネルギー資源と環境, 農林水産業, 鉱工業, 貿易, 交通・運輸, 商業・企業, 国民所得, 物価・家計, 労働, 教育・文化, 社会保障・福祉・保健衛生, 国・地方の自治

ポケット統計資料 統計情報で見る世界と日本 2013 日本文教出版 2013.4 207p 17cm 540円 ①978-4-536-60060-6
(目次) 世界と日本の自然, 世界と日本の人口, エネルギー資源と環境, 農林水産業, 鉱工業, 貿易, 交通・運諭, 商業・企業, 国民所得, 物価・家計, 労働, 教育・文化, 社会保障・福祉・保健衛生, 国・地方の政治, 国際連合と国際協力

ポケット統計資料 統計情報で見る世界と日本 2014 日本文教出版編集部編 日本

文教出版　2014.4　207p　17cm　540円　①978-4-536-60064-4

(目次) 世界と日本の自然，世界と日本の人口，エネルギー資源と環境，農林水産業，鉱工業，貿易，交通・運輸，商業・企業，国民所得，物価・家計，労働，教育・文化，社会保障・福祉・保健衛生，国・地方の政治，国際連合と国際協力

ポケット統計資料　統計情報で見る世界と日本　2015　日本文教出版編集部編　（大阪）日本文教出版　2015.4　207p　18cm　540円　①978-4-536-60079-8

(目次) 世界と日本の自然，世界と日本の人口，エネルギー資源と環境，農林水産業，鉱工業，貿易，交通・運輸，商業・企業，国民所得，物価・家計，労働，教育・文化，社会保障・福祉・保健衛生，国・地方の政治，国際連合と国際協力

ポケット統計資料　統計情報で見る世界と日本　2016　日本文教出版編集部編　日本文教出版　2016.4　207p　17cm　540円　①978-4-536-60089-7

(目次) 世界と日本の自然，世界と日本の人口，エネルギー資源と環境，農林水産業，鉱工業，貿易，交通・運輸，商業・企業，国民所得，物価・家計，労働，教育・文化，社会保障・福祉・保健衛生，国・地方の政治，国際連合と国際協力

環境問題

環境問題全般

<年 表>

環境年表　第1冊（平成21・22年）　国立天文台編　丸善　2009.2　398p　21cm　（理科年表シリーズ）〈『理科年表 環境編』第2版（2006年刊）の改訂　索引あり〉　2000円
⒤978-4-621-08068-9　Ⓝ519.036
(目次) 1 地球環境変動の外部要因, 2 気候変動・地球温暖化, 3 オゾン層, 4 大気汚染, 5 水循環, 6 淡水・海洋環境, 7 陸域環境, 8 物質循環, 9 産業・生活環境, 10 環境保全に関する国際条約・国際会議

環境年表　第2冊（平成23・24年）　国立天文台編　丸善　2011.1　408p　21cm　（理科年表シリーズ）〈索引あり〉　2000円
⒤978-4-621-08308-6　Ⓝ519.036
(目次) 1 地球環境変動の外部要因, 2 気候変動・地球温暖化, 3 オゾン層, 4 大気汚染, 5 水循環, 6 淡水・海洋環境, 7 陸域環境, 8 物質循環, 9 産業・生活環境, 10 環境保全に関する国際条約・国際会議

環境年表　第3冊（平成25・26年）　国立天文台編　丸善出版　2013.12　454p　21cm　（理科年表シリーズ）〈索引あり〉　2000円
⒤978-4-621-08737-4　Ⓝ519.036
(目次) 1 地球環境変動の外部要因, 2 気候変動・地球温暖化, 3 オゾン層, 4 大気汚染, 5 水循環, 6 陸水・海洋環境, 7 陸域環境, 8 物質循環, 9 産業・生活環境, 10 環境保全に関する国際条約・国際会議

環境年表　第4冊（平成27・28年）　国立天文台編　丸善出版　2015.12　498p　21cm　（理科年表シリーズ）〈索引あり〉　2800円
⒤978-4-621-08994-1　Ⓝ519.036
(目次) 1 地球環境変動の外部要因, 2 気候変動・地球温暖化, 3 オゾン層, 4 大気汚染, 5 水循環, 6 陸水・海洋環境, 7 陸域環境, 8 ヒトの健康と環境, 9 物質循環, 10 産業・生活環境, 11 環境保全に関する国際条約・国際会議

環境年表　第5冊（平成29-30年）　国立天文台編　丸善出版　2017.1　515p　21cm　（理科年表シリーズ）〈索引あり〉　2800円
⒤978-4-621-30100-5　Ⓝ519.036
(目次) 1 地球環境変動の外部要因, 2 気候変動・地球温暖化, 3 オゾン層, 4 大気汚染, 5 水循環, 6 陸水・海洋環境, 7 陸域環境, 8 ヒトの健康と環境, 9 物質循環, 10 産業・生活環境, 11 環境保全に関する国際条約・国際会議

環境年表　第6冊（2019-2020）　国立天文台編　丸善出版　2018.11　509p　21cm　（理科年表シリーズ）〈索引あり〉　2800円
⒤978-4-621-30334-4　Ⓝ519.036
(目次) 1 地球環境変動の外部要因, 2 気候変動・地球温暖化, 3 オゾン層, 4 大気汚染, 5 水循環, 6 陸水・海洋環境, 7 陸域環境, 8 ヒトの健康と環境, 9 物質循環, 10 産業・生活環境, 11 環境保全に関する国際条約・国際会議
(内容) 地球全体・局所的地域・生活環境において長年蓄積されてきた膨大な科学データを一冊に凝縮、ブルーカーボンなど話題のテーマを取りあげたトピックも多数収載。

環境年表　第7冊（2021-2022）　国立天文台編　丸善出版　2021.11　521p　21cm　（理科年表シリーズ）〈索引あり〉　3000円
⒤978-4-621-30656-7　Ⓝ519.036
(目次) 1 地球環境変動の外部要因, 2 気候変動・地球温暖化, 3 オゾン層, 4 大気汚染, 5 水循環, 6 陸水・海洋環境, 7 陸域環境, 8 ヒトの健康と環境, 9 物質循環, 10 産業・生活環境, 11 環境保全に関する国際条約・国際会議
(内容) 地球温暖化、異常気象、酸性雨、エネルギー問題といった関心の高い話題から、地球外部を要因とする環境変動、大気や水の汚染、ごみ、廃棄物等の産業・生活環境まで、あらゆる「環境」に関するデータを総合的にまとめる。

環境年表　第8冊（2023-2024）　国立天文台編　丸善出版　2023.11　512p　21cm　（理科年表シリーズ）〈索引あり〉　3000円
⒤978-4-621-30844-8　Ⓝ519.036
(目次) 1 地球環境変動の外部要因, 2 気候変動・地球温暖化, 3 オゾン層, 4 大気汚染, 5 水循環, 6 陸水・海洋環境, 7 陸域環境, 8 ヒトの健康と環境, 9 物質循環, 10 産業・生活環境, 11 環境保全に関する国際条約・国際会議
(内容) 地球温暖化、酸性雨、エネルギー問題といった関心の高い話題から、地球外部を要因とする環境変動、大気や水の汚染、ごみ、廃棄物等の産業・生活環境まで、あらゆる「環境」に関するデータを総合的にまとめる。

環境問題全般　　　　　　　環境問題

<事典>

環境社会学事典　環境社会学会編　丸善出版　2023.3　718p　22cm　〈他言語標題：THE ENCYCLOPEDIA OF ENVIRNOMENTAL SOCIOLOGY　文献あり　索引あり〉　24000円　①978-4-621-30754-0　Ⓝ361.036

(内容)　感染症や自然災害等のリスクに直面する時代に重要な意味を持つ「環境社会学」に関する中項目事典。環境社会学の視座やアプローチ、これまでの研究蓄積、そして今後の展開を記す。

新 生物による環境調査事典　内山裕之編著　東京書籍　2012.8　319p　21cm　〈索引あり〉　2000円　①978-4-487-80687-4　Ⓝ375

(目次)　第1章 人工放射線の影響を考える（人工物質による環境汚染とは、自然観察から見える放射能汚染 ほか）、第2章 生物による環境調査・観察の意義（町の植物の特徴とは、里山の自然とは ほか）、第3章 動物による環境調査（トンボから自然度を見る、アシナガバチの巣を探そう ほか）、第4章 植物による環境調査・観察（水辺の植物とは、水辺の植物から自然度を見る ほか）、第5章 ビオトープ・環境保全その他（ビオトープとは、ビオトープ池を作ろう ほか）

(内容)　環境教育に役立つ！　授業で使える！　自然観察から見える放射能汚染、野生の帰化調査など、新しい環境調査活動事例が結集。

リスク学事典　日本リスク研究学会編　丸善出版　2019.6　804p　22cm　〈他言語標題：THE ENCYCLOPEDIA OF RISK RESEARCH　文献あり　索引あり〉　22000円　①978-4-621-30381-8　Ⓝ519.9

(目次)　第1部 リスク学の射程（リスクを取り巻く環境変化）、第2部 リスク学の基本（リスク評価の手法：リスクを測る、リスク管理の手法：リスクを最適化する、リスクコミュニケーション：リスクを対話する ほか）、第3部 リスク学を構成する専門分野（環境と健康のリスク、社会インフラのリスク、気候変動と自然災害のリスク ほか）、第4部 リスク学の今後（リスク教育と人材育成、国際潮流、新しいリスクの台頭と社会の対応）

<辞典>

日エス環境問題用語集　La Grupo NUN-Vortoj編・著作権　日本エスペラント協会　2012.10　44p　21cm　〈他言語標題：Japana-Esperanta terminaro pri naturmediaj problemoj〉　300円　①978-4-88887-074-0　Ⓝ519.033

(内容)　環境問題のエスペラント語彙集。約2000の見出し語を収録しています。環境全般、会議・条約、生物多様性、地球温暖化、水、海洋、砂漠化、農業、漁業、食糧、人口、ごみ、石油、代替エネルギー、発電、原発など多岐にわたる用語を収録。

<ハンドブック>

中国環境ハンドブック　2011-2012年版　中国環境問題研究会編　（町田）蒼星社　2011.9　354p　21cm　〈文献あり〉　2800円　①978-4-88360-101-1　Ⓝ519.222

やさしい環境問題読本　地球の環境についてまず知ってほしいこと　西野順也著　東京図書出版　2015.12　217p　21cm　〈文献あり　発売：リフレ出版〉　1800円　①978-4-86223-914-3　Ⓝ519

(目次)　はじめに一地球の自然と環境問題、地球の物質循環とエネルギー利用のしくみ、エネルギー・資源の利用の現状と環境問題、地球環境の形成と文明の発達、環境中の化学物質と生体影響、化学物質の管理と法体系、放射性物質の生体影響、有害性と環境リスクの定量的な考え方と評価方法、持続可能な発展と地球環境、おわりに、検討課題、参考資料、付録：日本の環境基準

(内容)　地球環境保護のために私たちは何をなすべきか！　地球の環境維持のしくみや環境形成の歴史から、人類の進化、活動の現状と持続可能性、環境中の化学物質や放射線による生体影響について、わかりやすく解説した環境問題の入門書。

<年鑑・白書>

環境総覧　2013　環境総覧編集委員会編　通産資料出版会　2013.3　807p　26cm　37000円　①978-4-901864-16-9

(目次)　第1編 総説―アウトルック（環境問題の基本認識、環境問題への国際的な取組の40年 ほか）、第2編 データで見る環境問題―ファクト（データで見る地球の環境、データで見る日本の環境）、第3編 注目課題の最新動向―トレンド（気候変動（地球温暖化）問題、生物多様性 ほか）、第4編 環境行動―アクション（環境経営、環境産業 ほか）、第5編 環境法令―コンプライアンス（環境基本法、公害防止関連法 ほか）

環境白書　循環型社会白書/生物多様性白書　平成23年版　地球との共生に向けた確かな知恵・規範・行動　環境省編　日経印刷　2011.6　454p　30cm　〈発売：全国官報販売協同組合〉　2381円　①978-4-904260-84-5

(目次)　第1部 総合的な施策等に関する報告（持続可能性と豊かさ、地球と人との確かなつながり、地球のいのちを未来につなぐ ほか）、第2部 各分野の施策等に関する報告（低炭素社会の構築、地球環境、大気環境、水環境、土壌環境

等の保全，循環型社会の構築に向けて ほか）

環境白書 循環型社会白書/生物多様性白書 平成24年版　環境省編　日経印刷　2012.6　422p　30cm　〈発売：全国官報販売協同組合〉　2381円　①978-4-905427-13-1

（目次）平成23年度環境の状況・平成23年度循環型社会の形成の状況・平成23年度生物の多様性の状況（総合的な施策等に関する報告（地球と我が国の現状，東日本大震災と原子力発電所における事故への対応，元気で豊かな地域社会づくり，各種施策の基盤，各主体の参加及び国際協力に係施策），各分野の施策等に関する報告（低炭素社会の構築，生物多様性の保全及び持続可能な利用，循環型社会の構築に向けて，大気循環・水循環，土壌環境等の保全，化学物質の環境リスクの評価・管理，各種施策の基盤，各主体の参加及び国際協力に係る施策），平成24年度環境の保全に関する施策・平成24年度循環型社会の形成に関する施策・平成24年度生物の多様性の保全及び持続可能な利用に関する施策（低炭素社会の構築，生物多様性の保全及び持続可能な利用—私たちのいのちと暮らしを支える生物多様性，循環型社会の形成，大気循環，水環境，土壌環境等の保全，化学物質の環境リスクの評価・管理，各種施策の基盤・各主体の参加及び国際協力に係施策）

環境白書 循環型社会白書/生物多様性白書 平成25年版　環境省編　日経印刷　2013.6　434p　30cm　〈発売：全国官報販売協同組合〉　2571円　①978-4-905427-45-2

（目次）平成24年度環境の状況，平成24年度循環型社会の形成の状況，平成24年度生物の多様性の状況（総合的な施策等に関する報告，各分野の施策等に関する報告），平成25年度環境の保全に関する施策，平成25年度循環型社会の形成に関する施策，平成25年度生物の多様性の保全及び持続可能な利用に関する施策（低炭素社会の構築，生物多様性の保全及び持続可能な利用—豊かな自然共生社会の実現に向けて，循環型社会の形成，大気環境，水環境，土壌環境等の保全，化学物質の環境リスクの評価・管理，各種施策の基盤，各主体の参加及び国際協力に係る施策）

環境白書 循環型社会白書/生物多様性白書 平成26年版　環境省編　日経印刷　2014.6　482p　30cm　〈発売：全国官報販売協同組合〉　2380円　①978-4-905427-73-5

（目次）平成25年度環境の状況 平成25年度循環型社会の形成の状況 平成25年度生物の多様性の状況（総合的な施策等に関する報告（地球環境の現状と持続可能な社会の構築に向けて，被災地の回復と未来への取組，グリーン経済の取組の重要性—金融と技術の活用），各分野の施策等に関する報告（低炭素社会の構築，生物多様性の保全及び持続可能な利用—豊かな自然共生社会の実現に向けて，循環型社会の構築に向けて ほか）），平成26年度環境の保全に関する施策 平成26年度循環型社会の形成に関する施策 平成26年度生物の多様性の保全及び持続可能な利用に関する施策（低炭素社会の構築，生物多様性の保全及び持続可能な利用—豊かな自然共生社会の実現に向けて，循環型社会の形成の状況 ほか）

環境白書 循環型社会白書/生物多様性白書 平成27年版　環境とともに創る地域社会・地域経済　環境省編　日経印刷　2015.6　452p　30cm　〈発売：全国官報販売協同組合〉　2380円　①978-4-86579-009-2

（目次）平成26年度環境の状況 平成26年度循環型社会の形成の状況 平成26年度生物の多様性の状況（総合的な施策等に関する報告），平成27年度環境の保全に関する施策 平成27年度循環型社会の形成に関する施策 平成27年度生物の多様性の保全及び持続可能な利用に関する施策（低炭素社会の構築，生物多様性の保全及び持続可能な利用—豊かな自然共生社会の実現に向けて，循環型社会の形成，大気環境，水環境，土壌環境等の保全，化学物質の環境リスクの評価・管理，各種施策の基盤，各主体の参加及び国際協力に係る施策）

環境白書 循環型社会白書/生物多様性白書 平成28年版　地球温暖化対策の新たなステージ　環境省編　日経印刷　2016.6　424p　30cm　〈発売：全国官報販売協同組合〉　2380円　①978-4-86579-045-0

（目次）平成27年度環境の状況 平成27年度循環型社会の形成の状況 平成27年度生物の多様性の状況（総合的な施策等に関する報告，各分野の施策等に関する報告），平成28年度環境の保全に関する施策 平成28年度循環型社会の形成に関する施策 平成28年度生物の多様性の保全及び持続可能な利用に関する施策（低炭素社会の構築，生物多様性の保全及び持続可能な利用—豊かな自然共生社会の実現に向けて，循環型社会の形成，大気環境，水環境，土壌環境等の保全，化学物質の環境リスクの評価・管理 ほか）

環境白書 循環型社会白書/生物多様性白書 平成29年版　環境から拓く、経済・社会のイノベーション　環境省編　日経印刷　2017.6　400p　30cm　〈発売：全国官報販売協同組合〉　2380円　①978-4-86579-079-5

（目次）平成28年度環境の状況 平成28年度循環型社会の形成の状況 平成28年度生物の多様性の状況（総合的な施策等に関する報告（地球環境の限界と持続可能な開発目標（SDGs），パリ協定を踏まえて加速する気候変動対策，我が国における環境・経済・社会の諸課題の同時解決，東日本大震災及び平成28年熊本地震からの復興と環境回復の取組），各分野の施策等に関する報告（低炭素社会の構築，生物多様性の保全及び持続可能な利用—豊かな自然共生社会の実現に向けて，循環型社会の形成，大気環境，水環境，土壌環境等の保全 ほか）），平成29年度環境の保全に関する施策 平成29年度循環型社会の形成に関する施策 平成29年度生物の多様性の保

全及び持続可能な利用に関する施策

環境白書 循環型社会白書/生物多様性白書 平成30年版 地域循環共生圏の創出による持続可能な地域づくり 環境省編 日経印刷 2018.6 333p 30cm 〈発売：全国官報販売協同組合〉 2380円 ⓘ978-4-86579-117-4

(目次) 平成29年度環境の状況・平成29年度循環型社会の形成の状況・平成29年度生物の多様性の状況（総合的な施策等に関する報告（第五次環境基本計画に至る持続可能な社会への潮流，地域課題の解決に資する地域循環共生圏の創造，地域循環共生圏を支えるライフスタイルへの転換 ほか)），各分野の施策等に関する報告（低炭素社会の構築，生物多様性の保全及び持続可能な利用—豊かな自然共生社会の実現に向けて，循環型社会の形成 ほか)），平成30年度環境の保全に関する施策・平成30年度循環型社会の形成に関する施策・平成30年度生物の多様性の保全及び持続可能な利用に関する施策（低炭素社会の構築，生物多様性の保全及び持続可能な利用に関する取組，循環型社会の形成 ほか)

環境白書 循環型社会白書/生物多様性白書 令和元年版 持続可能な未来のための地域循環共生圏—気候変動影響への適応とプラスチック資源循環の取組 環境省編 日経印刷 2019.6 353p 30cm 〈発売：全国官報販売協同組合〉 2380円 ⓘ978-4-86579-170-9

(目次) 平成30年度環境の状況・平成30年度循環型社会の形成の状況・平成30年度生物の多様性の状況（総合的な施策等に関する報告，各分野の施策等に関する報告)，令和元年度環境の保全に関する施策・令和元年度循環型社会の形成に関する施策・令和元年度生物の多様性の保全及び持続可能な利用に関する施策（地球環境の保全，生物多様性の保全及び持続可能な利用に関する取組，循環型社会の形成，水環境、土壌環境、地盤環境、海洋環境、大気環境の保全に関する取組，包括的な化学物質対策に関する取組，各種施策の基盤となる施策及び国際的取組に係る施策）

環境白書 循環型社会白書/生物多様性白書 令和2年版 気候変動時代における私たちの役割 環境省編 日経印刷 2020.6 393p 30cm 〈発売：全国官報販売協同組合〉 2380円 ⓘ978-4-86579-214-0

(目次) 令和元年度環境の状況，令和元年度循環型社会の形成の状況，令和元年度生物の多様性の状況，第1部 総合的な施策等に関する報告（気候変動問題をはじめとした地球環境の危機，政府・自治体・企業等による社会変革に向けた取組，一人一人から始まる社会変革に向けた取組，東日本大震災からの復興と環境再生の取組，新型コロナウイルス感染症に対する環境行政の対応)，第2部 各分野の施策等に関する報告（地球環境の保全，生物多様性の保全及び持続可能な利用に関する取組，循環型社会の形成，水環境、土壌環境、地盤環境、海洋環境、大気環境の保全に関する取組，包括的な化学物質対策に関する取組，各種施策の基盤となる施策及び国際的取組に係る施策）

(内容) 「環境白書」「循環型社会白書」「生物多様性白書」を一冊にとりまとめたもの。令和元年度の環境・循環型社会の形成・生物の多様性に関する状況，および令和2年度の環境の保全等に関する施策を報告する。

環境白書 循環型社会白書/生物多様性白書 令和3年版 2050年カーボンニュートラルに向けた経済社会のリデザイン（再設計） 環境省編 日経印刷 2021.6 365p 30cm 〈発売：全国官報販売協同組合〉 2380円 ⓘ978-4-86579-264-5

(目次) 令和2年度環境の状況 令和2年度循環型社会の形成の状況 令和2年度生物の多様性の状況（総合的な施策等に関する報告，各分野の施策等に関する報告)，令和3年度環境の保全に関する施策 令和3年度循環型社会の形成に関する施策 令和3年度生物の多様性の保全及び持続可能な利用に関する施策（地球環境の保全，生物多様性の保全及び持続可能な利用に関する取組，循環型社会の形成，水環境、土壌環境、地盤環境、海洋環境、大気環境の保全に関する取組，包括的な化学物質対策に関する取組，各種施策の基盤となる施策及び国際的取組に係る施策）

(内容) 「環境白書」「循環型社会白書」「生物多様性白書」を一冊にとりまとめたもの。令和2年度の環境・循環型社会の形成・生物の多様性に関する状況，および令和3年度の環境の保全等に関する施策を報告する。

環境白書 循環型社会白書/生物多様性白書 令和4年版 グリーン社会の実現に向けて変える私たちの地域とライフスタイル 私たちの変革から起こす脱炭素ドミノ 環境省編 日経印刷 2022.6 334p 30cm 〈発売：全国官報販売協同組合〉 2480円 ⓘ978-4-86579-323-9

(目次) 第1章 地球環境の保全，第2章 生物多様性の保全及び持続可能な利用に関する取組，第3章 循環型社会の形成，第4章 水環境、土壌環境、地盤環境、海洋環境、大気環境の保全に関する取組，第5章 包括的な化学物質対策に関する取組，第6章 各種施策の基盤となる施策及び国際的取組に係る施策

(内容) 「環境白書」「循環型社会白書」「生物多様性白書」を一冊にとりまとめたもの。令和3年度の環境・循環型社会の形成・生物の多様性に関する状況，および令和4年度の環境の保全等に関する施策を報告する。

環境白書 循環型社会白書/生物多様性白書 令和5年版 ネットゼロ、環境経済、ネイチャーポジティブ経済の統合的な実現に向けて 環境省大臣官房総合政策課，環

境省環境再生・資源循環局総務課循環型社会推進室編集　日経印刷　2023.6　345p　30cm　2480円　①978-4-86579-367-3

(目次) 令和4年度環境の状況・令和4年度循環型社会の形成の状況・令和4年度生物の多様性の状況（総合的な施策等に関する報告，第2部 各分野の施策等に関する報告），令和5年度環境の保全に関する施策・令和5年度循環型社会の形成に関する施策・令和5年度生物の多様性の保全及び持続可能な利用に関する施策（地球環境の保全，生物多様性の保全及び持続可能な利用に関する取組，循環型社会の形成，水環境，地盤環境，海洋環境，大気環境の保全に関する取組，包括的な化学物質対策に関する取組，各種施策の基盤となる施策及び国際的取組に係る施策）

(内容) ネットゼロ，循環経済，ネイチャーポジティブ経済の統合的な実現に向けて―環境・経済・社会の統合的向上。

環境白書 循環型社会白書／生物多様性白書　令和6年版　環境省編集　日経印刷　2024.6　356p　30cm　2480円　①978-4-86579-414-4

(目次) 令和5年度環境の状況／令和5年度循環型社会の形成の状況／令和5年度生物の多様性の状況（総合的な施策等に関する報告，各分野の施策等に関する報告），令和6年度環境保全に関する施策／令和6年度循環型社会の形成に関する施策／令和6年度生物の多様性の保全及び持続可能な利用に関する施策（地球環境の保全，生物多様性の保全及び持続可能な利用に関する取組，循環型社会の形成，水環境，土壌環境，海洋環境，大気環境の保全・再生に関する取組，包括的な化学物質対策に関する取組，各種施策の基盤となる施策及び国際的取組に係る施策）

(内容) 自然資本充実と環境価値を通じた「新たな成長」による「ウェルビーイング／高い生活の質」の充実―第六次環境基本計画を踏まえ。

<統計集>

環境統計集　平成23年版　環境省総合環境政策局編　博秀工芸　2011.3　355p　30cm　2095円　①978-4-901344-77-7

(目次) グラフ・環境指標，1章 社会経済一般，2章 地球環境，3章 物質循環，4章 大気環境，5章 水環境，6章 化学物質，7章 自然環境，8章 環境対策全般，付録

環境統計集　平成24年版　環境省総合環境政策局環境計画課編　博秀工芸　2012.3　347p　30cm　2095円　①978-4-901344-81-4

(目次) グラフ・環境指標，1章 社会経済一般，2章 地球環境，3章 物質循環，4章 大気環境，5章 水環境，6章 化学物質，7章 自然環境，8章 環境対策全般，付録

図表でみる世界の主要統計　OECDファクトブック 経済、環境、社会に関する統計資料　2010年版　経済協力開発機構（OECD）編著，トリフォリオ訳・製作　明石書店　2011.3　277p　26cm　〈原書名：OECD factbook.〉　7600円　①978-4-7503-3360-1　Ⓝ350.9

(目次) 人口と移住，生産と所得，グローバリゼーション，価格，エネルギー，労働，科学技術，環境，教育，財政，生活の質，特集 経済危機

(内容) OECD発表の統計を包括的かつダイナミックにまとめた年報。幅広い政策分野を網羅する100を超える指標を掲載し，その範囲は，経済，農業，教育，エネルギー，環境，海外援助，保健医療と生活の質，産業，情報通信，人口と労働力，貿易と投資，税，公的支出と債務，研究開発など多岐にわたる。2010年版では，経済危機を特集しています。データは，全てのOECD加盟国といくつかの非加盟国・地域を対象とした。

図表でみる世界の主要統計　OECDファクトブック 経済、環境、社会に関する統計資料　2011-2012年版　経済協力開発機構編著，トリフォリオ訳・製作　明石書店　2012.7　283p　26cm　〈原書名：OECD Factbook〉　8400円　①978-4-7503-3630-5　Ⓝ350.9

(目次) 特集 OECDの50年，人口と移住，生産と所得，グローバリゼーション，価格，エネルギーと輸送，科学技術，環境，教育，財政，健康

(内容) OECD発表の統計を包括的かつダイナミックにまとめた年報。幅広い政策分野を網羅する100を超える指標を掲載し，その範囲は，経済，農業，教育，エネルギー，環境，海外援助，保健医療と生活の質，産業，情報通信，人口と労働力，貿易と投資，税，公的支出と債務，研究開発など，多岐にわたる。指標の紹介，詳細な定義，国際比較に当たっての注意・留意点，その指標に関する長期傾向の評価，さらに詳細な情報を得るための参考文献などが掲載されている。

図表でみる世界の主要統計　OECDファクトブック 経済、環境、社会に関する統計資料　2013年版　経済協力開発機構編著，トリフォリオ訳・製作　明石書店　2014.4　272p　26cm　〈原書名：OECD Factbook〉　8200円　①978-4-7503-4003-6　Ⓝ350.9

(目次) 人口と移住，生産と生産性，家計所得と資産，グローバリゼーション，価格，エネルギーと輸送，科学技術，環境，教育，政府，健康，特集：男女平等参画

(内容) OECD発表の統計を包括的かつダイナミックにまとめた年報。幅広い政策分野を網羅する100を超える指標を掲載し，その範囲は，グローバリゼーション，生産性，農業，教育，エネルギー，環境，海外援助，家計資産，保健医療と生活の質，産業，情報通信，人口と労働力，貿易と投資，税，公的支出と債務，研究開発など多岐にわたります。2013年版では，男女平等

参画を特集しています。特集：男女平等参画。

図表でみる世界の主要統計　OECDファクトブック　経済、環境、社会に関する統計資料　2014年版　経済協力開発機構編著，トリフォリオ訳・製作　明石書店　2015.5　253p　26cm　〈原書名：OECD Factbook〉　8200円　①978-4-7503-4192-7　Ⓝ350.9

(目次) 人口と移住，生産と生産性，家計所得と資産，グローバリゼーション，価格，エネルギーと輸送，労働，科学技術，環境，教育，政府，健康

図表でみる世界の主要統計　OECDファクトブック　経済、環境、社会に関する統計資料　2015-2016年版　経済協力開発機構編著，トリフォリオ訳・製作　明石書店　2017.4　219p　26cm　〈原書名：OECD Factbook〉　8200円　①978-4-7503-4503-1　Ⓝ350.9

(目次) 人口と移住，生産，家計所得と資産，グローバリゼーション，価格，エネルギーと輸送，労働，環境と科学，教育，政府，健康

地球環境

＜書　誌＞

地球・自然環境の本全情報　2004-2010　日外アソシエーツ株式会社編　日外アソシエーツ　2011.1　957p　22cm　〈発売：紀伊国屋書店　索引あり〉　28000円　①978-4-8169-2296-1　Ⓝ450.31

(目次) 地球全般，自然環境全般，自然環境汚染，自然保護，自然エネルギー，自然学・博物学，自然誌，気象，海洋，陸水，地震・火山，地形・地質，古生物学・化石，鉱物

(内容) 地球・自然環境に関する図書10091点を収録。2004年から2010年までに国内で刊行された図書をテーマ別に分類。地球環境、自然エネルギーをはじめ気象、地質、鉱物まで幅広い図書を収録。巻末に「書名索引」「事項名索引」付き。

＜年　表＞

理科年表　2012　国立天文台編　丸善出版　2011.11　1108p　15cm　1400円　①978-4-621-08438-0

(目次) 暦部，天文部，気象部，物理/化学部，地学部，生物部，環境部，特集，附録

(内容) 気象部10年ぶりの大改訂。3.11東日本大震災「特集」ページを掲載。科学知識のデータブック。

理科年表　2013　国立天文台編　丸善出版　2012.11　1080p　15cm　1400円　①978-4-621-08606-3

(目次) 暦部，天文部，気象部，物理/化学部，地学部，生物部，環境部，附録

理科年表　2014　国立天文台編　丸善出版　2013.11　1081p　15cm　1400円　①978-4-621-08738-1

(目次) 暦部，天文部，気象部，物理/化学部，地学部，生物部，環境部，附録

(内容) 世界の地震分布図を最近20年のデータに更新、地震分布とプレートとの相関がわかる。ロシアの隕石落下、小惑星探査等で注目の「隕石」「小惑星」情報を充実。「海洋酸性化」観測データを新規掲載。

理科年表　2015　国立天文台編　丸善出版　2014.11　1092p　15cm　1400円　①978-4-621-08888-3

(目次) 暦部，天文部，気象部，物理/化学部，地学部，生物部，環境部

理科年表　2016　国立天文台編　丸善出版　2015.11　1098p　15cm　1400円　①978-4-621-08965-1

(目次) 暦部，天文部，気象部，物理/化学部，地学部，生物部，環境部，附録

理科年表　2017　国立天文台編　丸善出版　2016.11　1104p　15cm　1400円　①978-4-621-30095-4

(目次) 暦部，天文部，気象部，物理/化学部，地学部，生物部，環境部，附録

(内容)「重力波」「ニュートリノ」「ニホニウム」「人工知能（AI）」注目キーワードをトピックスにて解説（物理/化学部に初掲載）。地学部：最近70年間に噴火した日本の火山、1億7000万年前から現在までの地磁気逆転の歴史がわかる項目を新設。生物部：最新の分類表に基づき「動物の基本型」イラストを拡充。

理科年表　2018　国立天文台編　丸善出版　2017.11　1118p　15cm　1400円　①978-4-621-30217-0

(目次) 暦部，天文部，気象部，物理/化学部，地学部，生物部，環境部，附録

(内容) 科学知識のデータブック。(地学部)「日本付近のおもな被害地震年代表」大改訂。西暦416年から現在に至るまでの被害地震記録を再調査、全面的に見直し。(物理/化学部) アジア圏初の発見で話題となった113番元素「ニホニウム」。同時決定したモスコビウム、テネシン、オガネソンとともに新4元素のデータを掲載。

理科年表　2019　国立天文台編　丸善出版　2018.11　1130p　15cm　1400円　①978-4-621-30331-3

(目次) 暦部，天文部，気象部，物理/化学部，地学部，生物部，環境部，附録

(内容) 科学知識のデータブック。世界各地で猛

威をふるう異常気象や自然災害、「記録的」「観測史上初」「前例にない」といった言葉が躍るなか、その目安となる基礎データが満載。

理科年表　2020　国立天文台編　丸善出版
2019.11　1162p　15cm　1400円　Ⓘ978-4-621-30425-9
〔目次〕暦部、天文部、気象部、物理/化学部、地学部、生物部、環境部、附録
〔内容〕科学知識のデータブック。2020年版には科学のニュースが盛りだくさん。科学の基礎データも満載の理科年表、火山や地震の表も大改訂。

理科年表　2021　国立天文台編　丸善出版
2020.11　1174p　15cm　1500円　Ⓘ978-4-621-30560-7　Ⓝ403.6
〔目次〕暦部、天文部、気象部、物理/化学部、地学部、生物部、環境部
〔内容〕暦部、天文部、気象部、物理・化学部、地学部、生物部、環境部、附録からなる理科年表。自然災害や地球温暖化、感染症、バッタの大量発生の謎にかんする情報も充実。

理科年表　2022　国立天文台編　丸善出版
2021.11　1174p　15cm　1500円　Ⓘ978-4-621-30648-2
〔目次〕暦部、天文部、気象部、物理/化学部、地学部、生物部、環境部、附録
〔内容〕自然災害や地球温暖化に関する情報もますます充実。科学知識のデータブック。「気象部」が10年に一度の大改訂！

理科年表　2023　国立天文台編　丸善出版
2022.11　1178p　15cm　1500円　Ⓘ978-4-621-30736-6
〔目次〕暦部、天文部、気象部、物理/化学部、地学部、生物部、環境部、附録
〔内容〕国立天文台編纂による100年近い歴史のある科学データブック・最新版！天文・地学・気象をはじめとした自然科学の全分野を網羅した「理科年表」で、「恋アス」の地学部のみんなのように学ぼう！　調べよう！

理科年表　2024　国立天文台編　丸善出版
2023.11　1184p　15cm　1500円　Ⓘ978-4-621-30857-8
〔目次〕暦部、天文部、気象部、物理/化学部、地学部、生物部、環境部、附録
〔内容〕自然科学の全分野を網羅した信頼と歴史のある科学データブック・最新版！Youtubeチャンネル登録者数28万人、面白くてためになる科学動画で大人気のくられ先生と科学の世界を楽しもう！

＜事典＞

尾瀬奇跡の大自然　大山昌克著　世界文化ブックス　2023.5　255p　15cm　（モン・ブックス）〈文献あり　「尾瀬の博物誌」（世界文化社 2014年刊）の改題、文庫サイズ改訂版　発売・頒布：世界文化社〉　1600円
Ⓘ978-4-418-23210-9　Ⓝ462.133
〔目次〕第1部 尾瀬の自然と生物多様性（尾瀬の山、尾瀬の滝、尾瀬の湿原、尾瀬の四季、尾瀬の花 ほか）、第2部 尾瀬の保護と課題（「尾瀬ビジョン」の変更、尾瀬で過去に生じた大きな難問、「尾瀬の自然を守る会」小史、尾瀬が乾燥している？―水量のこと、尾瀬沼の水はきれい？―水質のこと ほか）
〔内容〕日本の自然保護活動は、ここから始まった。美しい湿原、湖沼、多様な生物が織りなす尾瀬の自然。その魅力をあますところなく紹介し、保護への課題を探る。

尾瀬の博物誌　田部井淳子監修、大山昌克著　世界文化社　2014.7　191p　21cm　3000円　Ⓘ978-4-418-14218-7　Ⓝ402.9133
〔目次〕第1部 尾瀬の自然と生物多様性（尾瀬の山、尾瀬の滝、尾瀬ヶ原、湿原、湿原の不思議 ほか）、第2部 尾瀬の保護と課題（「尾瀬ビジョン」とは、尾瀬で過去に生じた大きな難問、「尾瀬の自然を守る会」小史、尾瀬が乾燥している？、尾瀬の水はきれい？　ほか）
〔内容〕山岳、湿原、湖沼、河川、動物、植物、地名の由来、自然保護…。尾瀬の魅力、奥深さがわかる、小百科事典。

環境キーワード事典　日経エコロジー厳選
日経エコロジー編著　日経BP社　2014.1　366p　19cm　〈索引あり　発売：日経BPマーケティング〉　2800円　Ⓘ978-4-8222-7755-0　Ⓝ519
〔目次〕環境全般、生物多様性、廃棄物・3R、地球温暖化対策、エネルギー、経営・企業活動、化学物質・有害物質
〔内容〕ニュースが読める、専門用語を理解する。環境問題に取り組む人が知っておくべき328語を収録。

環境経済・政策学事典　環境経済・政策学会編　丸善出版　2018.5　783p　22cm　〈文献あり　索引あり〉　20000円　Ⓘ978-4-621-30292-7　Ⓝ519.036
〔目次〕環境経済・政策学の基礎、公害・環境に関わる事件と問題の歴史、気候変動と地球温暖化、生態系保全と生物多様性、環境問題と資源利用・資源管理、環境問題とエネルギー政策、環境評価・環境経営・環境技術・環境マネジメント、環境政策と環境ガバナンス、国際環境条約と環境外交、経済理論と実証研究のフロンティア〔ほか〕

環境史事典　トピックス　2007-2018　日外アソシエーツ株式会社編集　日外アソシエーツ　2019.6　373p　21cm　〈発売：紀伊國屋書店　文献あり　索引あり〉　13500円

地球環境　　　　　　　環境問題

①978-4-8169-2779-9　Ⓝ519.2
内容　世界規模で取り組まれている環境問題、そして福島第一原発事故のその後。2007年から2018年まで、2294件のトピックスを年月日順に掲載。環境問題の主要120キーワードから引ける「キーワード索引」と、都道府県、国・地域別にひける「地域別索引」付き。

環境と微生物の事典　日本微生物生態学会編　朝倉書店　2014.7　432p　22cm　〈索引あり〉　9500円　①978-4-254-17158-7　Ⓝ465.036
目次　第1章 環境の微生物を探る、第2章 微生物の多様な振る舞い、第3章 水圏環境の微生物、第4章 土壌圏環境の微生物、第5章 極限環境の微生物、第6章 ヒトと微生物、第7章 動植物と微生物、第8章 環境保全と微生物、第9章 発酵食品の微生物

図説 地球科学の事典　鳥海光弘, 入舩徹男, 岩森光, ウォリス サイモン, 小平秀一, 小宮剛, 阪口秀, 鷺谷威, 末次大輔, 中川貴司, 宮本英昭編集　朝倉書店　2018.4　236p　26cm　〈文献あり 索引あり〉　8200円　①978-4-254-16072-7　Ⓝ450
目次　第1章 地殻・マントルを含めた造山運動一日本の地質付加体、第2章 地球史、第3章 地球深部の物質科学、第4章 地球化学：物質分化と循環、第5章 測地・固体地球変動、第6章 プレート境界の実像と巨大地震・津波・火山、第7章 地殻内部の地球物理学的構造、第8章 地殻・マントルシミュレーション、第9章 太陽系天体
内容　地殻、マントル、コア、造山運動、大陸衝突、沈み込み帯、地球の誕生、超大陸、地球深部、超高圧、地震、津波、火山、シミュレーション、太陽系天体。現代の観測技術から、計算手法によって視覚化された地球の最新の姿を108のキーワードで学ぶ。全項目見開きページの読み切り形式で解説。豊富な図・写真をオールカラーで掲載。

図説 地球環境の事典　吉崎正憲, 野田彰, 秋元肇, 阿部彩子, 大畑哲夫, 金谷有剛, 才野敏郎, 佐久間弘文, 鈴木力英, 時岡達志, 深澤理郎, 村田昌彦, 安成哲三, 渡辺修一編集　朝倉書店　2013.9　378p　26cm　〈文献あり 索引あり〉　14000円　①978-4-254-16059-8　Ⓝ468.036
目次　第1章 古気候、第2章 グローバルな大気、第3章 ローカルな大気、第4章 大気化学、第5章 水循環、第6章 生態系、第7章 海洋、第8章 雪氷圏、第9章 地球温暖化、基礎論
内容　地球環境の観測・予測の研究で数々の成果を挙げる海洋研究開発機構（JAMSTEC）の研究者を中心とした、オールジャパンの豪華な執筆陣。本文に含みきれない詳細な内容（写真・図、シュレーション、動画など）をDVDに収録。自習だけでなく、教育現場でもダイナミックかつ具体的・専門的理解を支援。

生物地球化学事典　ウィリアム・H・シュレシンジャー, エミリー・S・バーンハート著, 智和正明訳　朝倉書店　2023.11　468p　27cm　〈文献あり 索引あり　原書名：Biogeochemistry 原著第4版の翻訳〉　16000円　①978-4-254-18063-3　Ⓝ450.13

世界自然環境大百科　1　生きている星・地球　[Ramon Folch][編]、大澤雅彦監訳　大原隆、大塚柳太郎監訳　朝倉書店　2012.10　404p　29cm　〈文献あり　原書名：Biosfera, Encyclopedia of the biosphere〉　28000円　①978-4-254-18511-9　Ⓝ468.036

世界自然環境大百科　3　サバンナ　[Ramon Folch][編]、大沢雅彦総監訳　大沢雅彦、岩城英夫監訳　朝倉書店　2012.2　479p　29cm　〈他言語標題：ENCYCLOPEDIA OF THE BIOSPHERE Humans in the World's Ecosystems　索引あり　文献あり　原書名：Savannahs〉　28000円　①978-4-254-18513-3　Ⓝ468.036
内容　世界各地の生物圏の自然・生態系と人々の生活文化がわかる事典シリーズ。3ではサバンナについて、自然と環境、植物相・動物相とその生態、人間の定住と影響、生物圏保存地域などを取り上げる。

世界自然環境大百科　8　ステップ・プレイリー・タイガ　大澤雅彦総監訳　大澤雅彦監訳　朝倉書店　2017.4　464p　29cm　〈文献あり 索引あり　原書名：BIOSFERA（重訳）, ENCYCLOPEDIA OF THE BIOSPHERE〉　28000円　①978-4-254-18518-8　Ⓝ468.036
目次　温帯ステップと乾燥プレイリー（短茎草本の乾いた海、ステップとプレイリーの生物、ステップとプレイリーの人々、ステップとプレイリーの保護区と生物圏保存地域）、北方針葉樹林すなわちタイガ（針葉樹の王国、タイガの生物、タイガの人々、タイガの保護地域と生物圏保存地域）

世界自然環境大百科　9　北極・南極・高山・孤立系　[Ramon Folch][編]、大沢雅彦総監訳　柴田治、大沢雅彦、伊藤秀三監訳　朝倉書店　2014.7　481p　29cm　〈文献あり 索引あり　原書名：BIOSFERA（重訳）, ENCYCLOPEDIA OF THE BIOSPHERE〉　28000円　①978-4-254-18519-5　Ⓝ468.036
目次　北極のツンドラ地域と南極大陸（1年を通じての冬、ツンドラの生物、ツンドラにおけるヒト、ツンドラにおける保護地域と生物圏保存地域、南極領土）、高山領域（なによりも高く、高山の生物、高山における人々、高山の保護地域と生物圏保存地域）、島嶼、湖沼および洞窟（水の中の島嶼、陸の中の島嶼、洞窟と吸い込み穴、隔離された系における人々、孤立系におけ

る保護地域と生物圏保存地域）

世界自然環境大百科　10　海洋と海岸　大沢雅彦総監訳　有賀祐勝監訳　朝倉書店　2015.3　538p　29cm　〈文献あり　索引あり　原書名：BIOSFERA（重訳），ENCYCLOPEDIA OF THE BIOSPHERE〉　28000円　Ⓘ978-4-254-18520-1　Ⓝ468.036
（目次）海洋（塩水界，漂泳生物，海底の生物，人間と海），海洋と大陸の間のフロンティア（陸と海の間，潮汐のある海岸線の生物，潮汐のない海岸線の生物，沿岸系における人間，沿岸帯の保護区と生物圏保存地域）

地球大百科事典　上　地球物理編　Paul L.Hancock, Brian J.Skinner［編］，井田喜明，木村龍治，鳥海光弘監訳　朝倉書店　2019.10　580p　27cm　〈索引あり　原書名：The Oxford Companion to The Earth〉　18000円　Ⓘ978-4-254-16054-3　Ⓝ450.36
（目次）地球物理学，地球科学，地質学一般，地球化学，惑星科学，気象学，気候と気候変動，海洋学
（内容）地球に関するすべての科学的蓄積を約350項目に細分して詳細に解説し，地球の全貌が理解できる50音順中項目大総合事典。多種多様な側面から我々の住む「地球」に迫る。

地球大百科事典　下　地質編　Paul L.Hancock, Brian J.Skinner［編］，井田喜明，木村龍治，鳥海光弘監訳　朝倉書店　2019.10　795p　27cm　〈索引あり　原書名：The Oxford Companion to The Earth〉　24000円　Ⓘ978-4-254-16055-0　Ⓝ450.36

地球と宇宙の化学事典　日本地球化学会編集　朝倉書店　2012.9　479p　22cm　〈年表あり　索引あり〉　12000円　Ⓘ978-4-254-16057-4　Ⓝ450.13
（内容）地球化学を基礎から理解するのに役立つ項目（キーワード）を，地球史・古環境・海洋・地殻・地球外物質など幅広い研究分野から厳選して解説する。通常の語句索引のほか，元素関連項目・分析化学関連項目索引も収録。

地球の自然と環境大百科　DK社編著，野口正雄訳　原書房　2020.8　304p　29cm　〈ヴィジュアル・エンサイクロペディア〉　〈索引あり　原書名：Geography A Children's Encyclopedia〉　4500円　Ⓘ978-4-562-05756-6　Ⓝ462
（目次）地球，岩石と鉱物，水，気候と天候，地球上の生命，人間の世界，世界の地図を作る，国別データファイル
（内容）地球の成り立ちから水，生命，気候，人間と環境，産業，地理，各国データまで，地理と科学への興味を広げる約120項目。美しい写真・図版・地図が640点以上。

<辞　典>

環境用語ハンドブック　eco検定合格必携！　改訂3版　日本経営士会中部支部ECO研究会有志編　（名古屋）三恵社　2021.5　262p　19cm　2000円　Ⓘ978-4-86693-470-9　Ⓝ519.033
（内容）地球環境問題を認識できる環境用語集。環境社会検定試験（eco検定試験）に出題（掲載）もしくはeco検定試験公式テキストに掲載された環境及び関連用語等を収録。eco検定試験に出題（掲載）された頻度も示す。

これだけは知っておきたい環境用語ハンドブック　日本経営士会中部支部ECO研究会有志編　（名古屋）三恵社　2016.5　268p　19cm　2000円　Ⓘ978-4-86487-521-9　Ⓝ519.033
（内容）環境社会検定試験（eco検定）に出題もしくはeco検定試験公式テキストに掲載された環境及び関連用語を，50音順，アルファベット順に掲載した環境用語ハンドブック。eco検定試験に出題した頻度も掲載する。

地球環境辞典　第4版　丹下博文編　中央経済社　2019.4　387p　20cm　〈他言語標題：Dictionary of Global Environment　発売：中央経済グループパブリッシング　年表あり　索引あり〉　3000円　Ⓘ978-4-502-29801-1　Ⓝ519.033
（内容）基本用語から最新用語まで厳選された約1,000語の見出し語を収録した入門辞典。第4版では、パリ協定、ESG投資、プラスチックごみ、食品ロス、持続可能な開発目標（SDGs）、シェアリング・エコノミー、エシカル消費、熱中症、熊本地震、西日本豪雨などの30項目以上を新たに追加し、地球環境に関わる学習者や実務家にとって「座右の書」となるように再編集しました。

<ハンドブック>

環境のための数学・統計学ハンドブック　Frank R.Spellman, Nancy E.Whiting［著］，住明正監修，原澤英夫監訳　朝倉書店　2017.9　809p　22cm　〈索引あり　原書名：Handbook of Mathematics and Statistics for the Environment〉　20000円　Ⓘ978-4-254-18051-0　Ⓝ519.036
（目次）基礎的換算，計算，モデル化とアルゴリズム，統計，リスクの測定，ブール代数，経済，基礎工学，土質力学，バイオマスの基礎計算，基礎科学計算，環境保健と安全の計算，大気汚染制御の数学的概念，水質の数学的概念〔ほか〕

最新　地球と生命の誕生と進化　〈全地球史アトラス〉ガイドブック　丸山茂徳著　清

水書院　2020.6　175p　26cm　〈GEOペディア〉　2800円　Ⓘ978-4-389-50117-4　Ⓝ450

〔目次〕地球の誕生，プレートテクトニクスの始まり，原始生命誕生，生命進化の第1ステージ，生命進化の第2ステージ，生命進化の第3ステージ，生命大進化の夜明け前，カンブリア紀の生命大進化，古生代―ゴンドワナ超大陸の離合集散と生物の進化，中生代―人類の誕生前夜まで，人類代―人類誕生と文明の構築，地球の未来

〔内容〕生命あふれる地球はどのように誕生し進化してきたのか？太陽系の誕生から、地球の形成、そして生命の誕生から人類と地球の未来までを"最新学説"を駆使して解説！なぜ、私たちが存在しているのか、大きな謎を解き明かす。

佐潟+御手洗潟ガイドブック　ラムサール条約湿地　澤口晋一，太田和宏，佐藤安男，涌井晴之，井上信夫，久原泰雅，高橋郁丸執筆　［新潟］：［新潟市］，［新潟市里潟研究ネットワーク会議］　2023.3　26p　26cm　〈地域が主役里潟保全事業〉

知床・ウトロ海のハンドブック　［出版地不明］：知床ウトロ海域環境保全協議会　［2014］　25p　19cm　300円

天売島の自然観察ハンドブック　鳥と花の島　寺沢孝毅著　文一総合出版　2012.3　88p　19cm　〈文献あり　索引あり〉　1200円　Ⓘ978-4-8299-8102-3　Ⓝ450.9116

〔目次〕花咲く天然の庭を歩く，天売島で繁殖する海鳥，赤岩展望台，海鳥観察舎，観音岬，ウミウの繁殖地，天売港，前浜漁港，天売島フットパス―モデルコース，その他の観察ポイント，焼尻島，図鑑ページの特徴，天売島の野鳥，天売島の花，野鳥・花の種名索引，天売島のお役立ちガイド

〔内容〕周囲12キロの小さな島、天売島。8種類100万羽の海鳥が繁殖し、島の東側では人びとが暮らす「共生の島」の自然観察ハンドブック。

＜図鑑・図集＞

EARTH　図鑑地球科学の世界：THE SECRETS OF OUR PLANET REVEALED　スミソニアン協会監修，三河内岳日本語版監修　東京書籍　2023.7　415p　31cm　〈索引あり　原書名：The Science of the Earth〉　5800円　Ⓘ978-4-487-81654-5　Ⓝ450

〔目次〕地球という惑星，地球上の物質，エネルギーにあふれる地球，海洋と大気，生きている地球，地学要覧

〔内容〕地球は、おもしろすぎる。美しく、驚異に満ちたこの惑星のすべてがわかる図鑑が誕生!!

イラストで学ぶ　地理と地球科学の図鑑　柴山元彦，中川昭男日本語版監修，東辻千枝子訳　（大阪）創元社　2020.6　256p　24cm　〈索引あり　原書名：Help Your Kids with Geography〉　3000円　Ⓘ978-4-422-45004-9　Ⓝ290.1

〔目次〕1 自然地理学（自然地理学とは何か，地球の歴史と地質年代，地球の構造 ほか），2 人文地理学（人文地理学とは何か，人の住むところ，人口統計学 ほか），3 実用地理学（実用地理学とは何か，大陸と海洋，国と国民 ほか）

〔内容〕自然地理と人文地理の基礎が一冊に！コンパクトなコラム形式の文章と多数のイラストで「地理学」全般をやさしく理解できます。地図の読み方や調査のやり方など、実践的・体験的学習に役立つ情報も満載。

西表島の自然図鑑　散策ガイド＆自然図鑑　堀井大輝著　メイツユニバーサルコンテンツ　2020.10　175p　21cm　〈ネイチャーガイド〉　〈文献あり　索引あり〉　1800円　Ⓘ978-4-7804-2399-0　Ⓝ462.199

〔目次〕西表島自然観察ポイント（浦内川トレッキングコース，大富遊歩道，大見謝ロードパーク，ユツンの滝，ピナイサーラの滝 ほか），西表島の自然図鑑（動物，植物）

〔内容〕日本最後の秘境・西表島。大富遊歩道、大見謝ロードパーク、ユツンの滝など自然観察をしながら歩けるコースを、コース上で見られる動植物や風景の写真とともに紹介。動物（分類別）・植物（花の色別）の図鑑ページも収録する。

かけらが語る地球と人類138億年の大図鑑　ミニ・ミュージアム，ジェミー・グローブ，マックス・グローブ著，縣秀彦日本語版監訳，小林玲子訳　河出書房新社　2022.10　303p　21cm　〈索引あり　原書名：Relics〉　3400円　Ⓘ978-4-309-25448-7　Ⓝ202.5

〔目次〕人類以前の地球（地球外アミノ酸，宇宙の宝石，小惑星帯の破片 ほか），原始から近世の世界（ネアンデルタール人の手斧，ラ・ブレア・タールピット，メガファウナの絶滅 ほか），私たちの世界（犬釘，金塊，歴代の合衆国大統領 ほか）

〔内容〕隕石・化石・陶片といった遺物・落下物は、とびきり貴重なタイムカプセルと言える。その発見や収集、分析は、古代史、宇宙論、現代物理学など様々な学問の根幹を揺るがし、有史以前からの人類の営みを教え、我々の知見を広げてきた。たった1つのかけらが、想像力を刺激し、さらなる好奇心を誘う。小さなかけらが、いま壮大なスケールで地球の歴史を語り始める―。

環境破壊図鑑　ぼくたちがつくる地球の未来　藤原幸一著　ポプラ社　2016.11　248p　26×26cm　〈文献あり　索引あり〉　6500円　Ⓘ978-4-591-15151-8　Ⓝ460.87

〔目次〕第1章 地球の陸，第2章 地球の海，第3章

南極,第4章 北極,第5章 アフリカ大陸,第6章 オセアニア,第7章 アメリカ大陸,第8章 ユーラシア大陸,第9章 日本,第10章 世界遺産,終章 再生の現場
(内容)融け出す永久凍土、10%も残されていない原生林、溺れ死ぬ10万頭の赤ちゃんアザラシ、レジ袋を食べるアジアゾウ…世界遺産の現状、再生の現場も含む、5大陸120ヵ所のレポートから考える。

写真で比べる地球の姿 ビジュアル図鑑
幾島幸子,関利枝子訳 日経ナショナルジオグラフィック社 2013.9 296p 28cm 〈NATIONAL GEOGRAPHIC〉〈索引あり 発売:日経BPマーケティング 原書名:FRAGILE EARTH 原著第2版の翻訳〉3800円 ①978-4-86313-196-5 Ⓝ450.98

生態学大図鑑
ジュリア・シュローダーほか著,鷲谷いづみ訳 三省堂 2021.8 352p 24cm 〈索引あり 原書名:The Ecology Book〉 4200円 ①978-4-385-16251-5 Ⓝ468
(目次)進化の物語,生態学的プロセス,自然界の整序,生命の多様性,生態系,変わりゆく環境で生きる生物,生きている地球,人間という要因,環境保護主義と保全
(内容)基礎科学,応用科学のきわめて多様な分野を含み、ダイナミックに発展し続ける生態学。その基礎から現在の地球環境問題を含む応用的側面までを、豊富な図・写真とともに平易に解説。SDGsの本質も理解できる。

地球・生命の大進化 46億年の物語:ビジュアル版 新版
田近英一監修 新星出版社 2023.6 223p 21cm 〈大人のための図鑑〉〈文献あり 索引あり〉 1600円 ①978-4-405-10819-6 Ⓝ450
(目次)巻頭特集 写真で見る奇跡の星・地球,プロローグ 押さえておこう地球のしくみ,第1部 地球の誕生と進化(地球形成期,冥王代〜太古代,原生代),第2部 現在までの地球(古生代,中生代,新生代),第3部 地球と人類の未来(未来の地球)
(内容)生命は5回滅んだ!?小惑星の大衝突が地球環境に破局的な変化を起こした!

地球大図鑑
倉本圭監修 ニュートンプレス 2021.5 205p 24cm 〈Newton大図鑑シリーズ〉〈索引あり〉 3000円 ①978-4-315-52373-7 Ⓝ450
(目次)0 ギャラリー,1 地球のしくみ,2 地球の歴史(冥王代〜古生代),3 地球の歴史(中世代〜新生代),4 海,5 人間活動と地球,6 奇跡の惑星「地球」
(内容)地球のしくみがゼロからわかる! Newtonが総力をあげて制作した世界一美しくて楽しい地球の図鑑。

地球博物学大図鑑 新訂版
スミソニアン協会監修,デイヴィッド・バーニー顧問編集,西尾香苗,増田まもる,松倉真理訳 東京書籍 2024.9 672p 31cm 〈文献あり 索引あり 原書名:The Natural History Book 原著第2版の翻訳〉 10000円 ①978-4-487-81607-1 Ⓝ460.38
(目次)生きている地球,鉱物,岩石,化石,微生物,植物,菌類,動物
(内容)花崗岩からブドウの木、微生物から哺乳類に至るまで、地球に存在する岩石や生物などを6,000点以上の美しい写真で紹介。野生生物などの専門家チームによって編集され、世界に名高いスミソニアン協会が最新の情報に基づいて監修した。本書はこの惑星に存在する輝かしい「宝物」の集大成であり、生命のたぐいなき多様性を謳歌できる究極の一冊である。

NATURE ANATOMY自然界の解剖図鑑 地球の不思議をのぞいてみよう
ジュリア・ロスマン文・絵,神崎朗子訳 大和書房 2023.8 223p 21cm 〈文献あり 原書名:NATURE ANATOMY〉 2200円 ①978-4-479-39408-2 Ⓝ400
(目次)1 みんなの大地,2 空の上には何がある?,3 近づいてみよう,4 ハイキングに行こう,5 ユニークな動物たち,6 鳥たちのはなし,7 水辺や水中の生き物
(内容)夏が冬より暖かくなる理由は? きのこのライフサイクルは? 地形,植物,動物,天気など、身のまわりに存在する自然の不思議を、魅力的なイラストと語り口で紹介する。「FOOD ANATOMY食の解剖図鑑」の姉妹本。

ひと目でわかる 地球環境のしくみとはたらき図鑑
トニー・ジュニパー著,赤羽真紀子,大河内直彦日本語版監修,千葉喜久枝訳 (大阪)創元社 2020.8 223p 24cm 〈イラスト授業シリーズ〉〈文献あり 索引あり 原書名:How Our Planet Really Works〉 2800円 ①978-4-422-40047-1 Ⓝ519
(目次)第1章 変化の要因(人口爆発,経済発展,都市化の波 ほか),第2章 変化の結果(地球規模でつながる時代,多くの人によりよい暮らしを,変化する地球の大気 ほか),第3章 現状を変える(人間活動の加速度的増大,地球規模の目標とは,未来を形作る ほか)
(内容)分野横断的に環境問題を学べる。教育、SDGs対策にも最適。見開きでまとまった簡潔な構成と、わかりやすいイラストで、地球環境の危機と保護の実際を学べる、今までにないビジュアル図鑑。

46億年の地球史図鑑
高橋典嗣著 ベストセラーズ 2014.10 221p 18cm 〈ベスト新書 451 ヴィジュアル新書〉〈文献あり〉 1100円 ①978-4-584-12451-2 Ⓝ450
(目次)序章 宇宙の創成,第1章 太陽系と地球の

誕生，第2章 超大陸の誕生，第3章 生命の萌芽と真っ白い地球，第4章 古生代の生き物たち，第5章 恐竜の時代，第6章 新生代、ヒトの時代へ

(内容) 本書は、気の遠くなる様な時間を経て、原始地球が文明をもつ人類までにいたりし歴史を、ヴィジュアルを中心にしながら読み解く一冊である。

理科の地図帳　環境・生物編　日本の環境と生物がまるごとわかる　改訂版

神奈川県立生命の星・地球博物館監修，ザ・ライトスタッフオフィス編　技術評論社　2014.12　143p　26cm　〈ビジュアルはてなマップ〉〈索引あり〉　『新「理科」の地図帳』の大幅増補・改訂　2480円　①978-4-7741-6818-0　Ⓝ402.91

(目次) 環境編（「絶滅したか？」と思われていたが、実は生きていたクニマス，ニホンカワウソが絶滅種に指定。絶滅した野生動物の分布図，トキの絶滅と復活への取り組み，ヤンバルクイナの繁殖域に回復の兆し!?，世界自然遺産1 小笠原諸島の神秘に迫る ほか），生物編（日本の豊かな植生帯をみる，日本の植物分布境界（フロラ），全国から高山植物が消えた!?ニホンジカによる植物群落への影響，ニッポンの森林1 ブナ林，その豊富な植物相の特徴は？，ニッポンの森林2 残された原始の照葉樹林を訪ねる ほか）

(内容) 日本の自然の様子を、地図とともに楽しむ大人向け図鑑です。下巻は、日本の環境と生物について、今話題になっている事柄を織り交ぜ、日本地図と絡めてビジュアルに展開します。身近なところやニッポン列島で見られるダイナミックな自然への理解が深まります。

＜地図帳＞

世界環境変動アトラス　過去・現在・未来

ブライアン・ブーマ著，肱岡靖明日本語版監修，柴田譲治訳　原書房　2022.9　278p　24cm　〈文献あり　索引あり〉　原書名：THE ATLAS OF A CHANGING CLIMATE〉　5800円　①978-4-562-07212-5　Ⓝ519

(目次) 序章 自然を可視化する，大気—生々流転，水—地球の緩衝装置，陸—無限の多様性，都市—二次的環境，生命—生物多様性，結論 環境問題のスケール

(内容) 「大気」「水」「陸」「都市」「生物」5つのアプローチで「自然を可視化する」。変遷を記録した貴重な歴史的図版と最新のグラフィックで知る、気象・環境のほんとうの問題。120点あまりの地図、グラフィックを駆使。参考文献、索引も付録。

地球史マップ　誕生・進化・流転の全記録

クリスティアン・グラタルー著，藤村奈緒美，瀧下哉代訳，辻森樹日本語版監修　日経ナショナルジオグラフィック　2024.1　321p　24cm　〈文献あり　索引あり　発売・頒布：日経BPマーケティング　原書名：ATLAS HISTORIQUE DE LA TERRE〉　3600円　①978-4-86313-593-2　Ⓝ450

地球情報地図50　自然環境から国際情勢まで

アラステア・ボネット著，山崎正浩訳（大阪）創元社　2018.3　223p　30cm　〈索引あり　原書名：NEW VIEWS〉　3200円　①978-4-422-25082-3　Ⓝ290

(目次) 陸、海、空（森林火災，小惑星の衝突，自然災害に対する脆弱性 ほか），人類と野生動物（両生類の多様性，アリの多様性，鳥類の多様性 ほか），グローバリゼーション（Twitterのつながり，アメリカのファストフードチェーン，航路 ほか）

(内容) 地球の今がわかる。世界の見方が変わる。気象、海洋、災害、エネルギーから移民、格差、幸福度、生物多様性まで、50ジャンルにおよぶ統計データをマッピングした現代世界の知られざる側面を映し出すビジュアル報告書。

◆気候・気象

＜事　典＞

気候変動の事典

山川修治，常盤勝美，渡来靖編集　朝倉書店　2017.12　460p　図版32p　22cm　〈他言語標題：Encyclopedia of Climatic Variations　年表あり　索引あり〉　8500円　①978-4-254-16129-8　Ⓝ451.85

(目次) 第1章 多大な影響をもたらす異常気象・極端気象，第2章 地球温暖化の実態，第3章 地球温暖化など気候変化の諸影響，第4章 大気・海洋相互作用からさぐる気候システム変動，第5章 極域・雪氷圏からみた気候システム変動，第6章 自然要因からさぐるグローバル気候システム変動，第7章 歴史時代における気候環境変動，第8章 数百～数千年スケールの気候環境変遷，第9章 自然エネルギーの利活用

気象災害の事典　日本の四季と猛威・防災

新田尚監修，酒井重典，鈴木和史，饒村曜編集　朝倉書店　2015.8　558p　22cm　〈索引あり〉　12000円　①978-4-254-16127-4　Ⓝ451.981

(目次) 第1章 春の現象，第2章 梅雨の現象，第3章 夏の現象，第4章 秋雨の現象，第5章 秋の現象，第6章 冬の現象，第7章 防災・災害対応，第8章 日本の気象災害

(内容) 過去の災害を季節ごとに一挙紹介。人間生活・経済活動を窮地に追いやる災害を知り備える知識を！

キーワード 気象の事典

新装版　新田尚，伊藤朋之，木村龍治，住明正，安成哲三編集

朝倉書店　2021.9　520p　26cm　〈索引あり〉　15000円　①978-4-254-16135-9　Ⓝ451.036

(目次)第1編 地球環境と環境問題(総論,太陽系と地球 ほか),第2編 大気の力学(総論,大気中の放射過程 ほか),第3編 気象の観測と予報(総論,観測 ほか),第4編 気候と気候変動(総論,気候の形成 ほか),第5編 気象情報の利用(総論,防災 ほか),付録

(内容)20世紀の気象学・気象技術・応用気象のほとんど全分野をカバーする総合的なハンドブック。気象学のキーワード約70を厳選し,関連する事項とともに解説する。

図説 世界の気候事典　山川修治,江口卓,高橋日出男,常盤勝美,平井史生,松本淳,山口隆子,山下脩二,渡來靖編集　朝倉書店　2022.7　430p　26cm　〈索引あり〉　14000円　①978-4-254-16132-8　Ⓝ451.9

(目次)第1編 地球をとりまく気候(各月の平均場からみたグローバル気候特性,地球大気内の自然変動・テレコネクション,火山大噴火の気候への諸影響,太陽活動の地球気候への影響,世界の気候区分),第2編 各地域の様々な気象と気候(東アジア(ロシア東部を含む)の気候,南アジア・東南アジアの気候,西アジア・中央アジア(ロシア西部を含む)の気候,アフリカの気候,ヨーロッパの気候,北・中央アメリカの気候,南アメリカの気候,オセアニアの気候,極圏の気候,海洋の気候),第3編 産業・文化・エネルギーと気候(地球～地域規模の気候環境でみた農林業,水産業の世界分布,気孔と文明・衣食住・文化,再生可能エネルギーの世界分布),第4編 過去に遡ってみる気候(新生代第四紀,小氷期における世界の気候環境とその要因,現代における大気環境),付録(世界各国のクリマダイアグラムと地勢・気候特性・気象気候災害(自然環境,乾季・雨季,降水要因などの解説),世界と日本の気候直極値表,世界気候研究のために有効なデータセットと解析法の一覧表,気孔額の発展に寄与した世界の研究者とその代表的な研究成果)

(内容)新気候値による世界各地の気象・気候情報を天気図類等を用いてビジュアルに解説。地球の様々な気候特性を巨視的に眺め,地域ごとに気候の特徴や地域災害を詳述。気候環境と人間社会の関係も横断的に考察する。

図説 日本の湿地　人と自然と多様な水辺　日本湿地学会監修,『図説日本の湿地』編集委員会編　朝倉書店　2017.6　212p　26cm　〈文献あり 索引あり〉　5000円　①978-4-254-18052-7　Ⓝ454.65

空の見つけかた事典　一生に一度は見てみたい　武田康男著　山と溪谷社　2022.8　191p　19cm　〈索引あり〉　1600円　①978-4-635-06319-7　Ⓝ451

(目次)知っておくと空や気象の話が面白くなるキーワード,1 毎日が楽しくなる空の見つけかた(わた雲,にゅうどう雲,かなとこ雲 ほか),2 ふしぎで面白い空の見つけかた(笠雲,つるし雲,レンズ雲 ほか),3 滅多に見られない空の見つけかた(壁雲・アーチ雲,漏斗雲,渦の雲 ほか)

(内容)84の現象との出会いかたがわかる,美しく楽しい空の旅。

低温環境の科学事典　河村公隆編集代表　朝倉書店　2016.7　411p　22cm　〈索引あり〉　11000円　①978-4-254-16128-1　Ⓝ451.3

(目次)超高層・中層大気,対流圏大気の化学,寒冷圏の海洋化学,海氷域の生物,海洋物理・海氷,永久凍土と植生,寒冷圏の微生物・動物,雪氷のアイスコア,寒冷圏から見た大気・海洋相互作用,寒冷圏の身近な気象,氷の結晶成長/宇宙における氷と物質進化

天気と気象のしくみパーフェクト事典　知っておきたい基礎知識から日本の四季のしくみまで　平井信行監修　ナツメ社　2015.3　223p　21cm　(ダイナミック図解)　〈文献あり 索引あり〉　1500円　①978-4-8163-5759-6　Ⓝ451

(目次)第1章 春(春の特徴と二十四節気,春一番,寒の戻り ほか),第2章 梅雨(梅雨の特徴と期間,梅雨入り,梅雨の雨の2つのタイプ ほか),第3章 夏(夏の特徴と二十四節気,盛夏,夕立 ほか),第4章 秋(秋の特徴と二十四節気,残暑,秋の長雨 ほか),第5章 冬(冬の特徴と二十四節気,木枯らし,小春日和 ほか),第6章 気象のしくみ(気圧がわかれば天気もわかる,天気図の見方 ほか),第7章 気象予報,環境問題(気象観測最前線ひまわり8号,NASAによる地球全体の光彩度画像 ほか)

(内容)天気図の読み方から,身近で起きる様々な気象現象のしくみ,そして日本の四季の豊かさまでを,ビジュアルで紹介！ 究極の写真＆イラストで読み解く！ オールカラー。

日本気候百科　日下博幸,藤部文昭編集代表,吉野正敏,田林明,木村富士男編集委員　丸善出版　2018.1　498p　22cm　〈他言語標題：Japanese Climate Encyclopedia　索引あり〉　20000円　①978-4-621-30243-9　Ⓝ451.91

(目次)第1編 序論(気候とは,日本の気候概要),第2編 日本各地の気候(北海道地方の気候,東北地方の気候,関東地方の気候 ほか),第3編 気候の調査方法(日本の気象観測の概要,地上気象観測方法とデータ利用上の注意点,データの空間代表性),第4編 気候をより深く理解するために(平野の気候の特徴と成り立ち,沿岸部の気候の特徴と成り立ち,盆地の気候の特徴と成り立ち,山岳の気候の特徴と成り立ち1―気温と降水,山岳の気候の特徴と成り立ち2―局地風,都市の気候の特徴と成り立ち)

(内容)日本は春夏秋冬の四季の移り変わりがあ

るが、気候に大きな地域差がある。本書は、より詳細に日本の気候を知るために、各都道府県ごとに区分し、その特徴をさまざまな要因から解説し、日本国内の気候の違いを細かく網羅したしている内容で、日本の気候、風土の豊かさを知る手掛りとなる一冊。

ニュース・天気予報がよくわかる気象キーワード事典　筆保弘徳，山崎哲編著　ベレ出版　2019.10　270p　19cm　〈執筆：堀田大介，釜江陽一，大橋唯太，中村哲，吉田龍二，下瀬健一，安成哲平〉　1600円　①978-4-86064-591-5　Ⓝ451

目次　はじめに　平成史に刻まれたお天気ワード，第1章 30年に一度？ 異常気象の仕組みに迫る！，第2章 地球温暖化のホントのところ！，第3章 気候は生活にどのような影響を及ぼしているのか？，第4章 気象を語るコンピュータの世界！，第5章 天気予報の舞台裏！，第6章 災害と直結、激しい大気現象の正体！

内容　新進気鋭の研究者たちが、気象学のフロンティアを案内する天気と気象の「いま」と「これから」がわかる！

身近な気象の事典　日本気象予報士会編，新田尚監修　東京堂出版　2011.5　279p　22cm　〈索引あり〉　3500円　①978-4-490-10799-9　Ⓝ451.033

内容　局地的な大雨・竜巻・エルニーニョ現象・地球温暖化・オゾンホールなど、天気予報から地球規模の環境問題まで、一般の読者が興味を持っている気象に関する用語、あるいは日常生活の中で気になる言葉などを、最新の気象学や気象技術の実態を踏まえながら図・表や写真などを豊富に取り入れて解説した。

雪と氷の事典　新装版　日本雪氷学会監修　朝倉書店　2018.7　760p　21cm　〈年表あり　索引あり〉　16000円　①978-4-254-16131-1　Ⓝ451.66

目次　氷水圏，降雪，積雪，融雪，吹雪，雪崩，氷，氷河，極地水氷，海氷，凍土・凍上，雪氷と地球環境変動，宇宙雪氷，雪氷災害と対策，雪氷と生活，雪氷リモートセンシング，雪氷観測，付録

47都道府県 知っておきたい気象・気象災害がわかる事典　三隅良平著　ベレ出版　2020.10　217p　21cm　〈文献あり〉　1800円　①978-4-86064-633-2　Ⓝ451.91

目次　1 用語の説明，2 日本の気候（年降水量の分布，年最大積雪深の分布，年平均気温の分布，日照時間の分布，気象の歴史記録（第1位から3位まで），瞬間風速と被害の関係，繰り返す西日本広域水害），3 都道府県別の気象と災害（北海道・東北地方，関東地方，中部地方，近畿地方，中国地方，四国地方，九州地方）

内容　47都道府県それぞれの気象データ（水害の起こりやすい地域、気温・降水量の傾向など）が満載。死者・行方不明者が多く出た気象災害を振り返り、そのなかから、特に重要なものについてはさらに解説。基礎知識から丁寧に説明しているので、気象や防災に関心のある大人から、調べ学習に役立てたい学生まで、幅広く読める。

＜辞典＞

雨のことば辞典　倉嶋厚，原田稔編著　講談社　2014.6　266p　15cm　〈講談社学術文庫2239〉　〈文献あり　索引あり〉　920円　①978-4-06-292239-5　Ⓝ451.64

内容　四季のうつろいとともに、様相が千変万化する雨。そのさまざまな姿をとらえ、日本語には、陰翳深く美しいことばが数多くある。古来、雨は文学作品にたびたび描かれ、詩歌にもよまれている。これらの「雨」をあらわすことば、「雨」にまつわることばを集めた読む辞典。気象用語のコラムも充実。近年の雨のことばを解説した文庫版あとがきを追加した。

オックスフォード気象辞典　新装版　Storm Dunlop著，山岸米二郎監訳　朝倉書店　2021.9　306p　図版12p　21cm　〈文献あり　索引あり　原書名：A Dictionary of Weather〉　7800円　①978-4-254-16134-2　Ⓝ451.033

内容　気象・予報・気候に関する約1800語を五十音順に配列。特有の事項には図による例も掲げながら解説する。見出し語などの欧文に関する索引、世界と日本の気象の記録、英国・世界・日本の気候値も掲載。

雪氷辞典　新版　日本雪氷学会編　古今書院　2014.3　307p　21cm　〈他言語標題：Japanese Dictionary of Snow and Ice〉　3500円　①978-4-7722-4173-1　Ⓝ451.66

内容　雪氷に直接関係するもの、基礎的な物理学・化学・気象学・海洋学に関係が深い用語を採用、前版より約550語増加し、1594項目を収録。

雪のことば辞典　稲雄次著　柊風舎　2018.10　459,17p　22cm　〈文献あり　索引あり〉　8500円　①978-4-86498-060-9　Ⓝ451.66

目次　雪のことば辞典（あ行，か行，さ行，た行，な行，は行，ま行，や行，ら行，わ行，ん），雪のことわざ，雪地名

内容　雪にまつわることば・方言・言い回し・ことわざ・俗信など、自然科学的な「雪」から文学・民俗学的な「雪」までを集めた"雪を身近に感じる"辞典。

環境問題　　　　　　　　　　　　　　　　　　　　　　　　地球環境

<ハンドブック>

環境読本　環境をいかに学び、いかに対処するか　石川宗孝編著, 竺文彦, 髙島正信, 長谷川昌弘, 福岡雅子, 山本芳華著　電気書院　2011.1　197p　26cm　〈文献あり　年表あり　索引あり〉　2500円　①978-4-485-22016-0　Ⓝ519

(目次) 第1章 環境問題と社会づくり, 第2章 基本的環境論, 第3章 地球環境問題の実態と取り組み, 第4章 日本の環境問題の実態と取り組み, 第5章 環境問題と具体的対策, 第6章 環境と企業, 第7章 私たちの生活と環境

気候変動交渉ハンドブック　Ver.3.0　(葉山町(神奈川県))地球環境戦略研究機関　2011.11　424p　21cm　〈英語併載〉　Ⓝ519.1

気候変動適応技術の社会実装ガイドブック　SI-CATガイドブック編集委員会編　技報堂出版　2020.10　244p　21cm　〈索引あり〉　2500円　①978-4-7655-3477-2　Ⓝ519.1

(目次) 序論 いま気候変動で起こっていること(気候変動適応策はなぜ必要か?, 気象と海洋に見られる気候変動のシグナル, 顕在化している分野別影響 ほか), 第1部 その技術はどのようにして社会に実装されようとしているのか(社会実装のかたち(防災編1)北海道―気候変動を踏まえた新しい氾濫リスク評価と適応策検討, 社会実装のかたち(防災編2)岐阜県―気候変動と人口減少の同時進行に我々はどう備えうるのか, 社会実装のかたち(防災編3)鳥取県・茨城県―海辺の安全を考える ほか), 第2部 温暖化予測のしくみと影響評価技術(気象データの簡単解説編, 分野別将来影響評価と使える実践メニュー編)

(内容) 全国の地方自治体等が行う気候変動適応策の策定に生かすことができるような気候変動影響評価の技術を開発することを目的に立案された「気候変動適応技術社会実装プログラム(SI-CAT)」。その取り組みや活動をまとめる。

気象観察ハンドブック　武田康男文・写真　ソフトバンククリエイティブ　2012.6　206p　18cm　(science-i PictureBook SPB-004)　〈文献あり　索引あり〉　952円　①978-4-7973-6878-9　Ⓝ451

(目次) 第1章 雲の基本形(10種雲形)(10種類ある雲の形, 10種雲形の1：巻雲(すじ雲) ほか), 第2章 季節と場所で変わる雲(雲の見方)(春の天気と雲, 夏の天気と雲 ほか), 第3章 太陽光がつくる空の彩り(青空, 飛行機からの青空 ほか), 第4章 不思議な気象現象(風, 関東の砂嵐 ほか)

気象庁ガイドブック　2011　気象庁編　[気象庁]　2011.4　291p　15cm　〈他言語標題：JMA guidebook　年表あり〉　Ⓝ317.263

気象庁ガイドブック　2012　気象庁編　[気象庁]　2012.3　296p　15cm　〈他言語標題：JMA guidebook　年表あり〉　Ⓝ317.263

気象庁ガイドブック　2013　気象庁編　気象庁　2013.3　303p　15cm　〈年表あり〉　Ⓝ317.263

気象庁ガイドブック　2015　気象庁編　気象庁　2015.3　310p　15cm　〈年表あり〉　Ⓝ317.263

気象庁ガイドブック　2016　気象庁編　気象庁　2016.3　315p　15cm　〈年表あり〉　Ⓝ317.263

気象庁ガイドブック　2017　気象庁編　気象庁　2017.3　321p　15cm　〈年表あり〉　Ⓝ317.263

気象庁ガイドブック　2018　気象庁編　気象庁　2018.3　321p　15cm　〈年表あり〉　Ⓝ317.263

気象庁ガイドブック　2019　気象庁編　気象庁　2019.3　334p　15cm　〈年表あり〉　Ⓝ317.263

気象庁ガイドブック　2020　気象庁編　気象庁　2020.3　334p　15cm　〈年表あり〉　Ⓝ317.263

気象庁ガイドブック　2021　気象庁編集　気象庁　2021.3　334p　15cm　〈年表あり〉　Ⓝ317.263

気象庁ガイドブック　2022[版]　気象庁編集　気象庁　2022.3　334p　15cm　〈年表あり〉　Ⓝ317.263

気象庁ガイドブック　2023[版]　気象庁編集　気象庁　2023.3　342p　15cm　〈年表あり〉　Ⓝ317.263

気象庁ガイドブック　2024[版]　気象庁編集　気象庁　2024.3　350p　15cm　〈年表あり〉　Ⓝ317.263

気象ハンドブック　第3版 新装版　新田尚, 野瀬純一, 伊藤朋之, 住明正編集　朝倉書店　2023.11　1010p　27cm　〈年表あり　索引あり〉　39000円　①978-4-254-16136-6　Ⓝ451.036

(目次) 第1編 気象学, 第2編 気象現象, 第3編 気象技術, 第4編 応用気象, 第5編 気象・気候情報, 第6編 現代気象問題, 第7編 気象資料(形式と所在)

水滴と氷晶がつくりだす空の虹色ハンドブック　池田圭一, 服部貴昭著, 岩槻秀明監修　文一総合出版　2013.7　88p　19cm　〈文献あり〉　1200円　①978-4-8299-8114-5

Ⓝ451.75

〈目次〉第1部『虹』─水滴が見せる現象（主虹─株虹、時雨虹、赤い虹、副虹─ダブルレインボー、アレクサンダーの暗帯、過剰虹、月虹 ほか）、第2部『暈』─氷晶が見せる現象（内暈（22度ハロ）、幻日、幻日環、ローウィッツアーク ほか）、第3部『空』─その他の現象（光環、花粉光環、彩雲、月光環 ほか）

〈内容〉ダブルレインボー、幻日環、太陽柱、彩雲など、空に現れる多様な光の現象。それらの現象がどのような姿で見えるのか、また空のどこに見えるのかなどを写真とともに解説し、見やすい季節や時間帯も記す。

地図とデータで見る気象の世界ハンドブック 新版　フランソワ＝マリー・ブレオン、ジル・リュノー著　鳥取絹子訳　ユーグ・ピオレ地図製作　原書房　2024.3　170p　21cm 〈文献あり　原書名：ATLAS DU CLIMAT 原著新版の翻訳〉　3200円　①978-4-562-07284-2　Ⓝ519

〈目次〉気候のはたらき（気候観測のさまざまなシステム、エネルギーの均衡 ほか）、人間が気候をかき乱すとき（気温の上昇、後退する雪、氷河、海氷 ほか）、気候温暖化の衝撃（暴風雨、熱波、その他の異常気象、氷の融解または拡張─新たな開発可能領土か？ ほか）、行動のとき（未来のシナリオの研究、もっとも楽観的なシナリオと悲観的なシナリオの結果 ほか）

〈内容〉世界の気候の問題が一目瞭然でわかるアトラス！ 完全にアップデートされたこの新版は、地球を守るために実施される率先的な行動をリストアップし、今後とりくまなければならない政治的、市民的挑戦をあきらかにする。

天気予報活用ハンドブック　四季から読み解く気象災害　田代大輔、竹下愛実著、オフィス気象キャスター株式会社編　丸善出版　2021.3　258p　21cm 〈文献あり　索引あり〉　3000円　①978-4-621-30599-7　Ⓝ451.28

〈目次〉第1章 天気図の見方（天気図の基本を知ろう、四季とともにめぐる天気図、高層天気図）、第2章 近年の気象災害事例（解ける雨の怖さ、南岸低気圧による大雪と雪崩、急発達した低気圧が新年度を直撃！ ほか）、第3章 防災情報としての気象情報（「判断する」ための基礎知識、大雨に関する情報、「行動する」ための情報 ほか）

〈内容〉本書では、基本的な天気図の見方から季節ごとに起こりうる気象災害への備えのヒントについて解説します。さらに、近年の気象災害事例を取り上げ、実際に当時の天気図を用いながら災害を引き起こす現象がどのように発生したのかという観点から解説し、今後起こりうる災害に備えるための予備知識を提供します。そのほか、防災に活用してもらいたい情報を体系的にまとめ、気象キャスター経験者の視点から活用のコツとともにご紹介します。

北極読本　歴史から自然科学、国際関係まで　南極OB会編集委員会編　成山堂書店　2015.11　176,14p 図版16p　21cm 〈他言語標題：Arctic　文献あり〉　3000円　①978-4-425-94841-3　Ⓝ297.8

〈目次〉北極地域の概説、北極地域の地理、北極の氷床、現在と過去、グリーンランド氷床の雪氷学、北極域の気候、北極域の気象・水象、北極域の永久凍土、北極海と海氷域、北極域の地質構造、地球物理観測、北極の生物、北極探検史、北極海航路、北極民族の歴史と分布

〈内容〉北極はどんな場所なのか。南極とはどう違うのか。今、何が起こっているのか。一探検の歴史から、気象、地理、生物、物理観測、北極域に暮らす人々の営みに至るまで、北極の専門家がビジュアルに解説。北極の温暖化や北極海航路など、いま注目の話題が満載。

<法令集>

気候変動適応法等改正法　付：熱中症対策実行計画・気候変動適応計画　信山社　2023.11　41,158p　22cm（重要法令シリーズ 098）　3600円　①978-4-7972-4398-7　Ⓝ519.12

〈目次〉気候変動適応法及び独立行政法人環境再生保全機構法の一部を改正する法律（気候変動適応法等改正法）（令和5年5月12日法律第23号/施行日：令和5年6月1日「熱中症対策実行計画の策定に関する規定」、令和6年4月1日（その他の規定））、熱中症対策実行計画（令和5年5月30日閣議決定）、気候変動適応計画（令和3年10月22日閣議決定、令和5年5月30日一部変更閣議決定）

〈内容〉温暖化の影響で、猛暑日が続くする中で、熱中症対策を強化する重要改正法（令和5年最新改正）。熱中症対策を気候変動対策の一環として初めて法的に位置付ける。

気象業務関係法令集　2020年版　気象業務支援センター　2020.12　251p　21cm　1200円　Ⓝ451

<図鑑・図集>

稲妻と雷の図鑑　大地に降り注ぐ"光・熱・音"の脅威を美しい写真とともに科学する。　吉田智編著　グラフィック社　2022.3　183p　26cm 〈文献あり〉　2700円　①978-4-7661-3548-0　Ⓝ451.77

〈目次〉第1章 雷の基本と電荷（雷とは、世界の雷の分布 ほか）、第2章 雷の種類と諸過程（雷の諸過程、落雷 ほか）、第3章 雷図鑑（多様な雷）（晴天の霹靂、多地点落雷 ほか）、第4章 雷雲から宇宙への放電発光現象（高高度放電発光現象、スプライト ほか）、第5章 雷知識の+α（冬

季雷，スーパーセル ほか）

〈内容〉様々な姿を見せる雷の美しさにスポットを当て、その美しさを余すことなく伝えながら、雷の種類と諸過程、雷知識の+α など、科学的知識や最新の研究成果を伝える。特集「雷から身を守るには」「雷と日本人」も収録。

気象・天気の新事実 気象現象の不思議 ビジュアル版 木村龍治監修 新星出版社
2014.6 223p 21cm （大人のための図鑑）〈文献あり 索引あり〉 1500円 ⓘ978-4-405-10803-5 Ⓝ451

〈目次〉プロローグ1 美しく神秘的な気象現象，プロローグ2 宇宙から見た気象，第1章 気象と地球の大気，第2章 気象変化の基本としくみ，第3章 天気図と天気予報，第4章 日本の天気，第5章 世界の気象，第6章 異常気象と地球環境，エピローグ 太陽系惑星の気象

〈内容〉科学が発展してもなぜ当たらない？ いま、空で何が起きているのか？ 気象にかかわる天気の疑問・大解明!!

雲と出会える図鑑 武田康男著 ベレ出版
2020.5 191p 19×21cm 2000円 ⓘ978-4-86064-618-9 Ⓝ451.61

〈目次〉1 雲について，2 身近に見られる雲，3 おもしろい雲を探す旅，4 春の雲，5 夏の雲，6 秋の雲，7 冬の雲，8 海外の雲

〈内容〉身近なわた雲やすじ雲、巨大で迫力ある積乱雲、緑や赤に彩られた彩雲、神秘的な雲海や滝雲、不思議な形をしたレンズ雲や穴あき雲—約380点の美しい写真で雲のさまざまな姿を紹介する。雲を実際に観察したい人のための "雲と出会える" 図鑑。

雲の図鑑 岩槻秀明著 ベストセラーズ
2014.3 223p 18cm （ベスト新書 434 ヴィジュアル新書）〈文献あり〉 1000円 ⓘ978-4-584-12434-5 Ⓝ451.61

〈目次〉1章 雲のでき方と種類（雲のでき方，雲の大分類，「10種雲形」ガイド ほか），2章 雲のアルバム（巻雲，巻積雲，巻層雲 ほか），3章 光と雲がおりなす世界（対地放電，雲放電，内がさ ほか）

〈内容〉いつ、どんなときにその雲はできるのか？ 巻雲、乱層雲、積雲、積乱雲…etc.すべての雲を完全網羅！ 空を眺めるのが楽しくなるカラー図鑑。

最新の国際基準で見わける雲の図鑑 岩槻秀明著 日本文芸社 2021.8 287p 18cm
〈索引あり〉 1800円 ⓘ978-4-537-21909-8 Ⓝ451.61

〈目次〉10グループの雲の図鑑（巻雲，巻積雲，巻層雲，高積雲，高層雲，乱層雲，層積雲，層雲，積雲，積乱雲），光の現象（光学現象とは？，ハロ（かさ），虹，彩雲と光環，薄明光線，薄明・薄暮の空），空の様子から天気を予測（雨の前触れといわれる雲），Appendix

〈内容〉今日の空。出ている雲は？ 新しい形の雲も網羅。国際雲図帳に準拠。

散歩の雲・空図鑑 あの雲なに？ がひと目でわかる！ 151種の雲や空の現象を解説 岩槻秀明著 新星出版社 2015.5
191p 18cm 〈文献あり 索引あり〉 1200円 ⓘ978-4-405-07196-4 Ⓝ451.61

〈目次〉雲の10のかたち（巻雲，巻積雲，巻層雲 ほか），さまざまな雲（笠雲，吊るし雲，山旗雲 ほか），光が関係する現象（地球影，ブルーモーメント，朝焼け・夕焼け ほか）

〈内容〉空を見上げると目に入る、さまざまな雲や空。その時々で異なる表情を見せる雲と空の現象を、豊富な写真で紹介します。

新・雲のカタログ 空がわかる全種分類図鑑 村井昭夫，鵜山義晃文と写真 草思社
2022.3 167p 20×23cm 2500円 ⓘ978-4-7942-2567-2 Ⓝ451.61

〈目次〉1 雲のカタログ（巻雲，巻積雲，巻層雲，高積雲，高層雲 ほか），2 空を彩る大気光象（大気光象とは、虹，光環，彩雲，光芒・薄明光線 ほか）

〈内容〉雲は、世界気象機関（WMO）によって約100種に分類され、学術的な名前が付けられています。この分類がわかると、空に見えている雲がどうしてできたか、高い空で何が起こっているのか、これから空がどう変化するのかを理解し、雲を科学的に楽しむことができるようになります。本書は、刊行以来、長年にわたって、多くの雲好き・空好きに愛されてきた『雲のカタログ』の改訂版です。2017年に改訂されたWMOの分類に準拠するため、400枚以上の新しい写真を使ってより美しくわかりやすくリニューアルしました。また、空好きなら誰でも見たい「大気光学現象」も、主な現象を写真で紹介。さらには、雲観察にすぐに役立つ基本的な知識やワザもお教えします。

空の図鑑 武田康男写真・監修
KADOKAWA 2014.10 191p 17cm 〈文献あり 索引あり〉 1400円 ⓘ978-4-04-067109-3 Ⓝ451

〈内容〉空に浮かぶ雲、美しい虹や夕日、雨や雷などの気象現象を網羅した、手帳サイズの空の図鑑。気象予報士である監修者が撮影した美しい写真により、多彩な気象現象を紹介。それぞれの形と名前がわかるようになるだけでなく、背後にあるメカニズムや、どうすれば見られるかまで解説。空の動きから天気の変化を読み解き、急な雨や雷の察知もできるようになる一冊。

楽しい雪の結晶観察図鑑 武田康男文・写真 緑書房 2020.12 142p 15×21cm 〈文献あり〉 1900円 ⓘ978-4-89531-580-7 Ⓝ451.66

〈目次〉第1章 雪の結晶のふしぎ（氷晶の形，雪の結晶の成長 ほか），第2章 基本的な雪の結晶

（樹枝状結晶，扇状結晶 ほか），第3章 変わった雪の結晶（重なった結晶，壊れた結晶 ほか），第4章 雪の結晶の見つけ方（いつ，どこできれいな結晶が見られるか，雪の結晶を観察しやすい場所 ほか）
⦿内容 「天から送られた手紙」はただただ美しい多彩な雪の結晶の魅力が詰まった魔法の本！日本と世界の雪の結晶290点を掲載！

天気と気象大図鑑　荒木健太郎監修　ニュートンプレス　2021.7　205p　24cm　（Newton大図鑑シリーズ）〈索引あり〉3000円　Ⓘ978-4-315-52402-4　Ⓝ451

⦿目次 0 ギャラリー，1 天気をつくるもの，2 雲と雨のしくみ，3 海と気象，4 世界の気象のしくみ，5 異常気象と災害，6 天気を予測する
⦿内容 天気と気象のしくみがゼロからわかる！Newtonが総力をあげて制作した世界一美しくて楽しい天気と気象大図鑑。

ときめく雲図鑑　菊池真以写真・文　山と渓谷社　2020.8　127p　21cm　（Book for discovery）〈文献あり 索引あり〉1600円　Ⓘ978-4-635-20246-6　Ⓝ451.61

⦿目次 1 雲の記憶（雲の正体，雲と正岡子規 ほか），2 雲の世界へ（きほんの10種―きほんの10種とは？，細分化された雲たち―細分化された雲とは？），3 季節の雲（春にときめく雲風景，夏にときめく雲風景 ほか），4 雲を楽しむ（○○な形の雲たち，雲撮影のコツ ほか）
⦿内容 最近，雲の名前が知りたくなりました。雲を巡る4つのStory。

虹の図鑑　しくみ、種類、観察方法　武田康男文・写真　緑書房　2018.8　157p　15×21cm　〈文献あり〉1800円　Ⓘ978-4-89531-348-3　Ⓝ451.75

⦿目次 第1章 虹のふしぎ（虹とは何か，どんなときに虹が見られるか ほか），第2章 いろいろな虹（地平線近くの虹，株虹（蕪虹）ほか），第3章 虹の見つけ方（虹が見られるときの天気，雨のすじを見つけよう ほか），第4章 虹色の自然現象（日暈，幻日 ほか）
⦿内容 世界中の虹22種、虹色の自然現象16種を写真・イラスト計220点で解説。しくみ、文化、探し方、撮影方法までを網羅した「虹」のすべてがわかる本。

ひまわり8号と地上写真からひと目でわかる 日本の天気と気象図鑑　村田健史，武田康男，菊池真以著　誠文堂新光社　2017.7　158p　26cm　〈文献あり 索引あり〉1600円　Ⓘ978-4-416-71618-2　Ⓝ451.91

⦿目次 第1章 ひまわり8号で見る春と夏の気象（春分，夏至 ほか），第2章 上と下から見る10種雲形（巻雲，巻積雲 ほか），第3章 ひまわり8号で見る秋と冬の気象（秋分，冬至 ほか），第4章 ひまわり8号をもっと活用しよう1（海流，海の変色 ほか），第5章 ひまわり8号をもっと活用しよう2（カルマン渦，爆弾低気圧 ほか），第6章 ひまわり8号とリアルタイムWeb（世界初のビッグデータ気象衛星ひまわり8号，ひまわり8号リアルタイムWeb ほか）
⦿内容 同じ日の衛星画像、地上写真、天気図を比較。雲の読み解き方が"リアル"にやさしくわかる！

不思議で美しい「空の色彩」図鑑　武田康男文・写真　PHP研究所　2014.8　143p　19×26cm　〈他言語標題：Discovering Colors of the Sky　文献あり〉1900円　Ⓘ978-4-569-81933-4　Ⓝ451.75

⦿目次 第1章 太陽と空の色（すべての色の源，太陽の光，真っ白な輝き―昼間の太陽 ほか），第2章 空の虹色（光と水が作り出す虹色，虹は本当に7色か―虹 ほか），第3章 雲の色（光を映す水と氷の粒，雲はなぜ白いのか―白い雲 ほか），第4章 月と星空の色（夜空にきらめく様々な色彩，宇宙を思わせる濃紺―月夜 ほか），第5章 大気が作る色（空気中の分子によって色が変わる，雷が染める空は紫色―雷光 ほか）
⦿内容 青い雲、白い虹、緑の太陽。色がわかれば、空で起きていることがわかる！ 光と空気が織りなす、色の不思議と天気の図鑑。

見ながら学習 調べてなっとく ずかん 雲　武田康男著　技術評論社　2015.5　143p　26cm　2380円　Ⓘ978-4-7741-7247-7　Ⓝ451.61

⦿目次 1章 雲の正体（雲を読む，雲を知る ほか），2章 10種雲形（10種雲形，巻雲 ほか），3章 いろいろな雲（雲海，笠雲 ほか），4章 いろいろな気象現象（朝焼け・夕焼け，虹 ほか）
⦿内容 美しいカラー写真が満載！眺めるだけでも楽しめる。イラスト付きで、雲のメカニズムがよくわかる。雲の観察方法も紹介。自由研究にぴったり！ 天気図の読み方・書き方も。調べ学習にも最適！

雪と氷の図鑑　武田康男文・写真　草思社　2016.10　107p　20×22cm　〈文献あり〉1800円　Ⓘ978-4-7942-2233-6　Ⓝ451.66

⦿目次 第1部 氷（水面にできる氷―氷には不思議な模様がある，水が流れてできる氷―様々な立体造形，生えてくる氷―伸びる氷には不思議がいっぱい，降る氷―空からの氷もいろいろ，つく氷―どこにどうつくかは天気次第，動く氷―氷はゆっくり動き、大地を削る），第2部 雪（降る雪―天からの手紙を読もう，雪面模様―降った雪がつくっていく形，雪道―雪に対応する雪国の交通常識，山の雪―動いて、残って、さまざまな姿に，雪害―雪と関わる生活の大変さ，富士山の12カ月―印象は雪で変わる，南極の不思議な雪と氷）
⦿内容 「霜柱」と「霜」はどう違うの？ 美しい雪結晶ができる温度は？ 池の氷はどこから凍りはじめる？ 雪と氷の不思議を美しい写真で紹介、その科学を解説する初めての図鑑。

理科の地図帳 地形・気象編 日本の地形と気象がまるごとわかる 改訂版 神奈川県立生命の星・地球博物館監修, ザ・ライトスタッフオフィス編 技術評論社 2014.12 143p 26cm （ビジュアルはてなマップ）〈年表あり 索引あり 『新「理科」の地図帳』の大幅増補・改訂〉 2480円 ⓘ978-4-7741-6817-3 Ⓝ402.91

(目次) 地形編（関東地方でM9の巨大地震が発生する？ 首都圏周辺のプレート構造, 地図で見る2011年東北地方太平洋沖地震, 日本の主要な活断層と地震危険地帯, 地震多発国ニッポン！ なぜ, こんなに多く地震が発生するのか？, 明治から平成まで過去における地震被害の規模 ほか）, 気象編（日本では今世紀末に台風が凶暴化すると予測, 北極圏に異変？ 観測衛星「しずく」が捉えた北極とグリーンランドにおける異常現象, 気温―北と南で20℃以上の差がある日本, 快晴の日数が多い都道府県はどこか？, 暑さと寒さ（最高気温と最低気温）ほか）

(内容) 日本の自然の様子を, 地図とともに楽しむ大人向け図鑑です。上巻は, 日本の地形と気象について, 今話題になっている事柄を織り交ぜ, 日本地図と絡めてビジュアルに展開します。身近なところやニッポン列島で見られるダイナミックな自然への理解が深まります。

<年鑑・白書>

気象業務はいま 2011 気象庁編 （岡山）研精堂印刷 2011.12 201p 30cm 2700円 ⓘ978-4-904263-03-7

(目次) 特集1 平成23年（2011年）東北地方太平洋沖地震（地震・津波の概要, 観測施設の被害と復旧・強化 ほか）, 特集2 気象業務を支える基盤的な観測（気象災害を防ぐための観測網, 地震・火山災害を防ぐための観測網 ほか）, トピックス（市町村を対象とした気象警報・注意報の発表について, 気候変動や異常気象に対応するための気候情報とその利活用 ほか）, 第1部 気象業務の現状と今後（国民の安全・安心を支える気象情報, 気象業務を高度化するための研究開発 ほか）, 第2部 最近の気象・地震・火山・地球環境の状況（気象災害, 台風など, 天候, 異常気象など ほか）

気象業務はいま 2012 守ります 人と自然とこの地球 気象庁編 （岡山）研精堂印刷 2012.6 199p 30cm 2700円 ⓘ978-4-904263-04-4

(目次) 特集1 命を守るための避難と防災情報, 特集2 津波警報改善に向けた取り組み, トピックス, 第1部 気象業務の現状と今後, 第2部 最近の気象・地震・火山・地球環境の状況, 資料編

気象業務はいま 2013 気象庁編 （岡山）研精堂印刷 2013.6 185p 30cm 2600円 ⓘ978-4-904263-05-1

(目次) 特集 社会に活きる気象情報（ICTが導く気象情報のさらなる活用, 暮らしや産業に役立つ気象情報）, トピックス（「特別警報」の創設, 平成24年の主な風水害 ほか）, 第1部 気象業務の現状と今後（国民の安全・安心を支える気象情報, 気象業務を高度化するための研究・技術開発 ほか）, 第2部 最近の気象・地震・火山・地球環境の状況（気象災害, 台風など, 天候, 異常気象など ほか）, 資料編

気象業務はいま 2014 守ります 人と自然とこの地球 気象庁編 （岡山）研精堂印刷 2014.6 175p 30cm 2600円 ⓘ978-4-904263-06-8

(目次) 特集 特別警報の開始と新たな気象防災（特別警報の開始, 気象災害と特別警報）, トピックス（9月に全国で大きな被害をもたらした竜巻について, 平成25年（2013年）夏の日本の極端な天候と日本近海の海況, 気候変動の見通しと対応, 気象観測体制の強化, 火山災害対策のいま, フィリピンの台風第30号による高潮災害とフィリピン気象局への技術支援, 雪の予報の難しさについて）, 第1部 気象業務の現状と今後（国民の安全・安心を支える気象情報, 気象業務を高度化するための研究・技術開発, 気象業務の国際協力と世界への貢献）, 第2部 最近の気象・地震・火山・地球環境の状況（気象災害, 台風など, 天候, 異常気象など, 地震活動, 火山活動, 黄砂, 紫外線など）

気象業務はいま 2015 守ります 人と自然とこの地球 気象庁編 （龍ケ崎）エムア 2015.6 177p 30cm 2700円 ⓘ978-4-906942-08-4

(目次) 特集1 集中豪雨の実態と最新監視技術の動向―豪雨災害から身を守るため（平成26年8月豪雨, 8月の不順な天候の要因 ほか）, 特集2 火山観測の強化（御嶽山の噴火災害を踏まえた気象庁の課題と対応, 火山噴火に伴う被害軽減に資する降灰予報の高度化）, トピックス（観測機能を大幅に強化した静止気象衛星「ひまわり8号」, 台風第11号に伴う竜巻等の突風について）, 第1部 気象業務の現状と今後（国民の安全・安心を支える気象情報, 気象業務を高度化するための研究・技術開発 ほか）, 第2部 最近の気象・地震・火山・地球環境の状況（気象災害, 台風など, 天候, 異常気象など ほか）, 資料編

気象業務はいま 2016 守ります 人と自然とこの地球 気象庁編 （岡山）研精堂印刷 2016.6 177p 30cm 2700円 ⓘ978-4-90426-307-5

(目次) 特集 交通政策審議会気象分科会提言を受けた各種の取組―「新たなステージ」に対応した防災気象情報と観測・予測技術のあり方, トピックス, 第1部 気象業務の現状と今後, 第2部 気象業務を高度化するための研究・技術開発, 第3部 気象業務の国際協力と世界への貢献,

気象業務はいま　2017　守ります 人と自然とこの地球　気象庁編　（岡山）研精堂印刷　2017.6　181p　30cm　2700円　①978-4-904263-08-2

〔目次〕特集 防災意識社会や社会の生産性向上に資する気象情報(防災意識社会を支える気象業務，社会の生産性向上に資する気象業務とその利用の推進)，トピックス(自然のシグナルをいち早く捉え，迅速にお伝えするために，長期の監視から地球の今を知り，将来に備えるために)，第1部 気象業務の現状と今後(国民の安全・安心を支える気象情報，地震・津波と火山に関する情報 ほか)，第2部 気象業務を高度化するための研究・技術開発(大気・海洋に関する数値予報技術，新しい観測・予測技術 ほか)，第3部 気象業務の国際協力と世界への貢献(世界気象機関(WMO)を通じた世界への貢献，国連教育科学文化機関(UNESCO)を通じた世界への貢献 ほか)，第4部 最近の気象・地震・火山・地球環境の状況(気象災害，台風など，天候，異常気象など ほか)

気象業務はいま　2018　気象庁編　研精堂印刷　2018.6　181p　30cm　2700円　①978-4-904263-09-9

〔目次〕特集 地域における気象防災の強化に向けた取組，第1部 国民の安全・安心を支える気象業務，第2部 気象業務を高度化するための研究・技術開発，第3部 気象業務の国際協力と世界への貢献，第4部 最近の気象・地震・火山・地球環境，資料編 全国気象官署等一覧

気象業務はいま　2019　守ります 人と自然とこの地球　気象庁編　（岡山）研精堂印刷　2019.6　183p　30cm　2700円　①978-4-904263-10-5

〔目次〕特集(平成30年7月豪雨，2030年の科学技術を見据えた気象業務のあり方，平成を振り返る)，トピックス，第1部 国民の安全・安心を支える気象業務，第2部 気象業務を高度化するための研究・技術開発，第3部 気象業務の国際協力と世界への貢献，第4部 最近の気象・地震・火山・地球環境，資料編

気象業務はいま　2020　気象庁編　（岡山）研精堂印刷　2020.6　175p　30cm　2700円　①978-4-904263-11-2

〔目次〕特集 激甚化する豪雨災害から命と暮らしを守るために，トピックス，第1部 国民の安全・安心を支える気象業務，第2部 気象業務を高度化するための研究・技術開発，第3部 気象業務の国際協力と世界への貢献，第4部 最近の気象・地震・火山・地球環境，資料編

気象業務はいま　2021　守ります 人と自然とこの地球　気象庁編　（岡山）研精堂印刷　2021.6　191p　30cm　2700円　①978-4-904263-12-9

〔目次〕特集(新たな予測技術で豪雨・台風被害を減らす，産学官で歩む新たな気象業務)，トピックス(気象情報を様々な形で活用していただくために，毎年相次ぐ豪雨・台風災害を受けての防災気象情報の伝え方の改善，気候の変動や海洋の動きを捉え対応するために，近年の地震・津波・火山の取組)，第1部 国民の安全・安心を支える気象業務，第2部 気象業務を支える技術基盤と情報の発信，第3部 気象業務の国際協力と世界への貢献，第4部 最近の気象・地球環境・地震・火山，資料編

気象業務はいま　2022　守ります 人と自然とこの地球　気象庁編　（岡山）研精堂印刷　2022.6　87p　30cm　2500円　①978-4-904263-13-6

〔目次〕特集 静止気象衛星「ひまわり」の歩み，1 地域防災支援の取組，2 線状降水帯による大雨災害の被害軽減に向けて，3 気候変動による影響を正しく理解し将来に備えるために，4 社会や生活の中で活かされる気象情報，5 大雨・洪水・雪等の情報の改善，6 地震・津波・火山に関するきめ細かな情報の提供，7 世界気象機関(WMO)が気象データに関する新たな方針を採択，8 気象大学校100周年，資料編

気象業務はいま　2023　守ります 人と自然とこの地球　気象庁編　研精堂印刷　2023.6　79p　30cm　2500円　①978-4-904263-14-3

〔目次〕特集 気象庁における巨大地震対策(令和5年(2023年)に節目を迎える過去の巨大地震等，巨大地震対策，防災気象情報の強化，普及啓発の取り組み)，トピックス(地域防災支援の取り組み，線状降水帯による大雨災害の被害軽減に向けて，気候変動による影響を正しく理解し将来に備えるために，大雨・洪水・高潮等の情報の改善，火山に関する情報の改善 ほか)，資料編

気象業務はいま　2024　守ります 人と自然とこの地球　気象庁編集　研精堂印刷　2024.6　76p　30cm　2500円　①978-4-904263-15-0

〔目次〕特集1 地球沸騰の時代が到来!?—気象庁の気候変動に関する取り組み(令和5年(2023年)の記録的な高温を振り返る，気候変動に対する取り組み)，特集2 令和6年能登半島地震(一連の地震活動，緊急地震速報や津波警報等の発表，現地調査，臨時の津波観測装置の設置，JETT(気象庁防災対応支援チーム)の派遣)，トピックス(地域防災支援の取り組み，線状降水帯による大雨災害の防止・軽減に向けて，地震・津波・火山に関するきめ細かな情報の提供，気象方法が社会で活用されるために，気象庁の国際協力と世界への貢献，普及啓発の取り組み，次世代気象業務の柱)，資料編

気象年鑑　2011年版　気象業務支援センター編集，気象庁監修　気象業務支援セン

ター 2011.8 239p 26cm 3600円 ①978-4-87757-008-8

気象年鑑 2012年版 気象業務支援センター編集，気象庁監修 気象業務支援センター 2012.7 259p 26cm 3600円 ①978-4-87757-009-5

気象年鑑 2013年版 気象業務支援センター編集，気象庁監修 気象業務支援センター 2013.7 251p 26cm 3600円 ①978-4-87757-010-1

気象年鑑 2014年版 気象業務支援センター編集，気象庁監修 気象業務支援センター 2014.8 265p 26cm 3600円 ①978-4-87757-011-8

気象年鑑 2015年版 気象業務支援センター編集，気象庁監修 気象業務支援センター 2015.5 263p 26cm 3600円 ①978-4-87757-012-5

気象年鑑 2016年版 気象業務支援センター編集，気象庁監修 気象業務支援センター 2016.6 269p 26cm 3600円 ①978-4-87757-013-2

気象年鑑 2017年版 気象業務支援センター編集，気象庁監修 気象業務支援センター 2017.7 279p 26cm 3600円 ①978-4-87757-014-9

気象年鑑 2018年版 気象業務支援センター編集，気象庁監修 気象業務支援センター 2018.7 273p 26cm 3600円 ①978-4-87757-015-6

気象年鑑 2019年版 気象業務支援センター編集，気象庁監修 気象業務支援センター 2019.6 279p 26cm 3600円 ①978-4-87757-016-3

気象年鑑 2020年版 気象業務支援センター編集，気象庁監修 気象業務支援センター 2020.6 301p 26cm 〈気象災害年表：p280〜290 地震災害年表：p291〜294 噴火災害年表：p295〜298〉 3600円 ①978-4-87757-017-0

気象年鑑 2021年版 気象業務支援センター編集，気象庁監修 気象業務支援センター 2021.6 283p 26cm 〈気象災害年表：p262〜272 地震災害年表：p273〜276 噴火災害年表：p277〜280〉 3600円 ①978-4-87757-018-7

気象年鑑 2022年版 気象業務支援センター編集，気象庁監修 気象業務支援センター 2022.6 269p 26cm 〈気象災害年表：p246〜256 地震災害年表：p257〜260 噴火災害年表：p261〜264〉 3600円 ①978-4-87757-019-4

気象年鑑 2023年版 気象業務支援センター編集，気象庁監修 気象業務支援センター 2023.6 275p 26cm 〈気象災害年表：p254〜264 地震災害年表：p265〜268 噴火災害年表：p269〜272〉 3600円 ①978-4-87757-020-0

〈内容〉日々の天気図、地上気象観測値の統計、主要な大気現象、日本及び世界の天候などをまとめた2022（令和4）年の気象の記録をはじめ、地震・火山、地球環境についての記録を収録。

◆森林

＜事 典＞

樹木学事典 堀大才編著，井出雄二，直木哲，堀江博道，三戸久美子著 講談社 2018.5 345p 22cm 〈他言語標題：Encyclopedia of Dendrology 文献あり 索引あり〉 4200円 ①978-4-06-155243-2 Ⓝ653.2

〈内容〉森林や樹木に関係するさまざまな事象を網羅し、系統立てて解説。樹木の正しい知識を習得でき、保全・管理技術の向上に最適の指南書。

森林学の百科事典 日本森林学会編 丸善出版 2021.1 659p 22cm 〈索引あり〉 22000円 ①978-4-621-30584-3 Ⓝ650.1

〈内容〉植物、動物の生態系から林業、里山、災害まで森林学を一望する事典。樹木や菌・動物との相互作用、生態系としての森林、林業・工芸品・里山での管理・利用面、獣害・害虫・気候変動の影響などを紹介。事項・人名等の索引付き。

森林大百科事典 新装版 森林総合研究所編集 朝倉書店 2022.11 626p 26cm 〈索引あり〉 24000円 ①978-4-254-47062-8 Ⓝ650.36

〈目次〉森林と樹木，森林の成り立ち，森林と環境を支える土壌，水と土の保全，森林と気象，森林における微生物の働き，森林の昆虫類，野生動物の保全と共存，遺伝的多様性，樹木のバイオテクノロジー，きのことその有効利用，森林の造成，林業の機械化，林業経営と木材需給，木材の性質，木材の加工，木材の利用，森林バイオマスの利用，森林の管理計画と空間利用，地球環境問題と世界の森林

〈内容〉森林、林業、木材産業に関するすべての事柄を網羅した事典。森林がもつ数多くの機能を解明し、より機能を高めていくための手法、林業経営を安定化させるための方策、林業活性化の鍵を握る木材の有効利用性などを解説する。

森林の百科 普及版 井上真，桜井尚武，鈴木和夫，富田文一郎，中静透編集 朝倉書店 2012.6 739p 22cm 〈索引あり〉 18000円 ①978-4-254-47049-9 Ⓝ650.36

〈目次〉1 序説，2 森林・樹木の構造と機能，3 森

林資源，4 森林の管理，5 森を巡る文化と社会，6 21世紀の森林―森林と人間

図解 樹木の力学百科 クラウス・マテック，クラウス・ベスゲ，カールハインツ・ヴェーバー著，堀大才監訳，三戸久美子訳　講談社　2019.8　549p　21cm　〈文献あり　索引あり〉
原書名：The Body Language of Trees〉
7000円　Ⓘ978-4-06-516595-9　Ⓝ653.2

〈目次〉VTA法の歴史：樹木の読みとり方，成長調節，生体力学の用語，シンキング・ツール：剪断四角形，引張り三角形，力の円錐法，堅さと強さ，材とは？　木材や木材の強さを求めるための簡単なモデル，材の強さ，成長応力，一様応力の公理，弱点の徴候：樹木の危険信号，成長によるすじと樹皮の表面，変形による最適化・譲歩による勝利，樹木の樹冠と林縁に見られる玉石，テスト，応用アプリ

〈内容〉本書は，カールスルーエ技術研究所（現KIT）における四半世紀にわたる樹木研究の集大成です。樹木のボディ・ランゲージについて理解することを助けます。樹木の力学的な欠陥の徴候，欠陥による破壊，樹木の苦難について説明しています。法廷で証人となるキノコについて説明しています。自然界の生物と無生物に共通の普遍的なかたちについて明らかにしています。樹木から人々を，人々から樹木を守る方法を説明しています。本書で説明している樹木調査法は，自然の観察およびコンピュータ解析によって確認された一般向けの力学と野外研究に基づいています。この方法は，ドイツにおいては多くの裁判で根拠となっており，また，世界中で利用されています。

<辞典>

森林総合科学用語辞典　第5版 関岡東生監修　東京農業大学出版会　2023.4　821,6p　18cm　〈他言語標題：DICTIONARY OF FOREST SCIENCE　文献あり〉　4500円
Ⓘ978-4-88694-531-0　Ⓝ650.1

〈内容〉森林，林業・木材産業，農山村問題等について学ぶ人を対象にした用語辞典。東京農業大学森林総合科学科の学生らが授業中や予習・復習の際に出遭った用語をピックアップし，解説を加えたものを，教員が加筆修正し収録。

<ハンドブック>

地図とデータで見る森林の世界ハンドブック ジョエル・ブーリエ，ローラン・シモン著，グゼマルタン・ラボルド地図製作，蔵持不三也訳　原書房　2023.3　165p　21cm
〈文献あり　原書名：Atlas des forêts dans le monde〉　2800円　Ⓘ978-4-562-07207-1

Ⓝ650

〈目次〉定義と分布―現況（ひとつの森か複数の森か？，統計基準 ほか），木材資源としての森林（森林面積の推移，1960年以降の森林の推移 ほか），さまざまな森林サービス（気候の調整弁としての森林，森林サービスの評価 ほか），おびやかされる森林（森林破壊の背景，森林破壊と再造林 ほか），さまざまな紛争に直面する森林（世界の森林と紛争，買い占められるアフリカの森林？ ほか）

〈内容〉森林の世界が一目瞭然でわかるアトラス！ 100を超える地図と多数のグラフやデータとともに，世界各地の森林の多様性を語り，生物多様性の損失をふせいで，より持続可能な森林の管理を可能にするためのさまざまな課題と保護を明らかにする。

<図鑑・図集>

世界の森大図鑑　耳をすませ、地球の声に 山田勇著　新樹社　2012.4　532p　30×23cm　〈他言語標題：WORLD FOREST　文献あり　索引あり〉　9500円　Ⓘ978-4-7875-8622-3　Ⓝ652

〈目次〉第1章 熱帯（熱帯雨林，熱帯季節林，熱帯乾燥林），第2章 亜熱帯（亜熱帯雨林），第3章 温帯（暖温帯林，冷温帯林），第4章 亜寒帯（亜寒帯林），第5章 寒帯（寒帯林）

〈内容〉1500カ所を踏破した研究者渾身の記録。

日本一の巨木図鑑　樹種別日本一の魅力120 宮誠而写真・解説　文一総合出版　2013.3　255p　19cm　〈列島自然めぐり〉
〈索引あり〉　2200円　Ⓘ978-4-8299-8801-5
Ⓝ653.21

〈内容〉日本一の巨木はどれなのか7年の歳月をかけ800本以上を実測，ついに完成を見た樹種別日本一がわかる初の巨木図鑑。北海道から鹿児島まで，日本一と呼ぶにふさわしい巨木120本厳選。プロ写真家の手による巨木ベストショット約250点収載。カーナビにべんりな巨木の位置の緯度・経度表示つき。

◆海洋

<事　典>

深海と地球の事典 深海と地球の事典編集委員会編　丸善出版　2014.12　290p　27cm　〈年表あり　索引あり〉　7500円　Ⓘ978-4-621-08887-6　Ⓝ452

〈目次〉1 深海を知る―深海の基礎知識（深海のすがた，圧力と生命 ほか），2 深海に生きる―極限環境に生きる生物（深海にすむ生物，地球環境と生物：深海への物質輸送 ほか），3 深海を調べる―深海研究の先端技術（深海探査の技

術と歴史,海洋調査研究船「みらい」ほか),4 深海から知る—生命誕生と進化,惑星地球の変動(生命の起源と進化,海底火山/マグマ/巨大地震の震源地 ほか)

(内容)「深海」は地球最大の生命圏であり、活発な地殻活動により環境の変化をもたらすとともに、地球誕生から現代まで、さまざまな生命のゆりかごとして、多様性を育んできた。さらに深海でのわずかな変化が気候変動や地震・津波といった地球規模の問題につながることも明らかになってきた。本書では深海研究の最先端にいる専門家たちが、これまで明らかになってきた深海の科学と研究を支える技術開発、さらに研究からわかった地球の姿を豊富なカラー図版とともに解説する。深海の基本から研究や、観測技術の最前線が見えてくる。

〈図鑑・図集〉

海大図鑑 倉本圭,藤倉克則監修 ニュートンプレス 2022.5 205p 24cm (Newton大図鑑シリーズ) 〈索引あり〉 3000円
①978-4-315-52546-5 Ⓝ452
(目次) 0 ギャラリー,1 海とは何か,2 海の生き物,3 深海,4 海と気候,5 海と人間
(内容) 海のことがよくわかる! Newtonが総力をあげて制作した世界一楽しい海の図鑑。

海と環境の図鑑 ジョン・ファーンドン著,クストー財団監修,武舎広幸,武舎るみ訳 河出書房新社 2012.10 255p 29×22cm 〈文献あり 索引あり〉 原書名:ATLAS OF OCEANS〉 4743円 ①978-4-309-25265-0 Ⓝ452
(目次) 海の世界—岩石と水(海の地質,海水の動き),海の生態系(生物の分類,沿岸海域,温帯海域,熱帯海域,極地の海,外洋,深海),世界の海(大西洋,太平洋,インド洋,南極海,北極海,ヨーロッパの海,ユーラシア大陸の海,南シナ海)
(内容) 海面下の世界では、人々に知られることなく、驚くほどのスピードで危機が進んでいる。深海から沿岸部まで、膨大なデータや最新の科学調査によって明らかになった海の環境の実態を、4部、18章、95のトピックスで詳細に解説。600種におよぶ絶滅危惧種リストや、環境保護団体リスト、参考文献、用語解説、索引を収録し、価値ある資料としても役立つ。

海の大図鑑 イラストレイテッド・アトラス 深沢理郎監訳,こどもくらぶ訳 丸善出版 2016.5 240p 35cm 〈索引あり〉 9000円 ①978-4-621-08981-1 Ⓝ452
(目次) 地球上の水域,海のしくみ,海の環境,海洋生物と資源,極域,大西洋,インド洋,太平洋,参考資料
(内容) 沿岸部から深海に至る、すべての海洋の

生息環境を包括的に網羅している。極冠の氷の融解、海面の上昇、乱獲、また海中公園や保護区域など、昨今の生態学上の問題に関する情報を提供している。新たに描き起こされた50以上の地図が、詳細にわたる海底地形の眺望をもたらしてくれる。数多くの写真、詳細な図表、グラフ、イラスト、また衛星写真による壮麗な図解。

海洋大図鑑 改訂新版 内田至日本語版総監修 ネコ・パブリッシング 2018.8 512p 31cm (DKブックシリーズ) 〈索引あり〉 原書名:OCEAN〉 9500円 ①978-4-7770-5425-1 Ⓝ452.036
(内容) 最新の科学データと大迫力のビジュアルであらゆる生命の源である海の神秘に迫る。最新の科学研究に基づく情報の更新、生物の分類と名称のアップデート、生息地を表した新たな地図や新しい図版、貴重な写真を多数追加。フィリピンのハリケーン・ハイアン、東日本大震災による津波など最新の世界的トピックスを追加。海の成り立ちや役割から海底に影響を及ぼす地質学的および物理的プロセス、重要な生息地帯、海洋生物の生態に至るまでを4部構成で解説。

ビジュアル海大図鑑 シルビア・A.アール著,竹花秀春,倉田真木訳 日経ナショナルジオグラフィック 2024.6 517p 31cm (NATIONAL GEOGRAPHIC) 〈索引あり〉 頒布:日経BPマーケティング 原書名:OCEAN〉 9090円 ①978-4-86313-577-2 Ⓝ452
(目次) 1 生きている海(海の始まり、海—生命の源、躍動する海),2 海の生き物(生き物のいる海を泳ぐ、沿岸域の海の生物、外洋の生物),3 私たちの営みと海(深海を探る道具、人類と海、気候の基盤としての海、海洋の未来),4 海のアトラス
(内容) 450以上の感動的な写真、50以上の詳細な海洋地図。海の世界へようこそ! 活気に満ちたサンゴ礁を訪れ、そこに生息する色とりどりの生き物たちに出会う。海底にはコンブがびっしりと生えていて、深海では暗闇の中で発光する別世界の生物たちと対面できる—。今、最も有名で尊敬されている海洋生物学者の1人であるシルビア・アールが、あなたの専属ガイドとして、海洋世界のあらゆる驚異を紹介する。

<地図帳>

海の世界地図 Don Hinrichsen[著],こどもくらぶ訳 丸善出版 2018.5 126p 25cm 〈文献あり 索引あり〉 原書名:The Atlas of COASTS & OCEANS〉 2800円 ①978-4-621-30277-4 Ⓝ452
(目次) 第1部 人類と沿岸地域,第2部 海洋資源に対する重大な脅威,第3部 貿易、通商、観光,第4部 気候変動,第5部 対立する海,第6部 沿

岸地域と海洋の管理
⦿内容 生態系への影響・海洋資源を知る。沿岸地域の観光・海上輸送をする。海洋環境と異常気象をみる。島の領有権・海賊行為を考える。海洋の国際管理・保護に取り組む。本書は、海洋にかかわるあらゆる問題について、世界地図上で各問題の状況を色分けし、グラフとともに解説している。

◆河川・湖沼

<ハンドブック>

水管理・国土保全局所管補助事業事務提要 [2013]改訂27版　大成出版社第2事業部編集　大成出版社　2013.5　1221p　21cm　〈「河川関係補助事業事務提要」の改題、巻次を継承〉　5200円　Ⓘ978-4-8028-3108-6　Ⓝ517.091

<法令集>

河川六法　令和5年版　河川法研究会編集　大成出版社　2023.3　2931p　19cm　〈索引あり〉　8600円　Ⓘ978-4-8028-3487-2　Ⓝ517.091

⦿目次 河川，ダム・水資源，砂利採取，水道原水，砂防，海岸，低潮線保全，社会資本整備重点計画，特別会計，水防，都市水害，津波防災地域づくり，災害，公有水面埋立て，運河，下水道，行政手続，環境保全・公害対策，参考法令
⦿内容 河川行政事務の遂行に当たっての手引きとなるべく、河川法をはじめ、河川に関係する法令をまとめる。令和4年11月10日現在の内容を基準に、法令226件、告示50件、例規218件、判例3件を収録。

<年鑑・白書>

印旛沼白書　令和元・2年版　印旛沼環境基金編集　(佐倉)印旛沼環境基金　2021.2　199p　21cm　〈印旛沼関係年表：p187～196　文献：p197～199〉　1500円　Ⓘ978-4-900538-28-3

◆沙漠

<事典>

沙漠学事典　日本沙漠学会編　丸善出版　2020.7　29,504p　22cm　〈文献あり　索引あり〉　22000円　Ⓘ978-4-621-30517-1　Ⓝ454.64

⦿目次 第1章 砂漠とは(乾燥地と砂漠，地表面構成物からみた砂漠の分類 ほか)，第2章 砂漠の自然環境(気温・降水，蒸発散 ほか)，第3章 乾燥地の生物(砂漠の植生分布，乾燥地の植物群落構造と多様性，生態系機能 ほか)，第4章 砂漠の生活と文化(民族・言語，中央アジアの文字 系統と類型 ほか)，第5章 砂漠の資源と経済活動(鉱物，石油 ほか)，第6章 砂漠化とその対策(砂漠化の定義，砂漠化の広がり ほか)
⦿内容 日本沙漠学会の設立30年を記念した書。沙漠について様々な角度から約200テーマを選び、1テーマを見開き2ページで解説。各テーマには、写真や図表を1つ以上掲載する。

◆風

<事典>

風の事典　真木太一，新野宏，野村卓史，林陽生，山川修治編　丸善出版　2011.11　267p　27cm　〈索引あり　文献あり〉　8500円　Ⓘ978-4-621-08404-5　Ⓝ451.4

⦿目次 風と生活，風の基礎，さまざまな風，風と地形・景観，風と水の関わり，風と地球環境問題，風とエネルギー，風と災害，風と農業，風と都市，風と乗り物，風とスポーツ，風と動植物
⦿内容 本書は、風に関わる疑問や諸現象を科学的にかつやさしく解説するために、気象・景観・生態系・地球環境・エネルギー・災害・都市・農業・乗り物・スポーツ・生活などバラエティに富んだ視点から約200項目を選び、図や表を豊富に載せた中項目事典である。

<辞典>

風と雲のことば辞典　倉嶋厚監修，岡田憲治，原田稔，宇田川真人[執筆]　講談社　2016.10　370p　15cm　〈講談社学術文庫2391〉　〈文献あり　索引あり〉　1170円　Ⓘ978-4-06-292391-0　Ⓝ451.4

⦿目次 本文，風と雲の天気ことわざ，季語索引・風と雲の四季ごよみ
⦿内容 日本の空には、こんなにも多彩な表情がある―。雲と霧との違いは？「花散らし」のほんとうの意味は？ 気象現象のほか、比喩表現、ことわざも多数収録。また季語から漢詩、詩歌、歌謡曲に至るまで、尽きるところのない空にまつわる表現を豊富な引用で伝える。最先端の気象用語解説や、災害への備えも加えた決定版の「読む辞典」。文庫書き下ろし。

<ハンドブック>

都市の風環境ガイドブック　調査・予測から評価・対策まで　日本風工学会編　森北出版　2022.7　161p　26cm　〈索引あり〉　3600円　①978-4-627-55371-2　Ⓝ518.8

⦿目次　第1編 基礎編（風と上手に付き合う建築・都市の計画・設計，風の統計的性質と地形の影響—データとしての風の扱い方，建物周辺の風，都市の弱風による環境問題），第2編 実践編（風環境評価の一連の流れ，風に関するデータの収集・調査，風環境の予測，風環境の評価，防風のための対策とその効果），資料編

⦿内容　計画時に役立つ。風に関する基礎知識。風問題に直面したときの拠り所。

都市の風環境予測のためのCFDガイドブック　日本建築学会編集　日本建築学会　2020.1　196p　30cm　〈発売：丸善出版　索引あり〉　3500円　①978-4-8189-2718-6　Ⓝ518.8

⦿目次　第1編 都市の風環境予測のための基礎知識（CFD解析の流れと本ガイドブックの構成，市街地風環境とその予測手法の概要），第2編 都市の風環境予測のためのCFD解析技術（乱流モデル，計算領域 ほか），第3編 都市の風環境予測のためのCFD適用ガイドライン（RANS，LES共通の全般的ガイドライン，乱流モデルとしてRANSモデルを使用する場合のガイドライン ほか），資料編 CFD解析の精度検証のための実験データベース（単体建物モデル（1：1：2角柱モデル），単体建物モデル（1：4：4角柱モデル）ほか）

⦿内容　都市の風環境予測のための基礎知識やCFD解析技術について解説。さらに、都市の風環境予測のためのCFD適用ガイドライン、CFD解析の精度検証に用いることができる実験データベースの概要も収録する。

◆生物多様性

<事典>

生物の多様性百科事典　コリン・タッジ著，野中浩一，八杉貞雄訳　朝倉書店　2011.4　656p　27cm　〈文献あり　索引あり　原書名：The variety of life.〉　20000円　①978-4-254-17142-6　Ⓝ461.036

⦿目次　第1部 分類の技術と科学（「すてきな生きものたちがこんなにたくさん」，分類と秩序の探索，自然の秩序—ダーウィンの夢とヘニッヒの解答，データ ほか），第2部 すべての生きものを通覧する（2つの界から3つのドメインへ，原核生物—細菌ドメインと古細菌ドメイン，核の王国—真核生物ドメイン，キノコ，粘菌，地衣類，サビ菌，黒穂病菌，腐敗病：真菌界 ほか），第3部 エピローグ（残されたものたちの保護）

<法令集>

いきものづきあいルールブック　街から山，川，海まで知っておきたい身近な自然の法律　一日一種著，水谷知生，長谷成人監修　誠文堂新光社　2024.3　207p　21cm　〈文献あり　索引あり〉　1800円　①978-4-416-62343-5　Ⓝ519.8

⦿目次　第1章 街中と身近な自然のルール，第2章 山地のルール，第3章 河川・湖沼のルール，第4章 海のルール，第5章 生きものの飼育に関わるルール，第6章 もっと知りたい法律解説

⦿内容　自然を楽しむすべての人に!!マンガと解説でわかりやすい「いきもの」の法律＆マナー。道ばたで、今にも踏まれてしまいそうな野鳥の雛を見かけたとき、あなたならどうしますか？近所の公園、山、川、海、それぞれの場所で、やってもよいこと、いけないことを知っていますか？その他にも、昆虫採集はどこでもできるのか？山菜やキノコは自由にとっていいのか？テント張りやキャンプが禁止されている場所、自然環境にゴミを捨ててはいけない理由など、自然環境や野生生物と関わる上で気をつけたい法律やマナーについて、本書ではストーリーマンガと解説ページでわかりやすく紹介します。

地球温暖化

<事典>

地球温暖化の事典　国立環境研究所地球環境研究センター編著　丸善出版　2014.3　435p　21cm　〈索引あり〉　4800円　①978-4-621-08660-5　Ⓝ451.85

⦿目次　1章 総論，2章 温室効果ガス，3章 地球システム，4章 気候変化の予測と解析，5章 地球表層環境の温暖化影響，6章 生物圏の温暖化影響，7章 人間社会の温暖化影響と適応，8章 緩和策，9章 条約・法律・インベントリ，10章 持続可能な社会に向けて

⦿内容　本事典は、地球温暖化に関する基本的かつ重要な事項をできるだけ網羅的に系統立てて解説したもので、温暖化問題に関する用語の意味や基本的な概念について理解を深めることができます。

ヒートアイランドの事典　仕組みを知り，対策を図る　日本ヒートアイランド学会編集　朝倉書店　2015.6　328p　21cm　〈索引あり〉　7400円　①978-4-254-18050-3　Ⓝ519

⦿目次　1 ヒートアイランド現象の基礎（ヒートアイランド現象とは，ヒートアイランド現象はなぜ起こるのか，ヒートアイランド現象が私達の生活にもたらす影響 ほか），2 ヒートアイランド対策（対策原理の基礎，緑化による緩和，自然を活かした都市計画，建築による緩和（パッシブな利用）ほか），3 ヒートアイランド対策

地球温暖化　　　　環境問題

への取組み事例（ヒートアイランド対策大綱の見直しと対応—ヒートアイランド現象の緩和策と対応策，東京都のヒートアイランド対策―大都市がすすめる施策は，大阪ヒートアイランド対策技術コンソーシアム（大阪HITEC）―産学官協働で対策をひろげる　ほか）

＜ハンドブック＞

分子科学者がやさしく解説する 地球温暖化Q&A181　熱・温度の正体から解き明かす　中田宗隆著　丸善出版　2024.3　144p　21cm　〈文献あり 索引あり〉　2400円　①978-4-621-30918-6　Ⓝ451.85

（目次）序章，第1部 熱や温度に関する身近な自然現象（大気の温度は分子の運動を反映する，地表を温めるエネルギー源がある，地表を温めにくくする物質がある，地表からは赤外線が放射される，大気を温めるエネルギー源がある），第2部 熱エネルギーを蓄えるさまざまな分子運動（気体，液体，固体の熱容量を調べる，H_2O分子の分子運動を調べる，H_2O分子は赤外線を吸収する，CO_2分子の分子運動を調べる，CO_2分子は赤外線を吸収する），終章

（内容）北風が強く吹いても寒いのはなぜ？　標高が高くなると寒くなる理由は？　赤外線と，熱，温度はどう違う？　二酸化炭素は，どうして赤外線を吸収するの？　物理化学の教科書を多数執筆してきた著者が，熱や温度，地球温暖化に関するさまざまな疑問を，やさしい言葉でていねいに解説。地球温暖化を，化学の視点で正しく理解するために必読の一冊。

＜統計集＞

地球温暖化統計データ集　2011年版　三冬社編集部編　三冬社　2011.3　319p　30cm　14800円　①978-4-904022-69-6　Ⓝ519

（目次）第1章 地球温暖化とは，第2章 温室効果ガスの数値データ，第3章 自然環境の変化，第4章 社会生活の変化，第5章 地球温暖化対策・取り組み，第6章 意識調査・アンケート

（内容）地球温暖化対策のためにニッポンができることは何か。本書は，世界・日本の最新統計を網羅。継続できる社会とそのコストを考えるための一冊です。

地球温暖化統計データ集　2013　三冬社　2013.4　333p　30cm　〈他言語標題：Databook of global warming〉　14800円　①978-4-904022-87-0　Ⓝ519

（内容）温室効果ガスの数値データ、自然環境の変化、地球温暖化対策・取り組みなど、世界・日本の最新統計を網羅。継続できる社会とそのコストを考えるための統計データ集。

地球温暖化統計データ集　2015　三冬社　2015.4　332p　30cm　〈他言語標題：Databook of global warming〉　14800円　①978-4-86563-006-0　Ⓝ519

（内容）地球温暖化対策のためにできることは何か。温室効果ガスの数値データ、自然環境の変化、地球温暖化対策・取り組みなど、世界・日本の最新統計を網羅。継続できる社会とそのコストを考えるための統計データ集。

◆CO2排出

＜ハンドブック＞

トランジション・ハンドブック　地域レジリエンスで脱石油社会へ　ロブ・ホプキンス著，城川桂子訳　第三書館　2013.5　466p　19cm　〈文献あり　原書名：THE TRANSITION HANDBOOK〉　2500円　①978-4-8074-1314-0　Ⓝ501.6

＜年鑑・白書＞

カーボンニュートラル脱炭素・低炭素白書　2021年版　次世代社会システム研究開発機構監修　次世代社会システム研究開発機構　2021.10　842p　32cm　〈バインダー製本〉　165000円（書籍+PDF版セット）　Ⓝ519.1

カーボンニュートラルに向けた地域主体の再エネ普及と企業の貢献　平沼光著　東京財団政策研究所　2023.1　95p　26cm　（CSR白書 2022 別冊）　〈編集：東京財団政策研究所CSR研究プロジェクト〉　非売品　①978-4-86027-017-9　Ⓝ336

カーボンニュートラルの効用・事業機会白書　産業別GX/ESGの動向　2021年版　次世代社会システム研究開発機構監修　次世代社会システム研究開発機構　2021.10　1300p　32cm　〈ルーズリーフ〉　Ⓝ519.19

CO_2・環境価値取引関連市場の現状と将来展望　2023　エネルギーシステム事業部調査・編集　富士経済　2023.5　215p　30cm　180000円　①978-4-8349-2493-0　Ⓝ519.19

脱炭素・低炭素化の課題別テーマと適用技術白書　2021年版　次世代社会システム研究開発機構監修　次世代社会システム研究開発機構　2021.10　729p　32cm　〈ルーズ

リーフ〉　Ⓝ519.3

酸性雨

<統計集>

首都圏のネットワーク観測による酸性雨の研究　1990-2012年：観測データ集
（［横浜］）酸性雨問題研究会　［2013］　1冊　30cm　〈背のタイトル：首都圏ネットワーク観測による酸性雨の研究　共同刊行：慶應義塾大学理工学部環境化学研究室〉　Ⓝ519.3

首都圏のネットワーク観測による酸性雨の研究　1990-2014年：観測データ集
（［横浜］）酸性雨問題研究会　［2015］　1冊　30cm　〈付属資料：CD-ROM 1枚（12cm）　背のタイトル：首都圏ネットワーク観測による酸性雨の研究　共同刊行：慶應義塾大学理工学部環境化学研究室〉　Ⓝ519.3

首都圏のネットワーク観測による酸性雨の研究　1990-2015年：観測データ集
（［横浜］）酸性雨問題研究会　［2016］　1冊　30cm　〈付属資料：CD-ROM 1枚（12cm）　共同刊行：慶應義塾大学理工学部環境化学研究室〉　Ⓝ519.3

首都圏のネットワーク観測による酸性雨の研究　1990-2016年：観測データ集
（［横浜］）酸性雨問題研究会　［2017］　1冊　30cm　〈付属資料：CD-ROM 1枚（12cm）　共同刊行：慶應義塾大学理工学部環境化学研究室〉　Ⓝ519.3

首都圏のネットワーク観測による酸性雨の研究　1990-2019年：観測データ集
（［横浜］）酸性雨問題研究会　［2020］　1冊　30cm　〈付属資料：CD-ROM 1枚（12cm）　共同刊行：慶應義塾大学理工学部環境化学研究室〉　Ⓝ519.3

環境汚染

◆環境測定

<ハンドブック>

環境測定実務者のための騒音レベル測定マニュアル　上巻　新版　福原博篤，福原安里編著　環境新聞社　2023.10（第2刷）　495p　26cm　〈年表あり〉　Ⓝ519.6

環境測定実務者のための騒音レベル測定マニュアル　下巻　新版　福原博篤，福原安里編著　環境新聞社　2023.8　p496-1176　26cm　〈文献あり〉　Ⓝ519.6

環境分析ガイドブック　日本分析化学会編　丸善　2011.1　823p　27cm　〈索引あり〉　42000円　Ⓘ978-4-621-08277-5　Ⓝ519.15

◆◆環境測定（規格）

<ハンドブック>

JISハンドブック　環境測定 2024-1-1　大気　日本規格協会編　日本規格協会　2024.1　2694p　21cm　19700円　Ⓘ978-4-542-19058-0　Ⓝ509.13
〔目次〕用語，通則，標準物質，サンプリング，大気，参考

JISハンドブック　環境測定 2024-1-2　騒音・振動　日本規格協会編　日本規格協会　2024.1　1111p　21cm　16600円　Ⓘ978-4-542-19059-7　Ⓝ509.13
〔目次〕用語，騒音・振動―計器・測定，騒音・振動―個別測定，参考

JISハンドブック　環境測定 2024-2　水質　日本規格協会編　日本規格協会　2024.1　2630p　21cm　18700円　Ⓘ978-4-542-19060-3　Ⓝ509.13
〔目次〕用語，サンプリング，水質，参考

◆大気汚染

<事典>

大気環境の事典　大気環境学会編集　朝倉書店　2019.9　444p　22cm　〈他言語標題：ENCYCLOPEDIA OF THE ATMOSPHERIC ENVIRONMENT　年表あり　索引あり〉　13000円　Ⓘ978-4-254-18054-1　Ⓝ519.3
〔目次〕1 総論，2 手法，3 過程，4 影響，5 対策，6 地球環境，7 実態，8 物質編，付録

<辞典>

基礎からわかる大気汚染防止技術　タクマ環境技術研究会編　オーム社　2016.4　182p　21cm　〈他言語標題：Air Pollution Prevention Technology　文献あり　索引あり〉　2700円　Ⓘ978-4-274-50617-8　Ⓝ519.3
〔目次〕第1章 大気汚染とその影響，第2章 燃料と燃焼の概要，第3章 大気汚染物質の性状，第4章 集じん技術とその装置，第5章 大気汚染物質の処理技術とその装置，第6章 計測とガス分

析，第7章 大気中におけるばいじんの拡散，第8章 集じん灰とその処理方法，第9章 排ガス処理と関係法規，付録

<ハンドブック>

大気・室内環境関連疾患予防と対策の手引き 2019 日本呼吸器学会大気・室内環境関連疾患予防と対策の手引き2019作成委員会編集 日本呼吸器学会 2019.1 175p 28cm 〈他言語標題：Guide for prevention and management of the atmospheric and indoor environment-related diseases 発売：メディカルレビュー社 索引あり〉 4000円 Ⓘ978-4-7792-2201-6 Ⓝ493.3

(目次) 第1章 総論(大気汚染の歴史，粒子状物質・ガス状物質，黄砂，アレルゲン，地球温暖化 ほか)，第2章 各論(アレルギー・呼吸器疾患，循環器疾患，皮膚疾患，精神・神経系疾患，心身症，禁煙指導・治療 ほか)

<法令集>

新・公害防止の技術と法規 2011 大気編 1 公害防止の技術と法規編集委員会編 産業環境管理協会 2011.1 497p 26cm 〈公害防止管理者等資格認定講習用 発売：丸善出版事業部 索引あり〉 Ⓘ978-4-86240-065-9(set)

新・公害防止の技術と法規 2011 大気編 2 公害防止の技術と法規編集委員会編 産業環境管理協会 2011.1 556p 26cm 〈公害防止管理者等資格認定講習用 発売：丸善出版事業部 索引あり〉 Ⓘ978-4-86240-065-9(set)

新・公害防止の技術と法規 2012 大気編 公害防止の技術と法規編集委員会編 産業環境管理協会 2012.1 782p 26cm 〈公害防止管理者等資格認定講習用 索引あり 発売：丸善出版〉 Ⓘ978-4-86240-083-3(set)

新・公害防止の技術と法規 2012 大気編 別冊 公害防止関連法 大気編 公害防止の技術と法規編集委員会編 産業環境管理協会 2012.1 291p 26cm 〈公害防止管理者等資格認定講習用 索引あり 発売：丸善出版〉 Ⓘ978-4-86240-083-3(set)

新・公害防止の技術と法規 2013 大気編 公害防止の技術と法規編集委員会編 産業環境管理協会 2013.1 2冊(セット) 26cm 〈発売：丸善出版〉 8000円 Ⓘ978-4-86240-099-4

新・公害防止の技術と法規 2014 大気編 公害防止の技術と法規編集委員会編 産業環境管理協会 2014.1 3冊 26cm 〈公害防止管理者等資格認定講習用 発売：丸善出版〉 全8000円 Ⓘ978-4-86240-106-9(set)

新・公害防止の技術と法規 2015 大気編 公害防止の技術と法規編集委員会編 産業環境管理協会 2015.1 3冊 26cm 〈公害防止管理者等資格認定講習用 外箱入 発売：丸善出版〉 全8000円 Ⓘ978-4-86240-119-9(set)

新・公害防止の技術と法規 2016 大気編 公害防止の技術と法規編集委員会編 産業環境管理協会 2016.1 3冊 26cm 〈公害防止管理者等資格認定講習用 外箱入 発売：丸善出版〉 全8000円 Ⓘ978-4-86240-132-8(set) Ⓝ519

新・公害防止の技術と法規 2017 大気編 公害防止の技術と法規編集委員会編 産業環境管理協会 2017.1 3冊 26cm 〈公害防止管理者等資格認定講習用 外箱入 発売：丸善出版〉 全9000円 Ⓘ978-4-86240-142-7(set)

新・公害防止の技術と法規 2018 大気編 公害防止の技術と法規編集委員会編 産業環境管理協会 2018.2 3冊 26cm 〈公害防止管理者等資格認定講習用 外箱入 発売：丸善出版〉 全9000円 Ⓘ978-4-86240-151-9(set)

新・公害防止の技術と法規 2019 大気編 公害防止の技術と法規編集委員会編 産業環境管理協会 2019.2 3冊 26cm 〈公害防止管理者等資格認定講習用 外箱入 ［発売：丸善出版］〉 全9000円 Ⓘ978-4-86240-164-9(set)

新・公害防止の技術と法規 2020 大気編 公害防止の技術と法規編集委員会編 産業環境管理協会 2020.2 3冊 26cm 〈公害防止管理者等資格認定講習用 外箱入 ［発売：丸善出版］〉 Ⓘ978-4-86240-174-8(set) Ⓝ519

新・公害防止の技術と法規 2021 大気編 公害防止の技術と法規編集委員会編 産業環境管理協会 2021.2 3冊 26cm 〈公害防止管理者等資格認定講習用 頒布：丸善出版〉 全9000円 Ⓘ978-4-86240-184-7(セット)

新・公害防止の技術と法規 2022 大気編 公害防止の技術と法規編集委員会編 産業環境管理協会 2022.2 3冊(14,254, 15,319, 21,595p) 26cm 〈公害防止管理者等資格認定講習用 頒布：丸善出版〉 全9000円 Ⓘ978-4-86240-195-3(セット)

新・公害防止の技術と法規 2023 大気編 公害防止の技術と法規編集委員会編 産業環境管理協会 2023.2 3冊(14,256, 15,315,

21,599p〉 26cm 〈公害防止管理者等資格認定講習用 頒布：丸善出版〉 全9000円
①978-4-86240-204-2(セット)

新・公害防止の技術と法規 2024 大気編
公害防止の技術と法規編集委員会編 産業環境管理協会 2024.2 3冊(14,252, 15,319, 21,599p〉 26cm 〈公害防止管理者等資格認定講習用 頒布：丸善出版〉 全9000円
①978-4-86240-214-1(セット)
(目次) 公害総論, 大気概論, 大気特論, ばいじん・粉じん/一般粉じん特論, 大気有害物質特論, 大規模大気特論
(内容) 公害防止対策・環境管理業務のための必携書。工場関係、環境担当者に欠かせない最新公害防止技術・法令を徹底解説！

<年鑑・白書>

日本の大気汚染状況 平成22年版 環境省水・大気環境局編 経済産業調査会 2011.11 740p 30cm 〈付属資料：CD‐ROM2〉 9000円 ①978-4-8065-2885-2
(目次) 第1編 大気汚染状況の常時監視結果(一般環境大気測定局, 自動車排出ガス測定局の測定結果報告, 有害大気汚染物質に係る常時監視), 第2編 資料(一般環境大気測定局測定結果, 自動車排出ガス測定局測定結果, 有害大気汚染物質, 環境基準関連資料等, CD‐ROM版平成21年度大気汚染状況報告書)

日本の大気汚染状況 平成23年版 環境省水・大気環境局編 経済産業調査会 2012.11 799p 30cm 9000円 ①978-4-8065-2905-7
(目次) 第1編 大気汚染状況の常時監視結果(一般環境大気測定局, 自動車排出ガス測定局の測定結果報告, 有害大気汚染物質に係る常時監視), 第2編 資料(一般環境大気測定局測定結果, 自動車排出ガス測定局測定結果, 有害大気汚染物質, 環境基準関連資料等, CD‐ROM版平成22年度大気汚染状況報告書)

日本の大気汚染状況 平成24年版 環境省水・大気環境局編 経済産業調査会 2013.10 805p 30cm 9000円 ①978-4-8065-2933-0
(目次) 第1編 大気汚染状況の常時監視結果(一般環境大気測定局, 自動車排出ガス測定局の測定結果報告(概説, 窒素酸化物, 浮遊粒子状物質, 光化学オキシダント, 二酸化硫黄, 一酸化炭素, 微小粒子状物質, 非タメン炭化水素, 降下ばいじん, 参考(長期間にわたる継続測定結果)), 有害大気汚染物質に係る常時監視), 第2編 資料(一般環境大気測定局測定結果, 自動車排出ガス測定局測定結果, 有害大気汚染物質, 環境基準関連資料等, CD‐ROM版平成23年度大気汚染状況報告書)

日本の大気汚染状況 平成25年版 環境省水・大気環境局編 経済産業調査会 2014.12 805p 30cm 〈付属資料：CD‐ROM1〉 9000円 ①978-4-8065-2947-7
(目次) 第1編 大気汚染状況の常時監視結果(一般環境大気測定局, 自動車排出ガス測定局の測定結果報告, 有害大気汚染物質に係る常時監視), 第2編 資料(一般環境大気測定局測定結果, 自動車排出ガス測定局測定結果, 有害大気汚染物質, 環境基準関連資料等, CD‐ROM版平成24年度大気汚染状況報告書)

日本の大気汚染状況 平成26年版 環境省水・大気環境局編 経済産業調査会 2015.12 807p 30cm 〈付属資料：CD‐ROM1〉 9000円 ①978-4-8065-2961-3
(目次) 第1編 大気汚染状況の常時監視結果(一般環境大気測定局, 自動車排出ガス測定局の測定結果報告, 有害大気汚染物質に係る常時監視), 第2編 資料(一般環境大気測定局測定結果, 自動車排出ガス測定局測定結果, 有害大気汚染物質, 環境基準関連資料等, CD‐ROM版 平成25年度 大気汚染状況報告書)
(内容) 本書は、平成25年度における「一般環境大気測定局」の測定結果及び「自動車排出ガス測定局」の測定結果並びに「有害大気汚染物質モニタリング調査結果」を収録するとともに、その概況を述べたものである。測定結果は、各地方公共団体から報告された結果及び国が測定した結果である。

日本の大気汚染状況 平成27年版 環境省水・大気環境局編 経済産業調査会 2016.10 847p 30cm 〈付属資料：CD‐ROM1〉 9000円 ①978-4-8065-2987-3
(目次) 第1編 大気汚染状況の常時監視結果(一般環境大気測定局, 自動車排出ガス測定局の測定結果報告(概説, 窒素酸化物, 浮遊粒子状物質, 光化学オキシダント, 二酸化硫黄 ほか), 有害大気汚染物質に係る常時監視), 第2編 資料(一般環境大気測定局測定結果, 自動車排出ガス測定局測定結果, 有害大気汚染物質, 環境基準関連資料等, CD‐ROM版平成26年度大気汚染状況報告書)

日本の大気汚染状況 平成28年版 環境省水・大気環境局編 経済産業調査会 2017.10 877p 30cm 〈付属資料：CD‐ROM1〉 9000円 ①978-4-8065-3007-7
(目次) 第1編 大気汚染状況の常時監視結果(一般環境大気測定局, 自動車排出ガス測定局の測定結果報告, 有害大気汚染物質に係る常時監視), 第2編 資料(一般環境大気測定局測定結果, 自動車排出ガス測定局測定結果, 有害大気汚染物質, 環境基準関連資料等, CD‐ROM版平成27年度大気汚染状況報告書)

日本の大気汚染状況 平成29年版 環境省水・大気環境局編 経済産業調査会 2019.3 855p 30cm 〈付属資料：CD‐ROM1〉

環境汚染　　　　　　　　　　　環境問題

9000円　Ⓘ978-4-8065-3026-8
⦅目次⦆第1編 大気汚染状況の常時監視結果（一般環境大気測定局，自動車排出ガス測定局の測定結果報告，有害大気汚染物質に係る常時監視），第2編 資料（一般環境大気測定局測定結果，自動車排出ガス測定局測定結果，有害大気汚染物質，環境基準関連資料等，CD‐ROM版 平成28年度大気汚染状況報告書）

日本の大気汚染状況　平成30年版　環境省水・大気環境局編　経済産業調査会　2020.2　889p　30cm　〈付属資料：CD‐ROM1〉　9000円　Ⓘ978-4-8065-3051-7
⦅目次⦆第1編 大気汚染状況の常時監視結果，第2編 資料
⦅内容⦆平成29年度における「一般環境大気測定局」「自動車排出ガス測定局」の測定結果および「有害大気汚染物質モニタリング調査結果」を収録するとともに，その概況をまとめる。データファイルを収めたCD-ROM付き。

日本の大気汚染状況　令和元年版　環境省水・大気環境局編　経済産業調査会　2021.2　873p　30cm　〈付属資料：CD‐ROM1〉　9000円　Ⓘ978-4-8065-3061-9
⦅目次⦆第1編 大気汚染状況の常時監視結果（一般環境大気測定局，自動車排出ガス測定局の測定結果報告，有害大気汚染物質等に係る常時監視），第2編 資料（一般環境大気測定局測定結果，自動車排出ガス測定局測定結果，有害大気汚染物質，環境基準関連資料等，CD‐ROM版平成30年度大気汚染状況報告書）
⦅内容⦆平成30年度における「一般環境大気測定局」「自動車排出ガス測定局」の測定結果および「有害大気汚染物質モニタリング調査結果」を収録するとともに，その概況をまとめる。データファイルを収めたCD-ROM付き。

日本の大気汚染状況　令和2年版　環境省水・大気環境局編　経済産業調査会　2022.2　883p　30cm　〈付属資料：CD‐ROM1〉　9000円　Ⓘ978-4-8065-3072-5
⦅目次⦆第1編 大気汚染状況の常時監視結果（一般環境大気測定局，自動車排出ガス測定局の測定結果報告（概説，窒素酸化物，浮遊粒子状物質 ほか），有害大気汚染物質等に係る常時監視（大気の汚染に係る環境基準及び指針値，有害大気汚染物質等に係る常時監視結果の概要，有害大気汚染物質等に係る常時監視結果の詳細）），第2編 資料（一般環境大気測定局測定結果，自動車排出ガス測定局測定結果，有害大気汚染物質等 ほか）

日本の大気汚染状況　令和3年版　環境省水・大気環境局編　経済産業調査会　2023.2　875p　30cm　〈付属資料：CD‐ROM1〉　9000円　Ⓘ978-4-8065-3084-8　Ⓝ519.3

日本の大気汚染状況　令和4年版　環境省水・大気環境局編　経済産業調査会　2024.3　878p　30cm　〈付属資料：CD‐ROM1〉　9000円　Ⓘ978-4-8065-3093-0　Ⓝ519.3
⦅内容⦆令和3年度における「一般環境大気測定局」「自動車排出ガス測定局」の測定結果および「有害大気汚染物質モニタリング調査結果」を収録するとともに，その概況をまとめる。データファイルを収めたCD-ROM付き。

＜統計集＞

大気汚染物質排出量総合調査　平成22年度大気汚染物質排出量総合調査業務報告書平成20年度実績　（［大阪］）応用技術　2011.3　1冊　30cm　Ⓝ519.3

大気汚染物質排出量総合調査　報告書　平成25年度　平成23年度実績　（［大阪］）応用技術　2014.3　13,68,8p　30cm　Ⓝ519.3

大気汚染物質排出量総合調査　平成27年度大気環境に係る固定発生源状況等調査業務　平成26年度実績　数理計画　2016.3　20,98p　30cm　（環境省請負業務結果報告書平成27年度）　Ⓝ519.3

大気汚染物質排出量総合調査　平成28年度大気環境に係る固定発生源状況調査業務平成26年度実績　環境省水・大気環境大気環境課　2017.3　17,82p　30cm　（環境省請負業務結果報告書 平成28年度）　Ⓝ519.3

大気汚染物質排出量総合調査　平成30年度大気環境に係る固定発生源状況等調査業務　平成29年度実績　数理計画　2019.3　21,100p　30cm　（環境省請負業務結果報告書 平成30年度）　Ⓝ519.3

大気汚染物質排出量総合調査　令和2年度実績　数理計画　2022.3　25,100p　30cm　（環境省請負業務結果報告書 令和3年度）　〈令和3年度大気環境に係る固定発生源状況等調査業務〉　Ⓝ519.3

大気汚染物質排出量総合調査　令和2年度実績　数理計画　2023.3　26,84p　30cm　（大気汚染物質排出量総合調査報告書 令和4年度）　Ⓝ519.3

◆◆ダイオキシン

＜法令集＞

新・公害防止の技術と法規　2011 ダイオキシン類編　公害防止の技術と法規編集委員会編　産業環境管理協会　2011.1　594p　26cm　〈公害防止管理者等資格認定講習用 発売：丸善出版事業部　索引あり〉　5000円

新・公害防止の技術と法規　2012 ダイオキシン類編　公害防止の技術と法規編集委員会編　産業環境管理協会　2012.1　610p　26cm　〈公害防止管理者等資格認定講習用　索引あり　発売：丸善出版〉　5000円　①978-4-86240-086-4

新・公害防止の技術と法規　2013 ダイオキシン類編　公害防止の技術と法規編集委員会編　産業環境管理協会　2013.1　635p　26cm　〈公害防止管理者等資格認定講習用　索引あり　発売：丸善出版〉　5000円　①978-4-86240-102-1

新・公害防止の技術と法規　2014 ダイオキシン類編　公害防止の技術と法規編集委員会編　産業環境管理協会　2014.2　720p　26cm　〈公害防止管理者等資格認定講習用　索引あり　発売：丸善出版〉　5000円　①978-4-86240-109-0

新・公害防止の技術と法規　2015 ダイオキシン類編　公害防止の技術と法規編集委員会編　産業環境管理協会　2015.1　730p　26cm　〈公害防止管理者等資格認定講習用　索引あり　発売：丸善出版〉　5000円　①978-4-86240-122-9

新・公害防止の技術と法規　2016 ダイオキシン類編　公害防止の技術と法規編集委員会編　産業環境管理協会　2016.1　680p　26cm　〈公害防止管理者等資格認定講習用　索引あり　発売：丸善出版〉　5000円　①978-4-86240-135-9　Ⓝ519

新・公害防止の技術と法規　2017 ダイオキシン類編　公害防止の技術と法規編集委員会編　産業環境管理協会　2017.1　676p　26cm　〈公害防止管理者等資格認定講習用　索引あり　発売：丸善出版〉　6000円　①978-4-86240-145-8

新・公害防止の技術と法規　2018 ダイオキシン類編　公害防止の技術と法規編集委員会編　産業環境管理協会　2018.2　29, 674p　26cm　〈公害防止管理者等資格認定講習用　発売：丸善出版〉　6000円　①978-4-86240-154-0

新・公害防止の技術と法規　2019 ダイオキシン類編　公害防止の技術と法規編集委員会編　産業環境管理協会　2019.2　672p　26cm　〈公害防止管理者等資格認定講習用　索引あり　発売：丸善出版〉　6000円　①978-4-86240-167-0　Ⓝ519

新・公害防止の技術と法規　2020 ダイオキシン類編　公害防止の技術と法規編集委員会編　産業環境管理協会　2020.2　674p　26cm　〈公害防止管理者等資格認定講習用　索引あり　発売：丸善出版〉　6000円　①978-4-86240-177-9　Ⓝ519

新・公害防止の技術と法規　2021 ダイオキシン類編　公害防止の技術と法規編集委員会編　産業環境管理協会　2021.2　650p　26cm　〈公害防止管理者等資格認定講習用　索引あり　発売・頒布：丸善出版〉　6000円　①978-4-86240-187-8

新・公害防止の技術と法規　2022 ダイオキシン類編　公害防止の技術と法規編集委員会編　産業環境管理協会　2022.2　24, 656p　26cm　〈公害防止管理者等資格認定講習用　頒布：丸善出版〉　6000円　①978-4-86240-198-4

新・公害防止の技術と法規　2023 ダイオキシン類編　公害防止の技術と法規編集委員会編　産業環境管理協会　2023.2　658p　26cm　〈公害防止管理者等資格認定講習用　索引あり　発売・頒布：丸善出版〉　6000円　①978-4-86240-207-3　Ⓝ519

新・公害防止の技術と法規　2024 ダイオキシン類編　公害防止の技術と法規編集委員会編　産業環境管理協会　2024.2　656p　26cm　〈公害防止管理者等資格認定講習用　索引あり　発売・頒布：丸善出版〉　6000円　①978-4-86240-217-2　Ⓝ519

(目次)公害総論, 法規編(ダイオキシン類概論, ダイオキシン類特論)

(内容)公害防止対策・環境管理業務のための必携書。資格認定講習用。工場関係、環境担当者に欠かせない最新公害防止技術・法令を徹底解説！

ダイオキシン類対策特別措置法・特定工場における公害防止組織の整備に関する法律　（大阪）大阪府環境農林水産部環境管理室事業所指導課　2023.3　95p　30cm　Ⓝ519.12

◆水質汚濁

<ハンドブック>

水質異常の監視・対策指針　2019　日本水道協会　2019.12　6,263p　30cm　〈付属資料：CD-ROM 1枚(12cm)　文献あり〉　7500円　①978-4-909897-06-0　Ⓝ519.4

水質計測機器維持管理技術・マニュアル　日本環境技術協会技術委員会水質部会編　日本環境技術協会　2015.10　284p　30cm

3740円　Ⓝ519.4

<法令集>

新・公害防止の技術と法規　2011 水質編 1　公害防止の技術と法規編集委員会編　産業環境管理協会　2011.1　631p　26cm　〈公害防止管理者等資格認定講習用　発売：丸善出版事業部　索引あり〉　Ⓘ978-4-86240-066-6(set)

新・公害防止の技術と法規　2011 水質編 2　公害防止の技術と法規編集委員会編　産業環境管理協会　2011.1　426p　26cm　〈公害防止管理者等資格認定講習用　発売：丸善出版事業部　索引あり〉　Ⓘ978-4-86240-066-6(set)

新・公害防止の技術と法規　2012 水質編　公害防止の技術と法規編集委員会編　産業環境管理協会　2012.1　656p　26cm　〈公害防止管理者等資格認定講習用　索引あり　発売：丸善出版〉　Ⓘ978-4-86240-084-0(set)

新・公害防止の技術と法規　2012 水質編 別冊　公害防止関連法 水質編　公害防止の技術と法規編集委員会編　産業環境管理協会　2012.1　409p　26cm　〈公害防止管理者等資格認定講習用　索引あり　発売：丸善出版〉　Ⓘ978-4-86240-084-0(set)

新・公害防止の技術と法規　2013 水質編　公害防止の技術と法規編集委員会編　産業環境管理協会　2013.1　668p　26cm　〈発売：丸善出版　付属資料：別冊1　公害防止管理者等資格認定講習用〉　8000円　Ⓘ978-4-86240-100-7

新・公害防止の技術と法規　2014 水質編　公害防止の技術と法規編集委員会編　産業環境管理協会　2014.1　3冊　26cm　〈公害防止管理者等資格認定講習用　発売：丸善出版〉　全8000円　Ⓘ978-4-86240-107-6(set)

新・公害防止の技術と法規　2015 水質編　公害防止の技術と法規編集委員会編　産業環境管理協会　2015.1　3冊　26cm　〈公害防止管理者等資格認定講習用　外箱入　発売：丸善出版〉　全8000円　Ⓘ978-4-86240-120-5(set)

新・公害防止の技術と法規　2016 水質編　公害防止の技術と法規編集委員会編　産業環境管理協会　2016.1　3冊　26cm　〈公害防止管理者等資格認定講習用　外箱入　発売：丸善出版〉　全8000円　Ⓘ978-4-86240-133-5(set)　Ⓝ519

新・公害防止の技術と法規　2017 水質編　公害防止の技術と法規編集委員会編　産業環境管理協会　2017.1　3冊　26cm　〈公害防止管理者等資格認定講習用　外箱入　発売：丸善出版〉　全9000円　Ⓘ978-4-86240-143-4(set)

新・公害防止の技術と法規　2018 水質編　公害防止の技術と法規編集委員会編　産業環境管理協会　2018.2　3冊　26cm　〈公害防止管理者等資格認定講習用　外箱入　発売：丸善出版〉　全9000円　Ⓘ978-4-86240-152-6(set)

新・公害防止の技術と法規　2019 水質編　公害防止の技術と法規編集委員会編　産業環境管理協会　2019.2　3冊　26cm　〈公害防止管理者等資格認定講習用　外箱入　[発売：丸善出版]〉　全9000円　Ⓘ978-4-86240-165-5(set)

新・公害防止の技術と法規　2020 水質編　公害防止の技術と法規編集委員会編　産業環境管理協会　2020.2　3冊　26cm　〈公害防止管理者等資格認定講習用　外箱入　[発売：丸善出版]〉　Ⓘ978-4-86240-175-5(set)　Ⓝ519

新・公害防止の技術と法規　2021 水質編　公害防止の技術と法規編集委員会編　産業環境管理協会　2021.2　3冊　26cm　〈公害防止管理者等資格認定講習用　頒布：丸善出版〉　全9000円　Ⓘ978-4-86240-185-4(セット)

新・公害防止の技術と法規　2022 水質編　公害防止の技術と法規編集委員会編　産業環境管理協会　2022.2　3冊(14,254, 14,394, 21,542p)　26cm　〈公害防止管理者等資格認定講習用　頒布：丸善出版〉　全9000円　Ⓘ978-4-86240-196-0(セット)

新・公害防止の技術と法規　2023 水質編　公害防止の技術と法規編集委員会編　産業環境管理協会　2023.2　3冊(14,256, 14,396, 21,544p)　26cm　〈公害防止管理者等資格認定講習用　頒布：丸善出版〉　全9000円　Ⓘ978-4-86240-205-9(セット)

新・公害防止の技術と法規　2024 水質編　公害防止の技術と法規編集委員会編　産業環境管理協会　2024.2　3冊(14,252, 14,400, 21,544p)　26cm　〈公害防止管理者等資格認定講習用　頒布：丸善出版〉　全9000円　Ⓘ978-4-86240-215-8(セット)

〔目次〕公害総論，水質概論，技術編(汚水処理特論，水質有害物質特論，大規模水質特論)
〔内容〕公害防止対策・環境管理業務のための必携書。工場関係、環境担当者に欠かせない最新公害防止技術・法令を徹底解説！

水産用水基準　2018年版　日本水産資源保護協会　2018.8　119p　30cm　〈文献あり〉　Ⓝ663.96

水質環境基準の類型指定状況　環境省水・

大気環境局　2017.11　1冊　30cm　Ⓝ519.4

◆海洋汚染

<ハンドブック>

四・五・六級海事法規読本　3訂版　及川実
著　成山堂書店　2023.6　218p　21cm　〈索引あり〉　3400円　Ⓘ978-4-425-26151-2　Ⓝ550.91

(目次)第1章 海上衝突予防法，第2章 海上交通安全法，第3章 港則法，第4章 船員法，第5章 船員労働安全衛生規則，第6章 船舶職員及び小型船舶操縦者法，第7章 海難審判法，第8章 船舶法，第9章 船舶安全法及び関係法令，第10章 海洋汚染等及び海上災害の防止に関する法律，第11章 検疫法，第12章 国際公法

(内容)海技国家試験の科目細目に基づき四・五・六級各級の出題範囲とポイントをわかりやすく解説。独学でも試験対策は万全です！

<法令集>

海事法　第12版　海事法研究会編　海文堂出版　2023.3　321p　21cm　〈索引あり〉　3500円　Ⓘ978-4-303-23880-3　Ⓝ550.91

(目次)総論，船舶法，船員法，海商法，船舶安全法，海洋汚染等及び海上災害の防止に関する法律，船舶職員及び小型船舶操縦者法，水先法，海難審判法，検疫法，関税法，出入国管理，海事国際法

海洋汚染防止条約　英和対訳　2022年改訂版　国土交通省総合政策局海洋政策課監修　海文堂出版　2022.11　799p　21cm　〈他言語標題：MARPOL〉　15000円　Ⓘ978-4-303-37480-8　Ⓝ519.4

(目次)MARPOL73/78条約締約国リスト，MARPOL73/78条約の改正状況，MARPOL73/78条約の改正経緯一覧，1973年の船舶による汚染の防止のための国際条約，1973年の船舶による汚染の防止のための国際条約に関する1978年の議定書，1973年の船舶による汚染の防止のための国際条約に関する1978年の議定書によって修正された同条約を改正する1997年の議定書，付録：1973年の船舶による汚染の防止のための国際条約に関する1978年の議定書の附属書の2022年改正（英文のみ）

危険物船舶運送及び貯蔵規則　21訂版　国土交通省海事局検査測度課監修　海文堂出版　2023.3　133,644p　30cm　〈索引あり　英語抄訳付〉　28500円　Ⓘ978-4-303-38536-1　Ⓝ683.6

(目次)危険物船舶運送及び貯蔵規則，船舶による放射性物質等の運送基準の細目等を定める告示，危険物船舶運送及び貯蔵規則第38条第5項の外国を定める告示，液化ガスばら積船の貨物タンク等の技術基準を定める告示，船舶による危険物の運送基準等を定める告示，海洋汚染等及び海上災害の防止に関する法律及び施行規則（抜粋），別表（船舶による危険物の運送基準等を定める告示）

最新 海洋汚染等及び海上災害の防止に関する法律及び関係法令　国土交通省総合政策局海洋政策課監修　成山堂書店　2015.9　955p　21cm　9800円　Ⓘ978-4-425-24110-1　Ⓝ519.4

◆◆海事政策

<年鑑・白書>

海事レポート　平成23年版　国土交通省海事局編著・資料提供，日本海事センター協力，日本海事広報協会編　日本海事広報協会　2011.9　239p　21cm　〈発売：成山堂書店〉　2000円　Ⓘ978-4-425-91132-5

(目次)トピックで見る海事分野（震災関連トピックス，国際海事機関（IMO）事務局長選挙当選，新造船政策の策定，内航海運代替建造対策の策定），第1部 海事行政における重要課題（安定的な国際海上輸送の確保，造船力の強化，海事における環境問題への取り組み，内航海運，フェリー・国内旅客船の振興，離島航路の確保・維持対策の充実，海事産業を担う人材の確保・育成，その他の主要政策課題への取り組み），第2部 海事の現状とその課題（海上輸送分野，船舶産業分野，船員分野，国際的な課題への対応，海上安全・保安の確保と環境保全）

海事レポート　平成24年版　国土交通省海事局編著・資料提供，日本海事センター協力，日本海事広報協会編　日本海事広報協会　2012.9　231p　21cm　〈発売：成山堂書店〉　2000円　Ⓘ978-4-425-91133-2

(目次)トピックで見る海事分野（イラン産原油輸送特別措置法の成立，震災関連からの復興関係トピックス，船舶からのCO2規制導入 ほか），第1部 海事行政における重要課題（安定的な国際海上輸送の確保，造船力の強化，環境問題への取り組み ほか），第2部 海事の現状とその課題（海上輸送分野，船舶産業分野，船員分野 ほか）

海事レポート　2013　国土交通省海事局編著・資料提供，日本海事センター協力，日本海事広報協会編　日本海事広報協会　2013.9　241p　21cm　〈発売：成山堂書店〉　2000円　Ⓘ978-4-425-91134-9

(目次)第1部 海事行政における重要課題（安定的な国際海上輸送の確保，造船産業の国際競争力の強化，内航海運の活性化，海洋産業の戦略

的育成，環境問題への取組，海事産業を担う人材の確保・育成，海上安全対策の充実，観光立国推進に向けた取組），第2部 海事の現状とその課題（海上輸送分野，船舶産業分野，船員分野，国際的課題への対応，海上安全・保安の確保と環境保全，小型船舶の利用活性化と海事振興）

海事レポート 2014 国土交通省海事局編著・資料提供，日本海事センター協力，日本海事広報協会編　日本海事広報協会　2014.9　270p　21cm　〈発売：成山堂書店〉　2000円　①978-4-425-91135-6

(目次) 海事局最前線（エネルギー輸送ルートの多様化に向けた取組，海洋開発市場の獲得に向けた取組，2020年の東京オリンピック・パラリンピック開催に向けて），第1部 海事行政の重要課題（使いやすい地域公共交通の実現，安定的な国際海上輸送の確保，我が国産業を支える内航海運の基盤強化 ほか），第2部 海事の現状とその課題（海上輸送分野，船舶産業分野，船員分野 ほか）

海事レポート 2015 国土交通省海事局編著・資料提供，日本海事センター協力，日本海事広報協会編　日本海事広報協会　2015.9　270p　21cm　〈発売：成山堂書店〉　2000円　①978-4-425-91136-3

(目次) 海事局最前線（海洋立国日本を考える20回目の「海の日」を迎えて，海洋立国を支える人材の確保・育成，海洋開発市場の獲得 ほか），第1部 海事行政の重要課題（これからの海事行政の方向，安定的な国際海上輸送の確保，内航海運・内航フェリーの活性化 ほか），第2部 海事の現状とその課題（海上輸送分野，船舶産業分野，船員分野 ほか）

海事レポート 2017 国土交通省海事局編　日経印刷　2017.7　255p　21cm　2200円　①978-4-86579-085-6

(目次) 海の現場から（i - Shippingの概要，造船の現場最前線 ほか），海事この一年（海を取り巻く主な出来事，海事関係の5つの税制改正 ほか），第1部 海事行政の主な取組（海事生産性革命―「Shipping」と「j - Ocean」，安定的な国際海上輸送の確保 ほか），第2部 海を取り巻く現状と課題（海上輸送分野，船舶産業分野 ほか），資料編（「海の日」を迎えるに当たっての内閣総理大臣メッセージ，平成29年度税制改正大綱（抜粋）ほか）

海洋白書 2011 日本の動き 世界の動き　海洋政策研究財団編　成山堂書店　2011.4　231p　30cm　2000円　①978-4-425-53088-5

(目次) 第1部 新たな「海洋立国」の実現に向けて（新たな「海洋立国」の実現に向けて，沿岸域の総合的管理，海洋における生物多様性の保全，海洋資源の開発・利用の推進と環境保全，海洋管理のための離島の保全・管理・振興の推進，海洋の安全確保，海洋科学技術の研究開発のさらなる推進），第2部 日本の動き，世界の動き（日本の動き，世界の動き），第3部 参考にしたい資料・データ

海洋白書 2012 日本の動き 世界の動き　海洋政策研究財団編　成山堂書店　2012.6　256p　30cm　2000円　①978-4-425-53089-2

(目次) 第1部 新たな「海洋立国」の実現を目指して（転機を迎えた日本の海洋政策，東日本大震災の発生とそれへの対応，東日本大震災からの復興 ほか），第2部 日本の動き 世界の動き（日本の動き，世界の動き），第3部 参考にしたい資料・データ（東日本大震災復興に関する海洋立国の視点からの緊急提言，津波対策の推進に関する法律，排他的経済水域及び大陸棚の総合的な管理に関する法制の整備についての提言 ほか）

海洋白書 2013 日本の動き 世界の動き　海洋政策研究財団編　成山堂書店　2013.5　264p　30cm　2000円　①978-4-425-53090-8

(目次) 第1部 「海洋立国」に向けた海洋政策の新たな展開（海洋基本法の推進，新しい海洋基本計画の策定に向けて，国際社会における海洋政策の動き ほか），第2部 日本の動き 世界の動き（日本の動き，世界の動き），第3部 参考にしたい資料・データ（次期海洋基本計画に盛り込むべき施策の重要事項に関する提言，沿岸域総合管理の推進に関する提言，海洋基本計画改訂に向けた海洋教育に関する提言 ほか）

海洋白書 2014 「海洋立国」に向けた新たな海洋政策の推進　海洋政策研究財団編　成山堂書店　2014.4　258p　30cm　2000円　①978-4-425-53161-5

(目次) 第1部 「海洋立国」に向けた新たな海洋政策の推進（新海洋基本計画の着実な実施に向けて，新たな海洋基本計画，海洋の総合的管理，海洋産業の振興と創出，海洋由来の自然災害への対策，海洋教育と人材育成の推進，海洋調査の推進，海洋情報の一元化と公開，北極海の諸問題への取組み），第2部 日本の動き，世界の動き（日本の動き，世界の動き），第3部 参考にしたい資料・データ

海洋白書 2015 日本の動き 世界の動き―「海洋立国」のための海洋政策の具体的実施に向けて　海洋政策研究財団編　成山堂書店　2015.4　236p　30cm　2000円　①978-4-425-53162-2

(目次) 第1部 「海洋立国」のための海洋政策の具体的実施に向けて（「海洋立国」のための海洋政策の具体的実施に向けて，海域の総合的管理，海洋における安全の確保，人間活動と地球温暖化，異常気象，海洋酸性化，海洋環境等をめぐる最近の動き，海洋教育と人材育成），第2部 日本の動き，世界の動き（日本の動き，世界の動き），第3部 参考にしたい資料・データ

海洋白書 2016 大きく動き出した海洋をめぐる世界と日本の取組み　笹川平和財団海洋政策研究所編　成山堂書店　2016.4

251p　30cm　2000円　ⓘ978-4-425-53163-9

㊣目次　第1部 大きく動き出した海洋をめぐる世界と日本の取組み（大きく動き出した海洋をめぐる世界と日本の取組み，海洋の総合的管理，太平洋，東アジア，北極における海洋管理，海洋資源の開発・利用および海洋産業の振興，海洋における安全の確保，人間活動が海洋システムに及ぼす変化，国際的な海洋問題に対応する人材育成），第2部 日本の動き，世界の動き（日本の動き，世界の動き），第3部 参考にしたい資料・データ

海洋白書　2017　本格化する海洋をめぐる世界と日本の取組み　笹川平和財団海洋政策研究所編　成山堂書店　2017.4　257p　30cm　2000円　ⓘ978-4-425-53164-6　Ⓝ452

㊣目次　第1部 本格化する海洋をめぐる世界と日本の取組み（大きく動き出した海洋をめぐる世界の動き，わが国の新たな海洋政策の検討，海洋産業の振興と創出，海洋の総合管理と計画策定 ほか），第2部 日本の動き，世界の動き（日本の動き（海洋の総合管理，海洋環境 ほか），世界の動き（国際機関・団体の動き，各国・地域的国際機関等の動き ほか）），第3部 参考にしたい資料・データ（総合海洋政策本部参与会議意見書，有人国境離島地域の保全及び特定有人国境離島地域に係る地域社会の維持に関する特別措置法 ほか）

海洋白書　2018　海洋をめぐる世界と日本の取組み　笹川平和財団海洋政策研究所編集　成山堂書店　2018.4　256p　30cm　2000円　ⓘ978-4-425-53165-3　Ⓝ452

㊣内容　海洋政策研究所では，2004年に「海洋白書」を創刊し，わが国の海洋問題の総合的・横断的取り組みに資するため，多方面にわたる海洋・沿岸域に関する出来事や活動を「海洋の総合的管理」の視点に立って分野横断的に整理・分析し，3部構成でとりまとめて毎年刊行しています。

海洋白書　2019　なぜプラスチックが海の問題なのか　笹川平和財団海洋政策研究所編　成山堂書店　2019.4　238p　30cm　2000円　ⓘ978-4-425-53166-0

㊣目次　巻頭特集 なぜプラスチックが海の問題なのか，第1部 海洋をめぐる取組み（科学技術が切り拓く海洋，海洋環境の保全，海洋の新産業，海洋の安全），第2部 日本の動き，世界の動き（日本の動き，世界の動き），第3部 参考資料・データ（第3期海洋基本計画について，（参考）第3期海洋基本計画における具体的施策，我が国における海洋状況把握（MDA）の能力強化に向けた今後の取組方針，健全な海洋及び強靭な沿岸部コミュニティのためのシャルルボワ・ブループリント（仮訳），G7海洋プラスチック憲章（抄），海洋プラスチックごみに対処するためのG7イノベーションチャート（概要・仮訳），漁業法等の一部を改正する等の法律案の概要，海洋再生可能エネルギー発電設備の整備に係る海域の利用の促進に関する法律案）

海洋白書　2020　笹川平和財団海洋政策研究所編　成山堂書店　2020.4　213p　30cm　2200円　ⓘ978-4-425-53167-7

㊣目次　巻頭特集 2020年東京大会から海のレガシーを，第1部 海洋をめぐる取組み（海洋産業の新たな展開，海洋環境の保全，海洋教育と海洋人材の育成，海洋のガバナンス・海洋情報，沿岸域の防災と海上安全），第2部 日本の動き，世界の動き（日本の動き，世界の動き），第3部 参考資料・データ（自然環境保全法の一部を改正する法律案の概要，G20大阪首脳宣言（抜粋），G20海洋プラスチックごみ対策実施枠組（仮訳），変化する気候下での海洋・雪氷圏に関するIPCC特別報告書（SROCC））

㊣内容　多方面にわたる海洋・沿岸域に関する出来事や活動を総合的・分野横断的に取り上げる。「2020年東京大会からのレガシーを」を巻頭特集するほか，最近の海洋をめぐる日本と世界の動きを整理・分析。資料・データも収録。

海洋白書　2021　笹川平和財団海洋政策研究所編　成山堂書店　2021.4　234p　30cm　2200円　ⓘ978-4-425-53168-4

㊣目次　第1部 海洋をめぐる取組み（国連海洋科学の10年始動，コロナ禍の2020年，ブルーリカバリーに向けて，海洋産業の見通し，海洋の安全），第2部 日本の動き，世界の動き（日本の動き，世界の動き），第3部 参考資料・データ（感染防止対策及び船上で乗組員や乗客に新型コロナウイルス感染症罹患した疑いがある場合の対応等について，総合海洋政策本部参与会議意見書，改正漁業法に基づく政省令について（概要），特定水産動植物等の国内流通の適正化等に関する法律案（概要），洋上風力産業ビジョン（第一次））

㊣内容　多方面にわたる海洋・沿岸域に関する出来事や活動を総合的・分野横断的に取り上げる。「新しい海洋科学の10年」を巻頭特集するほか，最近の海洋をめぐる日本と世界の動きを整理・分析。資料・データも収録。

海洋白書　2022　笹川平和財団海洋政策研究所編　成山堂書店　2022.4　242p　30cm　2200円　ⓘ978-4-425-53169-1

㊣目次　第1部 海洋をめぐる取組み，第2部 日本の動き・世界の動き（日本の動き，世界の動き），第3部 参考資料・データ

㊣内容　多方面にわたる海洋・沿岸域に関する出来事や活動を総合的・分野横断的に取り上げる。「これからの10年が海の未来を決める」を巻頭特集するほか，最近の海洋をめぐる日本と世界の動きを整理・分析。資料・データも収録。

◆土壌・地下水汚染

<事 典>

地下水の事典　日本地下水学会編集，谷口真人，川端淳一，小野寺真一，辻村真貴編集幹事　朝倉書店　2024.10　601,7p　22cm　〈索引あり〉　15000円　①978-4-254-26180-6　Ⓝ518.12
(目次) 第1編 概論，第2編 地下水マネジメント，第3編 地下水の科学，第4編 地下水調査法，第5編 地下水解析，第6編 地下水利用と技術，第7編 地下水と災害，第8編 建設工事と地下水，第9編 地下水汚染対策

<辞 典>

地下水用語集　日本地下水学会編　理工図書　2011.11　143p　26cm　〈索引あり〉　2400円　①978-4-8446-0782-3　Ⓝ518.12
(内容) 地下水に関わる様々な専門用語を分かりやすく解説。見出し語を50音順に配列し，読み仮名，英語表記，説明文，同意語，関連用語を掲載。日本語・欧文索引付き。

<ハンドブック>

地下水調査のてびき　大地の水環境のしらべかた　応用地質研究会著　地学団体研究会　2011.8　77p　21cm　（地学ハンドブックシリーズ 19）　452.95

土壌中の鉱物におけるCs吸着ハンドブック　日本学術振興会産学協力研究委員会鉱物新活用第111委員会土壌中の鉱物におけるCs吸着に関するワーキンググループ編　（名古屋）ブイツーソリューション　2014.2　155p　21cm　〈発売：星雲社〉　1200円　①978-4-434-19075-9　Ⓝ519.5
(目次) 第1章 世界におけるCs汚染，第2章 福島県の土壌およびCs汚染の分布，第3章 土壌中の鉱物，第4章 各鉱物におけるCs吸着挙動（粘土鉱物，ゼオライト，酸化物・水酸化物，非晶質アルミニウムケイ酸塩），付録 各鉱物におけるCs吸着性能（実験データ）

◆化学物質

<辞 典>

化学物質リスク管理用語辞典　製品評価技術基盤機構化学物質管理センター監修　化学工業日報社　2011.11　224p　19cm　〈文献あり〉　2500円　①978-4-87326-596-4　Ⓝ574.033
(目次) アルファベット順用語，50音順用語，略語
(内容) 化学物質の総合的なリスク管理に関する重要な2120語を収載。

<ハンドブック>

化学品の分類および表示に関する世界調和システム（GHS）　英和対訳　改訂9版　[国際連合] [著]，GHS関係省庁連絡会議仮訳　日本規格協会　2022.6　550p　26cm　〈文献あり　原書名：GLOBALLY HARMONIZED SYSTEM OF CLASSIFICATION AND LABELLING OF CHEMICALS（GHS）原著改訂9版の翻訳〉　15000円　①978-4-542-40412-0　Ⓝ574
(内容) 急性毒性や引火性といった危険有害性の種類別に，物質および混合物の分類基準と危険有害性情報の伝達に関する事項を記載。また，各危険有害性についての判定の手順も提示。

化学物質取扱いマニュアル　改訂　亀井太編著　労働調査会　2013.4　141p 図版12p　21cm　〈索引あり　GHS（化学品の分類および表示に関する世界調和システム）対応　表示・文書交付制度（厚生労働省）対応〉　1400円　①978-4-86319-348-2　Ⓝ574

化学物質の爆発・危険性ハンドブック　評価と対策　松永猛裕編，松永猛裕，菊池武史，秋吉美也子，佐藤嘉彦，岡田賢著　丸善出版　2020.11　339p　22cm　〈索引あり〉　10000円　①978-4-621-30569-0　Ⓝ575.9
(目次) 序章 化学物質の爆発・危険性，1章 爆発の科学，2章 爆発危険性の調査，3章 コンピュータケミストリー，4章 化学物質のフィジカルハザード分類と試験法，5章 研究開発現場で使われる熱分析試験装置，6章 化学プロセスのハザードの特定および安全対策，7章 爆発調査の具体的な事例
(内容) 化学物質のフィジカルハザードとよばれる爆発危険性について，爆発研究の第一人者によってまとめられたハンドブック。本書では，科学的に爆発現象をとらえ，化学物質の爆発危険性の調査法，コンピュータによる爆発予測やフローチャートによる評価，国内外の試験法と法規制，および管理，研究開発現場で使われる熱分析試験・装置，また，具体的な爆発調査事例を取り上げ，読者が類似の評価を行う際のヒントや，必要とする有用な情報が一冊にまとまっている。化学物質の爆発現象はまさに千差万別。その安全性評価や爆発防止策の策定にあたり，フィジカルハザード業務にかかわる技術者・研究者にとって必携の書である。

実務者のための化学物質等法規制便覧　2024年版　化学物質等法規制便覧編集委員会編　化学工業日報社　2024.7　756p　30cm

15000円　Ⓘ978-4-87326-771-5　Ⓝ574.091
㊲化学物質に関する法規制全般の概要を分かり易くまとめた手引書。化学物質管理に関連する国内の54法律の要点を記述するほか、関連する国際条約、GHS、SDS制度、輸送関連の諸法規等について解説する。

中国化学物質規制対応マニュアル　2011年度版　情報機構　2011.7　211,2p　26cm　44000円　Ⓘ978-4-904080-83-2　Ⓝ574

ナノ粒子安全性ハンドブック　リスク管理とばく露防止対策　日本粉体工業技術協会編　日刊工業新聞社　2012.9　277p　21cm　〈索引あり〉　2800円　Ⓘ978-4-526-06938-3　Ⓝ571.2
㊝第1章 ナノマテリアルのリスク管理の現状と動向，第2章 リスク評価の考え方と管理手法，第3章 ナノ粒子の気相中での存在状態・挙動および特性評価法，第4章 ばく露防止対策技術，第5章 食品および医薬品分野の拡散防止・ばく露防止対策の実際，第6章 ナノマテリアルのばく露防止対策ガイドライン（案），付属資料 ナノマテリアルに対するばく露防止等のための予防的対応について（平成21年3月31日厚生労働省労働基準局長通達）

PRTRデータを読み解くための市民ガイドブック　化学物質による環境リスクを減らすために：平成21年度集計結果から　環境省環境保健部環境安全課　2011.3　103p　30cm　〈編集：環境情報科学センター〉　Ⓝ574

PRTRデータを読み解くための市民ガイドブック　化学物質による環境リスクを減らすために：平成22年度集計結果から　環境省環境保健部環境安全課　2012.5　111p　30cm　〈編集：環境情報科学センター〉　Ⓝ574

PRTRデータを読み解くための市民ガイドブック　化学物質による環境リスクを減らすために：平成23年度集計結果から　環境省環境保健部環境安全課　2014.2　111p　30cm　Ⓝ574

PRTRデータを読み解くための市民ガイドブック　化学物質による環境リスクを減らすために：平成24年度集計結果から　環境省環境保健部環境安全課　2015.1　111p　30cm　Ⓝ574

PRTRデータを読み解くための市民ガイドブック　化学物質による環境リスクを減らすために：平成25年度集計結果から　環境省環境保健部環境安全課　2015.12　111p　30cm　Ⓝ574

PRTRデータを読み解くための市民ガイドブック　化学物質による環境リスクを減らすために：平成26年度集計結果から　環境省環境保健部環境安全課　2016.9　110p　30cm　Ⓝ574

PRTRデータを読み解くための市民ガイドブック　化学物質による環境リスクを減らすために：平成27年度集計結果から　環境省環境保健部環境安全課　2017.9　110p　30cm　Ⓝ574

PRTRデータを読み解くための市民ガイドブック　化学物質による環境リスクを減らすために：平成28年度集計結果から　環境省環境保健部環境安全課　2018.9　110p　30cm　Ⓝ574

PRTRデータを読み解くための市民ガイドブック　化学物質による環境リスクを減らすために：平成29年度集計結果から　環境省環境保健部環境安全課　2019.9　110p　30cm　Ⓝ574

PRTRデータを読み解くための市民ガイドブック　化学物質による環境リスクを減らすために：平成30年度集計結果から　環境省環境保健部環境安全課　2020.9　110p　30cm　Ⓝ574

PRTRデータを読み解くための市民ガイドブック　化学物質による環境リスクを減らすために：令和元年度集計結果から　環境省環境保健部環境安全課　2021.9　110p　30cm　Ⓝ574

PRTRデータを読み解くための市民ガイドブック　化学物質による環境リスクを減らすために：令和2年度集計結果から　環境省環境保健部環境安全課　2022.9　121p　30cm　Ⓝ574

PRTRデータを読み解くための市民ガイドブック　化学物質による環境リスクを減らすために：令和3年度集計結果から　環境省環境保健部環境安全課　2023.9　123p　30cm　Ⓝ574

身近な有機フッ素化合物（PFAS）から身を守る本　植田武智著，食の安全・監視市民委員会編集　食の安全・監視市民委員会　2024.3　90p　21cm　500円　Ⓝ498.4

有害物質分析ハンドブック　鈴木茂，石井善昭，上堀美知子，長谷川敦子，吉田寧子編集　朝倉書店　2014.2　283p　26cm　〈索引あり〉　8500円　Ⓘ978-4-254-14095-8　Ⓝ574
㊝第1章 ハンドブック活用方法—分析方法と選び方（分析したい物質の分析法がある場合，分析法がない場合），第2章 有害物質の分析方法—定量編（ポリ臭素化ジフェニルエーテルのGC/MS分析法，テトラブロモビスフェノールA、デカブロモシクロドデカン、トリブロモフェノール（臭素化難燃剤）のLC/MS分析法 ほか），第3章 有害物質の分析法—定性編：ターゲット分析とノンターゲット分析（ス

水

<法令集>

化学物質届出便覧　労働安全衛生法に基づく必要措置　「化学物質届出便覧」編集委員会編　労働調査会　2011.10　189p　26cm　1600円　Ⓘ978-4-86319-210-2　Ⓝ574

(目次) 1 新たに化学物質を製造・輸入する前の措置，2 労働安全衛生法に基づく化学物質の届出等（新規化学物質の有害性調査の届出，少量新規化学物質の確認申請について ほか），3 届出あるいは有害性調査を必要としない化学物質（既存化学物質，特殊な用途に供されるため，有害性調査が免除される化学物質 ほか），4 届出後の流れ（名称公表），5 化学物質の命名と分類（命名法，分類方法），関係法令（労働安全衛生法(抄)，労働安全衛生法施行令(抄) ほか）

Q&Aでよくわかる ここが知りたい世界のRoHS法　RoHS研究会編著，松浦徹也，林讓，滝山森雄監修　日刊工業新聞社　2011.1　245p　21cm　（B&Tブックス）　2200円　Ⓘ978-4-526-06609-2　Ⓝ542

(目次) 1 ここが知りたいEU RoHS指令（RoHS指令の基礎のきそ，RoHS指令の順法の基本となる測定法，RoHS指令の本質，RoHS指令への科学と技術進歩の適用），2 ここが知りたい各国のRoHS法（ここが知りたい中国RoHS規則，韓国，米国その他の国のRoHS法），3 ここが知りたいEUのその他の環境規則（ELV（廃自動車（end‐of life vehicles））指令，玩具指令，ErP指令，包装材指令，シップリサイクル条約），4 ここが知りたい企業対応（社内対応の進め方，サプライチェーン対応の進め方，事例紹介），5 EU RoHS指令，中国RoHS規則の改正および米国RoHS法制定動向（EU RoHS指令の変わる事項と変わらない事項，中国RoHS規則の改正動向，米国連邦RoHS法（HR2420）の動向）

(内容) 連邦RoHS、インドRoHS、タイRoHSなど各国の情報を紹介。

実務家のためのREACHマニュアル　JAMPツールで業務効率化　入江安孝著　日刊工業新聞社　2012.10　199p　21cm　2400円　Ⓘ978-4-526-06964-2　Ⓝ574

(目次) 第1章 実務家のためのREACH理解（REACHの生い立ち，リスク管理 ほか），第2章 情報伝達と情報共有（化学物質管理の必要性，化学物質管理のポイント ほか），第3章 JAMP化学物質情報伝達ツール（JAMP，MSDSplus ほか），第4章 業務効率化の提案（視点のパラダイムシフト，材料ソリューション ほか），付録　パッケージ・ソフトウェアGCF‐M

水

<事典>

こと典百科叢書　第54巻　水の生活科学　村上秀二著　大空社　2016.7　430,12p　22cm　〈索引あり〉　改訂3版 柏葉書院 昭和19年刊の複製〉　19000円　Ⓘ978-4-283-00918-9　Ⓝ081

(目次) 水の心（創世話，伝説，渇水），戦争と水（兵隊，空襲，築城，艦船），水の姿（微少水滴群：雲霧露霰，動く水：泉泡波，対外に出る：涙息汗尿，湿の種々相：湿度・潜熱），水の性格（降水，河川，湖沼，地下水，鉱泉，体内，権利），水の力（たえる，ゆする，くたす），水の変貌（色，水色の感化，虹，水あか水さび，硬軟水，紋様，卍），水の日記（温度，洗濯，衣服，料理，農家，茶の湯，美容，風呂），水質と生物（淡水，PH，放射能作泉，薬湯，海水と生物発祥），水と産業（繊維，化学，醸造，金属），麗水誕生（濁水の清麗，軟水法，濾水器，飲料水，用水と廃水），水の秘技（音，音色と波，戯れ，氷塊変幻，花籠，雪華氷華）水の精（純水，単複三水，重い水，分子と原子構造），季節の水（雪の夜，雨の日，夕立，霰霙雹），索引，写真図版188点収載

(内容) 水と人間の関係を博物学的にとらえたと言っていいほど広汎な内容をもつ特異な書。物理・化学、生物、環境、地誌、文芸、文化、そして戦争と社会—これほど人間的な視点から生活に身近な水を実感させる書は珍しい。専門に走らず、「誰にも親しまれやすいように（自序より）」探究・説明された異彩を放つ科学読み物である。豊富で珍しい写真も特色。

実用 水の処理・活用大事典　実用水の処理・活用大事典編集委員会編　産業調査会事典出版センター　2014.5　1124,65p　26cm　〈発売：ガイアブックス〉　24000円　Ⓘ978-4-88282-579-1

(目次) 1 世界の水事情編，2 水の処理技術編，3 水の利用・資源化技術編，4 先端的水処理技術編，5 実用水処理技術編，各社の関連製品紹介編

(内容) 世界で唯一の水処理・水環境・水資源の総体的実務書。水の循環活用技術の発展を遂に刊行!!水を有効に活用することが、地球環境の大テーマであり、携る方々の貴重な情報源バイブルである。

水環境の事典　日本水環境学会編集　朝倉書店　2021.4　621p　22cm　〈文献あり 年表あり 索引あり〉　16000円　Ⓘ978-4-254-18056-5　Ⓝ519.4

(内容) 水環境問題の歴史、水環境管理、水環境分析、水資源とその利用、水処理技術とシステム、下廃水の処理技術、水循環システムと気候変動、水環境教育など、広範かつ細分化された水環境研究を俯瞰する。

<辞典>

基礎からわかる水処理技術 タクマ環境技術研究会編 オーム社 2015.2 236p 21cm 〈他言語標題：Water Treatment Technology 文献あり 索引あり〉 「水処理技術絵とき基本用語」(2000年刊)の改題，改訂 2300円 ①978-4-274-50537-9 Ⓝ518.24

(目次) 水質汚濁―公害から水環境への歴史(水質汚濁の歴史，水質汚濁の発生源 ほか)，水処理設備の概要―命の水を守る施設(上水道施設(厚生労働省)，下水道施設(国土交通省) ほか)，物理・化学処理法―基本技術からハイテクまで(沈降分離，凝集分離 ほか)，生物学的処理法―ミクロの決闘(活性汚泥法，生物膜法 ほか)，有害物質の処理技術―環境汚染の救世主(有害物質の概要，カドミウム，鉛排水の処理 ほか)，下水処理設備の概要―第4のライフライン(下水道の状況，下水道の体系 ほか)，汚泥処理―よみがえる不死鳥(汚泥処理の状況と目的，濃縮 ほか)，汚泥焼却・溶融設備の概要―火の鳥とマグマ(汚泥焼却・溶融の状況，焼却プロセス ほか)，し尿処理設備の概要―し尿処理の歩み(し尿処理の歴史・体系，し尿処理方式の変遷 ほか)，埋立浸出水処理設備の概要―地下水を守れ(廃棄物の処理，処分，最終処分場の機能 ほか)，低炭素・循環型社会への貢献―水処理は資源の宝庫(水処理施設で発生する「資源」，処理水は有効利用 ほか)，水質と関連法規―水の羅針盤(水質の表示・計量に関する基本事項，分析の方法 ほか)

<名簿・人名事典>

全国浄水場ガイド 2016 (大阪)水道産業新聞社 2016.7 10,827p 26cm 6000円 ①978-4-915276-98-9

(内容) 全国の主要浄水場と膜処理浄水場の最新データを収録。施設能力や給水人口，1日給水量，水源，水質のほか，浄水処理方式，運転管理方式，耐震化状況，エネルギー状況などを記す

全国浄水場ガイド 2020 (大阪)水道産業新聞社 2020.7 10,959,26p 26cm 8000円 ①978-4-909595-05-8

<ハンドブック>

実用水理学ハンドブック 岡本芳美著 築地書館 2016.8 187,195,38p 22cm 〈文献あり 索引あり〉 4500円 ①978-4-8067-1520-7 Ⓝ517.1

浄水場におけるリスクアセスメント(労働災害防止)の手引き 日本水道協会 2018.9 155p 30cm 3750円 ①978-4-904017-90-6 Ⓝ518.15

(内容) 浄水場におけるリスクアセスメントの実施手順を，図表や例を示して，わかりやすく解説しています。浄水場での作業項目及びリスクの低減措置事例等を486件掲載しており，これらを参考にして，リスクアセスメントの導入を円滑に進めることができます。

水文・水資源ハンドブック 第2版 水文・水資源学会編 朝倉書店 2022.9 615p 27cm 〈索引あり〉 25000円 ①978-4-254-26174-5 Ⓝ452.9

(目次) 総論，気候・気象，水循環，物質循環，水と地形・土地利用・気候，観測モニタリングと水文量の評価法，水文量の統計解析，シミュレーションモデルとその応用，気候変動と水循環，水災害，水の利用と管理，水と経済，水の法体系と政策，水の国際問題と国際協力

(内容) 多様な要素が関与する水文・水資源問題を総合的に俯瞰したハンドブック。最新の研究成果を盛り込み，旧版の「水文編」「水資源編」を統合してより分野融合的な理解を目指した第2版。

地図とデータで見る水の世界ハンドブック 新版 ダヴィド・ブランション著，オーレリー・ボワシエール地図製作，吉田春美訳 原書房 2023.11 171p 21cm 〈文献あり 原書名：ATLAS MONDIAL DE L'EAU〉 3200円 ①978-4-562-07282-8 Ⓝ517

(目次) かけがえのない資源(豊富だが不均衡に分布する資源，地球の水循環，大流域，地下水，最高水位と最低水位，早魃と洪水，豊かで多様な環境)，水を集めて利用する(国による不均衡，大きく異なる集水力，昔の水利用，近代の技術，取水と消費(1)総合データ，取水と消費(2)農業部門，取水と消費(3)工業部門，取水と消費(4)家庭用水)，おびやかされる資源(大ダムの影響，危機に瀕する湿地，地下水の乱開発，農業由来の汚染，工業と都市由来の汚染，水に関連するリスク，破滅的な状況にある地域)，すべての人に水を？(評価できない価値，争われる資源，地域間争い，水へのアクセス―世界的な課題，水に現れる社会とジェンダーの不平等，水の「世界市場」，飲料水の値段)，21世紀への挑戦(リスクのある地域，国家間協力の大プロジェクト，受容管理へ？，青の革命，バーチャルウォーター，都市における革新的解決策，2030年のシナリオ)

(内容) 現在の水問題の全貌が一目瞭然でわかるアトラス！ この新版では100点以上の地図やグラフとともに，こんにちの世界が水をより適切に管理するために直面している課題をすべてとりあげる。

水環境設備ハンドブック 「水」をめぐる都市・建築・施設・設備のすべてがわかる本 竹村公太郎，小泉明，市川憲良，小瀬博之共編，紀谷文樹監修 オーム社 2011.

11　554p　27cm　〈索引あり〉　20000円
①978-4-274-21089-1　Ⓝ518.036
内容　広い領域を包含し，一大学際領域を形成している水環境工学について，関係する技術者に求められる知識を抽出・体系化し，歴史的背景や最新の研究成果と技術の動向，将来展望などを集大成する。

<図鑑・図集>

ふしぎで美しい水の図鑑　水のさまざまな表情をたのしむ　武田康男文・写真　緑書房　2022.12　142p　15×21cm　2000円
①978-4-89531-865-5　Ⓝ435.44
目次　第1章 水の特性，第2章 宇宙と水，第3章 大気の水，第4章 海，第5章 陸地の水，第6章 氷の世界，第7章 生物と水
内容　青く輝く「水の惑星」で，姿を変えて世界を彩る水の神秘に迫る！ 川，湖沼，地下水，温泉，渦潮，雲，雨，雪，氷，霜，霧…。水がつくる豊かな姿を176点の美しい写真で紹介。

<年鑑・白書>

日本の水資源　平成23年版　気候変動に適応するための取組み　国土交通省水管理・国土保全局水資源部編　ミツバ綜合印刷　2011.8　307p　30cm　2600円　①978-4-9904239-1-9
目次　第1編 気候変動に適応するための取組み（我が国の水資源の現状と課題，水問題に関する国際的な取組みの動向，今後取組むべき方向，世界各国の気候変動への適応策の取組み），第2編 日本の水資源と水需給の現況（水の循環と水資源の賦存状況，水資源の利用状況，水資源開発と水供給の現状，地下水の保全と適正な利用，水資源の有効利用，渇水，災害，事故等の状況 ほか）

日本の水資源　平成24年版　持続可能な水利用の確保に向けて　国土交通省水管理・国土保全局水資源部編　海風社　2012.8　12,305p　30cm　2500円　①978-4-87616-020-4　Ⓝ517.21

日本の水資源　平成25年版　安全・安心な水のために　国土交通省水管理・国土保全局水資源部編　社会システム　2013.8　305p　30cm　2600円　〈発売：全国官報販売協同組合〉　①978-4-86458-054-0
目次　第1編 安全・安心な水のために（我が国の水資源の現状と課題，安全・安心な水のための取組みと方向，水問題に関する国際的な取組みの動向），第2編 日本の水資源と水循環の現況（水の循環と水資源の賦存状況，水資源の利用状況，水の貯留・かん養機能の維持・向上，水の適正な利用の推進，水資源に関する連携の取組み，水資源に関する理解の促進，水に関する理解の促進，水資源に関する国際的な取組み，東日本大震災の復興について，平成24年度の水資源をめぐる動き）

日本の水資源　平成26年版　幅を持った水システムの構築　次世代水政策の方向性　国土交通省水管理・国土保全局水資源部編　社会システム　2014.8　278p　30cm　〈発売：全国官報販売協同組合〉　2600円　①978-4-86458-088-5
目次　第1編 幅を持った水システムの構築―次世代水政策の方向性（水資源政策に求められるもの，水資源政策の目指すべき姿，水に関する国際的な取組み），第2編 日本の水資源と水循環の現況（水の循環と水資源の賦存状況，水資源の利用状況，水の貯留・涵養機能の維持・向上，水の適正な利用の推進，水資源に関する連携の取組み ほか）

水循環白書　平成28年版　内閣官房水循環政策本部事務局編　勝美印刷　2016.7　86p　30cm　1250円　①978-4-906955-56-5
目次　第1部 水循環施策をめぐる動向（水循環の現状と課題，水循環基本法の制定と水循環基本計画の策定），第2部 平成27年度水循環に関して講じた施策（流域連携の推進―流域の総合的かつ一体的な管理の枠組み，貯留・涵養機能の維持及び向上，水の適正かつ有効な利用の促進等，健全な水循環に関する教育の推進等，民間団体等の自発的な活動を促進するための措置，水循環施策の策定及び実施に必要な調査の実施，科学技術の振興，国際的な連携の確保及び国際協力の推進，水循環に関わる人材の育成）

水循環白書　平成29年版　内閣官房水循環政策本部事務局編　日経印刷　2017.7　133p　30cm　1600円　①978-4-86579-096-2
目次　第1部 わたしたちのくらしと水の循環―その変遷と未来への展望（これまでの人と水との関わり，水循環に関する近年の取組，健全な水循環の維持又は回復に向けて），第2部 平成28年度水循環に関して講じた施策（流域連携の推進―流域の総合的かつ一体的な管理の枠組み，貯留・涵養機能の維持及び向上，水の適正かつ有効な利用の促進等，健全な水循環に関する教育の推進等，民間団体等の自発的な活動を促進するための措置 ほか）

水循環白書　平成30年版　内閣官房水循環政策本部事務局編　日経印刷　2018.7　161p　30cm　1800円　①978-4-86579-131-0
目次　特集 渇水を通じて水の有効利用を考える―水を賢く使う，長く使う（我が国における渇水，渇水への対応，水を賢く使う，長く使う），第1部 水循環施策をめぐる動向（水循環と我々の関わり，水循環に関する施策の背景と展開状況），第2部 平成29年度水循環に関して講じた施策（流域連携の推進―流域の総合的かつ一体

的な管理の枠組み，貯留・涵養機能の維持及び向上，水の適正かつ有効な利用の促進等 ほか）

水循環白書　令和元年版　内閣官房水循環政策本部事務局編　日経印刷　2019.7　171p　30cm　〈発売：全国官報販売協同組合〉　1800円　①978-4-86579-180-8

(目次) 特集 世界の水問題と我が国の取組（世界の水問題，世界の水問題の解決に向けた国際的な枠組み，世界の水問題の解決に向けた我が国の取組），第1部 水循環施策をめぐる動向（水循環と我々の関わり，水循環に関する施策の背景と展開状況），第2部 平成30年度水循環に関して講じた施策（流域連携の推進等—流域の総合的かつ一体的な管理の枠組み，貯留・涵養機能の維持及び向上，水の適正かつ有効な利用の促進等 ほか）

水循環白書　令和2年版　内閣官房 水循環政策本部事務局編　日経印刷　2020.7　194p　30cm　〈発売：全国官報販売協同組合〉　1800円　①978-4-86579-225-6

(目次) 特集 水循環のこれまでとこれから—1964年東京オリンピックから現在までの水を取り巻く状況の変化を振り返る（水循環政策の変遷，前回東京オリンピックから現在までの水循環に関する取組，今後に向けて），第1部 水循環施策をめぐる動向（水循環と我々の関わり，水循環に関する施策の背景と展開状況），第2部 令和元年度 水循環に関して講じた施策（流域連携の推進等—流域の総合的かつ一体的な管理の枠組み，貯留・涵養機能の維持及び向上，水の適正かつ有効な利用の促進等，健全な水環境に関する教育の推進等，民間団体等の自発的な活動を促進するための措置，水循環施策の策定及び実施に必要な調査の実施，科学技術の振興，国際的な連携の確保及び国際協力の推進，水循環に関わる人材の育成）

(内容) 前回の東京オリンピックの頃から現在まで，水循環への取組を振り返るとともに，水循環に関する統計データや，水循環施策の背景と展開状況等を紹介。水循環基本計画に位置付けられた施策の令和元年度の進捗状況も概観する。

水循環白書　令和3年版　内閣官房水循環政策本部事務局編　日経印刷　2021.7　221p　30cm　〈発売：全国官報販売協同組合〉　1800円　①978-4-86579-275-1

(目次) 特集 多様な主体の参画・連携による新・水戦略の推進—新たな水環境基本計画の始動（新たな水循環基本計画，多様な主体の参画・連携による水循環施策の推進，今後に向けて），第1部 水循環施策をめぐる動向（水循環と我々の関わり，水循環に関する施策の背景と展開状況），第2部 令和2年度水循環に関して講じた施策（流域連携の推進等—流域の総合的かつ一体的な管理の枠組み，貯留・涵養機能の維持及び向上，水の適正かつ有効な利用の促進等，健全な水循環に関する教育の推進等，民間団体等の自発的な活動を促進するための措置，水循環施策の策定及び実施に必要な調査の実施，科学技術の振興，国際的な連携の確保及び国際協力の推進，水循環に関わる人材の育成）

(内容) 水循環施策を理解する上で必要となる基本的な考え方や，水循環施策の背景・展開状況を紹介するとともに，令和2年度に水循環に関して講じた施策を報告する。特集「多様な主体の参画・連携による新・水戦略の推進」も掲載。

水循環白書　令和4年版　内閣官房 水循環政策本部事務局編　日経印刷　2022.7　184p　30cm　〈発売：全国官報販売協同組合〉　1800円　①978-4-86579-330-7

(目次) 特集 地下水マネジメントのさらなる推進に向けて（地下水対策の変遷と新たな動き，地下水マネジメントの各地域での取組，地下水マネジメントに関する国の取組，今後に向けて），第1部 水循環施策をめぐる動向（水循環と我々の関わり，水循環に関する施策の背景と展開状況），第2部 令和3年度 政府が講じた水循環に関する施策（流域連携の推進等—流域の総合的かつ一体的な管理の枠組み，地下水の適正な保全及び利用，貯留・涵養機能の維持及び向上，水の適正かつ有効な利用の促進等，健全な水循環に関する教育の推進等，民間団体等の自発的な活動を促進するための措置，水循環施策の策定及び実施に必要な調査の実施，科学技術の振興，国際的な連携の確保及び国際協力の推進，水循環に関わる人材の育成）

(内容) 水循環施策を理解する上で必要となる基本的な考え方や，水循環施策の背景・展開状況を紹介するとともに，令和3年度に水循環に関して講じた施策を報告する。特集「地下水マネジメントのさらなる推進に向けて」も掲載。

水循環白書　令和5年版　内閣官房水循環政策本部事務局編　サンワ　2023.7　96p　30cm　〈発売：全国官報販売協同組合　令和4年版までの出版者：日経印刷〉　1500円　①978-4-9909712-8-1

(目次) 特集 水循環の取組の新たなフェーズ—流域マネジメントを中心に（新たなフェーズに入った水循環の取組の動向，健全な水循環の維持・回復に向けた取組に関する今後の展望），本編 令和4年度 政府が講じた水循環に関する施策（流域連携の推進等—流域の総合的かつ一体的な管理の枠組み，地下水の適正な保全及び利用，貯留・涵養機能の維持及び向上，水の適正かつ有効な利用の促進等，健全な水循環に関する教育の推進等 ほか）

(内容) 水循環の取組について，先行事例を交えながら近年の動向を示し，水循環に取り組む主体の裾野拡大やこれまでの取組の深化に向けたヒントを探り，今後の展望を論じる。令和4年度に水循環に関して講じた施策も報告する。

水循環白書　令和6年版　内閣官房水循環政策本部事務局編集　日経印刷　2024.7　111p

30cm　1650円　ⓘ978-4-86579-425-0
〖目次〗特集 一人一人の生活と健全な水循環の結び付き（我が国における上下水道の歴史と街の発展への寄与，現在の上下水道の課題，今後の上下水道の展望，水道行政の移管による効果）．本編 令和5年度 政府が講じた水循環に関する施策（流域連携の推進等―流域の総合的かつ一体的な管理の枠組み，地下水の適正な保全及び利用，貯留・涵養機能の維持及び向上，水の適正かつ有効な利用の促進等，健全な水循環に関する教育の推進等 ほか）

◆水道

＜ハンドブック＞

水道経営ハンドブック　第2次改訂版　水道事業経営研究会編集　ぎょうせい　2022.8　365p　21cm　4700円　ⓘ978-4-324-11166-6　Ⓝ518.1
〖目次〗第1章 水道の概要，第2章 水道事業経営の基本的考え方，第3章 水道事業の現状と課題，第4章 経営戦略の策定のポイント，第5章 広域化の推進，第6章 簡易水道事業への公営企業会計適用の推進，第7章 水道事業の財源，第8章 予算と決算，第9章 水道事業経営に係るQ&A，資料．
〖内容〗「経営戦略の改定」「広域化」を新収録し，水道事業の経営改革などをわかりやすく解説．

水道事業経営戦略ハンドブック　改訂版　水道事業経営研究会編集　ぎょうせい　2018.8　367p　21cm　4000円　ⓘ978-4-324-10522-1　Ⓝ518.1
〖内容〗水道・簡易水道事業の「経営の基本」と「経営改善の手法・ポイント」がわかる！ 健全経営のために，水道事業の経理・企画ご担当者必読の書！ 一般会計繰出金や国庫補助金などの財源をはじめ，水道・簡易水道事業の経営に必要な事項を体系だてて解説．国と自治体の負担割合や交付税措置率等は，スキーム図を使って説明，ひと目でわかる．経営戦略策定に当たっての学習と留意事項をわかりやすく説明．起債方法や法適用など，実務の素朴な疑問に答えるQ&Aつき．関連法令・通知も網羅した必携書．

水道施設設計指針　2012年版　日本水道協会　2012.7　808p　31cm　〈文献あり〉　15715円　ⓘ978-4-904017-44-9　Ⓝ518.1

水道施設の点検を含む維持・修繕の実施に関するガイドライン　厚生労働省医薬・生活衛生局水道課　2023.3　122p　30cm　Ⓝ518.1

水道における省電力ハンドブック　しなやかな浄水システムの構築に関する研究（J-step）　水道技術研究センター　2015.8

156p　30cm　〈文献あり〉　Ⓝ518.1

水道法ガイドブック　令和元年度　水道法制研究会監修　水道産業新聞社　2020.12　197p　21cm　1700円　ⓘ978-4-909595-07-2　Ⓝ518.19
〖内容〗水道法の専門書を開く前の導入を意図したガイドブック．水道法の概要や，水道法全文とポイント解説，水道法の理解のポイントを収録．参考資料として現行水道法全文も掲載する．

＜法令集＞

水道実務六法　令和2年版　水道法制研究会監修　ぎょうせい　2020.9　1885,10p　21cm　〈索引あり〉　8000円　ⓘ978-4-324-10897-0　Ⓝ518.19
〖内容〗水道法を中心に，水道行政に関する法令・通知・その他実務に必要な行政資料を「法令編」「通知編」の2編に分類整理して収録した水道関係法令集．平成30年の水道法改正並びに令和元年の関連省令改正等を反映した令和2年版．

水道法関係法令集　令和6年4月版　水道法令研究会監修　中央法規出版　2024.6　227p　30cm　〈他言語標題：WATERWORKS LAW AND REGULATIONS〉　3000円　ⓘ978-4-8243-0062-1　Ⓝ518.19
〖内容〗令和6年4月25日現在の水道法，水道法施行令，水道法施行規則について，委任事項・参照条文への理解が深められるよう，条数に沿って3段対照表で収載．水質基準に関する省令，水道施設の技術的基準を定める省令等も収める．

＜年鑑・白書＞

水道年鑑　平成23年度版　水道産業新聞社　2011.11　1268,17p　21cm　24762円　ⓘ978-4-915276-73-6
〖目次〗第1部 水道事業の概要編（水道行政について，水道事業の経営 ほか），第2部 統計資料（水道の普及状況，施設整備の状況 ほか），第3部 官庁名簿編（中央官庁，公団・事業団 ほか），第4部 関連名簿編（学術・商工・経済団体，大学），第5部 会社名簿編（関係会社）

水道年鑑　平成24年度版　水道産業新聞社　2012.11　1240,17,2p　21cm　24762円　ⓘ978-4-915276-74-3
〖目次〗第1部 水道事業の概要編（水道行政について，水道事業の経営，水道技術の動向，世界の水道事情，解説 地方公営企業会計基準の見直し），第2部 統計資料，第3部 官庁名簿編（中央官庁，公団・事業団，関係団体，都道府県水道所管部局），第4部 関連名簿編（学術・商工・経済団体，大学），第5部 会社名簿編

水道年鑑　平成25年度版　（大阪）水道産業新聞社　2013.11　962p　21cm　24000円　⓲978-4-915276-75-0

(目次) 第1部 水道事業の概要編（水道行政について，水道事業の経営，水道技術の動向，新水道ビジョンのポイントと今後の展開），第2部 統計資料（水道の普及状況，施設整備の状況，給水状況，財務状況，日本の水道事業ベスト10），第3部 官庁名簿編（中央官庁，公団・事業団，関係団体，都道府県水道所管部局），第4部 関連名簿編（学術・商工・経済団体，大学），第5部 会社名簿編

水道年鑑　平成26年度版　水道産業新聞社編　（大阪）水道産業新聞社　2014.11　971,15,2p　21cm　24000円　⓲978-4-915276-76-7

(目次) 第1部 水道事業の概要編（水道行政について，水道事業の経営，水道技術の動向，新水道ビジョン具体化に向けた方向性，水循環基本法の内容と今後の展開），第2部 統計資料（水道の普及状況，施設整備の状況，給水状況，財務状況，日本の水道事業ベスト10），第3部 官庁名簿編（中央官庁，公団・事業団，関係団体，都道府県水道所管部局），第4部 関連名簿編（学術・商工・経済団体，大学），第5部 会社名簿編（関係会社）

水道年鑑　平成27年度版　水道産業新聞社編　（大阪）水道産業新聞社　2015.11　950p　23×17cm　24000円　⓲978-4-915276-77-4

(目次) 第1部 水道事業の概要編（水道行政について，水道事業の経営，水道技術の動向，「水道の耐震化計画等策定指針」の概要について，「水安全計画作成支援ツール簡易版」の概要について），第2部 統計資料（水道の普及状況，施設整備の状況，給水状況，財務状況，日本の水道事業ベスト10），第3部 官庁名簿編（中央官庁，公団・事業団，関係団体，都道府県水道所管部局），第4部 関連名簿編（学術・商工・経済団体，大学），第5部 会社名簿編

水道年鑑　平成28年度版　（大阪）水道産業新聞社　2016.11　950,15,2p　21cm　24000円　⓲978-4-915276-78-1

(目次) 第1部 水道事業の概要編（水道行政について，水道事業の経営，水道技術の動向，水道事業における公民連携の最新動向と今後の展望），第2部 統計資料（水道の普及状況，施設整備の状況，給水状況，財務状況，日本の水道事業ベスト10），第3部 官庁名簿編（中央官庁，公団・事業団，関係団体，都道府県水道所管部局），第4部 関連名簿編（学術・商工・経済団体，大学），第5部 会社名簿編

水道年鑑　平成29年度版　水道年鑑編集室編　（大阪）水道産業新聞社　2017.11　942,15,2p　22×17cm　24000円　⓲978-4-915276-79-8　Ⓝ518

(目次) 第1部 水道事業の概要編（水道行政について，水道事業の経営，水道技術の動向，水道法の改正にむけて），第2部 統計資料（水道の普及状況，施設整備の状況，給水状況，財務状況，日本の水道事業ベスト10），第3部 官庁名簿編（中央官庁，公団・事業団，関係団体，都道府県水道所管部局），第4部 関連名簿編（学術・商工・経済団体，大学），第5部 会社名簿編（関係会社）

水道年鑑　平成30年度版　水道産業新聞社　2018.12　953,15p　22×16cm　24000円　⓲978-4-909595-50-8　Ⓝ518

(目次) 第1部 水道事業の概要編（水道行政について，水道事業の経営，水道技術の動向，公営企業の経営健全化に向けた総務省の取組み），第2部 統計資料（水道の普及状況，施設整備の状況，給水状況，財務状況，日本の水道事業ベスト10），第3部 官庁名簿編（中央官庁，公団・事業団，関係団体，都道府県水道所管部局），第4部 関連名簿編（学術・商工・経済団体，大学），第5部 会社名簿編（関係会社）

水道年鑑　令和元年度版　（大阪）水道産業新聞社　2019.12　947,15,2p　21cm　24000円　⓲978-4-909595-51-5

(目次) 第1部 水道事業の概要編（水道行政について，水道事業の経営，水道技術の動向，「水道情報活用システム」とその社会実装），第2部 統計資料（水道の普及状況，施設整備の状況，給水状況，財務状況，日本の水道事業ベスト10），第3部 官庁名簿編（中央官庁，公団・事業団，関係団体，都道府県水道所管部局），第4部 関連名簿編（学術・商工・経済団体，大学），第5部 会社名簿編

水道年鑑　令和2年度版　水道産業新聞社　2020.12　929,14,2p　21cm　24000円　⓲978-4-909595-52-2

(目次) 第1部 水道事業の概要編（水道行政について，水道事業の経営，水道技術の動向，給水装置工事技術指針2020の改訂概要について），第2部 統計資料（水道の普及状況，施設整備の状況，給水状況，財務状況，日本の水道事業ベスト10）

(内容) 水道行政や，平成30年度水道事業の決算概況を含めた水道事業の経営，水道技術の動向などを概観。統計資料や，中央官庁，都道府県水道所管部局、大学，関係会社等の名簿も掲載。

水道年鑑　令和3年度版　（大阪）水道産業新聞社　2021.12　935p　21cm　24000円　⓲978-4-909595-53-9

(目次) 第1部 水道事業の概要編（水道行政について，水道事業の経営 ほか），第2部 統計資料（水道の普及状況，施設整備の状況 ほか），第3部 官庁名簿編（中央官庁，独立行政法人等 ほか），第4部 関連名簿編（学術・商工・経済団体，大学），第5部 会社名簿編（関係会社）

(内容) 水道行政や，令和元年度水道事業の決算概況を含めた水道事業の経営，水道技術の動向

を概観。地震等緊急時対応の手引きの改訂概要も記す。統計資料や、中央官庁、都道府県水道所管部局、大学、関係会社等の名簿も掲載。

水道年鑑　令和4年度版　(大阪)水道産業新聞社　2022.10　821,2p　21cm　24000円
①978-4-909595-54-6

〔目次〕第1部 水道事業の概要編（水道行政について、水道事業の経営 ほか）、第2部 官庁名簿編（中央官庁、独立行政法人等 ほか）、第3部 関連名簿編（学術・商工・経済団体、大学）、第4部 会社名簿編（関係会社）

〔内容〕水道行政や、令和2年度水道事業の決算概況を含めた水道事業の経営、水道技術の動向を概観。水道年譜、水道日誌のほか、中央官庁・都道府県水道所管部局・大学・関係会社等の名簿も掲載。

水道年鑑　令和5年度版　水道産業新聞社編
水道産業新聞社　2023.10　819,9, 2p　22cm　24000円　①978-4-909595-55-3

〔目次〕第1部 水道事業の概要編（水道行政について、水道事業の経営）、第2部 官庁名簿編（中央官庁、独立行政法人等、関係団体、都道府県水道所管部局、一部事務組合構成団体、県営水道供給先、水道サービス公社、事業体関連企業、簡易水道関係団体事務局）、第3部 関連名簿編（学術・商工・経済団体、大学）、第4部 会社名簿編（関係会社）

◆下水道

＜事典＞

トイレ学大事典　日本トイレ協会編　柏書房
2015.9　415p　27cm　〈索引あり〉　12000円　①978-4-7601-4608-6　Ⓝ518.51

〔目次〕第1部 トイレ事始め、第2部 排泄を科学する、第3部 文化としてのトイレ、第4部 トイレと国土とまちづくり、第5部 人に優しいデザインを求めて

〔内容〕多機能トイレの開発・普及で世界をリードしてきた日本。生活の理想が意外なほどに色濃く反映されているトイレめぐって、文化史から環境学まで多角的な視座からトイレを徹底解剖する、初のトイレ総合事典。

＜辞典＞

基礎からわかる下水・汚泥処理技術　タクマ環境技術研究会編　オーム社　2020.6
168p　21cm　〈他言語標題：Sewage & Sludge Treatment Technology　文献あり　索引あり　「絵とき下水・汚泥処理の基礎」(2005年刊)の改題、改訂〉　2500円　①978-4-274-22556-7　Ⓝ518.24

〔目次〕第1章 水を取り巻く状況―地域環境から地球環境へ、第2章 下水処理の概要―第4のライフライン、第3章 し尿処理・浸出水処理の概要―自然をまもる施設、第4章 物理・化学的な水処理―自然の摂理を最大活用、第5章 生物学的な水処理―ミクロの決闘、第6章 有害物質の除害処理―環境汚染のセーフガード、第7章 汚泥処理―廃棄物を価値あるものへ、第8章 低炭素・循環型社会への貢献―下水処理場は資源の宝庫、第9章 水質の関連法規―水環境の道しるべ

〔内容〕本書は、下水処理・排水処理と、それにより発生する汚泥の処理・活用について、原理から処理技術およびその関連設備を解説したものです。なるべく多くの図表を用いて、わかりやすい解説に心がけ、下水処理や下水汚泥の分野に直接関係していない方々や、これからこういった分野を学習する学生の方々にも理解しやすいように留意して記述しました。本書を通して、下水処理・汚泥処理への関心が高まり、それらに対する技術・知識の向上がSDGs（Sustainable Development Goals）の達成に向けての一助となれば幸いです。

＜名簿・人名事典＞

下水処理場ガイド　2013　公共投資ジャーナル社編集部編　公共投資ジャーナル社　2013.4　920p　30cm　〈付属資料：DVD-ROM 1枚(12cm)〉　47429円　①978-4-906286-71-3　Ⓝ518.24

下水処理場ガイド　2017　公共投資ジャーナル社編　公共投資ジャーナル社　2017.6　974p　30cm　27778円　①978-4-906286-79-9　Ⓝ518.24

〔内容〕全国の下水処理場1,900施設に関する計画諸元、設計・施工・運転管理業者、主要設備の設置状況などの詳細データを網羅。包括的民間委託の導入・検討状況、再生可能エネルギー固定価格買取制度の検討・実施状況、処理場の統廃合計画の有無など、注目テーマに関する動向も収録しました。

下水処理場ガイド　2019　公共投資ジャーナル社編集　公共投資ジャーナル社　2019.3　946p　30cm　27500円　①978-4-906286-83-6　Ⓝ518.24

〔内容〕全国1834処理場の計画諸元、設計・施工・運転管理業者、主要設備の設置状況などの詳細データと施設平面図を収録。包括的民間委託、下水汚泥のエネルギー利用など、注目テーマの検討・実施状況も掲載し、今回は新規項目として「PPP/PFI手法などの活用」と「広域化・共同化に関する取り組み」を加えました。

下水道維持管理業名鑑　2012　公共投資ジャーナル社編集部編　公共投資ジャーナル社　2012.1　257p　30cm　〈索引あり〉

7143円　Ⓘ978-4-906286-69-0　Ⓝ518.2
㊣1 寄稿（下水道管理における課題と包括的民間委託の今後の展開等について、効率的な管路管理を提供する管路協会員、下水道行政と共に歩む官公需適格組合、下水道維持管理における課題、等）、2 管路、3 処理場、4 索引

＜ハンドブック＞

下水道管きょ更生工法ガイドブック

2024年版　日本下水道新技術機構監修　日本水道新聞社　2024.7　121p　30cm　2000円　Ⓘ978-4-930941-87-9　Ⓝ518.23

下水道工事積算標準単価　積上積算方式による：小口径管路施設〈開削・高耐荷推進・低耐荷推進・鋼製さや管・管きょ更生〉　令和2年度版　建設物価調査会

2020.9　447p　26cm　8400円　Ⓘ978-4-7676-6126-1　Ⓝ518.21
㊣1 ご利用の手引き、2 小口径管路施設開削工法、3 小口径管路施設推進工法、4 管きょ更生工法、5 立坑工、6 関連資料
㊥ 小口径管路施設工事の開削工法及び推進工法について、下水道用設計標準歩掛表等に基づいた標準的な施工条件で、中代価・小代価を都道府県別に算出してまとめる。システム版をダウンロードできるシリアルコード付き。

下水道工事適正化読本　2018　下水道工事適正化研究会編著　日本水道新聞社　2018.4　155p　30cm　3000円　Ⓘ978-4-930941-63-5　Ⓝ518.2

下水道事業の手引　令和6年版　国土交通省水管理・国土保全局上下水道審議官グループ監修　日本水道新聞社　2024.7　31,798p　21cm　5500円　Ⓘ978-4-930941-88-6　Ⓝ518.2

下水道施設の維持管理ガイドブック

2014年版　経済調査会編集　経済調査会　2014.8　34,408p　30cm　〈索引あり〉　3500円　Ⓘ978-4-86374-155-3　Ⓝ518.2
㊣ 下水道事業における最近の動向（下水道事業におけるアセットマネジメントの普及促進（国土交通省）、JSにおける長寿命化・アセットマネジメントに関する支援の取り組み（日本下水道事業団）、「下水道維持管理指針」改定の概要について（公益社団法人日本下水道協会）ほか）、地方自治体における取り組み（東京都における震災対策の取組、横浜市の下水道管きょにおける再整備の取り組み）、工法・資機材ガイド（維持管理、修繕・改築、防災・耐震 ほか）

下水道の維持管理ガイドブック　2015年版　経済調査会編集　経済調査会　2015.7　45,294p　30cm　〈他言語標題：Sewer Maintenance Guidebook　「下水道施設の維持管理ガイドブック」の改題、巻次を継承索引あり〉　3500円　Ⓘ978-4-86374-177-5　Ⓝ518.2

㊣ 維持管理（点検・調査、運転管理）、修繕・改築（コンクリート防食、コンクリート補修、管路更生、管路部分補修、マンホール蓋改築、マンホール防食）、耐震・防災（耐震補強、集中豪雨対策）、環境保全（温暖化対策、廃棄物抑制）、付帯・仮設（道路復旧、仮設、土留、水替、労働災害対策）
㊥ 工法等を工種分類ごとに体系化。耐震化や都市防災・環境保全の工種も掲載。概算費用が容易に把握可能。

下・排水再利用のガイドブック　2021年度　造水促進センター　2022.3　133p　30cm　Ⓝ518.24

公共下水道工事複合単価　管路編　平成25年度版　経済調査会編　経済調査会　2013.10　523p　26cm　〈付属資料：CD-ROM1〉　4286円　Ⓘ978-4-86374-135-5　Ⓝ518.2

㊣ A-1 管きょ工（開削）、A-2 マンホール工、A-4 取付管およびます工、A-5 管きょ工（小口径推進）、A-6 管きょ工（中大口径推進）、A-8 立坑工、A-9 地盤改良工、A-10 付帯工、A-20 管きょ更生工
㊥ 工種ごとに適用基準と複合単価から構成。複合単価は、下水道工事積算基準の標準歩掛を用いて、機械、労務、材料を含む施工単価として「レベル2（工種）」単位で算出した。

都市水管理事業の実務ハンドブック　下水道事業（urban water management）の法律・経営・管理に関する制度のすべて　藤川真行著　日本水道新聞社　2016.7　625p　21cm　〈年表あり〉　3600円　Ⓘ978-4-930941-57-2　Ⓝ518.2

㊥ 下水道事業の法律・経営・管理の「実」がわかる！　全貌を明らかにした わが国初の実務解説書。事業・実務の視点で下水道がわかる一下水道の歴史、法制度の経緯、財政、水質規制など実務担当者の基礎知識から地方公営企業法適用の考え方、PPP/PFIの動向などの最新知識も丁寧に解説。経営・管理に関わる基本通達等も掲載。平成27年度の法改正も徹底解説の下水道法・日本下水道事業団法・水防法の大改正について、国交省下水道部で担当した藤川氏が、それぞれの改正の背景・内容を徹底解説。下水道事業の現場・実務に活きる一最新の実務課題に即した有識者や実務者との対談・座談会を10編収録。経営、経済、PPP/PFI、技術イノベーションの最新動向が「読んでわかる」実務書。

＜法令集＞

下水道法令要覧　令和5年版　下水道法令研究会編　ぎょうせい　2022.12　1冊

21cm 〈索引あり〉 7500円 ①978-4-324-11240-3 Ⓝ518.2

〔目次〕第1編 基本法令等（下水道法、日本下水道事業団法）、第2編 関係法令（都市計画法、受益者負担金、災害対策関係法令、環境関係法令、地域開発）、第3編 参考法令（地方自治、補助金、その他）

〔内容〕下水道行政に必須の下水道法等の基本法令をはじめ、下水道事業と密接に関連する都市計画行政、環境保全行政等に関する法令等を網羅。最新の法令改正等を収録した令和5年版。

逐条解説下水道法 第5次改訂版 下水道法令研究会編著 ぎょうせい 2022.12 691p 21cm 〈索引あり〉 6300円 ①978-4-324-11239-7 Ⓝ518.2

〔目次〕第1章 総則、第1章の2 流域別下水道整備総合計画、第2章 公共下水道、第2章の2 流域下水道、第3章 都市下水路、第4章 雑則、第5章 罰則

＜年鑑・白書＞

下水道年鑑 平成23年度版 水道産業新聞社編 （大阪）水道産業新聞社 2011.7 948,19p 21cm 23810円 ①978-4-915276-43-9

〔目次〕第1部 下水道事業の概要（下水道事業の現状と課題、下水道財政（国費）、下水道財政のしくみ、海外の下水道事情と国際協力、下水道技術の動向―「リスクマネジメント」の技術と国際標準、国土技術政策総合研究所下水道研究部の研究方針および平成22年度研究成果概要、下水道における資源・エネルギー利用について）、第2部 統計・資料編（下水道事業実施団体一覧、下水道施設整備量等の推移、水処理方式別処理場数、年間処理水量 ほか）、第3部 官庁名簿編（中央官庁、公団・事業団、関係団体、都道府県下水道所管課および流域下水道建設事務所、下水道公社、下水道事務所）、第4部 関連名簿編（学術・商工・経済団体、大学）、第5部 会社名簿編

下水道年鑑 平成24年度版 （大阪）水道産業新聞社 2012.8 912p 21cm 23810円 ①978-4-915276-44-6

〔目次〕年表・日誌、第1部 下水道事業の概要、第2部 統計・資料編、第3部 官庁名簿編、第4部 関連名簿編、第5部 会社名簿編

下水道年鑑 平成25年度版 水道産業新聞社 2013.8 934p 21cm 24000円 ①978-4-915276-45-3

〔目次〕年表・日誌、第1部 下水道事業の概要、第2部 統計・資料編、第3部 官庁名簿編、第4部 関連名簿編、第5部 会社名簿編

下水道年鑑 平成26年度版 水道産業新聞社編 水道産業新聞社 2014.8 929,15p 21cm 24000円 ①978-4-915276-46-0

〔目次〕第1部 下水道事業の概要（下水道事業の現状と課題、下水道財政（国費）ほか）、第2部 統計・資料編（下水道事業実施団体一覧、下水道施設整備量等の推移 ほか）、第3部 官庁名簿編（中央官庁、公団・事業団 ほか）、第4部 関連名簿編（学術・商工・経済団体、大学）、第5部 会社名簿編

下水道年鑑 平成27年度版 水道産業新聞社編 （大阪）水道産業新聞社 2015.9 895,15p 21cm 24000円 ①978-4-915276-47-7

〔内容〕日本唯一の下水道に関する専門年鑑。下水道事業の概要のほか、統計・資料、下水道事業に関係する官庁名簿、関連名簿、会社名簿を掲載する。

下水道年鑑 平成28年度版 水道産業新聞社編 （大阪）水道産業新聞社 2016.9 920,15p 21cm 24000円 ①978-4-915276-48-4

〔目次〕第1部 下水道事業の概要（下水道事業の現状と課題、下水道財政（国費）ほか）、第2部 統計・資料編（下水道事業実施団体一覧、下水道施設整備量等の推移 ほか）、第3部 官庁名簿編（中央官庁、公団・事業団 ほか）、第4部 関連名簿編（学術・商工・経済団体、大学）、第5部 会社名簿編

下水道年鑑 平成29年度版 水道産業新聞社 2017.9 890,15p 21cm 24000円 ①978-4-915276-49-1 Ⓝ518

〔目次〕年表・日誌、第1部 下水道事業の概要、第2部 統計・資料編、第3部 官庁名簿編、第4部 関連名簿編、第5部 会社名簿編

下水道年鑑 平成30年度版 （大阪）水道産業新聞社 2018.9 897p 21cm 24000円 ①978-4-909595-20-1

〔目次〕年表・日誌、第1部 下水道事業の概要（下水道事業の現状と課題、下水道財政（国費）ほか）、第2部 統計・資料編（下水道事業実施団体一覧、下水道施設整備量等の推移 ほか）、第3部 官庁名簿編（中央官庁、公団・事業団 ほか）、第4部 関連名簿編（学術・商工・経済団体、大学）、第5部 会社名簿編

下水道年鑑 令和元年度版 水道産業新聞社編 （大阪）水道産業新聞社 2019.9 898p 21cm 24000円 ①978-4-909595-21-8 Ⓝ518

〔目次〕年表・日誌、第1部 下水道事業の概要、第2部 統計・資料編、第3部 官庁名簿編、第4部 関連名簿編、第5部 会社名簿編

下水道年鑑 令和2年度版 水道産業新聞社編 （大阪）水道産業新聞社 2020.9 5,878,15,2p 22cm 〈下水道年表：p1～14 索引あり〉 24000円 ①978-4-909595-22-5

〔内容〕日本唯一の下水道に関する専門年鑑。下

水道事業の概要のほか、統計・資料、下水道事業に関係する官庁名簿、関連する学術・商工・経済団体および大学の名簿、会社名簿を掲載する。

下水道年鑑　令和3年度版　（大阪）水道産業新聞社　2021.9　857p　21cm　24000円　Ⓘ978-4-909595-23-2
　㋐年表・日誌，第1部 下水道事業の概要，第2部 統計・資料編，第3部 官庁名簿編，第4部 関連名簿編，第5部 会社名簿編
　㋑日本唯一の下水道に関する専門年鑑。下水道事業の概要のほか、統計・資料、下水道事業に関係する官庁名簿、関連する学術・商工・経済団体および大学の名簿、会社名簿を掲載する。

下水道年鑑　令和4年度版　（大阪）水道産業新聞社　2022.8　721p　21cm　24000円　Ⓘ978-4-909595-24-9
　㋐第1部 下水道事業の概要（下水道事業の持続性向上に向けて 令和4年度下水道事業予算のポイント，令和4年度地方債計画と経営戦略等について（下水道事業）），第2部 官庁名簿編（中央官庁，事業団・機構等，都道府県下水道所管部課及び流域下水道建設事務所，下水道公社，事業体関連企業，下水道事業所），第3部 関連名簿編（学術・商工・経済団体，大学），第4部 会社名簿編（関係会社）
　㋑日本唯一の下水道に関する専門年鑑。下水道事業の概要のほか、下水道事業に関係する官庁名簿、関連する学術・商工・経済団体および大学の名簿、会社名簿を掲載する。

下水道年鑑　令和5年度版　水道産業新聞社編　（大阪）水道産業新聞社　2023.8　4,715,9,2p　22cm　〈下水道年表：p1～15　索引あり〉　24000円　Ⓘ978-4-909595-25-6
　㋐年表・日誌，第1部 下水道事業の概要（下水道の持続と進化に向けて，令和5年度下水道事業予算のポイント，令和5年度地方債計画と運営戦略等について（下水道事業）），第2部 官庁名簿編（中央官庁，事業団・機構等，関係団体，都道府県下水道所管部課及び流域下水道建設事務所，下水道公社，事業体関連企業，下水道事業所），第3部 関連名簿編（学術・商工・経済団体，大学），第4部 会社名簿編（関係会社）
　㋑日本唯一の下水道に関する専門年鑑。下水道事業の概要のほか、下水道事業に関係する中央官庁、事業団・機構、団体、都道府県下水道所管部課及び流域下水道建設事務所、下水道公社、下水道事業所などの名簿を掲載する。

日本の下水道　下水道白書　平成23年度　総合マネジメントによる成熟した下水道へ　日本水道新聞社編集　日本水道協会　2012.1　2,205,129p　30cm　4761円

日本の下水道　下水道白書　平成24年度　循環のみち下水道の成熟化へ　日本水道新聞社編集　日本水道協会　2012.12　138p　30cm　Ⓝ518.2

日本の下水道　下水道白書　平成25年度　循環のみち下水道の持続的発展に向けて　日本水道新聞社編集　日本水道協会　2014.3　3,235,141p　30cm

日本の下水道　下水道白書　平成26年度　「循環のみち」の持続と進化　日本水道新聞社編集　日本水道協会　2015.2　3,237,143p　30cm

日本の下水道　下水道白書　平成27年度　「循環のみち」新時代へ　日本水道新聞社編集　日本水道協会　2016.2　3,257,145p　30cm

日本の下水道　下水道白書　平成28年度　マネジメント時代を切り拓く実践と可能性の発信　日本水道新聞社編集　日本下水道協会　2016.11　3,253,146p　30cm

日本の下水道　下水道白書　平成29年度　連携強化で『持続』と『進化』の実現を加速　日本水道新聞社編集　日本下水道協会　2018.2　3,259,146p　30cm

日本の下水道　下水道白書　令和元年度　国土強靭化に向け「持続」と「進化」の実現を加速　日本水道新聞社編集　日本下水道協会　2020.2　8,219,76p　30cm

日本の下水道　下水道白書　令和2年度　下水道の持続性向上と強靭化に向けて　日本水道新聞社編集　日本水道協会　2020.12　8,227,79p　30cm

日本の下水道　下水道白書　令和3年度　下水道の強靭化・グリーン化の推進　日本水道新聞社編集　日本下水道協会　2021.12　8,240,82p　30cm

日本の下水道　下水道白書　令和4年度　下水道の持続性向上と強靭化・グリーン化の推進　日本水道新聞社編集　日本下水道協会　2022.12　8,250,83p　30cm

日本の下水道　下水道白書　令和5年度　下水道の持続性向上と循環型社会の構築　日本水道新聞社編集　日本下水道協会　2023.12　8,259,83p　30cm　6000円　Ⓝ518.2

廃棄物

<名簿・人名事典>

廃食用油回収・処理業者全国名鑑　2013　（幸手）Tokyoタスクフォース　2013.12　108p　26cm　〈奥付のタイトル：廃食用油回収・処理全国名鑑〉　3800円　Ⓝ519.7
　㋑全国主要回収・処理業者9社について住

所,電話番号,営業品目,役員一覧等を記載。廃食用油回収・処理業者名簿,関連機関名簿,関連企業名簿,外食産業名簿を収載。所在地,連絡先を記載。

廃食用油回収・処理業者全国名鑑 2014 付:動物油脂・廃食用油市況2014 (幸手)Tokyoタスクフォース 2015.4 123p 26cm 〈奥付のタイトル:廃食用油回収・処理全国名鑑〉 3800円 Ⓝ519.7

廃食用油回収・処理業者全国名鑑 2015 付:廃食用油市況2015 (幸手)東京タスクフォース 〔2016〕 107p 26cm 4500円 Ⓝ519.7

廃食用油回収・処理業者全国名鑑 2016/2017 付:廃食用油市況2016/2017 (幸手)東京タスクフォース 〔2017〕 105p 26cm 非売品 Ⓝ519.7

廃食用油回収・処理業者全国名鑑 2019 付:廃食用油市況2018 (幸手)東京タスクフォース 〔2019〕 106p 30cm 非売品 Ⓝ519.7

廃食用油回収・処理業者全国名鑑 2021 付:廃食用油市況2019,2020,2021 (幸手)東京タスクフォース 〔2021〕 100p 30cm 非売品 Ⓝ519.7

廃食用油回収・処理業者全国名鑑 2022 付:廃食用油市況2022 (幸手)東京タスクフォース 〔2022〕 137p 30cm 非売品 Ⓝ519.7

<ハンドブック>

クローズドシステム処分場技術ハンドブック 花嶋正孝,古市徹監修,最終処分場技術システム研究協会編 オーム社 2012.12 167p 26cm 〈付属資料:CD-ROM(1枚 12cm) 索引あり〉 3200円 Ⓘ978-4-274-21272-7 Ⓝ518.52

(目次)第1編 総論編,第2編 計画編,第3編 設計・施工編,第4編 維持管理編,第5編 地域融和・跡地利用編,第6編 災害時のクローズドシステム処分場の有効利用編,第7編 クローズドシステム処分場の将来展開編

災害廃棄物管理ガイドブック 平時からみんなで学び,備える 廃棄物資源循環学会編,浅利美鈴[ほか]執筆 朝倉書店 2021.9 138p 26cm 〈文献あり 索引あり〉 3200円 Ⓘ978-4-254-18059-6 Ⓝ518.52

(目次)第1部 災害廃棄物ことはじめ(災害の基本,災害廃棄物とは ほか),第2部 計画立案に関するコンセプトや基本事項(災害廃棄物処理という仕事,処理計画の意義と内容 ほか),第3部 分別・処理戦略(発生量予測手法,仮置場の必要面積および選定要件 ほか),第4部 災害時の支援・受援(ボランティアと受援,平時からの住民と行政との協働─リーダーの育成 ほか),第5部 事前の訓練(災害廃棄物処理に求められる能力,自治体職員向けの研修の種類と特徴 ほか)

災害廃棄物分別・処理実務マニュアル 東日本大震災を踏まえて 廃棄物資源循環学会編著 ぎょうせい 2012.5 176p 26cm 2571円 Ⓘ978-4-324-09431-0 Ⓝ518.52

(目次)第1部 災害廃棄物に関連する国の制度・指針(概要・全体像,震災廃棄物及び水害廃棄物について ほか),第2部 計画立案に関するコンセプトや基本事項─災害廃棄物処理計画(詳細版)策定に向けて(計画立案の概要・基本事項,災害発生時の初動から復興までの流れ ほか),第3部 分別・処理戦略─具体的な技術を含めて(仮置場及び集積所の運用,環境対策,火災防止策 ほか),第4部 災害時の支援のあり方について─災害廃棄物の視点から(被災地でのボランティア参加と受け入れ,支援物資をごみにしないための留意点),第5部 参考(放射能を帯びた災害廃棄物について,廃棄物資源循環学会「災害廃棄物対策・復興タスクチーム」ほか)

図解 超入門!はじめての廃棄物管理ガイド これだけは押さえておきたい知識と実務 改訂第2版 坂本裕尚著 産業環境管理協会 2021.11 279p 21cm 〈法改正と電子マニフェストへの対応!発売・頒布:丸善出版〉 2200円 Ⓘ978-4-86240-194-6 Ⓝ519.7

(目次)第1章 業務の前に知っておくべきこと,第2章 廃棄物管理業務の5つのポイント,第3章 廃棄物の基礎知識,第4章 廃棄物管理の実務(法的義務編),第5章 処理業者への実地確認(努力義務編),第6章 廃棄物管理の継続的維持,第7章 水銀・(電子)マニフェスト改正,資料編 自治体独自のルール

(内容)法改正と電子マニフェストへの対応!廃棄物処理法違反から会社をどう守るのか?知らないではすまされないゴミ管理のルール,担当者になったらまず読む一冊!

入門と実践!廃棄物処理法と産廃管理マニュアル 尾上雅典著 クリエイト日報 2015.5 158p 21cm 1800円 Ⓘ978-4-89086-289-4 Ⓝ519.7

廃棄物焼却施設関連作業におけるダイオキシン類ばく露防止対策要綱の解説 第3版 中央労働災害防止協会編 中央労働災害防止協会 2014.4 154p 21cm 〈初版のタイトル:廃棄物焼却施設内作業におけるダイオキシン類ばく露防止対策要綱の解説〉 1400円 Ⓘ978-4-8059-1557-8 Ⓝ518.52

(目次)廃棄物焼却施設関連作業におけるダイオキシン類ばく露防止対策要綱(趣旨,ばく露

止対策)，資料(労働安全衛生規則(抄)，安全衛生特別教育規程(抄)，廃棄物焼却施設関連作業におけるダイオキシン類ばく露防止対策要綱，作業環境測定基準(抄) ほか)

廃棄物処理施設維持管理業務積算要領　令和5年度版　全国都市清掃会議編集　全国都市清掃会議　2023.8　2,111p　30cm　3500円　Ⓝ518.52

廃棄物処理施設点検補修工事積算要領　令和5年度版　全国都市清掃会議編集　全国都市清掃会議　2023.8　3,222p　30cm　4500円　Ⓝ518.52

廃棄物処理施設保守・点検の実際　ごみ焼却編　編集企画委員会編　(川崎)日本環境衛生センター　2014.7　330p　26cm　〈「廃棄物処理施設保守・点検の手引」改訂版(1989年刊)の改題，改訂〉　4500円　Ⓘ978-4-88893-135-9　Ⓝ519.7

(目次) 第1章 保守・点検に関する基本的事項，第2章 土木建築構造物，第3章 電気・計装設備，第4章 共通機器及び設備，第5章 焼却施設，第6章 安全対策，第7章 寒冷地・塩害対策

廃棄物処理早わかり帖　4訂版　英保次郎著　東京法令出版　2024.5　279p　21cm　〈他言語標題：Waste Processing Method〉　2200円　Ⓘ978-4-8090-4080-1　Ⓝ518.52

(内容) 廃棄物の処理について，廃棄物処理法を中心として，廃棄物を十分理解できていない人でもわかるようにやさしく解説する。特別管理産業廃棄物排出源一覧表なども掲載。令和6年1月現在の内容に対応。

廃棄物処理法に基づく感染性廃棄物処理マニュアル　平成24年5月改訂　日本産業廃棄物処理振興センター編集　ぎょうせい　2012.9　251p　21cm　2857円　Ⓘ978-4-324-09488-4　Ⓝ498.163

廃棄物等の越境移動規制に関する資料集　環境省環境再生・資源循環局廃棄物規制課，経済産業省産業技術環境局資源循環経済課　2021.3　204p　30cm　Ⓝ518.52

廃棄物等の越境移動規制に関する資料集　令和3年度[版]　環境省環境再生・資源循環局廃棄物規制課，経済産業省産業技術環境局資源循環経済課　2022.2　213p　30cm　Ⓝ518.52

廃棄物等の越境移動規制に関する資料集　令和4年度[版]　環境省環境再生・資源循環局廃棄物規制課，経済産業省産業技術環境局資源循環経済課　2023.3　214p　30cm　Ⓝ518.52

廃棄物等の越境移動規制に関する資料集　令和5年度[版]　環境省環境再生・資源循環局廃棄物規制課，経済産業省産業技術環境局資源循環経済課　2024.3　216p　30cm　Ⓝ518.52

廃棄物熱回収施設設置者認定マニュアル　環境省大臣官房廃棄物・リサイクル対策部　2011.2　89p　30cm　Ⓝ518.52

廃棄物・リサイクル・その他環境事犯捜査実務ハンドブック　緒方由紀子編著　立花書房　2018.10　162p　21cm　1900円　Ⓘ978-4-8037-1005-2　Ⓝ518.52

(目次) 第1章 廃棄物関係(廃棄物の処理及び清掃に関する法律(以下「廃掃法」という)，平成9年法律第85号(以下「平成9年法」という)の制定の経緯，改正の要点等，平成9年法による，廃棄物処理施設に関する信頼性と安全性の向上 ほか)，第2章 リサイクル関係(循環型社会形成推進基本法(以下「循環基本法」という)の制定の経緯，概要及び将来の課題，資源の有効な利用の促進に関する法律(以下「3R法」という)の改正の経緯，概要等，容器包装に係る分別収集及び再商品化の促進等に関する法律(以下「容器包装リサイクル法」という)制定の経緯，概要 ほか)，第3章 環境関係(大気汚染防止法(昭和44年法律第97号)制定・改正の経緯，概要及び罰則，水質汚濁防止法(昭和45年法律第138号)制定・改正の経緯，概要及び罰則，土壌汚染対策法(平成14年法律第53号)制定の経緯，概要及び罰則 ほか)

<年鑑・白書>

廃棄物年鑑　循環型社会のみちしるべ　2012年版　環境産業新聞社　2011.11　1008p　21cm　24000円　Ⓘ978-4-906162-38-3

(目次) 解説篇(一般廃棄物行政の推進について，フェニックス計画について，産業廃棄物対策について ほか)，統計資料篇(一般廃棄物，産業廃棄物，価格と実績)，名簿篇(中央官庁，団体，都道府県庁一般廃棄物所管部・課一覧 ほか)，施設篇(熱回収施設，リサイクルセンター，汚泥再生処理センター(し尿処理施設) ほか)，企業名簿篇

廃棄物年鑑　循環型社会のみちしるべ　2013年版　環境産業新聞社　2012.11　990p　21cm　24000円　Ⓘ978-4-906162-39-0

(目次) 解説篇(一般廃棄物行政の推進について，フェニックス計画について ほか)，統計資料篇(一般廃棄物，産業廃棄物 ほか)，名簿篇(中央官庁，団体 ほか)，施設篇(熱回収施設，し尿処理施設(汚泥再生処理センター) ほか)，企業名簿篇

廃棄物年鑑　循環型社会のみちしるべ　2014年版　環境産業新聞社　2013.10　988p　21cm　24000円　Ⓘ978-4-906162-40-

廃棄物　　　　　　　　　　環境問題

6
〔目次〕解説篇（循環型社会を形成するための法体系，一般廃棄物行政の推進について ほか），統計資料篇（一般廃棄物，産業廃棄物 ほか），名簿篇（中央官庁，団体 ほか），施設篇（焼却（熱回収）施設篇，リサイクルセンター篇 ほか），企業名簿篇（企業名簿，広告索引）

廃棄物年鑑　循環型社会のみちしるべ　2015年版　環境産業新聞社　2014.10
1008p　21cm　24000円　①978-4-906162-41-3
〔目次〕解説篇，統計・資料篇，名簿篇（中央官庁，関連団体，都道府県，市町村等），施設篇（焼却（熱回収）施設，リサイクルセンター，し尿処理施設（汚泥再生処理センター），最終処分場），企業名簿篇

廃棄物年鑑　循環型社会のみちしるべ　2016年版　環境産業新聞社　2015.10
1010p　21cm　24000円　①978-4-906162-42-0
〔目次〕解説篇，統計・資料篇，名簿篇（中央官庁，関連団体，都道府県，市町村等），施設篇（焼却（熱回収）施設，リサイクルセンター，し尿処理施設（汚泥再生処理センター），最終処分場），企業名簿篇

廃棄物年鑑　循環型社会のみちしるべ　2017年版　環境産業新聞社　2016.11
1012p　21cm　24000円　①978-4-906162-43-7
〔目次〕解説篇（解説），統計・資料篇（統計資料），名簿篇，関連団体，都道府県，市町村等），施設篇（焼却（熱回収）施設，リサイクルセンター，し尿処理施設（汚泥再生処理センター），最終処分場），企業名簿篇（企業）

廃棄物年鑑　循環型社会のみちしるべ　2018年版　環境産業新聞社　2017.10
1000p　21cm　24000円　①978-4-906162-44-4
〔目次〕解説篇（循環型社会を形成するための法体系，環境省，環境再生・資源循環局を新設 ほか），統計・資料篇（一般廃棄物，産業廃棄物 ほか），名簿篇（中央官庁，関連団体 ほか），施設篇（焼却（熱回収）施設，リサイクルセンター ほか），企業名簿篇

廃棄物年鑑　循環型社会のみちしるべ　2019年版　環境産業新聞社　2018.10
1006p　21cm　24000円　①978-4-906162-45-1
〔目次〕解説篇（解説），統計・資料篇（統計資料），名簿篇（中央官庁，関連団体，都道府県，市町村等），施設篇（焼却（熱回収）施設，リサイクルセンター，し尿処理施設（汚泥再生処理センター），最終処分場），企業名簿篇（企業）

廃棄物年鑑　循環型社会のみちしるべ　2020年版　環境産業新聞社　2019.10
1014p　21cm　24000円　①978-4-906162-46-8
〔目次〕解説篇（循環型社会を形成するための法体系，一般廃棄物行政の推進について ほか），統計・資料篇（一般廃棄物，産業廃棄物 ほか），名簿篇（中央官庁，関連団体 ほか），施設篇（焼却（熱回収）施設，リサイクルセンター ほか），企業名簿篇

廃棄物年鑑　循環型社会のみちしるべ　2021年版　環境産業新聞社　2020.10
1034p　21cm　24000円　①978-4-906162-47-5
〔目次〕解説篇（循環型社会を形成するための法体系，一般廃棄物行政の推進について ほか），統計・資料篇（一般廃棄物，産業廃棄物 ほか），名簿篇（中央官庁，関連団体 ほか），施設篇（焼却（熱回収）施設，リサイクルセンター ほか），企業名簿篇
〔内容〕廃棄物の行政施策や，環境再生・資源循環事業に関する幅広い情報，さまざまなデータを提供する。「解説篇」「統計・資料篇」「名簿篇」「施設篇」「企業名簿篇」で構成。

廃棄物年鑑　循環型社会のみちしるべ　2022年版　環境産業新聞社　2021.10　1,032p　21cm　24000円　①978-4-906162-48-2
〔目次〕解説篇，統計・資料篇，名簿篇（中央官庁，関連団体，都道府県，市町村等），施設篇（焼却（熱回収）施設，リサイクルセンター，し尿処理施設（汚泥再生処理センター），最終処分場），企業名簿篇
〔内容〕廃棄物の行政施策や，環境再生・資源循環事業に関する幅広い情報，さまざまなデータを提供する。「解説篇」「統計・資料篇」「名簿篇」「施設篇」「企業名簿篇」で構成。

廃棄物年鑑　循環型社会のみちしるべ　2023年版　環境産業新聞社　2022.10
1010p　21cm　24000円　①978-4-906162-49-9
〔目次〕解説篇（循環型社会を形成するための法体系，一般廃棄物行政の推進について ほか），統計・資料篇（一般廃棄物，産業廃棄物 ほか），名簿篇（中央官庁，関連団体 ほか），施設篇（焼却（熱回収）施設，リサイクルセンター ほか），企業名簿篇
〔内容〕廃棄物の行政施策や，環境再生・資源循環事業に関する幅広い情報，さまざまなデータを提供する。「解説篇」「統計・資料篇」「名簿篇」「施設篇」「企業名簿篇」で構成。

廃棄物年鑑　2024年版　環境産業新聞社　2023.10　1016p　21cm　26000円　①978-4-906162-50-5
〔目次〕解説篇（循環型社会を形成するための法体系，一般廃棄物行政の推進について ほか），

統計・資料篇（一般廃棄物，産業廃棄物，資格と実績，廃棄物発電の導入実績），名簿篇（中央官庁，関連団体，都道府県，市町村等），施設篇（焼却（熱回収）施設，リサイクルセンター，し尿処理センター（汚泥再生処理センター），最終処分場），企業名簿篇

＜統計集＞

日本の廃棄物処理　平成21年度版　環境省大臣官房廃棄物・リサイクル対策部廃棄物対策課　2011.3　62p　30cm

日本の廃棄物処理　平成22年度版　環境省大臣官房廃棄物・リサイクル対策部廃棄物対策課　2012.3　62p　30cm

日本の廃棄物処理　平成23年度版　環境省大臣官房廃棄物・リサイクル対策部廃棄物対策課　2013.3　79p　30cm

日本の廃棄物処理　平成24年度版　環境省大臣官房廃棄物・リサイクル対策部廃棄物対策課　2014.3　79p　30cm

日本の廃棄物処理　平成25年度版　環境省大臣官房廃棄物・リサイクル対策部廃棄物対策課　2015.2　79p　30cm

日本の廃棄物処理　平成26年度版　環境省大臣官房廃棄物・リサイクル対策部廃棄物対策課　2016.3　79p　30cm

日本の廃棄物処理　平成27年度版　環境省大臣官房廃棄物・リサイクル対策部廃棄物対策課　2017.3　79p　30cm

日本の廃棄物処理　平成28年度版　環境省環境再生・資源循環局廃棄物適正処理推進課　2018.3　79p　30cm

日本の廃棄物処理　平成29年度版　環境省環境再生・資源循環局廃棄物適正処理推進課　2019.3　79p　30cm

日本の廃棄物処理　平成30年度版　環境省環境再生・資源循環局廃棄物適正処理推進課　2020.3　79p　30cm

日本の廃棄物処理　令和元年度版　環境省環境再生・資源循環局廃棄物適正処理推進課　2021.3　79p　30cm

日本の廃棄物処理　令和2年度版　環境省環境再生・資源循環局廃棄物適正処理推進課　2022.3　82p　30cm

日本の廃棄物処理　令和3年度版　環境省環境再生・資源循環局廃棄物適正処理推進課　2023.3　82p　30cm

日本の廃棄物処理　令和4年度版　環境省環境再生・資源循環局廃棄物適正処理推進課　2024.3　83p　30cm

◆一般廃棄物

＜辞典＞

ごみ焼却技術絵とき基本用語　改訂3版　タクマ環境技術研究会編　オーム社　2011.9　300p　21cm　2700円　Ⓘ978-4-274-50352-8　Ⓝ518.52

（目次）序章 廃棄物の基礎知識，1章 ごみ焼却入門，2章 国産燃料―ごみ，3章 ごみはなぜ燃えるか，4章 焼却施設を作るには，5章 ごみを燃やす仕組み，6章 黒船襲来―招かれざる客、ダイオキシン，7章 現代のプロメテウス―熱の狩人，8章 虹の彼方に―排ガス処理，9章 焼却設備の糞尿譚―排水、灰，10章 ガス化および溶融の技術

（内容）一般廃棄物の中間処理として重要なごみ焼却技術について、廃棄物の分野に直接関連しない読者や初級技術者にも理解できるように主要な項目を選定し、図表や漫画を入れた絵とき基本用語集。

基礎からわかるごみ焼却技術　タクマ環境技術研究会編　オーム社　2017.11　268p　21cm　〈他言語標題：Waste Burning Technology　文献あり　索引あり〉　2700円　Ⓘ978-4-274-50673-4　Ⓝ518.52

（目次）第1章 廃棄物の基礎知識，第2章 ごみ焼却入門，第3章 国産燃料―ごみ，第4章 ごみはなぜ燃えるか，第5章 焼却施設を作るには，第6章 ごみを燃やす仕組み，第7章 ダイオキシン類，第8章 熱回収と余熱利用，第9章 排ガス処理，第10章 排水と灰の処理，第11章 メタン発酵技術，付録 廃棄物処理法

（内容）多くの図表を用いて、ごみ焼却技術とその関連設備について解説。

◆産業廃棄物

＜名簿・人名事典＞

全国産廃処分業中間処理・最終処分企業名覧　2015　日報ビジネス株式会社編集　クリエイト日報出版部　2015.8　659p　26cm　〈「全国産廃処分業中間処理・最終処分企業名鑑・名覧」（日報出版 2009年刊）の改題、巻次を継承〉　6000円　Ⓘ978-4-89086-290-0　Ⓝ519.7

（内容）47都道府県と66政令・中核市がインターネット等で公表した産業廃棄物中間処理・最終処分許可業者名簿（特別管理を含む/2014年9月～2015年3月時点）等をもとに、社名、電話番号、処理方法、所在地、URL、取り扱う産業廃棄物の種類等について、読みやすく編集を施したも

のです。掲載社数約13,000社以上。

<ハンドブック>

環境配慮契約法 産業廃棄物処理契約ハンドブック　田中勝編　環境新聞社　2013.4　50p　21cm　500円　Ⓘ978-4-86018-264-9

(目次) 第1章 環境配慮契約法の概要、第2章 環境配慮契約法における産業廃棄物処理に係る契約について、第3章 優良産廃処理業者認定制度の概要、資料編(国等における温室効果ガス等の排出の削減に配慮した契約の推進に関する法律、国及び独立行政法人等における温室効果ガス等の排出の削減に配慮した契約の推進に関する基本方針、環境省からの出前講座—グリーン購入法と環境配慮契約法、基礎からすべて学べます)

建設現場従事者のための産業廃棄物等取扱ルール　改訂4版　産業廃棄物処理事業振興財団編著　大成出版社　2021.6　146p　26cm　1900円　Ⓘ978-4-8028-3443-8　Ⓝ510.921

(目次) 1 建設現場従事者の役割と実施事項、2 廃棄物処理法、3 建設リサイクル法、4 建設副産物のリサイクル、5 土壌汚染対策法、6 その他関連法令

建設廃棄物適正処理マニュアル　建設廃棄物処理指針(平成22年度版) 石綿含有廃棄物処理マニュアル(第2版) 関係法令 通知・資料・付録　日本産業廃棄物処理振興センター編　オフィスTM　2011.8　287p　21cm　(発売:TAC出版事業部)　2381円　Ⓘ978-4-8132-8990-6　Ⓝ510.921

(目次) 第1部 建設廃棄物処理指針(平成22年度) (建設廃棄物処理指針(平成22年度版)、関係法令・告示・通知、資料)、第2部 石綿含有廃棄物等処理マニュアル(第2版) (石綿含有廃棄物等処理マニュアル(第2版)、関係通知)、付録

産業廃棄物処理委託契約書の手引　第6版　全国産業廃棄物連合会　2016.3　95p　30cm　〈付属資料:2枚〉　600円　Ⓝ519.7

産業廃棄物の検定方法に係る分析操作マニュアル　環境省大臣官房廃棄物・リサイクル対策部　2013.5　83p　30cm　Ⓝ519.7

誰でもわかる!! 日本の産業廃棄物　知って得する廃棄物のこと　[2022]改訂9版　環境省監修、産業廃棄物処理事業振興財団編集　大成出版社　2022.9　48p　26cm　1000円　Ⓘ978-4-8028-3478-0　Ⓝ519.7

(目次) 1 産業廃棄物とは、2 産業廃棄物の排出・処理などの状況、3 産業廃棄物の適正処理・リサイクルを進める制度的枠組み、4 特別管理廃棄物対策、5 公共関与による施設整備等、6 産業廃棄物の不法投棄・不適正処理への対応、7 循環型社会に向けた取り組み

◆廃棄物処理法

<ハンドブック>

「特定有害廃棄物等」(バーゼル法の規制対象貨物)の輸出に関する手引き　経済産業省、環境省　2024.3　136p　30cm　Ⓝ519.7

「特定有害廃棄物等」(バーゼル法の規制対象貨物)の輸入に関する手引き　経済産業省、環境省　2024.3　138p　30cm　Ⓝ519.7

廃棄物処理法Q&A　9訂版　英保次郎著　東京法令出版　2022.9　253p　21cm　2100円　Ⓘ978-4-8090-4076-4　Ⓝ519.7

(目次) 第1章 廃棄物の定義・廃棄物の範囲、第2章 排出事業者、第3章 一般廃棄物の処理、第4章 処理基準、第5章 産業廃棄物処理施設、第6章 廃棄物処理業、第7章 その他

廃棄物処理法の解説　令和2年版　廃棄物処理法編集委員会編著　(川崎)日本環境衛生センター　2020.6　517p　26cm　5000円　Ⓘ978-4-88893-153-3　Ⓝ519.7

(目次) 第1章 総則、第2章 一般廃棄物、第3章 産業廃棄物、第3章の2 廃棄物処理センター、第3章の3 廃棄物が地下にある土地の形質の変更、第4章 雑則、第5章 罰則

<法令集>

廃棄物処理法の重要通知と法令対応　難しい制度運用が丸分かり　改訂版　長岡文明、尾上雅典共著　クリエイト日報出版部　2022.5　112p　26cm　2000円　Ⓘ978-4-89086-297-9　Ⓝ519.7

(内容) 環境省からの廃棄物処理法に関する重要通知をピックアップして解説するほか、建設廃棄物に関する元請と下請の注意点、廃棄物処理法に規定されていない下取り回収の運用法を紹介する。

廃棄物処理法法令集　3段対照　令和5年版　(川崎)日本環境衛生センター　2023.7　877p　26cm　3500円　Ⓘ978-4-88893-165-6　Ⓝ519.7

(目次) 1 廃棄物の処理及び清掃に関する法律(総則、廃棄物の処理及び清掃に関する法律施行令(総則、一般廃棄物、産業廃棄物 ほか)、3 廃棄物の処理及び清掃に関する法律施行規則(令第一条の環境省令で定める基準等、令第二条の四の環境省令で定める基準等、都道府県廃棄物処理計画 ほか)

廃棄物処理法法令集　三段対照:法令・通知・条例WEBサービス付　2022年版　廃棄物処理法令研究会監修　ぎょうせい

2022.6　891p　26cm　5100円　Ⓘ978-4-324-11152-9　Ⓝ519.7

(内容) 廃棄物処理法・放射性物質汚染対処特措法について法律、政令(施行令)、省令(施行規則)を三段対照で掲載。当該法律の条文の委任命令関係が一覧できる。法令、関連通知全文をダウンロードできるパスワード付き。

廃棄物処理法令〈三段対照〉・通知集　廃棄物の処理及び清掃に関する法律　令和6年版　日本産業廃棄物処理振興センター編集　オフィスTM　2024.5　1冊　26cm　〈頒布：TAC株式会社出版事業部〉　5000円　Ⓘ978-4-300-11120-8　Ⓝ519.7

(内容) 廃棄物の処理及び清掃に関する法律(廃棄物処理法)、政令、告示、通知を網羅的に収載。廃棄物処理法については、同法と施行令(政令)、施行規則(省令)の相互の委任関係をわかりやすくするために三段対照で表示する。

廃棄物・リサイクル六法　平成25年版　中央法規出版　2013.8　1冊　21cm　8000円　Ⓘ978-4-8058-3870-9　Ⓝ519.7

(目次) 第1章 循環型社会形成、第2章 廃棄物処理、第3章 資源リサイクル、第4章 震災廃棄物、第5章 環境保全、第6章 費用負担・助成、第7章 関係法令

公害

＜年鑑・白書＞

公害紛争処理白書　平成23年版　公害等調整委員会編　(長野)蔦友印刷　2011.6　179p　30cm　1880円　Ⓘ978-4-904225-11-0

(目次) 第1章 公害紛争等の処理状況(平成22年度の公害紛争の処理状況、平成22年度の土地利用の調整の処理状況、公害紛争の近年の特徴及び課題)、第2章 公害紛争処理制度の利用の促進等のための取組(平成22年度の主な取組、都道府県公害審査会等との連携)

公害紛争処理白書　平成24年版　公害等調整委員会編　(長野)蔦友印刷　2012.6　187p　30cm　1540円　Ⓘ978-4-904225-13-4

(目次) 第1章 公害紛争等の処理状況(平成23年度の公害紛争の処理状況、平成23年度の土地利用の調整の処理状況、公害紛争の近年の特徴及び課題)、第2章 公害紛争処理制度の利用の促進等のための取組(平成23年度の主な取組、都道府県公害審査会等との連携)

公害紛争処理白書　平成25年版　我が国の公害紛争処理・土地利用調整の現況　公害等調整委員会編　(長野)蔦友印刷　2013.6　193p　30cm　193円　Ⓘ978-4-904225-15-8

(目次) 第1章 公害紛争の処理状況(平成24年度の公害紛争の処理状況、公害紛争の近年の特徴及び課題への取組、都道府県・市区町村との連携)、第2章 土地利用の調整の処理状況(鉱業等に係る行政処分に対する不服の裁定、土地利用に関して処分を行う行政庁に対する意見の申出等)

公害紛争処理白書　平成26年版　我が国の公害紛争処理・土地利用調整の現況　公害等調整委員会編　(長野)蔦友印刷　2014.6　181p　30cm　1540円　Ⓘ978-4-904225-17-2

(目次) 第1章 公害紛争の処理状況(平成25年度の公害紛争の処理状況、公害紛争の近年の特徴及び課題への取組、都道府県・市区町村との連携)、第2章 土地利用の調整の処理状況(鉱業等に係る行政処分に対する不服の裁定、土地利用に関して処分を行う行政庁に対する意見の申出等)

公害紛争処理白書　平成27年版　我が国の公害紛争処理・土地利用調整の現況　公害等調整委員会編　(長野)蔦友印刷　2015.6　192p　30cm　1620円　Ⓘ978-4-904225-19-6

(目次) 第1編 公害紛争処理法に基づく事務の処理(公害紛争処理制度の概要、公害等調整委員会における公害紛争の処理、都道府県公害審査会等における公害紛争の処理、地方公共団体における公害苦情の処理、地方公共団体に対する指導等)、第2編 鉱業等に係る土地利用の調整手続等に関する法律等に基づく事務の処理(鉱業等に係る土地利用調整制度の概要、鉱区禁止地域の指定、鉱業等に係る行政処分に対する不服の裁定、土地収用法に基づく不服申立てに関する意見の申出等)、付録

公害紛争処理白書　平成28年版　我が国の公害紛争処理・土地利用調整の現況　公害等調整委員会編　(長野)蔦友印刷　2016.6　182p　30cm　1620円　Ⓘ978-4-904225-21-9

(目次) 第1章 公害紛争の処理状況(平成27年度の公害紛争の処理状況、公害紛争の近年の特徴及び課題への取組、都道府県・市区町村との連携)、第2章 土地利用の調整の処理状況(鉱業等に係る行政処分に対する不服の裁定、土地利用に関して処分を行う行政庁に対する意見の申出等)

公害紛争処理白書　平成29年版　我が国の公害紛争処理・土地利用調整の現況　公害等調整委員会編　(長野)蔦友印刷　2017.6　186p　30cm　1680円　Ⓘ978-4-904225-23-3

(目次) 第1章 公害紛争の処理状況(平成28年度の公害紛争の処理状況、公害紛争の近年の特徴及び課題への取組、都道府県・市区町村との連携)、第2章 土地利用の調整の処理状況(鉱業等に係る行政処分に対する不服の裁定、土地収用法に基づく審査請求に関する意見照会への回答等)

公害紛争処理白書　平成30年版　我が国の

公害紛争処理・土地利用調整の現況　公害等調整委員会編　（長野）蔦友印刷　2018.6　189p　30cm　1760円　Ⓘ978-4-904225-25-7

〈目次〉平成29年度公害等調整委員会年次報告（TOPIC「公害紛争処理における調停機能の活用」，公害紛争の処理状況，土地利用の調整の処理状況）　平成29年度公害等調整委員会年次報告（参考資料）（公害紛争処理法に基づく事務の処理，鉱業等に係る土地利用の調整手続等に関する法律等に基づく事務の処理，付録）

公害紛争処理白書　令和元年版　我が国の公害紛争処理・土地利用調整の現況　公害等調整委員会編　（長野）蔦友印刷　2019.8　213p　30cm　1790円　Ⓘ978-4-904225-26-4

〈目次〉平成30年度公害等調整委員会年次報告（特集「平成の公害紛争事件」，公害紛争の処理状況，土地利用の調整の処理状況），平成30年度公害等調整委員会年次報告（参考資料）（公害紛争処理法に基づく事務の処理，鉱業等に係る土地利用の調整手続等に関する法律等に基づく事務の処理，付録）

公害紛争処理白書　令和2年版　我が国の公害紛争処理・土地利用調整の現況　公害等調整委員会編　（長野）蔦友印刷　2020.7　198p　30cm　1890円　Ⓘ978-4-904225-27-1

〈目次〉第1章 公害紛争の処理状況（令和元年度における公害紛争の処理状況，公害紛争の近年の特徴及び課題への取組，都道府県・市区町村との連携），第2章 土地利用の調整の処理状況（鉱業等に係る行政処分に対する不服の裁定，土地収用法に基づく審査請求に関する意見照会への回答等）

〈内容〉公害等調整委員会の令和元年度の所掌事務の処理状況を報告する書。公害紛争の処理状況，公害紛争の近年の特徴及び課題への取組，都道府県・市区町村との連携，土地利用の調整の処理状況などをまとめる。

公害紛争処理白書　令和3年版　我が国の公害紛争処理・土地利用調整の現況　公害等調整委員会編　（長野）蔦友印刷　2021.9　194p　30cm　〈発売：全国官報販売協同組合〉　2050円　Ⓘ978-4-904225-32-5

〈目次〉特集「コロナ禍における公害紛争処理」，第1章 公害紛争の処理状況（令和2年度における公害紛争の処理状況，公害紛争の近年の特徴及び課題への取組，都道府県・市区町村との連携，公害紛争処理法等の改正），第2章 土地利用の調整の処理状況（鉱業等に係る行政処分に対する不服の裁定，土地収用法に基づく審査請求に関する意見照会への回答等）

〈内容〉公害等調整委員会の令和2年度の所掌事務の処理状況を報告する書。公害紛争の処理状況，公害紛争の近年の特徴及び課題への取組，都道府県・市区町村との連携，鉱業等に係る行政処分に対する不服の裁定などをまとめる。

公害紛争処理白書　令和4年版　我が国の公害紛争処理・土地利用調整の現況　公害等調整委員会編　（長野）蔦友印刷　2022.11　196p　30cm　〈発売：全国官報販売協同組合〉　2180円　Ⓘ978-4-904225-33-2

〈目次〉特集「公害等調整委員会の50年」，第1章 公害紛争の処理状況（令和3年度における公害紛争の処理状況，公害紛争の近年の特徴及び課題への取組，都道府県・市区町村との連携，公害紛争処理法等の改正），第2章 土地利用の調整の処理状況（鉱業等に係る行政処分に対する不服の裁定，土地収用法に基づく審査請求に関する意見照会への回答等）

〈内容〉公害等調整委員会の令和3年度の所掌事務の処理状況を報告する書。公害紛争の処理状況，公害紛争の近年の特徴及び課題への取組，都道府県・市区町村との連携，鉱業等に係る行政処分に対する不服の裁定などをまとめる。

公害紛争処理白書　令和5年版　我が国の公害紛争処理・土地利用調整の現況　公害等調整委員会編　サンパートナーズ　2023.12　202p　30cm　2360円　Ⓘ978-4-903983-07-3

〈目次〉第1章 公害紛争の処理状況（令和4年度における公害紛争の処理状況，公害紛争の近年の特徴及び課題への取組，都道府県・市区町村との連携，公害紛争の処理に係る関係法令の改正等），第2章 土地利用の調整の処理状況（鉱業等に係る行政処分に対する不服の裁定，土地収用法に基づく審査請求に関する意見照会への回答）

◆悪臭

<ハンドブック>

ハンドブック悪臭防止法　6訂版　におい・かおり環境協会編集　ぎょうせい　2012.7　394,22p　21cm　〈年表あり〉　4500円　Ⓘ978-4-324-09530-0　Ⓝ519.75

<法令集>

解説 悪臭防止法　上　村頭秀人著　慧文社　2017.10　385p　22cm　〈布装〉　5000円　Ⓘ978-4-86330-186-3　Ⓝ519.75

〈目次〉第1章 においと嗅覚の化学（物質の構造，物質の状態と量，物質の化学変化 ほか），第2章 悪臭防止法による悪臭の規制（悪臭防止法の歴史，悪臭防止法の目的及び基本概念，規制されあるいは義務づけられる行為及び罰則 ほか），第3章 悪臭に関するその他の法令（大気汚染防止法・水質汚濁防止法，PRTR法（化学物質排出把握管理促進法，化管法），化審法（化学物質の審査及び製造等の規制に関する法律）ほか）

〈内容〉悪臭防止法による悪臭の規制内容や悪臭

に関する裁判例の分析を中心として，悪臭に関する紛争の解決のために必要な知識を集約！弁護士や紛争の当事者，地方公共団体の公害苦情相談担当者など必携！

解説 悪臭防止法 下 村頭秀人著 慧文社
2017.11 305p 22cm 〈索引あり 布装〉
4500円 ⓘ978-4-86330-187-0 Ⓝ519.75
(目次) 第4章 悪臭に関する裁判例(基本型(論点ごとの分析，悪臭の種類ごとの分析)，賃貸借契約終了型，賃貸人責任追及型，区分所有建物型，対行政型，その他の類型，公害等調整委員会の悪臭に関する裁判例)，付録(元素の周期表，特定悪臭物質一覧表，悪臭の裁判例一覧表)

◆騒音・振動

<ハンドブック>

環境騒音の測定マニュアル・ノウハウを学ぶ 日本騒音制御工学会 2023.2 137p
30cm 〈技術講習会 第135回〉〈会期：2023年2月22日〉Ⓝ519.6

騒音規制の手引き 騒音規制法逐条解説/関連資料集 第3版 日本騒音制御工学会編
技報堂出版 2019.5 503p 21cm 5200円
ⓘ978-4-7655-3474-1 Ⓝ519.6
(目次) 第1章 総説(騒音規制の歴史，騒音規制法の制定経過 ほか)，第2章 騒音規制法解説(逐条解説，特定施設と特定建設作業 ほか)，第3章 環境基準等解説(環境基本法と環境基準，騒音に係る環境基準 ほか)，第4章 騒音の測定(騒音の基礎知識，騒音の測定方法 ほか)，資料編(審議会答申等)

<法令集>

新・公害防止の技術と法規 2011 騒音・振動編 公害防止の技術と法規編集委員会編 産業環境管理協会 2011.1 648p
26cm 〈公害防止管理者等資格認定講習用 発売：丸善出版事業部 索引あり〉5000円
ⓘ978-4-86240-067-3

新・公害防止の技術と法規 2012 騒音・振動編 公害防止の技術と法規編集委員会編 産業環境管理協会 2012.1 652p
26cm 〈公害防止管理者等資格認定講習用 索引あり 発売：丸善出版〉5000円
ⓘ978-4-86240-085-7

新・公害防止の技術と法規 2013 騒音・振動編 公害防止の技術と法規編集委員会編 産業環境管理協会 2013.1 674p
26cm 〈公害防止管理者等資格認定講習用 索引あり 発売：丸善出版〉5000円
ⓘ978-4-86240-101-4

新・公害防止の技術と法規 2014 騒音・振動編 公害防止の技術と法規編集委員会編 産業環境管理協会 2014.2 712p
26cm 〈公害防止管理者等資格認定講習用 索引あり 発売：丸善出版〉5000円
ⓘ978-4-86240-108-3

新・公害防止の技術と法規 2015 騒音・振動編 公害防止の技術と法規編集委員会編 産業環境管理協会 2015.1 755p
26cm 〈公害防止管理者等資格認定講習用 索引あり 発売：丸善出版〉5000円
ⓘ978-4-86240-121-2

新・公害防止の技術と法規 2016 騒音・振動編 公害防止の技術と法規編集委員会編 産業環境管理協会 2016.1 721p
26cm 〈公害防止管理者等資格認定講習用 索引あり 発売：丸善出版〉5000円
ⓘ978-4-86240-134-2 Ⓝ519

新・公害防止の技術と法規 2017 騒音・振動編 公害防止の技術と法規編集委員会編 産業環境管理協会 2017.1 737p
26cm 〈公害防止管理者等資格認定講習用 索引あり 発売：丸善出版〉6000円
ⓘ978-4-86240-144-1 Ⓝ519

新・公害防止の技術と法規 2018 騒音・振動編 公害防止の技術と法規編集委員会編 産業環境管理協会 2018.2 27,745p 26cm
〈公害防止管理者等資格認定講習用 発売：丸善出版〉6000円 ⓘ978-4-86240-153-3

新・公害防止の技術と法規 2019 騒音・振動編 公害防止の技術と法規編集委員会編 産業環境管理協会 2019.2 767p
26cm 〈公害防止管理者等資格認定講習用 索引あり 発売：丸善出版〉6000円
ⓘ978-4-86240-166-3 Ⓝ519

新・公害防止の技術と法規 2020 騒音・振動編 公害防止の技術と法規編集委員会編 産業環境管理協会 2020.2 769p
26cm 〈公害防止管理者等資格認定講習用 索引あり 発売：丸善出版〉6000円
ⓘ978-4-86240-176-2 Ⓝ519

新・公害防止の技術と法規 2021 騒音・振動編 公害防止の技術と法規編集委員会編 産業環境管理協会 2021.2 781p
26cm 〈公害防止管理者等資格認定講習用 索引あり 発売・頒布：丸善出版〉6000円
ⓘ978-4-86240-186-1 Ⓝ519

新・公害防止の技術と法規 2022 騒音・振動編 公害防止の技術と法規編集委員会編 産業環境管理協会 2022.2 27,791p 26cm
〈公害防止管理者等資格認定講習用 頒布：

丸善出版） 6000円 Ⓘ978-4-86240-197-7

新・公害防止の技術と法規 2023 騒音・振動編 公害防止の技術と法規編集委員会編 産業環境管理協会 2023.2 802p 26cm 〈公害防止管理者等資格認定講習用 索引あり 発売・頒布：丸善出版〉 6000円 Ⓘ978-4-86240-206-6 Ⓝ519

新・公害防止の技術と法規 2024 騒音・振動編 公害防止の技術と法規編集委員会編 産業環境管理協会 2024.2 798p 26cm 〈公害防止管理者等資格認定講習用 索引あり 発売・頒布：丸善出版〉 6000円 Ⓘ978-4-86240-216-5 Ⓝ519

農林水産

＜辞典＞

農林水産統計用語集 農林水産業の未来が見える 2018年版 農林統計協会編 農林統計協会 2018.7 458,57p 19cm 〈索引あり〉 4500円 Ⓘ978-4-541-04259-0 Ⓝ610.19

㋲ 第1部 農林水産統計のあらまし（農林水産統計の調査一覧，農林水産統計調査の概要，担い手・土地・労働などのまちがいやすい統計用語，農林水産統計の上手な利用方法），第2部 農林水産統計用語（農業，林業，水産業，流通・食品産業，農業協同組合・森林組合・漁業協同組合 ほか）

＜名簿・人名事典＞

農林水産省名鑑 2012年版 米盛康正編著 時評社 2011.12 309p 19cm 4286円 Ⓘ978-4-88339-175-2 Ⓝ317.251

農林水産省名鑑 2013年版 米盛康正編著 時評社 2013.2 297p 19cm 4286円 Ⓘ978-4-88339-187-5 Ⓝ317.251

農林水産省名鑑 2014年版 米盛康正編著 時評社 2013.12 281p 19cm 〈索引あり〉 4286円 Ⓘ978-4-88339-201-8 Ⓝ317.251

農林水産省名鑑 2015年版 米盛康正編著 時評社 2014.12 275p 19cm 4300円 Ⓘ978-4-88339-213-1 Ⓝ317.251

農林水産省名鑑 2016年版 米盛康正編著 時評社 2015.12 275p 19cm 4300円 Ⓘ978-4-88339-224-7 Ⓝ317.251

農林水産省名鑑 2017年版 米盛康正編著 時評社 2016.12 275p 19cm 4300円 Ⓘ978-4-88339-235-3 Ⓝ317.251

農林水産省名鑑 2018年版 米盛康正編著 時評社 2018.1 277p 19×12cm 〈索引あり〉 4300円 Ⓘ978-4-88339-247-6 Ⓝ317.251

㋲ 本省（大臣官房，消費・安全局 ほか），管区機関（東北農政局，関東農政局 ほか），施設等機関（農林水産政策研究所，農林水産政策研究所次長 ほか），国立研究開発法人・独立行政法人（森林研究・整備機構理事長，水産研究・教育機構理事長 ほか），資料（農林水産省電話番号，農林水産省住所一覧 ほか）

農林水産省名鑑 2019年版 米盛康正編著 時評社 2018.12 277p 19cm 〈索引あり〉 4300円 Ⓘ978-4-88339-256-8 Ⓝ317.251

㋕ 霞が関幹部職員の全経歴が一目でわかる。幹部職員の入省以来の経歴，出身地，生年月日，出身校，顔写真，趣味，主要著書・論文，血液型などパーソナル情報を掲載。

農林水産省名鑑 2020年版 米盛康正編著 時評社 2019.11 13,279p 19cm 4300円 Ⓘ978-4-88339-268-1 Ⓝ317.251

農林水産省名鑑 2021年版 米盛康正編著 時評社 2020.11 13,283p 19cm 4300円 Ⓘ978-4-88339-279-7 Ⓝ317.251

㋕ 令和2年10月15日現在の農林水産省本省，地方農政局・森林管理局，施設等機関，独立行政法人の主要幹部職員を登載し，職名，生年月日，出身地，出身校，経歴等を調査記載する。出身都道府県別幹部一覧付き。

農林水産省名鑑 2022年版 米盛康正編著 時評社 2021.11 13,283p 19cm 4300円 Ⓘ978-4-88339-290-2 Ⓝ317.251

㋕ 令和3年10月6日現在の農林水産省本省，地方農政局・森林管理局，施設等機関，独立行政法人の主要幹部職員を登載し，職名，生年月日，出身地，出身校，経歴等を調査記載する。出身都道府県別幹部一覧付き。

農林水産省名鑑 2023年版 米盛康正編著 時評社 2022.11 13,287p 19cm 4300円 Ⓘ978-4-88339-302-2 Ⓝ317.251

農林水産省名鑑 2024年版 米盛康正編著 時評社 2023.11 13,291p 19cm 4300円 Ⓘ978-4-88339-314-5 Ⓝ317.251

＜ハンドブック＞

農林水産省統合交付金要綱要領集 平成28年度版 農林水産省統合交付金要綱要領集編集委員会編集 大成出版社 2016.9 1081p 21cm 7500円 Ⓘ978-4-8028-3267-0 Ⓝ611.18

㋲ 1 消費・安全対策交付金，2 強い農業づくり交付金，3 農山漁村振興交付金（農山漁村活性化整備対策），4 森林・林業再生基盤づく

り交付金，5 水産関係地方公共団体交付金

農林水産便覧　2022年版　グリーン・プレス農林水産経済研究所編　グリーン・プレス　2021.12　523p　19cm　5000円　①978-4-907804-44-2　Ⓝ317.251

(目次) 農林水産省職員（係長以上），地方農政局・事業所・地方参事官，農林水産省出先機関，独立行政法人・国立研究開発法人，特殊法人・地方共同法人・認可法人・独立行政法人，公益法人（所管課別），農林水産省出身国会議員一覧，主要官公庁所在地電話一覧，農林水産本省各課ダイヤルイン番号，農林水産省組織図（令和3年10月現在）

(内容) 農林水産省所掌業務のわかりやすい解説，写真入りの幹部プロフィール，歴代農林水産大臣・事務次官，農水省職員名簿，関係団体名簿その他豊富な情報，関連資料を網羅した便覧。

<法令集>

農林水産六法　令和6年版　農林水産法令研究会編　学陽書房　2024.2　1976p　21cm　〈索引あり〉　20000円　①978-4-313-00899-1　Ⓝ611.12

(目次) 通則編，環境バイオマス編，新事業・食品産業編，消費・安全編，輸出・国際編，農産編，畜産編，経営編，農村振興編，技術編，林野編，水産編，諸法編

<統計集>

世界農林業センサス総合分析報告書　2010年　農林統計協会編　農林水産省大臣官房統計部　2012.3　271p　30cm　Ⓝ612.1

世界農林業センサス総合分析報告書　2015年　農林統計協会編　農林水産省大臣官房統計部　2017.3　289p　30cm　Ⓝ612.1

農林業センサス総合分析報告書　2015年　農林統計協会編　農林水産省大臣官房統計部　2017.3　289p　30cm　〈文献あり〉　Ⓝ612.1

農林業センサス総合分析報告書　2015年　農林水産省編　農林統計協会　2018.3　416p　21cm　3800円　①978-4-541-04186-9　Ⓝ610.59

(目次) 第1章 2015年農林業センサス分析の課題と概要，第2章 農業構造分析（農業経営体・組織経営体の展開と構造，農業労働力・農業就業構造の変化と経営継承，農業構造の変化と農地流動化，林業経営体の動向），第3章 農業集落・農村地域分析（農村地域・集落の構造と動向，農村政策と農業集落，農村地域—DID推定による政策効果の検証，高知県の人口動態と農村地域経済），第4章 東日本大震災の被災地域の農業構造（岩手県の動向，宮城県の動向，福島県の動向）

◆農業

<ハンドブック>

自然栽培の手引き　野菜・米・果物づくり　のと里山農業塾監修，粟木政明，廣和仁編　創森社　2022.10　259p　21cm　〈文献あり　索引あり〉　2200円　①978-4-88340-358-5　Ⓝ615.71

(目次) 第1章 いま，なぜ自然栽培なのか（命を支える食べもの，自然栽培との出会い ほか），第2章 自然栽培の野菜づくり（野菜づくりの要諦，果菜類 ほか），第3章 自然栽培の米づくり（米づくりの年間作業，田んぼの準備 ほか），第4章 自然栽培の果物づくり（生食ブドウ，醸造ブドウ ほか），第5章 自然栽培による地域再興へ（農業塾の講習内容，新規就農者の動向 ほか）

(内容) 農薬や肥料を使わず，土壌微生物，草，虫などの働きを生かして育てる自然栽培。「のと里山農業塾」が積み重ねてきた野菜や米，果物の自然栽培のノウハウを，作目・品目ごとに紹介する。

地図とデータで見る農業の世界ハンドブック　ジャン＝ポール・シャルヴェ著，太田佐絵子訳，クレール・ルヴァスール地図製作　原書房　2020.11　165p　21cm　〈文献あり　索引あり　原書名：Atlas de l'agriculture〉　2800円　①978-4-562-05767-2　Ⓝ610

(目次) 現在と未来の課題，食料需要が変化した要因，食料生産の増加，増加する国際取引，農業と持続可能な発展，政策と活動

(内容) ますますグローバル化する農業の現在の課題を理解するための100以上の地図とグラフ。

バイオスティミュラントハンドブック　植物の生理活性プロセスから資材開発、適用事例まで　山内靖雄，須藤修，和田哲夫監修　NTS　2022.4　3,460,12p，図版6p　27cm　〈文献あり〉　54000円　①978-4-86043-769-5　Ⓝ613.7

(内容) 農薬や肥料に次ぐ農業資材「バイオスティミュラント」。植物やその周辺環境が本来持つ自然な力を活性化するバイオスティミュラントの基礎から応用実施例までを体系的に解説し，現状と普及に向けた課題なども触れる。

<年鑑・白書>

食料・農業・農村白書　平成23年版　「食」と「地域」の再生に向けて　農林水産省編　農林統計協会　2011.6　502p

30cm　3000円　ⓘ978-4-541-03775-6

(目次)第1部 食料・農業・農村の動向(特集「東日本大震災」の発生,トピックス 環境問題と食料・農業・農村,食料の安定供給の確保に向けて ほか),第2部 平成22年度食料・農業・農村施策(食料自給率向上に向けた施策,食料の安定供給の確保に関する施策,農業の持続的な発展に関する施策 ほか),第3部 平成23年度食料・農業・農村施策(東日本大震災対策,食料自給率向上に向けた施策,食料の安定供給の確保に関する施策 ほか)

(内容)食料・農業・農村基本法第14条第1項の規定に基づく平成22年度の食料・農業・農村の動向及び講じた施策と,同条第2項の規定に基づく平成23年度に講じようとする食料・農業・農村施策を報告。

食料・農業・農村白書 平成24年版 農林水産省編 佐伯印刷 2012.5 386p 30cm 2600円 ⓘ978-4-905428-18-3

(目次)第1部 食料・農業・農村の動向(東日本大震災からの復興1年—復興への歩みに向けて(地震・津波による被害と復旧・復興に向けた取組,東京電力株式会社福島第一原子力発電所事故の影響と対応),食料・農業・農村の動向(食料自給率の向上,食料の安定供給の確保,農業の持続的な発展,農村の振興・活性化)),平成23年度食料・農業・農村施策(東日本大震災に関する施策,食料自給率向上に向けた施策,食料の安定供給の確保に関する施策,農業の持続的な発展に関する施策,農業の振興に関する施策,食料・農業・農村に横断的に関係する施策,団体の再編整備等に関する施策,食料,農業及び農村に関する施策を総合的かつ計画的に推進するために必要な事項,災害対策),平成24年度食料・農業・農村施策(東日本大震災に関する施策,食料自給率向上に向けた施策,食料の安定供給の確保に関する施策,農業の持続的な発展に関する施策,農村の振興に関する施策,食料・農業・農村に横断的に関係する施策,団体の再編整備等に関する施策,食料,農業及び農村に関する施策を総合的かつ計画的に推進するために必要な事項)

食料・農業・農村白書 平成24年版 東日本大震災からの復興1年 農林水産省編 農林統計協会 2012.6 386p 30cm 2600円 ⓘ978-4-541-03825-8

食料・農業・農村白書 平成25年版 農林水産省編 農林統計協会 2013.4 414p 30cm 2600円 ⓘ978-4-541-03937-8

(目次)第1部 食料・農業・農村の動向(東日本大震災からの復興—復興への歩み,食料の安定供給の確保に向けた取組,農業の持続的な発展に向けた取組,地域資源を活かした農村の振興・活性化),第2部 平成24年度食料・農業・農村施策(東日本大震災に関する施策,食料自給率向上に向けた施策,食料の安定供給の確保に関する施策,農業の

振興に関する施策,食料・農業・農村に横断的に関係する施策,団体の再編整備等に関する施策,食料,農業及び農村に関する施策を総合的かつ計画的に推進するために必要な事項,災害対策),平成25年度食料・農業・農村施策

食料・農業・農村白書 平成25年版 農林水産省編 日経印刷 2013.7 414p 30cm 2600円 ⓘ978-4-905427-48-3

食料・農業・農村白書 平成26年版 農林水産省編 日経印刷 2014.6 268,32p 30cm 2600円 Ⓝ610.59

(内容)食料・農業・農村基本法第14条第1項の規定に基づく平成26年度の食料・農業・農村の動向及び講じた施策と,同条第2項の規定に基づく平成27年度に講じようとする食料・農業・農村施策を報告。

食料・農業・農村白書 平成26年版 農林水産省編 農林統計協会 2014.7 267,31p 30cm 2600円 ⓘ978-4-541-03984-2

(目次)第1部 食料・農業・農村の動向(トピックス,食料の安定供給の確保に向けた取組,強い農業の創造に向けた取組,地域資源を活かした農村の振興・活性化,東日本大震災からの復旧・復興,事例一覧),第2部 平成25年度食料・農業・農村施策(食料自給率向上に向けた施策,食料の安定供給の確保に関する施策,農業の持続的な発展に関する施策,農村の振興に関する施策,東日本大震災からの復旧・復興に関する施策,食料・農業・農村に横断的に関係する施策,団体の再編整備等に関する施策,食料,農業及び農村に関する施策を総合的かつ計画的に推進するために必要な事項,災害対策)

食料・農業・農村白書 平成27年版 農林水産省編 日経印刷 2015.6 268,32p 30cm 2600円 ⓘ978-4-86579-011-5

(目次)第1部 食料・農業・農村の動向(特集,食料の安定供給の確保に向けた取組,強い農業の創造に向けた取組,地域資源を活かした農村の振興,東日本大震災からの復旧・復興),第2部 平成26年度食料・農業・農村施策(概説,食料自給率・食料自給力の維持向上に向けた施策,食料の安定供給の確保に関する施策,農業の持続的な発展に関する施策,農村の振興に関する施策,東日本大震災からの復旧・復興に関する施策,食料・農業・農村に横断的に関係する施策,団体の再編整備等に関する施策,食料,農業及び農村に関する施策を総合的かつ計画的に推進するために必要な事項,災害対策)

食料・農業・農村白書 平成27年版 農林水産省編 農林統計協会 2015.7 268,32p 30cm 2600円 ⓘ978-4-541-04036-7

食料・農業・農村白書 平成28年版 農林水産省編 農林統計協会 2016.6 297,37p 30cm 2600円 ⓘ978-4-541-04094-7

(目次)第1部 食料・農業・農村の動向(特集TPP

交渉の合意及び関連政策，食料の安定供給の確保に向けた取組，強い農業の創造に向けた取組，地域資源を活かした農村の振興・活性化，東日本大震災からの復旧・復興），第2部 平成27年度食料・農業・農村施策（食料自給率・食料自給力の維持向上に向けた施策，食料の安定供給の確保に関する施策，農業の持続的な発展に関する施策，農村の振興に関する施策，東日本大震災からの復旧・復興に関する施策，団体の再編整備等に関する施策，食料，農業及び農村に関する施策を総合的かつ計画的に推進するために必要な事項，災害対策）

食料・農業・農村白書　平成28年版　農林水産省編　日経印刷　2016.6　297,37p　30cm　2600円　Ⓘ978-4-86579-049-8

食料・農業・農村白書　平成29年版　農林水産省編　日経印刷　2017.6　361,37p　30cm　2600円　Ⓘ978-4-86579-082-5

食料・農業・農村白書　平成29年版　農林水産省編　農林統計協会　2017.7　361,37p　30cm　2600円　Ⓘ978-4-541-04151-7

⟨目次⟩ 第1部 食料・農業・農村の動向（日本の農業をもっと強く―農業競争力強化プログラム，変動する我が国農業―2015年農林業センサスから，食料の安定供給の確保に向けた取組，強い農業の創造に向けた取組，地域資源を活かした農村の振興・活性化，大規模災害からの復旧・復興），第2部 平成28年度食料・農業・農村施策（食料自給率・食料自給力の維持向上に向けた施策，食料の安定供給の確保に関する施策，農業の持続的な発展に関する施策，農村の振興に関する施策，東日本大震災からの復旧・復興に関する施策，団体の再編整備等に関する施策，食料，農業及び農村に関する施策を総合的かつ計画的に推進するために必要な事項，災害対策）

食料・農業・農村白書　平成30年版　農林水産省編　日経印刷　2018.8　309,37p　30cm　〈発売：全国官報販売協同組合〉　2600円　Ⓘ978-4-86579-116-7

食料・農業・農村白書　平成30年版　農林水産省編　農林統計協会　2018.8　309,37p　30cm　2600円　Ⓘ978-4-541-04255-2

⟨目次⟩ 第1部 食料・農業・農村の動向（特集 次世代を担う若手農業者の姿―農業経営の更なる発展に向けて，トピックス1 産出額が2年連続増加の農業，更なる発展に向け海外も視野に，トピックス2 日EU・EPA交渉の妥結と対策，トピックス3「明治150年」関連施策テーマ我が国の近代化に大きく貢献した養蚕，トピックス4 動き出した農泊，食料の安定供給の確保，強い農業の創造，地域資源を活かした農村の振興・活性化，東日本大震災・熊本地震からの復旧・復興，用語の解説）

⟨内容⟩ 平成29年度食料・農業・農村の動向、平成30年度食料・農業・農村施策。

食料・農業・農村白書　令和元年版　農林水産省編　農林統計協会　2019.7　348,2,38p　30cm　2600円　Ⓘ978-4-541-04293-4　Ⓝ610.59

食料・農業・農村白書　令和元年版　農林水産省編　日経印刷　2019.7　348,38p　30cm　〈発売：全国官報販売協同組合〉　2600円　Ⓘ978-4-86579-173-0

⟨目次⟩ 第1部 食料・農業・農村の動向（食料の安定供給の確保，強い農業の創造，地域資源を活かした農村の振興・活性化，東日本大震災・熊本地震からの復旧・復興），第2部 平成30年度食料・農業・農村施策（食料自給率・食料自給力の維持向上に向けた施策，食料の安定供給の確保に関する施策，農業の持続的な発展に関する施策，農村の振興に関する施策，東日本大震災からの復旧・復興に関する施策，団体の再編制整備等に関する施策，食料，農業及び農村に関する施策を総合的かつ計画的に推進するために必要な事項，災害対策）

食料・農業・農村白書　令和2年版　農林水産省編　日経印刷　2020.7　417,2,44p　30cm　〈発売：全国官報販売協同組合〉　2600円　Ⓘ978-4-86579-224-9

⟨目次⟩ 第1部 食料・農業・農村の動向（新たな食料・農業・農村基本計画，輝きを増す女性農業者，食料・農業・農村とSDGs（持続可能な開発目標），日米貿易協定の発効と対策等，食料の安定供給の確保 ほか），第2部 令和元年度食料・農業・農村施策（食料自給率・食料自給力の維持向上に向けた施策，食料の安定供給の確保に関する施策，農業の持続的な発展に関する施策，農村の振興に関する施策）

⟨内容⟩ 食料・農業・農村基本法第14条第1項の規定に基づく令和元年度の食料・農業・農村の動向及び講じた施策と，同条第2項の規定に基づく令和2年度に講じようとする食料・農業・農村施策を報告。農林統計協会刊と同内容。

食料・農業・農村白書　令和2年版　農林水産省編　農林統計協会　2020.7　18,417,2,45p　30cm　2600円　Ⓘ978-4-541-04312-2

食料・農業・農村白書　令和3年版　農林水産省編　日経印刷　2021.6　47p　30cm　〈発売：全国官報販売協同組合〉　2600円　Ⓘ978-4-86579-266-9

⟨目次⟩ 第1部 食料・農業・農村の動向（トピックス，特集 新型コロナウイルス感染症による影響と対応，食料の安定供給の確保，農業の持続的な発展，農村の振興，災害からの復旧・復興や防災・減災，国土強靱化等），第2部 令和2年度食料・農業・農村施策（概説，食料自給率・食料自給力の維持向上に向けた施策，食料の安定供給の確保に関する施策，農業の持続的な発展に関する施策，農村の振興に関する施策，東日本大震災からの復旧・復興と大規模自然災害への対応に関する施策，団体に関する施策，食と農に関する国民運動の展開等を通じた国民合

意の形成に関する施策，新型コロナウイルス感染症をはじめとする新たな感染症への対応，食料，農業及び農村に関する施策を総合的かつ計画的に推進するために必要な事項）

(内容) 食料・農業・農村基本法第14条第1項の規定に基づく令和2年度の食料・農業・農村の動向及び講じた施策と，同条第2項の規定に基づく令和3年度に講じようとする食料・農業・農村施策を報告。農林統計協会刊と同内容。

食料・農業・農村白書　令和3年版　農林水産省編　農林統計協会　2021.7　18,375,2,47p　30cm　2600円　①978-4-541-04331-5

食料・農業・農村白書　令和4年版　農林水産省編　日経印刷　2022.6　312p，43p　30cm　〈発売：全国官報販売協同組合〉　2600円　①978-4-86579-325-3

(目次) 特集 変化する我が国の農業構造，第1部 食料・農業・農村の動向（第1章 食料の安定供給の確保，第2章 農業の持続的な発展，第3章 農村の振興，第4章 災害からの復旧・復興や防災・減災，国土強靱化等），第2部 令和3年度食料・農業・農村施策

(内容) 食料・農業・農村基本法第14条第1項の規定に基づく令和3年度の食料・農業・農村の動向及び講じた施策と，同条第2項の規定に基づく令和4年度に講じようとする食料・農業・農村施策を報告。農林統計協会刊と同内容。

食料・農業・農村白書　令和4年版　農林水産省編　農林統計協会　2022.9　312,43p　30cm　2600円　①978-4-541-04373-3

食料・農業・農村白書　令和5年版　農林水産省編　日経印刷　2023.6　375p　30cm　2700円　①978-4-86579-371-0

(目次) 第1部 食料・農業・農村の動向（特集 食料安全保障の強化に向けて，農林水産物・食品の輸出額が過去最高を更新，動き出した「みどりの食料システム戦略」，スマート農業・農業DXによる成長産業化を推進，高病原性鳥インフルエンザ及び豚熱への対応，デジタル田園都市国家構想に基づく取組を推進，生活困窮者や買い物困難者等への食品アクセスの確保に向けた対応），第2部 令和4年度食料・農業・農村施策（概説，食料自給率・食料自給力の維持向上に向けた施策，食料の安定供給の確保に関する施策，農業の持続的な発展に関する施策，農村の振興に関する施策，東日本大震災からの復旧・復興等と大規模自然災害への対応に関する施策，団体に関する施策，食と農に関する国民運動の展開等を通じた国民的合意の形成に関する施策，新型コロナウイルス感染症をはじめとする新たな感染症への対応，食料，農業及び農村に関する施策を総合的かつ計画的に推進するために必要な事項）

(内容) 食料・農業・農村基本法第14条第1項の規定に基づく令和4年度の食料・農業・農村の動向及び講じた施策と，同条第2項の規定に基づく令和5年度に講じようとする食料・農業・農村施策を報告。農林統計協会刊と同内容。

食料・農業・農村白書　令和5年版　令和4年度食料・農業・農村の動向　令和5年度食料・農業・農村施策　農林水産省編　農林統計協会　2023.7　7,338,2, 37p　30cm　2700円　①978-4-541-04443-3

食料・農業・農村白書　令和6年版　農林水産省編　日経印刷　2024.6　376,36p　30cm　2950円　①978-4-86579-423-6

(目次) 第1部 食料・農業・農村の動向（食料・農業・農村基本法の検証・見直し，食料安全保障の確保，環境と調和のとれた食料システムの確立 ほか），第2部 令和5年度食料・農業・農村施策（概説，食料自給率・食料自給力の維持向上に向けた施策，食料の安定供給の確保に関する施策 ほか），令和6年度食料・農業・農村施策（概説，食料自給率の向上等に向けた施策，食料安全保障の確保に関する施策 ほか）

<統計集>

食料・農業・農村白書 参考統計表　平成23年版　農林水産省編　農林統計協会　2011.8　185p　30cm　2000円　①978-4-541-03784-8

(目次) 第1部（特集「東日本大震災」の発生，トピックス 環境問題と食料・農業・農村，食料の安定供給の確保に向けて，農業の持続的発展に向けて，農村の活性化に向けた取組），第2部（内外経済の動向，農業経済の動向，食品産業，農協事業等の動向）

食料・農業・農村白書 参考統計表　平成24年版　農林水産省編　佐伯印刷　2012.9　113p　30cm　2000円　①978-4-905428-29-9

(目次) 第1部（特集 東日本大震災からの復興1年―復興への歩みに向けて，食料・農業・農村の動向），第2部（内外経済の動向，農業経済の動向，食品産業，農協事業等の動向）

食料・農業・農村白書 参考統計表　平成25年版　農林水産省編　日経印刷　2013.9　137p　30cm　2000円　①978-4-905427-59-9

(目次) 第1部（東日本大震災からの復興―復興への歩み，食料の安定供給の確保に向けた取組，農業の持続的発展，地域資源を活かした農村の振興・活性化），第2部（内外経済の動向，農業経済の動向，食品産業，農協事業等の動向）

食料・農業・農村白書 参考統計表　平成26年版　農林水産省編　農林統計協会　2014.8　101p　30cm　2000円　①978-4-541-03993-4

(目次) 第1部（「和食」のユネスコ無形文化遺産登録―次世代に伝える日本の食文化，食料の安定供給の確保に向けた取組，強い農業の創造に向けた取組，地域資源を活かした農村の振興・

活性化), 第2部(内外経済の動向, 農業経済の動向, 食品産業, 農協事業等の動向)

食料・農業・農村白書 参考統計表　平成27年版　農林水産省編　日経印刷　2015.8　100p　30cm　2000円　①978-4-86579-027-6

(目次) 第1部(特集(人口減少社会における農村の活性化, 新たな資料・農業・農村基本計画), 食料の安定供給の確保に向けた取組, 強い農業の創造に向けた取組, 地域資源を活かした農村の振興), 第2部(内外経済の動向, 農業経済の動向, 食品産業, 農協事業等の動向)

食料・農業・農村白書 参考統計表　平成28年版　農林水産省編　日経印刷　2016.8　103p　30cm　2000円　①978-4-86579-064-1

(目次) 第1部(食料の安定供給の確保に向けた取組, 強い農業の創造に向けた取組, 地域資源を活かした農村の振興・活性化), 第2部(内外経済の動向, 農業経済の動向, 食品産業, 農協事業等の動向)

食料・農業・農村白書 参考統計表　平成29年版　農林水産省編　日経印刷　2017.8　122p　30cm　〈発売: 全国官報販売協同組合〉　2000円　①978-4-86579-100-6

(目次) 第1部(特集1 日本の農業をもっと強く—農業競争力強化プログラム, 特集2 変動する我が国農業—2015年農林業センサスから, 食料の安定供給の確保に向けた取組, 強い農業の創造に向けた取組, 地域資源を活かした農村の振興・活性化), 第2部(内外経済の動向, 農業経済の動向, 食品産業, 農協事業等の動向)

食料・農業・農村白書 参考統計表　平成30年版　農林水産省編　日経印刷　2018.10　73p　30cm　〈発売: 全国官報販売協同組合〉　2000円　①978-4-86579-146-4　Ⓝ610.59

(目次) 特集 次世代を担う若手農業者の姿—農業経営の更なる発展に向けて(年齢別の基幹的農業従事者数(平成27(2015)年), 年齢別の常雇い人数(平成27(2015)年) ほか), 第1章 食料の安定供給の確保(食料自給率と食料自給力指標, グローバルマーケットの戦略的な開拓 ほか), 第2章 強い農業の創造(農業の構造改革の推進, 農業生産基盤の整備と保全管理 ほか), 第3章 地域資源を活かした農村の振興・活性化(農村地域の現状と地方創生に向けた動き, 中山間地域の農業の活性化 ほか), 第4章 東日本大震災・熊本地震からの復旧・復興(東日本大震災からの復旧・復興)

(内容) 『平成30年版 食料・農業・農村白書』に掲載されている図表のバックデータを白書の構成に沿って掲載。

食料・農業・農村白書 参考統計表　令和元年版　農林水産省編　日経印刷　2019.8　79p　30cm　〈発売: 全国官報販売協同組合〉　2000円　①978-4-86579-184-6　Ⓝ610.59

(目次) 特集(広がりを見せる農福連携, 農産物・食品の輸出拡大, 消費が広がるジビエ), 第1章 食料の安定供給の確保, 第2章 強い農業の創造, 第3章 地域資源を生かした農村の振興・活性化, 第4章 東日本大震災・熊本地震からの復旧・再興

◆◆環境保全型農業

<ハンドブック>

パーマカルチャー　自給自立の農的暮らしに　パーマカルチャー・センター・ジャパン編　創森社　2011.3　278p　26cm　〈他言語標題: PERMACULTURE　文献あり〉　2600円　①978-4-88340-257-1　Ⓝ610.1

(目次) 第1章 いま, なぜパーマカルチャーが必要とされているか(パーマカルチャーが目指す世界, パーマカルチャーの原則), 第2章 パーマカルチャーのデザインと実践のための基本(パーマカルチャーによる農場の概念とデザイン, 農場づくりの実践 ほか), 第3章 パーマカルチャー的暮らしの考え方・取り組み方(パーマカルチャーにおける「食」のデザイン, こころとからだつづくりの考え方), 第4章 「森と風のがっこう」に見るパーマカルチャー, 第5章 パーマカルチャーへの理解をより深めるために(パーマカルチャーの基礎をなすもの, パーマカルチャーの倫理)

(内容) パーマカルチャーは, 自然を拠りどころとし, 自然と折り合いをつけながら, 私たち人間が地球上で持続的に生きていくライフスタイルを基本とするものです。農業, それも多くの化学肥料, 化学農薬を投じる慣行農業でなく, より自然の成り立ち, 仕組みを理解し, 重視する永続可能な農業を基盤としながら, 林業, 水産業, 建築, 文化, 健康, 環境, 地域社会のあり方まで暮らし全体の問題を領域としています。

◆◆農薬・肥料

<事　典>

ポストハーベスト工学事典　農業食料工学会編　朝倉書店　2019.1　413p　22cm　〈索引あり〉　10000円　①978-4-254-41039-6　Ⓝ614.036

(目次) 1 基礎, 2 計測, 3 選別, 4 貯蔵・鮮度保持, 5 加工, 6 冷凍, 7 乾燥, 8 輸送・流通, 9 食品・栄養, 10 安全・衛生

(内容) 貯蔵, 選果, 保存処理, 梱包, 輸送など, 農産物を収穫してから消費者の手に渡るまでのプロセス「ポストハーベスト」についての正しい知識を伝える総合事典。ポストハーベストに携わる人にとって必要な高度に充実した知識を200あまりの項目にまとめ, テーマごとに全10

章に整理して解説。

リンの事典 大竹久夫，小野寺真一，黒田章夫，佐竹研一，杉山茂，竹谷豊，橋本光史，三島慎一郎，村上孝雄編集 朝倉書店 2017.11 344p 21cm 〈索引あり〉 8500円 Ⓘ978-4-254-14104-7 Ⓝ574.75

(目次) 第1章 リンの化学，第2章 リンの地球科学，第3章 リンの生物学，第4章 人体とリン，第5章 工業用素材，第6章 農業利用，第7章 工業利用，第8章 リン回収技術，第9章 リンリサイクル

<ハンドブック>

生物農薬・フェロモンガイドブック 2014 日本植物防疫協会編 日本植物防疫協会 2014.6 281p 図版20p 30cm 2700円 Ⓘ978-4-88926-138-7 Ⓝ615.87

(内容) 57種類，98剤の生物農薬（BT剤を除く）と合成性フェロモンについて、種類の紹介、製剤情報、適用病害虫の範囲及び使用法、使用上の注意事項、化学農薬との相性、上手な使い方などを詳しく解説しています。また、口絵では各製剤に含まれる天敵や微生物、製剤のパッケージ、対象病害虫などがご覧いただけます。さらに、生物農薬と合成性フェロモンに関する概論、作物名・適用病害虫名から引ける登録製剤一覧、BT剤の適用表、天敵等への化学農薬の影響の目安も掲載しました。生物農薬の実用書、技術指導書として、指導者、販売者、使用者にとって必携の一冊です。

農薬安全適正使用ガイドブック 2024 全国農薬協同組合 2023.12 38,1306p 26cm 〈企画：全国農薬安全指導者協議会〉 4400円 Ⓘ615.87

(内容) 2023年7月31日現在の全登録農薬4,086件を、各部門ごとに薬剤の種類名を五十音順に配列。登録番号・登録業者名・有効成分の種類及び含量・毒性及び消防上の適用作物、適用病害虫・雑草、使用時期、使用量などを掲載。農薬取締法、関係官公庁・団体名簿等も収載。

農薬・防除便覧 米山伸吾，近岡一郎，梅本清作編 農山漁村文化協会 2012.10 1冊 21cm 〈「農薬便覧」第10版（2004年刊）の改題改訂 索引あり〉 20000円 Ⓘ978-4-540-08117-0 Ⓝ615.87

(内容) 全登録農薬（2011年11月2日現在）を系統（化合物、機能等）、成分名、製剤毎に分類、解説。取扱会社、有効主成分と含有量、製剤毒性、魚毒性を表示し、適用対象（作物など）と目的（病害虫、雑草名など）を収録。

よくわかる土と肥料のハンドブック 土壌改良編 全国農業協同組合連合会（JA全農）肥料農薬部編 農山漁村文化協会 2014.7 234p 30cm 〈索引あり〉 2800円 Ⓘ978-4-540-13201-8 Ⓝ613.75

(目次) 第1章 土壌改良、土壌管理（水田、畑地、樹園地、施設、共通）、第2章 土壌改良資材の特性と使い方（無機質資材、有機質資材）、第3章 法令関係（農用地土壌汚染防止法、地力増進法）、第4章 水質、環境（水質汚濁による水稲倒伏の軽減対策、水田に塩水が流入したときの対策、水田に油類が流入したときの対策、養液栽培に適した水質、鉱物栽培に適した水質、土壌動物の役割、水稲のカドミウム対策、野菜のカドミウム対策）

(内容) よい土づくりのポイントを現場の目でわかりやすく解説。排水不良、連作障害、塩類集積、土壌病害…。さまざまな土のトラブルへの処方箋がこの1冊に！ 自分でできる土壌診断の方法、得られたデータの読み方・生かし方、土壌改良の具体的方法が満載！ 各種の無機質資材から堆肥・モミ殻・菌根菌まで、主要な土壌改良資材の特性と使い方が丸わかり！

よくわかる土と肥料のハンドブック 肥料・施肥編 全国農業協同組合連合会（JA全農）肥料農薬部編 農山漁村文化協会 2014.7 200p 30cm 〈索引あり〉 2700円 Ⓘ978-4-540-13202-5 Ⓝ613.75

(目次) 第1章 肥料の特性と使い方（無機質肥料、有機質肥料、共通）、第2章 施肥法（水稲、野菜、果樹ほか、共通）、第3章 作物栄養、生理障害（作物の種類別最適pH、野菜（果菜）の栄養診断法、果樹の栄養診断法 ほか）

(内容) かしこい施肥のポイントを現場の目でわかりやすく解説。BB、低PKなどの無機肥料から有機質肥料・ぼかし肥料まで、各種肥料の特性と使い方が丸わかり！ 作物の品質・収量を高めつつ、施肥の労力や肥料の無駄も減らせる適正かつ効果的な施肥法の数々！ 自分でできる簡易な栄養診断法、野菜・果樹・花きそれぞれの主要な生理障害の原因と対策も解説！

<年鑑・白書>

ポケット肥料要覧 2010年 農林統計協会編 農林統計協会 2012.3 407p 21cm 2500円 Ⓘ978-4-541-03811-1

ポケット肥料要覧 2011/2012 農林統計協会編 農林統計協会 2013.5 411p 21cm 2500円 Ⓘ978-4-541-03928-6

ポケット肥料要覧 2013/2014年 農林統計協会編 農林統計協会 2015.1 421p 21cm 2500円 Ⓘ978-4-541-04012-1

ポケット肥料要覧 2015/2016 農林統計協会編 農林統計協会 2017.3 426p 21cm 2600円 Ⓘ978-4-541-04134-0

ポケット肥料要覧 2017/2018 農林統計協会編 農林統計協会 2019.3 422p

21cm 2600円 Ⓘ978-4-541-04279-8

ポケット肥料要覧 2019/2020 農林統計協会編 農林統計協会 2021.3 474p 21cm 2600円 Ⓘ978-4-541-04361-0

ポケット肥料要覧 2021/2022 農林統計協会編 農林統計協会 2023.3 509p 21cm 2600円 Ⓘ978-4-541-04431-0

ポケット肥料要覧 2023 農林統計協会編 農林統計協会 2024.3 725p 21cm 3740円 Ⓘ978-4-541-04454-9

⦿目次 1 生産, 2 輸入, 3 輸出, 4 消費, 5 需給, 6 価格, 7 世界における生産及び消費, 8 土壌改良資材の生産, "参考"農業生産と農家経済, 事典, "参考"e肥料(肥料情報システム)について, 法令・制度, 年表, 官庁・団体等一覧

⦿内容 生産, 輸出入, 消費, 需給, 価格, 世界における生産及び消費, 土壌改良資材の生産等の「統計資料」, 主要肥料及び肥料原料の製造工程と原単位, 土壌と肥料, 肥料関係用語の解説等の「事典」及び「法令・制度」「年表」を収録。

<統計集>

農薬要覧 2011 日本植物防疫協会編 日本植物防疫協会 2011.10 749p 21cm 9000円 Ⓘ978-4-88926-128-8 Ⓝ615.87

農薬要覧 2012 日本植物防疫協会編 日本植物防疫協会 2012.10 757p 21cm 9000円 Ⓘ978-4-88926-132-5 Ⓝ615.87

農薬要覧 2013 日本植物防疫協会編 日本植物防疫協会 2013.10 749p 21cm 9000円 Ⓘ978-4-88926-135-6 Ⓝ615.87

農薬要覧 2014 日本植物防疫協会編 日本植物防疫協会 2014.10 757p 21cm 9000円 Ⓘ978-4-88926-141-7

農薬要覧 2015 日本植物防疫協会編 日本植物防疫協会 2015.10 767p 21cm 9000円 Ⓘ978-4-88926-145-5

農薬要覧 2016 日本植物防疫協会編 日本植物防疫協会 2016.10 774p 21cm 9000円 Ⓘ978-4-88926-149-3

農薬要覧 2017 日本植物防疫協会編集 日本植物防疫協会 2017.10 781p 21cm 9000円 Ⓘ978-4-88926-152-3 Ⓝ615.87

農薬要覧 2018 日本植物防疫協会編 日本植物防疫協会 2018.10 784p 21cm 9000円 Ⓘ978-4-88926-155-4 Ⓝ615.87

農薬要覧 2019 日本植物防疫協会編 日本植物防疫協会 2019.10 781p 21cm 9000円 Ⓘ978-4-88926-158-5

農薬要覧 2020 日本植物防疫協会編集 日本植物防疫協会 2021.1 774p 21cm 〈索引あり〉 10000円 Ⓘ978-4-88926-162-2

農薬要覧 2021 日本植物防疫協会編集 日本植物防疫協会 2022.3 792p 21cm 〈索引あり〉 10000円 Ⓘ978-4-88926-167-7

農薬要覧 2022 日本植物防疫協会編集 日本植物防疫協会 2022.12 792p 21cm 〈索引あり〉 10000円 Ⓘ978-4-88926-170-7

農薬要覧 2023 日本植物防疫協会編 日本植物防疫協会 2023.12 766p 21cm 10000円 Ⓘ978-4-88926-173-8 Ⓝ615.87

⦿目次 1 農薬の生産, 出荷, 2 農薬の流通, 消費, 3 農薬の輸出, 輸入, 4 登録農薬, 5 新農薬解説, 6 関連資料, 7 付録

⦿内容 農薬の生産・出荷, 流通・消費, 輸出・輸入, 登録農薬, 新農薬解説, 関連資料や付録などを収録。農薬の製造・出荷・輸出入に関する統計資料は, 農薬製造会社からの報告をベースとする。

◆林業

<年 表>

日本近代林政年表 1867-2009 増補版 香田徹也編著 日本林業調査会 2011.7 1688p 27cm 〈文献あり〉 23810円 Ⓘ978-4-88965-208-6 Ⓝ651.2

⦿内容 明治以後の日本の森林管理・経営の動きを網羅的に収録した専門年表。環境, 国土・土地利用, 地域政策, 自然災害など周辺分野と, 日本の植民地林政も詳しく採録。記事にはすべて出典を明示し, 写真・図版も多数掲載。

<事 典>

森林と木材を活かす事典 地球環境と経済の両立の為の情報集大成 ガイアブックス 2015.5 527p 31×23cm 9000円 Ⓘ978-4-88282-946-1

⦿目次 森林・木材活性化が持続可能な地球環境を作る, 環境にメリットをもたらす木材利用, 森林本来の力を十分に活かす要素, 木材活用が地域の産業を活性化する, 林業活性化による地域振興, 人間の為の森林有効利用, 木材を建築・建設に積極利用, 木質バイオマスのエネルギー活用, 新しい木材加工技術の知識, 地域文化と暮らしを豊かにする森林と木材, 積極的に取り入れる海外の優れた事例

⦿内容 木を伐ったら必ず植林して保全していく。木材を有効活用することで地域振興とビジネスの成功の両立を果たす。この循環型地球環境の為の事業は, 経済と環境の両立を可能にし, 永遠無限の地球資源を確保することになる。有能な人材, 経済力のある投資家, 行政指導者などの

人々のマインドと積極的支援が森林と木材を活かす事業の活性化を実現してくれる。本書はそうした事を果たす為に必要な知識・技術・事業例を集大成した貴重な情報大全である。森林・木材の仕事及び職場に携わっている総ての人々が、活性化の為に力を合わせていけば、国策にも影響を与えていく。

<ハンドブック>

森林経営計画ガイドブック　森林経営計画がわかる本　令和5年度改訂版　森林計画研究会編　全国林業改良普及協会　2023.4　281p　26cm　3800円　①978-4-88138-443-5　Ⓝ651.7
(内容) 森林経営計画の内容と作成方法、各種手続きなどを詳細に解説したガイドブック。

森林・林業実務必携　第2版補訂版　東京農工大学農学部森林・林業実務必携編集委員会編集　朝倉書店　2024.3　485p　19cm　〈文献あり　索引あり〉　8000円　①978-4-254-47063-5　Ⓝ650.36
(目次) 森林生態、森林土壌、林木育種、育林、特用林産、森林保護、野生生物の保全と管理、森林水文、山地防災と流域保全、測量、森林計測、生産システム、基盤整備、林業機械、林産業とその流通、森林経営、森林法律、森林政策、森林風致、環境影響評価と自然再生、環境緑化、造園、木材の性質、木材加工、木材の性質と塗装・接着、木材資源材料、木材の保存、木材の化学的利用

造林・育林実践技術ガイド　未来に残す森づくりのために　川尻秀樹著　全国林業改良普及協会　2023.6　259p　26cm　3500円　①978-4-88138-449-7　Ⓝ653

地域産材活用ガイドブック　日刊木材新聞社　2017.4　302p　26cm　5000円　Ⓝ651.4
(内容) 全国各地で高まっている地域産材活用の声に応え、都道府県単位で地域産材の生産・供給の状況を詳細調査。生産、加工、供給者などのデータほか、活用のポイント、樹種ガイド、地域産材を使用した注目の建築事例も収録。

保安林制度の手引き　令和4年　日本森林林業振興会編　日本林業調査会　2022.11　348p　26cm　3000円　①978-4-88965-272-7　Ⓝ653.9
(目次) 第1節 保安林制度の意義及び特性、第2節 保安林制度の沿革、第3節 保安林制度と行政の概要、第4節 保安施設地区制度、第5節 保安林を対象とする利用、開発との関係、第6節 保安林制度と類似の制度、第7節 林地開発許可制度、第8節 特定盛土等への対応、関係法令、関係通知(保安林関係)、関係通知(林地開発許可関係)

(内容) 保安林制度全般に関する解説書。保安林制度の意義・特性や行政の概要から、林地開発許可制度、特定盛土等への対応までをまとめる。関係法令、関係通知(保安林関係・林地開発許可関係)も収録。

<法令集>

造林関係法規集　令和4年度追補版　日本造林協会　2023.1　1015p　22cm　4000円　Ⓝ653
(内容) 森林整備に関する政策や関連補助金・交付金の申請に必要な最新の関係法令をすべて網羅した法令集として、補助金や交付金事務に携わる行政担当者・森林組合や事業主の方々にとって必要な法令、通達、補助金申請様式等を掲載。補助金や交付金事務のすべてがわかる実務者必携の法令集。

治山必携　法令通知編　平成30年版　日本治山治水協会編　日本治山治水協会　2018.3　31,1907p　22cm　6200円　Ⓝ656.5
(内容) 治山事業及び地すべり防止事業に関わる最新の法律・政令・省令及び通知類等をとりまとめました。

林野法令集　令和2年　日本森林林業振興会　2020.8　1930p　22cm　〈付属資料：CD-ROM 1枚(12cm)〉　11000円　Ⓝ651.12

<年鑑・白書>

森林・林業白書　平成23年版　林野庁編　農林統計協会　2011.6　162,33p　30cm　2000円　①978-4-541-03768-8
(内容) 第1部 森林及び林業の動向(木材の需要拡大―新たな「木の文化」を目指して、地球温暖化と森林、多様で健全な森林の整備・保全、林業・山村の活性化、林産物需給と木材産業、「国民の森林」としての国有林野の取組)、第2部 平成22年度森林及び林業施策(森林の有する多面的機能の持続的な発揮に向けた整備と保全、林業の持続的かつ健全な発展と森林を支える山村の活性化、林産物の供給及び利用の確保による国産材競争力の向上、森林・林業・木材産業に関する研究・技術開発と普及、国有林野の適切かつ効率的な管理経営の推進、持続可能な森林経営の実現に向けた国際的取組の推進)

森林・林業白書　平成24年版　林野庁編　農林統計協会　2012.5　1冊　30×21cm　2000円　①978-4-541-03823-4

森林・林業白書　平成24年版　林野庁編　全国林業改良普及協会　2012.5　208,17,32p　30cm　2000円　①978-4-88138-276-9
(目次) 第1部 森林及び林業の動向(東日本大震災からの復旧・復興に向けて、地球温暖化と森

林，多様で健全な森林の整備・保全，林業・山村の活性化，林産物需給と木材産業，「国民の森林（もり）」としての国有林野の管理経営），第2部 平成23年度森林及び林業施策（森林の有する多面的機能の持続的な発揮に向けた整備と保全，林業の持続的かつ健全な発展と森林を支える山村の活性化，林産物の供給及び利用の確保による国産材競争力の向上，森林・林業・木材産業に関する研究・技術開発と普及，国有林野の適切かつ効率的な管理経営の推進，持続可能な森林経営の実現に向けた国際的な取組の推進）

森林・林業白書　平成25年版　林野庁編
全国林業改良普及協会　2013.6　226,16,32p
30cm　2200円　①978-4-88138-294-3
(目次) 第1部 森林及び林業の動向（森林・林業の再生と国有林，東日本大震災からの復旧・復興，地球温暖化対策と森林，森林の整備・保全，林業と山村，林産物需給と木材産業），第2部 平成24年度森林及び林業施策（森林の有する多面的機能の発揮に関する施策，林業の持続的かつ健全な発展に関する施策，林産物の供給及び利用の確保に関する施策，国有林野の管理及び経営に関する施策，団体の再編整備に関する施策）

森林・林業白書　平成25年版　林野庁編
農林統計協会　2013.7　1冊　30cm　2200円
①978-4-541-03936-1

森林・林業白書　平成26年版　林野庁編
全国林業改良普及協会　2014.6　223,32p
30cm　2200円　①978-4-88138-308-7
(目次) 第1部 森林及び林業の動向（森林の多面的機能と我が国の森林整備，東日本大震災からの復興，我が国の森林と国際的取組，林業と山村，木材需給と木材産業，国有林野の管理経営），第2部 平成25年度森林及び林業施策（森林の有する多面的機能の発揮に関する施策，林業の持続的かつ健全な発展に関する施策，林産物の供給及び利用の確保に関する施策，国有林野の管理及び経営に関する施策，団体の再編整備に関する施策）

森林・林業白書　平成26年版　林野庁編
農林統計協会　2014.7　223,17,32p
30cm　2200円　①978-4-541-03985-9

森林・林業白書　平成27年版　林野庁編
全国林業改良普及協会　2015.6　225,17,32p
30cm　2200円　①978-4-88138-325-4
(目次) 第1部 森林及び林業の動向（森林資源の循環利用を担う林業の成長産業化，森林の整備・保全，林業と山村，木材需給と木材利用，国有林野の管理経営，東日本大震災からの復興），第2部 平成26年度森林及び林業施策（森林の有する多面的機能の発揮に関する施策，林業の持続的かつ健全な発展に関する施策，林産物の供給及び利用の確保に関する施策，国有林野の管理及び経営に関する施策，団体の再編整備に関する施策）

森林・林業白書　平成27年版　林野庁編
農林統計協会　2015.7　225,17,32p　30cm
2200円　①978-4-541-04038-1

森林・林業白書　平成28年版　林野庁編　全国林業改良普及協会　2016.6　302p　30cm
2200円　①978-4-88138-337-7　Ⓝ652.1
(目次) 第1部 森林及び林業の動向（国産材の安定供給体制の構築に向けて，森林の整備・保全，林業と山村，木材需給と木材利用，国有林野の管理経営，東日本大震災からの復興），第2部 平成28年度森林及び林業施策（森林の有する多面的機能の発揮に関する施策，林業の持続的かつ健全な発展に関する施策，林産物の供給及び利用の確保に関する施策，国有林野の管理及び経営に関する施策，団体の再編整備に関する施策）

森林・林業白書　平成28年版　林野庁編
農林統計協会　2016.6　225,18,32p　30cm
2200円　①978-4-541-04095-4

森林・林業白書　平成29年版　林野庁編　農林統計協会　2017.6　236,19,2,32p　30cm
2200円　①978-4-541-04152-4　Ⓝ650
(目次) 第1部 森林及び林業の動向（トピックス，成長産業化に向けた新たな技術の導入，森林の整備・保全，林業と山村（中山間地域），木材産業と木材利用，国有林野の管理経営，東日本大震災からの復興），第2部 平成28年度森林及び林業施策（概説，森林の有する多面的機能の発揮に関する施策，林業の持続的かつ健全な発展に関する施策，林産物の供給及び利用の確保に関する施策，国有林野の管理及び経営に関する施策，団体の再編整備に関する施策）

森林・林業白書　平成30年版　林野庁編
農林統計協会　2018.7　246,19,29p　30cm
2200円　①978-4-541-04256-9　Ⓝ650
(目次) 第1部 森林及び林業の動向（新たな森林管理システムの構築，森林の整備・保全，林業と山村（中山間地域），木材産業と木材利用，国有林野の管理経営 ほか），第2部 平成29年度森林及び林業施策（森林の有する多面的機能の発揮に関する施策，林業の持続的かつ健全な発展に関する施策，林産物の供給及び利用の確保に関する施策，東日本大震災からの復旧・復興に関する施策，国有林野の管理及び経営に関する施策 ほか）

森林・林業白書　令和元年版　林野庁編
農林統計協会　2019.7　279p　30cm　2200円　①978-4-541-04294-1　Ⓝ650
(目次) 第1部 森林及び林業の動向（トピックス，今後の経営管理を支える人材―森林・林業・木材産業にイノベーションをもたらす！，森林の整備・保全，林業と山村（中山間地域），木材産業と木材利用，国有林野の管理経営，東日本大震災からの復興），第2部 平成30年度森林及び林業施策，令和元年度森林及び林業施策，参考資料

農林水産　　　　　　　　　　　　環境問題

〈内容〉冒頭のトピックスは5本。「平成30年7月豪雨や北海道胆振東部地震による災害の発生と復旧への取組」「国連気候変動枠組条約第24回締約国会議（COP24）」「ますます進んでいく非住宅・中高層建築物の木造化・木質化の取組」「森林・林業・木材産業と持続可能な開発目標（SDGs）」「『第69回全国植樹祭』が福島県で開催」を紹介。

森林・林業白書　令和2年版　林野庁編　農林統計協会　2020.7　1冊　30cm　〈索引あり〉　2200円　①978-4-541-04313-9
〈内容〉令和元年度の森林及び林業の動向並びに講じた施策と、令和2年度において講じようとする施策についての報告書。特集テーマとして「SDGsに貢献する森林・林業・木材産業」を取り上げる。全国林業改良普及協会刊と内容同じ。

森林・林業白書　令和2年版　林野庁編　全国林業改良普及協会　2020.7　1冊　30cm　〈索引あり〉　2200円　①978-4-88138-389-6

森林・林業白書　令和3年版　林野庁編　全国林業改良普及協会　2021.7　1冊　30cm　〈索引あり〉　2200円　①978-4-88138-408-4
〈内容〉令和2年度の森林及び林業の動向並びに講じた施策と、令和3年度において講じようとする施策についての報告書。特集テーマとして「森林を活かす持続的な林業経営」を取り上げる。

森林・林業白書　令和4年版　林野庁編　全国林業改良普及協会　2022.8　1冊　30cm　〈索引あり〉　2200円　①978-4-88138-437-4
〈内容〉令和3年度の森林及び林業の動向並びに講じた施策と、令和4年度において講じようとする施策についての報告書。特集テーマとして「令和3年の木材不足・価格高騰（いわゆるウッドショック）への対応」などを取り上げる。

森林・林業白書　令和5年版　林野庁編　全国林業改良普及協会　2023.7　214,21,50p　30cm　2300円　①978-4-88138-450-3
〈内容〉令和4年度の森林及び林業の動向並びに講じた施策と、令和5年度において講じようとする施策についての報告書。特集では「気候変動に対応した治山対策」を取り上げる。

＜統計集＞

森林組合一斉調査　令和元年度　農林水産省大臣官房統計部編集，林野庁林政部経営課［編集］　農林水産省大臣官房統計部　2023.2　5,5，378p　30cm

森林・林業統計要覧　2011　林野庁編　日本森林林業振興会　2011.9　256p　22cm　2858円

森林・林業統計要覧　2012　林野庁編　日本森林林業振興会　2012.10　7,256p　22cm　2858円

森林・林業統計要覧　2013　林野庁編　日本森林林業振興会　2014.1　15,262p　22cm　2858円

森林・林業統計要覧　2014　林野庁編　日本森林林業振興会　2015.1　15,260p　22cm　2858円

森林・林業統計要覧　2015　林野庁編　日本森林林業振興会　2015.11　15,260p　22cm　2858円

森林・林業統計要覧　2016　林野庁編　日本森林林業振興会　2016.11　15,260p　22cm　2858円

森林・林業統計要覧　2017　林野庁編　日本森林林業振興会　2017.11　15,260p　22cm　2858円

森林・林業統計要覧　2018　林野庁編　日本森林林業振興会　2018.12　15,260p　22cm　2858円

森林・林業統計要覧　2019　林野庁編　日本森林林業振興会　2019.11　15,262p　22cm　2900円

森林・林業統計要覧　2020　林野庁編　日本森林林業振興会　2020.12　15,259p　22cm　2900円

森林・林業統計要覧　2021　林野庁編　日本森林林業振興会　2021.11　15,261p　22cm　2900円

森林・林業統計要覧　2022　林野庁編　日本森林林業振興会　2022.11　16,259p　22cm　3000円

森林・林業統計要覧　2023　林野庁編　日本森林林業振興会　2024.1　16,261p　22cm　3100円
〈内容〉わが国の森林・林業及び木材産業の現状を概観できるよう、林野庁において業務の参考として作成している各課業務資料に加え、農林水産省及び関係府省で公表している統計並びに主要な国際統計を幅広く収集する。

◆漁業

＜事典＞

現代おさかな事典　漁場から食卓まで　第2版　奥谷喬司監修，石原元編集代表　エヌ・ティー・エス　2024.3　1489p　27cm　〈他言語標題：MODERN ENCYCLOPEDIA OF FISH　文献あり　索引あり　編集：酒井治己，河野博〉　38000円　①978-4-86043-890-6　Ⓝ664.6
〈目次〉魚類の博物学，第1部 現代の魚（栽培漁

業の現場，川と湖の魚たちは今，日本と世界の水族館事情），第2部 魚介類の解説（海水魚類，淡水魚類，甲殻類，イカ・タコ類，貝類，その他の魚介類，海藻類，日本に渡った魚たち），第3部 漁場から食卓まで―25年の大変遷（魚類学，漁場の変遷，食卓の変遷）

こと典百科叢書　第39巻　捕鯨　馬場駒雄著　大空社　2014.7　326p 図版8枚　22cm〈天然社 昭和17年刊の複製〉　14000円　①978-4-283-00900-4　Ⓝ081

(目次) 我国・世界捕鯨の沿革・現勢，（現代捕鯨の発達）南氷洋の開拓，我国捕鯨業の躍進，生物学上より見たる鯨，形態及び習性，（現代捕鯨法）捕鯨船，捕鯨工船，漁具及び処理具，近海捕鯨法，母船式捕鯨法，南氷洋捕鯨及び北洋捕鯨，捕鯨従業員，鯨の利用と捕鯨業の重要性，鯨の保護漁獲制限の問題，我国の捕鯨規正制度，国際捕鯨協定，捕鯨取締の意義，写真図表約90点収載

(内容) 本邦初（昭和初年）の南氷洋工船捕鯨を指揮した著者が捕鯨の実態を一般に向け開陳。捕獲制限の世界的議論が絶えない現在，漁業としての捕鯨を再考するために必読。

水産大百科事典　普及版　水産総合研究センター編集　朝倉書店　2012.5　787p 26cm〈索引あり〉　26000円　①978-4-254-48001-6　Ⓝ660.36

(目次) 水圏環境，水産生物，漁業生産，養殖，水産資源・増殖，環境保全・生産基盤，遊漁，水産化学，水産物の利用加工，品質保持（食の安全），水産加工・品質評価技術，水産法規・経済

＜ハンドブック＞

最新 水産ハンドブック　島一雄，関文威，前田昌調，木村伸吾，佐伯宏樹，桜本和美，末永芳美，長野章，森永勤，八木信行，山中英明編　講談社　2012.6　699p 22cm〈他言語標題：FISHERIES HANDBOOK　索引あり〉　8500円　①978-4-06-153736-1　Ⓝ660.36

(目次) 第1章 水産環境，第2章 漁業と資源，第3章 水産増養殖，第4章 水産物の化学と利用，第5章 水産食品衛生，第6章 水産法規，第7章 水産経済

サブシー工学ハンドブック　1　サブシー生産システム　Yong Bai，Qiang Bai著，尾崎雅彦監訳　海文堂出版　2016.7　391p 21cm〈索引あり　原書名：Subsea Engineering Handbook〉　4000円　①978-4-303-54001-2　Ⓝ558.4

(目次) 第1章 サブシー工学の概要，第2章 海底油・ガス田開発，第3章 サブシー分配システム（SDS），第4章 海底調査，測位および基礎，第5章 設置作業と船舶，第6章 コスト評価，第7章 制御，第8章 パワー供給，第9章 プロジェクトの遂行とインターフェース，第10章 リスクと信頼性，第11章 機器のRBI

サブシー工学ハンドブック　2　フローアシュアランスとシステムエンジニアリング　Yong Bai，Qiang Bai著，尾崎雅彦監訳　海文堂出版　2016.7　275p 21cm〈索引あり　原書名：Subsea Engineering Handbook〉　3000円　①978-4-303-54002-9　Ⓝ558.4

(目次) 第12章 サブシーシステムエンジニアリング，第13章 水力学，第14章 熱伝達と断熱，第15章 ハイドレート，第16章 ワックスとアスファルテン，第17章 腐食とスケール，第18章 浸食と砂の管理

サブシー工学ハンドブック　3　サブシー構造物と機器　Yong Bai，Qiang Bai著，尾崎雅彦監訳　海文堂出版　2016.7　277p 21cm〈索引あり　原書名：Subsea Engineering Handbook〉　3000円　①978-4-303-54003-6　Ⓝ558.4

(目次) 第19章 マニホールド（マニホールドの構成要素，マニホールドの設計と解説，パイルと基礎の設計，サブシーマニホールドの設置），第20章 パイプライン端部・ライン途中の構造物（PLEMの設計と解析，設計方法，基礎（マッドマット）のサイジングと設計，PLEMの設置解析），第21章 接続とジャンパー（ジャンパーの要素と機能，サブシー接続，リジッドジャンパーの設計・解析，フレキシブルジャンパーの設計・解析），第22章 サブシーウェルヘッドとツリー（海底仕上げの概要，サブシーウェルヘッドシステム，サブシークリスマスツリー），第23章 ROVによる作業とインターフェース（ROVによる作業，ROVシステム，ROVインターフェースの要件，遠隔操作ツール（ROT））

サブシー工学ハンドブック　4　サブシーアンビリカル，ライザー，フローライン　Yong Bai，Qiang Bai著，尾崎雅彦監訳　海文堂出版　2016.7　151p 21cm〈索引あり　原書名：Subsea Engineering Handbook〉　2000円　①978-4-303-54004-3　Ⓝ558.4

(目次) 第24章 アンビリカルシステム（アンビリカルの構成要素，アンビリカルの設計 ほか），第25章 掘削用ライザー（浮体式掘削設備，サブシー生産システムの主要な構成要素 ほか），第26章 生産ライザー（スチールカテナリーライザーシステム，トップテンションライザーシステム ほか），第27章 海底パイプライン（設計の段階と手順，海底パイプラインのFEED設計 ほか）

水産海洋ハンドブック　第4版　竹内俊郎，中田英昭，和田時夫，上田宏，有元貴文，渡部終五，長谷成人，橋本牧，浅川典敬編　生物研究社　2024.3　735p 24cm〈他言語標

題：A handbook on fisheries science〉
6500円　①978-4-909119-40-7　Ⓝ660.36
〔内容〕水圏環境、水産生物、水産資源管理、漁業技術、生物生産など、水産・海洋に関する幅広い知識と情報をまとめたハンドブック。「国家公務員採用試験（水産）・技術士試験（水産）過去問題集」の引き換え応募ハガキ付き。

<法令集>

漁業制度例規集　改訂3版　漁業法研究会編
集　大成出版社　2013.4　983p　21cm
15500円　①978-4-8028-3110-9　Ⓝ661.12
〔目次〕漁業法、水産資源保護法、持続的養殖生産確保法、漁業法施行規則、漁業登録令、漁業登録令施行規則、都道府県漁業調整規則、スポーツ・フィッシング、水産業協同組合法、漁業協同組合合併促進法（漁業協同組合合併助成法）〔ほか〕

漁港漁場整備関係法規集　平成26年度版
全国漁港漁場協会　2015.3　1578,7p　22cm
9800円　Ⓝ661.12

<年鑑・白書>

水産白書　平成23年版　水産庁編　農林統計出版　2011.6　130p　30cm　2000円
①978-4-89732-222-3
〔目次〕第1部 平成22年度水産の動向（東日本大震災、トピックス―水産この1年、特集 私たちの水産資源―持続的な漁業・食料供給を考える、平成21年度以降の我が国水産の動向）、第2部 平成22年度水産施策（概説、低位水準にとどまっている水産資源の回復・管理の推進、国際競争力のある経営体の育成・確保と活力ある漁業就業構造の確立、水産物の安定供給を図るための加工・流通・消費施策の展開、水産業の未来を切り拓く新技術の開発及び普及、漁港・漁場・漁村の総合的整備と水産業・漁村の多面的機能の発揮 ほか）

水産白書　平成23年版　水産庁編　農林統計協会　2011.6　130,25p　30cm　2000円
①978-4-541-03774-9

水産白書　平成24年版　水産庁編　農林統計協会　2012.6　1冊　30cm　2000円
①978-4-541-03824-1
〔目次〕第1部 平成23年水産の動向（特集 東日本大震災―復興に向けた取組の中に見いだす我が国水産業の将来、平成22年度以降の我が国水産の動向）、第2部 平成23年度水産施策（概説、東日本大震災対策、低位水準にとどまっている水産資源の回復・管理の推進、国際競争力のある経営体の育成・確保と活力ある漁業就業構造の確立 ほか）

水産白書　平成25年版　水産庁編　農林統計協会　2013.7　216,3, 24p　30cm　2400円　①978-4-541-03939-2
〔目次〕第1部 平成24年度水産の動向（トピックス―水産この一年、特集・海の恵みを食卓に―魚食の復権、東日本大震災からの復興に向けて、平成23年度以降の我が国水産の動向）、第2部 平成24年度水産施策（東日本大震災からの復興、新たな資源管理体制下での水産資源管理の強化、意欲ある漁業者の経営安定の実現、多様な経営発展による活力ある生産構造の確立、漁船漁業の安全対策の強化、水産物の消費拡大と加工・流通業の持続的発展による安全な水産物の安定供給、安全で活力ある漁村づくり、水産業を支える調査・研究、技術開発の充実、水産関係団体の再編整備等、その他重要施策、水産に関する施策を総合的かつ計画的に推進するための取組）

水産白書　平成26年版　水産庁編　農林統計協会　2014.7　217p　30cm　2400円
①978-4-541-03986-6
〔目次〕第1部 平成25年度水産の動向（特集 養殖業の持続的発展、平成24年度以降の我が国水産の動向、水産業・漁村地域の活性化を目指して―平成25（2013）年度農林水産祭受賞者事例紹介）、第2部 平成25年度水産施策（概説、東日本大震災からの復興、新たな資源管理体制下での水産資源管理の強化、意欲ある漁業者の経営安定の実現、多様な経営発展による活力ある生産構造の確立、漁船漁業の安全対策の強化、水産物の消費拡大と加工・流通業の持続的発展による安全な水産物の安定供給、安全で活力ある漁村づくり、水産業を支える調査・研究、技術開発の充実、水産関係団体の再編整備等、その他重要施策、水産に関する施策を総合的かつ計画的に推進するために必要な事項）

水産白書　平成27年版　水産庁編　農林統計協会　2015.6　213,6p　30cm　2400円
①978-4-541-04037-4
〔目次〕第1部 平成26年度水産の動向（特集・我が国周辺水域の漁業資源の持続的な利用、平成25年度以降の我が国水産の動向、水産業・漁村地域の活性化を目指して―平成26（2014）年度農林水産祭受賞者事例紹介）、第2部 平成26年度水産施策―平成26年度に講じた施策（東日本大震災からの復興、新たな資源管理体制下での水産資源管理の強化、意欲ある漁業者の経営安定の実現、多様な経営発展による活力ある生産構造の確立、漁船漁業の安全対策の強化、水産物の消費拡大と加工・流通業の持続的発展による安全な水産物の安定供給、安全で活力ある漁村づくり、水産業を支える調査・研究、技術開発の充実、水産関係団体の再編整備等、その他重要施策、水産に関する施策を総合的かつ計画的に推進するために必要な事項）

水産白書　平成28年版　水産庁編　農林統計協会　2016.6　215,28p　30cm　2400円

環境問題　　　　　　　　　農林水産

Ⓘ978-4-541-04096-1
⦅目次⦆第1部 平成27年度水産の動向(特集 活力ある漁村の創造と漁業経営,平成26年度以降の我が国水産の動向),第2部 平成27年度水産施策―平成27年度に講じた施策(概説,東日本大震災からの復興,新たな資源管理体制下での水産資源管理の強化,意欲ある漁業者の経営安定の実現,多様な経営発展による活力ある生産構造の確立,漁船漁業の安全対策の強化,水産物の消費拡大と加工・流通業の持続的発展による安全な水産物の安定供給,安全で活力ある漁村づくり,水産業を支える調査・研究,技術開発の充実,水産関係団体の再編整備等,その他重要施策,水産に関する施策を総合的かつ計画的に推進するために必要な事項)

水産白書 平成29年版　水産庁編　農林統計協会　2017.6　209,2,10p　30cm　2400円　Ⓘ978-4-541-04153-1　Ⓝ660
⦅目次⦆第1部 平成28年度水産の動向(特集 世界とつながる我が国の漁業―国際的な水産資源の持続的利用を考える,平成27年度以降の我が国水産の動向),第2部 平成28年度水産施策―平成28年度に講じた施策(概説,東日本大震災からの復興,新たな資源管理体制下での水産資源管理の強化,意欲ある漁業者の経営安定の実現,多様な経営発展による活力ある生産構造の確立 ほか)

水産白書 平成30年版　水産庁編　農林統計協会　2018.7　212,19p　30cm　2400円　Ⓘ978-4-541-04257-6　Ⓝ660
⦅目次⦆第1部 平成29年度水産の動向(特集 水産業に関する技術の発展とその利用―科学と現場をつなぐ,平成28年度以降の我が国水産の動向,水産業・漁村地域の活性化を目指して―平成29(2017)年度農林水産祭受賞者事例紹介),第2部 平成29年度水産施策―平成29年度に講じた施策(浜の活力再生プランを軸とした漁業・漁村の活性化,漁業・漁村の活性化を支える取組,東日本大震災からの復興 ほか),平成30年度に講じようとする施策(浜の活力再生プランを軸とした漁業・漁村の活性化,漁業・漁村の活性化を支える取組,東日本大震災からの復興 ほか)

水産白書 令和元年版　水産庁編　農林統計協会　2019.7　248,2,21p　30cm　2400円　Ⓘ978-4-541-04295-8　Ⓝ660.59
⦅目次⦆第1部 平成30年度水産の動向(水産政策の改革について,特集 水産業に関する人材育成―人材育成を通じた水産業の発展に向けて,平成29年度以降の我が国水産の動向,平成30(2018)年度農林水産祭受賞者事例紹介),第2部 平成30年度水産施策
⦅内容⦆「水産業に関する人材育成―人材育成を通じた水産業の発展に向けて」を特集するとともに,日本の水産業全般をめぐる動きをはじめ,水産物の安定供給と水産業の健全な発展を図るために進めている各般の施策について,全国のさまざまな取組事例も紹介しつつ解説する。

水産白書 令和2年版　令和元年度水産の動向 令和2年度水産施策　水産庁編　農林統計協会　2020.7　12,276,2,21p　30cm　2400円　Ⓘ978-4-541-04314-6
⦅内容⦆令和元年度の水産の動向及び講じた施策、令和2年度において講じようとする水産施策について報告。特集では、平成期の日本の水産業を振り返るとともに、令和時代に日本の水産業が向かうべき方向を具体的に紹介する。

水産白書 令和3年版　令和2年度水産の動向 令和3年度水産施策　水産庁編　農林統計協会　2021.7　12,256,2,18p　30cm　2400円　Ⓘ978-4-541-04332-0
⦅内容⦆令和2年度の水産の動向及び講じた施策、令和3年度において講じようとする水産施策について報告。特集では、水産業の成長産業化を促進する上で特に重要な要素であるマーケットインの取組事例と手法を紹介する。

水産白書 令和4年版　令和3年度水産の動向 令和4年度水産施策　水産庁編　農林統計協会　2022.8　11,198,2,26p　30cm　2400円　Ⓘ978-4-541-04374-0
⦅内容⦆令和3年度の水産の動向及び講じた施策、令和4年度において講じようとする水産施策について報告。特集では、令和4年3月に閣議決定された新たな水産基本計画と、新型コロナウイルス感染症による水産業への影響と対応を紹介する。

水産白書 令和5年版　令和4年度水産の動向 令和5年度水産施策　水産庁編　農林統計協会　2023.7　11,217,2,26p　30cm　2500円　Ⓘ978-4-541-04444-0
⦅内容⦆令和4年度の水産の動向及び講じた施策、令和5年度において講じようとする水産施策について報告。特集では、ロシア・ウクライナ情勢による日本の水産業への影響と対策、水産物の食料安全保障に向けた取組について記述する。

働く者の漁業白書　水産・食料研究会設立50周年記念　復刻版　([出版地不明])[水産・食料研究会]　[2022頃]　6,151p　21cm　〈年表あり　原本:水産研究会 1985年刊〉　800円　Ⓝ662.1

◆食糧問題

<索　引>

統計図表レファレンス事典 「食」と農業　日外アソシエーツ株式会社編　日外アソシエーツ　2011.10　291p　21cm　〈発売:紀伊国屋書店〉　8800円　Ⓘ978-4-8169-2337-1　Ⓝ350.31
⦅目次⦆アイスクリーム・シャーベット,亜鉛,青刈りえん麦(飼料作物),青刈りとうもろこ

し（飼料作物），あさり類（貝類），あじ，あじ（干物），小豆，あなご類，油揚げ・がんもどき〔ほか〕

(内容) 調べたいテーマについての統計図表が，どの資料の，どこに，どんなタイトルで掲載されているかをキーワードから調べられる。1997年（平成9年）から2010年（平成22年）までに日本国内で刊行された白書・年鑑・統計集385種を精査。「食」と農業・畜産業・水産業に関する表やグラフなどの形式の統計図表4,992点を収録。

<統計集>

食品ロス統計調査報告　平成21年度　農林水産省大臣官房統計部編　農林水産省大臣官房統計部　2011.3　172p　30cm　Ⓝ588

食品ロス統計調査報告　平成21年度　農林水産省大臣官房統計部編　農林統計協会　2011.5　172p　30cm　3000円　Ⓘ978-4-541-03755-8　Ⓝ588

(目次) 1 調査結果の概要（世帯における食品使用量，食品ロス量及び食品ロス率，世帯における1週間に調理，飲食した料理・食品の出現回数，世帯における食品の食べ残しや廃棄を行った理由（複数回答），外食産業における食べ残し状況），2 統計表（総括統計表，世帯における食品別の食品ロス率，世帯における食品別の食品使用量及び食品ロス量，世帯における食事の状況，世帯における食品の食べ残しや廃棄を行った理由，外食産業における食品使用量及び食べ残し状況）

食品ロス統計調査報告　世帯調査　平成26年度　農林水産省大臣官房統計部編　農林水産省大臣官房統計部　2016.3　77p　30cm　Ⓝ518.52

食品ロス統計調査報告　平成26年度　農林水産省大臣官房統計部編　農林統計協会　2016.5　77p　30cm　1500円　Ⓘ978-4-541-04091-6　Ⓝ588

(目次) 1 調査結果の概要（世帯における食品使用量，食品ロス量及び食品ロス率，世帯における1週間に調理，飲食した料理・食品の出現回数），2 統計表（年次別結果表，世帯における食品使用量，食品ロス量及び食品ロス率（平成26年度）），付表

◆人口問題

<事典>

人口大事典　日本図書センター　2013.1　940p　27cm　〈索引あり　平凡社昭和37年刊の複製〉　38000円　Ⓘ978-4-284-50316-7　Ⓝ334.036

(内容) 世界でもはじめての人口問題に関する事典，平凡社編「人口大事典」を完全復刻。巻末には42ページにわたる「和文・欧文索引」「関係諸機関」「主要統計表」，そして詳細な解説を附した「主要参考文献」を掲載。

<統計集>

国際連合・世界人口予測　1960→2060　第1分冊　〔2010年改訂版〕　国際連合経済社会情報・政策分析局人口部編，原書房編集部訳　原書房　2011.6　717p　30cm　〈『世界人口年鑑』別巻　原書名：World population prospects.the 2010 rev.〉　Ⓘ978-4-562-04709-3　Ⓝ358

(目次) 1 付表（人口学的プロフィール，人口学的主要指標）

(内容) 国連事務局経済社会局人口部による最新の世界人口の推計及び予測の結果をまとめる。第1分冊は1960～2060年の発展段階グループ，主要地域，国ごとの人口学的プロフィールと主要な人口学的指標を収録。

国際連合・世界人口予測　1960→2060　第2分冊　〔2010年改訂版〕　国際連合経済社会情報・政策分析局人口部編，原書房編集部訳　原書房　2011.6　919p　30cm　〈『世界人口年鑑』別巻　原書名：World population prospects.the 2010 rev.〉　Ⓘ978-4-562-04709-3　Ⓝ358

(目次) 2 付表（世界，主要地域，地域，および特別グループ別男女・年齢別人口：推計および中位，高位ならびに低位予測値，1960‐2060年，国，属領別男女・年齢別人口：推計および中位，高位ならびに低位予測値，1960‐2060年）†総ての表のデータは，1960→2060年までの推計値と，それ以後の中位，高位，低位，および出生率一定の予測値である。

(内容) 第2分冊は1960～2060年の発展段階グループ，主要地域，10万人以上の住民のいる国ごとの男女・年齢別人口を収録。

国際連合世界人口予測　1960→2060　第1分冊　2015年改訂版　国際連合経済社会情報・政策分析局人口部編，原書房編集部訳　原書房　2015.12　769p　30cm　〈『世界人口年鑑』別巻　原書名：World Population Prospects〉　Ⓘ978-4-562-05268-4（set）　Ⓝ358

国際連合世界人口予測　1960→2060　第2分冊　2015年改訂版　国際連合経済社会情報・政策分析局人口部編，原書房編集部訳　原書房　2015.12　951p　30cm　〈『世界人口年鑑』別巻　原書名：World Population Prospects〉　Ⓘ978-4-562-05268-4（set）

| 環境問題 | 物流・包装 |

Ⓝ358

国際連合世界人口予測　1960→2060　第1分冊　2017年改訂版　国際連合経済社会情報・政策分析局人口部原著編, 原書房編集部訳　原書房　2017.9　39,771p　30cm〈世界人口年鑑』別巻〉〈原書名：World population prospects〉　Ⓘ978-4-562-05431-2（set）　Ⓝ358

国際連合世界人口予測　1960→2060　第2分冊　2017年改訂版　国際連合経済社会情報・政策分析局人口部原著編, 原書房編集部訳　原書房　2017.9　39,955p　30cm〈世界人口年鑑』別巻〉〈原書名：World population prospects〉　Ⓘ978-4-562-05431-2（set）　Ⓝ358

国際連合世界人口予測　1960→2060　第1分冊　2019年改訂版　国際連合経済社会情報・政策分析局人口部編, 原書房編集部訳　原書房　2019.8　773p　30cm〈『世界人口年鑑』別巻　原書名：World Population Prospects〉　Ⓘ978-4-562-05679-8（set）　Ⓝ358

国際連合世界人口予測　1960→2060　第2分冊　2019年改訂版　国際連合経済社会情報・政策分析局人口部編, 原書房編集部訳　原書房　2019.8　959p　30cm〈『世界人口年鑑』別巻　原書名：World Population Prospects〉　Ⓘ978-4-562-05679-8（set）　Ⓝ358

国際連合世界人口予測　1950→2100　第1分冊　2022年改訂版　国際連合経済社会局人口部編　原書房　2022.10　34,775p　30cm〈「世界人口年鑑」別巻　翻訳：原書房編集部　原書名：World population prospects〉　Ⓘ978-4-562-07225-5（セット）　Ⓝ358

国際連合世界人口予測　1950→2100　第2分冊　2022年改訂版　国際連合経済社会局人口部編　原書房　2022.10　28,959p　30cm〈「世界人口年鑑」別巻　翻訳：原書房編集部　原書名：World population prospects〉　Ⓘ978-4-562-07225-5（セット）　Ⓝ358

国際連合世界人口予測　1950→2100　第1分冊　2024年改訂版　国際連合経済社会局人口部編　原書房　2024.9　35,775p　30cm〈世界人口年鑑 別巻〉〈翻訳：原書房編集部　原書名：World population prospects〉　Ⓘ978-4-562-07467-9（セット）　Ⓝ358

国際連合世界人口予測　1950→2100　第2分冊　2024年改訂版　国際連合経済社会局人口部編　原書房　2024.9　28,959p　30cm〈世界人口年鑑 別巻〉〈翻訳：原書房編集部　原書名：World population prospects〉　Ⓘ978-4-562-07467-9（セット）　Ⓝ358

地域と人口からみる日本の姿　石川義孝, 井上孝, 田原裕子編　古今書院　2011.3　126p　26cm　〈索引あり〉　2800円　Ⓘ978-4-7722-5253-9　Ⓝ334.31

⦿目次　全国的な人口分布, 出生, 死亡・疾病, 国内人口移動, 国際人口移動, 在留外国人, 家族・世帯, 性比と結婚, 高齢人口の分布と移動, 高齢者の生活, 都市内の人口分布, 大都市圏の人口地理, 地方圏の人口地理, ライフコース、ライフヒストリーと移動歴, 人口統計とGIS

⦿内容　2005年から減少が始まった日本の人口を地理学的な観点からわかりやすく解説。

物流・包装

<事　典>

現代流通事典　第3版　坂爪浩史監修, 日本流通学会編集　白桃書房　2023.3　342p　19cm　（HAKUTO Management）〈文献あり 索引あり〉　3091円　Ⓘ978-4-561-65243-4　Ⓝ675.4

⦿目次　1 基礎理論, 2 マーケティング, 3 小売業, 4 卸売業, 5 サービス業, 6 ロジスティクス, 7 農林水産物流通, 8 消費・協同組合, 9 流通政策, 10 流通の情報化

⦿内容　基礎理論から情報化まで、現代流通のすべてを凝縮したハンドブック。現代流通にかかわる領域を10の分野に分けた全147項目について、見開き2ページで読みやすく分かりやすく解説する。

包装の事典　普及版　日本包装学会編　朝倉書店　2011.1　628p　22cm　〈索引あり〉　18000円　Ⓘ978-4-254-20143-7　Ⓝ675.18

⦿目次　1 包装とは, 2 包装・容器の材料, 形態および加工法, 3 包装のデザインと表示, 4 包装技法, 5 包装の実例, 6 輸送包装とロジスティクス, 7 包装の安全と品質管理, 8 食品・医薬品包装材料における衛生基準, 9 包装と環境, 10 21世紀の包装

<辞　典>

ことば教えて！　物流の「いま」がわかる2015年版　輸送経済新聞社　2015.4　179p　26cm　3000円　Ⓝ675.4

ことば教えて！　物流の「いま」がわかる2016年版　輸送経済新聞社　2016.4　156p　26cm　3000円　Ⓝ675.4

ことば教えて！　物流の「いま」がわかる2017年版　輸送経済新聞社　2017.4　158p

26cm　3000円　Ⓝ675.4

ことば教えて！　物流の"いま"がわかる。
2018年版　輸送経済新聞社著　輸送経済新聞社　2018.4　148p　26cm　3000円

ことば教えて！　物流の"いま"がわかる
2019年版　輸送経済新聞社　2019.4　151p　26cm　3000円　Ⓝ675.4

ことば教えて！　物流の"いま"がわかる
2020年度版　輸送経済新聞社　2020.4　149p　26cm　3000円　Ⓝ675.4

ことば教えて！　物流の"いま"がわかる
2021年版　輸送経済新聞社　2021.4　145p　26cm　3300円　Ⓝ675.4

ことば教えて！　物流の"いま"がわかる
2022年版　輸送経済新聞社　2022.4　133p　26cm　3300円　Ⓝ675.4

ことば教えて！　物流の"いま"がわかる
2023年版　輸送経済新聞社　2023.4　135p　26cm　3000円

ことば教えて！　物流の"いま"がわかる
2024年版　輸送経済新聞社　2024.4　134p　26cm　3300円　Ⓝ675.4

Ⓒ内容　「企業版ふるさと納税」「トラックGメン」など、物流界でキーワードとなっている生きた"ことば"を厳選し、カラーイラストとともに、ことばの意味から業界の最新動向までスッキリ明確に解説する。物流基本用語集付き。

日中中日物流用語集　根岸宏和編　オーシャンコマース　2013.9　241p　19cm　〈折り込3枚　英語・中国語併載〉　2000円　Ⓘ978-4-900932-57-9　Ⓝ680.33

Ⓒ内容　現場の物流用語をはじめ、中国の物流研究者が使っている用語、香港、台湾の用語、航空・海運の用語などを盛り込んだ物流用語集。日本語・中国語の両方から引ける。「輸送分担率」等の折り込み図あり。

包装関連研究論文執筆のための用語集　北澤裕明監修　日本包装学会研究委員会内若手の会　2022.3　180p　21cm　〈発行所：日本包装学会〉　1850円　Ⓘ978-4-931287-47-1　Ⓝ675.18

包装用語早わかり　包装用語辞典　日本包装技術協会編集　日本包装技術協会　2022.10　5,337p　21cm　〈文献あり〉　5000円　Ⓘ978-4-600-01084-3　Ⓝ675.18

<ハンドブック>

新・物流マン必携ポケットブック　国内物流・国際物流・貿易の基本から実務まで　鈴木邦成著　日刊工業新聞社　2014.1　211p　18cm　〈文献あり　索引あり〉　1600円

Ⓘ978-4-526-07191-1　Ⓝ509.65

Ⓒ目次　第1章　物流マンの役割と心得（物流マンの役割、物流管理の向上を図ろう）、第2章　国内物流における基本業務（物流業務を覚えよう）、第3章　現場で役立つ物流改善の基本知識（具体的な物流改善の方策を考えよう、やる気の出る職場環境をつくろう　ほか）、第4章　貿易実務の基本知識（グローバル社会への対応を図ろう）、第5章　グローバル化と物流マン―国際物流の基本と実務（国際物流への理解を深めよう）

<年鑑・白書>

日本の物流事業　2011　輸送経済新聞社　2011.1　274p　26cm　5000円　Ⓝ680

日本の物流事業　2012　輸送経済新聞社　2012.1　260p　26cm　5000円

Ⓒ目次　第1章「探訪」物流の50年、物流企業トップアンケート「50」の提言、第2章「展望」1　次の50年へ、第2章「展望」2　レポート2011～2012、視点　2012年の課題と展望、付録

日本の物流事業　2013　輸送経済新聞社　2012.1　252p　26cm　5000円　Ⓝ680

日本の物流事業　物流企業ガイド　海上輸送ガイド　2014　輸送経済新聞社　2014.1　248p　26cm　5000円

Ⓒ目次　第1部　アベノミクスは「物流」を回復させるか？、第2部　2014年を「読む」パート1―キーパーソンに聞く「行政のこれから、物流のこれから」、第3部　2014年を「読む」パート2―リレーリポート2013-2014、視点　2014年の課題と展望、勝ち進むための『ことば10選』、物流企業ガイド、海上輸送ガイド、主要トラック企業営業拠点＆路線図

日本の物流事業　物流企業ガイド　海上輸送ガイド　2015　輸送経済新聞社　2015.1　260p　26cm　5000円

Ⓒ目次　さらば！　物流"デフレ"時代（巻頭特別インタビュー（消費税は必要、「真」の改革も必要、「物流効率化・人材確保対策に注力」）、年頭物流トップアンケート「2015年はこうしたい」）、2015年を拓く「鍵」（展望：業界の一年を予測する、レポート、リレーレポート2014～2015、シリーズ「人をどう確保するか」、「いましかない！　物流事業の取引適正化」）、2015年度展望と課題、一流識者からの物流、ひとこと

日本の物流事業　物流企業ガイド　海上輸送ガイド　2016　輸送経済新聞社　2016.1　242p　26cm　5000円

Ⓒ目次　第1部「物流」経営の大転換期が来た！（特別企画　巻頭インタビュー、年頭　物流トップアンケート）、第2部「大転換期」を探る　その1（第一線の記者が読む「転換」のカギ、物流現場"革命"最前線、経営は"基盤固め"から"進化

へ),第3部「大転換期」を探る その2(リレーレポート2015-2016 課題解決へ最後のチャンス—長時間労働改善協議会始まる,国内外で積極的な取り組み—「物流審議官」創設から3年,改善基準告示違反,30日営業停止処分—顧客巻き込んだ解決が急務 ほか)

日本の物流事業　物流企業ガイド 海上輸送ガイド　2017　「変革」できる企業こそ,勝ち残る　輸送経済新聞社　2017.1　243p　26cm　5000円　Ⓝ680

(目次)第1部「変革」できる企業こそ,勝ち残る(特別企画 巻頭インタビュー,年頭・物流トップアンケート2017年「変革」に向けて」),第2部「変革」の道しるべ その1(2017年第一線記者が読む業界の「変革」,シリーズ1 企業経営の「変革」を探る,シリーズ2 雇用促進・働きやすさへの「変革」最前線),第3部「変革」の道しるべ その2(リレーレポート2016・2017)

日本の物流事業　物流企業ガイド 海上輸送ガイド　2018　「3A」は,物流を救う　輸送経済新聞社　2018.1　229p　26cm　5000円　Ⓝ680

日本の物流事業　物流企業ガイド 海上輸送ガイド　2019　「3A」を変革の旗印に　輸送経済新聞社　2019.1　199p　26cm　5000円　Ⓝ680

(目次)第1部 変革のあり方を探る(特別企画年頭トップアンケート「2019年はこうする!」),第2部「3A」を変革の旗印に(2019年第一線記者が読む「変革」,安全を極める 交通事故・労災ゼロを目指して,多彩な人材を生かす 女性・高齢者が活躍できる職場へ,活気ある職場づくり全社活動のいま),第3部 リレーレポート(2018～2019)(ドライバーの労働条件改善へ—貨物自動車運送事業法が改正,いまこそ燃料サーチャージ—経営安定へかじ切るチャンス,安定性へ再び評価高まる—内航海運 災害時の活躍も期待,災害に強い貨物鉄道へ—強じん化が重要改善に,好調止まらない航空貨物—懸念は米中摩擦など国際問題,物流不動産,大幅供給が続く—今年も過去最高更新の見通し)

日本の物流事業　物流企業ガイド 海上輸送ガイド　2020　地位向上への転換点に　輸送経済新聞社　2020.1　199p　26cm　5000円

(目次)第1部 地位向上へトップの決意(巻頭・特別インタビュー 生産性向上を全力で支援—働きやすい環境構築を—国土交通省 瓦林康人 公共交通・物流政策審議官に聞く,年頭・物流トップアンケート「2020年どうする?」),第2部 変化に向けて待ったなし(現場記者が読む「2020」,事例紹介,モーダルシフトを支える最新技術),第3部 2019年の重要トピックを振り返る(魅力ある業界へ"待ったなし"—働き方改革,改正トラ法も後押しに,パレットに注目集まる—労働環境改善の強い味方,トラック「レベル2」まで

市場化—自動運転 各社で開発が進む)

日本の物流事業　物流企業ガイド 海上輸送ガイド　2021　持続的成長へ未来志向で　輸送経済新聞社　2021.1　203p　26cm　5000円

(目次)第1部 危機の克服と未来に向かって(特別インタビュー 業務の非接触・非対面を支援,コロナ下でも円滑な供給実現—国土交通省 久保田雅晴公共交通・物流政策審議官に聞く,年頭物流トップアンケート 難局はこう乗り越える!),第2部 2021年の課題と展望(現場記者が読む「2021」,世間は業界をどう見ている?),第3部 2021年の扉を開く鍵(特積みと倉庫の一体運営が加速—激動の時代,顧客を囲い込み,乗務員確保,いまがチャンス—深刻な人材不足,コロナで緩和,時短に向けた取り組み加速—荷待ち多い業種で集中的に ほか)

日本の物流事業　物流企業ガイド 海上輸送ガイド　2022　転換期で求められる変化　輸送経済新聞社　2022.1　213p　26cm　5000円

(目次)第1部 物流の未来(特別インタビュー 課題解決へ標準化,広報に注力・KPI管理は短期情報収集が鍵—国土交通省 寺田吉道公共交通・物流政策審議官に聞く,年頭 物流トップアンケート 成長のポイントは),第2部 2022年の課題と展望(現場記者が読む! 2022年,DXの在り方を探る—特別提言 フレーズに惑わされるな!・身近な取り組みも,ひと目で分かる「主要物流企業のDX戦略」),第3部 2022年の扉を開く鍵(企業価値向上へ新たな展開—進む異業種企業との連携強化,荷待ち改善,分野別で対策—昨年春には飲料・酒で指針,脱ディーゼル車,開発の行方—急激なEV化に危うさも ほか)

日本の物流事業　物流企業ガイド 海上輸送ガイド　2023　3Aに向けた改善の好機に　輸送経済新聞社　2023.1　221p　26cm　5000円

日本の物流事業　物流企業ガイド 海上輸送ガイド　2024　働き方改革「初年度」を振り返る　輸送経済新聞社　2024.1　219p　26cm　5000円

(目次)第1部 働き方改革「初年度」を振り返る(巻頭インタビュー 24年問題どう乗り切る? 関係者で協力し効率化推進—ドライバーの残業上限規制控え 国土交通省長井総和審議官 物流・自動車局担当に聞く,コラム「2023年問題」 有識者はこう見る,年頭・物流トップアンケート 改善へ歩を進める),第2部 物流の現在地(2024年のポイントは,事例で見る「物流企業の先進事例」),第3部 どうなる2024年—記者が読む2024年(運送各社の積極活用が鍵——貨物法改正で2つの措置延長,軽貨物,安全対策急務に—事故減らず国も対策に本腰,特積み各社に広がる協業の輪—人手不足や輸送網強化で,標準化へ各荷主業界が本腰—国の行動計画策定要

請に呼応し、軽油価格「底割れしにくい」―世界情勢の不安定さ継続で、運航管理制度大幅に見直し―ICT活用、キーワードに、トラ脱炭素どう切り開く―CJPTが見据える未来、国際輸送のニーズが変化―経済合理性から確実性へ）
(内容) 日本の物流事業を読み解くガイド。働き方改革「初年度」をインタビューと有識者のコラムで振り返るほか、2024年のポイント、物流企業の先進事例などを解説。トップアンケート、物流企業ガイド、海上輸送ガイドも収録する。

物流総覧 2011 カーゴ・ジャパンカーゴニュース編集局編 カーゴ・ジャパンカーゴニュース編集局 2011.12 373p 30cm 10000円 Ⓝ675.4

物流総覧 2013年版 カーゴ・ジャパンカーゴニュース編集局編 カーゴ・ジャパンカーゴニュース編集局 2012.12 378p 30cm 10000円 Ⓝ675.4

物流総覧 2014年版 カーゴ・ジャパンカーゴニュース編集局編 カーゴ・ジャパン 2013.12 378p 30cm 10000円

物流総覧 2015年版 カーゴ・ジャパンカーゴニュース編集局編 カーゴ・ジャパン 2014.12 379p 30cm 10000円

物流総覧 2016年版 カーゴ・ジャパンカーゴニュース編集局編 カーゴ・ジャパンカーゴニュース編集局 2015.12 376p 30cm 10000円

物流総覧 2017年版 カーゴ・ジャパンカーゴニュース編集局編 カーゴ・ジャパンカーゴニュース編集局 2016.12 1冊 30cm 10000円

物流総覧 2018年版 カーゴ・ジャパンカーゴニュース編集局編 カーゴ・ジャパンカーゴニュース編集局 2017.12 372p 30cm 10000円

物流総覧 2019年版 カーゴ・ジャパンカーゴニュース編集局編 カーゴ・ジャパンカーゴニュース編集局 2018.12 374p 30cm 10000円 Ⓝ675.4

物流総覧 2020年版 カーゴ・ジャパンカーゴニュース編集局編集 カーゴ・ジャパンカーゴニュース編集局 2019.12 372p 30cm 〈索引あり〉 10000円

物流総覧 2021年版 カーゴ・ジャパンカーゴニュース編集局編 カーゴ・ジャパンカーゴニュース編集局 2020.12 374p 30cm 10000円

物流総覧 2022年版 カーゴ・ジャパンカーゴニュース編集局編 カーゴ・ジャパンカーゴニュース編集局 2021.12 378p 30cm 10000円

物流総覧 2023年版 カーゴ・ジャパンカーゴニュース編集局編 カーゴ・ジャパンカーゴニュース編集局 2022.12 379p 30cm 〈索引あり〉 10000円

物流総覧 2024年版 日本の物流のすべてがわかる カーゴ・ジャパンカーゴニュース編集局編 カーゴ・ジャパンカーゴニュース編集局 2023.12 378p 30cm 10000円
(目次) 第1章 日本の主要物流企業、第2章 主要荷主企業302社の物流管理、第3章 日本の物流の基礎データ（物流事業者団体の一覧、物流関連子会社（荷主系物流会社）の一覧、知っておきたい物流の基礎データ）
(内容) 日本の主要物流企業の詳細データ。主要荷主企業300社の物流管理データ。

<統計集>

数字で見る関東の運輸の動き 2011 運輸振興協会 2011.8 211p 21cm 952円

数字で見る関東の運輸の動き 2012 運輸振興協会 2012.9 212p 21cm 952円

数字で見る関東の運輸の動き 2013 運輸振興協会 2013.9 198p 21cm 952円

数字で見る関東の運輸の動き 2014 運輸振興協会 2014.9 192p 21cm 952円

数字で見る関東の運輸の動き 2015 運輸振興協会 2015.9 189p 21cm 1000円

数字で見る関東の運輸の動き 2016 運輸振興協会 2016.9 174p 21cm 1000円 Ⓝ680.59

数字で見る関東の運輸の動き 2017 運輸振興協会 2017.9 146p 21cm 1000円 Ⓝ680
(目次) 1 旅客輸送, 2 物流, 3 人と環境にやさしい交通, 4 技術・安全, 5 観光, 6 海運, 7 参考
(内容) 旅客輸送、物流、人と環境にやさしい交通、技術・安全、観光、造船・船員など、関東の運輸の動きを数字で紹介。海運関係団体一覧・陸運関係団体一覧も収録。

数字でみる物流 2011 日本物流団体連合会 2011.10 244p 15cm 858円

数字でみる物流 2012 日本物流団体連合会 2012.9 227p 15cm 858円

数字でみる物流 2013 日本物流団体連合会 2013.11 273p 15cm 860円

数字でみる物流 2014 日本物流団体連合会 2014.10 279p 15×11cm 860円

数字でみる物流 2015 日本物流団体連合

会 2015.11 261p 15cm 860円

数字でみる物流 2016年度版 日本物流団体連合会 2016.11 263p 15cm 860円

数字でみる物流 2017年度版 日本物流団体連合会 2017.12 231p 15cm 860円

数字でみる物流 2018年度版 日本物流団体連合会 2018.12 267p 15cm 860円 Ⓝ680

数字でみる物流 2019年度版 日本物流団体連合会 2019.12 277p 15cm 860円

数字でみる物流 2020年度版 日本物流団体連合会 2020.12 267p 15cm 860円

数字でみる物流 2021年度版 日本物流団体連合会 2022.1 227p 15cm 860円

数字でみる物流 2022年度版 日本物流団体連合会 2023.1 6,227p 15cm 860円

数字でみる物流 2023年度版 日本物流団体連合会 2024.3 248p 15cm 860円

⦿目次 1 物流に関する経済の動向、2 国内物流の動向、3 国際物流の動向、4 輸送機関別輸送動向、5 貨物流通施設の動向、6 貨物利用運送事業の動向、7 消費者物流の動向、8 物流における環境に関する動向、9 物流企業対策、参考
⦿内容 日本の物流動向を最新数値を用いた表・グラフ等にて、わかりやすく詳細に解説。また総合物流施策大綱や、流通業務の総合化及び効率化の促進に関する法律の概要など、参考資料も掲載する。

物流のすべて わが国初の物流データ 2011年版 輸送経済新聞社 2011.2 268p 26cm 5000円 Ⓝ675.4

物流のすべて わが国初の物流データ 2012年版 輸送経済新聞社 2011.11 336p 26cm 5000円 Ⓝ675.4

物流のすべて わが国初の物流データ 2013年版 輸送経済新聞社 2012.11 338p 26cm 5000円 Ⓝ675.4

物流のすべて わが国初の物流データ 2014年版 輸送経済新聞社 2013.11 318p 26cm 5000円 Ⓝ675.4

物流のすべて わが国初の物流データ 2015年版 輸送経済新聞社 2014.11 322p 26cm 5000円 Ⓝ675.4

物流のすべて わが国初の物流データ 2016年版 輸送経済新聞社 2015.11 314p 26cm 5000円 Ⓝ675.4

物流のすべて "勝つ"ための物流データ 2017年版 輸送経済新聞社 2016.11 328p 26cm 5000円 Ⓝ675.4

物流のすべて "勝つ"ための実用データ集 2018年版 輸送経済新聞社 2017.11 318p 26cm 5000円 Ⓝ675.4

物流のすべて "勝つ"ための実用データ集 2019年版 輸送経済新聞社 2018.11 321p 26cm 5000円 Ⓝ675.4

物流のすべて "勝つ"ための実用データ集 2020年版 輸送経済新聞社 2019.11 316p 26cm 5000円 Ⓝ675.4

物流のすべて "勝つ"ための実用データ集 2021年版 輸送経済新聞社 2020.11 309p 26cm 5000円 Ⓝ675.4

物流のすべて "勝つ"ための実用データ集 2022年版 輸送経済新聞社 2021.11 300p 26cm 5500円 Ⓝ675.4

物流のすべて "勝つ"ための実用データ集 2023年版 輸送経済新聞社 2022.11 298p 26cm 5500円 Ⓝ675.4

物流のすべて "勝つ"ための実用データ集 2024年版 輸送経済新聞社 2023.11 298p 26cm 5000円 Ⓝ675.4

⦿内容 製造業16業種1500社＋卸・小売業700社の物流コスト、トラック企業1000社＋倉庫業100社の売上高ランキング、物流機器関連情報など、物流にかかわる様々なデータをまとめる。索引付き。

◆物流・包装（規格）

＜ハンドブック＞

JISハンドブック 物流 2022 日本規格協会編 日本規格協会 2022.7 2821p 21cm 17300円 ①978-4-542-18934-8 Ⓝ509.13
⦿内容 2022年3月末現在におけるJISの中から、物流分野に関係する主なJISを情報収集し内容の抜粋なども行い、JISハンドブックとして編集する。

JISハンドブック 包装 2022 日本規格協会編 日本規格協会 2022.7 2011p 21cm 14000円 ①978-4-542-18935-5 Ⓝ509.13
⦿内容 2022年3月末現在におけるJISの中から、包装分野に関係する主なJISを情報収集し内容の抜粋なども行い、JISハンドブックとして編集する。

建設

＜事 典＞

サスティナブル・コンストラクション事典 補修・補強と維持管理を基本とした持続

建設　　　　　　　　環境問題

可能な建設　サスティナブル・コンストラクション事典編集委員会編　ガイアブックス　2015.4　935p　27cm　〈索引あり〉　26000円　①978-4-88282-581-4　Ⓝ513.036
〈目次〉サスティナブル・コンストラクションの基本技術編（なぜ今，サスティナブルコンストラクションか，土構造物，コンクリート構造物，鋼構造物，耐震補強，環境・マネジメント），サスティナブル・コンストラクションの施設別事例編（道路施設，鉄道施設，港湾・空港施設，上下水道施設）
〈内容〉補修・補強と維持管理を基本とした持続可能な建設．

サスティナブルコンストラクション事典　資料編　サスティナブル・コンストラクション事典編集委員会編　産業調査会事典出版センター　2012.5　159p　26cm　①978-4-88282-581-4（set）　Ⓝ513.036

<ハンドブック>

建設工事で発生する自然由来重金属等含有土対応ハンドブック　嘉門雅史，勝見武監修，土木研究所，土木研究センター地盤汚染対応技術検討委員会編著　大成出版社　2015.3　101p　26cm　2000円　①978-4-8028-3193-2　Ⓝ519.5
〈目次〉1 総説（自然由来重金属等含有土の土壌汚染対策法上の位置づけと建設工事における対応方法，酸性土への対応の進め方，本書で取り扱う調査と対策の概要，本書における用語の定義），2 基本事項（種類と分布，リスク等，建設工事における取扱い，法体系上の位置づけ），3 調査（法定調査，自主調査，事業段階に応じた調査および計画，調査における留意点，指標と試験方法），4 対策（自主的な対応における対策方法，盛土・埋土等における影響予測，施工時の対策，モニタリング，施工後の管理）

Doctor of the sea　港湾工事環境保全技術マニュアル　改訂第3版　日本埋立浚渫協会技術委員会環境・海洋部会編　日本埋立浚渫協会　2015.3　1冊　30cm　〈文献あり〉　8000円　Ⓝ517.6

舗装再生便覧　令和6年版　日本道路協会編集　日本道路協会　2024.3　342p　22cm　〈頒布：丸善出版〉　5700円　①978-4-88950-340-1　Ⓝ514.4

マンガでわかる若手技術者育成のための環境保全管理ハンドブック　建設経営サービス編著，黒図茂雄監修　東日本建設業保証　2019.2　79p　26cm　（小冊子1802）

Ⓝ510.95

◆建設リサイクル

<ハンドブック>

Q&A建設廃棄物処理とリサイクル　改訂新版　全国建設業協会編　全国建設業協会　2011.7　202p　30cm　Ⓝ510.921

建設リサイクルハンドブック 2020　建設副産物リサイクル広報推進会議編集　大成出版社　2021.2　724p　19cm　2000円　①978-4-8028-3416-2　Ⓝ510.921
〈目次〉1 建設副産物の現状（建設副産物の定義，産業廃棄物と建設廃棄物の現状 ほか），2 建設リサイクル推進方策（建設副産物対策の施策の体系，建設副産物実態調査（センサス）ほか），3 建設リサイクル推進体制（建設リサイクル推進施策検討小委員会，全国建設副産物対策連絡協議会 ほか），4 関連法令等（建設工事に係る資材の再資源化等に関する法律，建設工事に係る資材の再資源化等に関する法律施行令 ほか），5 関連要綱・通知等（建設副産物適正処理推進要綱，建設リサイクルガイドライン ほか）
〈内容〉建設副産物の現状から，建設リサイクル推進方策，建設リサイクル推進体制，関連法令，関連要綱・通知等まで，建設リサイクルに関するすべてを網羅したハンドブック．

コンクリート用高炉スラグ活用ハンドブック　環境保全に寄与するエコ資材　横室隆，宮沢伸吾，川上勝弥著　セメントジャーナル社　2011.2　109p　22cm　〈文献あり〉　1800円　①978-4-915849-65-7　Ⓝ511.71
〈目次〉第1章 高炉スラグとは何か（高炉スラグの生成，高炉スラグの特徴と用途 ほか），第2章 高炉セメント（高炉セメントの製造工程，高炉セメントの生産・使用状況 ほか），第3章 高炉スラグ微粉末（高炉スラグ微粉末の特徴，使用状況 ほか），第4章 高炉スラグ骨材（高炉スラグ骨材とは，高炉スラグ骨材の製造工程 ほか），第5章 さらなる活用に向けて（高炉セメント，高炉スラグ微粉末 ほか）

石炭ガス化スラグ細骨材を使用するコンクリートの調合設計・製造・施工指針〈案〉・同解説　日本建築学会編集　日本建築学会　2023.10　137p　26cm　〈他言語標題：Recommendations for Mix Design, Production and Construction Practice of Concrete with Coal Gasification Slag Fine Aggregate　2023制定　発売・頒布：丸善出版〉　3400円　①978-4-8189-1100-0　Ⓝ511.7
〈目次〉1章 総則，2章 コンクリートの要求性能および品質，3章 コンクリートの材料，4章 コンクリートの調合，5章 コンクリートの発注・

製造および受入れ，6章 コンクリートの運搬・打込み・締固めおよび養生，7章 品質管理・検査，付録1 石炭ガス化スラグ細骨材の品質，付録2 石炭ガス化スラグ細骨材を使用したコンクリートの性質，付録3 石炭ガス化スラグ細骨材を使用したコンクリートの運搬・施工時における品質変化，付録4 石炭ガス化スラグ細骨材を使用したコンクリート部材の力学的特性，付録5 石炭ガス化スラグ細骨材を使用したコンクリート実構造物による屋外暴露試験結果，付録6 石炭ガス化スラグ細骨材を使用したコンクリートの中性化，付録7 高強度コンクリートへの石炭ガス化スラグ細骨材の適用に関する検討

石炭ガス化スラグ細骨材を用いたコンクリートの設計・施工指針 土木学会コンクリート委員会石炭ガス化スラグ細骨材を用いたコンクリートの設計・施工研究小委員会編集 土木学会 2023.6 130p 30cm （コンクリートライブラリー 163） 〈文献あり 発売・頒布：丸善出版〉 2900円 Ⓘ978-4-8106-1094-9 Ⓝ511.7

低層住宅建設廃棄物リサイクル・処理ガイド 改訂 住宅生産団体連合会 2011.3 648p 30cm Ⓝ520.9

<年鑑・白書>

エコスラグ有効利用の現状とデータ集 2011年度版 日本産業機械工業会エコスラグ利用普及委員会 2012.6 221p 30cm Ⓝ518.523

エコスラグ有効利用の現状とデータ集 2013年度版 日本産業機械工業会エコスラグ利用普及委員会 2014.5 182p 30cm Ⓝ518.523

エコスラグ有効利用の現状とデータ集 2015年度版 日本産業機械工業会エコスラグ利用普及委員会 2016.5 176p 30cm Ⓝ518.523

エコスラグ有効利用の現状とデータ集 2017年度版 日本産業機械工業会エコスラグ利用普及委員会 2018.5 170p 30cm Ⓝ518.523

エコスラグ有効利用の現状とデータ集 2021年度版 日本産業機械工業会エコスラグ利用普及委員会 2022.5 142p 30cm Ⓝ518.523

エコスラグ有効利用の現状とデータ集 2022年度版 日本産業機械工業会エコスラグ利用普及委員会 2023.5 140p 30cm Ⓝ518.523

5000円 Ⓝ518.523

建築

<事 典>

スマートハウス＆スマートグリッド用語事典 インプレスR&Dインターネットメディア総合研究所編 インプレスジャパン 2012.2 303p 21cm 〈発売：インプレスコミュニケーションズ 索引あり 文献あり〉 3200円 Ⓘ978-4-8443-3150-6 Ⓝ543.1

(目次) 第1部 スマートハウス＆スマートグリッド用語の基礎（スマートグリッド（次世代電力網）の定義，スマートグリッドが必要とされる理由，スマートグリッドを理解するための3つの観点，マイクログリッドとスマートハウス，スマートグリッドの国際標準化活動の現状，日本のスマートグリッドの標準化組織，東日本大震災とその後の節電対策，スマートグリッドの構築でエネルギー構造の転換），第2部 スマートハウス＆スマートグリッド用語集（アルファベット，日本語），第3部 関連サイト集（スマートグリッド政策（国内，海外），標準関連，スマートハウス，環境・エネルギー，資料）

(内容) 「環境」「再生可能エネルギー」から「情報通信」までの重要用語を網羅。初心者にもわかりやすく，図表で解説。アルファベット，五十音順に掲載。再生可能エネルギーやICT，家電，自動車，住宅関連標準化機関までの用語も網羅。スマートハウス＆スマートグリッド関連の資料サイトを内容別に整理して掲載。

<辞 典>

建築環境心理生理用語集 和英・英和 日本建築学会編 彰国社 2013.4 285p 21cm 〈索引あり〉 3500円 Ⓘ978-4-395-10048-4 Ⓝ520.33

(内容) 住居・建築・都市などの様々な環境における，人間の心理生理を学ぶ学生や実務者，他分野の研究者向けに，環境心理生理研究において必要になる多様な環境要素や関連分野の用語を各方面から収集し，英文・和英で解説した用語集。

<ハンドブック>

エコリノ読本 住まいをリノベーションして，エコな暮らしを手に入れる 新建新聞社 2014.8 169p 26cm 〈他言語標題：Reader of ECO-Renovation 発売：アース工房〉 2200円 Ⓘ978-4-87947-082-9

Ⓝ527
〔目次〕エコリノに活用したい法制度―中古住宅の性能アップリノベーションで100/200万円の補助をもらおう，01 住まいを変える，暮らしを変える，まちを変える，02 暑さ・寒さを見直して快適な住まいに，03 エコリノベーションで考えたい設備，04 OMソーラーによるエコリノベーション，05 住まいの使い勝手を改良する，06 家を丈夫にして長持ちさせる，07 DIYで仕上げに挑戦する
〔内容〕今，エコリノは住まいづくりと暮らし方の主流になりつつあります。造り手と住まい手が本書を一緒に読んで「エコリノ」をはじめてみませんか。

居住性能確保のための環境振動設計の手引き　日本建築学会編集著　日本建築学会　2020.6　124p　30cm　〈他言語標題：Introduction to Environmental Vibration Design for Ensuring Habitability　索引あり　発売：丸善出版〉　2700円　Ⓘ978-4-8189-2670-7　Ⓝ524.96

建築物の環境配慮技術手引き　環境にやさしい建築を目指して　改訂版　建築物の環境配慮技術手引き改訂委員会編（大阪）大阪府　2011.3　242p　30cm　〈共同刊行：大阪府建築士事務所協会〉　1429円　Ⓝ525.1

建築紛争判例ハンドブック　犬塚浩編集代表，髙木薫，宮田義晃編集委員　青林書院　2016.7　384p　21cm　〈表紙のタイトル：CONSTRUCTION DISPUTE Hanrei Handbook　索引あり〉　4600円　Ⓘ978-4-417-01688-5　Ⓝ520.91
〔目次〕第1章 瑕疵担保責任（瑕疵の認定，契約の有効性・仕事の完成をめぐる紛争 ほか），第2章 不法行為責任・説明義務違反（建物の基本的安全性，シックハウス・アスベスト ほか），第3章 区分所有建物関係（区分所有法62条2項4号「再建建物の区分所有権の帰属に関する事項」の趣旨，区分所有建物の建替え決議の無効確認 ほか），第4章 環境・景観（近隣住民の景観利益の侵害とマンションの一部除却・損害賠償請求の可否，建物解体工事による騒音被害と工事会社の不法行為責任 ほか），第5章 その他（労務関係，行政関係 ほか）
〔内容〕最新重要判例から紛争予防と問題解決の実務指針を探る！ 平成20年以降の判例・裁判例の中から，設計・監理をめぐるトラブルや，建築工事の瑕疵に関する紛争を中心に，実務上とくに押さえておきたい重要判例69を厳選。法律実務家，住宅・建築分野関係者必携の一冊。

CFDガイドブック　はじめての環境・設備設計シミュレーション　空気調和・衛生工学会編　オーム社　2017.11　181p　26cm　〈他言語標題：Guidebook of Computational Fluid Dynamics　索引あり〉　3800円　Ⓘ978-4-274-22153-8　Ⓝ528
〔目次〕1 CFDによる環境・設備設計シミュレーション（計算機の発達とCFD技術の普及，汎用CFDソフトウェア ほか），2 シミュレーションの品質確保のための基本事項（CFDの品質確保，計算モデル作成の前に ほか），3 環境・設備設計の実務への応用（実務にCFDを利用する目的と利点および難しさ，実務にCFDを利用する際の注意点 ほか），4 室内環境問題を対象としたベンチマークテスト（ベンチマークテスト，等温室内気流問題 ほか）
〔内容〕建築設備における空調・換気・熱環境の設計・評価に用いられる数値解析手法，初のガイドマニュアル。

建物のLCA指針　温暖化・資源消費・廃棄物対策のための評価ツール　改定版　日本建築学会編集　日本建築学会　2024.3　179p　30cm　〈頒布：丸善出版〉　4000円　Ⓘ978-4-8189-3503-7　Ⓝ510.95
〔内容〕建物のライフサイクルにおけるCO2，NOx，SOx，廃棄物の発生量と，一次エネルギー・資源の消費量を評価する手法をまとめる。建物のLCA（ライフサイクルアセスメント）の基本知識も掲載。

〈法令集〉

建築設備関係法令集　令和6年版　国土交通省住宅局建築指導課，建築技術者試験研究会編集　井上書院　2024.1　1256p　21cm　〈索引あり〉　4000円　Ⓘ978-4-7530-2190-1　Ⓝ528
〔目次〕1 建築基準法，2 バリアフリー法・耐震改修促進法，3 建築士法・建設業法，4 消防関係法，5 電気設備関係法，6 その他建築設備関係法，7 令和6年1月2日以降施行の改正規定
〔内容〕建築基準法，電気事業法，建築物省エネ法等の最新改正規定に対応。建築設備士試験に対応できる最新法令集。実務に不可欠の「令和6年1月2日以降施行の改正規定」を巻末一括収録。基本的な主要告示84本を精選収録。

必携 住宅・建築物の省エネルギー基準関係法令　2021　創樹社編集　創樹社　2021.9　455p　26cm　〈発売・頒布：（川崎）ランドハウスビレッジ〉　4500円　Ⓘ978-4-88351-140-2　Ⓝ520.91
〔目次〕第1章 法律の概要（建築物のエネルギー消費性能の向上に関する法律の概要，都市の低炭素化の促進に関する法律の概要），第2章 条文
〔内容〕住宅・建築物の省エネに関する「法律」「政令」「省令」「告示」を完全収録。脱炭素社会の実現に向けた「必携の書」。

<年鑑・白書>

スマートハウス市場の実態と将来展望 2022年版 スマートエネルギーグループ編集 日本エコノミックセンター 2022.3 200p 26cm 〈市場予測・将来展望シリーズ smart house編〉 70000円 ⓝ520.9

スマートハウス白書 2014年版 ストラテジック・リサーチ監修 ストラテジック・リサーチ 2014.10 727p 32cm 〈ルーズリーフ（バインダー製本）〉 97200円

スマートハウス白書 2015年版 ストラテジック・リサーチ監修 ストラテジック・リサーチ 2015.6 739p 32cm 〈ルーズリーフ（バインダー製本）〉 149040円

(目次) スマートコミュニティ/スマートハウス概説・概況, スマートメーター 概況・近況, スマートグリッド/スマートハウス関連市場, スマートグリッド/スマート・メーターの政策調整と標準化, 北米のスマート・グリッド/スマートハウス関連施策・産学官連携動向, 欧州のスマート・グリッド/スマートハウス関連施策・産学官連携動向, アジア/新興国のスマート・グリッド/スマートハウス関連施策・産学官連携動向, 日本のスマートハウス関連施策・産学官連携動向, スマートシティ/スマートハウスのタイプ別実証実験動向, スマートハウスに関する所管・団体別実証実験動向〔ほか〕

(内容) 国内外の公開資料・統計・ジャーナル資料等をもとに, スマートハウス関連団体, スマートハウス業界の動向, 世界各地域のスマートコミュニティ/スマートハウス/スマートメーター関連施策・産学官連携動向, 日本のスマートハウス/スマートメーター関連施策/実証実験/企業参入動向を網羅的に取り上げて分析。また, エネルギー・マネジメント・システム（EMS）, CEMS, 次世代自動車などスマートハウス領域に直接・間接で係わる業界や環境整備動向など, 領域を横断して包括的に解説・分析している。

◆シックハウス（規格）

<ハンドブック>

JISハンドブック シックハウス 2015 日本規格協会編 日本規格協会 2015.6 1030p 21cm 9100円 ①978-4-542-18358-2 ⓝ509.13

(目次) 室内空気質の測定方法, 放散量の測定方法, 塗料成分の試験方法, 関連規格

◆浄化槽

<ハンドブック>

浄化槽整備事業の手引 浄化槽の更なる普及促進に向けて 2012年版 日本環境整備教育センター編 日本環境整備教育センター 2012.10 564p 26cm 〈企画協力：全国浄化槽推進市町村協議会〉 6500円 ⓝ518.24

◆アスベスト

<法令集>

石綿障害予防規則の解説 第9版 中央労働災害防止協会編 中央労働災害防止協会 2023.5 352p 21cm 2200円 ①978-4-8059-2110-4 ⓝ498.87

(目次) 第1編 総説（規則制定の経緯, 旧特定化学物質等障害予防規則から変更された主要な事項, その後の改正の要点）, 第2編 石綿障害予防規則逐条解説（総則, 石綿等を取り扱う業務等に係る措置, 設備の性能等, 管理, 測定, 健康診断, 保護具, 製造等, 石綿作業主任者技能講習, 報告）, 第3編 関係法令（労働安全衛生法（抄）・労働安全衛生法施行令（抄）・労働安全衛生規則（抄）, 石綿障害予防規則, 作業環境測定法（抄）・作業環境測定法施行令（抄）・作業環境測定法施行規則（抄）), 法令等の改正について

環境政策

<事 典>

グローバル環境ガバナンス事典 リチャード・E・ソーニア, リチャード・A・メガンク編, 植田和弘, 松下和夫監訳 明石書店 2018.5 472p 27cm 〈文献あり 索引あり 原書名：DICTIONARY AND INTRODUCTION TO GLOBAL ENVIRONMENTAL GOVERNANCE〉 18000円 ①978-4-7503-4667-0 ⓝ519.1

(目次) 第1部 グローバル環境ガバナンス：論考, 第2部 グローバル環境ガバナンス：用語事典, 付録

<ハンドブック>

貿易と環境ハンドブック Ver.2 環境省国際連携課 2012.3 340p 21cm 〈英語併

載〉 Ⓝ678.1

<年鑑・白書>

環境自治体白書 2011年版 環境自治体会議, 環境自治体会議環境政策研究所編 生活社 2011.9 143p 30cm 2500円 Ⓘ978-4-902651-29-4

㊝ 第1部 東日本大震災と自治体（エネルギー自立自治体へ向けて―木質バイオマスを活用した地域づくり，復興都市計画―自治体の再出発に向けて 論点とキーワード ほか），第2部 自治体と節電（自治体・地域にとっての節電・省エネ，節電事例集 ほか），第3部 自治体環境政策の動向（嵐山町ストップ温暖化条例の取り組み，市民が発案し，自治体担当者と進めた廃棄物会計の取り組み ほか），資料編（市区町村別―節電するとこんないいこと！，次世代環境自治体会議への取り組み）

環境自治体白書 2012-2013年版 検証 自治体環境政策の20年 中口毅博, 増原直樹, 環境自治体会議環境政策研究所編 生活社 2012.11 315p 21cm 〈付属資料：CD-ROM1〉 3000円 Ⓘ978-4-902651-31-7

㊝ 第1部 環境自治体の20年―1992～2012（自治体環境政策の20年―1992～2012，自治体環境政策の20年―1992～2012），第2部 各地で進む環境自治体づくり（地域における市民・自治体・企業の取り組み―かつやま会議から，環境自治体会議「わがまちの政策自慢」，環境自治体を目指して―環境自治体共通目標），資料編

環境自治体白書 2013-2014年版 環境自治体から持続可能な自治体へ 中口毅博, 環境自治体会議環境政策研究所編 生活社 2013.12 246p 21cm 〈付属資料：CD1〉 3000円 Ⓘ978-4-902651-33-1

㊝ 第1部 環境自治体から持続可能な自治体へ（環境政策をとりまく地域の現状と課題，環境自治体から持続可能な自治体へ―持続可能な地域づくりの新たな視点と政策マネジメント，エネルギー事業による地域活性化，地域活性化につながる環境保全の取り組み），第2部 各地で進む環境自治体づくり（地域における市民・自治体・企業の取り組み―ひおき会議から，環境自治体会議「わがまちの政策自慢」，環境自治体を目指して―環境自治体共通目標），資料編（資料 会員自治体別実績一覧，資料 市区町村別CO2排出量推計の概要と方法，市区町村別CO2排出量推計結果（会員自治体および県庁所在地都市），環境自治体会議の組織概要）

環境自治体白書 2014-2015年版 住民力・地域力を活かした持続可能な自治体づくり 中口毅博, 環境自治体会議環境政策研究所編 生活社 2015.2 165p 21cm 2000円 Ⓘ978-4-902651-35-5

㊝ 第1部 住民力・地域力を活かした持続可能な自治体づくり（住民力・地域力を活かした持続可能な自治体づくりとは，住民力形成のプロセス―個人の力が集団の力を引き出した愛媛県内子町環境NPOサン・ラブの事例，住民力を活かした地域活性化，地域における市民・自治体・企業の取り組み―ニセコ会議から），第2部 各地で進む持続可能な地域づくり（環境自治体会議「わがまちの環境自慢」受賞団体の取り組み，環境自治体会議の共通目標とその達成状況），資料編

㊞ 333の施策の実施市町村がわかる一覧表，先進事例を掲載―長野県飯田市・愛媛県内子町など。

環境自治体白書 2015-2016年版 住宅都市からの挑戦 中口毅博, 環境自治体会議環境政策研究所編 生活社 2016.2 193p 21cm 2500円 Ⓘ978-4-902651-37-9

㊝ 第1部 住宅都市からの挑戦（住宅都市の現状・課題と解決策―参加の促し方，住宅都市における近未来のライフスタイル），第2部 各地で進む持続可能な地域づくり（地域における市民・自治体・企業の取り組み―いこま会議から，環境自治体会議「わがまちの環境自慢」受賞団体の取り組み，環境自治体会議の共通目標とその達成状況），資料編（都市類型別データ集，生物多様性の取り組み一覧表，地域資源活用の取り組み一覧，いこま会議大会宣言の解説，環境自治体会議の組織概要，共通目標制定の経過）

環境自治体白書 2016-2017年版 外の力を活用した持続可能な地域づくり 中口毅博編著, 環境自治体会議環境政策研究所編集協力 生活社 2017.2 221p 21cm 2500円 Ⓘ978-4-902651-39-3

㊝ 第1部 外の力を利用した持続可能な地域づくり（外の力を利用とは，外の力を利用した持続可能な地域づくりの事例），第2部 各地で進む持続可能な地域づくり（地域における市民・自治体・企業の取り組み―環境自治体会議会員自治体の優良事例），第3部 持続可能な地域づくりの今後の展望（持続可能な地域づくりの今後の展望）

環境自治体白書 2017-2018年版 地域における持続可能な消費と生産 中口毅博編著, 環境自治体会議環境政策研究所編集協力 生活社 2018.3 203p 21cm 2500円 Ⓘ978-4-902651-41-6

㊝ 第1部 生産地と消費地による持続可能な地域づくり（地域における持続可能な消費と生産とは，生産地と消費地による持続可能な地域づくりの事例），第2部 各地で進む持続可能な地域づくり（地域における市民・自治体・企業の取り組み―しほろ会議から，先進的政策事例の紹介，環境自治体の共通目標と達成状況），資料編

環境問題　　　　　　　　　　　　　　　　　環境政策

ⓘ(内容) 持続可能な消費と生産指標の市町村別算定結果を掲載！

環境自治体白書　2018-2019年版
　SDGsの推進による地域課題の同時解決―水分野を中心に　中口毅博，小澤はる奈編著，環境自治体会議環境政策研究所編集協力　生活社　2019.5　203p　21cm　2500円　①978-4-902651-43-0
(目次) 第1部 自治体におけるSDGsの推進―水分野と他の課題の同時解決（自治体におけるSDGsの取り組み，水をめぐる課題の解決事例），第2部 各地で進む持続可能な地域づくり（地域における市民・自治体・企業の取り組み―なめがた会議から，先進的政策事例の紹介，環境自治体の共通目標と達成状況），資料編
(内容) 全国市町村別プラスチックごみ推計値を一挙掲載！

環境・リサイクル施策データブック　国・自治体の「環境」・「エネルギー」・「バイオマス」関連施策等　2011　オフィスゼロ編　オフィスゼロ　2011.10　222p　26cm　6000円　①978-4-9904922-2-9　Ⓝ519.1

環境・リサイクル施策データブック　国・自治体の「環境」・「エネルギー」・「バイオマス」関連施策等　2012　オフィスゼロ編　オフィスゼロ　2012.10　242p　26cm　6000円　①978-4-9904922-3-6　Ⓝ519.1

環境・リサイクル施策データブック　国・自治体の「環境」・「エネルギー」・「バイオマス」関連施策等　2013　オフィスゼロ編　オフィスゼロ　2013.10　259p　26cm　6000円　①978-4-9904922-4-3　Ⓝ519.1

環境・リサイクル施策データブック　国・自治体の「環境」・「エネルギー」・「バイオマス」関連施策等　2014　オフィスゼロ編　オフィスゼロ　2014.10　260p　26cm　6000円　①978-4-9904922-5-0　Ⓝ519.1

環境・リサイクル施策データブック　国・自治体の「環境」・「エネルギー」・「バイオマス」関連施策等　2015　オフィスゼロ編　オフィスゼロ　2015.12　270p　26cm　6000円　①978-4-9904922-6-7　Ⓝ519.1

環境・リサイクル施策データブック　国・自治体の「環境」・「エネルギー」・「バイオマス」関連施策等　2016　オフィスゼロ編　オフィスゼロ　2016.12　274p　26cm　6000円　①978-4-9904922-7-4　Ⓝ519.1
(内容) 環境問題に関する国の主な取り組みをはじめ，関係省庁の平成28年度環境保全予算と新規施策，47都道府県・20政令市・東京都区部の28年度環境関連主要施策，全国主要都市の平成28年度主要事業を収録。

＜名簿・人名事典＞

環境省名鑑　2012年版　米盛康正編著　時評社　2011.12　149p　19cm　2857円　①978-4-88339-172-1　Ⓝ317.269

環境省名鑑　2013年版　米盛康正編著　時評社　2013.1　209p　19cm　3333円　①978-4-88339-189-9　Ⓝ317.269

環境省名鑑　2014年版　米盛康正編著　時評社　2013.12　221p　19cm　3333円　①978-4-88339-199-8　Ⓝ317.269

環境省名鑑　2015年版　米盛康正編著　時評社　2015.2　259p　19cm　3300円　①978-4-88339-211-7　Ⓝ317.269

環境省名鑑　2016年版　米盛康正編著　時評社　2015.12　267p　19cm　3300円　①978-4-88339-223-0　Ⓝ317.269

環境省名鑑　2017年版　米盛康正編著　時評社　2016.11　261p　19cm　3300円　①978-4-88339-233-9　Ⓝ317.269

環境省名鑑　2018年版　米盛康正編著　時評社　2018.1　266p　19×12cm　〈索引あり〉　3300円　①978-4-88339-246-9　Ⓝ317.269

環境省名鑑　2019年版　米盛康正編著　時評社　2018.12　9,270p　19cm　3300円　①978-4-88339-257-5　Ⓝ317.269

環境省名鑑　2020年版　米盛康正編著　時評社　2019.12　9,273p　19cm　3300円　①978-4-88339-270-4　Ⓝ317.269

環境省名鑑　2021年版　米盛康正編著　時評社　2020.12　9,281p　19cm　3300円　①978-4-88339-280-3　Ⓝ317.269

環境省名鑑　2022年版　米盛康正編著　時評社　2021.11　9,287p　19cm　3300円　①978-4-88339-291-9　Ⓝ317.269
(内容) 令和3年10月26日現在の環境省本省，原子力規制庁，施設機関，地方機関，独立行政法人の主要幹部職員を登載し，職名、生年月日、出身地、出身校、経歴等を調査記載する。出身都道府県別幹部一覧付き。

環境省名鑑　2023年版　米盛康正編著　時評社　2022.11　9,285p　19cm　3300円　①978-4-88339-303-9　Ⓝ317.269

環境省名鑑　2024年版　米盛康正編著　時評社　2023.11　9,265p　19cm　3300円　①978-4-88339-315-2　Ⓝ317.269

◆環境法

＜事典＞

法律のどこに書かれているの？　わかって

安心！ 企業担当者のための環境用語事典　北村喜宣，下村英嗣編集　第一法規　2019.11　223p　19cm　〈索引あり〉　2500円　Ⓘ978-4-474-06588-8　Ⓝ519.033

〈内容〉企業の環境法令管理担当者が調べる機会の多い重要な環境関連用語や法令用語350語をコンパクトに解説。

<ハンドブック>

ISO環境法クイックガイド　2024　ISO環境法研究会編　第一法規　2024.4　425p　21cm　〈他言語標題：Environmental Management System Quick Guide　索引あり〉　4500円　Ⓘ978-4-474-09427-7　Ⓝ519.12

〈目次〉第1章 基本的事項，第2章 地球温暖化・エネルギー・フロン，第3章 大気汚染，第4章 水質汚濁，第5章 土壌汚染，第6章 騒音・振動・地盤沈下・悪臭，第7章 廃棄物，第8章 循環型社会，第9章 化学物質・安全衛生・危険物，第10章 自然環境・生物多様性，第11章 土地利用

〈内容〉ISO14001をはじめとした各種環境マネジメントシステムの認証取得・運用に欠かせない主要環境法85法を見やすい一覧表形式で収録。手間をかけずに罰則や遵守事項を確認、スマートな環境管理をお手伝いします。審査や内部監査時の持ち歩き等にも便利なコンパクトサイズで充実の内容。

<法令集>

環境六法　令和6-7年版　中央法規出版　2024.7　2冊　21cm　9000円　Ⓘ978-4-8243-0074-4　Ⓝ519.12

〈目次〉1（環境一般，大気汚染・悪臭，騒音・振動，水質汚濁・地盤沈下，土壌汚染・農薬，化学物質），2（地球環境，廃棄物・リサイクル，自然環境，東日本大震災関係，関係法令，計画・指針等，条約等，附録 法解説）

〈内容〉法令遵守のために知っておくべき法規が増しているなか、SDGsや国際条例など多岐にわたる環境法規を収載!!主な改正、大気汚染防止法、地球温暖化対策の推進に関する法律、エネルギーの使用の合理化及び非化石エネルギーへの転換等に関する法律、再生可能エネルギー電気の利用に関する特別措置法、特定外来生物による生態系に係る被害の防止に関する法律、等。※「水道法」関係法令を新規収載!!

国際環境条約・資料集　松井芳郎，富岡仁，田中則夫，薬師寺公夫，坂元茂樹，高村ゆかり，西村智朗編集委員　東信堂　2014.9　845p　22cm　〈年表あり 索引あり〉　8600円　Ⓘ978-4-7989-1255-4　Ⓝ519.12

〈内容〉国際環境法に関連する条約、宣言、決議等の国際文書、関連国内法を、分野ないしはテーマ別に13の章に整理して収録。各章の冒頭に、歴史的な流れ、各文書の趣旨・目的と特徴などの解説を掲載する。見返しに索引あり。

東京都環境関係例規集　9訂版　ぎょうせい　2019.12　828p　21cm　3000円　Ⓘ978-4-324-10741-6　Ⓝ519.12

〈目次〉東京都環境基本条例，都民の健康と安全を確保する環境に関する条例，都民の健康と安全を確保する環境に関する条例施行規則，東京都環境影響評価条例，東京都環境影響評価条例施行規則，東京都廃棄物条例，東京都廃棄物条例施行規則，参考（特別区における東京都の事務処理の特例に関する条例（抄），特別区における東京都の事務処理の特例に関する条例に基づき特別区が処理する事務の範囲等を定める規則（抄），市町村における東京都の事務処理の特例に関する条例（抄），市町村における東京都の事務処理の特例に関する条例に基づき市町村が処理する事務の範囲等を定める規則（抄））

ベーシック環境六法　11訂　大塚直，北村喜宣，高村ゆかり，島村健編集　第一法規　2024.2　824p　22cm　〈索引あり〉　4500円　Ⓘ978-4-474-09433-8　Ⓝ519.12

〈目次〉第1章 基本，第2章 地球温暖化，第3章 大気汚染，第4章 水質汚濁等・土壌汚染，第5章 騒音・悪臭，第6章 廃棄物・リサイクル，第7章 化学物質，第8章 放射性物質，第9章 自然保護，第10章 国土・土地利用，第11章 エネルギー・資源，第12章 その他関係法令，第13章 環境基準，第14章 条約，第15章 条例

〈内容〉現場で役立つ環境法令99件、条約等16件、条例4件を精選！ 遵守事項をまとめたベストセラー『ISO環境法クイックガイド2024』の姉妹本。

環境アセスメント

<ハンドブック>

LIME3　グローバルスケールのLCAを実現する環境影響評価手法　改訂増補　伊坪徳宏，稲葉敦編著　丸善出版　2023.12　286p　26cm　〈索引あり〉　10000円　Ⓘ978-4-621-30843-1　Ⓝ519.13

〈目次〉第1部 LIME3の概要（ライフサイクル影響評価，LIME3の概要と特徴），第2部 被害評価手法（気候変動，大気汚染（PM2.5），光化学オキシダント，水消費，土地利用，鉱物・化石資源消費，森林資源消費），第3部 正規化（既存研究の現状と評価の方針，研究手法，結果，議論），第4部 統合化（評価目的，評価方法，結果，議論，まとめ）

〈内容〉グローバル化する企業のサプライチェーンに対応し、日本企業が世界規模で環境ビジネ

スを展開する上での最適な手法。

環境保全

<事典>

ESG/SDGsキーワード130 江夏あかね, 西山賢吾著 金融財政事情研究会 2021.2 445p 19cm 〈発売：きんざい 索引あり〉 2800円 ①978-4-322-13592-3 Ⓝ335.15
(目次) ESG/SDGs全般（アカウンタビリティ, インベストメント・チェーン ほか）, 環境（温室効果ガス, カーボン・オフセット ほか）, 社会（ジェンダー, 児童労働/奴隷的労働 ほか）, ガバナンス（アクティビスト, アセットオーナー/アセットマネージャー ほか）
(内容) ESG・SDGsを理解する上でのキーワード130語を網羅し、「環境」「社会」「ガバナンス」といったテーマに大別。用語の意味からその背景、歴史的な経緯までをわかりやすく解説する。

<ハンドブック>

環境・生態系保全活動ハンドブック 全国漁業協同組合連合会 2011.3 110p 19cm 〈環境・生態系保全活動支援推進事業〉 Ⓝ519.81

施設におけるエネルギー環境保全マネジメントハンドブック 2016 日本ファシリティマネジメント協会エネルギー環境保全マネジメント研究部会編集 日本ファシリティマネジメント協会 2016.2 96p 30cm 2500円 ①978-4-906857-26-5 Ⓝ526

◆自然保護

<事 典>

事典・日本の自然保護地域 自然公園・景勝・天然記念物 日外アソシエーツ株式会社編集 日外アソシエーツ 2016.4 496p 21cm 〈文献あり 索引あり〉 発売：紀伊国屋書店 12500円 ①978-4-8169-2596-2 Ⓝ519.8
(目次) 自然一般（国定公園, 国立公園 ほか）, 記念物・名勝（天然記念物―国指定, 特別天然記念物―国指定 ほか）, 森林・樹木・花（あわじ花へんろ, 香川の保存木 ほか）, 名水（信州の名水・秘水, とっとり（因伯）の名水 ほか）, 生息地（サンクチュアリ, 重要生息地（IBA） ほか）
(内容) 官公庁、地方自治体、学会・各種団体、国際機関によって選定・登録された日本の自然保護地域135種6,400件を通覧。地域特有の自然を対象とした保護地域、自然公園、風景、樹木、指定文化財（天然記念物、名勝）を収録。都道府県・市町村単位で引くことが出来る「地域別索引」付き。

<ハンドブック>

沿岸域における環境価値の定量化ハンドブック 岡田知也, 三戸勇吾, 桑江朝比呂編著 生物研究社 2020.3 262p 24cm 〈文献あり〉 3500円 ①978-4-909119-16-2 Ⓝ519.8

里海づくりの手引書 瀬戸内海環境保全協会編 環境省水・大気環境局水環境課閉鎖性海域対策室 2011.3 102p 30cm Ⓝ519.4

自然公園実務必携 5訂 環境省自然環境局国立公園課監修 中央法規出版 2022.8 1冊 21cm 7000円 ①978-4-8058-8752-3 Ⓝ519.8
(目次) 自然公園法, 公園計画に係る実務, 公園事業の決定に係る実務, 管理運営計画に係る事務, 公園事業の執行, 行為許可等に係る実務, 自然公園法に基づく事業計画制度等, 風景地保護協定及び公園管理団体, 利用の促進・適正化に関する制度, 事業・交付金要綱等, 環境省所管国有財産の管理業務〔ほか〕
(内容) 自然公園法、公園計画に係る業務、自然公園法に係る許認可業務、環境省所管国有財産の管理業務など、自然公園の実務に関する法令について、令和4年8月1日現在の内容で収載する。PDFファイルを閲覧できるパスワードつき。

自然再生の手引き 亀山章, 倉本宣, 日置佳之編 日本緑化センター 2013.10 264p 26cm 〈「自然再生」（ソフトサイエンス社平成17年刊）の改訂〉 2500円 ①978-4-931085-52-7 Ⓝ519

自然保護と利用のアンケート調査 公園管理・野生動物・観光のための社会調査ハンドブック 愛甲哲也, 庄子康, 栗山浩一編 築地書館 2016.7 313p 22cm 〈文献あり 索引あり〉 3400円 ①978-4-8067-1516-0 Ⓝ519.8
(目次) 第1部 基本編（自然環境の保全と観光・レクリエーション利用のための社会環境とは, アンケート調査の企画―実施する前に, アンケート調査票の設計, アンケート調査の実施, データ分析と成果の取りまとめ）, 第2部 応用編（レクリエーション研究からのアプローチ, 環境経済学からのアプローチ―貨幣評価, 野生動物管理学からのアプローチ―政策評価・リスク認識, 観光学からのアプローチ―市場調査, 質的調査による地域資源評価の事例）, 付録
(内容) 自然環境の保護と利用を目的としたアンケート調査の作成から実施方法、データ解析までを、造園学、環境経済学、野生動物管理学、

環境保全　　　　　　　　　　　環境問題

観光学など多様な分野の研究者・実務者が解説する。

ナショナル・トラストへの招待　改訂カラー版　四元忠博著　緑風出版　2023.7　278p　19cm　〈索引あり〉　2600円　①978-4-8461-2309-3　Ⓝ519.833
〈目次〉1 ナショナル・トラストの成立（オープン・スペース運動の開始、ナショナル・トラストの成立、ナショナル・トラスト運動の開始）、2 山岳地帯を歩く（湖水地方を歩く、ウェールズ北部山岳地帯を行く―ナショナル・トラスト「スノードニア・ウィークエンド」に参加して）、3 田園地帯を歩く（コッツウォルズのシャーボン村を訪ねて、北サマセット（エクスムア）のハニコト・エステートを訪ねて、ゴールデン・キャップとブランスクームへ、ウェールズ南西部を行く）、4 海岸線を歩く（ナショナル・トラストの海岸線を歩く、再びナショナル・トラストの海岸線を行く、持続可能な海岸線を求めて）、5 都市近郊を歩く（リヴァプールとバーミンガムへ、マンチェスターとシェフィールドへ―ピーク・ディストリクト国立公園を歩く、ロンドン近郊を歩く―都市と農村との均衡ある発展を目指して、再びロンドン近郊を歩く―都市化の阻止を目指して）
〈内容〉誕生後120年、ナショナル・トラストは拡大を続け、所有面積はイギリス全体の1.5%に達した。本書は、ナショナル・トラストの成立を概観し、山岳地帯、田園地帯、海岸線、都市近郊などの特徴に分け、イギリス各地のトラストを訪ね歩き、その姿を平易に解説する。写真と地図を満載の格好のガイド。ハンドブックとして好評につき改訂カラー版として刊行！

<法令集>

南極環境保護関係法令集　2015年　南極観測センター編　(立川)情報・システム研究機構国立極地研究所　2015.6　307p　21cm　Ⓝ519.8

<図鑑・図集>

ビジュアル版 自然の楽園 美しい世界の国立公園大図鑑　アンジェラ・S.イルドス、ジョルジオ・G.バルデッリ編、藤原多伽夫訳　東洋書林　2013.11　319p　30cm　〈原書名：THE GREAT NATIONAL PARKS OF THE WORLD〉　12000円　①978-4-88721-815-4　Ⓝ290
〈目次〉1 ヨーロッパ、2 アフリカ、3 アジア・中東、4 オセアニア、5 北アメリカ、6 中央・南アメリカ
〈内容〉圧巻のフルカラー写真650点。息を呑む地球の魅惑52！

◆**環境工学**

<辞典>

プロフェッショナル用語辞典環境テクノロジー　日経BP社編著　日経BP社　2011.6　353p　19cm　〈発売：日経BPマーケティング　他言語標題：A Professional Dictionary of Green Technologies　奥付のタイトル：環境テクノロジープロフェッショナル用語辞典　索引あり〉　3000円　①978-4-8222-4855-0　Ⓝ519.033
〈目次〉1 エコロジー、2 エネルギー、3 レギュレーション、4 マテリアル、5 テクノロジー
〈内容〉太陽光発電、レアアース、LED照明、ビークル・ツー・グリッド（V2G）、生分解性プラスチック、ISO26000、REACH規則、シェールガス、メタンハイドレート、非接触充電、排出権取引、スマートグリッド、ポスト京都議定書…新しい世界を切り拓く「グリーン技術」の最新・重要キーワードをこの1冊に凝縮。

<ハンドブック>

鉄鋼便覧　第6巻　環境・エネルギー　第5版　日本鉄鋼協会第5版鉄鋼便覧委員会編　日本鉄鋼協会　2014.8　300p　27cm　〈年表あり　文献あり〉　42858円　①978-4-930980-85-4　Ⓝ564.036
〈内容〉第3版、第4版を全面改訂し、待望の書籍版で提供。鉄鋼の学術・技術の歴史的変遷から最先端までをわかりやすく簡潔に記述。最新の学術・技術のデータを掲載。教科書的内容や過去の詳細な内容は関連の文献を紹介し、コンパクト化。

閉鎖生態系・生態工学ハンドブック　大政謙次、竹内俊郎、木部勢至朗、北宅善昭、船田良監修、生態工学会出版企画委員会編　アドスリー　2015.9　447p　30cm　〈発売：丸善出版〉　4600円　①978-4-904419-57-1　Ⓝ519
〈目次〉第1章 宇宙と閉鎖生態系・生態工学、第2章 陸域環境と生態工学、第3章 水圏環境・養殖と生態工学、第4章 農業と生態工学、第5章 エネルギー・物質生産と生態工学、第6章 センシングと生態工学、第7章 光と生物

◆**環境経営**

<辞典>

環境・CSRキーワード事典　日経エコロジー厳選　日経エコロジー編　日経BP社　2016.12　342p　19cm　〈索引あり　発売：

日経BPマーケティング〉 2800円 ①978-4-8222-3684-7 Ⓝ336

(目次) ESG経営, 地球温暖化対策, エネルギー, 資源循環・廃棄物, 化学物質・有害物質, 生物多様性, 環境全般

(内容) IR担当者, 機関投資家にも役立つ情報が満載。話題のESG投資も押さえられる。サステナブル経営に必須の303語を収録。

＜名簿・人名事典＞

CSR企業総覧　2012　東洋経済新報社　2011.11　2047p　26cm　(Data Bank SERIES) 〈『週刊東洋経済』臨時増刊　索引あり〉　25000円

CSR企業総覧　2013　東洋経済新報社　2012.11　2140p　26cm　(Data Bank SERIES) 〈『週刊東洋経済』臨時増刊　索引あり〉　25000円

CSR企業総覧　2014　東洋経済新報社　2013.11　2275p　26cm　(Data Bank SERIES) 〈『週刊東洋経済』臨時増刊　索引あり〉　27000円

CSR企業総覧　2015　東洋経済新報社　2014.12　2412p　26cm　(Data Bank SERIES) 〈『週刊東洋経済』臨時増刊　索引あり〉　27000円

CSR企業総覧　2016　東洋経済新報社　2015.12　2562p　26cm　(Data Bank SERIES) 〈『週刊東洋経済』臨時増刊　索引あり〉　27000円

(内容) 会社基本データ, CSR＆財務評価・格付け, CSR全般, ガバナンス・法令順守・内部統制, 雇用・人材活用, 消費者・取引先対応, 社会貢献, 環境などの9分野からなる1325社のCSR (企業の社会的責任) データを収録。

CSR企業総覧　2017ESG編　東洋経済新報社　2016.11　1852p　26cm　(Data Bank SERIES) 〈『週刊東洋経済』臨時増刊　索引あり〉　22000円

CSR企業総覧　2018ESG編　東洋経済新報社　2017.11　1914p　26cm　(Data Bank SERIES) 〈『週刊東洋経済』臨時増刊　索引あり〉　22000円

CSR企業総覧　2019ESG編　東洋経済新報社　2018.11　2102p　26cm　(Data Bank SERIES) 〈『週刊東洋経済』臨時増刊　索引あり〉　22000円

CSR企業総覧　2020ESG編　東洋経済新報社　2019.11　2235p　26cm　(Data Bank SERIES) 〈『週刊東洋経済』臨時増刊　索引あり〉　22000円

CSR企業総覧　2021ESG編　東洋経済新報社　2021.1　2360p　26cm　(Data Bank SERIES) 〈『週刊東洋経済』臨時増刊　索引あり〉　22000円

CSR企業総覧　2022ESG編　東洋経済新報社　2021.12　2414p　26cm　(Data Bank SERIES) 〈『週刊東洋経済』臨時増刊　索引あり〉　22000円

CSR企業総覧　2023ESG編　東洋経済新報社　2022.12　2429p　26cm　(Data Bank SERIES) 〈『週刊東洋経済』臨時増刊　索引あり〉　22000円

(内容) 有力・先進1702社のCSR (企業の社会的責任) 企業データベースから, 会社基本データ, CSR＆財務評価・格付け, CSR全般, ガバナンス・法令順守・内部統制, 消費者・取引先対応, 社会貢献などのデータをまとめる。

＜ハンドブック＞

ESG情報開示の実践ガイドブック　藤野大輝著　中央経済社　2022.3　209p　21cm　〈発売：中央経済グループパブリッシング　索引あり〉　2600円　①978-4-502-41781-8　Ⓝ336.92

(目次) 第1章 企業がESG情報を開示する意義とは？(ESG投資はもはや単なるブームではない, 企業に求められるESGに関する対応とは？), 第2章 ESG情報の開示はTCFDなどの開示基準を参考に (ESG情報の開示に関する法令や枠組みは？, ESG情報の開示基準とは？, ESG情報開示基準の概要と比較, ESG情報開示基準の利用状況は？, 開示基準に対応する際のポイント), 第3章 ESG情報の開示までのプロセス (ESG情報の開示に関する理解と体制の整備, ビジネスモデルとESGはどう関係するのか, マテリアリティを特定して経営戦略にESGを組み込む, KPIの設定, 開示から対話へ, ガバナンス体制を整備する, シナリオ分析についての検討), 第4章 ESG情報の開示に関する動向と課題 (ESG情報開示基準が統一に向かっている？, 国・地域におけるESG情報開示に関する動き, 想定される開示の拡充と残された課題にどう対応するか)

(内容) ESGについての基本事項から, 開示に際して参考にすべき基準の概要や比較, 開示に向けたプロセス, 今後の動向まで, 実際の開示例も盛り込みわかりやすく解説。

ESG情報の外部保証ガイドブック　SDGsの実現に向けた情報開示　サステナビリティ情報審査協会著　税務経理協会　2021.11　239p　21cm　〈文献あり　索引あり〉　2700円　①978-4-419-06803-5　Ⓝ336.92

(目次) 第1章 ESG情報の審査に関する動向 (ESG

情報開示の動向，ESG情報に対する審査の動向），第2章 ESG情報の審査の概要と流れ（審査の概要と受審企業にとってのメリット，契約締結前手続から審査計画策定まで，審査業務手続の実施，結論の形成と表明の方法，その他の審査業務関連実施事項），第3章 ESG情報審査の実務（ESG情報の審査，温室効果ガス排出量情報の審査，その他の審査等，審査を受けるにあたっての留意事項），第4章 ESG情報審査の基準・ガイダンス（国際保証業務基準ISAE，ISO14064シリーズと認定制度，EERの保証ガイダンス）

〈内容〉実際にどのように行われるのか審査がわかる。温室効果ガス排出量や廃棄物関連指標などの環境パフォーマンス指標。障害者雇用率などの社会パフォーマンス指標。など，各指標における審査の視点を具体的に解説。

50のテーマで読み解くCSRハンドブック キーコンセプトから学ぶ企業の社会的責任

S・ベン，D・ボルトン著，松野弘監訳 （京都）ミネルヴァ書房 2021.3 336p 21cm 〈索引あり〉 原書名：Key Concepts in Corporate Social Responsibility〉 4000円 ①978-4-623-07796-0 Ⓝ335.15

〈目次〉第1部 CSRの基礎理論（エージェンシー理論，資源ベース理論の観点 ほか），第2部 CSRのマネジメント（エシカル消費運動，NGO ほか），第3部 CSRの特徴（企業責任の報告，企業のアカウンタビリティ ほか），第4部 環境問題とCSRの関係（環境汚染・廃棄物処理，環境言説 ほか）

〈内容〉「CSRとは何か」「なぜCSRが重要か」「CSRをどのように実行するか」という3つの大きな問題領域を，50のテーマを軸に詳解。現在，企業に求められる役割，責任，社会からの期待といった複雑な内的，外的環境を，CSRの概念や課題を知ることから理解する。

全図解 中小企業のためのSDGs導入・実践マニュアル

中谷昌文，馬場滋著 日本実業出版社 2023.1 249p 19cm 〈他言語標題：Practical Manual for Small-and Mid-sized Business to Introduce and Practice SDGs〉 1600円 ①978-4-534-05960-4 Ⓝ335.35

〈目次〉01 SDGsを学びましょう，実感しましょう，話しましょう，02 あなたの会社のSDGsチェックを行ってください，03 なぜSDGsに取り組むのかを明確にしましょう，04 SDGsチームをつくり，社内の意識を向上させましょう，05 あなたの会社のパーパスを明文化しましょう，06 SDGsプロジェクトを定め，ゴールとスケジュールを設定しましょう，07 会社のSDGsプロジェクトを社内外にアウトプットしましょう，08 2045年に向け，SDGs視点でムーンショット計画を立案しましょう

〈内容〉「8つのSTEP」の流れに沿って，目的の明確化，社員の意識向上，導入手続き，社内外へのPR etc.の実務を解説!!

TCFD開示の実務ガイドブック 気候変動リスクをどう伝えるか

KPMGサステナブルバリューサービス・ジャパン編 中央経済社 2022.4 172p 21cm 〈発売：中央経済グループパブリッシング〉 2500円 ①978-4-502-41381-0 Ⓝ336

〈目次〉第1部 理論編 TCFD開示とは（企業を取り巻くステークホルダーの状況，TCFD開示のフレームワーク），第2部 実践編 TCFD開示の実務と開示の動向（TCFD開示の進め方，TCFD開示の動向），第3部 将来編 サステナビリティ開示の未来像（サステナビリティ開示のゆくえ，IFRS財団によるサステナビリティ開示基準（気候関連の開示要求に関する事項を含む）のプロトタイプ）

〈内容〉CGコードでも対応が迫られるTCFD（気候関連財務情報開示タスクフォース）による開示の基本事項からシナリオ分析，排出量測定，今後の動向まで解説！

独占禁止法グリーンガイドライン

鈴木健太編著，五十嵐収，磯野美奈奈著 商事法務 2024.6 166p 21cm 〈索引あり〉 2300円 ①978-4-7857-2946-2 Ⓝ335.57

〈目次〉第1 共同の取組（独占禁止法上問題とならない行為，独占禁止法上問題となる行為，独占禁止法上問題とならないよう留意を要する行為），第2 取引先事業者の事業活動に対する制限及び取引先の選択（取引先事業者の事業活動に対する制限，取引先の選択），第3 優越的地位の濫用行為（購入・利用強制，経済上の利益の提供要請，取引の対価の一方的決定，その他の取引条件の設定等），第4 企業結合（企業結合審査の流れ，企業結合審査の基本的な考え方），第5 公正取引委員会への相談について（相談制度の概要，相談を迅速・円滑に進めるために望まれる事業者等における準備，相談窓口）

〈内容〉令和6年4月改定対応！ 脱炭素，カーボンニュートラルに向けた企業の活動についての独占禁止法上の考え方をガイドライン立案担当者が解説。

リコーの先進事例に学ぶ環境経営入門 環境経営実践ハンドブック

谷達雄著 秀和システム 2012.4 297p 21cm 〈文献あり 索引あり〉 1800円 ①978-4-7980-3272-6 Ⓝ336

労働CSRガイドブック 働き方改革と企業価値の創造

全国社会保険労務士会連合会監修，社会保険労務士総合研究機構編 中央経済社 2022.6 137p 21cm 〈発売：中央経済グループパブリッシング〉 2500円 ①978-4-502-42891-3 Ⓝ336.5

〈目次〉第1章 労働CSRとは（法ではないが法のような機能を持つもの，CSRの機能，労働CSRの発現形態とそれらが参照する基準，最新の国際的潮流と今後の展望，社労士と労働CSR），第2章 労働CSRの内容と展開（労働CSR

の内容，労働CSRの具体的な内容，労働CSRによる組織点検の展開，労働CSRの基盤としての「ビジネスと人権」），第3章 総合的なCSRの取組み（総合的なCSRの考え方，総合的なCSRの内容と実践―CSRの経営への統合化に向けた7つのステップ），好事例集（ES（従業員満足）とモチベーション向上を目指した「教える、認める、褒める、必要とされる」社内文化づくりを推進，育児世代が多いアパレル業界における両立支援制度の見直し ほか），労働CSRガイドブック用語集

(内容) 本書は、企業における労働CSR導入の実施を推進するためのガイドブックです。労働CSRの考え方、実践方法、好事例などを掲載しています。具体的には労働CSRの7つの分野と41の実践項目を概観し、チェックリストを使用して実践項目の実施状況を点検します。その後、各社で取り組むべき課題を洗い出して、最優先項目に対して、労働CSRの施策を実行していきます。その実例として、8つの好事例を取り上げています。

<年鑑・白書>

CSR企業白書　2017　東洋経済新報社
2017.7　597p　26cm　（Data Bank SERIES）〈『週刊東洋経済』臨時増刊〉 18000円

CSR企業白書　2018　東洋経済新報社
2018.5　672p　26cm　（Data Bank SERIES）〈『週刊東洋経済』臨時増刊〉 18000円

CSR企業白書　2019　東洋経済新報社
2019.4　720p　26cm　（Data Bank SERIES）〈『週刊東洋経済』臨時増刊〉 18000円

CSR企業白書　2020　東洋経済新報社
2020.4　727p　26cm　（Data Bank SERIES）〈『週刊東洋経済』臨時増刊　CSRに関連する出来事：p92〜93〉　18000円

CSR企業白書　2021　東洋経済新報社
2021.4　755p　26cm　（Data Bank SERIES）〈『週刊東洋経済』臨時増刊　CSRに関連する出来事：p108〜109〉　19000円

CSR企業白書　2022　東洋経済新報社
2022.4　771p　26cm　（Data Bank SERIES）〈『週刊東洋経済』臨時増刊　CSRに関連する出来事：p122〜123〉　19000円

CSR企業白書　2023　東洋経済新報社
2023.5　770p　26cm　（Data Bank SERIES）〈『週刊東洋経済』臨時増刊　CSRに関連する出来事：p94〜95〉　19000円

(内容) 企業のCSR活動や研究、株式投資などさまざまな分析で参考となる情報を提供。CSR・ESGのレポート、CSR・ESGに関する総合評価のランキング・格付け、「CSR企業総覧」収録のデータのランキング・集計表を掲載。

◆◆環境経営（規格）

<ハンドブック>

JISハンドブック　環境マネジメント　2024　日本規格協会編　日本規格協会
2024.1　1009p　21cm　16800円　①978-4-542-19063-4　Ⓝ509.13

(目次) 用語，原則・仕様，監査，環境アセスメント，環境ラベル及び宣言，環境パフォーマンス評価，ライフサイクルアセスメント，温室効果ガス，環境側面，エネルギー，適合性評価，参考

◆◆環境技術

<ハンドブック>

カーク・オスマー　化学技術・環境ハンドブック　グリーン・サステイナブルケミストリー　1巻　技術・材料編　普及版
カーク，オスマー［著］，日本化学会監訳　丸善出版　2016.9　867p　27cm　〈文献あり　原書名：Kirk-Othmer chemical technology and the environment.（第5版）〉　24000円
①978-4-621-30075-6　Ⓝ430.36

(内容) 定評ある化学技術の包括的な百科事典から、環境と共生する化学工業、汚染の発生とその影響を最低限に抑える方策に関する項目を厳選して収載。

カーク・オスマー　化学技術・環境ハンドブック　グリーン・サステイナブルケミストリー　2巻　環境・安全編　普及版
カーク，オスマー［著］，日本化学会監訳　丸善出版　2016.9　691p　27cm　〈文献あり　原書名：Kirk-Othmer chemical technology and the environment.（第5版）〉　24000円
①978-4-621-30076-3　Ⓝ430.36

マザーソイル工　設計・施工の手引き（案）：森林表土利用工　改訂19版　マザーソイル協会　2022.4　50p　30cm　1300円　Ⓝ513.3

<年鑑・白書>

エコデバイス革命　2012　パワーデバイ

ス・LED/EL各社の最新動向　産業タイムズ社　2011.10　346p　26cm　18000円　①978-4-88353-192-9　Ⓝ549.8
（目次）第1章 節電対策はパワーデバイス・LEDが支える！，第2章 パワーデバイス市場および技術動向，第3章 LED照明・照明用有機EL市場および技術動向，第4章 パワーデバイス各社の生産および投資計画，第5章 パワーデバイスの工場別動向と計画，第6章 パワーデバイス関連装置・材料メーカーの現状と展望，第7章 LEDチップ・モジュールメーカーの生産および投資計画，第8章 LED照明メーカーの事業戦略，第9章 照明用有機ELメーカーの生産および投資計画，第10章 LED・照明用有機ELメーカーの工場別動向と計画，第11章 LED・有機EL関連装置・材料メーカーの現状と展望

紙パルプ産業と環境　2012　古紙、森林、エネルギー～新たな課題への挑戦～　テックタイムス企画　紙業タイムス社　2011.8　208p　26cm　2000円　①978-4-904844-05-2　Ⓝ585

紙パルプ産業と環境　2013　古紙、森林、エネルギー－新たな課題への挑戦　テックタイムス企画　紙業タイムス社　2012.8　226p　26cm　2000円　①978-4-904844-08-3　Ⓝ585

紙パルプ産業と環境　2014　エネルギー、古紙、バイオマス－持続可能性への挑戦　テックタイムス企画　紙業タイムス社　2013.8　215p　26cm　2000円　①978-4-904844-12-0　Ⓝ585

紙パルプ産業と環境　2015　エネルギー、バイオマス、古紙、植林－持続可能性へのチャレンジ　テックタイムス企画　紙業タイムス社　2014.8　214p　26cm　2000円　①978-4-904844-15-1　Ⓝ585
（目次）第1章 高度バイオマス産業としての紙パ（1）エネルギー，第2章 高度バイオマス産業としての紙パ（2）素材，第3章 アジアの古紙需給と日本，第4章 世界の原材料事情，第5章 環境・CSR報告書を見る，第6章 資料・統計

紙パルプ産業と環境　2016　エネルギー、バイオマス、古紙、植林－持続可能な社会への貢献　テックタイムス企画　紙業タイムス社　2015.7　187p　26cm　2000円　①978-4-904844-19-9　Ⓝ585
（目次）第1章 エネルギー，第2章 気候変動，第3章 新素材・新技術，第4章 古紙利用，第5章 森林・植林，第6章 製紙産業の取組み

紙パルプ産業と環境　2017　エネルギー、バイオマス、古紙、森林－持続可能な社会への貢献　テックタイムス企画　紙業タイムス社　2016.8　199p　26cm　2000円　①978-4-904844-22-9　Ⓝ585
（目次）第1章 CNFの現在と未来（CNFとは何か―資源循環が可能な自然由来の新素材，企業によるCNFの取組み―相次ぐ実証プラント稼働で実用化に弾み，産官学によるCNFの多様な展開を見せる実用化への取組み），第2章 気候変動と持続可能性（日本政府の地球温暖化対策計画―GHGは「2050年までに80％削減」，再生可能エネは「最大限導入」と明記，COP21はゲームチェンジの始まり―カーボンプライスを抜きにして経営は語れない時代になった，CSPUシンポジウム―サプライチェーンでの企業間連携により持続可能な紙利用の拡大を目指す），第3章 森林・林業・木材（製紙業界の違法伐採対策―外部監査や合法確認の精度向上が課題 2割強にとどまる森林認証材の割合，私はこう考える―わが国における林業の今後とFITについて，平成28年度JOPPセミナー―遺伝子組換え、違法伐採対策，CNFをテーマに第一人者が講演），第4章 古紙の回収と利用（世界の古紙需給・貿易構造に変化の挑し―インドへの輸入が初の300万t超に，インタビュー―利用率目標65％の達成に向け問屋業界のやるべき課題は多い，特別寄稿 私はこう考える―前経済産業省紙業服飾品課長 渡邉政嘉 わが国における古紙利用の現状と今後，インタビュー―エコマット産業 巌柏鎔社長 厳格な検査システムで売買双方から信頼を獲得，メーカー別古紙消費―消費減もマシン増設の影響が出た2015年のメーカー別古紙消費），第5章 製紙産業の取組み（求められる市場安定化のための施策―新たな古紙利用率目標は「2020年度までに65％の達成」，環境・CSR報告書を見る―新しいスタイルで多面的な情報提供、社会貢献活動なども幅広く紹介，中国の環境行政と製紙―規制強化を成長モデル転換の契機に），第6章 資料・統計

紙パルプ産業と環境　2018　森と紙とエネルギーのリサイクル－持続可能な社会への貢献　テックタイムス企画　紙業タイムス社　2017.8　212p　26cm　2000円　①978-4-904844-25-0　Ⓝ585.0921
（目次）第1章 SDGsと製紙産業の取組み（SDGsとは何か―経済成長戦略の焼き直しではなく企業も消費者も変わらねばならない，製紙産業と生物多様性保全―行動指針を策定し取組みを強化 8割近くが環境NGOなどと意見交換 ほか），第2章 森林認証、植林、林業（インタビュー―FSCジャパン・前澤英士事務局長 時代の変化に合わせFSCの規定も進化していくべき，SGEC/PEFC森林認証フォーラム―相互承認締結1年で見えてきた課題 ほか），第3章 世界の古紙事情と日本の課題（世界の古紙需給―コストパフォーマンスと市場の好感で増え続ける需要，インタビュー―全国製紙原料商工組合連合会・栗原正雄理事長 日本の古紙に対する関心はさらに高まっていく ほか），第4章 紙パの技術・環境イノベーション（CNF実用化の動き―本格化する事業展開と応用製品開発，特別寄稿 私はこう考える―岩崎誠 汚泥の減容化技術については ほ

か），第5章 資料・統計（データで見る紙パの環境対応1 廃棄物対策：最終処分量は15.2万tで目標をクリア，データで見る紙パの環境対応2 エネルギー：進展する燃料転換と温暖化対策 ほか）

紙パルプ産業と環境 2019 森と紙とエネルギーのリサイクル―SDGsと東京オリパラ2020への貢献 テックタイムス企画　紙業タイムス社　2018.8　196p　26cm　2000円　Ⓣ978-4-904844-28-1　Ⓝ585.0921

(目次) 第1章 世界の古紙事情と日本，第2章 製紙産業の取組み，第3章 森林認証とSDGs，第4章 再生可能エネルギーの現在，第5章 各国の資源・環境政策，第6章 資料・統計

紙パルプ産業と環境 2020 SDGsと持続可能な社会への貢献―陸の豊かさ、海の豊かさをどう担保するか テックタイムス企画　紙業タイムス社　2019.8　212p　26cm　2000円　Ⓣ978-4-904844-31-1　Ⓝ585.0921

(目次) 第1章 海洋プラスチック問題の現在，第2章 世界の古紙需給と日本の課題，第3章 中国の固形廃棄物輸入規制，第4章 紙おむつリサイクルの取組み，第5章 気候変動と森林認証の役割，第6章 資料・統計

紙パルプ産業と環境 2021 企業成長の鍵となるSDGsと事業戦略―資源循環型の「つかう責任」「つくる責任」 テックタイムス企画　紙業タイムス社　2020.9　196p　26cm　2000円　Ⓣ978-4-904844-35-9　Ⓝ585.0921

(目次) 第1章 ポストコロナの下でのSDGs戦略，第2章 脱プラスチックの取組みと製品開発，第3章 多様化する森林と産業との関わり，第4章 新たなフェーズに入る世界の古紙需給，第5章 紙パが担う先端技術の最前線，第6章 資料・統計

紙パルプ産業と環境 2022 カーボンニュートラル産業への挑戦―資源循環型の強みをグリーン成長戦略に テックタイムス企画　紙業タイムス社　2021.8　204p　26cm　〈年表あり　文献あり〉　2000円　Ⓣ978-4-904844-38-0　Ⓝ585.0921

(目次) 第1章 ポストコロナとグリーンリカバリー（紙パの脱炭素とSDGs 循環型産業として貢献大だが求められる更なる"業態進化"，私はこう考える 資本主義・リカバリー・テクノリロケーション―不確実性のなかで3つの視点から製紙産業の持続可能性を探る ほか），第2章 脱プラスチックの製品開発と市場展開（私はこう考える パッケージ素材としての紙の可能性と日本製紙の開発事例，私はこう考える 「限塑令」が中国紙パルプ産業に与える影響），第3章 多様化進む森林資源の有効利用と技術（インタビュー 素朴な疑問から執筆を始めた『戦後紙パルプ原料調達史』，私はこう考える わが国

林政の最近の動向について―森林・林業基本計画、木材利用促進法、ウッドショック ほか），第4章 原料事情の変化と世界の古紙需給（インタビュー 仕入の過当競争を招く内外価格差の拡大を懸念，インタビュー 製紙メーカーにとって重要度が増す原料サプライチェーンの確立 ほか），第5章 データで見る紙パの環境対応（産業廃棄物対策：2025年度の最終処分量は6万tが新目標，エネルギー：着実に進展する"脱石油"へのエネルギー転換）

紙パルプ産業と環境 2023 脱プラ・脱炭素社会を支える産業へ 高度な資源循環システムの実現 テックタイムス企画　紙業タイムス社　2022.8　179p　26cm　〈文献あり〉　2000円　Ⓣ978-4-904844-41-0　Ⓝ585.0921

(目次) 第1章 紙パのカーボンニュートラルとSDGs（脱プラ・脱炭素―資源循環型産業として期待される紙パの新たな役割，CO2削減目標見直し―2030年度に13年度比で38％削減の高みを目指す ほか），第2章 プラ代替で発揮される木材利用の技術（プラスチック新法―木質資源利用の産業として新たな成長戦略に，私はこう考える 脱炭素・循環経済の実現に向けたセルロースナノファイバーの利活用（環境省地球環境局地球温暖化対策課地球温暖化対策事業室室長・加藤聖）ほか），第3章 転換点迎えた日本の古紙利用（インタビュー 法規制で大きな山を越える古紙持ち去り問題対策（全国製紙原料商工組合連合会・栗原正雄理事長），インタビュー 古紙不足時の対応を真剣に考えるべき時期が到来した（古紙再生促進センター輸出委員会・中道徹委員長/（国際紙パルプ商事執行役員製紙原料営業本部長），第4章 変化する世界の原燃料事情（インタビュー コロナ禍で低空飛行が続いたトータルの利益は確保できている（トーチインターナショナル・龍国志社長），世界の古紙需給―コロナ禍で数量が減少も、回収率・利用率は上昇した20年 ほか），第5章 データで見る紙パの環境対応（産業廃棄物対策：最終処分量・有効利用率いずれも目標クリア，エネルギー：引き続き全体的に"バイオマス燃料"へ移行 ほか）

(内容) 紙パのカーボンニュートラルとSDGs、プラ代替で発揮される木材利用の技術、転換点を迎えた日本の古紙利用、変化する世界の原燃料事情についてまとめる。資料・統計「データで見る紙パの環境対応」も収録。

紙パルプ産業と環境 2024 循環型の特性活かし持続可能な成長へ 期待されるSDGsでの更なる役割 テックタイムス企画　紙業タイムス社　2023.8　178p　26cm　2000円　Ⓣ978-4-904844-44-1　Ⓝ585.0921

(目次) 第1章 製紙と関連業界が貢献するSDGsの取組み，第2章 紙パにとっての"脱プラ"と代替素材開発，第3章 進化する違法伐採対策，第4章 縮小均衡の下での成長目指す古紙リサイクル，第5章 数字が物語る日本と世界の古紙事情，

第6章 データで見る紙パの環境対応

紙パルプ産業と環境　2025　SDGsとカーボンニュートラルに向けての貢献　資源循環による新たな価値創造へ　テックタイムス企画　紙業タイムス社　2024.8　178p　26cm　2000円　Ⓣ978-4-904844-47-2　Ⓝ585.0921

(目次)　第1章 木質バイオマスにより循環型社会実現に寄与（紙パのグリーン成長戦略―持続的な業界発展もたらす環境対応，製紙連 サステナビリティレポート―バイオリファイナリー産業としての一歩を ほか），第2章 カーンカーボンニュートラル実現への新たな動き（国環研 建材のCO2排出ゼロ達成に必要な対策とは―鍵を握る木造化・国産材供給・再造林，コーポレートPPA―効果的な自然エネ電力購入方法でCO2排出量の長期にわたる削減効果も ほか），第3章 省資源・脱プラ・廃棄物の成果と今後（3R推進団体連絡会―資源節減効果は前年度比10.2%増に，アジア大洋州のサーキュラーエコノミーと脱プラ規制―日系企業の事業機会と課題を探る ほか），第4章 古紙業界はどのように変化しているか（女性経営者による座談会―「リサイクル女子」の活躍に業界の未来がかかっている，「グリーン購入法」見直し―古紙パルプ配合率の最低保証を撤廃 ほか），第5章 データで見る紙パの環境対応（データで見る紙パの環境対応1―原料調達：着実に成果あげる間伐材と認証材の利用，データで見る紙パの環境対応2―エネルギー：進展するエネルギーの高効率利用）

(内容)　カーボンニュートラル，サーキュラーエコノミー，リサイクル，脱プラなどのキーワードを通して，地球環境問題に貢献する紙パルプ産業の取組みの現状と課題・展望をまとめる。「データで見る紙パの環境対応」も収録。

環境対応が進む印刷インキ関連市場の全貌　2023　ECO・マテリアル事業部調査・編集　富士経済　2023.5　216p　30cm　180000円　Ⓣ978-4-8349-2495-4　Ⓝ749.3

研究開発の俯瞰報告書　環境・エネルギー分野　2013年　科学技術振興機構研究開発戦略センター環境・エネルギーユニット　2013.3　9,181p　30cm　〈文献あり〉　Ⓝ501.6

研究開発の俯瞰報告書　環境・エネルギー分野　2015年　科学技術振興機構研究開発戦略センター環境・エネルギーユニット　2015.4　11,736p　30cm　〈他言語標題：Panoramic view of the environment and energy field　文献あり　折り込1枚〉　Ⓣ978-4-88890-451-3　Ⓝ501.6

研究開発の俯瞰報告書　環境・エネルギー分野　2019年　科学技術振興機構研究開発戦略センター環境・エネルギーユニット　2019.3　11,498p　30cm　〈他言語標題：Panoramic view of the environment and energy field　文献あり　折り込1枚〉　Ⓣ978-4-88890-623-4　Ⓝ501.6

研究開発の俯瞰報告書　環境・エネルギー分野　2021年　国立研究開発法人科学技術振興機構研究開発戦略センター編著　日経印刷　2021.10　649p　30cm　3000円　Ⓣ978-4-86579-290-4

(目次)　1 俯瞰対象分野の全体像（俯瞰の範囲と構造，世界の潮流と日本の位置付け，今後の展望・挑戦課題），2 研究開発領域（エネルギー区分，環境区分）

(内容)　環境・エネルギー分野の主要な研究開発領域ごとに，国内外の動向や主要国間の国際比較，主要国の科学技術政策立案体制，科学技術基本政策，研究開発投資戦略等についてまとめる。

研究開発の俯瞰報告書　環境・エネルギー分野　2023年　科学技術振興機構研究開発戦略センター編著　日経印刷　2023.8　735p　30cm　3300円　Ⓣ978-4-86579-378-9

(目次)　1 研究対象分野の全体像（俯瞰の範囲と構造，世界の潮流と日本の位置付け，今後の展望・方向性），2 研究開発領域（電力のゼロエミ化・安定化，産業・運輸部門のゼロエミ化・炭素循環利用，業務・家庭部門のゼロエミ化・低温熱利用，大気中CO2除去，エネルギーシステム統合化 ほか）

<名簿・人名事典>

環境ソリューション企業総覧　ユーザーのためのソリューションガイド　2011年度版(Vol.11)　日刊工業出版プロダクション編　日刊工業新聞社　2011.10　312p　26cm　3000円　Ⓣ978-4-526-06777-8

環境ソリューション企業総覧　ユーザーのためのソリューションガイド　2012年度版(Vol.12)　日刊工業出版プロダクション編　日刊工業新聞社　2012.10　339p　26cm　3000円　Ⓣ978-4-526-06965-9

環境ソリューション企業総覧　ユーザーのためのソリューションガイド　2013年度版(Vol.13)　日刊工業出版プロダクション編　日刊工業新聞社　2013.10　381p　26cm　3000円　Ⓣ978-4-526-07153-9

環境ソリューション企業総覧　ユーザーのためのソリューションガイド　2014年度版(Vol.14)　日刊工業出版プロダクション編　日刊工業新聞社　2014.10　361p　26cm　3000円　Ⓣ978-4-526-07317-5

環境ソリューション企業総覧　ユーザーのためのソリューションガイド　2015年度版(Vol.15)　日刊工業出版プロダクション編　日刊工業新聞社　2015.10　379p

26cm 3000円 ⓘ978-4-526-07476-9

(目次)特集1 COP21を見すえて,特集2 社会生活に恩恵をもたらす最新環境対策,環境ソリューション企業編,環境対応型技術・製品編,ソリューション対応表,資料編,特別付録 環境事業関連企業一覧

(内容)「COP21を見すえて」「社会生活に恩恵をもたらす最新環境対策」を特集。水質・土壌対策、リサイクル・廃棄物対策といった環境ソリューション企業や、環境対応型技術・製品を紹介するほか、環境事業関連企業一覧等も収録。

◆◆環境対策

<事典>

エシカルバイブル 58人の未来を考えるエシカル経営の専門家が書いた 日本エシカル推進協議会編著 生産性出版 2024.6 215p 21cm 〈他言語標題:The Bible of Ethics〉 2000円 ⓘ978-4-8201-2154-1 Ⓝ335.15

(目次)第1章「エシカル基準」を徹底解説する(自然環境を守っている,人権を尊重している,消費者を尊重している ほか),第2章 エシカルのこれからを考える(企業が「エシカルの理解を深める」ために,エシカル公共調達 公共調達がエシカルを進めるメリット,エシカル宣言(1)東京都"ちょっと考えて、ぐっといい未来"「TOKYOエシカル」ほか),第3章 座談会「エシカルとビジネス」の現状と未来(世界の「エシカル食品の市場規模」は約72兆円、1960年までさかのぼるファッションのエシカルへの取り組み、エシカルをリードしてきた国、イギリスの考え方と取り組み ほか)

(内容)日本初!!これからの経営と消費のあり方をまとめた「JEIエシカル基準」の徹底解説書。意識を変えて行動すれば、社会は変わる! 企業・組織・商品・サービスのエシカル度を「6段階評価で自己診断」可能なツールも掲載。

<ハンドブック>

知っておきたい紙パの実際 今さら人に聞けない基礎知識から最新の業界動向まで 2011 紙業タイムス社 2011.6 196p 21cm 2000円 ⓘ978-4-904844-04-5 Ⓝ585

知っておきたい紙パの実際 今さら人に聞けない基礎知識から最新の業界動向まで 2012 紙業タイムス社 2012.6 211p 21cm 2000円 ⓘ978-4-904844-07-6 Ⓝ585

知っておきたい紙パの実際 今さら人に聞けない基礎知識から最新の業界動向まで 2013 紙業タイムス社 2013.6 211p 21cm 2000円 ⓘ978-4-904844-11-3 Ⓝ585

知っておきたい紙パの実際 今さら人に聞けない基礎知識から最新の業界動向まで 2014 紙業タイムス社 2014.6 211p 21cm 2000円 ⓘ978-4-904844-14-4 Ⓝ585

知っておきたい紙パの実際 今さら人に聞けない基礎知識から最新の業界動向まで 2015 紙業タイムス社 2015.5 211p 21cm 2000円 ⓘ978-4-904844-18-2 Ⓝ585

知っておきたい紙パの実際 今さら人に聞けない基礎知識から最新の業界動向まで 2016 紙業タイムス社 2016.5 208p 21cm 2000円 ⓘ978-4-904844-21-2 Ⓝ585

知っておきたい紙パの実際 今さら人に聞けない基礎知識から最新の業界動向まで 2017 紙業タイムス社 2017.6 208p 21cm 2000円 ⓘ978-4-904844-24-3 Ⓝ585.0921

知っておきたい紙パの実際 今さら人に聞けない基礎知識から最新の業界動向まで 2018 紙業タイムス社 2018.6 200p 21cm 2000円 ⓘ978-4-904844-27-4 Ⓝ585.0921

知っておきたい紙パの実際 今さら人に聞けない基礎知識から最新の業界動向まで 2019 紙業タイムス社 2019.5 200p 21cm 2000円 ⓘ978-4-904844-30-4 Ⓝ585

知っておきたい紙パの実際 今さら人に聞けない基礎知識から最新の業界動向まで 2020 紙業タイムス社 2020.6 208p 21cm 2000円 ⓘ978-4-904844-34-2 Ⓝ585.0921

知っておきたい紙パの実際 今さら人に聞けない基礎知識から最新の業界動向まで 2021 紙業タイムス社 2021.6 207p 21cm 2000円 ⓘ978-4-904844-37-3 Ⓝ585.0921

知っておきたい紙パの実際 今さら人に聞けない基礎知識から最新の業界動向まで 2022 紙業タイムス社 2022.6 207p 21cm 2000円 ⓘ978-4-904844-40-3 Ⓝ585.0921

知っておきたい紙パの実際 今さら人に聞けない基礎知識から最新の業界動向まで 2023 紙業タイムス社 2023.5 207p 21cm 2000円 ⓘ978-4-904844-43-4 Ⓝ585.0921

知っておきたい紙パの実際 今さら人に聞けない基礎知識から最新の業界動向まで 2024/2025 紙業タイムス社 2024.6 207p 21cm 2000円 ⓘ978-4-904844-46-5

Ⓝ585.0921
〚目次〛1 知っておきたい～紙パの歴史と現在，2 知っておきたい～紙の作り方，3 知っておきたい～紙パの原燃料事情，4 知っておきたい～時代変化のインパクト，5 知っておきたい～我が町の紙パ関連産業，6 知っておきたい～業界構造とユーザー，7 知っておきたい～紙パの基礎用語，8 知っておきたい～基礎データ
〚内容〛今さら人に聞けない基礎知識から最新の業界動向まで。

＜図鑑・図集＞

今すぐマネできるエシカルライフ118のアイデア図鑑　梨田莉利子著　日東書院本社　2024.9　159p　21cm　1400円　Ⓘ978-4-528-02427-4　Ⓝ590
〚目次〛1 エシカルライフはじめの一歩（「普通であたり前」を見直す，保存容器など仲良く暮らす，空き瓶も空き缶も暮らしの相棒 ほか），2 エシカルライフは愉しい（家しごとをもっとエシカルに，冷蔵庫からはじめるお片づけ，エシカルなお片づけで，もっと使いやすい台所に ほか），3 エシカルに生きること（40代 本当の人生がはじまった，400着を捨て，40着を愉しむ，片づけに困るほど持たない ほか）
〚内容〛エシカル＝SDGsの個人的アクション。これからは、「エシカル」がスタンダードになる時代。どんな人でも、エシカルに暮らせるヒントが見つかる118のアイデアを集めました。少しずつできるところから取り入れて美しい地球を未来に手渡そう！

＜年鑑・白書＞

エシカル白書　2022-2023　エシカル協会編　山川出版社　2022.5　282p　21cm　2700円　Ⓘ978-4-634-15215-1　Ⓝ519
〚目次〛1 エシカル白書2022‐2023巻頭対談，2 エシカル消費を通じて今考えるべき社会課題，3 国連The Sustainable Development Goals Report 2021の読み解き，4 日本におけるエシカル消費動向調査，5 エシカル先進事例の紹介，6 エシカルな世の中をつくるための全世代会議
〚内容〛世界を揺るがす気候変動、感染症パンデミック―私たちは今、経験したことない困難の中から希望ある未来に向かおうとしています。よりよい世界の実現、そしてSDGs達成のために必要不可欠なものさしが、エシカルです。持続可能な社会の実現に向けて「エシカル」を通して世界を知る。脱炭素、フードロス、ゼロウェイスト、ESG投資、エシカル就活、海洋プラスチック、児童労働・強制労働、アニマルウェルフェア、脱成長・コモン、持続可能な開発のための教育…SDGsの現在地やエシカル消費の動向を、統計データや先進事例とともに読み解く。

◆環境ビジネス

＜ハンドブック＞

グリーン投資戦略ハンドブック　ウィル・オールトン編著，荒井勝訳　東洋経済新報社　2014.3　300p　21cm　〈原書名：Investment Opportunities for a Low-Carbon World 原著第2版の翻訳〉　4200円　Ⓘ978-4-492-73311-0　Ⓝ519.19
〚目次〛第1部 環境と低炭素テクノロジー（風力発電，太陽エネルギー市場新たな局面へ，水力発電と海洋発電 ほか），第2部 投資アプローチ・投資商品と市場（環境テクノロジー関連企業のパフォーマンス測定，気候変動債券投資の実例，炭素強度の測定とリスク），第3部 規制・奨励策、投資家と企業のケーススタディ（政策による規制リスクとチャンス，低炭素社会について投資ポートフォリオの見方，投資家のケーススタディ 公的年金基金の投資に伴う論点 ほか）
〚内容〛環境分野の最先端のテクノロジー・ファンド・債券・規制・政策がこれ一冊でわかる。

北米新エネルギー・環境ビジネスガイドブック　ジェトロ（日本貿易振興機構）編　ジェトロ　2011.9　263p　30cm　（海外調査シリーズ no.385　JETRO books）　3000円　Ⓘ978-4-8224-1104-6　Ⓝ501.6
〚目次〛全体動向，第1章 再生可能エネルギー（太陽光発電，太陽熱・集光型発電，バイオ燃料 ほか），第2章 省エネルギー（スマートグリッド（広域ネットワーク），スマートグリッド 家庭内電力管理システム，エネルギー貯蔵 ほか），第3章 環境対策（廃棄物処理・リサイクル，海水の淡水化，大気汚染防止 ほか），参考資料

＜図鑑・図集＞

SDGsビジネスモデル図鑑　社会課題はビジネスチャンス　深井宣光著　KADOKAWA　2023.3　236p　21cm　1800円　Ⓘ978-4-04-606143-0　Ⓝ335.8
〚目次〛第1章 熱狂的な需要が溢れる「社会課題解決市場」（多くのビジネスがもがき苦しむ理由、なぜ、今こそ「社会課題解決型」なのか？、あなたが「社会課題解決型」になるべき3つの理由），第2章 社会課題をビジネスで解決するSDGsビジネスモデル事例21（やまやま―人脈なし，ノウハウなし、経験なし、資金なしのママが起業！　上場を狙う！　予約待ちが絶えない「廃棄フルーツアップサイクル」，DG TAKANO―デザイン思考で製品単価100倍！　求人倍率300倍！　最大節水率95％の超節水ノズルで水問題を解決するデザイナーズ集団，ネクストミーツ―日本発の代替肉を世界へ！　世界で注目を集めるフードテックベンチャー ほか），第3章 あなたが「社会課題解決型」になるために（「社会課

題解決型」になるための3本の柱，一つ目の柱：「コアイシューの発見」=「ソーシャルインパクト」，二つ目の柱：発明はいらない，「新結合」せよ ほか）

(内容) 社会課題解決型のビジネスモデルを図解で解説！

<年鑑・白書>

環境ビジネス白書　2011年版　東日本大震災発災6ヶ月時点における環境ビジネスの変化とチャンス　大転換の時代　藤田英夫編著　（大阪）日本ビジネス開発　2011.10　316p　30cm　（JBDビジネス白書シリーズ）　38000円　①978-4-901586-58-0

(目次) 1 環境ビジネス2010年冬～2011年夏の総括（大転換の時代—東日本大震災発災6ヶ月時点における環境ビジネスの変化とチャンス），2 ビジネス事例&市場・ビジネスデータ（クリーンエネルギービジネス，温暖化防止・大気汚染防止・空気浄化ビジネス，海洋・深海環境ビジネス，河川・湖沼・養殖場等環境ビジネス，水質汚濁防止ビジネス ほか）

(内容) 多岐にわたる環境ビジネスを総括する資料であり，「クリーンエネルギービジネス」，「温暖化防止・大気汚染防止・空気浄化ビジネス」，「海洋・深海環境ビジネス」，「水資源・水処理ビジネス」，「地中・地下環境ビジネス」，「省エネルギービジネス」，「放射能関連ビジネス」など16分野についての事例を紹介するとともに，市場・ビジネスデータ等を掲載しています。環境ビジネスの事例を調べる際に有用な資料。

環境ビジネス白書　2012年版　覚醒の時代　環境「覚醒」ビジネスと東日本大震災環境ルネサンス　藤田英夫編著　（大阪）日本ビジネス開発　2013.6　268p　30cm　（JBD企業・ビジネス白書シリーズ　東日本大震災復興特集）　38000円　①978-4-901586-67-2

(目次) 1 環境ビジネス2011年秋～2013年春の総括，2 ビジネス事例&市場・ビジネスデータ（クリーンエネルギービジネス，温暖化防止・大気汚染防止・空気浄化・異常気象ビジネス，海洋・深海環境ビジネス，河川・湖沼・養殖場等環境ビジネス，水質汚濁防止ビジネス，水資源・水処理ビジネス，地中・地下環境ビジネス，アメニティビジネス，食品廃棄物ビジネス，産業廃棄物ビジネス，リサイクルビジネス，衛生管理・殺菌・抗菌・アレルギービジネス，省エネルギービジネス，グリーンビジネス，放射能関連ビジネス，ニュー環境ビジネス）

環境ビジネス白書　2013年版　リシェイプの時代—環境ビジネスでリシェイプする企業戦略　（大阪）日本ビジネス開発　2014.4　233p　30cm　（JBD企業・ビジネス白書シリーズ）　38000円　①978-4-901586-77-1

(目次) 1 環境ビジネス2013年の総括，2 ビジネス事例&市場・ビジネスデータ（クリーンエネルギービジネス，温暖化防止・大気汚染防止・空気浄化・異常気象ビジネス，海洋・深海環境ビジネス，河川・湖沼・養殖場等環境ビジネス，水資源・水処理ビジネス，地中・地下環境ビジネス，グリーンビジネス，放射能関連ビジネス，ニュー環境ビジネス）

環境ビジネス白書　2014年版　環境最前線有望ビジネスを掌握する　（大阪）日本ビジネス開発　2014.11　218p　30cm　（JBD企業・ビジネス白書シリーズ）　38000円　①978-4-901586-86-3

(目次) クリーンエネルギービジネス，温暖化防止・大気汚染防止・空気浄化・異常気象ビジネス，海洋・深海環境ビジネス，河川・湖沼・養殖場等環境ビジネス，水資源・水処理ビジネス，地中・地下環境ビジネス，省エネルギービジネス，グリーンビジネス，災害・防災・原発関連ビジネス

環境ビジネス白書　2015年版　格差の時代—格差をつける環境有望ビジネス10選　（大阪）日本ビジネス開発　2015.8　228p　30cm　（JBD企業・ビジネス白書シリーズ）　38000円　①978-4-901586-90-0

(目次) 1 環境ビジネス2015年の総括，2 ビジネス事例&市場・ビジネスデータ（クリーンエネルギービジネス，温暖化防止・大気汚染防止・空気浄化・異常気象ビジネス，海洋・深海環境ビジネス，河川・湖沼・養殖場等環境ビジネス，水資源・水処理ビジネス，地中・地下環境ビジネス，省エネルギービジネス，産業廃棄物ビジネス，グリーンビジネス，災害・防災・原発関連ビジネス）

環境ビジネス白書　2016年版　ゼロベースの時代—ゼロベースで考える環境ビジネスの視点　（大阪）日本ビジネス開発　2016.5　226p　30cm　（JBD企業・ビジネス白書シリーズ）　38000円　①978-4-90158-697-9

(目次) 1 環境ビジネス2016年の総括，2 ビジネス事例&市場・ビジネスデータ（自動車・再生可能エネルギー&新電力ビジネス，温暖化防止・大気汚染防止・空気浄化・異常気象ビジネス，海洋・深海環境ビジネス，水資源・水処理ビジネス，地中・地下環境ビジネス，省エネルギービジネス，産業廃棄物ビジネス，グリーンビジネス，災害・防災・原発関連ビジネス）

環境ビジネス白書　2017年版　変わる時代—環境「新時代ビジネス」を吟味する　藤田英夫編著　日本ビジネス開発　2017.5　210p　30cm　（JBD企業・ビジネス白書シリーズ）　38000円　①978-4-908813-07-8

(目次) 1 環境ビジネス2017年版の総括，2 ビジ

ネス事例&市場・ビジネスデータ(自動車・再生可能エネルギー&新電力・ガスビジネス,温暖化防止・大気汚染防止・空気浄化・異常気象ビジネス,海洋・深海環境ビジネス,水資源・水処理ビジネス,水質汚濁防止ビジネス,地中・地下環境ビジネス,産業廃棄物ビジネス,グリーンビジネス,災害・防災・原発関連ビジネス)

環境ビジネス白書 2018年版 再定義の時代―新潮流&新発想で環境ビジネスを"再定義"する 藤田英夫編著 (大阪)日本ビジネス開発 2018.5 246p 30cm (JBD企業・ビジネス白書シリーズ) 38000円 Ⓘ978-4-908813-15-3 Ⓝ519.19

(目次) 1 環境ビジネス2018年版の総括,2 ビジネス事例&市場・ビジネスデータ

(内容) 環境ビジネスは大きく変わる局面を迎えている。本版は副題に「再定義の時代−新潮流&新発想で環境ビジネスを"再定義"する」を掲げた。環境ビジネスをこの時点で将来に向けて"再定義"しておくことが、今後の核となる新たなビジネスを創出するための成長ビジョンの構築につながる。

環境ビジネス白書 令和元年版/平成最終版(2019年版) 生まれ変わる時代—AI環境ビジネスの幕開け 藤田英夫編著 (大阪)日本ビジネス開発 2019.5 209p 30cm (JBD企業・ビジネス白書シリーズ) 38000円 Ⓘ978-4-908813-21-4 Ⓝ519.19

(目次) 1 環境ビジネス令和元年版/平成最終版(2019年版)の総括,2 ビジネス事例&市場・ビジネスデータ

(内容) 2019年5月1日、元号が「平成」から「令和」に変わる大転換点となる。AI革命を背景に環境ビジネスも大きく"生まれ変わる"局面にある。今回は副題に「生まれ変わる時代−AI環境ビジネスの幕開け」を掲げ、AIを軸に新たな幕が開こうとしている"AI環境ビジネス"の兆候をとらえる切り口で構成した。

環境ビジネス白書 2020年版 「令和」新時代 コロナショック&変革する環境ビジネス 藤田英夫編著 (大阪)日本ビジネス開発 2020.6 3,257p 30cm (JBD企業・ビジネス白書シリーズ) 38000円 Ⓘ978-4-908813-29-0

(内容) 2020年春までの環境ビジネスの動向を整理・分析。「モビリティ関連・再生可能エネルギー&新電力・ガスビジネス」など6大分類・18中分類に区分し、最新事例と市場・ビジネスデータを収録する。

環境ビジネス白書 2021年版 サバイバル時代 脱炭素&コロナサバイバル環境ビジネス最前線 藤田英夫編著 (大阪)日本ビジネス開発 2021.6 207p 30cm (JBD企業・ビジネス白書シリーズ) 38000円 Ⓘ978-4-908813-36-8

(目次) 1 脱炭素サバイバル環境ビジネス最前線(モビリティ関連・再生可能エネルギー&新電力・ガスビジネス,温暖化防止・異常気象・大気汚染防止・空気浄化ビジネス),2 コロナサバイバル環境ビジネス最前線(コロナ環境関連ビジネス)

(内容) 2021年春までの環境ビジネスの動向を整理・分析。「脱炭素サバイバル」「コロナサバイバル」の切り口で環境ビジネス最前線の動きを探り、最新事例と市場・ビジネスデータを収録する。

環境ビジネス白書 2022年版 コロナ戦(いくさ)後の時代 「コロナ戦(いくさ)後」を睨んだ環境有望ビジネスを探る 藤田英夫編著 (大阪)日本ビジネス開発 2022.6 206p 30cm (JBD企業・ビジネス白書シリーズ) 38000円 Ⓘ978-4-908813-44-3

(目次) 1 環境ビジネス2022年版の総括(コロナ戦(いくさ)後の時代―「コロナ戦(いくさ)後」を睨んだ環境有望ビジネスを探る,2022年版の総括表),2 ビジネス事例&市場・ビジネスデータ(モビリティ関連・再生可能エネルギー&新電力・ガスビジネス,温暖化防止・異常気象・大気汚染防止・空気浄化ビジネス,海洋・深海環境ビジネス,地中・地下環境ビジネス,グリーンビジネス ほか)

(内容) 2022年春までの環境ビジネスの動向を整理・分析。「コロナ戦(いくさ)後」という再出発時点における新たな"環境有望ビジネスを探る"ことをテーマに、最新事例と市場・ビジネスデータを収録する。

環境ビジネス白書 2023年版 予見の時代 - 環境ビジネスを先読みする 藤田英夫編著 (大阪)日本ビジネス開発 2023.2 201p 30cm (JBD企業・ビジネス白書シリーズ) 38000円 Ⓘ978-4-908813-49-8

(目次) 1 環境ビジネス2023年版の総括(予見の時代―環境ビジネスを先読みする),2 ビジネス事例&市場・ビジネスデータ(モビリティ関連・再生可能エネルギー&新電力ビジネス,温暖化防止・異常気象・大気汚染防止・空気浄化ビジネス,海洋・深海環境ビジネス,地中・地下環境ビジネス,グリーンビジネス ほか)

(内容) 環境ビジネスの動向を整理・分析。モビリティ関連・再生可能エネルギー&新電力ビジネス、グリーンビジネス、コロナ環境関連ビジネスなどの市場・ビジネスごとに、2023年以降を見通すための事例とデータを収録する。

環境プロジェクトの現況と計画 地球温暖化対策と環境ビジネス 2012年版 日本立地ニュース社編 日本立地ニュース社 2012.3 374p 26cm 12000円 Ⓝ519.19

(目次) 総論 環境市場2020年目標—環境関連新規市場の成果目標, 第1部 環境対策—資源リサ

イクルと新エネルギー(資源廃棄物リサイクルの現況と対策,新エネルギーの現況と計画),第2部 環境プロジェクト―2011〜2012年の主な計画(太陽光発電プロジェクト,新エネルギー・発電・省エネ機器関連プロジェクト,風力発電所・地熱発電プロジェクト ほか),第3部 環境ビジネス企業集成(環境ソリューション・IT,浄化(水・大気・土壌),環境土木・環境建築 ほか)

環境プロジェクトの現況と計画 地球温暖化対策と環境ビジネス 2013年版 日本立地ニュース社編 日本立地ニュース社 2013.3 401p 26cm 15000円 Ⓝ519.19

〔目次〕総論 環境市場(環境産業市場と雇用,環境産業市場規模),第1部 環境対策(産業廃棄物リサイクルの現況と対策,新エネルギーの現況と計画),第2部 環境プロジェクト(太陽光発電プロジェクト,新エネルギー・発電・省エネ機器関連プロジェクト ほか),環境ビジネス集成(環境ソリューション・環境IT,浄化(水・大気・土壌) ほか)

日本サステナブル投資白書 2015 社会的責任投資フォーラム編 社会的責任投資フォーラム 2016.3 53p 30cm 〈発行所:社会的責任投資フォーラム事務局〉 2500円 Ⓝ338.15

〔内容〕「日本サステナブル投資白書」は客観的なデータや事実を集積し,日本におけるサステナブル投資の現状を広く世の中に認識していただくことを目的に2007年度より隔年で発行しています。また世界的な責任投資市場の活況と拡大に呼応して,海外で同種の使命を持つ諸機関・会社との協働関係をも視野に入れながら,日本から世界に向けた情報発信を目的にしています。

日本サステナブル投資白書 2017 日本サステナブル投資フォーラム 2018.3 45p 30cm 〈発行所:日本サステナブル投資フォーラム事務局〉 2500円 Ⓝ338.15

〔目次〕第1章 機関投資家の動向(第3回サステナブル投資残高アンケート調査結果を受けて,第3回サステナブル投資残高アンケート調査について,第3回サステナブル投資残高アンケート調査結果 ほか),第2章 個人投資家の動向(投資信託・債券の総額の推移,投資信託,債券,その他の社会的インパクト投資),第3章 エンゲージメントとスチュワードシップ(コーポレートガバナンス改革の進展,日本におけるESG関連株主提案動向,株主総会に見る国内機関投資家の変化),第4章 アセットクラス別の動向(外国株式,債券:グリーンボンドガイドライン(環境省),債券:国際協力機構債券(JICA債),不動産)

〔内容〕「日本サステナブル投資白書」は客観的なデータや事実を集積し,日本におけるサステナブル投資の現状を広く世の中に認識していただくことを目的に2007年度より隔年で発行して

います。

◆◆環境配慮型製品

<カタログ・目録>

環境関連機材カタログ集 再資源化・廃棄物処理/バイオマス/水・土壌/環境改善・支援 2012年版 日報ビジネス株式会社編集 クリエイト日報 2012.5 165p 26cm 〈平成22年版の出版者:日報出版 索引あり〉 1905円 Ⓘ978-4-89086-268-9 Ⓝ519.19

環境関連機材カタログ集 再資源化・廃棄物処理/バイオマス/水・土壌/環境改善・支援 2013年版 日報ビジネス株式会社編集 クリエイト日報出版部 2013.5 174p 26cm 〈索引あり〉 1905円 Ⓘ978-4-89086-275-7 Ⓝ519.19

環境関連機材カタログ集 再資源化・廃棄物処理/バイオマス/水・土壌/環境改善・支援 2014年版 日報ビジネス株式会社編集 クリエイト日報出版部 2014.5 153p 26cm 〈索引あり〉 1852円 Ⓘ978-4-89086-282-5 Ⓝ519.19

環境関連機材カタログ集 再資源化・廃棄物処理/バイオマス/水・土壌/環境改善・支援 2015年版 日報ビジネス株式会社編集 クリエイト日報出版部 2015.5 126p 26cm 〈索引あり〉 1000円 Ⓘ978-4-89086-288-7 Ⓝ519.19

環境関連機材カタログ集 再資源化・廃棄物処理/バイオマス/水・土壌/環境改善・支援 2016年版 日報ビジネス株式会社編集 クリエイト日報出版部 2016.5 110p 26cm 〈索引あり〉 1000円 Ⓘ978-4-89086-298-6 Ⓝ519.19

環境関連機材カタログ集 再資源化・廃棄物処理/バイオマス/水・土壌/環境改善・支援 2017年版 日報ビジネス株式会社編集 クリエイト日報出版部 2017.5 103p 26cm 〈索引あり〉 1000円 Ⓘ978-4-89086-303-7 Ⓝ519.19

環境関連機材カタログ集 再資源化・廃棄物処理/バイオマス/水・土壌/環境改善・支援 2019年版 日報ビジネス株式会社編集 クリエイト日報出版部 2018.10 97p 26cm 〈索引あり〉 1000円 Ⓘ978-4-89086-308-2 Ⓝ519.19

環境関連機材カタログ集 再資源化・廃棄物処理/バイオマス/水・土壌/環境改善・支援 2020年版 日報ビジネス株式会社編集 クリエイト日報出版部 2019.9 103p 26cm 〈索引あり〉 1000円 Ⓘ978-

4-89086-320-4　Ⓝ519.19

環境関連機材カタログ集　再資源化・廃棄物処理/バイオマス/水・土壌/環境改善・支援　2021年版　日報ビジネス株式会社編集　クリエイト日報出版部　2020.9　81p　26cm　〈索引あり〉　1000円　Ⓘ978-4-89086-321-1　Ⓝ519.19

環境関連機材カタログ集　再資源化・廃棄物処理/バイオマス/水・土壌/環境改善・支援　2022年版　日報ビジネス株式会社編集　クリエイト日報出版部　2021.9　78p　26cm　1000円　Ⓘ978-4-89086-329-7　Ⓝ519.19

環境関連機材カタログ集　再資源化・廃棄物処理/バイオマス/水・土壌/環境改善・支援　2023年版　日報ビジネス株式会社編集　クリエイト日報出版部　2022.9　66p　26cm　〈索引あり〉　1000円　Ⓘ978-4-89086-337-2　Ⓝ519.19

〈目次〉1 再資源化・廃棄物処理（リサイクル・前処理・中間処理プラント，破砕・紛砕・破袋・造粒関連 ほか），2 バイオマス（脱水・乾燥機，バイオマス関連システム），3 水・土壌（脱水・乾燥機・ポンプ・フィルター類，土壌処理関連），4 環境改善・支援（集塵・排ガス処理）

〈内容〉「再資源化・廃棄物処理」「バイオマス」「水・土壌」「環境改善・支援」に分けて，環境関連機材を扱う各企業の機械・機材，最新技術などを掲載。データに見る産業廃棄物・一般廃棄物の排出・処理状況も収録する。

◆環境計画

＜ハンドブック＞

海のまちづくりガイドブック　ブルーエコノミーの実現に向けて　沿岸域の総合的管理の考え方と実践　笹川平和財団・海洋政策研究所編　海洋政策研究所　2018.3　189p　30cm　Ⓘ978-4-88404-353-7　Ⓝ519.21

〈内容〉本書では，沿岸域の総合的な管理の究極目標をブルーエコノミーの実現として再定義し，地域の課題を解決するとともに，地域の活性を実践する現場の実務者向けに基礎的な知識・情報を提供することを目的としている。

都市の風環境ガイドブック　調査・予測から評価・対策まで　日本風工学会編　森北出版　2022.7　161p　26cm　〈索引あり〉　3600円　Ⓘ978-4-627-55371-2　Ⓝ518.8

〈目次〉第1編 基礎編（風と上手に付き合う建築・都市の計画・設計，風の統計的性質と地形の影響―データとしての風の扱い方，建物周辺の風，都市の弱風による環境問題），第2編 実践編（風環境評価の一連の流れ，風に関するデータの収集・調査，風環境の予測，風環境の評価，防風のための対策とその効果），資料編

〈内容〉計画時に役立つ。風に関する基礎知識。風問題に直面したときの拠り所。

都市の風環境予測のためのCFDガイドブック　日本建築学会編集　日本建築学会　2020.1　196p　30cm　〈発売：丸善出版　索引あり〉　3500円　Ⓘ978-4-8189-2718-6　Ⓝ518.8

〈目次〉第1編 都市の風環境予測のための基礎知識（CFD解析の流れと本ガイドブックの構成，市街地風環境とその予測手法の概要），第2編 都市の風環境予測のためのCFD解析技術（乱流モデル，計算領域 ほか），第3編 都市の風環境予測のためのCFD適用ガイドライン（RANS，LES共通の全般的ガイドライン，乱流モデルとしてRANSモデルを使用する場合のガイドライン ほか），資料編 CFD解析の精度検証のための実験データベース（単体建物モデル（1：1：2角柱モデル），単体建物モデル（1：4：4角柱モデル）ほか）

〈内容〉都市の風環境予測のための基礎知識やCFD解析技術について解説。さらに，都市の風環境予測のためのCFD適用ガイドライン，CFD解析の精度検証に用いることができる実験データベースの概要も収録する。

＜年鑑・白書＞

環境設備計画レポート　2011年度版　産業タイムズ社　2011.7　285p　26cm　〈2011年度版のサブタイトル：全国のごみ・し尿処理施設計画/震災復興に邁進する自治体の最新戦略〉　19000円　Ⓘ978-4-88353-189-9　Ⓝ518.52

環境設備計画レポート　2012年度版　産業タイムズ社　2012.7　272p　26cm　〈2012年度版のサブタイトル：リサイクル・資源化施設，最終処分場なども全てカバー，全国のごみ・し尿処理施設の最新計画〉　19000円　Ⓘ978-4-88353-201-8　Ⓝ518.52

〈目次〉第1章 全国ごみ処理施設整備計画，第2章 全国ごみ焼却場既存施設一覧，第3章 全国し尿処理施設整備計画，第4章 全国し尿処理施設既存施設一覧，第5章 全国都道府県・政令指定都市の2012年度環境エネルギー施策

〈内容〉リサイクル・資源化施設，最終処分場なども全てカバー，全国のごみ・し尿処理施設の最新計画。

ごみ・し尿・下水処理場整備計画一覧 2013-2014　産業タイムズ社　2013.10　322p　26cm　23000円　Ⓘ978-4-88353-215-5　Ⓝ518.52

〈目次〉第1章 全国ごみ処理施設整備計画，第2章 全国ごみ焼却場既存施設一覧，第3章 全国し

尿処理施設整備計画，第4章 全国し尿処理場既存施設一覧，第5章 全国下水終末処理場整備計画，第6章 全国下水終末処理場既存施設一覧
〔内容〕全国のごみ処理・リサイクル施設・最終処分場・し尿処理・下水終末処理場の最新整備計画を完全網羅。

ごみ・し尿・下水処理場整備計画一覧 2014-2015 全国のごみ処理・リサイクル施設・最終処分場・し尿処理・下水終末処理場の最新整備計画を完全網羅　産業タイムズ社　2014.10　337p　26cm　23000円　①978-4-88353-226-1　Ⓝ518.52

ごみ・し尿・下水処理場整備計画一覧 2015-2016 国内のごみ処理・リサイクル施設・最終処分場・し尿処理・下水終末処理場の最新整備計画を完全網羅　産業タイムズ社　2015.10　331p　26cm　23000円　①978-4-88353-236-0　Ⓝ518.52

ごみ・し尿・下水処理場整備計画一覧 2016-2017 全国のごみ処理・リサイクル施設・最終処分場・し尿処理・下水終末処理場の最新整備計画を完全網羅　産業タイムズ社　2016.10　329p　26cm　23000円　①978-4-88353-249-2　Ⓝ518.52

◆◆緑化

<事　典>

環境緑化の事典　普及版　日本緑化工学会編集　朝倉書店　2012.4　484p　26cm　〈索引あり〉　14000円　①978-4-254-18037-4　Ⓝ656.036
〔目次〕緑化の機能，植物と種苗，植物の生理・生態，植物の生育基盤，都市緑化，道路緑化，環境林緑化，治山緑化工，法面緑化，生態系管理・修復，河川・湖沼・湿地(湿原)，海岸・港湾，陸域の二次的自然の再生利用，乾燥地，熱帯林，緑化による評価法，緑化に関する法制度

<ハンドブック>

公園・緑地・広告必携　平成25年版　国土交通省都市局公園緑地・景観課監修，公園緑地行政研究会編集　ぎょうせい　2013.3　1冊　21cm　〈索引あり〉　6476円　①978-4-324-09634-5　Ⓝ518.85
〔目次〕第1編 都市公園・都市緑化，第2編 都市緑化・緑地保全，第3編 生産緑地，第4編 市民農園，第5編 古都保存，第6編 歴史まちづくり，第7編 樹木保存，第8編 屋外広告物，第9編 都市計画，第10編 景観，第11編 都市の低炭素化，第12編 関係法令

在来野草による緑化ハンドブック　身近な自然の植生修復　根本正之，山田晋，田淵誠也編集　朝倉書店　2020.5　377p 図版40p　22cm　〈索引あり〉　9800円　①978-4-254-42042-5　Ⓝ472.1
〔目次〕第1章 日本の半自然植生(目標となる群落の構造と機能，人間の攪乱・管理と半自然植生 ほか)，第2章 半自然草地創成の基礎(在来野草を利用するうえでの心得，野生草本の採集と利用に関する法規制と倫理 ほか)，第3章 在来野草の生態的特性と栽培・導入法(優占種，従属種 ほか)，第4章 在来野草による半自然植生の修復・創出事例(事例1 堤防復旧工事における在来種復元による「ふるさとの原風景の再生」への取り組み，事例2 巨大地震・津波で攪乱された仙台湾岸の生態緑化─砂浜海岸エコトーンと生物学的遺産の重要性 ほか)
〔内容〕日本の半自生植生，半自然草地創成の基礎，在来野草の生態的特性と栽培・導入法，在来野草による半自然植生の修復・創出事例の4つの章で構成。約70種の栽培データを収録し，種や発芽写真も掲載する。

フラワータウンスケーピング　花による緑化マニュアル　安藤敏夫，近藤三雄責任編集，花葉会，日本植木協会新樹種部会共編　講談社エディトリアル　2024.2　307p　30cm　〈他言語標題：FLOWER TOWN SCAPING　索引あり〉　30000円　①978-4-86677-138-0　Ⓝ629.75
〔目次〕第1章 花による緑化素材ガイド＆マニュアル(アイリス，アークトチス/アオキ，アガパンサス，アカシア/アカンサス，アキレア，アクイレギア/アグロステンマ，アゲラタム，アサガオ ほか)，第2章 フラワータウンスケーピングデータ集(植物素材総覧，品種リスト)
〔内容〕ネットだけでは得られない，みどり豊かな街と環境を創造する決定版！ 花と緑による緑化素材のガイド＆マニュアル。植物素材300項目400種以上を収録！ 各植物の専門家のデータと経験，見識が凝縮！ ランドスケープ，造園の必携本！ 図鑑は写真とあらゆる詳細なデータで構成。

緑の基本計画ハンドブック　令和3年改訂版　国土交通省都市局都市計画課，公園緑地・景観課監修，日本公園緑地協会編集　日本公園緑地協会　2021.5　10,254p　30cm　〈年表あり〉　10000円　①978-4-931254-47-3　Ⓝ518.85

◆◆港湾

<事　典>

海と空の港大事典　日本港湾経済学会編　成山堂書店　2011.9　247p　27cm　〈索引あ

環境保全　　　　　　　　　　　　環境問題

り〉　5600円　Ⓓ978-4-425-11181-7　Ⓝ683.9

〈目次〉海と空の港の歴史と文化―日本の海の港の歴史的意義，船舶と航空機の種類と事故事例―海運業界の現状と課題，ハブ港の重要性，海運競争と物流システム―アジア地域の経済成長とコンテナ港の競争時代の到来，航空サービスと航空政策―航空業界の現状と空港（ハブ）の重要性，海の港の物流・運送事業とハブ港化―国際物流の現状と日本の港湾への影響について，空の港の施設とハブ港化―国際航空貨物輸送の史的発展と日本の空の港，海の港の都市開発と観光・集客―都市の臨海部の再開発による観光・集客力，海と空の港と環境―東日本大震災の想定外の被災と責任，海と空の港の国際事情―アジアのハブ空港競争の現状と課題，海と空の港の行政と機関―21世紀，日本の観光立国と観光行政，海と空の港に関する法律―海と空の港に関する法制度

〈内容〉海と空の港にかかわる用語を約1,200項目収録。歴史から学際的な事柄まで，港湾・空港に関連する用語をわかりやすく解説。現在進行中の諸問題も網羅。理論・政策・実務を体系的に理解できる基本図書。巻頭とおもな章にカラー口絵を掲載。写真から海と空の港の歴史と現状を知る。

＜法令集＞

港湾小六法　令和6年版　国土交通省港湾局監修　東京法令出版　2024.9　1冊　21cm　〈索引あり〉　10000円　Ⓓ978-4-8090-5135-7　Ⓝ683.91

〈内容〉港湾行政及び港湾関係業務に携わる人々が，その行政及び業務を遂行するに当たり欠くことのできない法令等を厳選して掲載する。法令改正の内容を反映し，最新の条文を収録した令和6年版。

港湾六法　2024年版　海事法令研究会編　成山堂書店　2024.3　973,16p　22cm　（海事法令シリーズ　5）　〈索引あり〉　21000円　Ⓓ978-4-425-21382-5　Ⓝ683.91

〈目次〉1 港湾，2 港湾整備，3 外貿埠頭整備，4 公有水面埋立，5 海洋，6 災害，7 港湾運送，8 漁港，9 地方自治，10 国有財産，11 諸法，12 行政組織

詳解　逐条解説港湾法　4訂版　多賀谷一照著　第一法規　2023.8　814,5p　21cm　〈索引あり〉　5000円　Ⓓ978-4-474-09315-7　Ⓝ683.91

〈目次〉第1章 総則（第一条～第三条），第1章の2 港湾計画等（第三条の二～第三条の四），第2章 港務局（第四条～第三十二条），第3章 港湾管理者としての地方公共団体（第三十三条～第三十六条），第4章 港湾区域及び臨港地区（第三十七条～第四十一条），第4章の2 港湾協力団体（第四十一条の二～第四十一条の六），第5章 港湾工事の費用（第四十二条～第四十三条の五），第6章 開発保全航路（第四十三条の六～第四十三条の十），第7章 港湾運営会社（第四十三条の十一～第四十三条の三十一），第8章 港湾の適正な管理運営等に関する措置（第四十四条～第五十条），第9章 港湾の効果的な利用に関する計画（第五十条の二～第五十一条の五），第10章 港湾等の機能の維持及び増進を図るための措置（第五十二条～第五十六条の二），第11章 港湾の施設に関する技術上の基準（第五十六条の二の二～第五十六条の三），第12章 雑則（第五十六条の三の二～第六十条の五），第13章 罰則（第六十一条～第六十六条）

＜統計集＞

数字でみる港湾　港湾ポケットブック 2011　国土交通省港湾局監修　日本港湾協会　2011.7　289p　15cm　952円

数字でみる港湾　2012年版　国土交通省港湾局監修　日本港湾協会　2012.9　267p　19cm　953円

数字でみる港湾　2013年版　国土交通省港湾局監修　日本港湾協会　2013.7　275p　19cm　953円

数字でみる港湾　2014　国土交通省港湾局監修　日本港湾協会　2014.7　283p　19cm　926円

数字でみる港湾　2015　国土交通省港湾局監修　日本港湾協会　2015.7　269p　19cm　926円

数字でみる港湾　2016　国土交通省港湾局監修　日本港湾協会　2016.7　257p　15cm　926円

数字でみる港湾　2017　国土交通省港湾局監修　日本港湾協会　2017.7　259p　19cm　926円

数字でみる港湾　2018　国土交通省港湾局監修　日本港湾協会　2018.7　263p　19cm　926円　Ⓝ683

数字でみる港湾　2019　国土交通省港湾局監修　日本港湾協会　2019.7　261p　19cm　926円　Ⓝ683

数字でみる港湾　2020　国土交通省港湾局監修　日本港湾協会　2020.7　263p　19cm　909円

数字でみる港湾　2021　国土交通省港湾局監修　日本港湾協会　2021.9　269p　19cm　909円

数字でみる港湾　2022　国土交通省港湾局監修　日本港湾協会　2022.8　279p　19cm

909円

数字でみる港湾 2023年版 国土交通省港湾局監修 日本港湾協会 2023.9 287p 19cm 1000円
〔目次〕第1章 数字でみる港湾，第2章 港湾行政の概要・仕組み，第3章 港湾の計画，第4章 港湾の予算・制度，第5章 港湾行政の主要施策，第6章 港湾の技術基準，第7章 海岸行政の概要，第8章 災害復旧，参考資料

数字でみる港湾 2024年版 国土交通省港湾局監修 日本港湾協会 2024.8 8,297p 19cm 1100円 Ⓝ683.9
〔内容〕ランキング、役割、取扱貨物の現況、開発全航路・緊急確保航路、運送等、港湾に関するさまざまなデータを収録。ほか、港湾行政の概要・仕組み、港湾の予算・制度、海岸行政の概要等も掲載。

◆環境教育

<事 典>

子どもと自然大事典 子どもと自然学会大事典編集委員会編 ルック 2011.2 542p 21cm 〈索引あり〉 5000円 Ⓘ978-4-86121-088-4 Ⓝ460.7
〔目次〕子どもと自然、その支える人たち、第1部 子どもと生きもの（子どもと昆虫、子どもとほ乳類、子どもといろいろな動物、子どもと植物、子どもと生きもの）、第2部 子どもとモノ（子どもと道具、子どもと地球、子どもと宇宙・物質、子どもと自然）、第3部 子どもとは（子どもの生活、子どものからだ）、第4部 子どもと学校（小学生と自然の学習、中・高・大学生・障害児と自然の学習、自然・自然科学の学習）、第5部 子どもと自然、社会（子どもとおとな、子どもと都市・農村、地域活動と子ども、自然、子どもと動物園・博物館など、子どもと科学・文化）、子どもと自然学会顧問との対談「子どもと自然、明日に向けて」
〔内容〕子どもたちが自然とどのように触れ合うべきか…、自然と教育に関わった多くの書き手が、自然、生き物、もの、学校、自然、社会をテーマに贈る。

<辞 典>

環境教育辞典 日本環境教育学会編 教育出版 2013.7 341p 22cm 4000円 Ⓘ978-4-316-80130-8 Ⓝ519.07
〔内容〕環境問題と環境教育、社会の持続可能性に関連する用語830語を収載。学校教育関係者、研究者、教育・環境行政関係者、企業や社会教育等で環境や環境教育に関わる人必携の辞典が、ついに刊行！

<ハンドブック>

環境教育ボランティア活動ハンドブック 生活系環境問題の改善に向けて 国際協力機構青年海外協力隊事務局編 国際協力機構青年海外協力隊事務局 2011.3 160p 21cm Ⓝ519.07

◆循環型社会

<事 典>

事典 持続可能な社会と教育 日本環境教育学会，日本国際理解教育学会，日本社会教育学会，日本学校教育学会，SDGs市民社会ネットワーク，グローバル・コンパクト・ネットワーク・ジャパン編 教育出版 2019.7 245p 21cm 〈索引あり〉 2800円 Ⓘ978-4-316-80484-2 Ⓝ519
〔目次〕第1部 社会の持続可能性をはばむ課題と対応（持続可能な社会の構築，気候変動とエネルギー，生態系と物質循環，社会的・文化的課題，地域をめぐる課題と取り組み，行政・産業界等の取り組み），第2部 持続可能な社会と教育（教育政策の課題，教育へのアプローチ，教育方法の革新）
〔内容〕「SDGs」など17項目、「地球温暖化」など13項目、「生物多様性と生態系」など18項目、「貧困と公正」など13項目、「少子高齢化と人口減少社会」など11項目、「持続可能な消費と生産」など10項目、「社会に開かれた教育課程」など24項目、「環境教育」など20項目、「探究的な学習」など13項目について幅広く取り上げて解説。何が課題であり、今、何をするべきなのかを考えるための1冊。

<ハンドブック>

キーワードで知るサステナビリティ 武蔵野大学サステナビリティ学科編著 （西東京）武蔵野大学出版会 2023.11 207p 21cm 〈他言語標題：Key Words for Sustainability〉 2000円 Ⓘ978-4-903281-61-2 Ⓝ519
〔目次〕1 サステナビリティ共通（包括的な規範、社会面の規範），2 ソーシャルデザイン（人、社会システム、企業・経営・経済、政策・地域づくり），3 環境エンジニアリング（化学物質・リスク、気象・気候、資源・エネルギー、バイオマス・食、自然生態系）

サーキュラー・エコノミー・ハンドブック 競争優位を実現する ピーター・レイシー，ジェシカ・ロング，ウェズレイ・スピンドラー著，アクセンチュア訳，海老原城一監修 日経BP日本経済新聞出版本部 2020.

9　428p　21cm　〈発売：日経BPマーケティング　原書名：The Circular Economy Handbook〉　3000円　①978-4-532-32356-1　Ⓝ336.1

(目次)　サーキュラー・エコノミーで変革を果たす，第1部 私たちは今どこにいるのか？―基礎を築く（サーキュラー・エコノミーのビジネスモデル，創造的破壊をもたらすテクノロジー），第2部 私たちはどこへ向かうべきか？―産業の影響を拡大する（サーキュラー・エコノミー：10業界の考察，金属・鉱業界の動向，石油・ガス業界の動向 ほか），第3部 どうすればそこへたどり着けるか？―方向転換する（サーキュラー・エコノミーへ方向転換するには，オペレーション，製品とサービス ほか），補足資料

(内容)　環境への悪影響を抑えつつ，いかに生産と消費を拡大するか。サーキュラー（循環）型イノベーションで，繁栄を続けるための具体策を提示。

サステナビリティ情報開示ハンドブック

北川哲雄編著　日経BP日本経済新聞出版　2023.7　350p　21cm　〈他言語標題：The Handbook of Sustainability Disclosure　発売・頒布：日経BPマーケティング〉　3800円　①978-4-296-11507-5　Ⓝ336.92

(目次)　第1部 サステナビリティ情報開示を考える11の視点（サステナビリティ情報開示の歩み，サステナビリティ情報とデータサイエンス，統合報告書の進化と課題，インベスター・リレーションズ（IR）の現代的課題，ESG投資(1)―日本における歩みと課題 ほか），第2部 重要な開示トピックスと企業のケース（ケース1：キリンホールディングス―ESG課題を「自分ごと化」している，ケース2：三井化学―Blue ValueとRose Valueコンセプトの構築，ケース3：味の素―バックキャスティング思考の結実，欧州におけるサステナビリティ報告指令（CSRD）の動向，任意の委員会設置を通じたコーポレートガバナンスの強化 ほか）

(内容)　開示基準の統合はどこまで進んだのか，これからの統合報告書はどうあるべきか，内外の投資家はどんな情報を求めているのか。さらにESG評価機関の動向、先進的な開示の事例など、実務者が把握しておきたい情報を網羅した決定版。

サステナビリティ審査ハンドブック

日本総合研究所編著　金融財政事情研究会　2022.10　509p　21cm　〈発売：きんざい〉　4800円　①978-4-322-14179-5　Ⓝ338.15

(目次)　第1章 なぜサステナビリティの視点が求められるのか（サステナビリティをめぐる状況の急激な変化と対応，企業経営とサステナビリティ，情報開示とサステナビリティ，サステナブルファイナンスに向けた当局からの要請），第2章 サステナビリティ審査をどう進めるか（サステナビリティ審査の着眼点，サステナビリティに関するリスクと機会の概要，融資を通じた温室効果ガス排出量を測る，エンゲージメントにどう生かすか，トランジションファイナンスの考え方），第3章 産業別 サステナビリティの論点（農林・水産，食品・飲料，建設・不動産，素材（化学），素材（金属・土石），機械・電気機器・金属製品，輸送用機器，医療，生活資材・アパレル，流通，エネルギー，運輸，観光・地域づくり，情報通信，サービス）

(内容)　サステナビリティに関する審査の着眼点をわかりやすく解説。産業別に優先課題を抽出し，環境・社会課題との接点を深掘りする。気候変動やダイバーシティなどサステナビリティをめぐる社会状況の変化を概観。情報開示をはじめとした企業経営への影響や金融監督当局・中央銀行の動きを解説。企業経営にとっての「リスクと機会」，投融資を通じて間接的に排出される温室効果ガスの算定の考え方など，サステナビリティ審査を進めるために役立つ知識情報が満載。

資源循環ハンドブック　法制度と3Rの動向 2011
経済産業省産業技術環境局リサイクル推進課　[2011]　94p　30cm　Ⓝ518.523

資源循環ハンドブック　法制度と3Rの動向 2012
経済産業省産業技術環境局リサイクル推進課　[2012]　92p　30cm　Ⓝ518.523

資源循環ハンドブック　法制度と3Rの動向 2013
経済産業省産業技術環境局リサイクル推進課　[2013]　98p　30cm　Ⓝ518.523

資源循環ハンドブック　法制度と3Rの動向 2014
経済産業省産業技術環境局リサイクル推進課　[2014]　98p　30cm　Ⓝ518.523

資源循環ハンドブック　法制度と3Rの動向 2015
経済産業省産業技術環境局リサイクル推進課　[2015]　101p　30cm　Ⓝ518.523

資源循環ハンドブック　法制度と3Rの動向 2016
経済産業省産業技術環境局リサイクル推進課　[2016]　101p　30cm　Ⓝ518.523

資源循環ハンドブック　法制度と3Rの動向 2017
経済産業省産業技術環境局リサイクル推進課　[2017]　102p　30cm　Ⓝ518.52

資源循環ハンドブック　法制度と3Rの動向 2018
経済産業省産業技術環境局リサイクル推進課　[2018]　107p　30cm　Ⓝ518.52

資源循環ハンドブック　法制度と3Rの動向 2019
経済産業省産業技術環境局資源循環経済課　[2019]　109p　30cm　Ⓝ518.52

資源循環ハンドブック　法制度と3Rの動向 2020
経済産業省産業技術環境局資源循環経済課　[2020]　108p　30cm　Ⓝ518.52

資源循環ハンドブック　法制度と3Rの動向 2021
経済産業省産業技術環境局資源循環

経済課　［2022］　110p　30cm　Ⓝ518.52

◆SDGs

<書誌>

SDGsの絵本棚　SDGs・絵本プロジェクト，外崎紅馬編著　（半田）一粒書房　2024.1　137p　22cm　1500円　Ⓘ978-4-86743-239-6　Ⓝ519

お話から考えるSDGs 絵本・児童文学・紙芝居　2010-2014　DBジャパン編　DBジャパン　2022.6　326,141p　21cm　23000円　Ⓘ978-4-86140-258-6　Ⓝ028.09

⦅内容⦆2010～2014年に国内で刊行された絵本・児童文学・紙芝居からSDGsの目標に関連する作品4264冊をテーマ・ジャンル別に分類。図書館のレファレンス、テーマ展示の参考資料など、用途に応じて作品が選べる索引。

お話から考えるSDGs 絵本・児童文学・紙芝居　2015-2019　DBジャパン編　DBジャパン　2021.10　304,134p　21cm　22000円　Ⓘ978-4-86140-192-3　Ⓝ028.09

⦅内容⦆2015-2019年に日本で刊行された絵本・児童文学・紙芝居からSDGsについて考えることができる4217冊を収録。選書、レファレンス、テーマ展示の参考資料など、用途に応じて作品が選べる図書館のレファレンスツール。

学習支援本から理解を深めるSDGs 図鑑・児童書ノンフィクション・物語・学習まんが　2010-2014　DBジャパン編　DBジャパン　2023.10　219,112p　21cm　23000円　Ⓘ978-4-86140-410-8　Ⓝ028.09

学習支援本から理解を深めるSDGs 図鑑・児童書ノンフィクション・物語・学習まんが　2015-2019　DBジャパン編　DBジャパン　2023.1　235,114p　21cm　23000円　Ⓘ978-4-86140-334-7　Ⓝ028.09

⦅内容⦆2015～2019年に国内で刊行された学習支援本からSDGsの目標に関連する作品3559冊をテーマ・ジャンル別に分類。図書館のレファレンス、テーマ展示の参考資料など、用途に応じて作品が選べる索引。

未来につなぐ行事SDGs　絵本・児童文学・紙芝居・学習まんが・図鑑：2010-2019　DBジャパン編　DBジャパン　2024.2　239,132p　21cm　15000円　Ⓘ978-4-86140-463-4　Ⓝ028.09

ヤングアダルトの本　SDGs（持続可能な開発目標）を理解するための3000冊　日外アソシエーツ株式会社編集　日外アソシエーツ　2021.7　378p　21cm　〈索引あり〉　9800円　Ⓘ978-4-8169-2887-1　Ⓝ028.09

⦅目次⦆SDGs総合、貧困をなくそう、飢餓をゼロに、すべての人に健康と福祉を、質の高い教育をみんなに、ジェンダー平等を実現しよう、安全な水とトイレを世界中に、エネルギーをみんなにそしてクリーンに、働きがいも経済成長も、産業と技術革新の基盤を作ろう、人や国の不平等をなくそう、住み続けられるまちづくり、つくる責任つかう責任、気候変動に具体的な対策を、海の豊かさを守ろう、陸の豊かさを守ろう、平和と公正をすべての人に

⦅内容⦆「貧困をなくそう」「つくる責任つかう責任」「パートナーシップで目標を達成しよう」などSDGsの「17のゴール」に「SDGs総合」を加えた18のテーマ別に、2000年以降に刊行された図書を収録。公立図書館・学校図書館での本の選定・紹介・購入に最適のガイド。最近20年間の本を新しい順に一覧できる。用語・テーマからひける事項名索引付き。

<事典>

SDGsアイデア大全　「利益を増やす」と「社会を良くする」を両立させる　竹内謙礼著　技術評論社　2023.4　236p　21cm　〈表紙のタイトル：SDGs IDEA COLLECTIONS〉　2000円　Ⓘ978-4-297-13394-8　Ⓝ335.15

⦅目次⦆第1章「長く使う」は環境に優しく、商品に対する「愛」が生まれる、第2章 すべての人を幸せにする商品アイデア発想法、第3章 売上を伸ばして、なおかつお客も喜ぶ「SDGsな売り方」、第4章 SDGsのイベントでお客はまだまだ増える、第5章 小さな会社でも価値を生み出せるSDGsの新規ビジネス、第6章 10年後の顧客づくりのためのSDGs長期戦略、第7章 ユニークな売り方がSDGsの世界を変える

⦅内容⦆小さなお店・中小企業でも即実践できる64の視点と104の事例を集大成。

持続可能・自然共生の賞事典　SDGs達成を目指して　日外アソシエーツ株式会社編集　日外アソシエーツ　2024.1　456p　21cm　〈索引あり〉　16000円　Ⓘ978-4-8169-2995-3　Ⓝ519.036

⦅目次⦆イオン生物多様性みどり賞（国内賞）、海ごみゼロアワード、エコICT AWARD、エコアクション21オブザイヤー、eco検定アワード、エコツーリズム大賞、エコプロアワード、エコマークアワード、「STI for SDGs」アワード、SDGsアワード、SDGsクリエイティブアワード、SDGs建築賞、SDGsジャパンスカラシップ岩佐賞、SDGs探究AWARDS、SDGs Design International Awards、屋上・壁面緑化技術コンクール、カーボンニュートラル賞、環境カウンセラー環境保全活動表彰、環境賞、環境人づくり企業大賞〔ほか〕

〈内容〉国内のSDGs・環境にまつわる活動の最前線を知る手がかりに。持続可能・自然共生に関する72賞を収録。賞の概要と歴代の受賞情報を掲載。環境賞、KYOTO地球環境の殿堂、コスモス国際賞、ジャパンSDGsアワード、サステナアワード、気候変動アクション環境大臣表彰、カーボンニュートラル賞、物流環境大賞などを収録。個人・団体名から引ける「受賞者名索引」、賞の主要テーマから賞名を引ける「キーワード索引」付き。

〈辞典〉

SDGs辞典 渡邉優著 （京都）ミネルヴァ書房 2022.12 215p 21cm 〈英語抄訳付〉 2500円 Ⓘ978-4-623-09521-6 Ⓝ331.033

〈目次〉SDGsの17の目標（目標1「貧困」、目標2「飢餓」、目標3「健康と福祉」、目標4「教育」、目標5「ジェンダー」ほか）、SDGs用語解説、これからSDGsを学ぶみなさんへ5つの提言（英語対訳付）（SDGsは自分事、すべてがつながっている、妥協も含まれたSDGs、SDGsに書かれていない課題も考える）、SDGsが生まれるまで（英語対訳付）

〈内容〉SDGsの17個の目標および169個のターゲットにつかわれている用語を徹底解説。対訳「SDGsが生まれるまで」など有益なコラムも！はじめてのバイリンガルSDGs辞典。

SDGs用語辞典 イラスト・図解でよくわかる！：地球を救う厳選キーワード400 小林亮監修 山と溪谷社 2022.10 159p 21cm 〈索引あり〉 1800円 Ⓘ978-4-635-31046-8 Ⓝ331.033

〈目次〉読む前に知っておきたいSDGsの基本（17の目標って、どんな内容？、SDGsの達成度はどのくらい？、日本の達成度はどのくらい？、SDGs成立までの道のり）、用語解説、SDGs169のターゲット、目標別逆引きインデックス

〈内容〉SDGsの基本、17の目標とターゲット、世界のキーパーソン、経済の重要ワード、この1冊さえあれば、なんでもわかる！SDGsガイドの決定版！

〈ハンドブック〉

SDGs×自治体実践ガイドブック 現場で活かせる知識と手法 高木超著 （京都）学芸出版社 2020.3 180p 21cm 〈文献あり〉 2200円 Ⓘ978-4-7615-2732-7 Ⓝ318

〈内容〉自治体職員としておさえておきたいSDGsの基礎知識を解説。さらに自治体でSDGsを活用する過程を4つのステップに分割し、具体的なワークショップを実践事例を交えて紹介する。地域づくりに役立つノウハウが満載。

SDGsの時代に探究・研究を進めるガイドブック 社会からはじまり社会にめぐる、科学の考え方 狩野光伸著 培風館 2022.6 206p 21cm 1800円 Ⓘ978-4-563-01933-4 Ⓝ002.7

〈目次〉入り口として：SDGsの時代と、社会と、科学？、身近な社会の課題、そしてSDGs、課題を見つけ、つかむ：課題を表現する、課題を見つけ、つかむ：よく聴き、整理する、課題を見つけ、つかむ：先に理想を考える、情と理を兼ね備えるには：科学の考え方、問い：課題から問いを立て、内容を整理する、問い：新しい問いを思いつく、問い：まとめ方を先に見ておく、「ほんと」かを確認する：証明の方法、「ほんと」かを確認する：データの集め方、科学・技術の様々な分野を見渡しておく、振り返って考える：考察、結果を社会と共有し、使うには、おわりに

〈内容〉SDGsが問いかける社会課題は2030年で終わるものではない。その先も続く。こうした社会課題を解くために必要な知恵「科学の考え方」の方法論と手順について、わかりやすく解説する。

教師のためのSDGsアクティビティー・ハンドブック 香川文代、デイヴィット・セルビー著 （町田）玉川大学出版部 2024.2 386p 26cm 〈他言語標題：SDGs：A Teaching and Learning Handbook for Teachers〉 4500円 Ⓘ978-4-472-40628-7 Ⓝ375

〈目次〉第1部 インターアクティブで参加型の学び、第2部 SDGsアクティビティー（環境、貧困・不平等、人権、外交・リーダーシップ、国際協力）、第3部「失われた鍵を求めて―公平でより寛大な世界を実現するために不可欠な学び」（デイヴィット・セルビー）

スタディガイドSDGs 第2版 黒崎岳大著 学文社 2023.9 198p 21cm 〈他言語標題：Study Guide SDGs（Sustainable Development Goals）文献あり〉 2200円 Ⓘ978-4-7620-3276-9 Ⓝ519

〈目次〉第1章 SDGsをめぐる基本概念、第2章 世界と日本のSDGsへの取り組みの現状、第3章 目標1 貧困をなくそう、第4章 目標2 飢餓をゼロに、第5章 目標3 すべての人に健康と福祉を、第6章 目標4 質の高い教育をみんなに、第7章 目標5 ジェンダー平等を実現しよう、第8章 目標6 安全な水とトイレを世界中に、第9章 目標7 エネルギーをみんなにそしてクリーンに、第10章 目標8 働きがいも経済成長も、第11章 目標9 産業と技術革新の基盤をつくろう、第12章 目標10 人や国の不平等をなくそう、第13章 目標11 住み続けられるまちづくりを、第14章 目標12 つくる責任つかう責任、第15章 目標13 気候変動に具体的な対策を、第16章 目標14 海の豊かさを守ろう、第17章 目標15 陸の豊かさも守ろう、第18章 目標16 平和と公正をすべての人に、第19章 目標17 パートナーシップで目標

を達成しよう，第20章 SDGsの将来

地図とデータで見るSDGsの世界ハンドブック 新版 イヴェット・ヴェレ，ポール・アルヌー著，蔵持不三也訳，クレール・ルヴァスール地図製作　原書房　2022.12　186p　22cm　〈文献あり　原書名：Atlas du développement durable〉　2800円　Ⓘ978-4-562-07205-7　Ⓝ519

〈目次〉はじめに（持続可能性を長期化すること，新しい持続可能な開発目標への移行），持続可能な開発からほど遠い不平等な世界（世界の人口増加と老齢化，人間開発指数（HDI）―不平等の指数 ほか），持続可能な開発のためのグローバル対応（大規模会議―移行の枠づけ，気候変動（1）―温室効果ガスの管理 ほか），地域的レベル―フランスと持続可能な開発（ヨーロッパとフランスの規制，よりよく呼吸する，大気の質問題 ほか），付録

〈内容〉SDGsの全貌が一目瞭然でわかるアトラス！ 100枚以上の地図や数多くの資料を駆使して，地球にとってより「持続可能」な開発の実現を考察する。

〈図鑑・図集〉

世界でいちばん素敵なSDGsの教室　小林亮監修　三才ブックス　2021.7　155p　21cm　〈文献あり 年表あり〉　1500円　Ⓘ978-4-86673-267-1　Ⓝ519

〈目次〉SDGsが採択されるまで，そもそも「SDGs」って，なんのこと？，SDGsの17の目標について，もっと教えて！，SDGsに取り組まないと，どうなるの？，17個の目標の覚え方を教えて！，日本のSDGs達成度，日本のSDGsトレンド，どうして貧困はうまれるの？，どうして飢餓はうまれるの？，新型コロナウイルスは，目標3の達成に影響する？〔ほか〕

〈内容〉地球の未来のためにいま考えるべきこと。2030年までに達成すべき私たちの17の目標。美しい写真とシンプルなQ&Aで伝えるビジュアル図鑑。

〈地図帳〉

〈国別比較〉危機・格差・多様性の世界地図 データが語る改善への道しるべ　ダン・スミス著，澤田治美日本語版監修，富山晴仁，長友俊一郎，森田竜斗訳　柊風舎　2022.7　207p　25cm　〈索引あり　原書名：THE STATE OF THE WORLD ATLAS 原著第10版の翻訳〉　8500円　Ⓘ978-4-86498-088-3　Ⓝ302

〈内容〉私たちが生きている危機の時代，拡大しつつある貧富の格差，権利とその尊重，戦争と平和，人の健康，地球の健康

〈内容〉現代世界が直面するさまざまな問題をSDGsに沿った51のテーマを5つの大きな柱に分けて解説。各テーマのさまざまなデータを国別に比較できる。86の色彩豊かな統計地図と理解を助ける55の図表。国際機関や研究所・大学の研究センターが刊行している論文・報告書から採られた約350の信頼性のある出典。247の項目索引。

〈年鑑・白書〉

SDGs自治体白書　2020　新型コロナとの共存社会にむけた"SDGs自治体"の取り組み　市町村別の地域創生成果指標計算結果を一挙公開　中口毅博，小澤はる奈編著，環境自治体会議環境政策研究所編集協力　生活社　2020.6　229p　21cm　2500円　Ⓘ978-4-902651-44-7

〈目次〉第1章 自治体のSDGs達成活動（新型コロナとの共存社会にむけた"SDGs自治体"の取り組みの方向性，ニセコ町におけるSDGsの取り組み ほか），第2章 市民・企業のSDGs達成活動（今必要とされている市民主体のSDGs達成への活動―その意義，子どもに対する暴力撤廃に向けた市民社会と国際NGOによる取り組み ほか），第3章 地域連携による持続可能な地域づくり教育の実践（ESD（持続可能な地域づくり教育）の推進による地域創生の考え方と事例，持続可能な社会を拓く児童を育む学校経営―ESDGsを念頭に置いたホールスクール・アプローチの一試み ほか），資料編（地域創生成果指標の算定，環境自治体会議の組織概要 ほか）

〈内容〉環境分野をはじめとする持続可能な地域づくりに取り組む自治体の活動をまとめた白書。自治体，市民・企業のSDGs達成活動や，地域連携による持続可能な地域づくり教育の実践を紹介。地域創生成果指標の算定等の資料も収録。

SDGs自治体白書　2021　次世代が切り拓く"SDGs自治体"への道　中口毅博，小澤はる奈編著，環境自治体会議環境政策研究所編集協力　生活社　2021.8　297p　21cm　2800円　Ⓘ978-4-902651-45-4

〈目次〉第1章 次世代主体のSDGs実践プロジェクト（総論 次世代主体のSDGs達成活動の方向性，岡山大学SDGsアンバサダーの取り組み ほか），第2章 自治体のSDGs達成活動（森林の多様性から経済を創造する―「SDGs未来都市」岡山県西粟倉村，小田原市におけるSDGsの取り組み―「いのちを守り育てる地域自給圏」の創造 ほか），第3章 市民・企業のSDGs達成活動（かっとばし!!プロジェクトから広がる企業のSDGs活動，対馬里山繫営塾/対馬グリーン・ブルーツーリズム協会におけるSDGsの取り組み ほか），第4章 持続可能な地域創造ネットワークのプロジェクトの進捗状況（環境自治体会議から持続可能な地域創造ネットワークへ―自治体ネットワークの発展と期待，地域分散小規模

低学費大学プロジェクト―その基本構想と2020年度の活動による進展 ほか〉，第5章 市区町村別次世代活動ポテンシャル指標の算定（市区町村別次世代活動ポテンシャル指標算定の目的と方法，次世代活動可能人口の算定結果 ほか〉
〈内容〉次世代が切り拓く"SDGs自治体"への道。市区町村別の次世代活動ポテンシャル指標分析結果を公開。

SDGs自治体白書 2022 真のSDGsに取り組む秘訣 中口毅博，小澤はる奈編著，環境自治体会議環境政策研究所編集協力 生活社 2022.11 187p 21cm 2500円 Ⓘ978-4-902651-46-1
〈目次〉序章 真のSDGsに取り組む秘訣，第1章 地域課題の解決に資するエネルギー事業，第2章 自治体のSDGs達成活動，第3章 市民・企業のSDGs達成活動，第4章 活動人口を目標とした持続可能な地域づくり，第5章 持続可能な地域創造ネットワーク
〈内容〉真のSDGs自治体に移行するための道筋を示し，エネルギー分野に焦点をあてた地域エネルギー事業の事例，自治体，市民・企業のSDGs達成活動の事例を紹介。「活動人口」を目標とした持続可能な地域づくりも提案する。

SDGs自治体白書 2023-2024 SDGsを自治体の取組に実装するには 小澤はる奈，中口毅博編著 生活社 2024.1 167p 21cm 2500円 Ⓘ978-4-902651-47-8
〈目次〉第1章 SDGsの実装に向けて（どうなる？ どうする？ 自治体×SDGs―SDGs未来都市の全数調査結果から，SDGsの庁内浸透に向けた方策，市民・事業者向け普及策），第2章 自治体のSDGs達成活動（鳥取県中部シュタットベルケ構想の実現に向けて，神戸市が推進する「まわりさけるリサイクル」について，紙の地産地消商品「木になる紙」の公共調達による地域振興や脱炭素への取組，札幌市のSDGs推進における若者のエンパワーメント），第3章 市民・企業のSDGs達成活動（市民コミュニティ財団の取組―東近江三方よし基金の事例から，東急不動産が北海道松前町と進める再生可能エネルギーを活用した地域活性化戦略，社会貢献アプリを活用した地域住民のソーシャルアクション活性化），第4章 都道府県別活動人口の推計，第5章 持続可能な地域創造ネットワークの紹介
〈内容〉SDGsを自治体の取組に実装するには。都道府県別社会活動人口推計結果を公開。

SDGs白書 2019 慶應義塾大学SFC研究所xSDG・ラボ編 インプレスR&D 2019.10 199p 26cm 〈発売：インプレス〉 6300円 Ⓘ978-4-8443-7824-2
〈目次〉17のゴールからみる2019年の世界（貧困をなくそう，飢餓をゼロに，すべての人に健康と福祉を，質の高い教育をみんなに，ジェンダーの平等を実現しよう ほか），第1部 SDGsへの取り組み（SDGsの歩み，ステークホルダー別動向，研究活動/話題），第2部 SDGsの指標
〈内容〉SDGs本格始動！ 生活者，企業，自治体，NPO/NGOほか。みんなでつくる「未来のかたち」

SDGs白書 2020-2021 コロナ禍の先の世界を拓くSX戦略 SDGs白書編集委員会編 インプレスR&D 2021.6 283p 26cm 〈発売：インプレス 底本：Ver.1.1〉 6300円 Ⓘ978-4-8443-7979-9
〈内容〉日本におけるSDGs（持続可能な開発目標）の取り組みや進捗の現状を包括的にレビューする報告書。17目標でみる「コロナ禍がSDGsにもたらした影響」，コロナ禍におけるセクター別の取り組み，産業別動向等を収録する。

SDGs白書 2022 人新世の脅威に立ち向かう！ SDGs白書編集委員会編 インプレスR&D 2022.8 267p 26cm 〈[発売：インプレス] 底本：Ver.1.0〉 6300円 Ⓘ978-4-295-60134-0
〈内容〉日本におけるSDGs（持続可能な開発目標）の取り組みや進捗の現状を包括的にレビューする報告書。17目標でみる2022年の世界，国際機関・中央省庁の動向，産業動向，SDGsの指標等を収録する。

リサイクル

<事 典>

最新 材料の再資源化技術事典 資源の活用と循環型社会の構築に向けて 最新材料の再資源化技術事典編集委員会編 産業技術サービスセンター 2017.8 750,5p 26cm 〈文献あり〉 36000円 Ⓘ978-4-915957-97-0 Ⓝ518.523
〈内容〉生活水準の向上や世界的な経済の拡大やグローバル化が急速に進み，地球資源の枯渇が将来の産業の発展に大きな問題であることが指摘されている。特に資源の有効的な活用に関する再資源化技術，リサイクル技術は多くの人々の関心を呼び，関連する新しい技術が盛んに展開されている。対象となる資源は材料の種類や製品の種類によっても異なり，その対応もさまざまである。本書は，再資源化の現状と，関連する基礎技術，事例，関連法規などについて，現場を熟知する112名の専門家の協力により，集大成としてまとめられたものである。

リサイクル・廃棄物事典 真の環境保全・資源確保を考慮した3Rの促進のための 「リサイクル・廃棄物事典」編集委員会編 産業調査会事典出版センター 2014.4 599p 26cm 〈発売：ガイアブックス〉 22000円 Ⓘ978-4-88282-580-7
〈目次〉1編 総論，2編 リサイクル技術の総論，

3編 リサイクル技術の科学，4編 個別リサイクル技術事例，5編 近未来技術の開発と可能性，リサイクル・廃棄物処理に役立つ各社の製品紹介編

(内容) 資源と環境問題の解決に資するために3Rの現状、経済、技術について国内、国際的な視野から整理し、これからの3Rの国際的な事業展開を図る上で重要な最新技術が具体的にどのように使用できるかを"見える化"。大きくリサイクルの社会システム、科学・技術に関する総論と具体的に最近展開されているリサイクルの各論、事例集からなり、対象廃棄物に関して、どのような物質が使用され、それがどのようにリサイクルされているかを検索できるようにした。

<名簿・人名事典>

金属リサイクル企業ファイル 改訂5版 産業新聞社 2023.12 691p 22cm 4000円 ⓘ978-4-914955-05-2 Ⓝ564.0921

自動車リサイクル部品名鑑 2014 日刊自動車新聞社編集 日刊自動車新聞社 2014.4 113p 30cm 1852円 ⓘ978-4-86316-203-7 Ⓝ537.09

(目次) 特別特集：自動車リサイクル部品、これからの展望，総論：需要は拡大基調だが、使用済み車の仕入何が深刻化，インタビュー：経済産業省 製造産業局自動車課自動車リサイクル室 小野正宝氏，特集1 2013～2014年リサイクル業界部品流通拡大へのアプローチ，特集2 リサイクル部品使用者の8割近く"自費修理"を選択 — 損保協「自動車リサイクル部品活用に関するアンケート」から

(内容) 解体自動車の再資源化に取り組む有力事業者の紹介をはじめ、1000社をこえる主要業者のリストを掲載。

自動車リサイクル部品名鑑 2016 日刊自動車新聞社編集 日刊自動車新聞社 2016.4 92p 30cm 1852円 ⓘ978-4-86316-268-6 Ⓝ537.10921

(目次) 特別編集：自動車リサイクル部品、現状と展望，総論：競争と協調で成長を目指す自動車リサイクル部品業界，リサイクル行政の動き，特集1 2014～15年自動車リサイクル部品業界 市場拡大への取り組み，特集2 損保協「リサイクル部品に関するアンケート調査」から

(内容) 解体自動車の再資源化に取り組む有力事業者の紹介をはじめ、1000社をこえる主要業者のリストを掲載。

自動車リサイクル部品名鑑 2018 日刊自動車新聞社 2018.4 88p 30cm Ⓝ537.10921

自動車リサイクル部品名鑑 2020 日刊自動車新聞社 2020.6 73p 30cm Ⓝ537.10921

自動車リサイクル部品名鑑 2022 日刊自動車新聞社 2022.6 73p 30cm Ⓝ537.10921

自動車リサイクル部品名鑑 2024 日刊自動車新聞社 2024.6 71p 30cm Ⓝ537.10921

鉄鋼・鉄スクラップ業主要人物・会社事典 明治から平成まで 冨高幸雄著 (山口)スチール・ストーリーJapan，(大阪)ナベショー 2021.3 265p 21cm 2000円 ⓘ978-4-9907877-5-2 Ⓝ564.0921

<ハンドブック>

金属リサイクル・ハンドブック 2024 日刊市況通信社編著 日刊市況通信社 2024.4 308p 21cm 〈他言語標題：Metal recycling Handbook〉 4000円

古紙ハンドブック 2023 古紙再生促進センター編集 古紙再生促進センター 2023.7 141p, [1]枚(折り込み) 30cm Ⓝ585.3

メタル元素・メーカー・リサイクル事典 日刊市況通信社編集部編著 (大阪)日刊市況通信社 2011.5 440p 21cm 3048円 Ⓝ566.036

(内容) 主要43金属元素について、簡単な特性、原料需要団体や最終メーカーの名鑑情報、鉄・非鉄スクラップの法制、規格などをまとめたハンドブック。第2章「原料需要団体・最終メーカー」では会社・団体の所在地、電話番号、沿革等を紹介する。

リサイクルデータブック 2011 クリーン・ジャパン・センター 2011.3 87p 30cm Ⓝ518.523

リサイクルデータブック 2013 産業環境管理協会 2013.4 95p 30cm Ⓝ519.7

リサイクルデータブック 2014 産業環境管理協会 2014.7 107p 30cm Ⓝ519.7

リサイクルデータブック 2015 産業環境管理協会資源・リサイクル促進センター 2015.6 125p 30cm Ⓝ519.7

リサイクルデータブック 2016 産業環境管理協会資源・リサイクル促進センター 2016.6 141p 30cm Ⓝ519.7

リサイクルデータブック 2017 産業環境管理協会資源・リサイクル促進センター 2017.7 176p 30cm Ⓝ519.7

リサイクルデータブック 2018 産業環境管理協会資源・リサイクル促進センター

リサイクル　　　　　　　　　環境問題

2018.7　181p　30cm　Ⓝ519.7

リサイクルデータブック　2019　産業環境管理協会資源・リサイクル促進センター
2019.7　192p　30cm　Ⓝ519.7

リサイクルデータブック　2020　産業環境管理協会資源・リサイクル促進センター
2020.7　192p　30cm　Ⓝ519.7

リサイクルデータブック　2021　産業環境管理協会資源・リサイクル促進センター
2021.7　192p　30cm　Ⓝ519.7

リサイクルデータブック　2022　産業環境管理協会資源・リサイクル促進センター
2022.7　195p　30cm　Ⓝ519.7

リサイクルデータブック　2023　産業環境管理協会資源・リサイクル促進センター
2023.7　8,194p　30cm　Ⓝ519.7

リサイクルデータブック　2024　産業環境管理協会資源・リサイクル促進センター
2024.7　8,192p　30cm　非売品　Ⓝ519.7

＜図鑑・図集＞

メタルスクラップ図鑑　日刊市況通信社
2021.4　227p　18cm　〔英語併記〕　4400円　Ⓝ564.036
Ⓘ 約300種にわたるスクラップの品種をカラー写真で掲載。各スクラップの名称・発生形態・解体形態・特性ごとに分類・整理し、日本語と英語で解説したもの。

＜年鑑・白書＞

再資源化白書　2021　サティスファクトリー著, ビー・アンド・イー・ディレクションズ共著　サティスファクトリー　2021.6
225p　30cm　〔文献あり　編集主幹:恩田英久〕　33000円　Ⓝ519.7

再資源化白書　2022　サティスファクトリー著, ビー・アンド・イー・ディレクションズ共著　サティスファクトリー　2022.9
329p　30cm　〔文献目録:p318～329〕　30000円　Ⓝ519.7

＜統計集＞

古紙統計年報　2010年版　古紙再生促進センター編集　古紙再生促進センター　2011.5
6,169p　30cm

古紙統計年報　2011年版　古紙再生促進センター編集　古紙再生促進センター　2012.5
6,169p　30cm

古紙統計年報　2012年版　古紙再生促進センター編集　古紙再生促進センター　2013.5
6,169p　30cm

古紙統計年報　2013年版　古紙再生促進センター編集　古紙再生促進センター　2014.7
6,167p　30cm

古紙統計年報　2014年版　古紙再生促進センター編集　古紙再生促進センター　2015.4
6,167p　30cm

古紙統計年報　2015年版　古紙再生促進センター編集　古紙再生促進センター　2016.4
6,167p　30cm

古紙統計年報　2016年版　古紙再生促進センター編集　古紙再生促進センター　2017.8
6,167p　30cm

古紙統計年報　2017年版　古紙再生促進センター編集　古紙再生促進センター　2018.4
6,169p　30cm

古紙統計年報　2018年版　古紙再生促進センター編集　古紙再生促進センター　2019.4
6,167p　30cm

古紙統計年報　2019年版　古紙再生促進センター編集　古紙再生促進センター　2020.4
6,168p　30cm

古紙統計年報　2020年版　古紙再生促進センター編集　古紙再生促進センター　2021.4
6,168p　30cm

古紙統計年報　2021年版　古紙再生促進センター編集　古紙再生促進センター　2022.3
6,168p　30cm

古紙統計年報　2022年版　古紙再生促進センター編集　古紙再生促進センター　2023.3
6,168p　30cm

古紙統計年報　2023年版　古紙再生促進センター編集　古紙再生促進センター　2024.3
6,168p　30cm

地方自治体紙リサイクル施策調査報告書　平成22年度　古紙再生促進センター編　古紙再生促進センター　2011.3　133p　30cm
Ⓝ585

地方自治体紙リサイクル施策調査報告書　平成24年度　古紙再生促進センター編　古紙再生促進センター　2013.1　124p　30cm
Ⓝ518.523

地方自治体紙リサイクル施策調査報告書　平成25年度　古紙再生促進センター編　古紙再生促進センター　2014.2　46p　30cm
Ⓝ518.523

地方自治体紙リサイクル施策調査報告書

地方自治体紙リサイクル施策調査報告書 平成26年度　古紙再生促進センター編　古紙再生促進センター　2015.2　64p　30cm　Ⓝ518.523

地方自治体紙リサイクル施策調査報告書 平成27年度　古紙再生促進センター編　古紙再生促進センター　2016.1　58p　30cm　Ⓝ518.523

地方自治体紙リサイクル施策調査報告書 平成28年度　古紙再生促進センター編　古紙再生促進センター　2017.3　35p　30cm　Ⓝ518.523

地方自治体紙リサイクル施策調査報告書 平成29年度　古紙再生促進センター編　古紙再生促進センター　2018.3　53p　30cm　Ⓝ518.523

地方自治体紙リサイクル施策調査報告書 令和元年度　古紙再生促進センター編　古紙再生促進センター　2020.2　46p　30cm　Ⓝ518.523

地方自治体紙リサイクル施策調査報告書 令和2年度　古紙再生促進センター編集　古紙再生促進センター　2021.3　68p　30cm　Ⓝ518.523

地方自治体紙リサイクル施策調査報告書 令和3年度　古紙再生促進センター編　古紙再生促進センター　2022.2　59p　30cm　Ⓝ518.523

地方自治体紙リサイクル施策調査報告書 令和4年度　古紙再生促進センター編集　古紙再生促進センター　2023.2　51p　30cm　Ⓝ518.523

地方自治体紙リサイクル施策調査報告書 令和5年度　古紙再生促進センター編集　古紙再生促進センター　2024.3　61p　30cm　Ⓝ518.523

◆リサイクル（規格）

<ハンドブック>

JISハンドブック　リサイクル 2013　日本規格協会編　日本規格協会　2013.6　1188p　21cm　7800円　①978-4-542-18165-6　Ⓝ509.13

鉱物資源

<ハンドブック>

鉱物資源データブック　第2版　西山孝, 別所昌彦, 前田正史共編　オーム社　2017.11　702p　31cm　60000円　①978-4-274-22115-6　Ⓝ561.1

コモディティハンドブック　貴金属編　第2版　日本商品先物取引協会著　金融財政事情研究会　2016.7　127p　21cm　〈他言語標題：Commodity Handbook　発売：きんざい〉　1400円　①978-4-322-12848-2　Ⓝ676.4

世界がわかる資源データブック　激化する争奪のゆくえ　安部直文著　第三文明社　2016.7　255p　19cm　〈文献あり〉　1500円　①978-4-476-03359-5　Ⓝ334.7

地図とデータで見る資源の世界ハンドブック　ベルナデット・メレンヌ＝シュマケル著, クレール・ルヴァスール地図製作, 蔵持不三也訳　原書房　2022.8　174p　21cm　〈文献あり　索引あり　原書名：Atlas mondial des matières premières〉　2800円　①978-4-562-07179-1　Ⓝ334.7

(目次)鉱産物およびエネルギー資源(欠かすことができない重要な工業用金属, レアメタルへの需要 ほか), …そして, ほかの多くの原材料(なによりもまず穀物, 用途が多様な油料作物 ほか), これまで以上に戦略的な生産物(拡大・変化する需要, ゆるやかな供給反応, カスケード効果 ほか), 主要な経済的課題(流動的な価格, きわめて組織化された市場 ほか), 未来への地政学的挑戦(ニュース性のある原材料, 独立(エネルギー部門での)を模索するアメリカ ほか)

(内容)資源の世界が一目瞭然でわかるアトラス！ 100におよぶ地図とグラフは, これらの原材料を合理的に管理するという課題に対して考える素材をあたえてくれる。

メタルマイニング・データブック　2010　石油天然ガス・金属鉱物資源機構金属資源開発本部企画調査部編　佐伯印刷　2011.1　670p　21cm　〈年表あり〉　5500円　①978-4-903729-90-9　Ⓝ565

メタルマイニング・データブック　2011　石油天然ガス・金属鉱物資源機構金属資源開発本部金属企画調査部　2012.2　667p　21cm　〈年表あり〉　3000円　Ⓝ565

メタルマイニング・データブック　2012　石油天然ガス・金属鉱物資源機構金属企画調査部　2013.1　828p　21cm　〈年表あり〉　3000円　Ⓝ565

メタルマイニング・データブック　2013　石油天然ガス・金属鉱物資源機構調査部金属資源調査課　2014.3　569p　21cm　〈年表あり〉　3000円　Ⓝ565

メタルマイニング・データブック　2015　石油天然ガス・金属鉱物資源機構調査部金属資源調査課　2016.3　723p　21cm　〈年表あ

り〉 2250円 Ⓝ565

メタルマイニング・データブック 2017
石油天然ガス・金属鉱物資源機構調査部金属資源調査課 2018.3 564p 21cm 〈年表あり〉 2250円 Ⓘ978-4-909403-02-5 Ⓝ565

メタルマイニング・データブック 2019
石油天然ガス・金属鉱物資源機構金属企画部調査課 2020.7 512p 21cm 〈年表あり〉 2272円 Ⓘ978-4-909403-05-6 Ⓝ565

レアメタルハンドブック 2016 石油天然ガス・金属鉱物資源機構調査部金属資源調査課 2016.12 423p 21cm 〈他言語標題：Rare metal hand book〉 2250円 Ⓝ565.8
〈内容〉石油天然ガス・金属鉱物資源機構の情報収集活動の成果を提供するハンドブック。各産業分野で使用されているレアメタル全42種の特徴、主要用途、価格動向、近年のトピックスなどを紹介する。

レアメタル便覧 1 足立吟也監修・編 丸善 〔2011〕 662p 27cm Ⓘ978-4-621-08276-8 Ⓝ565.8
〈目次〉1巻(物理定数と諸単位、元素概論、レアメタルの資源、レアメタルの経済、レアメタルのリサイクル、レアメタルの製造、熱的性質、無機化合物生成・分解反応の熱力学、化合物の性質、構造式一覧)、2巻(相平衡、物理的性質、輸送現象、電気化学、溶融塩、金属工業におけるレアメタル)、3巻(貴金属、エレクトロニクスにおけるレアメタル、原子力産業におけるレアメタル、電池工業におけるレアメタル、太陽電池、化学工業におけるレアメタル、セラミックスにおけるレアメタル、色材におけるレアメタル、文具・スポーツ用品・楽器におけるレアメタル、医薬とレアメタル、肥料とレアメタル、プラスチックとレアメタル、製紙とレアメタル、研磨剤とレアメタル、おもな無機工業薬品・金属、レアメタルの分析、レアメタルと生態系・健康、レアメタルと環境、レアメタルと歴史、レアメタルに関する資料、資料・補遺編)
〈内容〉レアメタルに関する資源・経済・環境・製造・応用・技術の詳細とデータを網羅したリファレンス。鉄、アルミニウム、銅など、レアメタルを有効に利用するために必要なコモンメタルも採録。

レアメタル便覧 2 足立吟也監修・編 丸善 〔2011〕 496p 27cm Ⓘ978-4-621-08276-8 Ⓝ565.8

レアメタル便覧 3 足立吟也監修・編 丸善 2011.1 738p 27cm 〈索引あり〉 Ⓘ978-4-621-08276-8 Ⓝ565.8

<年鑑・白書>

世界資源企業年鑑 2011 鉱物資源メジャーなど主要200社の最新動向 コム・ブレイン出版部編 コム・ブレイン出版部 2011.3 598p 26cm 〈発売：通産資料出版会〉 95000円 Ⓘ978-4-901864-57-2
〈目次〉第1章 世界の主要鉱物・金属資源の動向、第2章 世界主要175社の売上高・純利益ランキング、第3章 世界5大鉱物資源企業の動向、第4章 ベースメタル、アルミ関連企業、第5章 レアメタル、PGM(白金族)、レアアース関連企業、第6章 金・銀、ウラン、ダイヤ関連企業、第7章 鉄鉱石関連企業、第8章 石炭関連企業、第9章 探鉱・探査、その他関連企業、第10章 住所録

世界資源企業年鑑 2012 鉱物資源メジャーなど主要200社の最新動向 コム・ブレイン出版部編 コム・ブレイン出版部 2012.3 648p 26cm 〈発売：通産資料出版会〉 95000円 Ⓘ978-4-901864-60-2
〈目次〉第1章 世界の主要鉱物・金属資源の動向、第2章 世界主要鉱物資源企業と売上高・純利益ランキング、第3章 世界5大鉱物資源企業の動向、第4章 ベースメタル、アルミ関連企業、第5章 レアメタル、PGM(白金族)、レアアース関連企業、第6章 金、銀関連企業、第7章 鉄鉱石関連企業、第8章 石炭関連企業、第9章 探鉱・探査、その他関連企業、第10章 住所録

レアメタル白書 厨川道雄著 新樹社 2013.4 255p 26cm 〈他言語標題：RARE METAL WHITE BOOK 文献あり 索引あり〉 2500円 Ⓘ978-4-7875-8634-6 Ⓝ565.8
〈目次〉1章 レアメタルとは何か？(問題の本質、レアメタルとは何か？)、2章 レアメタルの時代(レアメタルと錬金術、産業の生命線)、3章 レアメタルはどこにある？(主要な資源保有国と日本)、4章 金属の動向(ベースメタルの動向、レアメタルの動向、レアアースの動向)、5章 持続可能な社会(循環型社会、安定供給の道)

エネルギー問題

エネルギー問題全般

<ハンドブック>

液体貨物ハンドブック　実務に便利なデータと数量算出法　2訂版　日本海事検定協会監修，日本海事検定協会検査第二サービスセンター編　成山堂書店　2020.8　218p　16cm　〈文献あり　英語併記〉　4000円　ⓘ978-4-425-38015-2　Ⓝ575.37
(内容)　業界で統一的に行われているケミカル・液化ガス類，石油類の数量算出法およびこれに必要な各製品の密度・容積換算係数を含む諸データを収録。JIS規格，並びにその他諸表の改訂に伴い内容を見直した2訂版。

<法令集>

2020年電力・ガス自由化法令集　エネルギーフォーラム編　エネルギーフォーラム　2015.9　215p　21cm　3000円　ⓘ978-4-88555-457-5　Ⓝ540.91
(目次)　電気事業法(昭和三十九年七月十一日法律第百七十号)，ガス事業法(昭和二十九年三月三十一日法律第五十一号)，熱供給事業法(昭和四十七年六月二十二日法律第八十八号)，経済産業省設置法(抄)(平成十一年七月十六日法律第九十九号)，電気事業法等の一部を改正する等の法律案に対する付帯決議，参考資料

<年鑑・白書>

エネルギー白書　2011年版　東日本大震災によるエネルギーを巡る課題と対応，国際エネルギー市場を巡る近年の潮流，今後の我が国エネルギー政策の検討の方向性　経済産業省編　新高速印刷　2012.1　249p　30cm　〈発売：全国官報販売協同組合〉　2500円　ⓘ978-4-903944-08-1
(目次)　第1部　エネルギーを巡る課題と対応(東日本大震災によるエネルギーを巡る課題と対応，国際エネルギー市場を巡る近年の潮流，今後の我が国エネルギー政策の検討の方向性)，第2部　エネルギー動向(エネルギーと国民生活・経済活動，国内エネルギー動向，国際エネルギー動向)，第3部　平成22年度においてエネルギーの需給に関して講じた施策の概況(平成22年度に講じた施策について，資源確保・安定供給強化への総合的取組，自立的かつ環境調和的なエネルギー供給構造の実現，電力事業制度・ガス事業制度のあり方，低炭素型成長を可能とするエネルギー需要構造の実現，新たなエネルギー社会の実現，確信的なエネルギー技術の開発・普及拡大，エネルギー・環境分野における国際協力の推進，エネルギー国際協力の強化，国民との相互理解の促進と人材の育成)

エネルギー白書　2012年版　東日本大震災と我が国エネルギー政策の聖域無き見直し　経済産業省編　エネルギーフォーラム　2012.12　264p　30cm　2800円　ⓘ978-4-88555-411-7
(目次)　第1部　エネルギーを巡る課題と対応―東日本大震災と我が国エネルギー政策の聖域無き見直し(東日本大震災・東京電力福島第一原子力発電所事故で明らかになった課題，東日本大震災・東京電力福島第一原子力発電所事故後に講じた主な施策，原子力発電所事故関連，東日本大震災・東京電力福島第一原子力発電所事故を踏まえたエネルギー政策の見直し)，第2部　エネルギー動向(エネルギーと国民生活・経済活動，国内エネルギー動向，国際エネルギー動向)，第3部　平成23年度においてエネルギーの需給に関して講じた施策の概況(2011(平成23)年度に講じた施策について，資源確保・安定供給強化への総合的取組，自立的かつ環境調和的なエネルギー供給構造の実現，電力事業制度・ガス事業制度のあり方，低炭素型成長を可能とするエネルギー需要構造の実現，新たなエネルギー社会の実現，革新的なエネルギー技術の開発・普及拡大，エネルギー・環境分野における国際協力の推進，エネルギー国際協力の強化，国民との相互理解の促進と人材の育成)

エネルギー白書　2013年版　経済産業省編　新高速印刷　2013.8　277p　30cm　〈発売：全国官報販売協同組合〉　2800円　ⓘ978-4-904681-06-0
(目次)　第1部　エネルギーを巡る課題と対応(エネルギーを巡る世界の過去事例からの考察，東日本大震災と我が国エネルギー政策のゼロベースからの見直し)，第2部　エネルギー動向(国内エネルギー動向，国際エネルギー動向)，第3部　平成24年度においてエネルギーの需給に関して講じた施策の概況(2012(平成24)年度に講じた施策について，資源確保・安定供給強化への総合的取組，自立的かつ環境調和的なエネルギー供

給構造の実現、電力事業制度・ガス事業制度のあり方、低炭素型成長を可能とするエネルギー需要構造の実現、新たなエネルギー社会の実現、革新的なエネルギー技術の開発・普及拡大、エネルギー・環境分野における国際協力の推進、エネルギー国際協力の強化、国民との相互理解の促進と人材の育成）

エネルギー白書　2014　経済産業省編　（新潟）ウィザップ　2014.8　311p　30cm　〈発売：全国官報販売協同組合〉　3000円
①978-4-903944-16-5

(目次)第1部 エネルギーを巡る状況と主な対策（エネルギー基本計画の背景にある諸情勢、東日本大震災と我が国エネルギー政策の見直し）、参考資料 エネルギー基本計画（2014年4月11日閣議決定）、第2部 エネルギー動向（国内エネルギー動向、国際エネルギー動向）、第3部 2013（平成25）年度においてエネルギーの需給に関して講じた施策の概況（我が国のエネルギー政策の変遷と最近の取組、資源確保・安定供給強化への総合的な取組、自立的かつ環境調和的なエネルギー供給構造の実現、電力事業制度・ガス事業制度の在り方、徹底した省エネルギー社会の実現、新たなエネルギー社会の実現、革新的なエネルギー技術の開発・普及拡大、エネルギー・環境分野における国際展開・国際協力の推進、国民との相互理解の促進と人材の育成）

(内容)日本のエネルギーの"今"がわかる。「エネルギー基本計画」も全文掲載。

エネルギー白書　2015　経済産業省編　経済産業調査会　2015.9　295p　30cm　3000円　①978-4-8065-2963-7

(目次)第1部 エネルギーを巡る状況と主な対策（「シェール革命」と世界のエネルギー事情の変化、東日本大震災・東京電力福島第一原子力発電所事故への対応、エネルギーコストへの対応）、第2部 エネルギー動向（国内エネルギー動向、国際エネルギー動向）、第3部 2014（平成26）年度においてエネルギー需給に関して講じた施策の状況（安定的な資源確保のための総合的な政策の推進、徹底した省エネルギー社会の実現と、スマートで柔軟な消費活動の実現、再生可能エネルギーの導入促進─中長期的な自立化を目指す、原子力政策の再構築、化石燃料の効率的・安定的な利用のための環境の整備、市場の垣根を外していく供給構造改革等の推進、国内エネルギー供給網の強靱化、安定供給と地球温暖化対策に貢献する水素等の新たな二次エネルギー構造への変革、総合的なエネルギー国際協力の展開、戦略的な技術開発の推進）

エネルギー白書　2016　経済産業省編　経済産業調査会　2016.8　343p　30cm　3000円　①978-4-8065-2983-5

(目次)第1部 エネルギーを巡る状況と主な対策（原油安時代におけるエネルギー安全保障への寄与、東日本大震災・東京電力福島第一原子力発電所事故への対応とその教訓を踏まえた原子力政策のあり方、パリ協定を踏まえたエネルギー政策の変革）、第2部 エネルギー動向（国内エネルギー動向、国際エネルギー動向）、第3部 2015（平成27）年度においてエネルギー需給に関して講じた施策の状況（安定的な資源確保のための総合的な政策の推進、徹底した省エネルギー社会の実現と、スマートで柔軟な消費活動の実現、再生可能エネルギーの導入加速─中長期的な自立化を目指して、原子力政策の展開、化石燃料の効率的・安定的な利用のための環境の整備、市場の垣根を外していく供給構造改革等の推進、国内エネルギー供給網の強靱化、強靱なエネルギーシステムの構築と水素等の新たな二次エネルギー構造への変革、エネルギー国際協力の展開、戦略的な技術開発の推進、国民各層とのコミュニケーションとエネルギーに関する理解の深化）

エネルギー白書　2017　経済産業省編　経済産業調査会　2017.8　367p　30cm　3000円　①978-4-8065-2996-5

(目次)第1部 エネルギーを巡る状況と主な対策（福島復興の推進、エネルギー政策の新たな展開、エネルギー制度改革等とエネルギー産業の競争力強化）、第2部 エネルギー動向（国内エネルギー動向、国際エネルギー動向）、第3部 2016（平成28）年度においてエネルギー需給に関して講じた施策の状況（安定的な資源確保のための総合的な政策の推進、徹底した省エネルギー社会の実現とスマートで柔軟な消費活動の実現、再生可能エネルギーの導入加速─中長期的な自立化を目指して、原子力政策の展開、化石燃料の効率的・安定的な利用のための環境の整備 ほか）

エネルギー白書　2018　経済産業省編　経済産業調査会　2018.7　354p　30cm　3000円　①978-4-8065-3018-3

(目次)第1部 エネルギーをめぐる状況と主な対策（明治維新後のエネルギーをめぐる我が国の歴史、福島復興の進捗、エネルギーをめぐる内外の情勢と課題変化）、第2部 エネルギー動向（国内エネルギー動向、国際エネルギー動向）、第3部 2017（平成29）年度においてエネルギー需給に関して講じた施策の状況（安定的な資源確保のための総合的な政策の推進、徹底した省エネルギー社会の実現とスマートで柔軟な消費活動の実現、再生可能エネルギーの導入加速─中長期的な自立化を目指して、原子力政策の展開、化石燃料の効率的・安定的な利用のための環境の整備、市場の垣根を外していく供給構造改革等の推進、国内エネルギー供給網の強靱化、強靱なエネルギーシステムの構築と水素等の新たな二次エネルギー構造への変革、総合的なエネルギー国際協力の展開、戦略的な技術開発の推進、国民各層とのコミュニケーションとエネルギーに関する理解の深化）

エネルギー白書　2019　経済産業省編　日経印刷　2019.8　352p　30cm　〈発売：全国

官報販売協同組合〉　3000円　Ⓘ978-4-86579-188-4

⦗目次⦘第1部 エネルギーをめぐる状況と主な対策(福島復興,パリ協定を踏まえた地球温暖化対策・エネルギー政策,昨今の災害への対応とレジリエンス強化に向けた取組),第2部 エネルギー動向(国内エネルギー動向,国際エネルギー動向),第3部 2018(平成30)年度においてエネルギー需給に関して講じた施策の状況(安定的な資源確保のための総合的な政策の推進,徹底した省エネルギー社会の実現とスマートで柔軟な消費活動の実現,再生可能エネルギーの導入加速—主力電源化に向けて,原子力政策の展開,化石燃料の効率的・安定的な利用のための環境の整備,市場の垣根を外していく供給構造改革等の推進,国内エネルギー供給網の強靱化,強靱なエネルギーシステムの構築と水素等の新たな二次エネルギー構造への変革,総合的なエネルギー国際協力の展開,戦略的な技術開発の推進,国民各層とのコミュニケーションとエネルギーに関する理解の深化)

エネルギー白書　2020年版　経済産業省編
　日経印刷　2020.8　362p　30cm　〈発売:全国官報販売協同組合〉　3500円　Ⓘ978-4-86579-219-5

⦗目次⦘第1部 エネルギーをめぐる状況と主な対策(福島復興の進捗,災害・地政学リスクを踏まえたエネルギーシステム強靱化,運用開始となるパリ協定への対応),第2部 エネルギー動向(国内エネルギー動向,国際エネルギー動向),第3部 2019年度(令和元年度)においてエネルギー需給に関して講じた施策の状況(日本のエネルギー政策,安定的な資源確保のための総合的な政策の推進,徹底した省エネルギー社会の実現とスマートで柔軟な消費活動の実現,再生可能エネルギーの導入加速—主力電源化に向けて,原子力政策の展開,化石燃料の効率的・安定的な利用のための環境の整備,市場の垣根を外していく供給構造改革等の推進,国内エネルギー供給網の強靱化,強靱なエネルギーシステムの構築と水素等の新たな二次エネルギー構造への変革,総合的なエネルギー国際協力の展開,戦略的な技術開発の推進,国民各層とのコミュニケーションとエネルギーに関する理解の深化)

⦗内容⦘エネルギー政策基本法に基づく白書。エネルギーをめぐる状況と主な対策,国内外のエネルギー動向について紹介し,2019年度においてエネルギー需給に関して講じた施策の状況をまとめる。

エネルギー白書　2021年版　経済産業省編
　日経印刷　2021.12　356p　30cm　〈発売:全国官報販売協同組合〉　3500円　Ⓘ978-4-86579-295-9

⦗目次⦘第1部 エネルギーをめぐる状況と主な対策(福島復興の進捗,2050年カーボンニュートラル実現に向けた課題と取組,エネルギーセキュリティの変容),第2部 エネルギー動向(国内エネルギー動向,国際エネルギー動向),第3部 2020(令和2)年度においてエネルギー需給に関して講じた施策の状況(日本のエネルギー政策,安定的な資源確保のための総合的な政策の推進,徹底した省エネルギー社会の実現とスマートで柔軟な消費活動の実現,再生可能エネルギーの導入加速—主力電源化に向けて,原子力政策の展開,化石燃料の効率的・安定的な利用のための環境の整備,市場の垣根を外していく供給構造改革等の推進,国内エネルギー供給網の強靱化,強靱なエネルギーシステムの構築と水素等の新たな二次エネルギー構造への変革,総合的なエネルギー国際協力の展開,戦略的な技術開発の推進,国民各層とのコミュニケーションとエネルギーに関する理解の深化)

⦗内容⦘エネルギー政策基本法に基づく白書。エネルギーをめぐる状況と主な対策,国内外のエネルギー動向について紹介し,2020年度においてエネルギー需給に関して講じた施策の状況をまとめる。

エネルギー白書　2022年版　経済産業省編
　日経印刷　2022.7　348p　30cm　〈発売:全国官報販売協同組合〉　3500円　Ⓘ978-4-86579-324-6

⦗内容⦘エネルギー政策基本法に基づく白書。エネルギーをめぐる状況と主な対策,国内外のエネルギー動向について紹介し,2021年度においてエネルギー需給に関して講じた施策の状況をまとめる。

エネルギー白書　2023年版　経済産業省編
　日経印刷　2023.7　360p　30cm　3500円　Ⓘ978-4-86579-374-1

⦗目次⦘1 エネルギーを巡る状況と主な対策(福島復興の進捗,エネルギーセキュリティを巡る課題と対応,GX(グリーントランスフォーメーション)の実現に向けた課題と対応),2 エネルギー動向(国内エネルギー動向,国際エネルギー動向),3 2022(令和4)年度においてエネルギー需給に関して講じた施策の状況(安定的な資源確保のための総合的な政策の推進,徹底した省エネルギー社会の実現とスマートで柔軟な消費活動の実現,地域と共生した再生可能エネルギーの最大限の導入,原子力政策の展開,化石燃料の効率的・安定的な利用のための環境の整備 ほか)

⦗内容⦘エネルギー政策基本法に基づく白書。エネルギーをめぐる状況と主な対策,国内外のエネルギー動向について紹介し,2022年度においてエネルギー需給に関して講じた施策の状況をまとめる。

エネルギー白書　2024年版　経済産業省編
　日経印刷　2024.7　376p　30cm　3800円　Ⓘ978-4-86579-424-3

⦗目次⦘1 エネルギーを巡る状況と主な対策(福島復興の進捗,カーボンニュートラルと両立したエネルギーセキュリティの確保,GX・カーボンニュートラルの実現に向けた課題と対応),2 エネルギー動向(国内エネルギー動向,国際

エネルギー動向),3 2023(令和5)年度においてエネルギー需給に関して講じた施策の状況(安定的な資源確保のための総合的な政策の推進,徹底した省エネルギー社会の実現とスマートで柔軟な消費活動の実現,地域と共生した再生可能エネルギーの最大限の導入 ほか)

資源エネルギー年鑑 2011 資源エネルギー年鑑編集委員会編 通産資料出版会 2011.2 823p 26cm 35000円 Ⓘ978-4-901864-14-5
(目次)第1編 エネルギー編 総論(総論,エネルギーと環境,新エネルギーの開発・導入促進と政策の展開,省エネルギー対策と技術開発・普及の進展),第2編 エネルギー編 各論(石油・LPG,電気事業,原子力,ガス・熱供給事業,天然ガス,石炭),第3編 資源編(鉱物資源産業の現状と課題,世界の鉱業の現状,鉱物資源政策の概要,深海底鉱物資源開発政策,鉱物資源関係重要法規)

資源エネルギー年鑑 2012 資源エネルギー年鑑編集委員会編 通産資料出版会 2012.4 819p 26cm 36000円 Ⓘ978-4-901864-15-2
(目次)第1編 エネルギー編 総論(総論,エネルギーと環境,新エネルギーの開発・導入促進と政策の展開,省エネルギー対策と技術開発・普及の進展),第2編 エネルギー編 各論(石油・LPG,電気事業,原子力,ガス・熱供給事業),第3編 資源編(鉱物資源産業の現状と課題,世界の鉱業の現状,鉱物資源政策の概要,深海底鉱物資源開発政策,鉱物資源関係重要法規)

資源エネルギー年鑑 2014 資源エネルギー年鑑編集委員会編 通産資料出版会 2014.1 783p 26cm 37000円 Ⓘ978-4-901864-17-6
(目次)第1編 エネルギー編 "総論"(総論,エネルギーと環境,新エネルギー導入促進に向けた政策・技術開発の展開,省エネルギー対策と技術開発・普及の進展),第2編 エネルギー編 "各論"(石油・LPG,電気事業,原子力,ガス・熱供給事業,天然ガス,石炭)

資源エネルギー年鑑 2015 資源エネルギー年鑑編集委員会編 通産資料出版会 2015.9 850p 26cm 38000円 Ⓘ978-4-901864-21-3
(内容)資源・エネルギーを巡る諸情勢・政策・制度等について,最新の情報及び重要基本情報を網羅した年鑑。エネルギー編「総論」,エネルギー編「各論」,資源編の3部構成。

資源エネルギー年鑑 2016 資源エネルギー年鑑編集委員会編 通産資料出版会 2016.6 734p 26cm 38000円 Ⓘ978-4-901864-66-4
(目次)第1編 エネルギー編 "総論"(総論,エネルギーの利用に起因する環境問題,新エネル

ギー導入拡大に向けた政策戦略と技術革新 ほか),第2編 エネルギー編 "各論"(石油・LPG,電気事業,原子力 ほか),第3編 資源編(鉱物資源産業の現状と課題,世界の鉱業の現状,鉱物資源政策の概要 ほか)

電力・エネルギーシステム新市場 2014 東京マーケティング本部第二統括部第四部調査・編集 富士経済 2014.8 210p 30cm 150000円 Ⓘ978-4-8349-1705-5 Ⓝ543
(内容)総括編(レポート収載50製品俯瞰マップ,電力・エネルギーシステム市場の現状と将来予測(世界市場),電力・エネルギーシステム市場の現状と将来予測(国内市場),世界エリア別における注目製品の販売量/生産量),集計編(分野別市場規模推移及び将来予測[2012~2020年],製品別市場規模推移及び将来予測[2012~2020年](世界市場),製品別市場規模推移及び将来予測[2012~2020年](国内市場),世界エリア別販売量シェア[2013年],世界エリア別生産量シェア[2013年],メーカーシェア一覧[2013年],企業別参入分野一覧),個別品編(太陽エネルギー発電,風力発電,水力・海洋エネルギー発電,地熱・排熱発電,バイオマス発電,燃料電池,内燃式分散型発電,蓄電システム,グリッド関連機器,電力自由化関連機器,電動自動車/鉄道車両関連機器,汎用インバータ/インバータ搭載機器,エネルギーマネジメントシステム)

<統計集>

エネルギー資源データブック 西山孝,前田正史,別所昌彦共編 オーム社 2013.10 508p 31cm 40000円 Ⓘ978-4-274-21453-0 Ⓝ501.6
(内容)現在活用されている化石エネルギー、原子力発電、再生可能エネルギーを採り上げ、それぞれのエネルギー種について、生産、消費、貿易、埋蔵量、価格、日本のデータなどを掲載する。

家庭用エネルギーハンドブック 2014 住環境計画研究所編 住環境計画研究所 2013.12 208p 19cm 〈本文:日英両文 文献あり 発売:省エネルギーセンター〉 2600円 Ⓘ978-4-87973-415-0 Ⓝ501.6
(目次)1編 エネルギー消費量(世帯当たりエネルギー種別光熱費消費支出の推移,家庭用エネルギー価格の推移,エネルギー種別消費原単位の推移,用途別エネルギー消費原単位の推移,年間収入5分位階級別光熱費支出の推移,世帯当たり二酸化炭素排出量の推移,家庭用エネルギーの国際比較),2編 エネルギー消費要因(経済要因,気候要因,世帯要因,住宅要因,設備要因)
(内容)地球環境問題、エネルギー資源問題。これからの家庭生活はどうなるのか? 家庭部門

のエネルギー問題、地球環境問題を研究するための基礎データ集。全国9地域の家庭用のエネルギー消費原単位を使用用途別に分析・収録。家庭用エネルギー消費原単位の諸外国間比較。

エネルギー経済

<ハンドブック>

世界エネルギー新ビジネス総覧　DER・VPP、AI活用、ブロックチェーン、ストレージの最前線　日経BP総研クリーンテッククラボ調査・編集　日経BP　2019.12　260p　30cm　〈他言語標題：Distributed energy resources〉　①978-4-296-10480-2　Ⓝ501.6

地域エネルギー会社のデジタル化読本　カーボンニュートラル時代を勝ち抜く！　宮脇良二編著　ガスエネルギー新聞　2022.3　188p　30cm　6500円　①978-4-902849-27-1　Ⓝ501.6

<年鑑・白書>

エネルギーデジタルビジネス/DX市場の現状と将来展望　2022　エネルギーシステム事業部調査・編集　富士経済　2021.12　285p　30cm　180000円　①978-4-8349-2396-4　Ⓝ501.6

<統計集>

EDMC/エネルギー・経済統計要覧　2011年版　日本エネルギー経済研究所計量分析ユニット編　省エネルギーセンター　2011.3　377p　15cm　2400円　①978-4-87973-380-1

(目次) 1 エネルギーと経済(主要経済指標，エネルギー需給の概要 ほか)，2 最終需要部門別エネルギー需要(産業部門，家庭部門 ほか)，3 エネルギー源別需給(石炭需給，石油需給 ほか)，4 世界のエネルギー・経済指標，5 超長期統計，参考資料(エネルギー需給の概要，各種計画・見通し ほか)
(内容) 基本データから需要部門別、エネルギー源別の各種統計、世界の経済指標、CO2排出量、超長期統計まで、各種データを加工して横断的にとりまとめた便利で使いやすいコンパクト版。エネルギー問題を理解するための座右の統計集。

EDMC/エネルギー・経済統計要覧　2012年版　日本エネルギー経済研究所計量分析ユニット編　省エネルギーセンター　2012.3　381p　15cm　2400円　①978-4-87973-390-0

(目次) 1 エネルギーと経済(主要経済指標，エネルギー需給の概要，一次エネルギー供給と最終エネルギー消費，エネルギー価格)，2 最終需要部門別エネルギー需要(産業部門，家庭部門，業務部門，運輸部門(旅客・貨物))，3 エネルギー源別需給(石炭需給，石油需給，都市ガス・天然ガス需給，電力需給，新エネルギー等)，4 世界のエネルギー・経済指標(世界のGDP・人口・エネルギー消費・CO2排出量の概要，世界の一次エネルギー消費 ほか)，5 超長期統計(GNPと一次エネルギー消費の推移，一次エネルギー消費のGNP弾性値 ほか)
(内容) 基本データから需要部門別、エネルギー源別の各種統計、世界の経済指標、CO2排出量、超長期統計まで、各種データを加工して横断的にとりまとめた便利で使いやすいコンパクト版。

EDMC/エネルギー・経済統計要覧　2013　日本エネルギー経済研究所計量分析ユニット編　省エネルギーセンター　2013.2　369p　15cm　2400円　①978-4-87973-403-7

(目次) 1 エネルギーと経済，2 最終需要部門別エネルギー需要，3 エネルギー源別需給，4 世界のエネルギー・経済指標，5 超長期統計，参考資料
(内容) 基本データから需要部門別、エネルギー源別の各種統計、世界の経済指標、CO2排出量、超長期統計まで、各種データを加工して横断的にとりまとめた便利で使いやすいコンパクト版。

EDMC/エネルギー・経済統計要覧　2014　日本エネルギー経済研究所計量分析ユニット編　省エネルギーセンター　2014.2　373p　15cm　2400円　①978-4-87973-419-8

(目次) 1 エネルギーと経済，2 最終需要部門別エネルギー需要，3 エネルギー源別需給，4 世界のエネルギー・経済指標，5 超長期統計，参考資料
(内容) エネルギー問題を理解するための座右の統計集！基本データから需要部門別、エネルギー源別の各種統計、世界の経済指標、CO2排出量、超長期統計まで、各種データを加工して横断的にとりまとめた便利で使いやすいコンパクト版。

EDMC/エネルギー・経済統計要覧　2015　日本エネルギー経済研究所計量分析ユニット編　省エネルギーセンター　2015.2　373p　15cm　2400円　①978-4-87973-439-6

(目次) 1 エネルギーと経済，2 最終需要部門別エネルギー需要，3 エネルギー源別需給，4 世界のエネルギー・経済指標，5 超長期統計，参考資料
(内容) 基本データから需要部門別、エネルギー源別の各種統計、世界の経済指標、CO2排出量、超長期統計まで、各種データを加工して横断的にとりまとめた便利で使いやすいコンパクト版。

EDMC/エネルギー・経済統計要覧

2016 日本エネルギー経済研究所計量分析ユニット編　省エネルギーセンター　2016.2　373p　15cm　2400円　①978-4-87973-451-8

(目次) 1 エネルギーと経済(主要経済指標，エネルギー需給の概要，一次エネルギー供給と最終エネルギー消費，エネルギー価格)，2 最終需要部門別エネルギー需要(産業部門，家庭部門，業務部門，運輸部門(旅客・貨物))，3 エネルギー源別需給(石炭需給，石油需給，都市ガス・天然ガス需給，電力需給，新エネルギー等)，4 世界のエネルギー・経済指標，5 超長期統計，参考資料(エネルギー需給の概要，各種計画・見通し，関連統計一覧，各種エネルギーの発熱量と換算表)

(内容) "電力の自由化"時代に必携の書!!エネルギー問題を理解するための座右の統計集!!基本データから需要部門別、エネルギー源別の各種統計、世界の経済指標、CO2排出量、超長期統計まで、各種データを加工して横断的にとりまとめた便利で使いやすいコンパクト版。

EDMC/エネルギー・経済統計要覧

2017 日本エネルギー経済研究所計量分析ユニット編　省エネルギーセンター　2017.2　373p　15cm　2400円　①978-4-87973-462-4　Ⓝ501.6

(目次) 1 エネルギーと経済(主要経済指標，エネルギー需給の概要 ほか)，2 最終需要部門別エネルギー需要(産業部門，家庭部門 ほか)，3 エネルギー源別需給(石炭需給，石油需給 ほか)，4 世界のエネルギー・経済指標(世界のGDP・人口・エネルギー消費・CO2排出量の概要，世界の一次エネルギー消費 ほか)，5 超長期統計(GNPと一次エネルギー消費の推移，一次エネルギー消費のGNP弾性値 ほか)，参考資料(エネルギー需給の概要，各種計画・見通し ほか)

(内容) エネルギー問題を理解するための統計集!!基本データから需要部門別、エネルギー源別の各種統計、世界の経済指標、CO2排出量、超長期統計まで、各種データを加工して横断的にとりまとめた便利で使いやすいコンパクト版。

EDMC/エネルギー・経済統計要覧

2018 日本エネルギー経済研究所計量分析ユニット編　省エネルギーセンター　2018.3　363p　15cm　2400円　①978-4-87973-469-3　Ⓝ501.6

(目次) 1 エネルギーと経済，2 最終需要部門別エネルギー需要，3 エネルギー源別需給，4 世界のエネルギー・経済指標，5 超長期統計，参考資料

(内容) "電力・ガス自由化"時代に必携!!エネルギー問題を理解するための座右の統計集!!基本データから需要部門別、エネルギー源別の各種統計、世界の経済指標、CO2排出量、超長期統計まで、各種データを加工して横断的にとりまとめた便利で使いやすいコンパクト版。

EDMC/エネルギー・経済統計要覧

2019 日本エネルギー経済研究所計量分析ユニット編　省エネルギーセンター　2019.3　363p　16cm　2700円　①978-4-87973-473-0　Ⓝ501.6

(内容) エネルギー問題を理解するための統計集!!基本的な統計データ、人口、CO2排出量まで、国内外を問わず、利用しやすい形で収録。

EDMC/エネルギー・経済統計要覧

2020年版 日本エネルギー経済研究所計量分析ユニット編　省エネルギーセンター　2020.3　357p　15cm　2700円　①978-4-87973-478-5

(目次) 1 エネルギーと経済，2 最終需要部門別エネルギー需要，3 エネルギー源別需給，4 世界のエネルギー・経済指標，5 超長期統計，参考資料

(内容) 基本データから需要部門別、エネルギー源別の各種統計、世界の経済指標、CO2排出量、超長期統計まで、各種データを加工して横断的にとりまとめた便利で使いやすいコンパクト版。

EDMC/エネルギー・経済統計要覧

2021年版 日本エネルギー経済研究所計量分析ユニット編　理工図書　2021.4　357p　15cm　2700円　①978-4-8446-0908-7

(目次) 1 エネルギーと経済(主要経済指標，エネルギー需給の概要 ほか)，2 最終需要部門別エネルギー需要(産業部門，家庭部門 ほか)，3 エネルギー源別需給(石炭需給，石油需給 ほか)，4 世界のエネルギー・経済指標(世界のGDP・人口・エネルギー消費・CO2排出量の概要，世界の一次エネルギー消費 ほか)，5 超長期統計(GNPと一次エネルギー消費の推移，一次エネルギー消費のGNP弾性値 ほか)，参考資料

(内容) "電力・ガス自由化"時代に必携!!エネルギー問題を理解するための座右の統計集!!基本データから需要部門別、エネルギー源別の各種統計、世界の経済指標、CO2排出量、超長期統計まで、各種データを加工して横断的に取りまとめた便利で使いやすいコンパクト版。

EDMC/エネルギー・経済統計要覧

2022年版 日本エネルギー経済研究所計量分析ユニット編　理工図書　2022.4　357p　15cm　2700円　①978-4-8446-0914-8

(目次) 1 エネルギーと経済(主要経済指標，エネルギー需給の概要 ほか)，2 最終需要部門別エネルギー需要(産業部門，家庭部門 ほか)，3 エネルギー源別需給(石炭需給，石油需給 ほか)，4 世界のエネルギー・経済指標(世界のGDP・人口・エネルギー消費・CO2排出量の概要，世界の一次エネルギー消費 ほか)，5 超長期統計(GNPと一次エネルギー消費の推移，一次エネルギー消費のGNP弾性値 ほか)，参考資料

(内容) "脱炭素社会"の到来に向けて!!エネルギー問題を理解するための座右の統計集!!基本デー

タから需要部門別、エネルギー源別の各種統計、世界の経済指標、CO2排出量、超長期統計まで、各種データを加工して横断的に取りまとめた便利で使いやすいコンパクト版。

EDMC/エネルギー・経済統計要覧 2023年版　日本エネルギー経済研究所計量分析ユニット編　理工図書　2023.4　357p　15cm　2700円　Ⓘ978-4-8446-0924-7

(目次) 1 エネルギーと経済(主要経済指標、エネルギー需給の概要、一次エネルギー供給と最終エネルギー消費、エネルギー価格)、2 最終需要部門別エネルギー需要(産業部門、家庭部門、業務部門、運輸部門(旅客・貨物))、3 エネルギー源別需給(石炭需給、石油需給、都市ガス・天然ガス需給、電力需給、新エネルギー等)、4 世界のエネルギー・経済指標、5 超長期統計、参考資料(エネルギー需給の概要、各種計画・見通し、関係統計一覧、各種エネルギーの発熱量と換算表)

(内容) "脱炭素社会"の到来に向けて!!エネルギー問題を理解するための座右の統計集!!基本データから需要部門別、エネルギー源別の各種統計、世界の経済指標、CO2排出量、超長期統計まで、各種データを加工して横断的に取りまとめた便利で使いやすいコンパクト版。

EDMC/エネルギー・経済統計要覧 2024年版　日本エネルギー経済研究所計量分析ユニット編　理工図書　2024.4　357p　15cm　3000円　Ⓘ978-4-8446-0947-6

(目次) 1 エネルギーと経済(主要経済指標、エネルギー需給の概要、一次エネルギー供給と採集エネルギー消費、エネルギー価格)、2 最終需要部門別エネルギー需要(産業部門、家庭部門、業務部門、運輸部門(旅客・貨物))、3 エネルギー源別需給(石炭需給、石油需給、都市ガス・天然ガス、電力需給、新エネルギー等)、4 世界のエネルギー・経済指標(世界のGDP・人口・エネルギー消費・CO2排出量の概要、世界の一次エネルギー消費 ほか)、5 超長期統計(GNPと一次エネルギー消費の推移、一次エネルギー消費のGNP弾性値 ほか)、参考資料

(内容) 温暖化・アフターコロナからウクライナ紛争・中東情勢激化まで激変する世界情勢をエネルギーデータで読み解く！エネルギーの需給予測、需給構造の分析はもちろん、原単位を使用した国際比較に役立つ統計データをコンパクトサイズにまとめた1冊!!

エネルギー

<事典>

電力エネルギーまるごと！時事用語事典 2012年版　日本電気協会新聞部　2012.3　565p　19cm　〈奥付・背のタイトル：電力・エネルギー時事用語事典　索引あり〉　2667円　Ⓘ978-4-905217-12-1　Ⓝ501.6

(目次) 巻頭特集 東日本大震災と福島第一原子力発電所事故、電力経営、原子力、環境、電力自由化、資源燃料、エネルギー技術、電力系統・設備、電気工事・保安

(内容) 最新のデータと役立つ情報を凝縮したエネルギーの総合時事用語事典。

<ハンドブック>

エネルギー読本 1 基本編　寺内かえで，寺内衛［著］　(奈良)奈良女子大学理系女性教育開発共同機構　2016.3　78p　30cm　（LADy science booklet 6）　Ⓝ501.6

地図とデータで見るエネルギーの世界ハンドブック 新版　ベルナデット・メレンヌ＝シュマケル，ベルトラン・バレ著，アンヌ・バイイ地図製作，蔵持不三也訳　原書房　2023.12　171p　21cm　〈文献あり　索引あり　原書名：ATLAS DES ÉNERGIES MONDIALES〉　3200円　Ⓘ978-4-562-07283-5　Ⓝ501.6

(目次) 序文、環境に制約される未来、転換期にある化石燃料、再生可能エネルギーの拡大、エネルギーの地政学、行動のとき、総論、付録

(内容) エネルギーの世界が一目瞭然でわかるアトラス！全面的に更新された150点以上の地図と資料により、世界規模でのエネルギー転換の新たな課題を浮き彫りに!!

熱供給事業便覧　令和5年版　資源エネルギー庁電力・ガス事業部政策課熱供給産業室監修　日本熱供給事業協会　2024.3　271p　16cm　1500円

<年鑑・白書>

スマートエネルギー市場の実態と将来展望 2024　日本エコノミックセンター調査部編　日本エコノミックセンター　2023.9　220p　26cm　（市場予測・将来展望シリーズ Smart Energy編）　70000円　Ⓝ501.6

石油・天然ガス開発資料　2010　石油鉱業連盟編　石油通信社　2011.3　6,226p　30cm　4666円　Ⓝ568

石油・天然ガス開発資料　2011　石油鉱業連盟編　石油通信社　2012.3　6,223p　30cm　4666円　Ⓝ568

石油・天然ガス開発資料　2012　石油鉱業連盟編　石油通信社　2013.5　6,265p　30cm　4666円　Ⓝ568

石油・天然ガス開発資料　2013　石油鉱業連盟編，石油天然ガス・金属鉱物資源機構編

集協力　石油通信社　2014.5　212p　30cm　4900円　Ⓘ978-4-907493-02-8

(目次)　1 わが国の石油・天然ガス開発（わが国の原油・天然ガスの年度別生産量の推移，国内の石油・天然ガス探鉱開発投資額，わが国大陸棚ならびに海外開発事業），2 世界の石油・天然ガス開発（世界の石油資源，世界の原油生産，世界の天然ガス，主な国際天然ガスパイプラインの概要，非在来型原油資産（超重質油・ビチューメン・オイルシェール），OPEC諸国の概況，主要国際石油会社の概要），3 世界の石油・天然ガス開発状況（南・北アメリカ，ヨーロッパ，アフリカ，中東，アジア・オセアニア）

(内容)　日本の原油・天然ガスの年度別生産量の推移をはじめ，国内の石油・天然ガス探鉱開発投資額，世界の原油生産量の推移，主な国際天然ガスパイプラインの概要，世界の石油・天然ガス開発状況などを示す資料を収録。

<統計集>

業務施設エネルギー消費実態・関連機器市場調査　東京マーケティング本部第二統括部第四調査・編集　富士経済　2013.6　217p　30cm　（需要家別マーケット調査シリーズ 2013）　97000円　Ⓘ978-4-8349-1619-5　Ⓝ501.6

業務施設エネルギー消費実態総調査　東京マーケティング本部第三部調査・編集　富士経済　2015.7　209p　30cm　（需要家別マーケット調査シリーズ 2015）　150000円　Ⓘ978-4-8349-1832-8　Ⓝ501.6

業務施設エネルギー消費実態調査　2018年版　東京マーケティング本部第四部調査・編集　富士経済　2018.7　212p　30cm　180000円　Ⓘ978-4-8349-2082-6　Ⓝ501.6

資源・エネルギー統計年報　石油・非金属鉱物・コークス・金属鉱物　平成22年　経済産業省経済産業政策局調査統計部，経済産業省資源エネルギー庁資源・燃料部編　経済産業調査会　2011.9　167p　30cm　6000円　Ⓘ978-4-8065-1804-4

(目次)　概況，統計表（鉱工業指数，石油，コークス，金属鉱物，非金属鉱物），参考資料

資源・エネルギー統計年報　石油・非金属鉱物・コークス・金属鉱物　平成23年　経済産業省大臣官房調査統計グループ，経済産業省資源エネルギー庁資源・燃料部編　経済産業調査会　2012.7　183p　30cm　6000円　Ⓘ978-4-8065-1817-4

(目次)　概況（一般概況，石油，非金属鉱物，コークス，金属鉱物），統計表（鉱工業指数，石油，鉱物及びコークス），参考資料（石油製品製造・輸入業者経済産業局別，都道府県別販売，石油

備蓄量推移，石油輸入価格推移，契約期間別，供給者区分別，地域別，国別原油輸入量）

資源・エネルギー統計年報　石油・非金属鉱物・コークス・金属鉱物　平成24年　経済産業省大臣官房調査統計グループ，経済産業省資源エネルギー庁資源・燃料部編　経済産業調査会　2013.8　168p　30cm　6000円　Ⓘ978-4-8065-1834-1

(目次)　概況，統計表（鉱工業指数，石油，鉱物及びコークス），参考資料

(内容)　経済産業省が毎年実施する生産動態統計調査及び需給動態統計のうち，石油、コークス、金属鉱物、非金属鉱物等に関する調査結果を編集収録した統計集。

◆石炭

<ハンドブック>

石炭灰ハンドブック　平成27年版　日本フライアッシュ協会編　日本フライアッシュ協会　2015.11　1冊　26cm　〈他言語標題：Coal ash handbook〉　非売品　Ⓝ575.3

<年鑑・白書>

石炭データブック COAL Data Book 2017年版　石炭エネルギーセンター　2018.4　274p　21cm　2500円　Ⓝ567.059

石炭データブック COAL Data Book 2018年版　石炭エネルギーセンター　2019.4　302p　21cm　2500円　Ⓝ567.059

石炭データブック COAL Data Book 2020年版　石炭エネルギーセンター　2020.5　308p　21cm　3000円

石炭データブック COAL Data Book 2021年版　石炭フロンティア機構編　石炭フロンティア機構　2021.6　313p　21cm　3000円

石炭データブック COAL Data Book 2022年版　石炭フロンティア機構編　石炭フロンティア機構　2022.6　316p　21cm　3000円

石炭データブック COAL Data Book 2023年版　カーボンフロンティア機構　2023.8　306p　21cm　〈他言語標題：COAL Data Book〉　3000円

石炭データブック COAL Data Book 2024年版　カーボンフロンティア機構編　カーボンフロンティア機構　2024.8　308p

21cm　3000円

(目次)　第1章 世界の石炭資源，第2章 世界の石炭需給，第3章 世界の石炭貿易，第4章 石炭価格，第5章 日本の石炭需給，第6章 主要石炭企業動向，第7章 各国の石炭関連情報，第8章 附属資料，第9章 関連機関

(内容)　石炭専門のデータブック。世界の埋蔵量や生産量，石炭貿易・石炭価格の動向，日本の石炭需給，主要石炭企業動向，各国の石炭関連情報についてデータを中心にまとめるほか，附属資料，関連機関も掲載。

◆石油

<ハンドブック>

コモディティハンドブック　石油・ゴム編
第2版　日本商品先物取引協会著　金融財政事情研究会　2020.3　122p　21cm　〈発売：きんざい〉　1400円　Ⓘ978-4-322-12846-8　Ⓝ676.4

(目次)　石油（石油とは，石油の歴史），原油（世界の原油生産量と消費量，世界の石油産業 ほか），石油製品（石油製品の一般的知識，石油製品の流通 ほか），ゴム（ゴムの歴史，ゴムの商品特性 ほか），巻末データ

(内容)　商品の需給や価格の変動要因等に関する情報等を取りまとめたハンドブック。石油・ゴム編では，石油・ゴムの歴史，石油製品・ゴム商品の特性，価格変動要因，需給，情報ソース，取引要綱などをわかりやすく解説する。

新・石油読本　初心者のための基礎知識＝原油から給油所まで　令和6年版　石油問題調査会監修，油業報知新聞社編集部編　油業報知新聞社　2024.3　1冊　26cm　3700円　Ⓝ568

石油類密度・質量・容量換算表　復刊　本荘幸雄，小川勝編　成山堂書店　2024.6　948p　26cm　50000円　Ⓘ978-4-425-38004-6　Ⓝ575.57

<年鑑・白書>

石油資料　平成23年　石油通信社編集部編　石油通信社　2011.9　5,377p　15cm　2000円　Ⓝ568.036

石油資料　平成24年　石油通信社編集部編　石油通信社　2012.9　6,379p　15cm　2000円　Ⓝ568.036

石油資料　平成25年　石油通信社編集部編　石油通信社　2013.9　6,351p　15cm　2000円　Ⓘ978-4-907493-00-4　Ⓝ568.036

石油資料　平成26年　石油通信社編集部編　石油通信社　2014.9　331p　15×11cm　2000円　Ⓘ978-4-907493-03-5

石油資料　平成27年　石油通信社編集部編　石油通信社　2015.10　347p　15cm　2000円　Ⓘ978-4-907493-05-9

石油資料　平成28年　石油通信社編集局編　石油通信社　2016.10　347p　15cm　2000円　Ⓘ978-4-907493-07-3

石油資料　平成29年　石油通信社編集局編　石油通信社　2017.10　365p　15cm　2500円　Ⓘ978-4-907493-08-0

石油資料　2018年度　石油通信社編集局編　石油通信社　2018.12　359p　15cm　2500円　Ⓘ978-4-907493-09-7

石油資料　2019年度　石油通信社　2020.2　355p　15cm　2500円　Ⓘ978-4-907493-10-3

石油資料　2020年度　石油通信社編集局編　石油通信社　2021.1　327p　15cm　2500円　Ⓘ978-4-907493-11-0

石油資料　2021年度　石油通信社　2022.2　295p　15cm　2500円　Ⓘ978-4-907493-12-7

石油資料　2022年度版　石油通信社編集部編　石油通信社　2023.3　347p　15cm　2500円　Ⓘ978-4-907493-13-4

(目次)　1 基礎資料，2 石油製品需要見通し，3 液化石油ガス需要見通し，4 エネルギー一般，5 原油・石油製品需給，6 精製・元売，7 流通，8 LPガス，9 備蓄，10 石油・天然ガス開発，11 予算・税制，12 その他，企業編（順不同）

(内容)　日本の石油産業の現状といった基礎資料をはじめ，石油製品および液化石油ガス需要見通し，エネルギー一般，精製・元売，流通，開発，予算・税制等についてまとめる。

<統計集>

**資源・エネルギー統計年報（政府統計）
平成25年**　経済産業省資源エネルギー庁資源・燃料部編　経済産業調査会　2014.8　105p　30cm　4500円　Ⓘ978-4-8065-1853-2

(目次)　統計表（原油，石油製品），参考資料（石油備蓄量推移，石油輸入価格推移，契約期間別，供給者区分別，地域別，国別原油輸入）

(内容)　平成24年まで掲載の，石油・非金属鉱物・コークス・金属鉱物のうち，平成25年は石油（原油，石油需給等）のみ掲載。

**資源・エネルギー統計年報（政府統計）
平成26年**　経済産業省資源エネルギー庁資源・燃料部編　経済産業調査会　2015.8　103p　30cm　4500円　Ⓘ978-4-8065-1869-3　Ⓝ568.059

(内容)　統計法に基づく石油製品需給動態統計調

査規則により実施された資源・エネルギーに関する石油製品の需給について、平成26年の調査結果を編集公表する。石油備蓄量推移、石油輸入価格推移等の参考資料も収録。

資源・エネルギー統計年報（政府統計）平成27年　経済産業省資源エネルギー庁資源・燃料部編　経済産業調査会　2016.8　106p　30cm　〈本文：日英両文〉　4500円　Ⓘ978-4-8065-1893-8

(目次) 1 原油（原油地域別、国別輸入、原油種別輸入、非精製用出荷内訳、原油処理及び原油在庫）、2 石油製品（石油製品需給総括、石油製品製造業者・輸入業者受払、石油製品国内向月別販売、石油製品の輸出入、石油製品月別業態別在庫、石油製品製造業者・輸入業者・月別消費者・販売業者向販売、製造業者・輸入業者品種別、月別消費者・販売業者向販売及び在庫内訳）、参考資料

資源・エネルギー統計年報　平成28年　経済産業省資源エネルギー庁資源・燃料部編　経済産業調査会　2017.8　101p　30cm　〈本文：日英両文〉　4500円　Ⓘ978-4-8065-1912-6

(目次) 1 原油（原油地域別、国別輸入、原油種別輸入、非精製用出荷内訳 ほか）、2 石油製品（石油製品需給総括、石油製品製造業者・輸入業者受払、石油製品国内向月別販売 ほか）、参考資料（石油備蓄量推移、石油輸入価格推移、契約期間別、供給者区分別、地域別、国別原油輸入）、調査票様式

資源・エネルギー統計年報　平成29年　経済産業省資源エネルギー庁資源・燃料部編　経済産業調査会　2018.9　103p　30cm　4500円　Ⓘ978-4-8065-1929-4

(目次) 1 原油（原油地域別、国別輸入、原油種別輸入、非精製用出荷内訳 ほか）、2 石油製品（石油製品需給総括、石油製品製造業者・輸入業者受払、石油製品国内向月別販売 ほか）、参考資料（石油備蓄量推移、石油輸入価格推移、契約期間別、供給者区分別、地域別、国別原油輸入）、平成28年資源・エネルギー統計年報（石油）の公表値の修正について、調査票様式

資源・エネルギー統計年報　平成30年　経済産業省資源エネルギー庁資源・燃料部編　経済産業調査会　2019.9　103p　30cm　4500円　Ⓘ978-4-8065-1938-6

(目次) 1 原油（原油地域別、国別輸入、原油種別輸入、非精製用出荷内訳 ほか）、2 石油製品（石油製品需給総括、石油製品製造業者・輸入業者受払、石油製品国内向月別販売 ほか）、参考資料（石油備蓄量推移、石油輸入価格推移、契約期間別、供給者区分別、地域別、国別原油輸入）、平成29年資源・エネルギー統計年報（石油）の公表値の修正について、調査票様式

(内容) 2018年に公表された「資源・エネルギー統計月報」の年間補正済み確定値の、原油、石油製品需給統計を時系列データで収録。

資源・エネルギー統計年報（石油）令和1年　経済産業省資源エネルギー庁資源・燃料部編　経済産業調査会　2020.10　93p　30cm　4500円　Ⓘ978-4-8065-1957-7

(目次) 1 原油（原油地域別、国別輸入、原油種別輸入、非精製用出荷内訳 ほか）、2 石油製品（石油製品需給総括、石油製品製造業者・輸入業者受払、石油製品国内向月別販売 ほか）、参考資料（石油備蓄量推移、石油輸入価格推移、原油契約期間別、供給者区分別、地域別、国別輸入）

(内容) 統計法に基づく石油製品需給動態統計調査規則により実施された資源・エネルギーに関する石油製品の需給について、令和1年の調査結果を編集公表する。石油備蓄量推移、石油輸入価格推移等の参考資料も収録。

資源・エネルギー統計年報（石油）令和2年　経済産業省資源エネルギー庁資源・燃料部編　経済産業調査会　2021.11　92p　30cm　4500円　Ⓘ978-4-8065-1974-4

(目次) 1 原油（原油地域別、国別輸入、原油種別輸入、非精製用出荷内訳、原油処理及び原油在庫）、2 石油製品（石油製品需給総括、石油製品製造業者・輸入業者受払、石油製品国内向月別販売、石油製品の輸出入、石油製品月別業態別在庫 ほか）、参考資料

(内容) 統計法に基づく石油製品需給動態統計調査規則により実施された資源・エネルギーに関する石油製品の需給について、令和2年の調査結果を編集公表する。石油備蓄量推移、石油輸入価格推移等の参考資料も収録。

資源・エネルギー統計年報（石油）令和3年　経済産業省資源エネルギー庁資源・燃料部編　経済産業調査会　2022.9　94p　30cm　5000円　Ⓘ978-4-8065-1982-9

(目次) 1 原油（原油地域別、国別輸入、原油種別輸入、非精製用出荷内訳 ほか）、2 石油製品（石油製品需給総括、石油製品製造業者・輸入業者受払 ほか）、参考資料（石油備蓄量推移、石油輸入価格推移 ほか）、令和2年（2020年）資源・エネルギー統計年報（石油）の公表値の修正について、調査票様式

(内容) 統計法に基づく石油製品需給動態統計調査規則により実施された資源・エネルギーに関する石油製品の需給について、令和3年の調査結果を編集公表する。石油備蓄量推移、石油輸入価格推移等の参考資料も収録。

資源・エネルギー統計年報（石油）令和4年　経済産業省資源エネルギー庁資源・燃料部編　経済産業調査会　2023.11　98p　30cm　（政府統計）　5000円　Ⓘ978-4-8065-1992-8

(目次) 1 原油（原油地域別、国別輸入、原油種別輸入、非精製用出荷内訳、原油処理及び原

油在庫), 2 石油製品 (石油製品需給総括, 石油製品製造業者・輸入業者受払, 石油製品月別国内向販売, 石油製品の輸出入, 石油製品月別業態別在庫, 石油製品製造業者・輸入業者月別消費者・販売業者向販売, 製造業者・輸入業者品種別・月別消費者・販売業者向販売及び在庫内訳), 参考資料 (石油備蓄量推移, 石油輸入価格推移, 原油契約期間別, 供給者区分別, 国別輸入, 液化天然ガス (LNG) 輸入量, 消費量, 庫在量), 令和3年 (2021年) 資源・エネルギー統計年報 (石油) の公表値の修正について, 調査票様式

石油等消費動態統計年報 平成22年 経済産業省大臣官房調査統計グループ編 経済産業調査会 2011.10 317p 30cm 10476円 Ⓘ978-4-8065-1806-8
(目次) 1 エネルギー消費量の推移 (固有単位表 (事業所ベース), 熱量単位表 (事業所ベース)), 2 業種別統計 (業種別エネルギー消費 (平成22年), 燃料受払 ほか), 3 指定生産品目別統計 (指定生産品目別エネルギー消費 (平成22年), 指定生産品目別エネルギー消費量の推移 ほか), 4 地域別統計 (経済産業局別燃料種別エネルギー消費 (平成22年), 経済産業局別エネルギー消費量の推移 ほか)

石油等消費動態統計年報 平成23年 経済産業省大臣官房調査統計グループ編 経済産業調査会 2012.9 334p 30cm 10476円 Ⓘ978-4-8065-1819-8
(目次) 1 エネルギー消費量の推移 (固有単位表 (事業所ベース), 熱量単位表 (事業所ベース)), 2 業種別統計 (業種別エネルギー消費 (平成23年), 燃料受払, 電力受払 (平成23年), 蒸気受払 (平成23年)), 3 指定生産品目別統計 (指定生産品目別エネルギー消費 (平成23年), 指定生産品目別エネルギー消費量の推移, 指定生産品目別燃料在庫量の推移), 4 地域別統計 (経済産業局別燃料種別エネルギー消費 (平成23年), 経済産業局別エネルギー消費量の推移, 都道府県別エネルギー消費量)

石油等消費動態統計年報 平成24年 経済産業省大臣官房調査統計グループ編 経済産業調査会 2013.8 334p 30cm 10476円 Ⓘ978-4-8065-1835-8
(目次) 1 エネルギー消費量の推移 (固有単位表 (事業所ベース), 熱量単位表 (事業所ベース)), 2 業種別統計 (業種別エネルギー消費 (平成24年), 燃料受払, 電力受払 (平成24年), 蒸気受払 (平成24年)), 3 指定生産品目別統計 (指定生産品目別エネルギー消費 (平成24年), 指定生産品目別エネルギー消費量の推移, 指定生産品目別燃料在庫量の推移), 4 地域別統計 (経済産業局別燃料種別エネルギー消費 (平成24年), 経済産業局別エネルギー消費量の推移, 都道府県別エネルギー消費量)

石油等消費動態統計年報 平成25年 経済産業省大臣官房調査統計グループ編 経済産業調査会 2014.8 334p 30cm 10476円 Ⓘ978-4-8065-1854-9
(目次) 1 エネルギー消費量の推移 (固有単位表 (事業所ベース), 熱量単位表 (事業所ベース)), 2 業種別統計 (業種別エネルギー消費 (平成25年), 燃料受払, 電力受払 (平成25年), 蒸気受払 (平成25年)), 3 指定生産品目別統計 (指定生産品目別エネルギー消費 (平成25年), 指定生産品目別エネルギー消費量の推移, 指定生産品目別燃料在庫量の推移), 4 地域別統計 (経済産業局別燃料種別エネルギー消費 (平成25年), 経済産業局別エネルギー消費量の推移, 都道府県別エネルギー消費量)

石油等消費動態統計年報 平成26年 経済産業省大臣官房調査統計グループ編 経済産業調査会 2015.8 334p 30cm 11000円 Ⓘ978-4-8065-1870-9
(内容) 製造業における石油を中心としたエネルギー消費の動向を明らかにするため実施している, 特定業種石油等消費統計調査の平成26年の結果を, 業種別, 生産品目別, 地域別に集計して収録。

石油等消費動態統計年報 平成27年 経済産業調査会編 経済産業調査会 2016.8 338p 30cm 〈本文:日英両文〉 11000円 Ⓘ978-4-8065-1892-1
(目次) 1 エネルギー消費量の推移 (固有単位表 (事業所ベース), 熱量単位表 (事業所ベース)), 2 業種別統計 (業種別エネルギー消費 (平成27年), 燃料受払, 電力受払 (平成27年), 蒸気受払 (平成27年)), 3 指定生産品目別統計 (指定生産品目別エネルギー消費 (平成27年), 指定生産品目別エネルギー消費量の推移, 指定生産品目別燃料在庫量の推移), 4 地域別統計 (経済産業局別燃料種別エネルギー消費 (平成27年), 経済産業局別エネルギー消費量の推移, 都道府県別エネルギー消費量)

石油等消費動態統計年報 平成28年 経済産業省資源エネルギー庁長官官房総合政策課編 経済産業調査会 2017.9 98p 30cm 11000円 Ⓘ978-4-8065-1914-0 Ⓝ501.6
(目次) 統計表 (エネルギー消費量の推移, 業種別統計, 指定生産品目別統計, 地域別統計), 参考 調査票様式

石油等消費動態統計年報 平成29年 経済産業省資源エネルギー庁長官官房総務課編 経済産業調査会 2018.8 338p 30cm 11000円 Ⓘ978-4-8065-1927-0 Ⓝ501.6
(目次) 1 エネルギー消費量の推移 (固有単位表 (事業所ベース), 熱量単位表 (事業所ベース)), 2 業種別統計 (業種別エネルギー消費 (平成29年), 燃料受払 ほか), 3 指定生産品目別統計 (指定生産品目別エネルギー消費 (平成29年), 指定生産品目別エネルギー消費量の推移 ほか), 4 地域別統計 (経済産業局別燃料種別エネルギー

消費（平成29年），経済産業局別エネルギー消費量の推移 ほか）

石油等消費動態統計年報　平成30年　経済産業省資源エネルギー庁長官官房総務課編　経済産業調査会　2019.10　99p　30cm　11000円　Ⓣ978-4-8065-1939-3

(目次)統計表（エネルギー消費量の推移，業種別統計，指定生産品目別統計，地域別統計）

石油等消費動態統計年報　平成31年・令和元年　経済産業省資源エネルギー庁長官官房総務課編　経済産業調査会　2020.11　338p　30cm　11000円　Ⓣ978-4-8065-1958-4

(目次)1 エネルギー消費量の推移（固有単位表（事業所ベース），熱量単位表（事業所ベース）），2 業種別統計（業種別エネルギー消費，燃料受払 ほか），3 指定生産品目別統計（指定生産品目別エネルギー消費，指定生産品目別エネルギー消費量の推移 ほか），4 地域別統計（経済産業局別燃料種別エネルギー消費，経済産業局別エネルギー消費量の推移 ほか）

(内容)工業における石油を中心としたエネルギー消費の動向を明らかにするため実施している，石油等消費動態統計調査の平成31年及び令和元年の結果を，業種別，指定生産品目別，地域別に集計して収録。

石油等消費動態統計年報　令和2年　経済産業省資源エネルギー庁長官官房総務課編　経済産業調査会　2021.12　338p　30cm　11000円　Ⓣ978-4-8065-1973-7

(目次)1 エネルギー消費量の推移（固有単位表（事業所ベース），熱量単位表（事業所ベース）），2 業種別統計（業種別エネルギー消費，燃料受払 ほか），3 指定生産品目別統計（指定生産品目別エネルギー消費，指定生産品目別エネルギー消費量の推移 ほか），4 地域別統計（経済産業局別燃料種別エネルギー消費，経済産業局別エネルギー消費量の推移 ほか）

(内容)工業における石油を中心としたエネルギー消費の動向を明らかにするため実施している，石油等消費動態統計調査の令和2年の結果を，業種別、指定生産品目別、地域別に集計して収録。

石油等消費動態統計年報　令和3年　経済産業省資源エネルギー庁長官官房総務課編　経済産業調査会　2022.9　338p　30cm　12000円　Ⓣ978-4-8065-1983-6

(目次)1 エネルギー消費量の推移（固有単位表（事業所ベース），熱量単位表（事業所ベース）），2 業種別統計（業種別エネルギー消費，燃料受払 ほか），3 指定生産品目別統計（指定生産品目別エネルギー消費，指定生産品目別エネルギー消費量の推移 ほか），4 地域別統計（経済産業局別燃料種別エネルギー消費，経済産業局別エネルギー消費量の推移 ほか）

(内容)工業における石油を中心としたエネルギー消費の動向を明らかにするため実施している，石油等消費動態統計調査の令和3年の結果を，業種別、指定生産品目別、地域別に集計して収録。

石油等消費動態統計年報　令和4年　経済産業省資源エネルギー庁長官官房総務課編　経済産業調査会　2023.10　338p　30cm　（政府統計）　12000円　Ⓣ978-4-8065-1993-5

(目次)1 エネルギー消費量の推移（固有単位表（事業所ベース），熱量単位表（事業所ベース）），2 業種別統計（業種別エネルギー消費，燃料受払，電力受払，蒸気受払），3 指定生産品目別統計（指定生産品目別エネルギー消費，指定生産品目別エネルギー消費量の推移，推定生産品目別燃料在庫量の推移），4 地域別統計（経済産業局別エネルギー消費，経済産業局別エネルギー消費量の推移，都道府県別エネルギー消費量）

戦後石油統計　新版　石油連盟編　石油連盟　2016.3　332p　30cm　1620円　Ⓝ575.57

◆◆石油（規格）

＜ハンドブック＞

JISハンドブック　石油　2024　日本規格協会編　日本規格協会　2024.7　2416p　21cm　24900円　Ⓣ978-4-542-19069-6　Ⓝ509.13

(目次)製品認証，製品規格，試験方法，試験器，関連規格，参考

(内容)2024年3月末現在におけるJISの中から，石油分野に関係する主なJISを情報収集し内容の抜粋なども行い，JISハンドブックとして編集する。

◆◆石油産業

＜名簿・人名事典＞

石油産業会社要覧　2011年版　石油春秋社　2011.2　135p　26cm　〈他言語標題：Company survey of oil industry in 2011〉　4000円　Ⓝ568.09

(内容)石油産業関連企業の会社名鑑。業種別に収録し、会社概要と業績を掲載する。

石油産業会社要覧　2012年版　石油春秋社　2012.2　131p　26cm　4000円　Ⓝ568.09

石油産業人住所録　平成28年度版　産業時報社　2015.12　395p　21cm　7300円　Ⓝ568.09

(内容)石油元売精製、開発の全社を中心に、石油ガス、商社、タンカー会社、石油輸送など関連会社の本社、支店、工場、また通産省、石油審議会、石油連盟、石油鉱業連盟、全石連、LP

石油産業人住所録　平成29年度版　産業時
　　報社　2016.12　383p　21cm　7300円
　　Ⓝ568.09

石油産業人住所録　平成30年度版　産業時
　　報社　2017.12　373p　21cm　7300円
　　Ⓝ568.0921

石油産業人住所録　平成31年度版　産業時
　　報社　2018.12　355p　21cm　7300円
　　Ⓝ568.0921

石油産業人住所録　令和2年度版　産業時報
　　社　2019.12　331p　21cm　7300円　Ⓝ568.
　　0921

石油産業人住所録　令和3年度版　産業時報
　　社　2020.12　329p　21cm　7300円　Ⓝ568.
　　0921

石油販売業界要覧　2014　オイル・リポー
　　ト社　2014.12　265p　26cm　12000円
　　ⓘ978-4-87194-068-9　Ⓝ575.5
　　(目次)第1章 石油販売業界の経営環境，第2章
　　（石油元売各社のSS数，石油元売各社のSS紹介），
　　第3章 石油販売会社（元売販売子会社，東日本，
　　西日本）

<ハンドブック>

石油化学ガイドブック　改訂7版　石油化学
　　工業協会　2022.5　75p　26cm　〈年表あ
　　り〉　Ⓝ575.6

石油鉱業便覧　2013　石油技術協会　2014.
　　8　957p　27cm　〈他言語標題：Petroleum
　　technology handbook　石油技術協会創立80
　　周年記念　文献あり〉　10000円　Ⓝ568.036
　　(目次)石油鉱業概論，探鉱調査・分析，探鉱ポ
　　テンシャル評価，作井，油層解析，採収，生産シ
　　ステム，油ガス田におけるガスの製品化，海洋
　　構造物の物理的条件，21世紀に起こったシェー
　　ル・ガス革命と金融工学，地球統計学の理論
　　(内容)石油鉱業全般にわたる最新の技術を盛り
　　込む。

<年鑑・白書>

アジアの石油化学工業　2012年版　重化学
　　工業通信社・化学チーム編　重化学工業通信
　　社　2011.12　548p　26cm　37000円
　　ⓘ978-4-88053-136-6

アジアの石油化学工業　2013年版　重化学
　　工業通信社・化学チーム編　重化学工業通信
　　社　2012.12　564p　26cm　37000円

　　ⓘ978-4-88053-143-4

アジアの石油化学工業　2014年版　重化学
　　工業通信社・化学チーム編　重化学工業通信
　　社　2013.12　562p　26cm　37000円
　　ⓘ978-4-88053-151-9

アジアの石油化学工業　2015年版　重化学
　　工業通信社・化学チーム編　重化学工業通信
　　社　2014.12　569p　26cm　37000円
　　ⓘ978-4-88053-157-1

アジアの石油化学工業　2016年版　重化学
　　工業通信社・化学チーム編　重化学工業通信
　　社　2015.12　581p　26cm　37000円
　　ⓘ978-4-88053-166-3

アジアの石油化学工業　2017年版　重化学
　　工業通信社・化学チーム編　重化学工業通信
　　社　2016.12　577p　26cm　37000円
　　ⓘ978-4-88053-173-1

アジアの石油化学工業　2018年版　重化学
　　工業通信社・化学チーム編　重化学工業通信
　　社　2017.12　577p　26cm　37000円
　　ⓘ978-4-88053-179-3

アジアの石油化学工業　2019年版　重化学
　　工業通信社・化学チーム編　重化学工業通信
　　社　2018.12　571p　26cm　37000円
　　ⓘ978-4-88053-186-1

アジアの石油化学工業　2020年版　重化学
　　工業通信社・化学チーム編　重化学工業通信
　　社　2019.12　575p　26cm　37000円
　　ⓘ978-4-88053-195-3

アジアの石油化学工業　2021年版　重化学
　　工業通信社・化学チーム編　重化学工業通信
　　社　2020.12　579p　26cm　37000円
　　ⓘ978-4-88053-202-8

アジアの石油化学工業　2022年版　重化学
　　工業通信社・化学チーム編　重化学工業通信
　　社　2021.12　589p　26cm　37000円
　　ⓘ978-4-88053-209-7

アジアの石油化学工業　2023年版　重化学
　　工業通信社・化学チーム編　重化学工業通信
　　社　2022.12　589p　26cm　37000円
　　ⓘ978-4-88053-216-5

アジアの石油化学工業　2024年版　重化学
　　工業通信社・化学チーム編　重化学工業通信
　　社　2023.12　599p　27cm　37000円
　　ⓘ978-4-88053-224-0
　　(目次)第1章 アジア石油化学工業の現況と将来
　　（アジア諸国の経済成長，アジアの石化製品需
　　給動向，アジアの地域別・国別石化製品生産能
　　力と新増設計画（総括表），アジアの石化製品企
　　業別新増設計画，アジアの地域別・国別製油所
　　能力と新増設計画），第2章 アジア各国・地域
　　の石油化学工業（韓国，台湾，中国 ほか），第
　　3章 日本とアジア諸国との石油化学製品輸出入

関係（日本からアジア諸国への石化製品輸出，日本のアジア諸国からの石化製品輸入，アジア諸国の日本との石油化学製品輸出入推移 ほか）

(内容)アジア地域の概念を出来るだけ広くとり，東は韓国から西はトルコ，北は中国，南はニュージーランドまでの21カ国を対象として，それぞれの主要経済指標や石油化学工業の現況と将来計画，需給動向や原料事情等をまとめる。

日本の石油化学工業　2012年版　重化学工業通信社・化学チーム編　重化学工業通信社
2011.11　780p　26cm　28000円　Ⓘ978-4-88053-134-2

日本の石油化学工業　2013年版　重化学工業通信社・化学チーム編　重化学工業通信社
2012.11　754p　26cm　28000円　Ⓘ978-4-88053-142-7

日本の石油化学工業　2014年版　重化学工業通信社・化学チーム編　重化学工業通信社
2013.11　745p　26cm　28000円　Ⓘ978-4-88053-149-6

日本の石油化学工業　2015年版　重化学工業通信社・化学チーム編　重化学工業通信社
2014.11　759p　26cm　28000円　Ⓘ978-4-88053-156-4

日本の石油化学工業　2016年版　重化学工業通信社・化学チーム編　重化学工業通信社
2015.11　772p　26cm　28000円　Ⓘ978-4-88053-164-9

日本の石油化学工業　2017年版　重化学工業通信社・化学チーム編　重化学工業通信社
2016.11　777p　26cm　28000円　Ⓘ978-4-88053-172-4

日本の石油化学工業　2018年版　重化学工業通信社・化学チーム編　重化学工業通信社
2017.11　741p　26cm　28000円　Ⓘ978-4-88053-178-6

日本の石油化学工業　2019年版　重化学工業通信社・化学チーム編　重化学工業通信社
2018.11　746p　26cm　28000円　Ⓘ978-4-88053-185-4

日本の石油化学工業　2020年版　重化学工業通信社・化学チーム編　重化学工業通信社
2019.11　751p　26cm　28000円　Ⓘ978-4-88053-194-6

日本の石油化学工業　2021年版　重化学工業通信社・化学チーム編　重化学工業通信社
2020.11　747p　26cm　28000円　Ⓘ978-4-88053-201-1

日本の石油化学工業　2022年版　重化学工業通信社・化学チーム編　重化学工業通信社
2021.11　740p　26cm　28000円　Ⓘ978-4-88053-208-0

日本の石油化学工業　2023年版　重化学工業通信社・化学チーム編　重化学工業通信社
2022.11　725p　26cm　28000円　Ⓘ978-4-88053-215-8

日本の石油化学工業　2024年版　重化学工業通信社・化学チーム編　重化学工業通信社
2023.11　726p　27cm　28000円　Ⓘ978-4-88053-223-3

(目次)第1章 我が国石油化学工業の現状，第2章 石油精製各社の事業動向，第3章 エチレンセンターの動向，第4章 石油化学各社の事業動向，第5章 欧米化学企業の事業動向，第6章 主要石化製品の需給動向，第7章 環境問題と化学関連業界の動向，第8章 関連会社・研究所・技術移転リスト

(内容)日本の石油化学工業の現状をまとめ、石油精製各社・エチレンセンター・石油化学各社の具体的な企業活動、製品ごとの動向、環境問題と化学関連業界の動向から今後の展望を探る。関連会社・研究所・技術移転リストも収録。

＜統計集＞

日本の石油化学工業50年データ集　重化学工業通信社・化学チーム編　重化学工業通信社
2011.12　390p　27cm　32000円
Ⓘ978-4-88053-137-3　Ⓝ575.6

(目次)第1章 日本の石油化学製品工業化の歩みと需給推移（用途別需要）（日本初の工業化石化製品と企業、主要石化製品のピーク生産年と内需年、石化製品の需給実績と用途別需要推移），第2章 主要石油化学製品の各社別生産能力推移（基礎原料，中間原料，合成洗剤原料 ほか），追補 日本のエチレンセンターとアジアのエチレン産業（日本のエチレンセンター発展の経緯，アジアのエチレンセンター）

◆◆石油タンク

＜法令集＞

屋外タンク貯蔵所関係法令通知・通達集 カンタン！便利！項目別目次付　3訂版
危険物保安技術協会編　東京法令出版
2018.10　441p　26cm　5000円　Ⓘ978-4-8090-2455-9　Ⓝ568.6

(目次)1 許可等の手続き，2 位置・構造・設備の基準（政令第11条），3 消火設備の基準（政令第20条），4 貯蔵及び取扱いの基準（政令第24条〜第27条），5 地震・津波・事故対策，6 その他

エネルギー問題　　　　　　　　　　　　　　エネルギー

◆ガス

＜辞典＞

高圧ガス・液化石油ガス法令用語解説　第6次改訂版　高圧ガス保安協会編集　高圧ガス保安協会　2024.7　292p　21cm　2955円　Ⓘ978-4-906542-40-6　Ⓝ571.8
　内容　高圧ガス保安法と液化石油ガス法で用いられている法令用語を解説。用語の解説は、省令、告示、内規など様々なところに定められて、これらの内容をまとめています。

＜名簿・人名事典＞

日本の都市ガス事業者　2012　ガスエネルギー新聞　2011.10　13,597p　26cm　14286円　Ⓘ978-4-902849-13-4　Ⓝ575.34
　内容　日本の都市ガスがすべてわかる。都市ガス業界の年鑑。

日本の都市ガス事業者　2016　ガスエネルギー新聞　2015.11　11,589p　26cm　〈他言語標題：City gas〉　14500円　Ⓘ978-4-902849-18-9　Ⓝ575.34

日本の都市ガス事業者　2017　ガスエネルギー新聞　2016.11　11,587p　26cm　〈他言語標題：City gas〉　14500円　Ⓘ978-4-902849-19-6　Ⓝ575.34

日本の都市ガス事業者　2018　ガスエネルギー新聞　2017.11　10,601p　26cm　〈他言語標題：City gas〉　14500円　Ⓘ978-4-902849-21-9　Ⓝ575.34

日本の都市ガス事業者　2019　ガスエネルギー新聞　2018.10　597p　26cm　〈他言語標題：City gas〉　14500円　Ⓘ978-4-902849-23-3　Ⓝ575.34

日本の都市ガス事業者　2022　ガスエネルギー新聞　2021.11　591p　26cm　15950円　Ⓘ978-4-902849-26-4　Ⓝ575.34

日本の都市ガス事業者　2024　ガスエネルギー新聞　2023.11　591p　26cm　15950円　Ⓘ978-4-902849-29-5　Ⓝ575.34

＜ハンドブック＞

ガス事業便覧　2023年版　経済産業省資源エネルギー庁ガス市場整備室，経済産業省産業保安グループガス安全室監修　日本ガス協会　2024.3　241p　15cm　〈付：日本の都市ガス事業者（1枚）〉　1200円　Ⓝ575.34
　内容　日本のガス事業の現状と累年的推移の概要を統計的に集録した便覧。事業者一覧等、需給、一般ガス導管事業の供給計画・財務諸表、ガス事故、旧簡易ガス事業、関連資料などを掲載。折り込み都市ガス事業者マップ付き。

＜法令集＞

ガス事業法令集　改訂10版　ガス事業法令研究会編　東京法令出版　2022.6　1冊　19cm　4800円　Ⓘ978-4-8090-5129-6　Ⓝ575.34
　目次　ガス事業法（昭和二九年法律五一号），ガス事業法施行令（昭和二九年政令六八号），ガス事業法施行規則（昭和四五年通産令九七号），電気事業法等の一部を改正する等の法律の一部の施行に伴う関係政令の整備及び経過措置に関する政令（抄）（平成二九年政令四〇号），電気事業法等の一部を改正する等の法律の施行に伴う経過措置に関する省令（平成二八年経産令三三号），旧一般ガスみなし小売事業者指定旧供給区域等小売供給約款料金算定規則（平成二九年経産令一九号），ガス事業託送供給約款料金算定規則（平成二九年経産令二二号），旧簡易ガスみなし小売事業者指定旧供給地点小売供給約款料金算定規則（平成二九年経産令二〇号），ガス事業法施行規則第五十三条第二項第十五号の規定に基づき、法第三十七条第一号、第三号及び第六号に適合することを説明する書類を定める件（平成一六年経産告八五号），ガス湯沸器の使用に伴う危険の発生の防止に関し必要な事項を定める告示（平成一九年経産告一七七号）〔ほか〕
　内容　ガス事業及びガス主任技術者試験に必要な法令を、基本法を中心に掲載。特に基本法であるガス事業法については、関連する法令が一目で読めるよう、上段に法律、下段に関係法令を配置し、上下二段対照式で収録する。

高圧ガス保安法規集　第22次改訂版　高圧ガス保安協会編集　高圧ガス保安協会　2024.6　1280p　22cm　4791円　Ⓝ571.8

高圧ガス保安法令（抄）　特定高圧ガス取扱主任者講習：CE受入側保安責任者講習：CE保安講習：高圧ガス移動監視者講習　第10次改訂版　高圧ガス保安協会編集　高圧ガス保安協会　2023.2　156p　26cm　710円　Ⓝ571.8

◆◆LPガス

＜名簿・人名事典＞

LPガススタンド名鑑　全国主要営業スタンド地図　2018年版　全国LPガス協会［2018］　293p　30cm　〈奥付・背のタイトル関連情報：全国LPガススタンド名鑑〉　2686円　Ⓝ575.46

LPガススタンド名鑑　全国主要営業スタ

ンド地図　2020年版　全国LPガス協会　〔2020〕　294p　30cm　〈奥付・背のタイトル：全国LPガススタンド名鑑〉　Ⓝ575.46

LPガススタンド名鑑　全国主要営業スタンド地図　2022年版　全国LPガス協会　〔2022〕　292p　30cm　〈奥付・背のタイトル：全国LPガススタンド名鑑〉　Ⓝ575.46

LPガススタンド名鑑　全国主要営業スタンド地図　2024年版　全国LPガス協会　〔2024〕　253p　30cm　〈奥付・背のタイトル：全国LPガススタンド名鑑〉　Ⓝ575.46

＜ハンドブック＞

LPガス読本　人と地球にスマイルを：clean & powerful　第4版　日本LPガス団体協議会　2015.3　80p　30cm　Ⓝ575.46

＜法令集＞

液化石油ガスの保安の確保及び取引の適正化に関する法規集　器具関係省令を除く　第38次改訂版　高圧ガス保安協会編集　高圧ガス保安協会　2023.12　1冊　21cm　3780円　Ⓝ575.46

LPガス法逐条解説　新版 改訂版2017　石油化学新聞社　2017.9　589p　21cm　4000円　Ⓘ978-4-915358-64-2　Ⓝ575.46
〈内容〉6月施行の改正法施行規則等に対応。「料金透明化」「取引適正化」対策に必携。

高圧ガス保安法規集　液化石油ガス分冊　第20次改訂版　高圧ガス保安協会編集　高圧ガス保安協会　2024.7　570p　21cm　1927円　Ⓝ571.8

＜年鑑・白書＞

LPガス事故白書　第14刊　自平成19年10月1日至平成22年10月1日　全国エルピーガス保安共済事業団　2012.1　170p　30cm　Ⓝ528.45

LPガス事故白書　第15刊　自平成22年10月1日至平成25年10月1日　全国LPガス保安共済事業団　2015.3　122p　30cm　Ⓝ528.45

LPガス事故白書　第16刊　自平成25年10月1日至平成28年10月1日　全国LPガス保安共済事業団　2018.1　115p　30cm　Ⓝ528.45

LPガス事故白書　第17刊　全国LPガス保安共済事業団　2021.1　127p　30cm　〈自平成28年10月1日至令和元年10月1日〉　Ⓝ528.45

LPガス事故白書　第18刊　全国LPガス保安共済事業団　2024.2　111p　30cm　〈自2019年10月1日至2022年10月1日〉　Ⓝ528.45

LPガス資料年報　VOL.46（2011年版）　石油化学新聞社LPガス資料年報刊行委員会編　石油化学新聞社　2011.3　348p　30cm　17000円　Ⓘ978-4-915358-48-7

LPガス資料年報　VOL.47（2012年版）　石油化学新聞社LPガス資料年報刊行委員会編　石油化学新聞社　2012.3　346p　30cm　17000円　Ⓘ978-4-915358-50-0

LPガス資料年報　VOL.48（2013年版）　石油化学新聞社LPガス資料年報刊行委員会編　石油化学新聞社　2013.3　344p　30cm　17000円　Ⓘ978-4-915358-55-5

LPガス資料年報　VOL.49（2014年版）　石油化学新聞社LPガス資料年報刊行委員会編　石油化学新聞社　2014.3　343p　30cm　17000円　Ⓘ978-4-915358-56-2

LPガス資料年報　VOL.50（2015年版）　石油化学新聞社LPガス資料年報刊行委員会編　石油化学新聞社　2015.3　341p　30cm　17000円　Ⓘ978-4-915358-58-6

LPガス資料年報　VOL.51（2016年版）　石油化学新聞社LPガス資料年報刊行委員会編　石油化学新聞社　2016.3　329p　30cm　17000円　Ⓘ978-4-915358-60-9

LPガス資料年報　VOL.52（2017年版）　石油化学新聞社LPガス資料年報刊行委員会編　石油化学新聞社　2017.3　333p　30cm　17000円　Ⓘ978-4-915358-63-0

LPガス資料年報　VOL.53（2018年版）　石油化学新聞社LPガス資料年報刊行委員会編　石油化学新聞社　2018.3　344p　30cm　17000円　Ⓘ978-4-915358-65-4

LPガス資料年報　VOL.54（2019年版）　石油化学新聞社LPガス資料年報刊行委員会編　石油化学新聞社　2019.3　339p　30cm　17000円　Ⓘ978-4-915358-69-2

LPガス資料年報　VOL.55（2020年版）　石油化学新聞社LPガス資料年報刊行委員会編　石油化学新聞社　2020.3　337p　30cm　17000円　Ⓘ978-4-915358-70-8

LPガス資料年報　VOL.56（2021年版）　石油化学新聞社LPガス資料年報刊行委員会編　石油化学新聞社　2021.3　343p　30cm　17000円　Ⓘ978-4-915358-72-2

LPガス資料年報　VOL.57（2022年版）　石油化学新聞社LPガス資料年報刊行委員会編　石油化学新聞社　2022.3　340p　30cm

17000円　Ⓘ978-4-915358-75-3

LPガス資料年報　VOL.58（2023年版）
石油化学新聞社LPガス資料年報刊行委員会編　石油化学新聞社　2023.3　335p　30cm　17000円　Ⓘ978-4-915358-76-0

LPガス資料年報　VOL.59（2024年版）
石油化学新聞社LPガス資料年報刊行委員会編集　石油化学新聞社　2024.3　335p　30cm　17000円　Ⓘ978-4-915358-77-7

(目次) 第1編 需給，第2編 流通と価格，第3編 設備，第4編 利用，第5編 旧簡易ガスと都市ガス事業，第6編 関係資料

(内容) LPガス市場の分析とマーケティングに役立つ統計資料を，需給・流通・設備・利用・関係資料のテーマごとに一冊にまとめた総合データ集。2023年のLPガス概況，日本のLPガス流通フローも収録。

◆◆天然ガス

＜辞典＞

LNG船・荷役用語集　改訂版　三菱商事株式会社天然ガス事業本部監修，ダイアモンド・ガス・オペレーション株式会社編著　成山堂書店　2014.4　242p　27cm　〈他言語標題：Glossary for LNG Carriers and Cargo Operation　文献あり 索引あり〉　6200円　Ⓘ978-4-425-11172-5　Ⓝ568.8

(目次) 1 LNG荷役，2 LNG船，3 気象と海象，4 海上輸送，5 基地と貯蔵，6 海事機関と関係法令，7 その他（五十音順）

(内容) LNG船・荷役の業務に必要な用語約2,000語を網羅し，豊富な図表・写真とともに簡明に解説。初心者から中堅・ベテランまで，誰にでも必携の書。

＜ハンドブック＞

天然ガスコージェネレーション機器データ 2012　日本工業出版「クリーンエネルギー」編集部　2012.4　94p　26cm　〈月刊『クリーンエネルギー』別冊号〉　1429円　Ⓘ978-4-8190-2405-1

天然ガスコージェネレーション機器データ 2013　日本工業出版　2013.4　96p　26cm　〈月刊『クリーンエネルギー』別冊〉　1429円　Ⓘ978-4-8190-2508-9

天然ガスコージェネレーション機器データ 2014　日本工業出版　2014.4　87p　26cm　〈2013までの出版者：日本工業出版株式会社「クリーンエネルギー」編集部　月刊『クリーンエネルギー』別冊〉　1500円　Ⓘ978-4-8190-2604-8

天然ガスコージェネレーション機器データ 2015　日本工業出版　2015.4　80p　26cm　〈月刊『クリーンエネルギー』別冊〉　1500円　Ⓘ978-4-8190-2706-9

天然ガスコージェネレーション機器データ 2016　日本工業出版　2016.4　83p　26cm　〈月刊『クリーンエネルギー』別冊〉　1500円　Ⓘ978-4-8190-2803-5

天然ガスコージェネレーション機器データ 2017　日本工業出版　2017.4　81p　26cm　〈月刊『クリーンエネルギー』別冊〉　2000円　Ⓘ978-4-8190-2905-6　Ⓝ533.42

天然ガスコージェネレーション機器データ 2018　日本工業出版　2018.4　82p　26cm　〈月刊『クリーンエネルギー』別冊〉　2000円　Ⓘ978-4-8190-3010-6　Ⓝ533.42

天然ガスコージェネレーション機器データ 2019　日本工業出版　2019.4　79p　26cm　〈月刊『クリーンエネルギー』別冊〉　2000円　Ⓘ978-4-8190-3107-3　Ⓝ533.42

天然ガスコージェネレーション機器データ 2020　日本工業出版　2020.4　74p　26cm　〈月刊『クリーンエネルギー』別冊〉　2000円　Ⓘ978-4-8190-3206-3　Ⓝ533.42

天然ガスコージェネレーション機器データ 2021　日本工業出版　2021.4　74p　26cm　〈月刊『クリーンエネルギー』別冊〉　2000円　Ⓘ978-4-8190-3304-6　Ⓝ533.42

天然ガスコージェネレーション機器データ 2022　日本工業出版　2022.4　69p　26cm　〈月刊『クリーンエネルギー』別冊〉　2000円　Ⓘ978-4-8190-3404-3　Ⓝ533.42

天然ガスコージェネレーション機器データ 2023　日本工業出版　2023.4　69p　26cm　〈月刊『クリーンエネルギー』別冊〉　2500円　Ⓘ978-4-8190-3503-3

天然ガスコージェネレーション機器データ 2024　日本工業出版　2024.4　65p　26cm　〈月刊『クリーンエネルギー』別冊〉　3000円　Ⓘ978-4-8190-3605-4　Ⓝ533.42

(目次) 天然ガスコージェネレーションの導入方法，機器データ，ガスエンジン，ガスエンジン50Hzラインアップ表，ガスエンジン50Hz機器データ，ガスエンジン60Hzラインアップ表，ガスエンジン60Hz機器データ，マイクロガスエンジン，ガスタービンラインアップ表，ガスタービン機器データ，廃熱利用冷凍機（冷温水機）

(内容) ガスエンジン50Hz/60Hz、ガスタービンのラインアップ表および機器データ等を収録。天然ガスコージェネレーションの導入方法についても解説する。

＜年鑑・白書＞

LNG Outlook　天然ガス貿易データ総覧　2015　吉武惇二，大先一正編　日本工業出版　2015.10　421p　30cm　9000円　Ⓣ978-4-8190-2715-1　Ⓝ568.8

(目次) 第1編 2014～2015年に発表された重要な論文およびレポート(IEA：Medium‐Term Gas Market Report 2014, EIA：Annual Energy Outlook 2014 ほか)，第2編 世界の天然ガス・LNGデータ(世界の天然ガス確認埋蔵量(2014年)，世界の地域別天然ガス埋蔵量の推移 ほか)，第3編 世界のLNG輸出国(アジア・太平洋地域のLNG輸出国，中東地域のLNG輸出国 ほか)，第4編 世界のLNG輸入国(アジア・太平洋地域のLNG輸入国，中東地域のLNG輸入国 ほか)，第5編 世界のLNG輸送(LNG貿易，2014年および2013年に締結された契約 ほか)

LNG Outlook　天然ガス貿易データ要覧　2016　吉武惇二，大先一正編　日本工業出版　2016.9　133p　30cm　3000円　Ⓣ978-4-8190-2816-5　Ⓝ568.8

(目次) 第1編 世界の天然ガス・LNGデータ(世界の天然ガス確認埋蔵量(2015年)，世界の地域別天然ガス埋蔵量の推移(1995年，2005年，2015年) ほか)，第2編 世界のLNG輸出国(アジア・太平洋地域のLNG輸出国，中東地域のLNG輸出国 ほか)，第3編 世界のLNG輸入国(アジア・太平洋地域のLNG輸入国，中東・アフリカ地域のLNG輸入国 ほか)，第4編 世界のLNG輸送(LNG輸出，LNG輸入 ほか)

LNG Outlook　天然ガス貿易データ要覧：ダイジェスト版　2017　吉武惇二，大先一正編　日本工業出版　2017.11　35p　26cm

LNG Outlook　天然ガス貿易データ総覧　2020　吉武惇二，大先一正，奥田誠編　日本工業出版　2020.10　718p　30cm　18000円　Ⓣ978-4-8190-3216-2　Ⓝ568.8

電気

＜事典＞

電気のことがわかる事典　カラー図解で一番やさしい！　戸谷次延監修　西東社　2015.5　223p　21cm　1300円　Ⓣ978-4-7916-2259-7　Ⓝ540

(目次) 第1章 電気とは何か？，第2章 電気の基礎知識，第3章 電気をつくるしくみ，第4章 電気が送られるしくみ，第5章 電子部品の基礎知識，第6章 暮らしの中の電気，第7章 電波と通信のしくみ，第8章 電気のこれから

(内容) 電気のキホンから最新技術までイラスト×図解でまるわかり！

電食防止・電気防食用語事典　電食防止研究委員会編　オーム社　2013.9　211p　21cm　〈文献あり〉　3800円　Ⓣ978-4-274-21435-6　Ⓝ563.7

(内容) 一般的な腐食防食の用語から，電気防食設備，電気鉄道システムまで，電食防止・電気防食に関する用語を定義し，図表を用いて平易に解説する。用語の正しい理解と解釈，実務の支援，技術伝承の一助となる事典。

＜辞典＞

電気工事基礎用語事典　第3版　電気と工事　編集部編　オーム社　2014.11　379p　21cm　3000円　Ⓣ978-4-274-50526-3　Ⓝ544.033

(内容) 基本的な現場用語を中心とした，電気工事関連の基礎用語約3415語を50音順に収録。初心者の理解を助ける写真・図版，英文を付す。電気こぼれ話も掲載。

電気設備用語辞典　第3版　電気設備学会編　オーム社　2016.9　461p　21cm　〈索引あり〉　4700円　Ⓣ978-4-274-21939-9　Ⓝ544.49

(内容) 電気設備に関する用語，関連する建築，空気調和，給排水衛生，情報通信などの分野の用語，約4460語を収録。

＜名簿・人名事典＞

電力役員録　2011年版　電気新聞メディア事業局編　日本電気協会新聞部　2011.8　267p　22cm　3000円　Ⓣ978-4-905217-06-0　Ⓝ540.9

電力役員録　2012年版　電気新聞メディア事業局編　日本電気協会新聞部　2012.8　263p　22cm　3000円　Ⓣ978-4-905217-20-6　Ⓝ540.9

電力役員録　2013年版　電気新聞メディア事業局編　日本電気協会新聞部　2013.8　258p　21cm　3000円　Ⓣ978-4-905217-29-9　Ⓝ540.921

電力役員録　2014年版　電気新聞メディア事業局編　日本電気協会新聞部　2014.8　277p　21cm　4000円　Ⓣ978-4-905217-38-1　Ⓝ540.921

電力役員録　2015年版　電気新聞メディア事業局編　日本電気協会新聞部　2015.8　279p　22cm　4000円　Ⓣ978-4-905217-48-0　Ⓝ540.921

電力役員録　2016年版　電気新聞メディア事業局編　日本電気協会新聞部　2016.8　298p　21cm　4000円　Ⓣ978-4-905217-58-9

電力役員録　2017年版　電気新聞メディア事業局編　日本電気協会新聞部　2017.8　298p　21cm　4000円　ⓘ978-4-905217-64-0　Ⓝ540.921

電力役員録　2018年版　電気新聞メディア事業局編　日本電気協会新聞部　2018.8　306p　21cm　4000円　ⓘ978-4-905217-70-1　Ⓝ540.921

電力役員録　2019年版　電気新聞メディア事業局編　日本電気協会新聞部　2019.8　320p　21cm　4000円　ⓘ978-4-905217-77-0　Ⓝ540.921

電力役員録　2020年版　電気新聞メディア事業局編　日本電気協会新聞部　2020.8　262p　26cm　4000円　ⓘ978-4-905217-86-2　Ⓝ540.921

電力役員録　2021年版　電気新聞メディア事業局編集　日本電気協会新聞部　2021.8　272p　26cm　4000円　ⓘ978-4-905217-93-0　Ⓝ540.921
〈内容〉電力10社およびJERA、電源開発、日本原子力発電の役員と執行役員の出身地、生年月日、最終出身校、職歴などを顔写真入りで掲載。2021年の電力役員人事の視点も収録。

電力役員録　2022年版　電気新聞メディア事業局編集　日本電気協会新聞部　2022.8　270p　26cm　4000円　ⓘ978-4-910909-01-1　Ⓝ540.921

電力役員録　2023年版　電気新聞メディア事業局編集　日本電気協会新聞部　2023.8　276p　26cm　4000円　ⓘ978-4-910909-07-3　Ⓝ540.921

電力役員録　2024年版　電気新聞メディア事業局編集　日本電気協会新聞部　2024.8　282p　26cm　5000円　ⓘ978-4-910909-15-8　Ⓝ540.921

＜ハンドブック＞

絵とき電気設備技術基準・解釈早わかり　2023年版　電気設備技術基準研究会編　オーム社　2023.3　931p　21cm　〈索引あり〉　3400円　ⓘ978-4-274-23026-4　Ⓝ544.49
〈目次〉電気設備技術基準・解釈とその概要、『電気設備技術基準』早わかり、『電気設備技術基準・解釈』早わかり、規格/計算方法/別表/JESC/参考、『発電用太陽電池設備技術基準・解釈』、『発電用風力設備技術基準・解釈』
〈内容〉省令である「電気設備に関する技術基準を定める省令」と、判断基準である「電気設備技術基準の解釈について」の法令上の位置づけ等がわかるよう概説し、それぞれを逐条解説。発電用太陽電池/風力設備の技術基準・解釈も掲載。

エレクトロヒートハンドブック　日本エレクトロヒートセンター編　オーム社　2011.9　669p　27cm　〈他言語標題：ELECTROHEAT HANDBOOK　文献あり　索引あり〉　20000円　ⓘ978-4-274-21037-2　Ⓝ545.8
〈目次〉加熱とエレクトロヒートの発展、エレクトロヒートの特徴と用途、ヒートポンプ、抵抗加熱、アーク・プラズマ加熱、誘導加熱、誘電加熱（高周波誘電・マイクロ波加熱）、赤外・遠赤外加熱、関連技術、エレクトロヒートの基礎理論、測定と制御、安全・環境対策と法令・規格
〈内容〉原理から設備計画・保守まで最新技術を網羅。エレクトロヒートに関する『バイブル』の誕生。

図解 電気設備技術基準・解釈ハンドブック　[2012]改訂第8版　電気技術研究会編　電気書院　2012.7　887p　26cm　〈索引あり〉　13000円　ⓘ978-4-485-70634-3　Ⓝ544.49
〈目次〉電気設備に関する技術基準を定める省令（総則、電気の供給のための電気設備の施設、電気使用場所の施設）、電気設備の技術基準の解釈（総則、発電所並びに変電所、開閉所及びこれらに準ずる場所の施設、電線路、電力保安通信設備、電気使用場所の施設及び小出力発電設備、電気鉄道等、国際規格の取り入れ、分散型電源の系統連系設備）
〈内容〉2011年7月の解釈の大改正に対応。さらに最新の改正も含んだ、電気技術者必携の書。

電気工学ハンドブック　第7版　電気学会編　オーム社　2013.9　19,2681p　27cm　〈他言語標題：Electrical Engineering Handbook　索引あり〉　45000円　ⓘ978-4-274-21382-3　Ⓝ540.36
〈目次〉数学、基礎物理、電気・電子物性、電気回路、電気・電子材料、計測技術、制御・システム、電子デバイス、電子回路、センサ・マイクロマシン〔ほか〕

電気事業便覧　2023年版　経済産業省資源エネルギー庁編集　経済産業調査会　2024.3　289p　21cm　1300円　ⓘ978-4-8065-3094-7　Ⓝ540.9
〈目次〉1 電気事業、2 電力需給、3 電力供給設備、4 電気料金・市場、5 経理・財務、6 海外事情、7 その他
〈内容〉日本の電気事業の最近の現状と累年的推移の概要を統計的に集録した便覧。電気事業の概要をはじめ、電力需給、供給設備、料金、経理、海外事情などのほか、巻末に関連データを収録。

電気設備技術基準・解釈　電気事業法・電

気工事士法・電気工事業法　平成28年版
東京電機大学編　東京電機大学出版局
2016.1　487p　19cm　〈索引あり〉　1000円
①978-4-501-11730-6　Ⓝ544.49

〈目次〉電気設備技術基準（電気設備に関する技術基準を定める省令）（総則，電気の供給のための電気設備の施設，電気使用場所の施設），電気設備技術基準の解釈（総則，発電所並びに変電所，開閉所及びこれらに準ずる場所の施設，電線路，電力保安通信設備，電気使用場所の施設及び小出力発電設備，電気鉄道等，国際規格の取り入れ，分散型電源の系統連系設備），電気事業法，電気工事士法

電気設備技術基準・解釈　2024年版　オーム社編　オーム社　2024.2　23,567p　19cm　〈索引あり〉　1200円　①978-4-274-23155-1　Ⓝ544.49

〈目次〉第1章 総則（定義，適用除外，保安原則 ほか），第2章 電気の供給のための電気設備の施設（感電，火災等の防止，他の電線，他の工作物等への危険の防止，支持物の倒壊による危険の防止 ほか），第3章 電気使用場所の施設（感電，火災等の防止，他の配線，他の工作物等への危険の防止，異常時の保護対策 ほか）

〈内容〉電気設備技術基準と解釈の改正概要。電気設備技術基準と解釈の対照条項表。発電用火力・風力・太陽電池設備技術基準。関係法令の概要，関連JESC，など。付録も充実。

電気設備技術者のための建築電気設備技術計算ハンドブック　上巻　日本電設工業協会出版委員会単行本企画編集専門委員会編，単行本企画編集専門委員会監修　日本電設工業協会　2019.12　360p　26cm　〈発売：オーム社　索引あり〉　9500円
①978-4-88949-107-4　Ⓝ528.43

〈内容〉設計・施工業務のツールとして活用することで，効率よく業務を進められるよう，まとめた。「受変電設備の構成上の技術計算」，「受変電設備の機器選定上の技術計算」及び「受変電設備と環境」に分け，それぞれ計算式と計算例を掲載し構成。法令改正を中心に，全編の見直し・変更を行った改訂版。

電気設備技術者のための建築電気設備技術計算ハンドブック　下巻　改訂版　日本電設工業協会出版委員会単行本企画編集専門委員会編，単行本企画編集専門委員会監修　日本電設工業協会　2020.3　286p　26cm　〈発売：オーム社　索引あり〉　7600円　①978-4-88949-109-8　Ⓝ528.43

〈内容〉建築電気設備技術者が日常の設計・施工業務を円滑に行えるよう，電気設備工事関係の計算式と計算例をまとめたハンドブック。下巻は，接地，電路，電動機設備，照明設計，施工に関する技術計算を収録。

電気設備工事監理指針　令和4年版　国土交通省大臣官房官庁営繕部監修，公共建築協会編集　建設電気技術協会　2022.10　1168p　22cm　9000円　①978-4-906439-29-4　Ⓝ528.43

〈目次〉第1編 一般共通事項，第2編 電力設備工事，第3編 受変電設備工事，第4編 電力貯蔵設備工事，第5編 発電設備工事，第6編 通信・情報設備工事，第7編 中央監視制御設備工事，第8編 医療関係設備工事，資料

〈内容〉「公共建築工事標準仕様書（電気設備工事編）」に基づいて施工する工事において，発注者の立場で工事監理等を行う場合の技術的参考書。改正された法令や新たな施策，機材等についても，わかりやすく記載する。

電気設備工事施工チェックシート　令和4年版　公共建築協会編集　公共建築協会　2022.10　114p　21cm　〈頒布：建設出版センター〉　1500円　①978-4-905873-60-0　Ⓝ528.43

〈目次〉1 一般共通事項，2 電力設備，通信・情報設備工事，3 受変電設備・電力貯蔵設備・発電設備工事，4 中央監視制御設備工事，5 医療関係設備工事，別表，参考資料 主な官公署その他への申請手続一覧表

電気設備ハンドブック　電気設備学会編　オーム社　2016.3　754p　27cm　〈索引あり〉　28000円　①978-4-274-21858-3　Ⓝ528.43

〈内容〉電気設備分野を代表する学会である（一社）電気設備学会の編集により，電気設備工事の実務にかかわる部分を中心として，設計・施工・監理や法体制の現状までを集大成し，電気設備にかかわるすべての方々の新たなる座右の書として発行。建物を支える重要な役割を担っている電気設備にかかわるすべての事柄を俯瞰できるハンドブック。

電気電子機器におけるノイズ耐性試験・設計ハンドブック　電気学会電気電子機器のノイズイミュニティ調査専門委員会編　（つくば）科学技術出版　2013.4　511p　21cm　〈文献あり 索引あり　発売：丸善出版〉　7400円　①978-4-904774-07-6　Ⓝ542.39

〈目次〉電気電子機器を取り巻く電磁環境とEMC規格，用語・電磁環境とイミュニティ共通規格，イミュニティ試験規格，情報技術装置・マルチメディア機器のイミュニティ，通信装置のイミュニティ・過電圧防護・安全に関する勧告，家庭用電気機器等のイミュニティ・安全性，工業プロセス計測制御機器のイミュニティ，医療機器のイミュニティ，パワーエレクトロニクスのイミュニティ，EMC設計・対策法，高電磁界（HPEM）過度現象に対するイミュニティ

電気の選び方　わが家の電力自由化ガイドブック　電気新聞編著　日本電気協会新聞部　2016.6　167p　19cm　900円　①978-4-

905217-56-5 Ⓝ540.921

〔目次〕1 電力自由化が家庭にやってきた(電力自由化って何だろう?，電力システム改革とは?，電力自由化のメリット・デメリット)，2 電気の新しいカタチを知る(電力のサービスはどうなるの?，新しい電気料金の傾向は?，地域の電力会社の動き，こんなサービスはある?)，3 賢い電気の選び方(電力会社や料金を選ぶ方法，電力会社を変更する手順，電気を選ばないとどうなるの?，ウチでも電気を選べるの?，省エネだけでも電気代は安くなる，電気代は必ず安くなる?)，4 注意点とトラブル対応法(契約ではこんな点に注意しよう!，契約後の心配事，電気の小売りルールと相談窓口)，5 巻末(電気の基礎知識，わが家の電気ノート，契約前のチェックシート)

電食防止・電気防食ハンドブック 電気学会・電食防止研究委員会編 オーム社 2011.1 417p 22cm 『電食・土壌腐食ハンドブック』新版(コロナ社昭和52年刊)の改訂 〈索引あり〉 7500円 Ⓘ978-4-274-20973-4 Ⓝ563.7

〔目次〕用語とその定義，腐食の基礎，電気鉄道からの漏れ電流，土壌の分類と腐食性，交流腐食，調査・計測，埋設管の防食，地下貯蔵タンクシステムの電気防食，電気防食の管理と経済性，パイプライン健全性の評価法，標準・規定指針，新技術，腐食・防食トラブル実例

電力システム改革戦略ハンドブック 顧客視点へ変化する電気事業のビジネスチャンス 本橋恵一［著］，デジタルリサーチ編 (名古屋)デジタルリサーチ 2015.8 143p 30cm 9000円 Ⓝ540.921

〔目次〕電力システム改革とは何か，電力小売り全面自由化で登場するサービス，エネルギーソリューションビジネス，ソリューションビジネスのケーススタディ

<法令集>

電気関係法規 改定4版 高齢・障害・求職者雇用支援機構職業能力開発総合大学校基盤整備センター編 雇用問題研究会 2022.3 300p 26cm (職業訓練教材) 〈文献あり 厚生労働省認定教材〉 1900円 Ⓘ978-4-87563-429-4 Ⓝ540.91

電気技術者のための電気関係法規 2024年版 日本電気協会 2024.7 591p 21cm 〈頒布:オーム社〉 3000円 Ⓘ978-4-88948-388-8 Ⓝ540.91

〔内容〕電気事業法、建築基準法、労働安全衛生法、消防法、エネルギーの使用の合理化等に関する法律の各法律、政令、省令及び告示等から、電気設備の保守管理に従事する人に関係のある条項を抜粋し収録する。

電気施設管理と電気法規解説 13版改訂 薦田康久編著 電気学会 2017.12 271p 21cm 〈索引あり〉 発売:オーム社 2500円 Ⓘ978-4-88686-310-2 Ⓝ540.9

〔目次〕序論、第1章 総論、第2章 電力需給計画及び調整、第3章 電気施設の建設と運用、第4章 電気料金、第5章 電気関係法令、第6章 電気設備技術基準とその解釈、電気主任技術者試験問題の例

〔内容〕電気施設管理と電気関係法令を合わせた大学・高専用教科書。電気事業、電力施設、電力経済、エネルギー問題と、電気施設の管理に際して最も重要な規範である法令についてまとめる。電気主任技術者試験問題の例も掲載する。

電気法規と電気施設管理 令和6年度版 竹野正二，浅賀光明著 東京電機大学出版局 2024.3 313p 21cm 〈索引あり〉 2800円 Ⓘ978-4-501-11910-2 Ⓝ540.91

〔目次〕第1章 電気関係法規の大要と電気事業(電気関係法規の体系，法律の必要性 ほか)，第2章 電気工作物の保安に関する法規(電気の保安確保の考え方，電気事業法における電気保安体制 ほか)，第3章 電気工作物の技術基準(技術基準とは，基本事項 ほか)，第4章 電気に関する標準規格(産業標準化の必要性，産業標準化の定義 ほか)，第5章 電気施設管理(電力需給及び電源開発，電力系統の運用，自家用電気設備の保守管理のあり方)

電力小六法 令和4年版 経済産業省資源エネルギー庁電力・ガス事業部政策課，経済産業省産業保安グループ電力安全課監修 エネルギーフォーラム 2022.8 3158p 19cm 〈索引あり〉 18000円 Ⓘ978-4-88555-527-5 Ⓝ540.91

〔目次〕第1編 法令(電気事業法，電源立地，原子力，環境，エネルギー，消費者保護，その他)，第2編 電気事業関係通達等(会計及び財務，保安，その他)

〔内容〕電気事業、電気工事等電気関係の職務に従事する人が日常参照する頻度が高い条文を中心に編集。令和4年4月1日までの官報に掲載された法令を収録する。

<図鑑・図集>

今と未来がわかる電気 川村康文監修 ナツメ社 2022.10 255p 21cm (ビジュアル図鑑) 〈年表あり 索引あり〉 「プロが教える電気のすべてがわかる本」(2010年刊)の改題、大幅に改訂〉 1500円 Ⓘ978-4-8163-7265-0 Ⓝ540

〔目次〕第1部 電気のしくみ(電気の基礎知識，電気の性質，電機部品の基礎知識)，第2部 電気をつくる・届ける(電気をつくる，電気を送る)，第3部 電気の利用(身近な電気製品，電波，情

報通信（ICT），エレクトロニクスの最新技術）
(内容) 電気の基礎知識と性質、基本デバイス発電と送電、電気製品や電波、情報通信まで、最新の情報にもとづいてフルカラーで解説！

<年鑑・白書>

電気年鑑　2012年版　日本電気協会新聞部
2011.12　417p　26cm　14000円　ⓘ978-4-905217-01-5　Ⓝ540.59
(内容) 2010年7月から2011年6月にかけての電気事業の概要、原子力や電力各社の動向、対象期間に発生したトピックの一覧などを収録。各種会社・団体のデータも掲載する。

電気年鑑　2013年版　日本電気協会新聞部
2013.3　375p　26cm　14000円　ⓘ978-4-905217-24-4
(目次) 年報（電気事業，原子力の動向，日誌，電力各社の動向，電機産業，電設工事・保安，表彰・行事・冥友録，資料・データ・年表），会社・団体データ（会社編（電力・電力関連）、団体編）

電気年鑑　2014年版　日本電気協会新聞部
2014.1　359p　26cm　14000円　ⓘ978-4-905217-33-6　Ⓝ540.59
(内容) 2012年7月から2013年6月にかけての電気事業の概要、原子力や電力各社の動向、対象期間に発生したトピックの一覧などを収録。各種会社・団体のデータも掲載する。ポスター「火力・原子力マップ2014」付き。

電設資材関連資料　電設資材白書　平成22年度　日本電設工業協会資材委員会
〔2011〕　52p　30cm　〈『電設技術』平成23年11,12月号の抜刷〉　Ⓝ528.43

電設資材関連資料　電設資材白書　平成23年度　日本電設工業協会資材委員会
〔2012〕　54p　30cm　〈『電設技術』平成24年11,12月号の抜刷〉　Ⓝ528.43

電設資材関連資料　電設資材白書　平成24年度　日本電設工業協会資材委員会
〔2013〕　53p　30cm　〈『電設技術』平成25年11,12月号の抜刷〉　Ⓝ528.43

電設資材関連資料　電設資材白書　平成25年度　日本電設工業協会資材委員会
〔2014〕　52p　30cm　〈『電設技術』平成26年11,12月号の抜刷〉　Ⓝ528.43

電設資材関連資料　電設資材白書　平成26年度　日本電設工業協会資材委員会
〔2015〕　52p　30cm　〈『電設技術』平成27年11,12月号の抜刷〉　Ⓝ528.43

電設資材関連資料　電設資材白書　平成27年度　日本電設工業協会資材委員会
〔2017〕　53p　30cm　〈『電設技術』平成28年11,12月号の抜刷〉　Ⓝ528.43

電設資材関連資料　電設資材白書　平成28年度　日本電設工業協会資材委員会
〔2017〕　53p　30cm　〈『電設技術』平成29年11,12月号の抜刷〉　Ⓝ528.43

電設資材関連資料　電設資材白書　平成29年度　日本電設工業協会資材委員会
〔2018〕　52p　30cm　〈『電設技術』平成30年11,12月号の抜刷〉　Ⓝ528.43

電設資材関連資料　電設資材白書　平成30年度　日本電設工業協会資材委員会
〔2019〕　52p　30cm　〈『電設技術』2019年11,12月号の抜刷〉　Ⓝ528.43

電設資材関連資料　電設資材白書　令和元年度　日本電設工業協会資材委員会
〔2020〕　52p　30cm　〈『電設技術』2020年11,12月号の抜刷〉

電設資材関連資料　電設資材白書　令和2年度　日本電設工業協会資材委員会
〔2021〕　50p　30cm　〈『電設技術』2021年11,12月号の抜刷〉　Ⓝ528.43

電設資材関連資料　電設資材白書　令和3年度　日本電設工業協会資材委員会
〔2022〕　52p　30cm　〈『電設技術』2022年11,12月号の抜刷〉　Ⓝ528.43

電設資材関連資料　電設資材白書　令和4年度　日本電設工業協会資材委員会
〔2023〕　50p　30cm　〈『電設技術』2023年11,12月号の抜刷〉　Ⓝ528.43

(内容) 主要電設資材の生産・出荷統計、需要動向分析、次年度見通しについて分析している、電設業界における唯一の主要統計白書。

電力開発計画新鑑　平成23年度版　日刊電気通信社　2011.9　144p　26cm　5000円
(目次) 第1編　電源開発計画、第2編　主要送電設備及び主要変電設備工事計画、第3章「革新的エネルギー・環境戦略」策定に向けた中間的な整理、第4編　まちづくりと一体となった熱エネルギーの有効利用に関する研究会中間とりまとめ、第5編　核セキュリティの確保に関する基本的考え方、第6編　エネルギー政策の選択肢に係る調査報告書

電力開発計画新鑑　平成24年度版　日刊電気通信社　2012.9　128p　26cm　5000円
(目次) 第1編　電源開発計画、第2編　主要送電設備及び主要変電設備工事計画、参考資料1　発電用系水型原子炉施設におけるシビアアクシデント対策規制の基本的考え方について（現時点での検討状況）、参考資料2　電力システム改革の基本方針、参考資料3　総合資源エネルギー調査会総合部会天然ガスシフト基盤整備専門委員会報告書、参考資料4　核燃料サイクル政策の選択

肢に関する検討結果について

電力開発計画新鑑　平成25年度版　日刊電
気通信社　2013.9　132p　26cm　5000円
(目次)第1編 電源開発計画(水力発電所，火力発電所 ほか)，第2編 主要送電設備及び主要変電設備工事計画(主要送電設備工事計画，主要変電設備工事計画)，資源エネルギー関連資料1 平成24年度原子力規制委員会年次報告(原子力規制委員会の発足，原子力規制委員会の概要 ほか)，資源エネルギー関連資料2 日本原子力研究開発機構の改革の基本的方針(基本認識，原子力機構の安全を最優先とした業務運営の考え方 ほか)，資源エネルギー関連資料3 汚染水問題に関する基本方針(基本的考え方，政府の対応 ほか)

電力開発計画新鑑　平成26年度版　日刊電
気通信社　2014.9　169p　26cm　5000円
(目次)第1編 電源開発計画(水力発電所，火力発電所 ほか)，第2編 主要送電設備及び主要変電設備工事計画(主要送電設備工事計画，主要変電設備工事計画)，参考資料1 放射性廃棄物WG中間とりまとめ(高レベル放射性廃棄物の最終処分に向けた取組の現状と課題，高レベル放射性廃棄物の最終処分に向けた現世代の取組のあり方 ほか)，参考資料2 最新の科学的知見に基づく地層処分技術の再評価(地層処分の基本的考え方，好ましい地質環境特性 ほか)，参考資料3 石油・天然ガス小委員会中間報告書(我が国を取り巻くエネルギー需給構造の状況，課題と今後のエネルギー需給動向を踏まえた政府の資源・燃料政策の方向性 ほか)

電力開発計画新鑑　平成27年度版　日刊電
気通信社　2015.9　144p　26cm　5000円
(目次)第1編 電源開発計画(水力発電所，火力発電所，原子力発電所)，第2編 主要送電設備及び主要変電設備工事計画(主要送電設備工事計画，主要変電設備工事計画)，参考資料(省エネルギー小委員会取りまとめ，資源・燃料部会報告書)

電力開発計画新鑑　平成28年度版　日刊電
気通信社　2016.9　128p　26cm　5000円
(目次)第1編 平成28年度供給計画取りまとめ(電力需要想定，需給バランス，電源構成の変化に関する分析，送配電設備の増強計画 ほか)，第2編 電源開発計画(水力発電所，火力発電所，原子力発電所，新エネルギー発電所 ほか)

電力開発計画新鑑　平成29年度版　日刊電
気通信社　2017.9　144p　26cm　5000円
Ⓝ543
(目次)第1編 平成29年度供給計画取りまとめ(電力需要想定，需給バランス，電源構成の変化に関する分析，送配電設備の増強計画，広域的運営の状況，電気事業者の特性分析，その他)，第2編 電源開発計画(水力発電所，火力発電所，原子力発電所)，資源・エネルギー関連資料1 地層処分技術ワーキンググループ取りまとめ(地層処分の基本的考え方，地域の科学的な特性の提示に関する要件・基準の検討，地域の科学的な特性の提示のあたっての考え方，おわりに)，資源・エネルギー関連資料2 再生可能エネルギー大量導入時代における政策課題研究会論点整理(コスト競争力の強化，FIT制度からの自立に向けた施策，系統への円滑な受入れのための施策)，資源・エネルギー関連資料3 資源・燃料分科会報告書(開発(原油・天然ガス・石炭・鉱物資源)，調達・転換・流通・公益的対応(石油・天然ガス・石炭・鉱物資源・地熱資源))

電力開発計画新鑑　平成30年度版　日刊電
気通信社　2018.9　120p　26cm　5000円
(目次)第1編 平成30年度供給計画取りまとめ(電力需要想定，需給バランス，電源構成の変化に関する分析 ほか)，第2編 電源開発計画(水力発電所，火力発電所，原子力発電所)，参考資料：エネルギー基本計画(構造的な課題と情勢変化，政策の時間軸，2030年に向けた基本的な方針と政策対応，2050年に向けたエネルギー転換・脱炭素化への挑戦)

電力開発計画新鑑　令和元年度版　日刊電
気通信社　2019.9　144p　26cm　5000円
(目次)第1編 2019年度供給計画取りまとめ―電力広域的運営推進機関(電力需要想定，需給バランス，電源構成の変化に関する分析，送配電設備の増強計画，広域的運営の状況，電気事業者の特性分析，その他)，第2編 電源開発計画(水力発電所，火力発電所，原子力発電所)，参考資料1 全国共通に考慮すべき「震源を特定せず策定する地震動」に関する検討報告書，参考資料2 再生可能エネルギー大量導入・次世代電力ネットワーク小委員会中間整理(第3次)，参考資料3 脱炭素社会に向けた電力レジリエンス小委員会中間整理

電力開発計画新鑑　令和2年度版　日刊電気
通信社　2020.9　144p　26cm　5000円
(目次)第1編 2020年度供給計画取りまとめ(電力需要想定，需給バランス，電源構成の変化に関する分析，送配電設備の増強計画，広域的運営の状況，電気事業者の特性分析，その他)，第2編 電源開発計画(水力発電所，火力発電所，原子力発電所)，参考資料1 地層処分研究開発に関する全体計画(平成30年度～令和4年度)(研究開発と目標，中長期的に研究開発を進める上での重要事項)，参考資料2 電力・ガス基本政策小委員会制度検討作業部会第三次中間とりまとめ(新たな市場整備の方向性(各論)，今後の検討の進め方)
(内容)電気事業者が国に届け出た2020年度供給計画、電源開発計画について取りまとめる。参考資料として、「地層処分に関する全体計画」「電力・ガス基本政策小委員会制度検討作業部会第三次中間とりまとめ」などを収録。

電力開発計画新鑑　令和3年度版　日刊電気

通信社　2021.9　142p　26cm　5000円

〔目次〕第1編 2021年度供給計画取りまとめ 電力広域的運営推進機関（電力需要想定，需給バランス ほか），第2編 電源開発計画（水力発電所，火力発電所 ほか），参考資料1 電力ネットワークの次世代化に向けた中間とりまとめ 総合資源エネルギー調査会（系統新設・増強，既存系統の有効活用 ほか），参考資料2 総合資源エネルギー調査会資源燃料分科会報告書（資源・燃料政策を取り巻く国内外の情勢変化，今後の資源・燃料政策の重点 ほか）

〔内容〕電気事業者が国に届け出た2021年度供給計画，電源開発計画について取りまとめる。参考資料として，「電力ネットワークの次世代化に向けた中間とりまとめ」「総合資源エネルギー調査会資源燃料分科会報告書」を収録。

電力開発計画新鑑　令和4年度版　日刊電気通信社　2022.9　144p　26cm　5500円

〔目次〕第1編 2022年度供給計画取りまとめ（電力需要想定，需給バランス，電源構成の変化に関する分析，送配電設備の増強計画，広域的運営の状況，電気事業者の特性分析，その他），第2編 電源開発計画（水力発電所，火力発電所，原子力発電所），参考資料1 電力・ガス基本政策小委員会制度検討部会第七次中間取りまとめ（はじめに，市場整備の方向性（各論）），参考資料2 バイオマス持続可能性ワーキンググループ第二次中間整理（はじめに，バイオマス燃料に大使て求める持続可能性に関する検討，農産物の収穫に伴って生じるバイオマスの持続可能性の確認に関する検討，おわりに），参考資料3 カーボン・クレジット・レポート（はじめに，カーボン・クレジットとは何か，カーボン・クレジットを巡る動向，我が国におけるカーボン・クレジットの適切な活用に向けた課題，我が国におけるカーボンニュートラルに向けたカーボン・クレジット活用の意義，カーボン・クレジットの適切な活用に向けた取組の方向性と具体策，おわりに）

〔内容〕電気事業者が国に届け出た2022年度供給計画，電源開発計画について取りまとめる。参考資料として，「電力・ガス基本政策小委員会制度検討部会第7次中間取りまとめ」「カーボン・クレジット・レポート」などを収録。

電力開発計画新鑑　令和5年度版　日刊電気通信社　2023.9　128p　26cm　5500円

〔目次〕第1編 2023年度供給計画取りまとめ―電力広域的運営推進機関（電力需要想定，需給バランス，電源構成の変化に関する分析，送配電設備の増強計画，広域的運営の状況，電気事業者の特性分析，その他），第2編 電源開発計画（水力発電所，火力発電所，原子力発電所），参考資料1 電力・ガス基本政策小委員会 制度検討部会 第十三次中間取りまとめ，参考資料2 再生可能エネルギー業務管理システムの運用のあり方に関する検討会報告書，参考資料3 省エネルギー小委員会中間論点整理―需要側エネルギー政策の展望

電力需給の概要　平成22年度　経済産業省資源エネルギー庁電力・ガス事業部編　中和印刷出版部　2012.4　217p　21cm　2000円

〔目次〕1 平成22年度電力需給計画（総括，需要，供給力 ほか），2 平成21年度電力需給実績（需要，供給力及び電力融通，発電用燃料 ほか），3 参考（特定供給許可一覧，用途別需要電力量の推移（平成13年度～平成21年度），発受電電力量の推移（平成10年度～平成21年度）ほか）

電力需給の概要　平成23年度　経済産業省資源エネルギー庁電力・ガス事業部編　中和印刷出版部　2013.11　3,169p　21cm　2000円　Ⓝ543.59

〔内容〕平成22年度の電力需給の実績を取りまとめ，電力需給の現状について紹介する。電力需給に対する理解の一助となる一冊。

電力需給の概要　平成24年度　経済産業省資源エネルギー庁電力・ガス事業部編　中和印刷出版部　2015.6　169p　21cm　2300円

〔目次〕1 平成23年度電力需給実績（需要，供給力及び電力融通，発電用燃料），2 参考（特定供給について（電気事業法第17条），統計）

電力新設備要覧　平成23年度版　日刊電気通信社　2011.2　148p　26cm　5000円

〔目次〕第1編 水力発電設備（公営電気事業者（完成），電気事業者（工事中及び着工準備中），公営電気事業者（工事中及び着工準備中）），第2編 火力発電設備（火力「一般火力」（完成），「一般火力」（工事中及び着工準備中），火力「複合発電方式」（完成），「複合発電方式」（工事中及び着工準備中），地熱発電所（完成）），第3編 原子力発電設備（原子力発電（完成），原子力発電（工事中及び着工準備中）），第4編 請負業者一覧，第5編 電力・エネルギー関連資料（ウラン取扱施設におけるクリアランス制度の整備，全量買取制度に係る技術的課題等について，我が国の実用発電用原子炉施設の集団線量の現状と低減化，我が国の原子力発電の状況，重電機器の製造状況）

電力新設備要覧　平成24年度版　日刊電気通信社　2012.2　143p　26cm　5000円

〔目次〕水力発電設備，火力発電設備，原子力発電設備，請負業者一覧，電力・エネルギー関連資料

〔内容〕各電力会社・公営電気事業者等の設備諸元を収録。平成20年10月～23年までに完成した，水力・火力・原子力発電所及び資源エネルギー関連資料も掲載するほか，土木・建屋・発注主要機器の請負業者も収録。

電力新設備要覧　平成25年度版　日刊電気通信社　2013.2　143p　26cm　5000円

〔目次〕第2編 火力発電設備（火力「一般火力」（完

エネルギー問題　電気

成)、「一般火力」(工事中及び着工準備中)、火力「複合発電方式」(完成) ほか、第3編 原子力発電設備(原子力発電(完成)、原子力発電(工事中及び着工準備中))、第4編 電力・エネルギー関連資料(電力システム改革専門委員会報告書、原子力委員会見解、重電機器の製造状況)

電力新設備要覧　平成26年度版　日刊電気通信社　2014.2　128p　26cm　5000円
(内容) 平成22年10月～平成25年9月に完成した水力、火力発電所と原子力発電所設備を中心に、着工準備中を含む建設中の水力、火力、原子力発電所設備、公営電気事業者、その他電気事業者や関係資料を収録する。

電力新設備要覧　平成27年度版　日刊電気通信社　2015.2　138p　26cm　5000円
(目次) 第1編 水力発電設備(電気事業者(完成)、公営電気事業者(完成)、電気事業者(工事中及び着工準備中)、公営電気事業者(工事中及び着工準備中))、第2編 火力発電設備(火力「一般火力」(完成)、「一般火力」(工事中及び着工準備中)、火力「複合発電方式」(完成)、「複合発電方式」(工事中及び着工準備中)、地熱発電所(完成))、第3編 原子力発電設備(原子力発電(完成)、原子力発電(工事中及び着工準備中))、第4編 電力・エネルギー関連資料(総合資源エネルギー調査会電力・ガス事業分科会原子力小委員会中間整理、日本原子力研究開発機構改革報告書一集中改革の成果と今後の対応(抜粋)、重電機器の製造状況)

電力新設備要覧　平成28年度版　日刊電気通信社　2016.2　128p　26cm　5000円
(目次) 第1編 水力発電設備(電気事業者(完成)、公営電気事業者(完成)、電気事業者(工事中及び着工準備中)、公営電気事業者(工事中及び着工準備中))、第2編 火力発電設備(火力「一般火力」(完成)、「一般火力」(工事中及び着工準備中)、火力「複合発電方式」(完成)、「複合発電方式」(工事中及び着工準備中)、地熱発電所(完成))、第3編 原子力発電設備(原子力発電(完成)、原子力発電(工事中及び着工準備中))、第4編 電力・エネルギー関連資料(新エネルギー小委員会におけるこれまでの議論の整理、今後の小規模火力発電等の環境保全(課題・論点のとりまとめ))

電力新設備要覧　平成29年度版　日刊電気通信社　2017.2　128p　26cm　5000円
Ⓝ543
(内容) 平成25年10月～平成28年9月に完成した水力、火力発電所と原子力発電所設備を中心に、着工準備中を含む建設中の水力、火力、原子力発電所設備、公営電気事業者、その他電気事業者や関係資料を収録する。

電力新設備要覧　平成30年度版　日刊電気通信社　2018.2　112p　26cm　5000円

Ⓝ543
(目次) 第1編 水力発電設備(電気事業者(完成)、電気事業者(工事中及び着工準備中) ほか)、第2編 火力発電設備(一般火力(工事中及び着工準備中)、火力(複合発電方式)(完成) ほか)、第3編 原子力発電設備(原子力発電(完成)、原子力発電(工事中及び着工準備中))、第4編 エネルギー・環境関連資料(原子力利用に関する基本的考え方一原子力委員会、総合資源エネルギー調査会電力・ガス事業分科会電力・ガス基本政策小委員会制度検討作業部会中間論点整理及び既存契約見直し方針 ほか)

電力新設備要覧　平成31年度版　日刊電気通信社　2019.2　144p　26cm　5000円
(目次) 第1編 水力発電設備(電気事業者(完成)、電気事業者(工事中及び着工準備中)、公営電気事業者(工事中及び着工準備中))、第2編 火力発電設備(「一般火力」(工事中及び着工準備中)、火力「複合発電方式」(完成)、「複合発電方式」(工事中及び着工準備中)、地熱発電所(完成))、第3編 原子力発電設備(原子力発電(完成)、原子力発電(工事中及び着工準備中))、参考資料(電力レジリエンスワーキンググループ中間とりまとめ、総合資源エネルギー調査会省エネルギー・新エネルギー分科会/電力・ガス事業分科会再生可能エネルギー大量導入・次世代電力ネットワーク小委員会中間整理(第2次))

電力新設備要覧　令和2年度版　日刊電気通信社　2020.2　130p　26cm　5000円
(目次) 第1編 水力発電設備(電気事業者(工事中及び着工準備中)、公営電気事業者(工事中及び着工準備中))、第2編 火力発電設備(一般火力(完成)、一般火力(工事中及び着工準備中)、複合発電方式(工事中及び着工準備中)、地熱発電所(完成))、第3編 原子力発電設備(原子力発電(完成)、原子力発電(工事中及び着工準備中))、参考資料(台風15号の停電復旧対応等に係る検証結果取りまとめ、総合資源エネルギー調査会省エネルギー・新エネルギー分科会新エネルギー小委員会バイオマス持続可能性ワーキンググループ中間整理、総合資源エネルギー調査会省エネルギー・新エネルギー分科会新エネルギー小委員会太陽光発電設備の廃棄等費用の確保に関するワーキンググループ中間整理)

電力新設備要覧　令和3年度版　日刊電気通信社　2021.2　126p　26cm　5000円
(目次) 第1編 水力発電設備(電気事業者(工事中及び着工準備中)、公営電気事業者(工事中及び着工準備中))、第2編 火力発電設備(「一般火力」(完成)、「一般火力」(工事中及び着工準備中) ほか)、第3編 原子力発電設備(原子力発電(完成)、原子力発電(工事中及び着工準備中))、参考資料(総合資源エネルギー調査会電力・ガス事業分科会電力・ガス基本政策小委員会電力広域的運営推進機関検証ワーキンググループ取りまとめ、木質バイオマスの供給元としての森林の持続可能性確保と木質バイオマス発電の発

電気　　　　　　　　　　　　エネルギー問題

電事業としての自立化の両立に向けて ほか）
(内容) 平成29年10月〜令和2年9月に完成した水力、火力発電所と原子力発電所設備を中心に、着工準備中を含む建設中の水力、火力、原子力発電所設備、公営電気事業者、その他電気事業者や関係資料を収録する。

電力新設備要覧　令和4年度版　日刊電気通信社　2022.2　160p　26cm　5000円　Ⓝ543.1

電力新設備要覧　令和5年度版　日刊電気通信社　2023.2　128p　26cm　5500円
(目次) 第1編 水力発電設備（電気事業者（完成），電気事業者（工事中及び着工準備中）ほか），第2編 火力発電設備（一般火力（完成），一般火力（工事中及び着工準備中）ほか），第3編 原子力発電設備（原子力発電（完成），原子力発電（工事中及び着工準備中）），参考資料（総合資料エネルギー調査会再生可能エネルギー大量導入・次世代電力ネットワーク小委員会 制度的な検討を要する論点の整理，総合資源エネルギー調査会 原子力小委員会 廃炉等円滑化ワーキンググループ中間報告 ほか）
(内容) 令和元年10月〜令和4年9月に完成した水力、火力発電所と原子力発電所設備を中心に、着工準備中を含む建設中の水力、火力、原子力発電所設備、公営電気事業者、その他電気事業者や関係資料を収録する。

電力新設備要覧　令和6年度版　日刊電気通信社　2024.2　120p　26cm　5500円
(目次) 第1編 水力発電設備（電気事業者（完成），電気事業者（工事中及び着工準備中），公営電気事業者（工事中及び着工準備中）），第2編 火力発電設備（"一般火力"（完成），"複合発電方式"（工事中及び着工準備中），地熱発電所（完成）），第3編 原子力発電設備（原子力発電（完成），原子力発電（工事中及び着工準備中），参考資料

<統計集>

海外電気事業統計　2011年版　海外電力調査会編　海外電力調査会　2011.9　446p　30cm　10000円　Ⓝ540.9

海外電気事業統計　2012年版　海外電力調査会編　海外電力調査会　2012.9　478p　30cm　10000円　Ⓝ540.9

海外電気事業統計　2013年版　海外電力調査会編　海外電力調査会　2013.11　476p　30cm　10000円　Ⓝ540.9

海外電気事業統計　2014年版　海外電力調査会編　海外電力調査会　2014.12　486p　30cm　10000円　Ⓝ540.9

海外電気事業統計　2015年版　海外電力調査会編　海外電力調査会　2015.12　472p　30cm　10000円　Ⓝ540.9

海外電気事業統計　2016年版　海外電力調査会編　海外電力調査会　2016.12　470p　30cm　10000円　Ⓝ540.9

海外電気事業統計　2017年版　海外電力調査会編　海外電力調査会　2017.12　502p　30cm　10000円　Ⓝ540.9

海外電気事業統計　2018年版　海外電力調査会編　海外電力調査会　2018.12　494p　30cm　10000円　Ⓝ540.9

海外電気事業統計　2019年版　海外電力調査会編　海外電力調査会　2019.12　490p　30cm　10000円　Ⓝ540.9

海外電気事業統計　2020年版　海外電力調査会編　海外電力調査会　2020.12　484p　30cm　10000円　Ⓝ540.9

海外電気事業統計　2021年版　海外電力調査会編　海外電力調査会　2021.12　484p　30cm　10000円　Ⓝ540.9

海外電気事業統計　2022年版　海外電力調査会編　海外電力調査会　2023.1　484p　30cm　10000円　Ⓝ540.9

電気データブック　電気学会，桂井誠，高橋一弘，宅間董，道上勉，田原紘一編　朝倉書店　2011.11　505p　26cm　〈索引あり〉　16000円　①978-4-254-22047-6　Ⓝ540.36
(目次) 1 基礎分野，2 機器分野，3 電力分野，4 情報・通信分野，5 応用分野，6 共通分野

◆電気（規格）

<ハンドブック>

EMC設計・測定試験ハンドブック　基礎版/電磁環境工学からのステップアップ　徳田正満著　（つくば）科学情報出版　2021.7　458p　21cm　〈索引あり〉　5400円　①978-4-904774-99-1　Ⓝ547.51
(内容) TC77やCISPR等のEMC関連標準化組織の役割と歴史的な経緯を説明するとともに、関連するEMC規格を網羅的に解説。主要なEMC規格値や測定・試験法の具体的な内容、EMC関連シミュレーションも取り上げる。

JIS電気用図記号ハンドブック　JIS C 0617シリーズ　1　新版　日本規格協会編　日本規格協会　2011.9　1084p　21cm　8000円　①978-4-542-14317-3　Ⓝ540.72
(目次) 第1部 概説，第2部 図記号要素、限定図記号及びその他の一般用途図記号，第3部 導体及び接続部品，第4部 基礎受動部品，第5部 半導体及び電子管，第6部 電気エネルギーの発生及び変換，第7部 開閉装置、制御装置及び保護

装置，第8部 計器、ランプ及び信号装置
(内容) JIS C 0617（電気用図記号）を掲載した，実務に必携のハンドブック。

JIS電気用図記号ハンドブック　JIS C 0617シリーズ 2　新版　日本規格協会編　日本規格協会　2011.9　1250p　21cm　8000円　Ⓣ978-4-542-14318-0　Ⓝ540.72
(目次) 第9部 交換機器及び周辺機器，第10部 伝送，第11部 建築設備及び地図上の設備を示す設置平面図及び設備図，第12部 二値論理素子，第13部 アナログ素子

JISハンドブック　電気計測 2023　日本規格協会編　日本規格協会　2023.1　2587p　21cm　20100円　Ⓣ978-4-542-18967-6　Ⓝ509.13
(目次) 基本，試験・測定，電気計器，電気測定器，工業計器，参考

JISハンドブック　電気安全 2024　日本規格協会編　日本規格協会　2024.7　2609p　21cm　16600円　Ⓣ978-4-542-19087-0　Ⓝ509.13
(目次) 一般，電線・ケーブル，配線器具，電気機械器具，電気応用機械器具，参考

◆電気設備（規格）

＜ハンドブック＞

公共住宅電気設備工事積算基準　令和5年度版　公共住宅事業者等連絡協議会編集，同協議会公共住宅建設工事積算専門委員会・積算基準改定分科会改定作業担当　創樹社　2024.9　164p　31cm　5500円　Ⓣ978-4-88351-159-4
(目次) 1編 総則，2編 数量，3編 単価，4編 電気設備工事内訳書標準書式，5編 参考資料

JISハンドブック　電気設備 2024-1-1　一般　日本規格協会編　日本規格協会　2024.1　1809p　21cm　16300円　Ⓣ978-4-542-19044-3　Ⓝ509.13
(目次) 一般，参考

JISハンドブック　電気設備 2024-1-2　電線・ケーブル/電線管・ダクト・附属品/蓄電池　日本規格協会編　日本規格協会　2024.1　1637p　21cm　16000円　Ⓣ978-4-542-19045-0　Ⓝ509.13
(目次) 電線・ケーブル，電線管・ダクト・附属品，蓄電池，参考

JISハンドブック　電気設備 2024-2-1　電気機械器具/貯蔵システム　日本規格協会編　日本規格協会　2024.1　1805p　21cm　13600円　Ⓣ978-4-542-19046-7　Ⓝ509.13
(目次) 電気機械器具，貯蔵システム，参考

JISハンドブック　電気設備 2024-2-2　低圧遮断器・配線器具　日本規格協会編　日本規格協会　2024.1　2481p　21cm　16900円　Ⓣ978-4-542-19047-4　Ⓝ509.13
(目次) 低圧遮断器・配線器具，参考

JISハンドブック　電気設備 2024-3　照明・関連器具　日本規格協会編　日本規格協会　2024.1　2862p　21cm　21000円　Ⓣ978-4-542-19048-1　Ⓝ509.13
(目次) 一般，口金・受金・ソケット，電球・ランプ・LED，安定器・制御装置，照明器具，関連機器・部材，参考

◆電気事業法

＜法令集＞

電気事業法関係法令集　23-24年版　オーム社編　オーム社　2022.11　885p　21cm　2700円　Ⓣ978-4-274-22968-8　Ⓝ540.91
(目次) 第1編 電気事業法令（電気事業法，電気事業法施行令，電気事業法施行規則，電気使用制限等規則，電気事業法の規定に基づく主任技術者の資格等に関する省令 ほか），第2編 内規・指針・通達（電気事業法施行規則第50条第2項の解釈適用にあたっての考え方（内規），主任技術者制度の解釈及び運用（内規），共同受電の場合における電気主任技術者の選任等に関する事務処理要領（内規），電気主任技術者制度に関するQ&A，電気事業法の規定に基づく主任技術者の資格等に関する省令第1条第1項に規定する教育施設に係る認定等の運用について（内規） ほか）
(内容) 本書は，自家用電気設備を維持・管理・運用する電気主任技術者や，その設計・施工に携わる電気設備工事技術者，さらには電力会社，メーカー等の電気関係者を対象に，必要とされる電気事業法と施行令，施行規則及び関係施行規則・告示などの法令と，その運用解釈が容易に理解できる内規・通達・指針等を収録したものです。技術者にとって読みやすい横組みで構成し，A5判のコンパクトなサイズに収録しています。「電気設備技術基準（省令）」をはじめ，「電気設備技術基準の解釈」「高圧受電設備規程」や「内線規程」などと同様，電気関係者必携の1冊です。

電気事業法令集　2021年度版　東洋法規出版　2021.9　1658p　22cm　〈索引あり〉　9500円　Ⓣ978-4-88600-709-4　Ⓝ540.91
(目次) 法律，政令，省令，省令・告示，関連通牒，参考法令
(内容) 電気事業法とそれに関連した，政令，省令，告示，関連通牒などを広範囲にわたって収

録した法令集。電気事業法及び関係省令などの大幅な改正や新たに公布された法律を踏まえた2021年度版。

◆電化住宅

＜ハンドブック＞

電化住宅のための機器ガイド　2011
200V・100Vビルトイン機器　「住まいと電化」編集委員会「電化住宅のための機器ガイド2011」編集委員会編　日本工業出版　2011.8　374p　30cm　〈『住まいと電化』別冊号〉　4000円　Ⓘ978-4-8190-2331-3

(目次) 巻頭言 節電から省エネへ、家庭における200V利用について、機器ガイド編（クッキングヒーター、電気オーブン、食器洗い乾燥機、全自動洗濯機、全自動洗濯乾燥機 ほか）、資料編

電化住宅のための電気給湯機マニュアル　2011　「電気給湯機マニュアル」編集委員会編　日本工業出版　2011.3　269p　28cm　〈2011のサブタイトル：電気給湯機大百科『住まいと電化』別冊号〉　3500円　Ⓘ978-4-8190-2328-3

(目次) 共通編（エコキュート・電気温水器）、エコキュート編、電気温水器編、リニューアル・リプレース、Q&A―電気給湯機「なんでもQ&A」、関連法規・基準、資料

発電

＜事典＞

スマートハウス＆スマートグリッド用語事典　インプレスR&Dインターネットメディア総合研究所編　インプレスジャパン　2012.2　303p　21cm　〈発売：インプレスコミュニケーションズ　索引あり　文献あり〉　3200円　Ⓘ978-4-8443-3150-6　Ⓝ543.1

(目次) 第1部 スマートハウス＆スマートグリッド用語の基礎（スマートグリッド（次世代電力網）の定義、スマートグリッドが必要とされる理由、スマートグリッドを理解するための3つの観点、マイクログリッドとスマートハウス、スマートグリッドの国際標準化活動の現状、日本のスマートグリッドの標準化組織、東日本大震災とその後の節電対策、スマートグリッドの構築でエネルギー構造の転換）、第2部 スマートハウス＆スマートグリッド用語集（アルファベット、日本語）、第3部 関連サイト集（スマートグリッド政策（国内、海外）、標準関連、スマートハウス、環境・エネルギー、資料）

(内容)「環境」「再生可能エネルギー」から「情報通信」までの重要用語を網羅。初心者にもわ

かりやすく、図表で解説。アルファベット、五十音順で掲載。再生可能エネルギーやICT、家電、自動車、住宅関連分野、および関連標準化機関までの用語も網羅。スマートハウス＆スマートグリッド関連の資料サイトを内容別に整理して掲載。

＜ハンドブック＞

火力・原子力発電所設備要覧　平成29年改訂版　火力原子力発電技術協会　2017.5　199p　31cm　15000円　Ⓝ543.4

(目次) 1 本要覧の記載要領、2 火力・原子力発電所設備一覧（発電所設備（分類1）、発電所設備（分類2））

環境発電ハンドブック　機能性材料・デバイス・標準化：IoT時代で加速する社会実装　第2版　鈴木雄二監修、秋永広幸［ほか］編集委員　エヌ・ティー・エス　2021.10　488,11p　図版14p　27cm　〈索引あり〉　52000円　Ⓘ978-4-86043-748-0　Ⓝ543

(内容) 環境発電の意義と、その基礎である振動発電、熱電発電、光発電の原理、無線電力伝送の原理を解説。環境発電のための材料技術、応用・実例、市場動向と展望・標準化についても詳説する。内容を大幅刷新した第2版。

発電所海水設備の汚損対策ハンドブック　火力原子力発電技術協会編　恒星社厚生閣　2014.10　356p　26cm　〈索引あり〉　7000円　Ⓘ978-4-7699-1483-9　Ⓝ526.54

(目次) 1章 発電所の海水設備、2章 海水、3章 海生生物、4章 発電所海水設備の運用と管理、5章 海生生物対策技術（防汚対策）、6章 対策の評価、7章 環境への配慮の考え方、8章 関係法令、9章 対策技術の実用事例と開発事例の紹介

＜年鑑・白書＞

スマートグリッド市場の実態と将来展望　2023　スマートエネルギーグループ編　日本エコノミックセンター　2022.11　200p　26cm　（市場予測・将来展望シリーズ　Smart-Grid編）　70000円　Ⓝ543.1093

スマートグリッド／スマートコミュニティ白書　2015年版　ストラテジック・リサーチ監修　ストラテジック・リサーチ　2015.6　859p　32cm　〈ルーズリーフ（バインダー製本）〉　149040円

(目次) スマートコミュニティ／スマート・グリッド 概説・概況、スマートメーター／スマートハウス 概説・概況、スマートコミュニティとスマートシティの統合、スマートグリッド／スマートハウス関連市場、スマートグリッド／スマート・メーターの政策調整と標準化、北米のスマート・

エネルギー問題　発電

グリッド/スマートハウス関連施策・産学官連携動向，欧州のスマート・グリッド/スマートハウス関連施策・産学官連携動向，アジア/新興国のスマート・グリッド/，日本のスマートハウス関連施策・産学官連携動向，スマートハウスに関する所管・団体別実証実験動向〔ほか〕
(内容) 国内外の公開資料・統計・ジャーナル資料等をもとに，スマートグリッド国際標準化団体の動向，市場動向，世界各地域のスマート・グリッド施策/産業イノベーション/企業参入動向/産学官連携/実証実験動向を網羅的に取り上げて分析した。また，スマート・メーター，エネルギー・マネジメント・システム(EMS)，HEMSなどスマートグリッド/スマートコミュニティ領域に直接関係する業界・技術・標準化動向に加え，マイクログリッド，リチウムイオン二次電池，電気自動車(EV)，次世代自動車など間接的に関係する業界や技術動向を加え，領域を横断して包括的に解説・分析した。

世界国別太陽光・風力発電長期需要予測 2013年版　未来予測研究所　2013.9　142p　29cm　47000円　①978-4-944021-77-2　Ⓝ543.8
(目次) 1 世界太陽光・風力発電の需要予測(原発事故の影響，世界のエネルギー資源価格の見通し，わが国の電力供給，世界の太陽光発電の展望，わが国の太陽光発電の展望，世界の風力発電の展望，国内の風力発電の展望，大型蓄電池の動向)，2 国別太陽光，風力発電の需要予測

世界国別太陽光・風力発電長期需要予測 2015年版　未来予測研究所　2015.5　137p　30cm　45000円　①978-4-944021-91-8　Ⓝ543.8
(目次) 1 世界太陽光・風力発電の需要予測(原子力発電の今後の見通し，世界のエネルギー資源価格の見通し，太陽光発電の展望，風力発電の市場規模，蓄電池の需要)，2 国別太陽光，風力発電の需要予測(各国の太陽光，風力発電の需要予測，予測データの考察，データ)

◆火力発電

＜辞典＞

火力発電用語事典　改訂6版　火力原子力発電技術協会　2024.8　379p　21cm　〈文献あり　索引あり　頒布：オーム社〉　4600円　①978-4-904781-03-6　Ⓝ543.4

＜ハンドブック＞

火力発電技術必携　火力原子力発電技術協会編　火力原子力発電技術協会　2016.3　671，12p　22cm　〈付属資料：1枚　「火力原子力発電必携」(平成19年刊)の改訂第8版〉　12000円　Ⓝ543.4

火力発電プラントにおける水質管理ハンドブック　火力原子力発電技術協会　2018.10　298p　27cm　〈年表あり　文献あり〉　10000円　Ⓝ543.4
(目次) 第1章 概説，第2章 ボイラ給水及び及びボイラ水処理(電力事業用)，第3章 ボイラ給水及びボイラ水処理(産業用)，第4章 水に起因するトラブル，第5章 海水漏えい時の処置，第6章 薬品注入と水質管理，第7章 補給水処理および復水処理，第8章 排水処理，第9章 ボイラ化学洗浄
(内容) 水質管理の歴史や学術的考察，最新鋭の技術を含み，発電事業用から産業用プラントをカバーした充実したハンドブック。

◆水力発電

＜ハンドブック＞

中小水力発電ガイドブック　新訂5版　新エネルギー財団水力地熱本部編集　新エネルギー財団　2023.3(10刷)　330p　27cm　7150円　Ⓝ543.3

◆◆ダム

＜事典＞

ダム大百科　国土を造る巨大構造物を見る・知る・楽しむ!　萩原雅紀監修　実業之日本社　2020.6　159p　21cm　〈文献あり　2017年刊の再編集〉　2000円　①978-4-408-33928-3　Ⓝ517.72
(目次) 第1章 ダムを知る(スペック別日本のダムBEST10，ダムの基礎知識，ダム管理と河川整備 ほか)，第2章 ダムを楽しむ(ダムの放流イベント・見学ツアーに参加する，ダム見学・観光の楽しみ方，ダムの達人・ダムマイスターになるには? ほか)，第3章 ダムをもっと知る(ダムと橋，ダムに眠る廃道＆廃線，ダムが生んだ道路＆鉄道 ほか)
(内容) 台風や豪雨で注目を浴びるダム。圧倒的に巨大なダムの役割と魅力。

＜ハンドブック＞

ダムカード大全集　宮島咲著　スモール出版　2013.4　142p　21cm　〈索引あり〉　1800円　①978-4-905158-06-6　Ⓝ517.72
(目次) 大雪ダム，忠別ダム，金山ダム，滝里ダム，桂沢ダム，漁川ダム，豊平峡ダム，定山渓ダム，岩尾内ダム，鹿ノ子ダム〔ほか〕

(内容) その全貌を一覧できると共に、ダムそのものや周辺施設などの見どころも解説。ダム巡りのガイドとしても最適な完全フルカラーカタログ。2011年11月までに発行された、すべてのダムカード全212枚+αを掲載。

ダムカード大全集 Ver.2.0 宮島咲著 スモール出版 2016.4 206p 21cm 〈他言語標題：DAM CARD COLLECTION 文献あり 索引あり〉 2200円 ⓘ978-4-905158-32-5 Ⓝ517.72

(目次) 北海道地方（北海道）、東北地方（青森県・岩手県・宮城県・秋田県・山形県・福島県）、関東地方（茨城県・栃木県・群馬県・埼玉県・千葉県・東京都・神奈川県）、北陸地方（新潟県・富山県・石川県・福井県）、中部地方（山梨県・長野県・岐阜県・静岡県・愛知県）、近畿地方（三重県・滋賀県・京都府・大阪府・兵庫県・奈良県・和歌山県）、中国地方（鳥取県・島根県・岡山県・広島県・山口県）、四国地方（徳島県・香川県・愛媛県・高知県）、九州地方（福岡県・佐賀県・長崎県・熊本県・大分県・宮崎県・鹿児島県・沖縄県）、統一デザイン以外のカード

(内容) 「ダムカード」522枚の全貌と詳細が一覧できるだけでなく、ダムの見どころも紹介。カードコレクションのカタログとして、そしてダム巡りのガイドブックとしても活用できる圧巻のフルカラー図鑑。国土交通省（発表）の「2015年10月ダムカード配布場所一覧」に掲載されている「ダムカード」全460枚と「統一デザイン以外のダムカード」全62枚を完全網羅。

<法令集>

ダムの管理例規集　令和3年版 水源地環境センター編集　水源地環境センター 2021.11 825p 21cm 〈発売：技報堂出版 付属資料：DVD-ROM（1枚 12cm）〉 12000円 ⓘ978-4-7655-1880-2 Ⓝ517.7

(目次) 第1編 ダム管理関係法令，第2編 操作規則等，第3編 ダム等の安全管理，第4編 ダム管理に関する報告，第5編 利水ダムの操作規程及びダムの管理主任技術者，第6編 ダム管理に関する事業，第7編 ダム管理一般，第8編 参考資料

(内容) ダムの管理に携わっている人に向けて、ダムの管理に関する通達等を取りまとめる。ダム管理関係法令、操作規則、ダム等の安全管理、ダム管理に関する事業など8編に分けて収録。参考資料等を収めたDVD-ROM付き。

<年鑑・白書>

ダム年鑑　2011 日本ダム協会 2011.3 1673,37p 27cm 〈索引あり〉 20000円 Ⓝ517.7

ダム年鑑　2012 日本ダム協会 2012.3 1674,34p 27cm 〈索引あり〉 20000円 Ⓝ517.7

ダム年鑑　2013 日本ダム協会 2013.2 1683,32p 27cm 〈索引あり〉 20000円 Ⓝ517.7

ダム年鑑　2014 日本ダム協会 2014.2 1695,35p 27cm 〈索引あり〉 20000円 Ⓝ517.7

ダム年鑑　2015 日本ダム協会 2015.2 1713,34p 27cm 〈索引あり〉 20000円 ⓘ978-4-930971-02-9 Ⓝ517.7

ダム年鑑　2016 日本ダム協会 2016.2 1717,34p 27cm 〈索引あり〉 20000円 ⓘ978-4-930971-03-6 Ⓝ517.7

ダム年鑑　2017 日本ダム協会 2017.2 1701,34p 27cm 〈索引あり〉 20000円 ⓘ978-4-930971-04-3 Ⓝ517.7

ダム年鑑　2018 日本ダム協会 2018.2 1625,33p 27cm 〈索引あり〉 20000円 ⓘ978-4-930971-05-0 Ⓝ517.7

ダム年鑑　2019 日本ダム協会 2019.2 1623,28p 27cm 〈索引あり〉 20000円 ⓘ978-4-930971-06-7 Ⓝ517.7

ダム年鑑　2021 日本ダム協会 2021.6 1641,31p 27cm 〈索引あり〉 20000円 ⓘ978-4-930971-07-4

ダム年鑑　2023 日本ダム協会 2023.5 1687,34p 27cm 〈索引あり〉 20000円 ⓘ978-4-930971-09-8

ダム年鑑　2024 日本ダム協会 2024.3 1673,33p 27cm 〈索引あり〉 20000円 ⓘ978-4-930971-10-4 Ⓝ517.7

(内容) 令和5年4月1日現在、完成・施工中および計画・調査中のダム（原則として高さ15m以上）を収録。また、湖沼開発、遊水池、河口堰、頭首工についても代表的な事業を併載する。

◆原子力発電

<書　誌>

原子力問題図書・雑誌記事全情報　2000-2011 日外アソシエーツ株式会社編　日外アソシエーツ 2011.10 641p 22cm 〈発売：紀伊国屋書店　年表あり 索引あり〉 23000円 ⓘ978-4-8169-2341-8 Ⓝ539.031

(内容) 2000（平成12）年から2011（平成23）年6月までに国内で刊行された原子力問題に関する図書3,057点、雑誌記事10,551点をテーマ別に分類。原子力政策、原発事故、核兵器、放射能汚

染など，平和利用，軍事利用の両面にわたり幅広く収録。便利な「事項名索引」「著者名索引」「原子力関連年表」付き。

原子力問題図書・雑誌記事全情報 2011-2020 日外アソシエーツ株式会社編集 日外アソシエーツ 2020.10 724p 21cm 〈年表あり 索引あり〉 23000円 ①978-4-8169-2850-5 Ⓝ539.031

(内容) 2011（平成23）年から2020（令和2）年までに国内で刊行された原子力問題に関する図書2,041点，雑誌記事14,258点をテーマ別に分類。原子力政策，原発事故，核兵器，放射能汚染など，平和利用・軍事利用の両面にわたり幅広く収録。便利な「事項名索引」「著者名索引」「原子力関連年表」付き。

「原発」文献事典 1951-2013 安斎育郎監修，文献情報研究会編著 日本図書センター 2014.5 438p 22cm 〈索引あり〉 12000円 ①978-4-284-10011-3 Ⓝ543.5

(内容) 原子力基本法が成立した1955年前後から2013年の間に刊行された，原子力発電に関連する文献約1800点を時系列で収録。文献情報で見る原発問題資料集。編集にあたっては，核利用という観点から多様な文献を選定・収録。原子力問題を多角的に検討し，判断するために役立つ文献事典となることを心がけた。全ての文献について，【内容】として部・章・節など主要目次を収録することで，書誌情報から，文献のおおよその内容や原発を巡る論点を把握できるようにした。巻末には50音順の「書名索引」と，編著者ごとに文献をまとめた「編著者名索引」を収録。

＜年 表＞

原子力総合年表 福島原発震災に至る道 原子力総合年表編集委員会編 すいれん舎 2014.7 877p 27cm 〈他言語標題：A General Chronology of Nuclear Power 索引あり〉 18000円 ①978-4-86369-247-3 Ⓝ539.09

(内容) 原子力関連の73の年表を「福島第一原発震災年表」「重要事項統合年表とテーマ別年表」「日本国内施設別年表」「世界テーマ別年表と世界各国年表」の4つの部に大別し，出典一覧・索引等の資料を付して収録する。

原発災害・避難年表 図表と年表で知る福島原発震災からの道 原発災害・避難年表編集委員会編 すいれん舎 2018.3 425p 27cm 〈索引あり〉 12000円 ①978-4-86369-532-0 Ⓝ369.36

(目次) 第1部 福島原発震災のもたらしたもの（事故の概要，被害の広がり，避難者たちはどう行動したか—個人避難年表，福島・チェルノブイリ事故の比較），第2部 日本と世界の原子力発電（日本の原子力発電所および関連施設，世界の原子力発電所）

(内容) 「個人避難」年表により避難の個別・具体的問題を描く。年表という形式での基礎的事実の提供，国内と世界各国の原子力発電の軌跡。福島とチェルノブイリの対比資料を多数掲載。原子力関係用語集を巻末に収録。事項，地名，人名索引を作成，付加。

詳説 福島原発・伊方原発年表 澤正宏編著 クロスカルチャー出版 2018.2 489p 27cm 〈文献あり〉 25000円 ①978-4-908823-32-9 Ⓝ543.5

(目次) 福島原発年表，2011年3月13日新聞記事，1967年6月18・28日，1969年5月17・22日新聞記事，伊方原発年表

(内容) 本書は，1940年（昭和15年）～2016年（平成28年）の福島原発と，1952年（昭和27年）～2016年（平成28年）の伊方原発に関する詳説年表である。

＜事 典＞

原子力・量子・核融合事典 普及版 原子力・量子・核融合事典編集委員会編 丸善出版 2017.11 6冊 27cm 〈他言語標題：Encyclopedia of Nuclear Engineering, Quantum Beam Science & Nuclear Fusion Science〉 ①978-4-621-30225-5 Ⓝ429.036

(目次) 第1分冊 原子核物理とプラズマ物理・核融合，第2分冊 原子炉工学と原子力発電，第3分冊 原子力化学と核燃料サイクル，第4分冊 量子ビームと放射線医療，第5分冊 東日本大震災と原子力発電所事故，第6分冊 総目次，総索引，分冊索引

(内容) プラズマ物理・核融合，放射線医療・加速器（量子ビーム），原子力工学など原子核関連の科学・技術を包括的にまとめた全6分冊の本格的事典。特に，第5分冊では「東日本大震災と原子力発電所事故」を扱い，地震・津波，事故の推移・分析から社会影響までを解説しています。

〈原爆〉を読む文化事典 川口隆行編著 青弓社 2017.9 388p 21cm 〈索引あり〉 3800円 ①978-4-7872-3423-0 Ⓝ319.8

(目次) 第1部 論争・事件史（「浦上燔祭説」の歴史と現在，慰霊碑碑文論争 ほか），第2部 表現と運動（朝鮮戦争反対運動，『原爆の図』と全国巡回展 ほか），第3部 語る/騙る（検閲と表現，外国人記者の被爆地ルポ ほか），第4部 イメージ再考（「広島」「長崎」以前，きのこ雲 ほか）

(内容) 多様な核のイメージや言説の全体像をとらえるために，70項目をピックアップして解説する。"原爆"から「戦後70年」を見通すだけでなく，「いま」と「これから」を考える有用な知の資源として活用できる，最新の知見と視点を

盛り込んだ充実の「読む事典」。

原発・放射能キーワード事典　野口邦和編　旬報社　2012.3　215p　21cm　2200円　Ⓣ978-4-8451-1228-9　Ⓝ543.5

(目次) 第1部「原発と放射能」基礎知識(原子力発電のしくみと原発事故、放射線と放射能の基礎知識、放射線の人体影響の基礎知識)、第2部「原発と放射能」キーワード

(内容) 原発をどうする？ 放射能の影響は？ 基礎知識(第1部)と320のキーワード(第2部)で、原発のしくみと危険性、放射線と放射能の基礎知識、放射線の身体への影響をトータルに理解できる初めての総合事典。

日本人のための「核」大事典　核兵器 核軍縮・不拡散 核政策・戦略など核に関する疑問に応える　日本安全保障戦略研究所編著、小川清史、高井晋、冨田稔、樋口譲次、矢野義明〔執筆〕　国書刊行会　2018.12　308p　22cm　〈文献あり〉　4200円　Ⓣ978-4-336-06323-6　Ⓝ319.8

(目次) 序章 恐怖の「第2次核時代」へ突入した世界、第1章 核時代を読み解くためのキーワード、第2章 米国の核政策・戦略と国際社会の核開発の動き、第3章 核をめぐる国際的取り組み、第4章 核拡散のメカニズムと「第2次核時代」―「恐怖の核時代」の再来、第5章 日本の核政策、第6章 日本を取り巻く核の脅威、第7章 英仏独の核戦略と核政策、第8章 日本の核政策・核戦略のあり方、終章 いかに核の危機を克服するか―「キューバ危機」から北朝鮮問題を考える、巻末参考資料

(内容) 究極の理想である「核兵器のない世界」実現への道筋はまったく見えてこない。核の脅威をどのように認識し、どう対処すべきなのか？ 本書は、「核」問題に詳しい研究者らにより、身近な事典として集大成したものである。核兵器の原理や仕組み、核兵器の開発・発達の経緯、地球上に拡散した核兵器の実態、主要国の核政策・戦略や核を巡る国際的な動き、そして日本への核脅威の実態と日本が取り得る核抑止のための選択肢など、幅広い内容をわかりやすく展開。

<辞典>

越日英原子力用語辞典　JINED越日英原子力用語辞典編纂委員会監修、国際原子力開発株式会社編　マネジメント社　2016.9　239p　21cm　1800円　Ⓣ978-4-8378-0477-2　Ⓝ539.033

(目次) 原子力用語辞典、付録：単位/組織、施設/元素の周期表

<ハンドブック>

原子力・核問題ハンドブック　和田長久、原水爆禁止日本国民会議編　七つ森書館　2011.8　267p　19cm　〈索引あり　『核問題ハンドブック』(2005年刊)の増補改訂、再編集〉　2200円　Ⓣ978-4-8228-1137-2　Ⓝ543.5

(目次) 第1部 原子力問題編(原子と原子力―基礎編、原子力の商業利用―原子力発電、原子力開発の犠牲)、第2部 核問題編(核兵器、世界の核拡散と核戦略、核軍縮へむけて)

(内容) 徹底的にこだわった1000を超える索引項目。より深く、より広く知るための確かな情報源。

原子力教育読本　21世紀の原子力・エネルギー問題とSTS教育　岡井康二〔著〕　(和泉)和泉出版印刷　2014.4　144p　30cm　〈文献あり〉　1000円　Ⓣ978-4-906840-04-5　Ⓝ501.6

原子力キーワードガイド　改訂版　原子力資料情報室　2017.4　16p　30cm　300円　Ⓣ978-4-906737-08-6

(目次) 原子核と核分裂、放射能・放射線、被曝、原子力発電、原子力発電所、核燃料サイクル、放射性廃棄物、核拡散・核セキュリティ、事故、地震、行政組織と法律、原子力発電所の建設・運転

原子力施設における建築物の耐震性能評価ガイドブック　日本建築学会編集　日本建築学会　2024.1　109p　30cm　〈他言語標題：AIJ Guidebook on Seismic Performance Evaluation of Structures in Nuclear Facilities　頒：丸善出版〉　2600円　Ⓣ978-4-8189-0677-8　Ⓝ539.9

(目次) 用語集、第1章 概要、第2章 耐震性能の評価手法、第3章 地震動、第4章 構造解析、第5章 限界状態と限界値の設定、第6章 耐震性能の評価

原子力ポケットブック　日本原子力文化振興財団　2013.3　65p　21cm　Ⓝ543.5

原子力ポケットブック　日本原子力文化振興財団　2014.3　68p　21cm　Ⓝ543.5

原子力ポケットブック　日本原子力文化財団　2015.2　74p　21cm　Ⓝ543.5

原子力ポケットブック　日本原子力文化財団　2016.2　74p　21cm　Ⓝ543.5

原子力ポケットブック　日本原子力文化財団　2017.2　74p　21cm　Ⓝ543.5

原子力ポケットブック　日本原子力文化財団　2018.2　76p　21cm　Ⓝ543.5

原子力ポケットブック　日本原子力文化財団

2019.2　76p　21cm　Ⓝ543.5

原子力ポケットブック　日本原子力文化財団
2020.2　76p　21cm　Ⓝ543.5

原子力ポケットブック　日本原子力文化財団
2021.2　76p　21cm　Ⓝ543.5

原子力ポケットブック　日本原子力文化財団
2022.2　77p　21cm　Ⓝ543.5

原子力ポケットブック　日本原子力文化財団
2023.3　77p　21cm　Ⓝ543.5

原子力ポケットブック　日本原子力文化財団
2024.2　77p　21cm　Ⓝ543.5

原子力ポケットブック　2011年版　電気新聞著　日本電気協会新聞部　2011.9　708p　19cm　6000円　①978-4-905217-05-3

原子力ポケットブック　2012年版　電気新聞編　日本電気協会新聞部　2012.8　17,760p　19cm　6000円　①978-4-905217-18-3　Ⓝ539.036

原子力ポケットブック　2013年版　電気新聞編　日本電気協会新聞部　2013.10　19,764p　19cm　6500円　①978-4-905217-28-2　Ⓝ539.036

原子力ポケットブック　2014年版　電気新聞編　日本電気協会新聞部　2014.10　19,782p　19cm　6500円　①978-4-905217-40-4　Ⓝ539.036

原子力ポケットブック　2015年版　電気新聞編　日本電気協会新聞部　2015.12　792p　19cm　6500円　①978-4-905217-51-0

(目次) 東京電力福島第一原子力発電所事故とその影響，安全確保と防災，原子力発電の見通しと立地地域との共生，軽水炉利用の充実と次世代炉開発，核燃料サイクルの技術開発，バックエンド対策，RI・放射線利用，原子力科学技術の多様な展開と基礎的な研究の強化，核不拡散体制の確立，国際協力の推進，原子力の研究，開発及び利用の推進基盤，我が国の原子力産業と人材確保，エネルギー・資源・環境と原子力，換算表・略語表等

(内容) 原子力産業界や関係者のみならず，原子力施設を抱える自治体や報道に関わる人々のためのデータブック。安全確保と防災，核燃料サイクルの技術開発，RI・放射線利用等，原子力開発利用をめぐる情報が満載。

原子力保全ハンドブック　日本保全学会編　ERC出版　2020.2　1042p　27cm　〈索引あり〉　30000円　①978-4-900622-65-4　Ⓝ543.5

(目次) 第1章 材料工学，第2章 構造力学，第3章 耐震工学，第4章 熱流動工学，第5章 設計工学，第6章 安全工学，第7章 保全工学，第8章 保全の数理，第9章 保全社会学，第10章 法体系

(内容) 原子力発電所（軽水炉）の保全に必要な工学の基本事項や保全の実務を，具体的事例とともにわかりやすく解説。原子力発電所のこれまでの検査制度の変革や，2020年4月から施行される新検査制度の特徴，海外の事例等も紹介。

原子炉水化学ハンドブック　改訂　日本原子力学会水化学部会編　コロナ社　2022.9　374p　26cm　〈索引あり〉　11000円　①978-4-339-06662-3　Ⓝ539.53

(目次) 1 基礎編（水化学の基礎，原子炉における水の役割，原子炉材料の基礎，核分裂生成物），2 応用編（原子力発電プラントの概要，PWR1次冷却系の水化学管理，PWR2次冷却系の水化学管理，BWR1次冷却系の水化学管理，その他の炉型での水化学管理，除染，福島第一原子力発電所事故後の水化学管理）

(内容) 日本および世界の原子炉水化学分野に関する知識と経験を網羅。基礎編では，関連する幅広い分野の基礎的事項を解説。応用編では，プラントの構成や機器の概要，水化学の考え方や手法などを取り上げる。改訂にあたり新章を追加。

原発「廃炉」地域ハンドブック　尾松亮編著，乾康代，今井照，大城聡著　東洋書店新社　2021.3　238p　19cm　〈発売：垣内出版〉　2300円　①978-4-7734-2041-8　Ⓝ539.2

(目次) 廃炉は地域の「自分ごと」，第1部 世界の廃炉地域で何が起きたか（アメリカの廃炉地域，その他世界の廃炉地域），第2部 日本の廃炉に備える（廃炉決定プロセスの現在地，廃炉時代の地域防災，日本でも進む廃炉の「不透明化」，「廃炉基本条例」の可能性），補論 事故原発に向き合う地域住民を守る制度

(内容) 原発立地の自治体，住民の方必読！ 原発廃炉は，地域の「自分ごと」。アメリカの事例では，税収の激減，雇用の喪失により，地域社会は危機に瀕し，廃炉作業中は事故リスクへの対応も迫られている。最後に，使用済核燃料を何十年にもわたって保管する，という，先の見えない難題も待ち受ける。何をすれば，原発廃炉の衝撃から地域を救えるのか，海外事例を紹介し，日本のための政策を提案する，はじめての書。

政府事故調 中間・最終報告書　東京電力福島原子力発電所における事故調査・検証委員会著　メディアランド　2012.10　2冊（セット）　26cm　〈発売：全国官報販売協同組合〉　5800円　①978-4-904208-27-4

(内容) 平成23年3月11日に起きた東京電力株式会社福島第一原子力発電所及び福島第二原子力発電所における事故の調査・検証報告書。平成23年12月26日の中間報告と，平成24年7月23日の最終報告を収録する。

中国原子力ハンドブック　2012　中国が変える世界の原子力　テピア総合研究所編　日本テピア　2012.12　564p　30cm　〈年表

中国原子力ハンドブック 2015 世界市場制覇に動き出した中国 テピア総合研究所編 日本テピア 2015.1 751p 30cm 〈年表あり〉 280000円 Ⓝ539.09
(目次)中国のエネルギー・環境の現状と見通し,中国の原子力発電・核燃料サイクルの現状,中国の原子力発電開発計画の現状と見通し,中国の新型炉の研究開発,中国の原子力発電産業,中国の原子力発電プロジェクトの設計・エンジニアリング・調達・建設管理,中国の原子力工学教育・研究炉,中国のエネルギー・原子力開発体制,中国の原子力安全規制と緊急時対応,中国の原子力関連法規〔ほか〕

東京電力福島第一原発事故とその後の推移 省庁等の取組:図説ハンドブック 平成29年度版 環境省大臣官房環境保健部放射線健康管理担当参事官室 2018.2 152p 21cm (放射線による健康影響等に関する統一的な基礎資料 下巻) 〈共同刊行:量子科学技術研究開発機構放射線医学総合研究所〉 Ⓝ519.21

はじめての原発ガイドブック 賛成・反対を考えるための9つの論点 改訂版 楠美順理著 創成社 2019.3 112p 26cm 〈索引あり〉 1500円 ①978-4-7944-7076-8 Ⓝ543.5
(目次)準備編(判断の枠組み,放射線と放射線についての基礎知識,被ばく影響についての基礎知識),本編(原発の是非の判断)
(内容)難しいけれども重要な「原発の是非」という問題に,市民一人ひとりが適切な判断をできるよう支援するためのワークブック。放射能や被ばく影響についての基礎知識,論点などをわかりやすくまとめる。コラムも掲載。

ハンドブック原発事故と放射能 山口幸夫著 岩波書店 2012.11 159,3p 18cm (岩波ジュニア新書 727) 〈文献あり〉 820円 ①978-4-00-500727-1 Ⓝ543.5

Handbook原発のいま 2019 原子力資料情報室編 原子力資料情報室 2019.1 45p 21cm 500円 ①978-4-906737-09-3
(目次)日本の原発マップ,泊,大間,東通,女川,福島第一,福島第二,柏崎刈羽,東海・東海第二,浜岡,志賀,敦賀,美浜,大飯,高浜,島根,伊方,玄海,川内,ふげん・もんじゅ,上関

Handbook原発のいま 2020 原子力資料情報室編 原子力資料情報室 2019.12 45p 21cm 500円 ①978-4-906737-10-9 Ⓝ543.5
(目次)泊,大間,東通,女川,福島第一,福島第二,柏崎刈羽,東海・東海第二,浜岡,志賀,敦賀,美浜,大飯,高浜,島根,伊方,玄海,川内,ふげん・もんじゅ,上関,特定重大事故等対処施設とは

福島「オルタナ伝承館」ガイド 除本理史,河北新報社編 東信堂 2024.9 64p 21cm 900円 ①978-4-7989-1924-9 Ⓝ369.31

<図鑑・図集>

カラー 世界の原発と核兵器図鑑 わかりやすい原子力技術の知識 ブルーノ・テルトレ著,小林定喜監訳,大林薫訳 西村書店東京出版編集部 2015.6 79p 27cm 〈文献あり 年表あり 原書名:ATLAS MONDIAL DU NUCLÉAIRE〉 2200円 ①978-4-89013-727-5 Ⓝ543.5
(目次)原子力テクノロジー(原子核反応―核分裂と核融合,核原料物質と核燃料サイクル,ウラン濃縮 ほか),民生利用の原子力(民生分野ではどんな原子力技術が活用されているのか?,発電用原子炉,世界の原子力発電 ほか),軍事利用の原子力(軍事に使われる原子力技術,核兵器のしくみとは?,核兵器の運搬手段 ほか),付録
(内容)原子力は"善"でも"悪"でもない。発電や軍事だけでなく医療や農産物加工まで,私たちの日常生活にも根づいている原子力技術について,元フランス国防省戦略問題局補佐官で核問題の専門家,ブルーノ・テルトレが解説する。

<カタログ・目録>

海外原子力発電所安全カタログ 脱炭素のための原子力規制改革 日本機械学会編,リスク低減のための最適な原子力安全規制に関する研究会著 ERC出版 2023.8 721p 27cm 18000円 ①978-4-900622-73-9 Ⓝ543.5
(目次)第1章 保守関連の規制と事業者の対応,第2章 保全最適化,第3章 プラント寿命延長,第4章 福島第一事故関連,第5章 その他(トラブル、CAP、廃炉措置、耐震設計、AP‐1000等),第6章 訪問施設概覧

3.11の記録 東日本大震災資料総覧 テレビ特集番組篇 原由美子,山田健太,野口武悟共編 日外アソシエーツ 2014.1 87,356p 22cm 〈発売:紀伊國屋書店〉 19000円 ①978-4-8169-2443-9 Ⓝ369.31
(目次)3.11の記録―東日本大震災資料総覧 テレビ特集番組篇,索引(放送日別索引,事項名索引)
(内容)東日本大震災及びその後に発生した福島第一原発事故をテーマに制作,放送されたテレビ番組2,873タイトルを収録。岩手、宮城、福島の地元民放局が放送した番組も併録。

3.11の記録　東日本大震災資料総覧　原発事故篇　「3.11の記録」刊行委員会編　日外アソシエーツ　2013.7　451p　22cm　〈索引あり　発売：紀伊国屋書店〉　19000円　Ⓘ978-4-8169-2424-8　Ⓝ369.31

〔目次〕福島第一原発事故(事故，事故対応，避難，賠償・訴訟，体験記 ほか)，原子力・核エネルギー(原力の動向，原子力発電，電力会社，地方自治体と原発，脱原発・反原発・廃炉 ほか)，写真集，児童書・絵本，視聴覚・電子資料，新聞記事(連載・特集)，索引

〔内容〕東日本大震災発生以降2013年3月までの2年間に発表・報じられた原発事故に関する図書のべ2,604冊，雑誌記事3,581点，新聞記事1,260点，視聴覚・電子資料285点を収録。写真集，児童書・絵本は別項目を立て紹介。

3.11の記録　東日本大震災資料総覧　震災篇　「3.11の記録」刊行委員会編　日外アソシエーツ　2013.7　560p　22cm　〈索引あり　発売：紀伊國屋書店〉　19000円　Ⓘ978-4-8169-2423-1　Ⓝ369.31

3.11の記録　東日本大震災資料総覧　2期 2013-2021　山田健太，野口武悟，大竹晶子，原由美子，大宅壮一文庫共編　日外アソシエーツ　2022.7　820p　22cm　〈索引あり〉　23000円　Ⓘ978-4-8169-2928-1　Ⓝ369.31

〔目次〕図書・雑誌記事，新聞記事(連載・特集)，テレビ特集番組，付録 震災伝承施設一覧

〔内容〕「東日本大震災資料総覧」シリーズ追補版。図書，雑誌，新聞，テレビ…マスメディアは"3.11"をどう報じ，どう記録してきたか。2013年から2021年までの間に発表・報じられた，東日本大震災および福島第一原発事故に関する図書2,753点，雑誌記事5,438点，新聞記事1,461点，テレビ特集番組1,950点を収録。

<年鑑・白書>

原子力施設運転管理年報　平成23年版(平成22年度実績)　原子力安全基盤機構企画部技術情報統括室編　大応　2012.11　703p　30cm　〈発売：全国官報販売協同組合〉　5810円　Ⓘ978-4-9904961-1-1　Ⓝ543.5

原子力施設運転管理年報　平成24年版(平成23年度実績)　原子力安全基盤機構編　大応　2012.11　722p　30cm　〈発売：全国官報販売協同組合〉　6477円　Ⓘ978-4-9904961-2-8

原子力施設運転管理年報　平成25年版(平成24年度実績)　原子力安全基盤機構編　PATECH企画　2013.12　516p　30cm　5524円　Ⓘ978-4-938788-91-9

〔目次〕第1編　発電炉・新型炉分野(原子力発電所一覧，原子力発電所の運転状況，原子力発電所の定期検査の状況，原子力発電所の保安検査の状況，原子力発電所の工事計画・燃料体設計の認可及び検査の状況，原子力発電所の運転計画，原子力発電所の運転管理の状況)，第2編　核燃料物質分野(製錬，加工，貯蔵，再処理及び廃棄施設一覧，製錬，加工，貯蔵，再処理及び廃棄施設の稼動状況等並びに核燃料物質等の運搬確認実績，加工，貯蔵，再処理及び廃棄施設の施設定期検査の状況，製錬，加工，貯蔵，再処理及び廃棄施設の保安検査の状況，加工，貯蔵，再処理及び廃棄施設の設計・工事の方法の認可)，第3編　事故故障等(事故故障等の状況，事故・トラブルの評価状況)，第4編　放射線管理，第5編　安全規制行政

〔内容〕原子力施設の安全規制行政の概要並びに発電用原子炉施設，研究開発段階発電用原子炉施設，加工施設，再処理施設，廃棄施設等に関する平成24年度の運転状況，定期検査や保安検査の状況などの諸データを中心に収録する。

原子力市民年鑑　2011-12　原子力資料情報室編　七つ森書館　2012.3　352p　21cm　4500円　Ⓘ978-4-8228-1248-5

〔目次〕巻頭論文(福島第一原発事故の意味するもの 西尾漠，福島第一原発事故はどう起こったか—あらゆることが未解明 上沢千尋，福島第一原発事故による放射性物質の放出・拡散と陸上部分の汚染の広がり状況について 沢井正子，福島第一原発事故収束に向けての緊急作業に取り組む労働者の被曝 渡辺美紀子 ほか)，第1部 データで見る日本の原発―サイト別(計画地点について，運転・建設中地点について)，第2部 データで見る原発をとりまく状況―テーマ別(プルトニウム，核燃料サイクル，廃棄物，事故，地震，被曝・放射能 ほか)

原子力市民年鑑　2013　原子力資料情報室編　七つ森書館　2013.8　362p　21cm　4500円　Ⓘ978-4-8228-1378-9

〔目次〕第1部 データで見る日本の原発 サイト別，第2部 データで見る原発をとりまく状況 テーマ別(プルトニウム，核燃料サイクル，廃棄物，事故，地震，被曝・放射能，核，世界の原発，アジアの原発，原子力行政，原子力産業，輸送，温暖化，エネルギー，その他)

原子力市民年鑑　2014　原子力資料情報室編　七つ森書館　2014.12　383p　21cm　4500円　Ⓘ978-4-8228-1419-9

〔目次〕第1部 データで見る日本の原発 サイト別(計画地点，運転・建設中地点)，第2部 データで見る原発をとりまく状況 テーマ別(プルトニウム，核燃料サイクル，廃棄物，事故，福島第一原発，地震，被曝・放射能，核兵器，世界の原発，アジアの原発，原子力行政，原子力産業，輸送，エネルギー，その他)

原子力市民年鑑　2015　原子力資料情報室編　七つ森書館　2015.8　385p　21cm

4500円　Ⓘ978-4-8228-1540-0

(目次) 巻頭論文, 第1部 データで見る日本の原発 サイト別 (計画地点, 運転・建設中地点), 第2部 データで見る原発をとりまく状況 テーマ別 (プルトニウム, 核燃料サイクル, 廃棄物, 事故, 福島第一原発事故, 被爆・放射能, 核兵器, 世界の原発, アジアの原発, 原子力行政, 原子力産業, 輸送, エネルギー, その他)

原子力市民年鑑 2016-17　原子力資料情報室編　七つ森書館　2017.3　419p　21cm　4500円　Ⓘ978-4-8228-1769-5

(目次) 巻頭論文 (福島第一原発事故6年, ついに「もんじゅ」廃炉―「もんじゅ」に関する市民検討委員会提言書とこの間の動き, 裁かれる原発―原発をめぐる裁判の現状と課題 ほか), 第1部 データで見る日本の原発 サイト別 (日本の原子力発電所一覧, 原発おことわりマップ, BWR (沸騰水型軽水炉) の概念図 ほか), 第2部 データで見る原発をとりまく状況 テーマ別 (プルトニウム, 核燃料サイクル, 廃棄物 ほか)

原子力市民年鑑 2018-20　原子力資料情報室編　緑風出版　2020.3　331p　21cm　4300円　Ⓘ978-4-8461-2004-7

(目次) 第1部 データで見る日本の原発 サイト別 (計画地点, 運転・建設中地点), 第2部 データで見る原発をとりまく状況 テーマ別 (プルトニウム, 核燃料サイクル, 廃棄物, 事故, 福島第一原発事故, 地震, 被爆・放射能, 核兵器・核物質防護, 世界の原発, 原子力行政, 原子力産業, 輸送, エネルギー, その他)

(内容) 原子力をめぐる状況を市民の目線で解説。圧巻は, 原発ごとに, また, 核燃料サイクルや事故, 放射能, 産業などのテーマごとに満載の図表。必携のデータブック。

原子力市民年鑑 2023　原子力資料情報室編　緑風出版　2023.5　305p　21cm　4500円　Ⓘ978-4-8461-2304-8

(目次) 第1部 データで見る日本の原発 サイト別 (計画地点, 運転・建設中地点), 第2部 データで見る原発をとりまく状況 テーマ別 (プルトニウム, 核燃料サイクル, 廃棄物, 事故, 福島第一原発事故, 地震, 被曝・放射能, 核兵器・核物質防護, 世界の原発, 原子力行政, 原子力産業, 輸送, エネルギー, その他)

(内容) 原子力をめぐる状況を市民の目線で解説。圧巻は, 原発ごとに, また, 核燃料サイクルや事故, 放射能, 産業などのテーマごとに満載の図表。必携のデータブック。

原子力年鑑 2012　日本原子力産業協会監修　日刊工業新聞社　2011.10　486p　26cm　15000円　Ⓘ978-4-526-06763-1

(目次) 1 潮流―内外の原子力動向 (新成長戦略"主役"へのシナリオ (2010年8月～2011年3月10日), エネ政策に激震―「減原発」への工程表 (2011年3月11日～7月)), 2 原子力発電をめぐる動向 (福島原子力発電所の事故とその対応, 原子力施設における従事者の放射線管理と登録制度, 放射線の健康管理, 顕在化した原子力損害賠償の課題, 原子力施設における耐震安全問題), 3 放射性廃棄物対策と廃止措置 (わが国の放射性廃棄物対策の状況, 地層処分事業等の国際的な動向, 地層処分事業等の国内の動向, 放射線廃棄物等安全条約の現状), 4 各国・地域の原子力動向 (フクシマで揺れた世界の原子力開発, アジア, 中東, オセアニア, 南北米大陸, 欧州, ロシア・中東諸国, アフリカ), 5 原子力界―この一年

(内容) チェルノブイリ事故と同じ最悪の「レベル7」と評価された福島原発事故。この事故で各国は、多様な対応を示す。脱原子力に舵を切った国もあれば、引き続き原子力開発を堅持する国、そして初の原子炉導入へ向け、積極姿勢を示す新興国など。本年鑑では、各国の状況について、斯界の専門家が複眼的分析力で事故の実相に迫る。

原子力年鑑 2013　日本原子力産業協会監修, 原子力年鑑編集委員会編　日刊工業新聞社　2012.11　483p　26cm　15000円　Ⓘ978-4-526-06967-3

(目次) 1 潮流―内外の原子力動向 (潮流・国内編 日本として原子力技術を失っていいのか, 潮流・海外編 原子力への回避と回帰―まだら模様の世界の原子力), 2 原子力発電をめぐる動向 (福島第一原子力発電所―現状と今後の見通し, 原子力被災地の復興 ほか), 3 放射性廃棄物対策と廃止措置 (わが国の放射性廃棄物対策の状況, 地層処分事業等の国際的な動向 ほか), 4 各国・地域の原子力動向 (世界の原子力発電は着実に拡大, アジア ほか), 原子力年表 (1895～2012年) 日本と世界の出来事

(内容) 野田政権が打ち出した「2030年代・原発稼働ゼロ」を目指す原子力政策。一方で核燃料サイクルの維持や建設中原子炉の容認など, 矛盾を内包したまま再スタートした日本の原子力。海外に目を転じれば新興国を中核に加速化する原発導入への奔流。激動する日本と世界の動きを斯界の専門家がその実態を炙り出す。

原子力年鑑 2014　日本原子力産業協会監修　日刊工業新聞社　2013.10　483p　26cm　15000円　Ⓘ978-4-526-07142-3

(目次) 1 潮流―内外の原子力動向 (国内編・再構築されるエネルギー政策―原子力発電の復権なるか, 海外編・世界が注目, フクシマのその後 シェールガス登場で新局面のエネルギー情勢), 2 福島を契機とした原子力発電をめぐる動向 (東京電力福島第一原子力発電所―現状と今後の見通し, 原子力被災地の復興 (除染/被災者の状況/市町村の状況/中間貯蔵問題/放射線の取り扱い問題) ほか), 3 放射性廃棄物対策と廃止措置 (わが国の放射性廃棄物対策の状況, 地層処分事業等の国際的な動向 ほか), 4 各国・地域の原子力動向 (アジア, 中東 ほか), 原子力年表 (1895～2013年) 日本と世界の出来事

(内容) 相次ぐシェールガスの生産と再生エネルギー開発の実用化で、世界は今、エネルギー地政学の見直しを迫られている。その一方でフクシマ事故による汚染水の拡大などによって逆風にさらされている原子力発電開発。そして、新興国を中心に牽引される原子力導入への動き。斯界の専門家が複雑に絡み合う原子力問題の本質を解きほぐす。

原子力年鑑　2015　「原子力年鑑」編集委員会編　日刊工業新聞社　2014.10　431p　26cm　15000円　Ⓘ978-4-526-07304-5
(目次) 1 潮流―内外の原子力動向, 2 福島を契機とした原子力発電をめぐる動き, 3 放射性廃棄物対策と廃止措置, 4 将来に向けた原子力技術の展開, 5 各国・地域の原子力動向, 原子力年表(1895～2014年)日本と世界の出来事

原子力年鑑　2016　「原子力年鑑」編集委員会編　日刊工業新聞社　2015.10　415p　26cm　15000円　Ⓘ978-4-526-07466-0
(内容) 激動の原子力界の動きを、第一線の専門家が明快に解きほぐす原子力総合年鑑。2014年9月以降の1年間の原子力国内外動向をまとめるほか、放射性廃棄物対策と廃止措置などを解説。原子力年表、略語一覧も収録。

原子力年鑑　2017　「原子力年鑑」編集委員会編　日刊工業新聞社　2016.10　461p　26cm　15000円　Ⓘ978-4-526-07610-7
(目次) 1 潮流―内外の原子力動向, 2 福島を契機とした原子力発電をめぐる動き, 3 放射性廃棄物対策と廃止措置, 4 将来に向けた原子力技術の展開, 5 原子力教育・人材育成, 6 放射線利用, 7 各国・地域の原子力動向, 原子力年表(2000年～2016年)日本と世界の出来事, 略語一覧

原子力年鑑　2018　「原子力年鑑」編集委員会編　日刊工業新聞社　2017.10　479p　27×19cm　15000円　Ⓘ978-4-526-07752-4
(目次) 1 潮流―内外の原子力動向, 2 将来に向けた原子力技術の展開, 3 福島を契機とした原子力発電をめぐる動向, 4 放射性廃棄物対策, 5 原子力教育・人材育成, 6 放射線利用, 7 各国・地域の原子力動向, 原子力年表・2000～2017年―日本と世界の出来事, 原子力関連略語一覧

原子力年鑑　2019　「原子力年鑑」編集委員会編　日刊工業新聞社　2018.10　477p　26cm　15000円　Ⓘ978-4-526-07884-2
(目次) 1 潮流―内外の原子力動向, 2 将来に向けた原子力技術の展開, 3 福島を契機とした原子力発電をめぐる動向, 4 核燃料サイクルの状況, 5 原子力教育・人材育成, 6 放射線利用, 7 各国・地域の原子力動向

原子力年鑑　2020　「原子力年鑑」編集委員会編　日刊工業新聞社　2019.10　503p　26cm　15000円　Ⓘ978-4-526-08013-5
(目次) 1 潮流―内外の原子力動向, 2 将来に向けた原子力技術の展開, 3 福島を契機とした原子力発電をめぐる動向, 4 核燃料サイクルの状況, 5 原子力教育・人材育成, 6 放射線利用, 7 各国・地域の原子力動向, 原子力年表(2006年～2019年)日本と世界の出来事, 略語一覧

原子力年鑑　2021　「原子力年鑑」編集委員会編　日刊工業新聞社　2020.10　503p　26cm　16000円　Ⓘ978-4-526-08088-3
(目次) 1 潮流―内外の原子力動向, 2 将来に向けた原子力技術の展開, 3 福島を契機とした原子力発電をめぐる動向, 4 核燃料サイクルの状況, 5 原子力教育・人材育成, 6 放射線利用, 7 各国・地域の原子力動向
(内容) 激動の原子力界の動きを、第一線の専門家が明快に解きほぐす原子力総合年鑑。2019年7月以降の1年間の原子力国内外動向をまとめるほか、将来に向けた原子力技術の展開などを解説。原子力年表、略語一覧も収録。

原子力年鑑　2022　「原子力年鑑」編集委員会編　日刊工業新聞社　2021.10　499p　27cm　〈原子力年表：p409～446　索引あり〉　17000円　Ⓘ978-4-526-08160-6
(内容) 激動の原子力界の動きを、第一線の専門家が明快に解きほぐす原子力総合年鑑。2020年7月以降の1年間の原子力国内外動向をまとめるほか、将来に向けた原子力技術の展開を解説。原子力年表、略語一覧も収録。

原子力年鑑　2023　「原子力年鑑」編集委員会編　日刊工業新聞社　2022.10　493p　26cm　17000円　Ⓘ978-4-526-08231-3
(目次) 1 潮流―内外の原子力動向, 2 将来に向けた原子力技術の展開, 3 福島第一事故を契機とした原子力発電をめぐる動向, 4 核燃料サイクルの状況, 5 原子力教育・人材育成, 6 放射線利用, 7 各国・地域の原子力動向
(内容) 激動の原子力界の動きを、第一線の専門家が明快に解きほぐす原子力総合年鑑。2021年7月以降の1年間の原子力国内外動向をまとめるほか、将来に向けた原子力技術の展開、核燃料サイクルの状況などを解説。原子力年表付き。

原子力年鑑　2024　「原子力年鑑」編集委員会編　日刊工業新聞社　2023.10　487p　27cm　19000円　Ⓘ978-4-526-08296-2
(目次) 1 潮流―内外の原子力動向, 2 将来に向けた原子力技術の展開, 3 福島第一事故を契機とした原子力発電をめぐる動向, 4 核燃料サイクルの状況, 5 原子力教育・人材育成, 6 放射線利用, 7 各国・地域の原子力動向

原子力年鑑　2025　「原子力年鑑」編集委員会編　日刊工業新聞社　2024.10　483p　26cm　19000円　Ⓘ978-4-526-08352-5
(目次) 1 潮流―内外の原子力動向, 2 将来に向

けた原子力技術の展開、3 福島第一事故を契機とした原子力発電をめぐる動向、4 核燃料サイクルの状況、5 原子力教育・人材育成、6 放射線利用、7 各国・地域の原子力動向

〈内容〉原子力年表（2011年〜2024年）日本と世界の出来事。原子力関連略語一覧。

原子力白書　平成28年版　原子力委員会編

ミツバ綜合印刷　2017.12　322p　30cm　2900円　①978-4-9904239-2-6

〈目次〉本編（東電福島第一原発事故への対応と復興・再生の取組、原子力利用に関する基盤的活動、原子力のエネルギー・放射線利用、原子力の研究開発、国際的取組）、資料編（我が国の原子力行政体制、原子力委員会、原子力委員会決定等、2016年度〜2017年度原子力関係経費、我が国の原子力発電及びそれを取り巻く状況 ほか）

原子力白書　平成29年度版　原子力委員会編　シンソー印刷　2018.12　368p　30cm　3200円　①978-4-9905130-6-1

〈目次〉特集 原子力分野におけるコミュニケーション—ステークホルダー・インボルブメント、第1章 福島の着実な復興・再生と教訓を真摯に受け止めた不断の安全性向上、第2章 地球温暖化問題や国民生活・経済への影響を踏まえた原子力のエネルギー利用の在り方、第3章 国際潮流を踏まえた国内外での取組、第4章 平和利用と核不拡散・核セキュリティの確保、第5章 原子力利用の前提となる国民からの信頼回復、第6章 廃止措置及び放射性廃棄物への対応、第7章 放射線・放射性同位元素の利用の展開、第8章 原子力利用の基盤強化、資料編

原子力白書　平成30年度版　原子力委員会編　シンソー印刷　2019.10　410p　30cm　3200円　①978-4-9905130-7-8

〈目次〉特集 原子力施設の廃止措置とマネジメント—海外諸国の状況及び経験を中心に、第1章 福島の着実な復興・再生と教訓を真摯に受け止めた不断の安全性向上、第2章 地球温暖化問題や国民生活・経済への影響を踏まえた原子力のエネルギー利用の在り方、第3章 国際潮流を踏まえた国内外での取組、第4章 平和利用と核不拡散・核セキュリティの確保、第5章 原子力利用の前提となる国民からの信頼回復、第6章 廃止措置及び放射性廃棄物への対応、第7章 放射線・放射性同位元素の利用の展開、第8章 原子力利用の基盤強化、資料編

原子力白書　令和元年度版　原子力委員会編　シンソー印刷　2020.10　423p　30cm　3200円　①978-4-9905130-8-5

〈目次〉第1章 福島の着実な復興・再生と教訓を真摯に受け止めた不断の安全性向上、第2章 地球温暖化問題や国民生活・経済への影響を踏まえた原子力のエネルギー利用の在り方、第3章 国際潮流を踏まえた国内外での取組、第4章 平和利用と核不拡散・核セキュリティの確保、第5章 原子力利用の前提となる国民からの信頼回復、第6章 廃止措置及び放射性廃棄物への対応、第7章 放射線・放射性同位元素の利用の展開、第8章 原子力利用の基盤強化、資料編

〈内容〉日本の原子力に関する現状及び国の取組等についてまとめた白書。原子力分野を担う人材育成について、国内外の取組などを特集した「本編」、原子力委員会決定等を収録した「資料編」の2部構成。

原子力白書　令和2年度版　原子力委員会編　シンソー印刷　2021.9　294p　30cm　2400円　①978-4-9911881-0-7

〈目次〉東京電力株式会社福島第一原子力発電所事故から10年を迎えて、第1章 福島の着実な復興・再生と教訓を真摯に受け止めた不断の安全性向上、第2章 地球温暖化問題や国民生活・経済への影響を踏まえた原子力のエネルギー利用の在り方、第3章 国際潮流を踏まえた国内外での取組、第4章 平和利用と核不拡散・核セキュリティの確保、第5章 原子力利用の前提となる国民からの信頼回復、第6章 廃止措置及び放射性廃棄物への対応、第7章 放射線・放射性同位元素の利用の展開、第8章 原子力利用の基盤強化

〈内容〉日本の原子力に関する現状及び国の取組等についてまとめた白書。東電福島第一原発事故の検証と教訓、福島の復興・再生の取組などを特集した「本編」、原子力委員会決定等を収録した「資料編」の2部構成。

原子力白書　令和3年度版　原子力委員会編　シンソー印刷　2022.9　296p　30cm　2600円　①978-4-9911881-2-1

〈目次〉特集 2050年カーボンニュートラル及び経済成長の実現に向けた原子力利用、第1章 福島の着実な復興・再生と教訓を真摯に受け止めた不断の安全性向上、第2章 地球温暖化問題や国民生活・経済への影響を踏まえた原子力のエネルギー利用の在り方、第3章 国際潮流を踏まえた国内外での取組、第4章 平和利用と核不拡散・核セキュリティの確保、第5章 原子力利用の前提となる国民からの信頼回復、第6章 廃止措置及び放射性廃棄物への対応、第7章 放射線・放射性同位元素の利用の展開、第8章 原子力利用の基盤強化、資料編、用語集

〈内容〉日本の原子力に関する現状及び国の取組等についてまとめた白書。2050年カーボンニュートラル及び経済成長の実現に向けた原子力利用などを特集した「本編」、原子力委員会決定等を収録した「資料編」の2部構成。

原子力白書　令和4年度版　原子力委員会編集　シンソー印刷　2023.10　406p　30cm　3300円　①978-4-9911881-3-8

〈目次〉本編（特集 原子力に関する研究開発・イノベーションの動向、「安全神話」から決別し、東電福島第一原発事故の反省と教訓を学ぶ、エネルギー安定供給やカーボンニュートラルに資

する安全な原子力エネルギー利用，国際潮流を踏まえた国内外での取組，国際協力の下での原子力の平和利用と核不拡散・核セキュリティの確保，原子力利用の大前提となる国民からの信頼回復，廃止措置及び放射性廃棄物への対応，放射線・放射性同位元素の利用の展開，原子力利用に向けたイノベーションの創出，原子力利用の基盤となる人材育成の強化），資料編（我が国の原子力行政体制，原子力委員会，原子力委員会決定等，2021年度～2023年度原子力関係経費，我が国の原子力発電及びそれを取り巻く状況，世界の原子力発電の状況，特集：「原子力に関する研究開発・イノベーションの動向」の参考資料，放射線被ばくの早見図）

被曝社会年報　2012 01（2012-2013）
現代理論研究会編　新評論　2013.2　229p　21cm　〈他言語標題：Annual Report on Radioactive Society〉　2000円　Ⓘ978-4-7948-0934-6　Ⓝ539.99

⦗目次⦘巻頭随筆　あの日わたしは，―11/03/2011，受忍・否認・錯覚―閾値仮説のなにが問題か，プロメテウスの末裔―放射線という名の本源的蓄積と失楽園の史的記憶，民衆科学詩―暗闇から毒を押し返す，いつ，いかなる場所でも，いかなる人による，いかなる核物質の「受け入れ」も拒否する―「新自由主義的被曝」と「反ネオリベ的ゼロベクレル派の責務」に関する試論，主婦は防衛する―暮らし・子ども・自然，仏教アナキズムの詩学――遍上人の踊り念仏論なぜならコミュニズムあるがゆえに，核汚染のコミュニズム

⦗内容⦘"「放射能の安全神話」を支えるイデオロギーとはなにか？""「主婦」は，何を，何のために，どうして，守っているのか？""「放射能拡散後」の思考をときはなつ．

＜統計集＞

原子力科学研究所気象統計　2006年―2020年　樫村佳汰，正路卓也，二川和郎，川崎将亜［著］　［東海村（茨城県）］日本原子力研究開発機構　2022.3　4,218p　30cm　（JAEA-data/code 2021-20）

原子力科学研究所気象統計　2017年―2021年　二川和郎，樫村佳汰，佐藤大樹，川崎将亜［著］　［東海村（茨城県）］日本原子力研究開発機構　2023.3　4,75p　30cm（JAEA-data/code 2022-11）

◆◆原子力政策

＜ハンドブック＞

保障措置ハンドブック　核物質管理センター事業運営部門事業推進部編　核物質管理センター　2017.9　327p　30cm　7500円　Ⓝ539.092

⦗内容⦘核物質管理に関する実務に役立てていただけるよう，核不拡散および保障措置の概要，並びに保障措置関連の国際約束および国内法の概要（2017年の国内法改正を反映）を取りまとめたハンドブックです．本ハンドブックの主な内容は，核不拡散条約（NPT）や原子力関連の機微な設備の供給ガイドラインの概要，日本に適用される二国間原子力協力協定やNPTに基づく保障措置の概要，国内の保障措置関連の報告手続きや査察の概要などを解説したものです．また，保障措置に関連する国際条約をはじめ，国際協定，国内法等の条文，付録（保障措置関連の年表，略語集および簡単な用語集）を収録しています．

＜法令集＞

原子力規制委員会主要内規集　改訂版　大成出版社企画編集部編　大成出版社　2021.4　2冊（セット）　21cm　11500円　Ⓘ978-4-8028-3433-9

⦗内容⦘原子力規制委員会主要内規集1（核原料物質，核燃料物質及び原子炉の規制に関する法律関連，実用発電用原子炉に関するもの），原子力規制委員会主要内規集2（研究開発段階炉に関するもの，試験炉等に関するもの，加工及び再処理事業に関するもの，貯蔵事業に関するもの，廃棄事業に関するもの，核燃料物質使用許可申請等に関するもの，運搬に関するもの，クリアランスに関するもの，廃止措置段階施設に関するもの，モニタリングに関するもの，原子力規制検査に関するもの，その他）

原子力規制関係法令集　2022年　原子力規制関係法令研究会編著　大成出版社　2022.12　2冊（セット）　21cm　13000円　Ⓘ978-4-8028-3486-5

⦗目次⦘1（第1編 基本的法令，第2編 核原料物質、核燃料物質及び原子炉の規制），2（第3編 放射性同位元素等に関する規制，第4編 防災対策，第5編 関係法令）

⦗内容⦘原子力規制関係の法律24件，政令26件，府令等（省令，規則，告示等を含む）149件を収録．内容は令和4年10月31日現在．

原子力実務六法　2017年版　エネルギーフォーラム編　エネルギーフォーラム　2017.1　2942p　19cm　〈索引あり〉　16000円　Ⓘ978-4-88555-476-6　Ⓝ539.0912

⦗目次⦘第1編 組織（原子力委員会設置法，国立研究開発法人日本原子力研究開発機構法 ほか），第2編 原子力（原子力基本法，核原料物質，核燃料物質及び原子炉の規制に関する法律 ほか），第3編 電気事業（電気事業法），第4編 防災対策等（災害対策基本法，原子力災害対策特別措置法），第5編 条約（原子力事故の早期通報に関す

放射性物質等の輸送法令集　2021年版　日本原子力産業協会編集　日本原子力産業協会　2021.5　416p　30cm　Ⓝ539.0912

⦅目次⦆1 核燃料物質等の運搬（陸上輸送―工場又は事業所の内、外、海上輸送、航空輸送）、2 放射性同位元素等の運搬（陸上輸送―工場又は事業所の内、外、海上輸送、航空輸送）、3 放射性医薬品の運搬、4 関係法令等、5 定義

⦅内容⦆2015年版以降の法令等の改正を反映。

◆◆放射線防護

＜ハンドブック＞

いまからできる放射線対策ハンドブック　日常生活と食事のアドバイス　香川靖雄、菊地透著　女子栄養大学出版部　2012.10　159p　19cm　1100円　Ⓘ978-4-7895-5438-1　Ⓝ498.4

⦅目次⦆第1章 あらためて学ぶ正しい放射線知識（福島の原発事故ではいったい何が起きたのか？、自然界に存在する放射性物質から外部被曝も内部被曝も受けている、放射線をあらわす単位ベクレル、シーベルトって？　ほか）、第2章 放射線の害を避ける生活と食事の知恵（原発事故の放射線でがんになるのか、ならないのか？、放射線を受けると細胞に何が起きるのか？、きちんと栄養をとればDNAの損傷は修復されるほか）、第3章 正しい放射線対策のためのQ&A（栄養士をしています。保育園の保護者から、海外の食品中の放射線量の規制値と比べて、今年度から食品の基準値が100ベクレルに　ほか）

⦅内容⦆子どもたちの明るい未来のためにいま、私たちができることを提言します。

解説・放射性物質汚染対処特別措置法　日本環境衛生センター編著　（川崎）日本環境衛生センター　2012.9　61,111p　21cm　1500円　Ⓘ978-4-88893-125-0　Ⓝ539.69

核物質防護ハンドブック　2020年度版　核物質管理センター事業運営本部事業推進部編集　核物質管理センター　2020.12　1冊　30cm　〈年表あり〉　7500円　Ⓝ539.091

原発事故と子どもたち　放射能対策ハンドブック　黒部信一著　三一書房　2012.2　166p　19cm　1300円　Ⓘ978-4-380-11003-0　Ⓝ493.195

⦅目次⦆第1章 放射能と向き合う親たち―子ども健康相談の現場から、第2章 放射性物質の恐ろしさ―親たちが知っておくべき基礎知識、第3章 親ができること―家庭での自衛策、第4章 原発の今後を考える―子どもたちの未来のために

⦅内容⦆福島の人びとと、ともに考え、ともに闘う小児科医のアドバイス。

国際規制物資使用手続の手引　第14版　（東海村（茨城県））核物質管理センター情報管理部情報整理課　2022.5　56p　30cm　4400円　Ⓝ539.4

知ってるつもりの放射線読本　放射線の基礎知識から福島第一原発事故による放射線影響、単位Svの理解まで　福本学編著、茨木保マンガ・イラスト　三輪書店　2023.4　376p　26cm　〈年表あり　索引あり〉　5200円　Ⓘ978-4-89590-777-4　Ⓝ493.195

⦅目次⦆第1部 放射線の生物影響についての概論（放射線とは何か、放射線防護の歴史としてのICRP、そしてSvの功罪、放射線による人体影響のメカニズム）、第2部 福島第一原発事故『被災動物プロジェクト』（福島第一原発事故被災動物の包括的な線量評価事業（『被災動物プロジェクト』）、長期低線量被ばくの線量評価と生物影響―『被災動物プロジェクト』から、放射線の規制に関わるいろいろな数字、その由来と意義、今後重点的に取り組むべき課題）

⦅内容⦆放射線影響のわからなかったところがわかる本。

放射線遮蔽ハンドブック　基礎編　日本原子力学会　2015.3　369p　30cm　〈共同刊行：「遮蔽ハンドブック」研究専門委員会　文献あり〉　5000円　Ⓘ978-4-89047-161-4　Ⓝ539.25

⦅内容⦆20年前に刊行された「ガンマ線遮蔽設計ハンドブック」、「中性子遮蔽設計ハンドブック」の改訂版です。ガンマ線、中性子を一体として扱い、本書は計算の方法論を説明した基礎編です。特にモンテカルロ計算、核データ、加速器遮蔽などの項目が大幅に加筆されています。

放射線遮蔽ハンドブック　応用編　（〔出版地不明〕）「遮蔽計算の応用技術」研究専門委員会　2020.3　381p　30cm　〈他言語標題：A handbook of radiation shielding　付属資料：CD-ROM1枚（12cm）　文献あり　発行所：日本原子力学会〉　5000円　Ⓘ978-4-89047-173-7　Ⓝ539.25

放射線の基礎知識と健康影響　図説ハンドブック　平成29年度版　環境省大臣官房環境保健部放射線健康管理担当参事官室　2018.2　198p　21cm　〈放射線による健康影響等に関する統一的な基礎資料 上巻〉〈共同刊行：量子科学技術研究開発機構放射線医学総合研究所〉　Ⓝ493.195

放射線被ばくへの不安を軽減するために　医療従事者のためのカウンセリングハンドブック　3.11.南相馬における医療支援活動の記録　千代豪昭編著　（大阪）メディカルドゥ　2014.5　188p　21cm　〈索引あり〉　2900円　Ⓘ978-4-944157-69-3　Ⓝ493.

〈内容〉東日本大震災後、福島県南相馬市において、被ばく不安におびえる住民へのカウンセリングを行ってきた著者らが、その活動を紹介し、カウンセリングの考え方と方法をまとめる。Q&A、参考資料なども収録。

放射能除染技術・特許調査便覧　特許調査レポート　2013　技術・特許調査から視えてくる課題と対応策　ビズサポート株式会社調査・編集　通産資料出版会　2013.1　230p　26cm　70000円　①978-4-901864-71-8　Ⓝ539.68

〈目次〉第1章 放射能除染の必要性と現状と課題（福島県）（放射性物質を含む廃棄物等の問題の構造、原発事故により環境へ放出された放射能、放射線被ばく量の低減方法）、第2章 「放射性汚染物質の処理と汚染除去装置」に関する特許調査（放射性汚染物質の処理（除染技術）における特許調査の分類分けと概要説明、大分類における特許出願数とグラフ、中分類における特許出願数）、第3章 「除染技術実証試験事業」公募決定25事業所の除染技術の課題に対応した特許調査（除染技術実証試験の提案の概要と実施者一覧、除染技術実証試験事業のメインのキーワードとなる技術の概要、公募決定25実施者の除染技術の課題に対応した特許調査）、付属資料1 ニュース報道された最新特許情報の技術と関連特許調査、付属資料2 放射能汚染物質処理技術506分野と特許出願件数詳細リスト

<法令集>

アイソトープ法令集　1　放射性同位元素等規制法関係法令　2023年版　日本アイソトープ協会編集　日本アイソトープ協会　2023.3　19,636p　26cm　〈索引あり　法令現在 2023年1月1日　発売・頒布：丸善出版〉　4400円　①978-4-89073-288-3　Ⓝ539.68

〈目次〉法律、施行令、施行規則、規則、省令、告示、命令、審査基準等、通知、事務連絡〔ほか〕

〈内容〉アイソトープ・放射線関係法令を収載した法令集。1は、放射性同位元素等規制法と関係法令を収録し、放射性同位元素等規制法令の改正の歴史等も記す。電子書籍が閲覧できるQRコードとアイテムコード付き。

アイソトープ法令集　2　医療放射線関係法令　2023年版　日本アイソトープ協会編集　日本アイソトープ協会　2023.3　5,709p　26cm　〈法令現在 2023年1月1日　頒布：丸善出版〉　4400円　①978-4-89073-289-0　Ⓝ539.68

〈内容〉アイソトープ・放射線関係法令を収載した法令集。2は、医療法関係、診療放射線技師法関係、臨床検査技師等に関する法律関係、その他関係法令などを収録。電子書籍が閲覧できるQRコードとアイテムコード付き。

アイソトープ法令集　3　労働安全衛生・輸送・その他関係法令　2022年版　日本アイソトープ協会編集　日本アイソトープ協会　2022.3　438p　26cm　〈発売：丸善出版　法令現在 2021年12月1日〉　4400円　①978-4-89073-287-6　Ⓝ539.68

〈目次〉労働安全衛生法関係、作業環境測定法関係、船員電離放射線障害防止規則関係、人事院規則関係、輸送関係、その他

〈内容〉アイソトープ・放射線関係法令を収載した法令集。3は、労働安全衛生法関係、作業環境測定法関係、人事院規則関係、輸送関係、その他関係法令などを収録。電子書籍が閲覧できるQRコードとアイテムコード付き。

除染電離則の理論と解説　東日本大震災における安全衛生対策の展開：安全な除染作業のすべてが分かる　高崎真一著　労働調査会　2012.3　536p　21cm　4000円　①978-4-86319-242-3　Ⓝ539.68

〈目次〉第1編 東日本大震災における安全衛生対策の展開（東日本大震災に対する厚生労働行政の対応、復旧・復興工事での労働災害防止対策、東電福島第一原発作業員の安全衛生対策）、第2編 除染電離則の理論（福島県内の災害廃棄物の処理等に従事する労働者の健康確保対策、除染作業等に従事する労働者の健康障害防止対策）、第3編 除染電離則の逐条解説（総則、線量の限度及び測定、除染等業務の実施に関する措置 ほか）

〈内容〉除染電離則を一条ごとにわかりやすく解説。復旧・復興工事での労働災害防止対策、除染作業や災害廃棄物処理等の安全衛生対策を体系的に整理。イラスト付き除染作業パンフレット等を含む関係資料を多数収録。

電離放射線障害防止規則の解説　第6版　中央労働災害防止協会編　中央労働災害防止協会　2016.12　591p　21cm　2600円　①978-4-8059-1721-3　Ⓝ539.68

〈目次〉1 総説（電離放射線障害防止規則にかかる歴史）、2 電離放射線障害防止規則の逐条解説（総則（第1条〜第2条）、管理区域並びに線量の限度及び測定（第3条〜第9条）ほか）、3 関係告示等の解説（電離放射線障害防止規則第3条第3項並びに第8条第5項及び第9条第2項の規定に基づき、厚生労働大臣が定める限度及び方法を定める件（昭和63年労働省告示第93号）、エックス線装置構造規格（昭和47年労働省告示第149号）ほか）、4 労働安全衛生法（抄）（労働安全衛生法施行令（抄）、労働安全衛生規則（抄））等の解説（総則、労働災害防止計画 ほか）、5 付録（放射線障害の基本的知識、電離放射線健康診断について ほか）

放射性同位元素等の規制に関する法令　概説と要点　改訂12版　日本アイソトープ協会編集　日本アイソトープ協会　2021.2　208p　21cm　〈索引あり　発売：丸善出版〉

2700円　Ⓘ978-4-89073-282-1　Ⓝ539.68
〈内容〉放射線管理実務に役立つ法令のコンパクトガイド。令和元年9月完全施行の「放射性同位元素等の規制に関する法律」に対応し、令和3年4月施行の水晶体の線量限度変更も取り入れた改訂12版。

放射線関係法規概説　医療分野も含めて
第11版　川井恵一著　通商産業研究社
2024.2　281p　26cm　3400円　Ⓘ978-4-86045-150-9　Ⓝ539.68

◆◆放射線計測

<ハンドブック>

放射線計測ハンドブック　グレン・F. ノル著，神野郁夫，木村逸郎，阪井英次共訳
オーム社　2013.9　868p　27×19cm　〈索引あり　初版：日刊工業新聞社1982年刊　原書第4版　原書名：Radiation Detection and Measurement 原著第4版の翻訳〉　28000円
Ⓘ978-4-274-21449-3　Ⓝ429.2, 539.62
〈目次〉放射線とその線源，放射線と物質の相互作用，計数の統計と誤差の評価，放射線検出器の一般的性質，電離箱，比例計数管，ガイガーミューラー計数管，シンチレーション検出器の原理，光電子増倍管と光ダイオード，シンチレータを用いた放射線スペクトル測定〔ほか〕
〈内容〉放射線の検出と測定（計測）の原理から，応用，研究の現状まで，広範な内容をカバーした，米国の代表的な放射線計測のハンドブック。放射線計測分野の進展を取り込み，最新の知識と技術に対応した第4版。

◆◆放射線（規格）

<ハンドブック>

JISハンドブック　放射線（能）2011　日本規格協会編　日本規格協会　2011.6　1796p　21cm　12300円　Ⓘ978-4-542-17910-3　Ⓝ509.25

JISハンドブック　放射線計測 2013　日本規格協会編　日本規格協会　2013.6　928p　21cm　6000円　Ⓘ978-4-542-18194-6　Ⓝ509.13

JISハンドブック　医用放射線 2018　日本規格協会編　日本規格協会　2018.7　2282p　21cm　17400円　Ⓘ978-4-542-18661-3　Ⓝ509.25
〈目次〉用語・記号，基本，機器・装置，参考

◆風力発電

<ハンドブック>

海ワシ類の風力発電施設バードストライク防止策の検討・実施手引き　環境省自然環境局野生生物課　2016.6　44p　30cm

鳥類等に関する風力発電施設立地適正化のための手引き　環境省自然環境局野生生物課　2011.1　1冊　30cm　〈文献あり〉　Ⓝ543.6

風力発電設備支持物構造設計指針・同解説 2010年版　土木学会構造工学委員会風力発電設備の動的解析と構造設計小委員会編　土木学会　2011.1　582p　30cm　（構造工学シリーズ 20）〈発売：丸善　文献あり〉　7000円　Ⓘ978-4-8106-0705-5　Ⓝ543.6
〈目次〉1 総則・設計方針（総則，設計の流れ），2 荷重評価（設計風速の評価，風荷重の評価，地震荷重の評価，その他の荷重），3 構造計算（タワーの構造計算，定着部の構造計算基礎の構造計算），4 設計・解析例（指針による設計例，数値計算による解析例），5 関連法規・参考資料（関連法規および基準，参考資料）

洋上風力発電設備に係る海底地盤の調査及び評価の手引き　沿岸技術研究センター，海洋調査協会　2022.12　190,5, 10p　30cm　〈文献あり〉　Ⓘ978-4-900302-07-5　Ⓝ543.6

◆地熱発電

<ハンドブック>

地熱エネルギー技術読本　野田徹郎，江原幸雄共編　オーム社　2016.4　349p　21cm　〈索引あり〉　3600円　Ⓘ978-4-274-21871-2　Ⓝ543.7
〈目次〉1章 イントロダクション，2章 地熱エネルギーの探査技術，3章 地熱井掘削と坑井利用調査，4章 地熱資源量評価技術，5章 地熱発電の方法，6章 地熱発電計画から発電所建設までと発電所の運用，7章 自然公園内での地熱開発，8章 地熱発電の温泉利用への影響と地域との共生，9章 地熱開発と法制・政策，10章 地熱開発の近未来と将来像

地熱エネルギーハンドブック　日本地熱学会地熱エネルギーハンドブック刊行委員会編　オーム社　2014.2　923p　27cm　〈他言語標題：Geothermal Energy Handbook　索引あり〉　36000円　Ⓘ978-4-274-21499-8　Ⓝ543.7
〈内容〉地熱発電と地熱エネルギー利用のすべてを集大成。技術項目を網羅的に記載するだけでなく，地熱開発を進めるにあたって必要な周辺分

野を加え、基本的な考え方にも言及する。テキストや図表等のデータを収めたCD-ROM付き。

地熱発電必携 第2版 火力原子力発電技術協会 2022.6 274p 21cm 〈文献あり〉 7700円 Ⓝ543.7

<年鑑・白書>

地熱発電の現状と動向 2010・2011年 火力原子力発電技術協会編 火力原子力発電技術協会 2012.3 99p 30cm 〈年表あり〉 3000円 Ⓝ543.7

地熱発電の現状と動向 2012年 火力原子力発電技術協会編 火力原子力発電技術協会 2013.3 95p 30cm 〈年表あり〉 3000円 Ⓝ543.7

地熱発電の現状と動向 2013年 火力原子力発電技術協会編 火力原子力発電技術協会 2014.5 95p 30cm 〈年表あり〉 7000円 Ⓝ543.7

地熱発電の現状と動向 2014年 火力原子力発電技術協会編 火力原子力発電技術協会 2015.6 95p 30cm 〈年表あり〉 7000円 Ⓝ543.7

地熱発電の現状と動向 2015年 火力原子力発電技術協会編 火力原子力発電技術協会 2016.4 119p 30cm 〈年表あり〉 7000円 Ⓝ543.7

地熱発電の現状と動向 2016年 火力原子力発電技術協会編 火力原子力発電技術協会 2017.3 137p 30cm 〈年表あり〉 7000円 Ⓝ543.7

地熱発電の現状と動向 2017年 火力原子力発電技術協会編 火力原子力発電技術協会 2018.3 128p 30cm 〈年表あり〉 7000円 Ⓝ543.7

地熱発電の現状と動向 2018年 火力原子力発電技術協会編 火力原子力発電技術協会 2019.3 137p 30cm 〈年表あり〉 7000円 Ⓝ543.7

地熱発電の現状と動向 2020年 火力原子力発電技術協会編集 火力原子力発電技術協会 2021.4 141p 30cm 〈年表あり〉 7200円 Ⓝ543.7

地熱発電の現状と動向 2022年 火力原子力発電技術協会編集 火力原子力発電技術協会 2023.8 108p 30cm 〈年表あり〉 7700円 Ⓝ543.7

送電

<辞 典>

鉄塔関連用語集 第2版 日本鉄塔協会編集 日本鉄塔協会 2022.4 104,16,6p, 図版23p 30cm Ⓝ544.15

<ハンドブック>

送電鉄塔ガイドブック 送電鉄塔研究会著 オーム社 2021.11 173p 26cm 2500円 ①978-4-274-22792-9 Ⓝ544.15
㋐1 送電鉄塔 はじめて物語, 2 電線と鉄塔の基礎知識, 3 送電鉄塔ができるまで, 4 送電鉄塔を愛でる, 5 送電鉄塔を守る, 6 もっと!送電鉄塔
㋑鉄塔好きの皆さま、お待たせしました!東京電力パワーグリッドの送電鉄塔研究会が、電気を送る仕事人だから分かる送電鉄塔のあんなこと、こんなこと、魅力の全てを全力でお伝えします。

<統計集>

電線統計年報 2011 日本電線工業会 2011.9 2,130p 26cm Ⓝ541.62

電線統計年報 2012 日本電線工業会 2012.9 2,130p 26cm Ⓝ541.62

電線統計年報 2013 日本電線工業会 2013.9 2,127p 30cm Ⓝ541.62

電線統計年報 2014 日本電線工業会 2014.9 2,126p 30cm Ⓝ541.62

電線統計年報 2015 日本電線工業会 2015.9 2,128p 30cm Ⓝ541.62

電線統計年報 2016 日本電線工業会 2016.9 2,125p 30cm Ⓝ541.62

電線統計年報 2017 日本電線工業会 2017.9 2,125p 30cm Ⓝ541.62

電線統計年報 2018 日本電線工業会 2018.9 2,118p 30cm Ⓝ541.62

電線統計年報 2019 日本電線工業会 2019.8 2,118p 30cm Ⓝ541.62

電線統計年報 2020 日本電線工業会 2020.8 2,118p 30cm 〈二〇一九年度統計〉

電線統計年報 2021 日本電線工業会 2021.9 2,118p 30cm 〈二〇二〇年度統

計〉

電線統計年報　2022　日本電線工業会
2022.9　2,94p　30cm　〈二〇二一年度統計〉
1650円
(内容) 2021年度の電線の品種及び需要部門別出荷量等の統計集。

電線統計年報　2023　日本電線工業会
2023.9　2,92p　30cm　〈二〇二二年度統計〉
1650円　Ⓝ541.62

電線統計年報　2024　日本電線工業会
2024.9　2,92p　30cm　〈二〇二三年度統計〉
1650円　Ⓝ541.62
(内容) 2023年度の電線の品種及び需要部門別出荷量等の統計集

エネルギー技術

<ハンドブック>

環境・エネルギー材料ハンドブック　物質・材料研究機構監修　オーム社　2011.2
859p　22cm　〈文献あり 索引あり〉　20000円
Ⓘ978-4-274-20985-7　Ⓝ501.4
(目次) これからの材料を展望する、基礎編（元素と地球、これからの材料科学者の役割、これからの材料科学の役割、行政の役割、世界における展開）、材料編（電子エネルギー材料、化学エネルギー材料―電気化学、熱エネルギー材料―高温材料学、軽量構造材料（材料強度学）、電磁エネルギー材料（電磁気学）、エネルギー伝達材料（結晶工学）、清浄化材料（反応化学）、低資源リスク材料（代替、減量、循環とその効果）、将来材料（ナノ構造とその効果））、技術編（設計技術、分析技術、診断・寿命予測技術）
(内容) 環境・エネルギーの関連研究、技術開発への参考・支援となるハンドブック。基礎・材料・技術の3編に分け、環境・エネルギー材料の背景等から基盤技術までを詳説する。英訳付きの索引も収録。

氷蓄熱空調システム設計の手引き　POD版
日本冷凍空調工業会蓄熱空調専門委員会編
森北出版　2012.9　109p　26cm　〈他言語標題：Design Guide for Ice Storage Air Conditioning Systems　印刷・製本：オーピーエス〉　2800円　Ⓘ978-4-627-58069-5　Ⓝ528.2
(目次) 第1章 基礎編、第2章 個別分散型機器編、第3章 セントラル型機器編、第4章 施工編、第5章 運転保守編、第6章 参考資料
(内容) 氷蓄熱システムの種類と考え方から、個別分散型機器・セントラル型機器の各々の具体的設計手法の紹介、施工、運転保守、参考資料と氷蓄熱空調システムの設計に必要な基礎技術までを取りまとめた手引書

地中熱利用技術ハンドブック　地下の未利用再生可能エネルギー活用技術全集　地下水・地下熱資源強化活用研究会編、藤縄克之監修　（長野）地下水・地下熱資源強化活用研究会　2020.3　288p　26cm　〈文献あり〉　Ⓝ533.6
(目次) はしがき、監修のことば、ハンドブック刊行に寄せて、口絵、第1章 注目される地中熱、第2章 地中熱の利用技術体系、第3章 新技術がサポートする地中熱利用、第4章 地中熱利用技術導入事例、第5章 地中熱の経済性、第6章 地中熱利用に関わる法令と自然環境、索引、執筆者・編集幹事一覧、AGREA理事・監事・会員一覧

<法令集>

コージェネレーション導入関連法規参考書　2022　コージェネレーション・エネルギー高度利用センター編　日本工業出版　2022.10
123p　30cm　6000円　Ⓘ978-4-8190-3415-9
(目次) 第1章 コージェネレーション関連法規とその概要（関連する法規について、コージェネ関連法規の最近の改正・制定 ほか）、第2章 コージェネレーション関連法規の解説（電気事業法、消防法 ほか）、第3章 資格要件（電気事業法（電気主任技術者、ボイラー・タービン主任技術者）、消防法（危険物保安監督者）ほか）、第4章 コージェネレーションシステム導入に係る届出の様式（電気事業法関係、消防法関係 ほか）、第5章 助成制度と補助事業（国が支援するコージェネ導入補助制度、自治体が支援するコージェネ導入補助制度 ほか）

<年鑑・白書>

コージェネレーション白書　2012　コージェネレーション・エネルギー高度利用センター編　日本工業出版　2012.11　295p　30cm　〈索引あり〉　3500円　Ⓘ978-4-8190-2418-1　Ⓝ501.6
(目次) 第1章 コージェネレーションの概要（コージェネレーションとは、エネルギー・環境政策におけるコージェネレーションの位置付け ほか）、第2章 コージェネレーションの位置付け（エネルギー・環境政策におけるコージェネレーションの位置付け、地方公共団体におけるコージェネレーション関連施策 ほか）、第3章 進化するコージェネレーション（コージェネレーションの技術動向、最新の技術開発動向（報道発表抜粋））、第4章 コージェネレーション普及に向けた課題と取組みの方向性（普及に向けた課題と取組みの方向性、家庭用燃料電池普及の課題と取り組みの方向性）、第5章 参考資料（導入状況、国内コージェネレーション導入状況 ほか）

コージェネレーション白書 2014 コージェネレーション・エネルギー高度利用センター編 日本工業出版 2014.12 343p 30cm 〈他言語標題：COGENERATION SYSTEM 索引あり〉 3500円 ⓘ978-4-8190-2702-1 Ⓝ501.6

(目次) 第1章 コージェネレーションの概要（コージェネレーションとは，国家政策におけるコージェネレーションの位置付け，我が国におけるコージェネレーションの普及状況，海外におけるコージェネレーションの位置付けと普及状況），第2章 コージェネレーションの位置付け（エネルギー・環境政策におけるコージェネレーションの位置付け，地方公共団体におけるコージェネレーション関連施策の概要，海外におけるコージェネレーションの位置付け），第3章 進化するコージェネレーション（コージェネレーションの技術動向，最新の技術開発動向（報道発表抜粋）），第4章 コージェネレーションの普及拡大に向けた展望（産業用・業務用分野における今後の展望，家庭用燃料電池普及の課題と取り組みの方向性），第5章 参考資料（導入状況，国内導入事例，コージェネレーション導入に係る制度，助成制度，次世代エネルギー・社会システム実証等，表彰制度：関連団体：コージェネ財団ホームページの紹介）

コージェネレーション白書 2016 コージェネレーション・エネルギー高度利用センター編 日本工業出版 2016.12 293p 30cm 〈他言語標題：COGENERATION SYSTEM 索引あり〉 3500円 ⓘ978-4-8190-2820-2 Ⓝ501.6

(目次) 第1章 コージェネレーションの概要，第2章 コージェネレーションの関連政策，第3章 コージェネレーションの技術動向，第4章 コージェネレーションの普及拡大に向けた展望，第5章 コージェネレーションの導入状況，第6章 海外におけるコージェネレーション，第7章 参考資料

コージェネレーション白書 2018 コージェネレーション・エネルギー高度利用センター編 日本工業出版 2018.12 315p 30cm 〈他言語標題：COGENERATION SYSTEM 索引あり〉 3500円 ⓘ978-4-8190-3022-9 Ⓝ501.6

(目次) 第1章 コージェネレーションの概要，第2章 コージェネレーションの関連政策，第3章 コージェネレーションの技術動向，第4章 コージェネレーションの普及拡大に向けた展望，第5章 コージェネレーションの導入状況，第6章 海外におけるコージェネレーション，第7章 参考資料

コージェネレーション白書 2021 コージェネレーション・エネルギー高度利用センター編 日本工業出版 2021.11 191p 30cm 〈索引あり〉 3500円 ⓘ978-4-8190-3316-9 Ⓝ501.6

(目次) 序章 コージェネ財団10周年にあたって，第1章 コージェネレーションの概要，第2章 コージェネレーションの関連政策，第3章 コージェネレーションの技術動向，第4章 コージェネレーションの普及拡大に向けた意義と展望，第5章 コージェネレーションの導入状況，第6章 海外におけるコージェネレーション

(内容) 熱と電気とを同時発生させる「コージェネレーションシステム」は，時代と共にますます広がりを見せている。その価値や，国内外における政策的位置付け，普及状況，技術進展等についてまとめる。

次世代自動車市場・技術の実態と将来展望 2020年版 スマートエネルギーグループ編集 日本エコノミックセンター 2019.12 230p 26cm 〈市場予測・将来展望シリーズ Next generation car〉 〈編集：日本エコノミックセンター〉 70000円 Ⓝ537.093

<統計集>

エネルギーマネジメント関連市場実態総調査 2011 大阪マーケティング本部第一事業部調査・編集 富士経済 2011.2 255p 30cm 97000円 ⓘ978-4-8349-1375-0 Ⓝ501.6

エネルギーマネジメント関連市場実態総調査 2012 大阪マーケティング本部第二事業部調査・編集 富士経済 2012.3 263p 30cm 97000円 ⓘ978-4-8349-1502-0 Ⓝ501.6

エネルギーマネジメントシステム関連市場実態総調査 2014 大阪マーケティング本部第二事業部調査・編集 富士経済 2014.7 265p 30cm 120000円 ⓘ978-4-8349-1721-5 Ⓝ543.1

エネルギーマネジメントシステム関連市場実態総調査 2015 大阪マーケティング本部第三部調査・編集 富士経済 2015.7 279p 30cm 120000円 ⓘ978-4-8349-1826-7 Ⓝ543.1

エネルギーマネジメントシステム関連市場実態総調査 2016 大阪マーケティング本部第三部調査・編集 富士経済 2016.7 278p 30cm 120000円 ⓘ978-4-8349-1913-4 Ⓝ528.43093

エネルギーマネジメントシステム関連市場実態総調査 2017 大阪マーケティング本部第二部調査・編集 富士経済 2017.7 222p 30cm 150000円 ⓘ978-4-8349-1996-7 Ⓝ528.43093

エネルギーマネジメントシステム関連市場

実態総調査 2018 大阪マーケティング本部第二部調査・編集 富士経済 2018.8 243p 30cm 150000円 Ⓘ978-4-8349-2110-6 Ⓝ528.43093

エネルギーマネジメントシステム関連市場実態総調査 2019 大阪マーケティング本部第三部調査・編集 富士経済 2019.8 264p 30cm 150000円 Ⓘ978-4-8349-2193-9 Ⓝ528.43093

エネルギーマネジメントシステム関連市場実態総調査 2020 エネルギーシステム事業部調査・編集 富士経済 2020.10 314p 30cm 150000円 Ⓘ978-4-8349-2307-0 Ⓝ528.43093

エネルギーマネジメント・パワーシステム関連市場実態総調査 2022 エネルギーシステム事業部調査・編集 富士経済 2021.12 243p 30cm 180000円 Ⓘ978-4-8349-2393-3 Ⓝ528.43093

エネルギーマネジメント・パワーシステム関連市場実態総調査 2023 エネルギーシステム事業部調査・編集 富士経済 2023.1 234p 30cm 180000円 Ⓘ978-4-8349-2472-5 Ⓝ528.43093

◆電池

<ハンドブック>

次世代電池ハンドブック 次世代電池は再エネ普及の切札 太陽電池＆蓄電池開発の最前線 2020 産業タイムズ社 2020.1 234p 26cm 15000円 Ⓘ978-4-88353-294-0 Ⓝ549.51
(目次) 巻頭特集 リチウムイオン電池、2019年ノーベル化学賞受賞，第1章 次世代太陽電池の最新動向，第2章 太陽電池メーカーおよび関連企業の動向と戦略，第3章 大学・研究機関の太陽電池開発の動向，第4章 次世代蓄電池の最新動向，第5章 蓄電池メーカーおよび関連企業の動向と戦略，第6章 大学・研究機関の蓄電池開発の動向
(内容) 太陽電池および蓄電池の次世代技術に焦点を当て、最新の研究開発動向をレポート。「リチウムイオン電池、2019年ノーベル化学賞受賞」を特集し、企業の事業戦略や、研究機関・大学における最新技術のトレンドも紹介する。

蓄電池メーカーハンドブック 環境対応車・民生機器・産業機器で拡大する主要蓄電池デバイス・材料メーカー各社の最新動向をカバー 産業タイムズ社 2018.2 102p 26cm 12000円 Ⓘ978-4-88353-266-7 Ⓝ572.1209
(内容) 蓄電池メーカー・蓄電池材料メーカー各社の事業戦略について、各社の本社の住所やURLとともに紹介するほか、次世代蓄電池の研究開発動向について解説する。環境対応車需要増で本格化する車載用LiBも取り上げる。

<年鑑・白書>

エネルギー・大型二次電池・材料の将来展望 2022[版] 電動自動車・車載電池分野編 エネルギーシステム事業部調査・編集 富士経済 2022.10 210p 30cm 180000円 Ⓘ978-4-8349-2456-5 Ⓝ572.12093

エネルギー・大型二次電池・材料の将来展望 2023[版] ESS・定置用蓄電池分野編 エネルギーシステム事業部調査・編集 富士経済 2023.9 198p 30cm 180000円 Ⓘ978-4-8349-2508-1 Ⓝ572.12093

燃料電池関連技術・市場の将来展望 2023年版 エネルギーシステム事業部調査・編集 富士経済 2023.9 246p 30cm 180000円 Ⓘ978-4-8349-2523-4 Ⓝ572.13093

<統計集>

電池関連市場実態総調査 2012 上巻 グローバル電池市場、主要応用製品の全貌 大阪マーケティング本部プロジェクト調査・編集 富士経済 2012.1 361p 30cm 97000円 Ⓘ978-4-8349-1474-0 Ⓝ572.1

電池関連市場実態総調査 2012 下巻 注目材料市場の全貌 大阪マーケティング本部プロジェクト調査・編集 富士経済 2012.3 316p 30cm 97000円 Ⓘ978-4-8349-1475-7 Ⓝ572.1

電池関連市場実態総調査 2013 上巻 次世代・グローバル電池市場の全貌 大阪マーケティング本部第三事業部調査・編集 富士経済 2013.2 299p 30cm 97000円 Ⓘ978-4-8349-1584-6 Ⓝ572.1

電池関連市場実態総調査 2013 中巻 LIB用電池制御用部品とパック組立市場、LIB主要応用製品市場＆電池関連企業戦略の全貌 大阪マーケティング本部第三事業部調査・編集 富士経済 2013.4 266p 30cm 97000円 Ⓘ978-4-8349-1585-3 Ⓝ572.1

電池関連市場実態総調査 2013 下巻 注目材料技術・市場の全貌 大阪マーケティング本部第三事業部調査・編集 富士経済 2013.5 309p 30cm 97000円 Ⓘ978-4-8349-1586-0 Ⓝ572.1

電池関連市場実態総調査 2014 上巻 次

世代・グローバル電池市場の全貌　大阪マーケティング本部第三事業部調査・編集　富士経済　2014.2　301p　30cm　97000円　Ⓘ978-4-8349-1685-0　Ⓝ572.1

電池関連市場実態総調査　2014 中巻　LIB用電池制御用部品とパック組立市場、LIB主要応用製品市場＆電池関連企業戦略の全貌　大阪マーケティング本部第三事業部調査・編集　富士経済　2014.4　296p　30cm　97000円　Ⓘ978-4-8349-1686-7　Ⓝ572.1

電池関連市場実態総調査　2014 下巻　注目材料技術・市場の全貌　大阪マーケティング本部第三事業部調査・編集　富士経済　2014.6　254p　30cm　97000円　Ⓘ978-4-8349-1687-4　Ⓝ572.1

電池関連市場実態総調査　2015 上巻　次世代・グローバル電池市場と制御用部品、LIB主要応用製品市場の全貌　大阪マーケティング本部第三部調査・編集　富士経済　2015.7　368p　30cm　120000円　Ⓘ978-4-8349-1810-6　Ⓝ572.1

電池関連市場実態総調査　2015 下巻　注目材料技術・市場の全貌、注目電池メーカー事例　大阪マーケティング本部第二部調査・編集　富士経済　2015.10　343p　30cm　120000円　Ⓘ978-4-8349-1811-3　Ⓝ572.1

電池関連市場実態総調査　2016 上巻　グローバル電池市場とLIB用電池制御部品、LIB主要応用製品市場の全貌　大阪マーケティング本部第二部調査・編集　富士経済　2016.7　386p　30cm　120000円　Ⓘ978-4-8349-1911-0　Ⓝ572.1093

電池関連市場実態総調査　2016 下巻　大阪マーケティング本部第二部調査・編集　富士経済　2016.10　369p　30cm　120000円　Ⓘ978-4-8349-1937-0　Ⓝ572.1093

電池関連市場実態総調査　2017 上巻　大阪マーケティング本部第二部調査・編集　富士経済　2017.7　275p　30cm　150000円　Ⓘ978-4-8349-1998-1　Ⓝ572.1093

電池関連市場実態総調査　2017 下巻　大阪マーケティング本部第四部調査・編集　富士経済　2017.10　280p　30cm　150000円　Ⓘ978-4-8349-2034-5　Ⓝ572.1093

電池関連市場実態総調査　2018 no.1　大阪マーケティング本部第四部調査・編集　富士経済　2018.7　236p　30cm　150000円　Ⓘ978-4-8349-2095-6　Ⓝ572.1093

電池関連市場実態総調査　2018 no.2　大阪マーケティング本部第四部調査・編集　富士経済　2018.11　271p　30cm　150000円　Ⓘ978-4-8349-2096-3　Ⓝ572.1093

電池関連市場実態総調査　2018 no.3　大阪マーケティング本部第四部調査・編集　富士経済　2019.1　293p　30cm　150000円　Ⓘ978-4-8349-2097-0　Ⓝ572.1093

電池関連市場実態総調査　2019 次世代電池編　大阪マーケティング本部プロジェクト調査・編集　富士経済　2019.8　269p　30cm　180000円　Ⓘ978-4-8349-2197-7　Ⓝ572.1093

電池関連市場実態総調査　2019 電池セル市場編　大阪マーケティング本部プロジェクト調査・編集　富士経済　2019.11　253p　30cm　180000円　Ⓘ978-4-8349-2228-8　Ⓝ572.1093

電池関連市場実態総調査　2019 電池材料市場編　大阪マーケティング本部プロジェクト調査・編集　富士経済　2020.1　327p　30cm　180000円　Ⓘ978-4-8349-2242-4　Ⓝ572.1093

電池関連市場実態総調査　2020 上巻　電池セル市場編　環境・エナジーデバイスビジネスユニット調査・編集　富士経済　2020.10　276p　30cm　180000円　Ⓘ978-4-8349-2305-6　Ⓝ572.1093

電池関連市場実態総調査　2020 下巻　電池材料市場編　環境・エナジーデバイスビジネスユニット調査・編集　富士経済　2021.2　335p　30cm　180000円　Ⓘ978-4-8349-2326-1　Ⓝ572.1093

電池関連市場実態総調査　2022 上巻　電池セル市場編　環境・エナジーデバイスビジネスユニット調査・編集　富士経済　2022.3　316p　30cm　180000円　Ⓘ978-4-8349-2394-0　Ⓝ572.1093

電池関連市場実態総調査　2022 下巻　電池材料市場編　ECO・マテリアル事業部調査・編集　富士経済　2022.8　395p　30cm　180000円　Ⓘ978-4-8349-2402-2　Ⓝ572.1093

◆◆太陽電池

<ハンドブック>

新太陽エネルギー利用ハンドブック　改訂　日本太陽エネルギー学会編　日本太陽エネルギー学会　2015.10　988p　31cm　〈文献あり〉　35000円　Ⓘ978-4-89038-004-6　Ⓝ533.6

Ⓒ内容　広範な太陽エネルギー利用を体系的に集大成。85年刊「太陽エネルギー利用ハンドブック」を抜本的に見直し、最新の太陽エネルギー

利用の技術・情報を網羅するとともに、太陽エネルギーシステムの設計・実用集を追加。

太陽電池技術ハンドブック　小長井誠，植田譲共編　オーム社　2013.5　1018p　27cm　〈他言語標題：Solar Cell Technology Handbook　付属資料：CD-ROM（1枚 12cm）　索引あり〉　35000円　①978-4-274-21399-1　Ⓝ549.51

〔目次〕1編 太陽電池の基礎，2編 太陽電池研究開発の進展，3編 太陽電池モジュールならびに関連技術，4編 太陽電池の測定法・評価法・標準化・認証，5編 太陽光発電システム，6編 国家プロジェクト（変遷）

〔内容〕エネルギー新時代の夜明け─再生可能エネルギーの期待の星。太陽電池技術の基礎からその開発の歴史、セル・モジュールの製造・評価技術、太陽光発電システム技術まで、すべてを網羅。

<年鑑・白書>

太陽光発電産業総覧　2012　再生可能エネルギーのエースに飛躍！　激動の市場を生き抜く270社の戦略　産業タイムズ社　2012.2　418p　26cm　〈2011までのタイトル：太陽電池産業総覧　索引あり〉　18000円　①978-4-88353-195-0　Ⓝ549.51

〔目次〕メガソーラー導入計画の全貌と採算性シミュレーション─メガソーラーは儲かるか？，太陽電池世界市場ランキング，太陽電池の種類と技術開発の動向，日本の太陽電池メーカーの動向と戦略，欧州・米国・アジアの太陽電池メーカーの動向と戦略，中国の太陽電池メーカーの動向と戦略，台湾の太陽電池メーカーの動向と戦略，韓国の太陽電池メーカーの動向と戦略，太陽電池用パワーコンディショナーメーカーの動向と戦略，太陽電池用蓄電デバイスメーカーの動向と戦略，太陽光発電システムインテグレーター/発電事業者の動向と戦略，太陽電池関連部材メーカーの動向と戦略，太陽電位製造装置メーカーほ動向と戦略

太陽光発電産業総覧　2013　空前のメガソーラーブームに沸くPV市場を果敢に攻める260社の戦略　産業タイムズ社　2013.2　382p　26cm　〈索引あり〉　22000円　①978-4-88353-208-7　Ⓝ549.51

〔目次〕メガソーラー計画の全貌とFITの行方，太陽電池世界市場ランキング，太陽電池の種類と技術開発の動向，日本の太陽電池メーカーの動向と戦略，欧州・米国・アジアの太陽電池メーカーの動向と戦略，中国の太陽電池メーカーの動向と戦略，台湾の太陽電池メーカーの動向と戦略，韓国の太陽電池メーカーの動向と戦略，太陽光発電用パワーコンディショナーの動向と戦略，太陽光発電用蓄電デバイスメーカーの動向と戦略，太陽光発電システムインテグレータ/発電事業者の動向と戦略，太陽電池関連部材メーカーの動向と戦略，太陽電池製造装置メーカーの動向と戦略

〔内容〕全国で建設進むメガソーラー、最新の案件一覧表を一挙掲載。FITの行方が、13年以降のPV産業・市場を展望。再編進む太陽電池メーカーの最新戦略を詳述。サプライチェーンを構成する有力企業を網羅。システムインテグレーターや発電事業者の動向解説を強化。

太陽光発電産業総覧　2014　供給過剰解消で設備投資復活へ！　拡大続けるPV市場を疾走する250社の戦略　産業タイムズ社　2014.2　414p　26cm　22000円　①978-4-88353-219-3　Ⓝ549.51

〔目次〕巻頭特集 国内メガソーラー計画の実態と将来展望，第1章 太陽電池世界市場ランキング，第2章 太陽電池の種類と技術開発の動向，第3章 日本の太陽電池メーカーの動向と戦略，第4章 欧州・米国の太陽電池メーカーの動向と戦略，第5章 中国の太陽電池メーカーの動向と戦略，第6章 台湾の太陽電池メーカーの動向と戦略，第7章 韓国の太陽電池メーカーの動向と戦略，第8章 太陽電池用パワーコンディショナーメーカーの動向と戦略，第9章 太陽電池用蓄電デバイスメーカーの動向と戦略，第10章 太陽光発電システムインテグレーター/発電事業者の動向と戦略，第11章 太陽電池関連部材メーカーの動向と戦略，第12章 太陽電池製造装置メーカーの動向と戦略

〔内容〕巻頭特集では、日本におけるメガソーラー計画の最新動向を一覧表として掲載するともに、FITの動向も踏まえて今後のメガソーラー市場を展望。世界の太陽電池メーカーの最新動向のほか、ポリシリコン、封止材、バックシートなどの主要部材、ワイヤーソーやCVD装置、レーザーパターニング装置、ソーラーシミュレーターなどの製造装置や検査装置、パワーコンディショナー、蓄電デバイス、システムインテグレーターや発電事業者に至るまで、サプライチェーンに不可欠な有力企業の最新動向を取り上げたほか、世界の太陽電池メーカーのランキングなども掲載。

太陽光発電産業総覧　2015　新たな成長ステージに入った太陽光発電　主要企業250社の事業戦略と展望　産業タイムズ社　2015.2　382p　26cm　2200円　①978-4-88353-231-5　Ⓝ549.51

〔目次〕第1章 太陽光発電市場の最新動向，第2章 太陽電池の種類と技術開発の動向，第3章 日本の太陽電池メーカーの動向と戦略，第4章 欧州・米国の太陽電池メーカーの動向と戦略，第5章 中国の太陽電池メーカーの動向と戦略，第6章 台湾の太陽電池メーカーの動向と戦略，第7章 韓国の太陽電池メーカーの動向と戦略，第8章 太陽光発電用パワーコンディショナーメーカーの動向と戦略，第9章 太陽光発電システムインテグレーター/発電事業者の動向と戦略，第

10章 太陽電池関連部材メーカーの動向と戦略, 第11章 太陽電池製造装置メーカーの動向と戦略

太陽光発電市場・技術の実態と将来展望 2023年版 スマートエネルギーグループ編集　日本エコノミックセンター　2023.1　200p　26cm　〈市場予測・将来展望シリーズ solar power編〉　70000円　Ⓝ543.8093

太陽電池関連技術・市場の現状と将来展望 2023年版 エネルギーシステム事業部調査・編集　富士経済　2023.9　268p　30cm　180000円　①978-4-8349-2507-4　Ⓝ549.51093

新エネルギー

<事　典>

カーボンフリーエネルギー事典　L.D.ダニー・ハーヴィー著, 立木勝, 広瀬朗子, 佐々木知子訳　ガイアブックス　2015.2　924p　26cm　〈原書名：Carbon-Free Energy Supply〉　18000円　①978-4-88282-876-1

(目次)第1章 導入と基本の要点, 第2章 太陽エネルギー, 第3章 風力エネルギー, 第4章 バイオマスエネルギー, 第5章 地熱エネルギー, 第6章 水力発電, 第7章 海洋エネルギー, 第8章 原子力エネルギー, 第9章 二酸化炭素回収貯留(CCS), 第10章 水素経済, 第11章 将来へ向けた統合シナリオ, 第12章 再生可能エネルギーによるコミュニティ統合型エネルギーシステム

自然エネルギーと環境の事典　北海道自然エネルギー研究会編著　東洋書店　2013.11　318p　26cm　〈文献あり〉　3600円　①978-4-86459-144-7　Ⓝ501.6

(内容)1252項目に及ぶ, 自然エネルギーと環境の用語解説. 理解を深めるように収録した図・写真は228点, 表は51点. 重要37項目については総合解説. 自然エネルギーの基礎から応用までを具体的に紹介. 原子力・核・フクシマ事故についても正確に解説.

<名簿・人名事典>

再生可能エネルギー・エネルギー有効利用企業便覧 2013　S&T出版　2013.1　153p　26cm　15000円　①978-4-907002-12-1　Ⓝ501.6

<ハンドブック>

漁村・漁港地域への再生可能エネルギー導入に関するハンドブック　東京水産振興会編　東京水産振興会　2016.7　56p　26cm　Ⓝ661.9

再生可能エネルギー開発・運用にかかわる法規と実務ハンドブック　水上貴央監修, 江口智子, 佐藤康之編集幹事　エヌ・ティー・エス　2016.3　396p　27cm　〈他言語標題：Law and practice of development and management in renewable energy projects　索引あり〉　38000円　①978-4-86043-457-1　Ⓝ501.6

(目次)再生可能エネルギー発電事業の重要性は大きくなり続ける. 政策編(国・自治体における再生可能エネルギー対策, 海外事例 ほか), 法規編(電気事業法と再エネ特措法, 太陽光発電 ほか), 実務編(経済性・コスト評価, 手続き・評価・制度 ほか), 実例編(環境モデル都市・飯田を目指して, 南信州おひさまファンド・プロジェクト ほか)

<年鑑・白書>

カーボンニュートラル燃料の現状と将来展望 2022　エネルギーシステム事業部調査・編集　富士経済　2022.3　212p　30cm　180000円　①978-4-8349-2408-4　Ⓝ575

クリーンエネルギー/エネルギー革新白書 2021年版　次世代社会システム研究開発機構監修　次世代社会システム研究開発機構　2021.10　466p　32cm　〈ルーズリーフ〉　Ⓝ501.6

クリーンエネルギーの技術と市場　2022　シーエムシー出版　2022.2　269p　26cm　〈他言語標題：Technology and market of clean energy　文献あり〉　80000円　①978-4-7813-1655-0　Ⓝ501.6

自然エネルギー世界白書 2013　環境エネルギー政策研究所日本語版翻訳　環境エネルギー政策研究所　2013.12　128p　30cm　〈共同刊行：Renewable Energy Policy Network for the 21st Century　原書名：Renewables 2013 global status report〉　①978-3-9815934-0-2　Ⓝ501.6

自然エネルギー白書 2011　自然エネルギー政策プラットフォーム企画・作成　環境エネルギー政策研究所(ISEP)　2011.3　96p　29cm　1000円　Ⓝ501.6

自然エネルギー白書 2012　環境エネルギー政策研究所(ISEP)編　七つ森書館　2012.5　269p　21cm　1600円　①978-4-8228-1250-8

(目次)はじめに 3.11後の自然エネルギー革命へ, 第1章 国内外の自然エネルギーの概況, 第2章 国内の自然エネルギー政策, 第3章 これまでのトレンドと現況, 第4章 長期シナリオ, 第

5章 地域別導入状況とポテンシャル，第6章 提言とまとめ
〈内容〉3.11は，世界のエネルギー政策を大きく変えた。太陽光，風力，小水力，バイオマス，地熱，海洋エネルギー…飯田哲也が所長をつとめる環境エネルギー政策研究所（ISEP）が，自然エネルギー導入のためのシナリオと政策を提言する。

自然エネルギー白書　2013　環境エネルギー政策研究所（ISEP）編　七つ森書館　2013.5　317p　21cm　2000円　Ⓘ978-4-8228-1372-7
〈目次〉はじめに 加速する自然エネルギー革命，第1章 国内外の自然エネルギーの概況，第2章 国内の自然エネルギー政策の動向，第3章 これまでのトレンドと現況，第4章 長期シナリオ，第5章 地域における導入状況とポテンシャル，第6章 提言とまとめ
〈内容〉太陽光，風力，地熱，小水力，バイオマス，太陽熱。日本のエネルギーの未来を考える必須レポート。

新エネルギービジネスの将来展望　2011　日本エコノミックセンター編　日本エコノミックセンター　2011.4　215p　26cm　66190円　Ⓝ501.6

世界のカーボンニュートラル燃料最新業界レポート　水素・アンモニア・合成燃料・バイオ燃料：Carbon neutral fuels　シーエムシー・リサーチ　2021.11　332p　30cm　〈付属資料：CD-ROM1枚（12cm）〉　240000円　Ⓘ978-4-910581-11-5　Ⓝ575.093
〈目次〉第1編 水素（水素製造，世界の水素産業，水素製鉄法，水素貯蔵材料，水素ステーション），第2編 アンモニア（燃料アンモニア，CO2フリーアンモニア，アンモニア合成用触媒，アンモニア燃料船，アンモニアの用途別動向），第3編 合成燃料（合成燃料，合成メタン，FT合成燃料，メタノール，DME（ジメチルエーテル），Oxymethylene ethers（OME），e-fuel），第4編 バイオ燃料（バイオエタノール，バイオディーゼル，ドロップイン燃料（HVO，Co-processing），微細藻類，SAF），第5編 ネガティブエミッション技術（直接空気回収（DAC），BECCS）

NEDO再生可能エネルギー技術白書　再生可能エネルギー普及拡大にむけて克服すべき課題と処方箋　第2版　新エネルギー・産業技術総合開発機構編　森北出版　2014.3　635p　26cm　〈初版：エネルギーフォーラム 2010年刊　索引あり〉　8500円　Ⓘ978-4-627-62502-0　Ⓝ501.6
〈目次〉第1章 再生可能エネルギーの役割，第2章 太陽光発電，第3章 風力発電，第4章 バイオマスエネルギー，第5章 太陽熱発電・太陽熱利用，第6章 海洋エネルギー，第7章 地熱発電，第8章 中小水力発電，第9章 系統サポート技術，

第10章 スマートコミュニティ
〈内容〉再生可能エネルギーの大量導入が目前に迫った今，導入拡大にあたっての革新技術，産業構造の変化，克服すべき課題と解決策などを国内外の貴重なデータとともに網羅的，体系的にまとめた必携の書。3年ぶりの大改訂。わが国を取り巻くエネルギー情勢の変化を踏まえ，最新の情報にアップデート。再生可能エネルギー普及へむけた課題と克服方法を掲示。技術分野ごとに構成を見直し，使いやすさを向上。

◆新エネルギー（規格）

<ハンドブック>

JISハンドブック　省・新エネルギー　2024-1　用語/太陽光発電/太陽電池/太陽熱利用/風力発電　日本規格協会編　日本規格協会　2024.7　1746p　21cm　17400円　Ⓘ978-4-542-19089-4　Ⓝ509.13
〈内容〉2024年3月末現在におけるJISの中から，省・新エネルギー分野に関係する主なJISを情報収集し内容の抜粋なども行い，JISハンドブックとして編集する。

JISハンドブック　省・新エネルギー　2024-2　コージェネレーション/燃料電池/ジメチルエーテル（DME）/省エネルギー/エネルギーマネジメントシステム　日本規格協会編　日本規格協会　2024.7　1964p　21cm　17800円　Ⓘ978-4-542-19090-0　Ⓝ509.13

◆水素エネルギー

<事典>

水素エネルギーの事典　水素エネルギー協会編集　朝倉書店　2019.3　223p　21cm　〈文献あり　年表あり　索引あり〉　5000円　Ⓘ978-4-254-14106-1　Ⓝ501.6
〈目次〉第1章 水素をどう使うか，第2章 エネルギーシステムにおける水素の位置づけ，第3章 水素製造・利用の歴史，第4章 水素の基本物性，第5章 水素の技術，第6章 水素と安全・社会受容性，第7章 水素エネルギーシステムと社会，第8章 水素に関わる政策
〈内容〉水素エネルギーの基礎から実用面までをわかりやすく解説。歴史的背景，学術的基礎，要素技術の実際，安全確保の取り組み，世界の動きなどを網羅的に取り上げ，写真や図表なども掲載する。

水素の事典　新装版　水素エネルギー協会編集　朝倉書店　2022.11　704p　21cm　〈索引あり〉　19000円　Ⓘ978-4-254-14112-2

エネルギー問題　　　　　　　　　　　　新エネルギー

Ⓝ501.6
㋐基礎編（序章，水素原子，水素分子，水素と金属，水素の化学，水素と生物），応用編（水素の製造，水素の精製，水素の貯蔵，水素の輸送，水素と安全，水素の利用，エネルギーキャリアとしての水素の利用，環境と水素，水素エネルギーシステムの実現への道筋）
㋑クリーンエネルギーとしての需要が拡大している水素について，基礎から実際の応用までを解説。基礎編では水素そのものに関する基礎的な事項をまとめ，応用編では水素の製造，貯蔵，利用に加え，安全性，環境などを解説する。

＜ハンドブック＞

水素エネルギー企業ハンドブック　第4のエネルギー、水素エネルギーの最新動向を網羅　産業タイムズ社　2016.5　94p　26cm　10000円　Ⓘ978-4-88353-244-5　Ⓝ501.6
㋐第1章 水素エネルギーを取り巻く社会，第2章 水素インフラ企業の事業戦略，第3章 水素設備企業の事業戦略，第4章 水素発電企業の事業戦略，第5章 FCV企業の事業戦略，第6章 燃料電池企業の事業戦略
㋑次世代エネルギーとして有望視される水素エネルギーをマクロ的な視点から俯瞰しつつ，個別メーカー等のミクロ的な情報をまとめる。カギとなる水素インフラ，FCV，水素設備，水素発電，燃料電池を展開する企業の動向を詳述。

＜年鑑・白書＞

水素利用市場の将来展望　2023年版　エネルギーシステム事業部調査・編集　富士経済　2023.2　260p　30cm　180000円　Ⓘ978-4-8349-2474-9　Ⓝ501.6
NEDO水素エネルギー白書　イチから知る水素社会　新エネルギー・産業技術総合開発機構編　日刊工業新聞社　2015.2　194p　26cm　〈文献あり〉　3000円　Ⓘ978-4-526-07356-4　Ⓝ501.6
㋐第1章 水素とはなにか，第2章 水素エネルギーに関連する日本の政策と取り組み，第3章 水素エネルギーに関連する各国の取り組み，第4章 水素エネルギーの市場の現状と展望，第5章 水素エネルギーの社会受容性，第6章 水素エネルギー技術，第7章 水素社会実現を目指して

◆バイオエネルギー

＜名簿・人名事典＞

バイオスタートアップ総覧　The directory of biotech startups in Japan 2021-2022　日経バイオテク編集　日経BP　2021.6　898p　27cm　〈発売：日経BPマーケティング〉　320000円　Ⓘ978-4-296-11006-3　Ⓝ579.90921
㋑未上場の有望バイオ企業約400社を一挙掲載あなたの知らない「次のユニコーン」がこの中に！ バイオ業界での提携先・投資先選定に欠かせない1冊！ バイオベンチャー各社の経営内容から専有技術のポテンシャルまで、日経バイオテクがその実力を独自に評価した企業ディレクトリー。医薬品や創薬、医療機器はもちろん、近年大幅に増大するデジタルヘルスやフードテック、バイオマスエネルギーなど、約5兆3000億円を超える国内バイオ関連市場を捉える新しい技術シーズやソリューションを持つ企業との出会いに必読の一冊です。

＜年鑑・白書＞

日経バイオ年鑑　研究開発と市場・産業動向　2012　日経バイオテク編集　日経BP社　2011.12　1135p　27cm　（BIOFILE）〈発売：日経BPマーケティング〉　92857円　Ⓘ978-4-8222-3163-7　Ⓝ579.9
㋑2011年のバイオ関連市場を総括するほか、医薬品・化成品・食品など分野別に各製品・サービスの市場の現状、研究開発動向、実用化状況等を紹介。2010年末から2011年にかけての業界のホットなトピックもまとめる。

日経バイオ年鑑　研究開発と市場・産業動向　2013　日経バイオテク編集　日経BP社　2012.12　1141p　27cm　（BIOFILE）〈発売：日経BPマーケティング〉　92857円　Ⓘ978-4-8222-1148-6　Ⓝ579.9
㋑2012年のバイオ関連市場を総括するほか、医薬品・化成品・食品など分野別に各製品・サービスの市場の現状、研究開発動向、実用化状況等を紹介。2011年末から2012年にかけての業界のホットなトピックもまとめる。

日経バイオ年鑑　研究開発と市場・産業動向　2014　日経バイオテク編集　日経BP社　2013.12　1151p　27cm　（BIOFILE）〈発売：日経BPマーケティング〉　92857円　Ⓘ978-4-8222-3178-1　Ⓝ579.9
㋑2013年のバイオ関連市場を総括するほか、医薬品・化成品・食品など分野別に各製品・サービスの市場の現状、研究開発動向、実用化状況等を紹介。2012年末から2013年にかけての業界のホットなトピックもまとめる。

日経バイオ年鑑　研究開発と市場・産業動向　2015　日経バイオテク編集　日経BP社　2014.12　1290p　27cm　（BIOFILE）〈発売：日経BPマーケティング〉　90741円

ⓘ978-4-8222-3196-5　Ⓝ579.3
(内容) 2014年のバイオ関連市場を総括するほか、医薬品・化成品・食品など分野別に各製品・サービスの市場の現状、研究開発動向、実用化状況等を紹介。話題のテーマに関する特別リポートとニュースまとめ読み、将来展望も収録。

日経バイオ年鑑　研究開発と市場・産業動向　2016　日経バイオテク編集　日経BP社　2015.12　1132p　27cm　（BIOFILE）〈発売：日経BPマーケティング〉　90741円　ⓘ978-4-8222-0075-6　Ⓝ579.3
(内容) 2015年のバイオ関連市場を総括するほか、医薬品・化成品・食品など分野別に各製品・サービスの市場の現状、研究開発動向、実用化状況等を紹介。話題のテーマに関する特別リポート、将来展望も収録。

日経バイオ年鑑　研究開発と市場・産業動向　2017　日経バイオテク編集　日経BP社　2016.12　1047p　27cm　（BIOFILE）〈発売：日経BPマーケティング〉　90741円　ⓘ978-4-8222-3956-5　Ⓝ579.3
(内容) 2016年のバイオ関連市場を総括するほか、医薬品・化成品・食品など分野別に各製品・サービスの市場の現状、研究開発動向、実用化状況等を紹介。最新のトレンドや成果を盛り込んだ特別リポート、将来展望も収録。

日経バイオ年鑑　研究開発と市場・産業動向　2018　日経バイオテク編集　日経BP社　2017.12　1046p　27cm　（BIOFILE）〈発売：日経BPマーケティング〉　90741円　ⓘ978-4-8222-5843-6　Ⓝ579.3
(内容) 2017年の国内バイオ市場を総括するほか、分野別に各製品・サービスの市場の現状と今後、研究開発動向、実用化状況を紹介。最新のバイオ産業とその市場を俯瞰できるデータ集、注目分野の将来展望なども収録する。

日経バイオ年鑑　研究開発と市場・産業動向　2019　日経バイオテク編集　日経BP社　2018.12　1178p　27cm　（BIOFILE）〈発売：日経BPマーケティング〉　90741円　ⓘ978-4-296-10156-6　Ⓝ579.3
(内容) 2018年の国内バイオ市場を総括するほか、分野別に各製品・サービスの市場の現状と今後、研究開発動向、実用化状況を紹介。最新のバイオ産業とその市場を俯瞰できるデータ集、キーパーソンインタビューなども収録する。

日経バイオ年鑑　2020　日経バイオテク編集　日経BP　2019.12　887p　27cm　（BIOFILE）〈発売：日経BPマーケティング〉　90818円　ⓘ978-4-296-10501-4　Ⓝ579.3
(内容) 2019年に日本政府が10年ぶりにまとめた「バイオ戦略」や、日本版癌ゲノム医療等をリポートするほか、分野別に各製品・サービスの市場の現状と今後、研究開発動向、実用化状況を紹介。製薬・バイオ産業データ集も収録。

日経バイオ年鑑　2021　日経バイオテク編集　日経BP　2020.12　1127p　27cm　（BIOFILE）〈発売：日経BPマーケティング　索引あり〉　90818円　ⓘ978-4-296-10843-5
(内容) 巻頭では「COVID-19制圧までの道」を特集するほか、分野別に各製品・サービスの市場の現状と今後、研究開発動向、各疾患領域における候補化合物の開発状況等を紹介。製薬・バイオ産業データ集も収録する。

日経バイオ年鑑　2022　日経バイオテク編集　日経BP　2021.12　1050p　27cm　（BIOFILE）〈発売：日経BPマーケティング　索引あり〉　99909円　ⓘ978-4-296-11151-0
(内容) 「COVID-19から人類を救うバイオテクノロジー最新動向」を特集。分野別に各製品・サービスの市場の現状と今後、研究開発動向、各疾患領域における候補化合物の開発状況等を紹介し、製薬・バイオ産業データ集を収録。

日経バイオ年鑑　2023　日経バイオテク編集　日経BP　2022.12　997p　27cm　（BIOFILE）〈発売：日経BPマーケティング　索引あり〉　99909円　ⓘ978-4-296-20132-7
(内容) 巻頭では「次世代創薬基盤、mRNA医薬の可能性」などを特集するほか、各製品・サービスの市場規模と今後の見通し、研究開発動向、各疾患領域における候補化合物の開発状況等を紹介。バイオ産業の動向も分析する。

日経バイオ年鑑　2024　日経バイオテク編集　日経BP　2023.12　1023p　27cm　（BIOFILE）〈発売：日経BPマーケティング　索引あり〉　99909円　ⓘ978-4-296-20422-9　Ⓝ579.3
(内容) 「今注目すべき3つの創薬モダリティ」などを特集するほか、国内外の製薬企業の決算情報等を分析。また、「医薬」「食品・農業」「化学・環境」の分野別に製品・サービスの市場規模や研究開発、実用化の動向等を解説する。

バイオケミカル・脱石油化学市場の現状と将来展望　2024年　第一部調査・編集　富士キメラ総研　2024.8　212p　30cm　180000円　ⓘ978-4-8351-0039-5　Ⓝ579.9093

◆◆バイオマス

<ハンドブック>

バイオマス活用ハンドブック　バイオマス

事業化成功のために　日本有機資源協会編著　環境新聞社　2013.4　273p　21cm　2500円　Ⓘ978-4-86018-262-5　Ⓝ501.6

(目次) 第1編 バイオマス利用の概論(バイオマス利用推進の基本,国のバイオマス施策の展開,バイオマス施策の新たな展開,バイオマス利用システムの基本),第2編 バイオマスの賦存量・利用可能量の把握(バイオマス賦存量の把握,バイオマス利用可能量の把握,バイオマス性状の把握,バイオマス賦存量・利用可能量の把握における留意点,バイオマス別の賦存量・利用可能量の把握例),第3編 バイオマスの活用(堆肥(コンポスト)化,飼料化,炭化,マテリアル製品(バイオプラスチック等),木質固形燃料,木質ガス,メタンガス化,液体燃料),第4編 バイオマス活用の運用に際して(バイオマス活用に関する相談窓口,バイオマス活用推進事業,バイオマス活用Yアドバイザーによる支援活動,バイオマス活用相談室,バイオマス活用推進のための各種人材育成研修,バイオマス活用に関する参考資料等)

バイオマスプロセスハンドブック　化学工学会,日本エネルギー学会共編　オーム社　2012.5　521p　27cm　〈他言語標題：BIOMASS PROCESS HANDBOOK　文献あり　年譜あり　索引あり〉　12000円　Ⓘ978-4-274-21218-5　Ⓝ501.6

(目次) 第1部 単位操作編,第2部 プロセス編,付録

(内容) バイオマス導入の検討に際して必要となる基礎的な知識から,単位操作やプロセス設計などに関するノウハウまで,実例に即して系統的に解説するハンドブック。

<年鑑・白書>

バイオマス利活用技術・市場の現状と将来展望　2017年版　大阪マーケティング本部第四部調査・編集　富士経済　2017.8　173p　30cm　150000円　Ⓘ978-4-8349-1995-0　Ⓝ501.6

◆ヒートポンプ

<ハンドブック>

地中熱ヒートポンプシステム施工管理マニュアル　地中熱利用促進協会編　オーム社　2014.12　173p　26cm　〈索引あり〉　3200円　Ⓘ978-4-274-21682-4

(目次) 第1章 序論,第2章 計画提案と設計,第3章 地中熱交換井,第4章 配管,第5章 ヒートポンプ(熱源機)と熱源補機,第6章 試運転と維持管理,第7章 モニタリングとシステム評価,第8章 施工管理一般

(内容) 地中熱利用ヒートポンプシステム施工・管理・導入のためのノウハウを網羅した,地中熱利用にかかわる実務者必携の「施工管理マニュアル」。2015年1月からスタートする技術者資格制度「地中熱施工管理技術者」試験のテキストでもあり,章末の演習問題は,試験対策用の模擬問題となっている。

地中熱利用にあたってのガイドライン　改訂増補版　([東京])環境省水・大気環境局　[2018]　148p　30cm　Ⓝ533.6

(目次) 序 本ガイドラインの適用範囲と構成,第1章 地中熱利用ヒートポンプの概要,第2章 地中熱利用ヒートポンプによる省エネ効果および事例紹介,第3章 地中熱利用ヒートポンプの導入・利用に関する配慮事項,第4章 地中熱利用による効果・影響とモニタリング方法,第5章 地中熱利用に関する新技術等の紹介

<年鑑・白書>

ヒートポンプ温水・空調市場の現状と将来展望　2023　エネルギーシステム事業部調査・編集　富士経済　2023.7　341p　30cm　180000円　Ⓘ978-4-8349-2502-9　Ⓝ533.8093

省エネルギー

<ハンドブック>

省エネ行動スタートBOOK　平成29年・30年改訂学習指導要領対応 SDGsの学びに最適　新版　松葉口玲子,三神彩子監修　開隆堂出版　2023.5　79p　30cm　〈頒布：開隆館出版販売　平成29年・30年改訂学習指導要領対応〉　1600円　Ⓘ978-4-304-02191-6　Ⓝ375

(目次) 1 省エネについて考えてみよう！,2 エネルギーはどこからくるの？,3 地球からのSOS,4 家で使うエネルギーをはかってみよう！,5 暑い夏をすずしく過ごそう！,6 寒い冬をあたたかく過ごそう！,7 お湯の上手な使い方,8 照明とテレビについて考えてみよう！,9 家にある家電製品の使い方,10 省エネ機器について調べてみよう！,11 食生活と省エネのかかわり,12 エコ・クッキングにチャレンジ,13 ごみを減らす工夫,14 水を使うときにできること,15 火の使い方を考えてみよう！,16 これからの省エネルギー,17 昔の暮らしのよいところ

(内容) SDGsの学びに最適。授業で使えるワークシート&指導案付。

省エネ法　輸送事業者の手引き　平成30年度改正　国土交通省総合政策局環境政策課監修,交通エコロジー・モビリティ財団編著

省エネルギー　　　　　　　　エネルギー問題

交通エコロジー・モビリティ財団　2019.3
410p　26cm　1500円　⓵978-4-6000-0097-4
Ⓝ501.6

省エネルギー総覧　2015　省エネルギー総覧編集委員会編　通産資料出版会　2014.11　447p　26cm　〈他言語標題：ENERGY EFFICIENCY & CONSERVATION〉　36000円　⓵978-4-901864-18-3　Ⓝ501.6

(目次) 我が国のエネルギー情勢(我が国のエネルギー情勢とエネルギー政策の方向，気候変動(地球温暖化)問題をめぐる内外の政策)，第1章 我が国の省エネルギー対策等(我が国の省エネ政策，省エネ法の解説，省エネルギーに資する技術開発戦略，省エネ国際協力の推進，省エネ普及広報活動の推進)，第2章 我が国の新エネルギー利用等(新エネルギーの位置づけ，新エネルギー政策，新エネルギー関連法規等，新エネルギー技術開発，新エネ普及広報活動の推進)

<法令集>

改正省エネ法　法律・政令・省令　信山社
2019.10　430p　21cm　(重要法令シリーズ 003)　8800円　⓵978-4-7972-7071-6　Ⓝ501.6

(目次) 法律 エネルギーの使用の合理化等に関する法律の一部を改正する法律(平成30年6月13日法律第45号、施行：平成30年12月1日)(条文，新旧対照条文)，政令 エネルギーの使用の合理化等に関する法律の一部を改正する法律の施行に伴う関係政令の整備に関する政令(平成30年11月30日政令第329号，施行：平成30年12月1日)(条文，新旧対照条文)，省令 エネルギーの使用の合理化等に関する法律施行規則の一部を改正する省令(平成30年11月29日経済産業省令第67号，施行：平成30年12月1日)
(内容)「エネルギーの使用の合理化等に関する法律(省エネ法)」の改正法の全体像。平成30年6月13日公布、12月1日施行。

省エネ法 法律・施行令・施行規則　信山社
編集部編　信山社　2019.11　403p　21cm　(重要法令シリーズ 004)　8800円　⓵978-4-7972-7073-0　Ⓝ501.6

(目次) エネルギーの使用の合理化等に関する法律，エネルギーの使用の合理化等に関する法律施行令，エネルギーの使用の合理化等に関する法律施行規則
(内容) 日本の省エネ政策の根幹となる重要法令の全体像。

「省エネ法」法令集　エネルギーの使用の合理化等に関する法律　平成25年度改正
資源エネルギー庁省エネルギー対策課監修　省エネルギーセンター　2014.6　909p　21cm　6400円　⓵978-4-87973-426-6　Ⓝ501.6

(目次) 1 省エネ法平成25年度改正の概要(平成25年度の改正の経緯，省エネ法の構成 ほか)，2 法律(エネルギーの使用の合理化等に関する法律)，3 政令(エネルギーの使用の合理化等に関する法律施行令)，4 省令等(エネルギーの使用の合理化等に関する法律施行規則，エネルギー管理士の試験及び免状の交付に関する規則 ほか)，5 告示等(基本方針、判断基準)(エネルギーの使用の合理化等に関する基本方針，工場等におけるエネルギーの使用の合理化に関する事業者の判断の基準 ほか)

書名索引

【あ】

アイソトープ法令集 1 2023年版 ·················· 163
アイソトープ法令集 2 2023年版 ·················· 163
アイソトープ法令集 3 2022年版 ·················· 163
アジアの石油化学工業 2012年版 ················· 135
アジアの石油化学工業 2013年版 ················· 135
アジアの石油化学工業 2014年版 ················· 135
アジアの石油化学工業 2015年版 ················· 135
アジアの石油化学工業 2016年版 ················· 135
アジアの石油化学工業 2017年版 ················· 135
アジアの石油化学工業 2018年版 ················· 135
アジアの石油化学工業 2019年版 ················· 135
アジアの石油化学工業 2020年版 ················· 135
アジアの石油化学工業 2021年版 ················· 135
アジアの石油化学工業 2022年版 ················· 135
アジアの石油化学工業 2023年版 ················· 135
アジアの石油化学工業 2024年版 ················· 135
EARTH ··· 24
雨のことば辞典 ··· 28

【い】

ESG/SDGsキーワード130 ····························· 97
ESG情報開示の実践ガイドブック ·················· 99
ESG情報の外部保証ガイドブック ·················· 99
EMC設計・測定試験ハンドブック ················ 148
いきものづきあいルールブック ······················ 39
石綿障害予防規則の解説 第9版 ······················ 93
ISO環境法クイックガイド 2024 ····················· 96
EDMC/エネルギー・経済統計要覧 2011年版 ··· 127
EDMC/エネルギー・経済統計要覧 2012年版 ··· 127
EDMC/エネルギー・経済統計要覧 2013 ········· 127
EDMC/エネルギー・経済統計要覧 2014 ········· 127
EDMC/エネルギー・経済統計要覧 2015 ········· 127
EDMC/エネルギー・経済統計要覧 2016 ········· 128
EDMC/エネルギー・経済統計要覧 2017 ········· 128
EDMC/エネルギー・経済統計要覧 2018 ········· 128
EDMC/エネルギー・経済統計要覧 2019 ········· 128
EDMC/エネルギー・経済統計要覧 2020年版 ··· 128
EDMC/エネルギー・経済統計要覧 2021年版 ··· 128
EDMC/エネルギー・経済統計要覧 2022年版 ··· 128
EDMC/エネルギー・経済統計要覧 2023年版 ··· 129
EDMC/エネルギー・経済統計要覧 2024年版 ··· 129
稲妻と雷の図鑑 ··· 30
いまからできる放射線対策ハンドブック ······· 162

今すぐマネできるエシカルライフ118のアイデア図鑑 ·· 106
今と未来がわかる電気 ································· 143
イラストで学ぶ 地理と地球科学の図鑑 ·········· 24
西表島の自然図鑑 ·· 24
印旛沼白書 令和元・2年版 ···························· 38

【う】

海大図鑑 ··· 37
海と環境の図鑑 ··· 37
海と空の港大事典 ·· 111
海の世界地図 ·· 37
海の大図鑑 ··· 37
海のまちづくりガイドブック ······················· 110
海ワシ類の風力発電施設バードストライク防止
  策の検討・実施手引き ······························ 164

【え】

液化石油ガスの保安の確保及び取引の適正化に
  関する法規集 第38次改訂版 ······················ 138
液体貨物ハンドブック 2訂版 ······················· 123
エコスラグ有効利用の現状とデータ集 2011年
  度版 ··· 91
エコスラグ有効利用の現状とデータ集 2013年
  度版 ··· 91
エコスラグ有効利用の現状とデータ集 2015年
  度版 ··· 91
エコスラグ有効利用の現状とデータ集 2017年
  度版 ··· 91
エコスラグ有効利用の現状とデータ集 2021年
  度版 ··· 91
エコスラグ有効利用の現状とデータ集 2022年
  度版 ··· 91
エコデバイス革命 2012 ································ 101
エコリノ読本 ·· 91
エシカルバイブル ·· 105
エシカル白書 2022-2023 ······························ 106
SDGsアイデア大全 ······································ 115
SDGs×自治体実践ガイドブック ·················· 116
SDGs自治体白書 2020 ································· 117
SDGs自治体白書 2021 ································· 117
SDGs自治体白書 2022 ································· 118
SDGs自治体白書 2023-2024 ························ 118
SDGs辞典 ··· 116
SDGsの絵本棚 ·· 115
SDGsの時代に探究・研究を進めるガイドブック ·· 116

SDGs白書 2019 ································· 118
SDGs白書 2020-2021 ························ 118
SDGs白書 2022 ································· 118
SDGsビジネスモデル図鑑 ··················· 106
SDGs用語辞典 ··································· 116
越日英原子力用語辞典 ······················· 154
絵とき電気設備技術基準・解釈早わかり 2023
　年版 ·· 141
エネルギー・大型二次電池・材料の将来展望
　2022［版］電動自動車・車載電池分野編 ··· 168
エネルギー・大型二次電池・材料の将来展望
　2023［版］ESS・定置用蓄電池分野編 ······ 168
エネルギー資源データブック ·············· 126
エネルギーデジタルビジネス/DX市場の現状と
　将来展望 2022 ································· 127
エネルギー読本 1 ······························· 129
エネルギー白書 2011年版 ··················· 123
エネルギー白書 2012年版 ··················· 123
エネルギー白書 2013年版 ··················· 123
エネルギー白書 2014 ·························· 124
エネルギー白書 2015 ·························· 124
エネルギー白書 2016 ·························· 124
エネルギー白書 2017 ·························· 124
エネルギー白書 2018 ·························· 124
エネルギー白書 2019 ·························· 124
エネルギー白書 2020年版 ··················· 125
エネルギー白書 2021年版 ··················· 125
エネルギー白書 2022年版 ··················· 125
エネルギー白書 2023年版 ··················· 125
エネルギー白書 2024年版 ··················· 125
エネルギーマネジメント関連市場実態総調査
　2011 ·· 167
エネルギーマネジメント関連市場実態総調査
　2012 ·· 167
エネルギーマネジメントシステム関連市場実態
　総調査 2014 ····································· 167
エネルギーマネジメントシステム関連市場実態
　総調査 2015 ····································· 167
エネルギーマネジメントシステム関連市場実態
　総調査 2016 ····································· 167
エネルギーマネジメントシステム関連市場実態
　総調査 2017 ····································· 167
エネルギーマネジメントシステム関連市場実態
　総調査 2018 ····································· 167
エネルギーマネジメントシステム関連市場実態
　総調査 2019 ····································· 168
エネルギーマネジメントシステム関連市場実態
　総調査 2020 ····································· 168
エネルギーマネジメント・パワーシステム関連
　市場実態総調査 2022 ························ 168
エネルギーマネジメント・パワーシステム関連
　市場実態総調査 2023 ························ 168
LNG Outlook 2015 ···························· 140
LNG Outlook 2016 ···························· 140
LNG Outlook 2017 ···························· 140
LNG Outlook 2020 ···························· 140

LNG船・荷役用語集 改訂版 ················ 139
LPガス事故白書 第14刊 ····················· 138
LPガス事故白書 第15刊 ····················· 138
LPガス事故白書 第16刊 ····················· 138
LPガス事故白書 第17刊 ····················· 138
LPガス事故白書 第18刊 ····················· 138
LPガス資料年報 VOL.46（2011年版） ···· 138
LPガス資料年報 VOL.47（2012年版） ···· 138
LPガス資料年報 VOL.48（2013年版） ···· 138
LPガス資料年報 VOL.49（2014年版） ···· 138
LPガス資料年報 VOL.50（2015年版） ···· 138
LPガス資料年報 VOL.51（2016年版） ···· 138
LPガス資料年報 VOL.52（2017年版） ···· 138
LPガス資料年報 VOL.53（2018年版） ···· 138
LPガス資料年報 VOL.54（2019年版） ···· 138
LPガス資料年報 VOL.55（2020年版） ···· 138
LPガス資料年報 VOL.56（2021年版） ···· 138
LPガス資料年報 VOL.57（2022年版） ···· 138
LPガス資料年報 VOL.58（2023年版） ···· 139
LPガス資料年報 VOL.59（2024年版） ···· 139
LPガススタンド名鑑 2018年版 ············ 137
LPガススタンド名鑑 2020年版 ············ 137
LPガススタンド名鑑 2022年版 ············ 138
LPガススタンド名鑑 2024年版 ············ 138
LPガス読本 第4版 ······························ 138
LPガス法逐条解説 新版 改訂版2017 ····· 138
エレクトロヒートハンドブック ············ 141
沿岸域における環境価値の定量化ハンドブック ·· 97

【お】

屋外タンク貯蔵所関係法令通知・通達集 3訂版
　·· 136
尾瀬奇跡の大自然 ······························· 21
尾瀬の博物誌 ······································ 21
オックスフォード気象辞典 新装版 ········ 28
お話から考えるSDGs 絵本・児童文学・紙芝居
　2010-2014 ······································· 115
お話から考えるSDGs 絵本・児童文学・紙芝居
　2015-2019 ······································· 115

【か】

海外原子力発電所安全カタログ ············ 156
海外電気事業統計 2011年版 ················ 148
海外電気事業統計 2012年版 ················ 148
海外電気事業統計 2013年版 ················ 148
海外電気事業統計 2014年版 ················ 148
海外電気事業統計 2015年版 ················ 148

書名索引 / かんき

- 海外電気事業統計 2016年版 ·················· 148
- 海外電気事業統計 2017年版 ·················· 148
- 海外電気事業統計 2018年版 ·················· 148
- 海外電気事業統計 2019年版 ·················· 148
- 海外電気事業統計 2020年版 ·················· 148
- 海外電気事業統計 2021年版 ·················· 148
- 海外電気事業統計 2022年版 ·················· 148
- 海事法 第12版 ······································· 47
- 海事レポート 平成23年版 ························ 47
- 海事レポート 平成24年版 ························ 47
- 海事レポート 2013 ·································· 47
- 海事レポート 2014 ·································· 48
- 海事レポート 2015 ·································· 48
- 海事レポート 2017 ·································· 48
- 改正省エネ法 ·· 176
- 解説 悪臭防止法 上 ······························· 68
- 解説 悪臭防止法 下 ······························· 69
- 解説・放射性物質汚染対処特別措置法 ···· 162
- 海洋汚染防止条約 2022年改訂版 ············· 47
- 海洋大図鑑 改訂新版 ······························ 37
- 海洋白書 2011 ·· 48
- 海洋白書 2012 ·· 48
- 海洋白書 2013 ·· 48
- 海洋白書 2014 ·· 48
- 海洋白書 2015 ·· 48
- 海洋白書 2016 ·· 48
- 海洋白書 2017 ·· 49
- 海洋白書 2018 ·· 49
- 海洋白書 2019 ·· 49
- 海洋白書 2020 ·· 49
- 海洋白書 2021 ·· 49
- 海洋白書 2022 ·· 49
- 化学品の分類および表示に関する世界調和システム（GHS）改訂9版 ······························· 50
- 化学物質届出便覧 ·································· 52
- 化学物質取扱いマニュアル 改訂 ··············· 50
- 化学物質の爆発・危険性ハンドブック ······· 50
- 化学物質リスク管理用語辞典 ··················· 50
- カーク・オスマー 化学技術・環境ハンドブック 1巻 普及版 ······································· 101
- カーク・オスマー 化学技術・環境ハンドブック 2巻 普及版 ······································· 101
- 学習支援本から理解を深めるSDGs 2010-2014 ·· 115
- 学習支援本から理解を深めるSDGs 2015-2019 ·· 115
- 核物質防護ハンドブック 2020年度版 ······· 162
- かけらが語る地球と人類138億年の大図鑑 ······· 24
- ガス事業便覧 2023年版 ························· 137
- ガス事業法令集 改訂10版 ······················ 137
- 風と雲のことば辞典 ································· 38
- 風の事典 ·· 38
- 河川六法 令和5年版 ······························· 38
- 家庭用エネルギーハンドブック 2014 ········ 126
- カーボンニュートラル脱炭素・低炭素白書 2021年版 ··· 40
- カーボンニュートラルに向けた地域主体の再エネ普及と企業の貢献 ···························· 40
- カーボンニュートラル燃料の現状と将来展望 2022 ··· 171
- カーボンニュートラルの効用・事業機会白書 2021年版 ··· 40
- カーボンフリーエネルギー事典 ················ 171
- 紙パルプ産業と環境 2012 ······················· 102
- 紙パルプ産業と環境 2013 ······················· 102
- 紙パルプ産業と環境 2014 ······················· 102
- 紙パルプ産業と環境 2015 ······················· 102
- 紙パルプ産業と環境 2016 ······················· 102
- 紙パルプ産業と環境 2017 ······················· 102
- 紙パルプ産業と環境 2018 ······················· 102
- 紙パルプ産業と環境 2019 ······················· 103
- 紙パルプ産業と環境 2020 ······················· 103
- 紙パルプ産業と環境 2021 ······················· 103
- 紙パルプ産業と環境 2022 ······················· 103
- 紙パルプ産業と環境 2023 ······················· 103
- 紙パルプ産業と環境 2024 ······················· 103
- 紙パルプ産業と環境 2025 ······················· 104
- カラー 世界の原発と核兵器図鑑 ············· 156
- 火力・原子力発電所設備要覧 平成29年改訂版 ·· 150
- 火力発電技術必携 ································ 151
- 火力発電プラントにおける水質管理ハンドブック ·· 151
- 火力発電用語事典 改訂6版 ··················· 151
- 環境・エネルギー材料ハンドブック ·········· 166
- 環境・エネルギー触媒関連市場の現状と将来展望 2018 ··· 2
- 環境・エネルギーの賞事典 ························· 1
- 環境・エネルギー問題レファレンスブック ······· 1
- 環境関連機材カタログ集 2012年版 ········· 109
- 環境関連機材カタログ集 2013年版 ········· 109
- 環境関連機材カタログ集 2014年版 ········· 109
- 環境関連機材カタログ集 2015年版 ········· 109
- 環境関連機材カタログ集 2016年版 ········· 109
- 環境関連機材カタログ集 2017年版 ········· 109
- 環境関連機材カタログ集 2019年版 ········· 109
- 環境関連機材カタログ集 2020年版 ········· 109
- 環境関連機材カタログ集 2021年版 ········· 110
- 環境関連機材カタログ集 2022年版 ········· 110
- 環境関連機材カタログ集 2023年版 ········· 110
- 環境教育辞典 ······································· 113
- 環境教育ボランティア活動ハンドブック ···· 113
- 環境キーワード事典 ································ 21
- 環境経済・政策学事典 ···························· 21
- 環境・CSRキーワード事典 ······················· 98
- 環境史事典 2007-2018 ··························· 21
- 環境自治体白書 2011年版 ······················· 94
- 環境自治体白書 2012-2013年版 ·············· 94
- 環境自治体白書 2013-2014年版 ·············· 94
- 環境自治体白書 2014-2015年版 ·············· 94
- 環境自治体白書 2015-2016年版 ·············· 94

かんき　書名索引

環境自治体白書 2016-2017年版	94
環境自治体白書 2017-2018年版	94
環境自治体白書 2018-2019年版	95
環境社会学事典	16
環境省名鑑 2012年版	95
環境省名鑑 2013年版	95
環境省名鑑 2014年版	95
環境省名鑑 2015年版	95
環境省名鑑 2016年版	95
環境省名鑑 2017年版	95
環境省名鑑 2018年版	95
環境省名鑑 2019年版	95
環境省名鑑 2020年版	95
環境省名鑑 2021年版	95
環境省名鑑 2022年版	95
環境省名鑑 2023年版	95
環境省名鑑 2024年版	95
環境・生態系保全活動ハンドブック	97
環境設備計画レポート 2011年度版	110
環境設備計画レポート 2012年度版	110
環境騒音の測定マニュアル・ノウハウを学ぶ	69
環境総覧 2013	16
環境測定実務者のための騒音レベル測定マニュアル 上巻 新版	41
環境測定実務者のための騒音レベル測定マニュアル 下巻 新版	41
環境ソリューション企業総覧 2011年度版(Vol. 11)	104
環境ソリューション企業総覧 2012年度版(Vol. 12)	104
環境ソリューション企業総覧 2013年度版(Vol. 13)	104
環境ソリューション企業総覧 2014年度版(Vol. 14)	104
環境ソリューション企業総覧 2015年度版(Vol. 15)	104
環境対応が進む印刷インキ関連市場の全貌 2023	104
環境統計集 平成23年版	19
環境統計集 平成24年版	19
環境読本	29
環境と微生物の事典	22
環境年表 第1冊(平成21・22年)	15
環境年表 第2冊(平成23・24年)	15
環境年表 第3冊(平成25・26年)	15
環境年表 第4冊(平成27・28年)	15
環境年表 第5冊(平成29-30年)	15
環境年表 第6冊(2019-2020)	15
環境年表 第7冊(2021-2022)	15
環境年表 第8冊(2023-2024)	15
環境のための数学・統計学ハンドブック	23
環境配慮契約法 産業廃棄物処理契約ハンドブック	66
環境破壊図鑑	24
環境白書 循環型社会白書/生物多様性白書 平成23年版	16
環境白書 循環型社会白書/生物多様性白書 平成24年版	17
環境白書 循環型社会白書/生物多様性白書 平成25年版	17
環境白書 循環型社会白書/生物多様性白書 平成26年版	17
環境白書 循環型社会白書/生物多様性白書 平成27年版	17
環境白書 循環型社会白書/生物多様性白書 平成28年版	17
環境白書 循環型社会白書/生物多様性白書 平成29年版	17
環境白書 循環型社会白書/生物多様性白書 平成30年版	18
環境白書 循環型社会白書/生物多様性白書 令和元年版	18
環境白書 循環型社会白書/生物多様性白書 令和2年版	18
環境白書 循環型社会白書/生物多様性白書 令和3年版	18
環境白書 循環型社会白書/生物多様性白書 令和4年版	18
環境白書 循環型社会白書/生物多様性白書 令和5年版	18
環境白書 循環型社会白書/生物多様性白書 令和6年版	19
環境発電ハンドブック 第2版	150
環境ビジネス白書 2011年版	107
環境ビジネス白書 2012年版	107
環境ビジネス白書 2013年版	107
環境ビジネス白書 2014年版	107
環境ビジネス白書 2015年版	107
環境ビジネス白書 2016年版	107
環境ビジネス白書 2017年版	107
環境ビジネス白書 2018年版	108
環境ビジネス白書 令和元年版/平成最終版(2019年版)	108
環境ビジネス白書 2020年版	108
環境ビジネス白書 2021年版	108
環境ビジネス白書 2022年版	108
環境ビジネス白書 2023年版	108
環境プロジェクトの現況と計画 2012年版	108
環境プロジェクトの現況と計画 2013年版	109
環境分析ガイドブック	41
環境用語ハンドブック 改訂3版	23
環境・リサイクル施策データブック 2011	95
環境・リサイクル施策データブック 2012	95
環境・リサイクル施策データブック 2013	95
環境・リサイクル施策データブック 2014	95
環境・リサイクル施策データブック 2015	95
環境・リサイクル施策データブック 2016	95
環境緑化の事典 普及版	111
環境六法 令和6-7年版	96

書名索引　けすい

【き】

危険物船舶運送及び貯蔵規則 21訂版 ………… 47
気候変動交渉ハンドブック Ver.3.0 ……………… 29
気候変動適応技術の社会実装ガイドブック …… 29
気候変動適応法等改正法 ………………………… 30
気候変動の事典 …………………………………… 26
気象観察ハンドブック …………………………… 29
気象業務関係法令集 2020年版 …………………… 30
気象業務はいま 2011 ……………………………… 33
気象業務はいま 2012 ……………………………… 33
気象業務はいま 2013 ……………………………… 33
気象業務はいま 2014 ……………………………… 33
気象業務はいま 2015 ……………………………… 33
気象業務はいま 2016 ……………………………… 33
気象業務はいま 2017 ……………………………… 34
気象業務はいま 2018 ……………………………… 34
気象業務はいま 2019 ……………………………… 34
気象業務はいま 2020 ……………………………… 34
気象業務はいま 2021 ……………………………… 34
気象業務はいま 2022 ……………………………… 34
気象業務はいま 2023 ……………………………… 34
気象業務はいま 2024 ……………………………… 34
気象災害の事典 …………………………………… 26
気象庁ガイドブック 2011 ………………………… 29
気象庁ガイドブック 2012 ………………………… 29
気象庁ガイドブック 2013 ………………………… 29
気象庁ガイドブック 2015 ………………………… 29
気象庁ガイドブック 2016 ………………………… 29
気象庁ガイドブック 2017 ………………………… 29
気象庁ガイドブック 2018 ………………………… 29
気象庁ガイドブック 2019 ………………………… 29
気象庁ガイドブック 2020 ………………………… 29
気象庁ガイドブック 2021 ………………………… 29
気象庁ガイドブック 2022［版］ ………………… 29
気象庁ガイドブック 2023［版］ ………………… 29
気象庁ガイドブック 2024［版］ ………………… 29
気象・天気の新事実 ……………………………… 31
気象年鑑 2011年版 ………………………………… 34
気象年鑑 2012年版 ………………………………… 35
気象年鑑 2013年版 ………………………………… 35
気象年鑑 2014年版 ………………………………… 35
気象年鑑 2015年版 ………………………………… 35
気象年鑑 2016年版 ………………………………… 35
気象年鑑 2017年版 ………………………………… 35
気象年鑑 2018年版 ………………………………… 35
気象年鑑 2019年版 ………………………………… 35
気象年鑑 2020年版 ………………………………… 35
気象年鑑 2021年版 ………………………………… 35

気象年鑑 2022年版 ………………………………… 35
気象年鑑 2023年版 ………………………………… 35
気象ハンドブック 第3版 新装版 ……………… 29
基礎からわかる下水・汚泥処理技術 …………… 58
基礎からわかるごみ焼却技術 …………………… 65
基礎からわかる大気汚染防止技術 ……………… 41
基礎からわかる水処理技術 ……………………… 53
キーナンバーで綴る環境・エネルギー読本 …… 2
Q&A建設廃棄物処理とリサイクル 改訂新版 … 90
Q&Aでよくわかる ここが知りたい世界の
　RoHS法 ………………………………………… 52
教師のためのSDGsアクティビティー・ハンド
　ブック ………………………………………… 116
業務施設エネルギー消費実態・関連機器市場調
　査 ……………………………………………… 130
業務施設エネルギー消費実態総調査 …………130
業務施設エネルギー消費実態調査 2018年版 …130
漁業制度例規集 改訂3版 ………………………… 82
漁港漁場整備関係法規集 平成26年度版 ……… 82
居住性能確保のための環境振動設計の手引き … 92
漁村・漁港地域への再生可能エネルギー導入に
　関するハンドブック ………………………… 171
キーワード 気象の事典 新装版 ………………… 26
キーワードで知るサステナビリティ ………… 113
金属リサイクル企業ファイル 改訂5版 ……… 119
金属リサイクル・ハンドブック 2024 ………… 119

【く】

国別鉱物・エネルギー資源データブック ……… 3
〈国別比較〉危機・格差・多様性の世界地図 …117
雲と出会える図鑑 ………………………………… 31
雲の図鑑 …………………………………………… 31
クリーンエネルギー/エネルギー革新白書 2021
　年版 …………………………………………… 171
クリーンエネルギーの技術と市場 2022 ……… 171
グリーン投資戦略ハンドブック ……………… 106
クローズドシステム処分場技術ハンドブック … 62
グローバル環境ガバナンス事典 ………………… 93

【け】

下水処理場ガイド 2013 …………………………… 58
下水処理場ガイド 2017 …………………………… 58
下水処理場ガイド 2019 …………………………… 58
下水道維持管理業名鑑 2012 ……………………… 58
下水道管きょ更生工法ガイドブック 2024年版 … 59
下水道工事積算標準単価 令和2年度版 ………… 59
下水道工事適正化読本 2018 ……………………… 59

環境・エネルギー問題 レファレンスブック2　183

けすい　　　　　　　　書名索引

下水道事業の手引 令和6年版 … 59
下水道施設の維持管理ガイドブック 2014年版 … 59
下水道年鑑 平成23年度版 … 60
下水道年鑑 平成24年度版 … 60
下水道年鑑 平成25年度版 … 60
下水道年鑑 平成26年度版 … 60
下水道年鑑 平成27年度版 … 60
下水道年鑑 平成28年度版 … 60
下水道年鑑 平成29年度版 … 60
下水道年鑑 平成30年度版 … 60
下水道年鑑 令和元年度版 … 60
下水道年鑑 令和2年度版 … 60
下水道年鑑 令和3年度版 … 61
下水道年鑑 令和4年度版 … 61
下水道年鑑 令和5年度版 … 61
下水道の維持管理ガイドブック 2015年版 … 59
下水道法令要覧 令和5年版 … 59
下・排水再利用のガイドブック 2021年度 … 59
研究開発の俯瞰報告書 環境・エネルギー分野 2013年 … 104
研究開発の俯瞰報告書 環境・エネルギー分野 2015年 … 104
研究開発の俯瞰報告書 環境・エネルギー分野 2019年 … 104
研究開発の俯瞰報告書 環境・エネルギー分野 2021年 … 104
研究開発の俯瞰報告書 環境・エネルギー分野 2023年 … 104
原子科学研究所気象統計 2006年—2020年 … 161
原子力科学研究所気象統計 2017年—2021年 … 161
原子力・核問題ハンドブック … 154
原子力規制委員会主要内規集 改訂版 … 161
原子力規制関係法令集 2022年 … 161
原子力教育読本 … 154
原子力キーワードガイド 改訂版 … 154
原子力施設運転管理年報 平成23年版（平成22年度実績） … 157
原子力施設運転管理年報 平成24年版（平成23年度実績） … 157
原子力施設運転管理年報 平成25年版（平成24年度実績） … 157
原子力施設における建築物の耐震性能評価ガイドブック … 154
原子力実務六法 2017年版 … 161
原子力市民年鑑 2011-12 … 157
原子力市民年鑑 2013 … 157
原子力市民年鑑 2014 … 157
原子力市民年鑑 2015 … 157
原子力市民年鑑 2016-17 … 158
原子力市民年鑑 2018-20 … 158
原子力市民年鑑 2023 … 158
原子力総合年表 … 153
原子力年鑑 2012 … 158
原子力年鑑 2013 … 158

原子力年鑑 2014 … 158
原子力年鑑 2015 … 159
原子力年鑑 2016 … 159
原子力年鑑 2017 … 159
原子力年鑑 2018 … 159
原子力年鑑 2019 … 159
原子力年鑑 2020 … 159
原子力年鑑 2021 … 159
原子力年鑑 2022 … 159
原子力年鑑 2023 … 159
原子力年鑑 2024 … 159
原子力年鑑 2025 … 159
原子力白書 平成28年版 … 160
原子力白書 平成29年度版 … 160
原子力白書 平成30年度版 … 160
原子力白書 令和元年度版 … 160
原子力白書 令和2年度版 … 160
原子力白書 令和3年度版 … 160
原子力白書 令和4年度版 … 160
原子力ポケットブック … 154, 155
原子力ポケットブック 2011年版 … 155
原子力ポケットブック 2012年版 … 155
原子力ポケットブック 2013年版 … 155
原子力ポケットブック 2014年版 … 155
原子力ポケットブック 2015年版 … 155
原子力保全ハンドブック … 155
原子力問題図書・雑誌記事全情報 2000-2011 … 152
原子力問題図書・雑誌記事全情報 2011-2020 … 153
原子力・量子・核融合事典 普及版 … 153
原子炉水化学ハンドブック 改訂 … 155
建設現場従事者のための産業廃棄物等取扱ルール 改訂4版 … 66
建設工事で発生する自然由来重金属等含有土対応ハンドブック … 90
建設廃棄物適正処理マニュアル … 66
建設リサイクルハンドブック 2020 … 90
現代おさかな事典 第2版 … 80
現代流通事典 第3版 … 85
建築環境心理生理用語集 … 91
建築設備関係法令集 令和6年版 … 92
建築物の環境配慮技術手引き 改訂版 … 92
建築紛争判例ハンドブック … 92
〈原爆〉を読む文化事典 … 153
原発災害・避難年表 … 153
原発事故と子どもたち … 162
原発「廃炉」地域ハンドブック … 155
「原発」文献事典 … 153
原発・放射能キーワード事典 … 154

184　環境・エネルギー問題 レファレンスブック2

【こ】

高圧ガス・液化石油ガス法令用語解説 第6次改訂版 ……………………………………137
高圧ガス保安法規集 第22次改訂版 ……………137
高圧ガス保安法規集—液化石油ガス分冊 第20次改訂版 …………………………………138
高圧ガス保安法令(抄) 第10次改訂版 ………137
公園・緑地・広告必携 平成25年版 ……………111
公害紛争処理白書 平成23年版 ……………………67
公害紛争処理白書 平成24年版 ……………………67
公害紛争処理白書 平成25年版 ……………………67
公害紛争処理白書 平成26年版 ……………………67
公害紛争処理白書 平成27年版 ……………………67
公害紛争処理白書 平成28年版 ……………………67
公害紛争処理白書 平成29年版 ……………………67
公害紛争処理白書 平成30年版 ……………………67
公害紛争処理白書 令和元年版 ……………………68
公害紛争処理白書 令和2年版 ……………………68
公害紛争処理白書 令和3年版 ……………………68
公害紛争処理白書 令和4年版 ……………………68
公害紛争処理白書 令和5年版 ……………………68
公共下水道工事複合単価 管路編 平成25年度版 ‥59
公共住宅電気設備工事積算基準 令和5年度版 ‥149
鉱物資源データブック 第2版 …………………121
港湾小六法 令和6年版 …………………………112
港湾六法 2024年版 ………………………………112
氷蓄熱空調システム設計の手引き POD版 …166
国際環境条約・資料集 ……………………………96
国際規制物資使用手続の手引 第14版 ………162
国際比較統計索引 2020 …………………………1
国際連合・世界人口予測 第1分冊〔2010年改訂版〕 ……………………………………………84
国際連合・世界人口予測 第2分冊〔2010年改訂版〕 ……………………………………………84
国際連合世界人口予測 第1分冊 2015年改訂版 ‥84
国際連合世界人口予測 第2分冊 2015年改訂版 ‥84
国際連合世界人口予測 第1分冊 2017年改訂版 ‥85
国際連合世界人口予測 第2分冊 2017年改訂版 ‥85
国際連合世界人口予測 第1分冊 2019年改訂版 ‥85
国際連合世界人口予測 第2分冊 2019年改訂版 ‥85
国際連合世界人口予測 第1分冊 2022年改訂版 ‥85
国際連合世界人口予測 第2分冊 2022年改訂版 ‥85
国際連合世界人口予測 第1分冊 2024年改訂版 ‥85
国際連合世界人口予測 第2分冊 2024年改訂版 ‥85
コージェネレーション導入関連法規参考書 2022 …………………………………………166
コージェネレーション白書 2012 ……………166
コージェネレーション白書 2014 ……………167
コージェネレーション白書 2016 ……………167
コージェネレーション白書 2018 ……………167
コージェネレーション白書 2021 ……………167
古紙統計年報 2010年版 ………………………120
古紙統計年報 2011年版 ………………………120
古紙統計年報 2012年版 ………………………120
古紙統計年報 2013年版 ………………………120
古紙統計年報 2014年版 ………………………120
古紙統計年報 2015年版 ………………………120
古紙統計年報 2016年版 ………………………120
古紙統計年報 2017年版 ………………………120
古紙統計年報 2018年版 ………………………120
古紙統計年報 2019年版 ………………………120
古紙統計年報 2020年版 ………………………120
古紙統計年報 2021年版 ………………………120
古紙統計年報 2022年版 ………………………120
古紙統計年報 2023年版 ………………………120
古紙ハンドブック 2023 ………………………119
50のテーマで読み解くCSRハンドブック ……100
こと典百科叢書 第39巻 …………………………81
こと典百科叢書 第54巻 …………………………52
ことば教えて! 物流の「いま」がわかる 2015年版 …………………………………………85
ことば教えて! 物流の「いま」がわかる 2016年版 …………………………………………85
ことば教えて! 物流の「いま」がわかる 2017年版 …………………………………………85
ことば教えて! 物流の"いま"がわかる。2018年版 …………………………………………85
ことば教えて! 物流の"いま"がわかる 2019年版 …………………………………………86
ことば教えて! 物流の"いま"がわかる 2020年度版 ………………………………………86
ことば教えて! 物流の"いま"がわかる 2021年版 …………………………………………86
ことば教えて! 物流の"いま"がわかる 2022年版 …………………………………………86
ことば教えて! 物流の"いま"がわかる 2023年版 …………………………………………86
ことば教えて! 物流の"いま"がわかる 2024年版 …………………………………………86
子どもと自然大事典 ………………………………113
ごみ・し尿・下水処理場整備計画一覧 2013-2014 ……………………………………………110
ごみ・し尿・下水処理場整備計画一覧 2014-2015 ……………………………………………111
ごみ・し尿・下水処理場整備計画一覧 2015-2016 ……………………………………………111
ごみ・し尿・下水処理場整備計画一覧 2016-2017 ……………………………………………111
ごみ焼却技術絵とき基本用語 改訂3版 …………65
コモディティハンドブック 貴金属編 第2版 ……121
コモディティハンドブック 石油・ゴム編 第2版 …………………………………………131
これだけは知っておきたい環境用語ハンドブック …………………………………………23
コンクリート用高炉スラグ活用ハンドブック ‥90

【さ】

災害廃棄物管理ガイドブック ………………… 62
災害廃棄物分別・処理実務マニュアル ……… 62
再資源化白書 2021 ……………………………… 120
再資源化白書 2022 ……………………………… 120
最新 海洋汚染等及び海上災害の防止に関する法律及び関係法令 …………………………… 47
最新 材料の再資源化技術事典 ………………… 118
最新 水産ハンドブック ………………………… 81
最新 地球と生命の誕生と進化 ………………… 23
最新の国際基準で見わける雲の図鑑 ………… 31
再生可能エネルギー・エネルギー有効利用企業便覧 2013 …………………………………… 171
再生可能エネルギー開発・運用にかかわる法規と実務ハンドブック …………………………… 171
在来野草による緑化ハンドブック …………… 111
佐潟+御手洗潟ガイドブック ………………… 24
サーキュラー・エコノミー・ハンドブック … 113
サスティナブル・コンストラクション事典 … 89
サスティナブルコンストラクション事典 資料編 … 90
サステナビリティ情報開示ハンドブック …… 114
サステナビリティ監査ハンドブック ………… 114
里海づくりの手引書 …………………………… 97
沙漠学事典 ……………………………………… 38
サブシー工学ハンドブック 1 ………………… 81
サブシー工学ハンドブック 2 ………………… 81
サブシー工学ハンドブック 3 ………………… 81
サブシー工学ハンドブック 4 ………………… 81
3.11の記録 テレビ特集番組篇 ……………… 156
3.11の記録 原発事故篇 ……………………… 157
3.11の記録 震災篇 …………………………… 157
3.11の記録 2期 ……………………………… 157
産業廃棄物処理委託契約書の手引 第6版 …… 66
産業廃棄物の検定方法に係る分析操作マニュアル …………………………………………… 66
散歩の雲・空図鑑 ……………………………… 31

【し】

CSR企業総覧 2012 ……………………………… 99
CSR企業総覧 2013 ……………………………… 99
CSR企業総覧 2014 ……………………………… 99
CSR企業総覧 2015 ……………………………… 99
CSR企業総覧 2016 ……………………………… 99
CSR企業総覧 2017ESG編 …………………… 99
CSR企業総覧 2018ESG編 …………………… 99
CSR企業総覧 2019ESG編 …………………… 99
CSR企業総覧 2020ESG編 …………………… 99
CSR企業総覧 2021ESG編 …………………… 99
CSR企業総覧 2022ESG編 …………………… 99
CSR企業総覧 2023ESG編 …………………… 99
CSR企業白書 2017 ……………………………… 101
CSR企業白書 2018 ……………………………… 101
CSR企業白書 2019 ……………………………… 101
CSR企業白書 2020 ……………………………… 101
CSR企業白書 2021 ……………………………… 101
CSR企業白書 2022 ……………………………… 101
CSR企業白書 2023 ……………………………… 101
CFDガイドブック ……………………………… 92
CO_2・環境価値取引関連市場の現状と将来展望 2023 …………………………………… 40
資源・エネルギー史事典 ……………………… 1
資源・エネルギー統計年報 平成22年 ……… 130
資源・エネルギー統計年報 平成23年 ……… 130
資源・エネルギー統計年報 平成24年 ……… 130
資源・エネルギー統計年報（政府統計）平成25年 ………………………………………… 131
資源・エネルギー統計年報（政府統計）平成26年 ………………………………………… 131
資源・エネルギー統計年報（政府統計）平成27年 ………………………………………… 132
資源・エネルギー統計年報 平成28年 ……… 132
資源・エネルギー統計年報 平成29年 ……… 132
資源・エネルギー統計年報 平成30年 ……… 132
資源・エネルギー統計年報（石油）令和1年 … 132
資源・エネルギー統計年報（石油）令和2年 … 132
資源・エネルギー統計年報（石油）令和3年 … 132
資源・エネルギー統計年報（石油）令和4年 … 132
資源エネルギー年鑑 2011 ……………………… 126
資源エネルギー年鑑 2012 ……………………… 126
資源エネルギー年鑑 2014 ……………………… 126
資源エネルギー年鑑 2015 ……………………… 126
資源エネルギー年鑑 2016 ……………………… 126
資源循環ハンドブック 2011 …………………… 114
資源循環ハンドブック 2012 …………………… 114
資源循環ハンドブック 2013 …………………… 114
資源循環ハンドブック 2014 …………………… 114
資源循環ハンドブック 2015 …………………… 114
資源循環ハンドブック 2016 …………………… 114
資源循環ハンドブック 2017 …………………… 114
資源循環ハンドブック 2018 …………………… 114
資源循環ハンドブック 2019 …………………… 114
資源循環ハンドブック 2020 …………………… 114
資源循環ハンドブック 2021 …………………… 114
JIS電気用図記号ハンドブック 1 新版 ……… 148
JIS電気用図記号ハンドブック 2 新版 ……… 149
JISハンドブック シックハウス 2015 ……… 93
JISハンドブック リサイクル 2013 ………… 121
JISハンドブック 医用放射線 2018 ………… 164
JISハンドブック 環境マネジメント 2024 … 101

JISハンドブック 環境測定 2024-1-1	41
JISハンドブック 環境測定 2024-1-2	41
JISハンドブック 環境測定 2024-2	41
JISハンドブック 省・新エネルギー 2024-1	172
JISハンドブック 省・新エネルギー 2024-2	172
JISハンドブック 石油 2024	134
JISハンドブック 電気安全 2024	149
JISハンドブック 電気計測 2023	149
JISハンドブック 電気設備 2024-1-1	149
JISハンドブック 電気設備 2024-1-2	149
JISハンドブック 電気設備 2024-2-1	149
JISハンドブック 電気設備 2024-2-2	149
JISハンドブック 電気設備 2024-3	149
JISハンドブック 物流 2022	89
JISハンドブック 包装 2022	89
JISハンドブック 放射線(能) 2011	164
JISハンドブック 放射線計測 2013	164
次世代自動車市場・技術の実態と将来展望 2020年版	167
次世代電池ハンドブック 2020	168
施設におけるエネルギー環境保全マネジメントハンドブック 2016	97
自然エネルギー世界白書 2013	171
自然エネルギーと環境の事典	171
自然エネルギー白書 2011	171
自然エネルギー白書 2012	171
自然エネルギー白書 2013	172
自然公園実務必携 5訂	97
自然再生の手引き	97
自然栽培の手引き	71
自然保護と利用のアンケート調査	97
持続可能・自然共生の賞事典	115
知っておきたい紙パの実際 2011	105
知っておきたい紙パの実際 2012	105
知っておきたい紙パの実際 2013	105
知っておきたい紙パの実際 2014	105
知っておきたい紙パの実際 2015	105
知っておきたい紙パの実際 2016	105
知っておきたい紙パの実際 2017	105
知っておきたい紙パの実際 2018	105
知っておきたい紙パの実際 2019	105
知っておきたい紙パの実際 2020	105
知っておきたい紙パの実際 2021	105
知っておきたい紙パの実際 2022	105
知っておきたい紙パの実際 2023	105
知っておきたい紙パの実際 2024/2025	105
知ってるつもりの放射線読本	162
実務家のためのREACHマニュアル	52
実務者のための化学物質等法規制便覧 2024年版	50
実用水理学ハンドブック	53
実用 水の処理・活用大事典	52
事典 持続可能な社会と教育	113
事典・日本の自然保護地域	97
自動車リサイクル部品名鑑 2014	119
自動車リサイクル部品名鑑 2016	119
自動車リサイクル部品名鑑 2018	119
自動車リサイクル部品名鑑 2020	119
自動車リサイクル部品名鑑 2022	119
自動車リサイクル部品名鑑 2024	119
写真で比べる地球の姿	25
首都圏のネットワーク観測による酸性雨の研究	41
ジュニア地球白書 2010-11	2
ジュニア地球白書 2012-13	2
樹木学事典	35
省エネ行動スタートBOOK 新版	175
省エネ法 平成30年度改正	175
省エネ法 法律・施行令・施行規則	176
「省エネ法」法令集 平成25年度改正	176
省エネルギー総覧 2015	176
詳解 逐条解説港湾法 4訂版	112
浄化槽整備事業の手引 2012年版	93
浄水場におけるリスクアセスメント(労働災害防止)の手引き	53
詳説 福島原発・伊方原発年表	153
食品ロス統計調査報告 平成21年度	84
食品ロス統計調査報告 平成26年度	84
食料・農業・農村白書 平成23年版	71
食料・農業・農村白書 平成24年版	72
食料・農業・農村白書 平成25年版	72
食料・農業・農村白書 平成26年版	72
食料・農業・農村白書 平成27年版	72
食料・農業・農村白書 平成28年版	72, 73
食料・農業・農村白書 平成29年版	73
食料・農業・農村白書 平成30年版	73
食料・農業・農村白書 令和元年版	73
食料・農業・農村白書 令和2年版	73
食料・農業・農村白書 令和3年版	73, 74
食料・農業・農村白書 令和4年版	74
食料・農業・農村白書 令和5年版	74
食料・農業・農村白書 令和6年版	74
食料・農業・農村白書 参考統計表 平成23年版	74
食料・農業・農村白書 参考統計表 平成24年版	74
食料・農業・農村白書 参考統計表 平成25年版	74
食料・農業・農村白書 参考統計表 平成26年版	74
食料・農業・農村白書 参考統計表 平成27年版	75
食料・農業・農村白書 参考統計表 平成28年版	75
食料・農業・農村白書 参考統計表 平成29年版	75
食料・農業・農村白書 参考統計表 平成30年版	75
食料・農業・農村白書 参考統計表 令和元年版	75
除染電離則の理論と解説	163
知床・ウトロ海のハンドブック	24
新エネルギービジネスの将来展望 2011	172
深海と地球の事典	36
新・雲のカタログ	31
新・公害防止の技術と法規 2011 ダイオキシン類編	44

| 新・公害防止の技術と法規 2011 水質編 1 ……… 46
| 新・公害防止の技術と法規 2011 水質編 2 ……… 46
| 新・公害防止の技術と法規 2011 騒音・振動編 ‥ 69
| 新・公害防止の技術と法規 2011 大気編 1 ……… 42
| 新・公害防止の技術と法規 2011 大気編 2 ……… 42
| 新・公害防止の技術と法規 2012 ダイオキシン
| 　類編 ……………………………………………… 45
| 新・公害防止の技術と法規 2012 水質編 ………… 46
| 新・公害防止の技術と法規 2012 水質編 別冊 …… 46
| 新・公害防止の技術と法規 2012 騒音・振動編 ‥ 69
| 新・公害防止の技術と法規 2012 大気編 ………… 42
| 新・公害防止の技術と法規 2012 大気編 別冊 …… 42
| 新・公害防止の技術と法規 2013 ダイオキシン
| 　類編 ……………………………………………… 45
| 新・公害防止の技術と法規 2013 水質編 ………… 46
| 新・公害防止の技術と法規 2013 騒音・振動編 ‥ 69
| 新・公害防止の技術と法規 2013 大気編 ………… 42
| 新・公害防止の技術と法規 2014 ダイオキシン
| 　類編 ……………………………………………… 45
| 新・公害防止の技術と法規 2014 水質編 ………… 46
| 新・公害防止の技術と法規 2014 騒音・振動編 ‥ 69
| 新・公害防止の技術と法規 2014 大気編 ………… 42
| 新・公害防止の技術と法規 2015 ダイオキシン
| 　類編 ……………………………………………… 45
| 新・公害防止の技術と法規 2015 水質編 ………… 46
| 新・公害防止の技術と法規 2015 騒音・振動編 ‥ 69
| 新・公害防止の技術と法規 2015 大気編 ………… 42
| 新・公害防止の技術と法規 2016 ダイオキシン
| 　類編 ……………………………………………… 45
| 新・公害防止の技術と法規 2016 水質編 ………… 46
| 新・公害防止の技術と法規 2016 騒音・振動編 ‥ 69
| 新・公害防止の技術と法規 2016 大気編 ………… 42
| 新・公害防止の技術と法規 2017 ダイオキシン
| 　類編 ……………………………………………… 45
| 新・公害防止の技術と法規 2017 水質編 ………… 46
| 新・公害防止の技術と法規 2017 騒音・振動編 ‥ 69
| 新・公害防止の技術と法規 2017 大気編 ………… 42
| 新・公害防止の技術と法規 2018 ダイオキシン
| 　類編 ……………………………………………… 45
| 新・公害防止の技術と法規 2018 水質編 ………… 46
| 新・公害防止の技術と法規 2018 騒音・振動編 ‥ 69
| 新・公害防止の技術と法規 2018 大気編 ………… 42
| 新・公害防止の技術と法規 2019 ダイオキシン
| 　類編 ……………………………………………… 45
| 新・公害防止の技術と法規 2019 水質編 ………… 46
| 新・公害防止の技術と法規 2019 騒音・振動編 ‥ 69
| 新・公害防止の技術と法規 2019 大気編 ………… 42
| 新・公害防止の技術と法規 2020 ダイオキシン
| 　類編 ……………………………………………… 45
| 新・公害防止の技術と法規 2020 水質編 ………… 46
| 新・公害防止の技術と法規 2020 騒音・振動編 ‥ 69
| 新・公害防止の技術と法規 2020 大気編 ………… 42
| 新・公害防止の技術と法規 2021 ダイオキシン
| 　類編 ……………………………………………… 45
| 新・公害防止の技術と法規 2021 水質編 ………… 46

新・公害防止の技術と法規 2021 騒音・振動編 ‥ 69
新・公害防止の技術と法規 2021 大気編 ………… 42
新・公害防止の技術と法規 2022 ダイオキシン
　類編 ……………………………………………… 45
新・公害防止の技術と法規 2022 水質編 ………… 46
新・公害防止の技術と法規 2022 騒音・振動編 ‥ 69
新・公害防止の技術と法規 2022 大気編 ………… 42
新・公害防止の技術と法規 2023 ダイオキシン
　類編 ……………………………………………… 45
新・公害防止の技術と法規 2023 水質編 ………… 46
新・公害防止の技術と法規 2023 騒音・振動編 ‥ 70
新・公害防止の技術と法規 2023 大気編 ………… 42
新・公害防止の技術と法規 2024 ダイオキシン
　類編 ……………………………………………… 45
新・公害防止の技術と法規 2024 水質編 ………… 46
新・公害防止の技術と法規 2024 騒音・振動編 ‥ 70
新・公害防止の技術と法規 2024 大気編 ………… 43
人口大事典 …………………………………………… 84
新 生物による環境調査事典 ………………………… 16
新・石油読本 令和6年版 …………………………… 131
新太陽エネルギー利用ハンドブック 改訂 ………… 169
新・物流マン必携ポケットブック ………………… 86
森林学の百科事典 …………………………………… 35
森林組合一斉調査 令和元年度 …………………… 80
森林経営計画ガイドブック 令和5年度改訂版 …… 78
森林総合科学用語辞典 第5版 ……………………… 36
森林大百科事典 新装版 …………………………… 35
森林と木材を活かす事典 …………………………… 77
森林の百科 普及版 ………………………………… 35
森林・林業実務必携 第2版補訂版 ………………… 78
森林・林業統計要覧 2011 …………………………… 80
森林・林業統計要覧 2012 …………………………… 80
森林・林業統計要覧 2013 …………………………… 80
森林・林業統計要覧 2014 …………………………… 80
森林・林業統計要覧 2015 …………………………… 80
森林・林業統計要覧 2016 …………………………… 80
森林・林業統計要覧 2017 …………………………… 80
森林・林業統計要覧 2018 …………………………… 80
森林・林業統計要覧 2019 …………………………… 80
森林・林業統計要覧 2020 …………………………… 80
森林・林業統計要覧 2021 …………………………… 80
森林・林業統計要覧 2022 …………………………… 80
森林・林業統計要覧 2023 …………………………… 80
森林・林業白書 平成23年版 ………………………… 78
森林・林業白書 平成24年版 ………………………… 78
森林・林業白書 平成25年版 ………………………… 79
森林・林業白書 平成26年版 ………………………… 79
森林・林業白書 平成27年版 ………………………… 79
森林・林業白書 平成28年版 ………………………… 79
森林・林業白書 平成29年版 ………………………… 79
森林・林業白書 平成30年版 ………………………… 79
森林・林業白書 令和元年版 ………………………… 79
森林・林業白書 令和2年版 ………………………… 80
森林・林業白書 令和3年版 ………………………… 80

森林・林業白書 令和4年版 ･････････････････････ 80
森林・林業白書 令和5年版 ･････････････････････ 80

【す】

水産海洋ハンドブック 第4版 ･･････････････････ 81
水産大百科事典 普及版 ･･････････････････････ 81
水産白書 平成23年版 ･･････････････････････････ 82
水産白書 平成24年版 ･･････････････････････････ 82
水産白書 平成25年版 ･･････････････････････････ 82
水産白書 平成26年版 ･･････････････････････････ 82
水産白書 平成27年版 ･･････････････････････････ 82
水産白書 平成28年版 ･･････････････････････････ 82
水産白書 平成29年版 ･･････････････････････････ 83
水産白書 平成30年版 ･･････････････････････････ 83
水産白書 令和元年版 ･･････････････････････････ 83
水産白書 令和2年版 ････････････････････････････ 83
水産白書 令和3年版 ････････････････････････････ 83
水産白書 令和4年版 ････････････････････････････ 83
水産白書 令和5年版 ････････････････････････････ 83
水産用水基準 2018年版 ･･････････････････････ 46
水質異常の監視・対策指針 2019 ･･････････････ 45
水質環境基準の類型指定状況 ･････････････････ 46
水質計測機器維持管理技術・マニュアル ･････ 45
水素エネルギー企業ハンドブック ･･････････ 173
水素エネルギーの事典 ･････････････････････ 172
水素の事典 新装版 ･････････････････････････ 172
水素利用市場の将来展望 2023年版 ････････ 173
水滴と氷晶がつくりだす空の虹色ハンドブック ･･ 29
水道経営ハンドブック 第2次改訂版 ･････････ 56
水道事業経営戦略ハンドブック 改訂版 ････ 56
水道施設設計指針 2012年版 ･･････････････････ 56
水道施設の点検を含む維持・修繕の実施に関するガイドライン ･･････････････････････････････ 56
水道実務六法 令和2年版 ･････････････････････ 56
水道における省電力ハンドブック ･･････････････ 56
水道年鑑 平成23年度版 ･･････････････････････ 56
水道年鑑 平成24年度版 ･･････････････････････ 56
水道年鑑 平成25年度版 ･･････････････････････ 57
水道年鑑 平成26年度版 ･･････････････････････ 57
水道年鑑 平成27年度版 ･･････････････････････ 57
水道年鑑 平成28年度版 ･･････････････････････ 57
水道年鑑 平成29年度版 ･･････････････････････ 57
水道年鑑 平成30年度版 ･･････････････････････ 57
水道年鑑 令和元年度版 ･･････････････････････ 57
水道年鑑 令和2年度版 ････････････････････････ 57
水道年鑑 令和3年度版 ････････････････････････ 57
水道年鑑 令和4年度版 ････････････････････････ 58
水道年鑑 令和5年度版 ････････････････････････ 58
水道法ガイドブック 令和元年度 ････････････････ 56
水道法関係法令集 令和6年4月版 ･･････････････ 56

水文・水資源ハンドブック 第2版 ････････････････ 53
数字で見る関東の運輸の動き 2011 ･･････････ 88
数字で見る関東の運輸の動き 2012 ･･････････ 88
数字で見る関東の運輸の動き 2013 ･･････････ 88
数字で見る関東の運輸の動き 2014 ･･････････ 88
数字で見る関東の運輸の動き 2015 ･･････････ 88
数字で見る関東の運輸の動き 2016 ･･････････ 88
数字で見る関東の運輸の動き 2017 ･･････････ 88
数字でみる港湾 2011 ･･････････････････････ 112
数字でみる港湾 2012年版 ････････････････ 112
数字でみる港湾 2013年版 ････････････････ 112
数字でみる港湾 2014 ･･････････････････････ 112
数字でみる港湾 2015 ･･････････････････････ 112
数字でみる港湾 2016 ･･････････････････････ 112
数字でみる港湾 2017 ･･････････････････････ 112
数字でみる港湾 2018 ･･････････････････････ 112
数字でみる港湾 2019 ･･････････････････････ 112
数字でみる港湾 2020 ･･････････････････････ 112
数字でみる港湾 2021 ･･････････････････････ 112
数字でみる港湾 2022 ･･････････････････････ 112
数字でみる港湾 2023年版 ････････････････ 113
数字でみる港湾 2024年版 ････････････････ 113
数字でみる日本の100年 改訂第7版 ･･････････ 3
数字でみる物流 2011 ･･･････････････････････ 88
数字でみる物流 2012 ･･･････････････････････ 88
数字でみる物流 2013 ･･･････････････････････ 88
数字でみる物流 2014 ･･･････････････････････ 88
数字でみる物流 2015 ･･･････････････････････ 88
数字でみる物流 2016年度版 ･･････････････････ 89
数字でみる物流 2017年度版 ･･････････････････ 89
数字でみる物流 2018年度版 ･･････････････････ 89
数字でみる物流 2019年度版 ･･････････････････ 89
数字でみる物流 2020年度版 ･･････････････････ 89
数字でみる物流 2021年度版 ･･････････････････ 89
数字でみる物流 2022年度版 ･･････････････････ 89
数字でみる物流 2023年度版 ･･････････････････ 89
図解 樹木の力学百科 ･････････････････････････ 36
図解 超入門！ はじめての廃棄物管理ガイド 改訂第2版 ･･･････････････････････････････････････ 62
図解 電気設備技術基準・解釈ハンドブック
［2012］改訂第8版 ･････････････････････････ 141
図説 世界の気候事典 ････････････････････････ 27
図説 地球科学の事典 ････････････････････････ 22
図説 地球環境の事典 ････････････････････････ 22
図説 日本の湿地 ･･････････････････････････････ 27
スタディガイドSDGs 第2版 ･････････････････ 116
図表でみる世界の主要統計 2010年版 ･･････ 19
図表でみる世界の主要統計 2011-2012年版 ･･ 19
図表でみる世界の主要統計 2013年版 ･･････ 19
図表でみる世界の主要統計 2014年版 ･･････ 20
図表でみる世界の主要統計 2015-2016年版 ･･ 20
スマートエネルギー市場の実態と将来展望
2024 ･････････････････････････････････････ 129
スマートグリッド市場の実態と将来展望 2023 ･･ 150

スマートグリッド/スマートコミュニティ白書 2015年版 ……………………………… 150
スマートハウス＆スマートグリッド用語事典 …………………………………… 91, 150
スマートハウス市場の実態と将来展望 2022年版 ‥ 93
スマートハウス白書 2014年版 …………………… 93
スマートハウス白書 2015年版 …………………… 93

【せ】

生態学大図鑑 ……………………………………… 25
政府事故調 中間・最終報告書 …………………… 155
生物地球化学事典 ………………………………… 22
生物農薬・フェロモンガイドブック 2014 ……… 76
生物の多様性百科事典 …………………………… 39
世界エネルギー新ビジネス総覧 ………………… 127
世界がわかる資源データブック ………………… 121
世界環境変動アトラス …………………………… 26
世界国別太陽光・風力発電長期需要予測 2013年版 ……………………………………………… 151
世界国別太陽光・風力発電長期需要予測 2015年版 ……………………………………………… 151
世界国勢図会 2011/12年版 第22版 ……………… 3
世界国勢図会 2012/13年版 ………………………… 4
世界国勢図会 2013/14年版 第24版 ……………… 4
世界国勢図会 2014/15 第25版 …………………… 4
世界国勢図会 2015/16 第26版 …………………… 4
世界国勢図会 2016/17 第27版 …………………… 4
世界国勢図会 2017/18 第28版 …………………… 4
世界国勢図会 2018/19 第29版 …………………… 4
世界国勢図会 2019/20 第30版 …………………… 4
世界国勢図会 2020/21 第31版 …………………… 4
世界国勢図会 2021/22 ……………………………… 4
世界国勢図会 2022/23 第33版 …………………… 5
世界国勢図会 2023/24 ……………………………… 5
世界国勢図会 2024/25 ……………………………… 5
世界資源企業年鑑 2011 ………………………… 122
世界資源企業年鑑 2012 ………………………… 122
世界自然環境大百科 1 …………………………… 22
世界自然環境大百科 3 …………………………… 22
世界自然環境大百科 8 …………………………… 22
世界自然環境大百科 9 …………………………… 22
世界自然環境大百科 10 ………………………… 23
世界でいちばん素敵なSDGsの教室 …………… 117
世界統計白書 2011年版 …………………………… 5
世界統計白書 2012年版 …………………………… 5
世界統計白書 2013年版 …………………………… 5
世界統計白書 2014年版 …………………………… 5
世界統計白書 2015-2016年版 ……………………… 5
世界農林業センサス総合分析報告書 2010年 …… 71
世界農林業センサス総合分析報告書 2015年 …… 71
世界のカーボンニュートラル燃料最新業界レポート ……………………………………………… 172
世界の統計 2011年版 ……………………………… 5
世界の統計 2012年版 ……………………………… 6
世界の統計 2013年版 ……………………………… 6
世界の統計 2014 …………………………………… 6
世界の統計 2015 …………………………………… 6
世界の統計 2016 …………………………………… 6
世界の統計 2017 …………………………………… 6
世界の統計 2018 …………………………………… 6
世界の統計 2019 …………………………………… 6
世界の統計 2020年版 ……………………………… 6
世界の統計 2021年版 ……………………………… 6
世界の統計 2022年版 ……………………………… 6
世界の統計 2023年版 ……………………………… 6
世界の統計 2024 …………………………………… 7
世界の森大図鑑 …………………………………… 36
石炭ガス化スラグ細骨材を使用するコンクリートの調合設計・製造・施工指針〈案〉・同解説 ‥ 90
石炭ガス化スラグ細骨材を用いたコンクリートの設計・施工指針 ………………………… 91
石炭データブック COAL Data Book 2017年版 ………………………………………………… 130
石炭データブック COAL Data Book 2018年版 ………………………………………………… 130
石炭データブック COAL Data Book 2020年版 ………………………………………………… 130
石炭データブック COAL Data Book 2021年版 ………………………………………………… 130
石炭データブック COAL Data Book 2022年版 ………………………………………………… 130
石炭データブック COAL Data Book 2023年版 ………………………………………………… 130
石炭データブック COAL Data Book 2024年版 ………………………………………………… 130
石炭灰ハンドブック 平成27年版 ……………… 130
石油化学ガイドブック 改訂7版 ……………… 135
石油鉱業便覧 2013 ……………………………… 135
石油産業会社要覧 2011年版 …………………… 134
石油産業会社要覧 2012年版 …………………… 134
石油産業人住所録 平成28年度版 ……………… 134
石油産業人住所録 平成29年度版 ……………… 135
石油産業人住所録 平成30年度版 ……………… 135
石油産業人住所録 平成31年度版 ……………… 135
石油産業人住所録 令和2年度版 ……………… 135
石油産業人住所録 令和3年度版 ……………… 135
石油資料 平成23年 ……………………………… 131
石油資料 平成24年 ……………………………… 131
石油資料 平成25年 ……………………………… 131
石油資料 平成26年 ……………………………… 131
石油資料 平成27年 ……………………………… 131
石油資料 平成28年 ……………………………… 131
石油資料 平成29年 ……………………………… 131
石油資料 2018年度 ……………………………… 131
石油資料 2019年度 ……………………………… 131

書名索引　ちきゆ

石油資料 2020年度 ………………………………… 131
石油資料 2021年度 ………………………………… 131
石油資料 2022年度版 ……………………………… 131
石油・天然ガス開発資料 2010 …………………… 129
石油・天然ガス開発資料 2011 …………………… 129
石油・天然ガス開発資料 2012 …………………… 129
石油・天然ガス開発資料 2013 …………………… 129
石油等消費動態統計年報 平成22年 ……………… 133
石油等消費動態統計年報 平成23年 ……………… 133
石油等消費動態統計年報 平成24年 ……………… 133
石油等消費動態統計年報 平成25年 ……………… 133
石油等消費動態統計年報 平成26年 ……………… 133
石油等消費動態統計年報 平成27年 ……………… 133
石油等消費動態統計年報 平成28年 ……………… 133
石油等消費動態統計年報 平成29年 ……………… 133
石油等消費動態統計年報 平成30年 ……………… 134
石油等消費動態統計年報 平成31年・令和元年 … 134
石油等消費動態統計年報 令和2年 ………………… 134
石油等消費動態統計年報 令和3年 ………………… 134
石油等消費動態統計年報 令和4年 ………………… 134
石油販売業界要覧 2014 …………………………… 135
石油類密度・質量・容量換算表 復刊 …………… 131
雪氷辞典 新版 ……………………………………… 28
全国産廃処分業中間処理・最終処分企業名覧
　2015 ………………………………………………… 65
全国浄水場ガイド 2016 …………………………… 53
全国浄水場ガイド 2020 …………………………… 53
戦後石油統計 新版 ………………………………… 134
全図解 中小企業のためのSDGs導入・実践マ
　ニュアル …………………………………………… 100

【そ】

騒音規制の手引き 第3版 ………………………… 69
送電鉄塔ガイドブック …………………………… 165
造林・育林実践技術ガイド ……………………… 78
造林関係法規集 令和4年度追補版 ……………… 78
空の図鑑 …………………………………………… 31
空の見つけかた事典 ……………………………… 27

【た】

ダイオキシン類対策特別措置法・特定工場にお
　ける公害防止組織の整備に関する法律 ………… 45
大気汚染物質排出量総合調査 平成20年度実績 … 44
大気汚染物質排出量総合調査 平成25年度 ……… 44
大気汚染物質排出量総合調査 平成26年度実績 … 44
大気汚染物質排出量総合調査 平成29年度実績 … 44

大気汚染物質排出量総合調査 令和2年度実績 …… 44
大気環境の事典 …………………………………… 41
大気・室内環境関連疾患予防と対策の手引き
　2019 ………………………………………………… 42
太陽光発電産業総覧 2012 ………………………… 170
太陽光発電産業総覧 2013 ………………………… 170
太陽光発電産業総覧 2014 ………………………… 170
太陽光発電産業総覧 2015 ………………………… 170
太陽光発電市場・技術の実態と将来展望 2023
　年版 ………………………………………………… 171
太陽電池関連技術・市場の現状と将来展望
　2023年版 …………………………………………… 171
太陽電池技術ハンドブック ……………………… 170
脱炭素・低炭素化の課題別テーマと適用技術白
　書 2021年版 ………………………………………… 40
建物のLCA指針 改定版 …………………………… 92
楽しい雪の結晶観察図鑑 ………………………… 31
ダムカード大全集 ………………………………… 151
ダムカード大全集 Ver.2.0 ………………………… 152
ダム大百科 ………………………………………… 151
ダム年鑑 2011 ……………………………………… 152
ダム年鑑 2012 ……………………………………… 152
ダム年鑑 2013 ……………………………………… 152
ダム年鑑 2014 ……………………………………… 152
ダム年鑑 2015 ……………………………………… 152
ダム年鑑 2016 ……………………………………… 152
ダム年鑑 2017 ……………………………………… 152
ダム年鑑 2018 ……………………………………… 152
ダム年鑑 2019 ……………………………………… 152
ダム年鑑 2021 ……………………………………… 152
ダム年鑑 2023 ……………………………………… 152
ダム年鑑 2024 ……………………………………… 152
ダムの管理例規集 令和3年版 …………………… 152
誰でもわかる!! 日本の産業廃棄物［2022］改訂
　9版 ………………………………………………… 66

【ち】

地域エネルギー会社のデジタル化読本 ………… 127
地域産材活用ガイドブック ……………………… 78
地域と人口からみる日本の姿 …………………… 85
地下水調査のてびき ……………………………… 50
地下水の事典 ……………………………………… 50
地下水用語集 ……………………………………… 50
地球温暖化&エネルギー問題総合統計 2017-2018 … 7
地球温暖化&エネルギー問題総合統計 2019-2020 … 7
地球温暖化&エネルギー問題総合統計 2021 …… 7
地球温暖化&エネルギー問題総合統計 2022 …… 7
地球温暖化&エネルギー問題総合統計 2023 …… 7
地球温暖化&エネルギー問題総合統計 2024 …… 7
地球温暖化統計データ集 2011年版 ……………… 40

地球温暖化統計データ集 2013	40
地球温暖化統計データ集 2015	40
地球温暖化の事典	39
地球環境辞典 第4版	23
地球環境データブック 2010-11	2
地球環境データブック 2011-12	2
地球環境データブック 2012-13	2
地球・自然環境の本全情報 2004-2010	20
地球史マップ	26
地球情報地図50	26
地球・生命の大進化 新版	25
地球大図鑑	25
地球大百科事典 上	23
地球大百科事典 下	23
地球と宇宙の化学事典	23
地球の自然と環境大百科	23
地球白書 2011-12	3
地球白書 2012-13	3
地球白書 2013-14	3
地球博物学大図鑑 新訂版	25
逐条解説下水道法 第5次改訂版	60
蓄電池メーカーハンドブック	168
治山必携 法令通知編 平成30年版	78
地図とデータで見るSDGsの世界ハンドブック	117
地図とデータで見るエネルギーの世界ハンドブック 新版	129
地図とデータで見る気象の世界ハンドブック 新版	30
地図とデータで見る資源の世界ハンドブック	121
地図とデータで見る森林の世界ハンドブック	36
地図とデータで見る農業の世界ハンドブック	71
地図とデータで見る水の世界ハンドブック 新版	53
地中熱ヒートポンプシステム施工管理マニュアル	175
地中熱利用技術ハンドブック	166
地中熱利用にあたってのガイドライン 改訂増補版	175
地熱エネルギー技術読本	164
地熱エネルギーハンドブック	164
地熱発電の現状と動向 2010・2011年	165
地熱発電の現状と動向 2012年	165
地熱発電の現状と動向 2013年	165
地熱発電の現状と動向 2014年	165
地熱発電の現状と動向 2015年	165
地熱発電の現状と動向 2016年	165
地熱発電の現状と動向 2017年	165
地熱発電の現状と動向 2018年	165
地熱発電の現状と動向 2020年	165
地熱発電の現状と動向 2022年	165
地熱発電必携 第2版	165
地方自治体紙リサイクル施策調査報告書 平成22年度	120
地方自治体紙リサイクル施策調査報告書 平成24年度	120
地方自治体紙リサイクル施策調査報告書 平成25年度	120
地方自治体紙リサイクル施策調査報告書 平成26年度	120
地方自治体紙リサイクル施策調査報告書 平成27年度	121
地方自治体紙リサイクル施策調査報告書 平成28年度	121
地方自治体紙リサイクル施策調査報告書 平成29年度	121
地方自治体紙リサイクル施策調査報告書 令和元年度	121
地方自治体紙リサイクル施策調査報告書 令和2年度	121
地方自治体紙リサイクル施策調査報告書 令和3年度	121
地方自治体紙リサイクル施策調査報告書 令和4年度	121
地方自治体紙リサイクル施策調査報告書 令和5年度	121
中国化学物質規制対応マニュアル 2011年度版	51
中国環境ハンドブック 2011-2012年版	16
中国原子力ハンドブック 2012	155
中国原子力ハンドブック 2015	156
中小水力発電ガイドブック 新訂5版	151
鳥類等に関する風力発電施設立地適正化のための手引き	164

【て】

低温環境の科学事典	27
TCFD開示の実務ガイドブック	100
低層住宅建設廃棄物リサイクル・処理ガイド 改訂	91
天売島の自然観察ハンドブック	24
鉄鋼・鉄スクラップ業主要人物・会社事典	119
鉄鋼便覧 第6巻 第5版	98
鉄塔関連用語集 第2版	165
電化住宅のための機器ガイド 2011	150
電化住宅のための電気給湯機マニュアル 2011	150
電気関係法規 改定4版	143
電気技術者のための電気関係法規 2024年版	143
電気工学ハンドブック 第7版	141
電気工学基礎用語事典 第3版	140
電気事業便覧 2023年版	141
電気事業法関係法令集 23-24年版	149
電気事業法令集 2021年度版	149
電気施設管理と電気法規解説 13版改訂	143
電気設備技術基準・解釈 2024年版	142
電気設備技術基準・解釈 平成28年版	141
電気設備技術者のための建築電気設備技術計算ハンドブック 上巻 改訂版	142

書名索引　てんり

電気設備技術者のための建築電気設備技術計算ハンドブック 下巻 改訂版 ………………142
電気設備工事監理指針 令和4年版 ………………142
電気設備工事施工チェックシート 令和4年版 …142
電気設備ハンドブック ………………………………142
電気設備用語辞典 第3版 ……………………………140
電気データブック ……………………………………148
電気電子機器におけるノイズ耐性試験・設計ハンドブック ………………………………………142
天気と気象大図鑑 ………………………………………32
天気と気象のしくみパーフェクト事典 ……………27
電気年鑑 2012年版 …………………………………144
電気年鑑 2013年版 …………………………………144
電気年鑑 2014年版 …………………………………144
電気の選び方 …………………………………………142
電気のことがわかる事典 ……………………………140
電気法規と電気施設管理 令和6年度版 ……………143
天気予報活用ハンドブック …………………………30
電食防止・電気防食ハンドブック …………………143
電食防止・電気防食用語事典 ………………………140
電設資材関連資料 平成22年度 ……………………144
電設資材関連資料 平成23年度 ……………………144
電設資材関連資料 平成24年度 ……………………144
電設資材関連資料 平成25年度 ……………………144
電設資材関連資料 平成26年度 ……………………144
電設資材関連資料 平成27年度 ……………………144
電設資材関連資料 平成28年度 ……………………144
電設資材関連資料 平成29年度 ……………………144
電設資材関連資料 平成30年度 ……………………144
電設資材関連資料 令和元年度 ……………………144
電設資材関連資料 令和2年度 ………………………144
電設資材関連資料 令和3年度 ………………………144
電設資材関連資料 令和4年度 ………………………144
電線統計年報 2011 …………………………………165
電線統計年報 2012 …………………………………165
電線統計年報 2013 …………………………………165
電線統計年報 2014 …………………………………165
電線統計年報 2015 …………………………………165
電線統計年報 2016 …………………………………165
電線統計年報 2017 …………………………………165
電線統計年報 2018 …………………………………165
電線統計年報 2019 …………………………………165
電線統計年報 2020 …………………………………165
電線統計年報 2021 …………………………………165
電線統計年報 2022 …………………………………166
電線統計年報 2023 …………………………………166
電線統計年報 2024 …………………………………166
電池関連市場実態総調査 2012 上巻 ………………168
電池関連市場実態総調査 2012 下巻 ………………168
電池関連市場実態総調査 2013 上巻 ………………168
電池関連市場実態総調査 2013 中巻 ………………168
電池関連市場実態総調査 2013 下巻 ………………168
電池関連市場実態総調査 2014 上巻 ………………168
電池関連市場実態総調査 2014 中巻 ………………169
電池関連市場実態総調査 2014 下巻 ………………169
電池関連市場実態総調査 2015 上巻 ………………169
電池関連市場実態総調査 2015 下巻 ………………169
電池関連市場実態総調査 2016 上巻 ………………169
電池関連市場実態総調査 2016 下巻 ………………169
電池関連市場実態総調査 2017 上巻 ………………169
電池関連市場実態総調査 2017 下巻 ………………169
電池関連市場実態総調査 2018 no.1 ………………169
電池関連市場実態総調査 2018 no.2 ………………169
電池関連市場実態総調査 2018 no.3 ………………169
電池関連市場実態総調査 2019 次世代電池編 ……169
電池関連市場実態総調査 2019 電池セル市場編 …169
電池関連市場実態総調査 2019 電池材料市場編 …169
電池関連市場実態総調査 2020 上巻 ………………169
電池関連市場実態総調査 2020 下巻 ………………169
電池関連市場実態総調査 2022 上巻 ………………169
電池関連市場実態総調査 2022 下巻 ………………169
天然ガスコージェネレーション機器データ 2012 ……………………………………………139
天然ガスコージェネレーション機器データ 2013 ……………………………………………139
天然ガスコージェネレーション機器データ 2014 ……………………………………………139
天然ガスコージェネレーション機器データ 2015 ……………………………………………139
天然ガスコージェネレーション機器データ 2016 ……………………………………………139
天然ガスコージェネレーション機器データ 2017 ……………………………………………139
天然ガスコージェネレーション機器データ 2018 ……………………………………………139
天然ガスコージェネレーション機器データ 2019 ……………………………………………139
天然ガスコージェネレーション機器データ 2020 ……………………………………………139
天然ガスコージェネレーション機器データ 2021 ……………………………………………139
天然ガスコージェネレーション機器データ 2022 ……………………………………………139
天然ガスコージェネレーション機器データ 2023 ……………………………………………139
天然ガスコージェネレーション機器データ 2024 ……………………………………………139
電離放射線障害防止規則の解説 第6版 ……………163
電力・エネルギーシステム新市場 2014 …………126
電力エネルギーまるごと！ 時事用語事典 2012年版 …………………………………………………129
電力開発計画新鑑 平成23年度版 …………………144
電力開発計画新鑑 平成24年度版 …………………144
電力開発計画新鑑 平成25年度版 …………………145
電力開発計画新鑑 平成26年度版 …………………145
電力開発計画新鑑 平成27年度版 …………………145
電力開発計画新鑑 平成28年度版 …………………145
電力開発計画新鑑 平成29年度版 …………………145
電力開発計画新鑑 平成30年度版 …………………145

電力開発計画新鑑 令和元年度版 ……… 145
電力開発計画新鑑 令和2年度版 ……… 145
電力開発計画新鑑 令和3年度版 ……… 145
電力開発計画新鑑 令和4年度版 ……… 146
電力開発計画新鑑 令和5年度版 ……… 146
電力システム改革戦略ハンドブック …… 143
電力需給の概要 平成22年度 …………… 146
電力需給の概要 平成23年度 …………… 146
電力需給の概要 平成24年度 …………… 146
電力小六法 令和4年版 …………………… 143
電力新設備要覧 平成23年度版 ………… 146
電力新設備要覧 平成24年度版 ………… 146
電力新設備要覧 平成25年度版 ………… 146
電力新設備要覧 平成26年度版 ………… 147
電力新設備要覧 平成27年度版 ………… 147
電力新設備要覧 平成28年度版 ………… 147
電力新設備要覧 平成29年度版 ………… 147
電力新設備要覧 平成30年度版 ………… 147
電力新設備要覧 平成31年度版 ………… 147
電力新設備要覧 令和2年度版 ………… 147
電力新設備要覧 令和3年度版 ………… 147
電力新設備要覧 令和4年度版 ………… 148
電力新設備要覧 令和5年度版 ………… 148
電力新設備要覧 令和6年度版 ………… 148
電力役員録 2011年版 …………………… 140
電力役員録 2012年版 …………………… 140
電力役員録 2013年版 …………………… 140
電力役員録 2014年版 …………………… 140
電力役員録 2015年版 …………………… 140
電力役員録 2016年版 …………………… 140
電力役員録 2017年版 …………………… 141
電力役員録 2018年版 …………………… 141
電力役員録 2019年版 …………………… 141
電力役員録 2020年版 …………………… 141
電力役員録 2021年版 …………………… 141
電力役員録 2022年版 …………………… 141
電力役員録 2023年版 …………………… 141
電力役員録 2024年版 …………………… 141

【と】

トイレ学大事典 …………………………… 58
東京電力福島第一原発事故とその後の推移 平成29年度版 …………………………… 156
東京都環境関係例規集 9訂版 …………… 96
統計図表レファレンス事典 環境・エネルギー問題 ‥ 1
統計図表レファレンス事典 「食」と農業 ……… 83
ときめく雲図鑑 …………………………… 32
独占禁止法グリーンガイドライン ……… 100
Doctor of the sea 改訂第3版 ……………… 90
「特定有害廃棄物等」(バーゼル法の規制対象貨物)の輸出に関する手引き ……………… 66
「特定有害廃棄物等」(バーゼル法の規制対象貨物)の輸入に関する手引き ……………… 66
都市の風環境ガイドブック ………… 39, 110
都市の風環境予測のためのCFDガイドブック ……………………………………… 39, 110
都市水管理事業の実務ハンドブック …… 59
土壌中の鉱物におけるCs吸着ハンドブック …… 50
トランジション・ハンドブック ………… 40

【な】

ナショナル・トラストへの招待 改訂カラー版 …… 98
ナノ粒子安全性ハンドブック …………… 51
南極環境保護関係法令集 2015年 ……… 98

【に】

虹の図鑑 …………………………………… 32
2020年電力・ガス自由化法令集 ……… 123
日エス環境問題用語集 …………………… 16
日経バイオ年鑑 2012 …………………… 173
日経バイオ年鑑 2013 …………………… 173
日経バイオ年鑑 2014 …………………… 173
日経バイオ年鑑 2015 …………………… 173
日経バイオ年鑑 2016 …………………… 174
日経バイオ年鑑 2017 …………………… 174
日経バイオ年鑑 2018 …………………… 174
日経バイオ年鑑 2019 …………………… 174
日経バイオ年鑑 2020 …………………… 174
日経バイオ年鑑 2021 …………………… 174
日経バイオ年鑑 2022 …………………… 174
日経バイオ年鑑 2023 …………………… 174
日経バイオ年鑑 2024 …………………… 174
日中中日物流用語集 ……………………… 86
日本一の巨木図鑑 ………………………… 36
日本気候百科 ……………………………… 27
日本近代林政年表 増補版 ………………… 77
日本国勢図会 2011/12 …………………… 7
日本国勢図会 2012/13年版 第70版 ……… 8
日本国勢図会 2013/14年版 第71版 ……… 8
日本国勢図会 2014/15 第72版 …………… 8
日本国勢図会 2015/16 第73版 …………… 8
日本国勢図会 2016/17 第74版 …………… 8
日本国勢図会 2017/18 第75版 …………… 8
日本国勢図会 2018/19 第76版 …………… 9
日本国勢図会 2019/20 第77版 …………… 9
日本国勢図会 2020/21 第78版 …………… 9

にほん

日本国勢図会 2021/22 第79版 ……………… 9
日本国勢図会 2022/23 第80版 ……………… 9
日本国勢図会 2023/24 ……………………… 9
日本国勢図会 2024/25 ……………………… 10
日本サステナブル投資白書 2015 …………… 109
日本サステナブル投資白書 2017 …………… 109
日本人のための「核」大事典 ……………… 154
日本統計年鑑 第61回（平成24年）………… 10
日本統計年鑑 第62回（平成25年）………… 10
日本統計年鑑 第63回（平成26年）………… 10
日本統計年鑑 第64回（平成27年）…… 10, 11
日本統計年鑑 第65回（平成28年）………… 11
日本統計年鑑 第66回（平成29年）………… 11
日本統計年鑑 第67回（平成30年）………… 11
日本統計年鑑 第68回（平成31年）………… 11
日本統計年鑑 第69回（令和2年）………… 11
日本統計年鑑 第70回（令和3年）………… 11
日本統計年鑑 第71回（令和4年）………… 12
日本統計年鑑 第72回（令和5年）………… 12
日本統計年鑑 第73回（令和6年）………… 12
日本の下水道 平成23年度 …………………… 61
日本の下水道 平成24年度 …………………… 61
日本の下水道 平成25年度 …………………… 61
日本の下水道 平成26年度 …………………… 61
日本の下水道 平成27年度 …………………… 61
日本の下水道 平成28年度 …………………… 61
日本の下水道 平成29年度 …………………… 61
日本の下水道 令和元年度 …………………… 61
日本の下水道 令和2年度 …………………… 61
日本の下水道 令和3年度 …………………… 61
日本の下水道 令和4年度 …………………… 61
日本の下水道 令和5年度 …………………… 61
日本の石油化学工業 2012年版 ……………… 136
日本の石油化学工業 2013年版 ……………… 136
日本の石油化学工業 2014年版 ……………… 136
日本の石油化学工業 2015年版 ……………… 136
日本の石油化学工業 2016年版 ……………… 136
日本の石油化学工業 2017年版 ……………… 136
日本の石油化学工業 2018年版 ……………… 136
日本の石油化学工業 2019年版 ……………… 136
日本の石油化学工業 2020年版 ……………… 136
日本の石油化学工業 2021年版 ……………… 136
日本の石油化学工業 2022年版 ……………… 136
日本の石油化学工業 2023年版 ……………… 136
日本の石油化学工業 2024年版 ……………… 136
日本の石油化学工業50年データ集 ………… 136
日本の大気汚染状況 平成22年版 …………… 43
日本の大気汚染状況 平成23年版 …………… 43
日本の大気汚染状況 平成24年版 …………… 43
日本の大気汚染状況 平成25年版 …………… 43
日本の大気汚染状況 平成26年版 …………… 43
日本の大気汚染状況 平成27年版 …………… 43
日本の大気汚染状況 平成28年版 …………… 43

日本の大気汚染状況 平成29年版 …………… 43
日本の大気汚染状況 平成30年版 …………… 44
日本の大気汚染状況 令和元年版 …………… 44
日本の大気汚染状況 令和2年版 …………… 44
日本の大気汚染状況 令和3年版 …………… 44
日本の大気汚染状況 令和4年版 …………… 44
日本の統計 2011年版 ………………………… 12
日本の統計 2012年版 ………………………… 12
日本の統計 2013年版 ………………………… 12
日本の統計 2014 ……………………………… 12
日本の統計 2015 ……………………………… 12
日本の統計 2016 ……………………………… 12
日本の統計 2017 ……………………………… 12
日本の統計 2018 ……………………………… 13
日本の統計 2019 ……………………………… 13
日本の統計 2020 ……………………………… 13
日本の統計 2021 ……………………………… 13
日本の統計 2022 ……………………………… 13
日本の統計 2023年版 ………………………… 13
日本の統計 2024 ……………………………… 13
日本の都市ガス事業者 2012 ………………… 137
日本の都市ガス事業者 2016 ………………… 137
日本の都市ガス事業者 2017 ………………… 137
日本の都市ガス事業者 2018 ………………… 137
日本の都市ガス事業者 2019 ………………… 137
日本の都市ガス事業者 2022 ………………… 137
日本の都市ガス事業者 2024 ………………… 137
日本の廃棄物処理 平成21年度版 …………… 65
日本の廃棄物処理 平成22年度版 …………… 65
日本の廃棄物処理 平成23年度版 …………… 65
日本の廃棄物処理 平成24年度版 …………… 65
日本の廃棄物処理 平成25年度版 …………… 65
日本の廃棄物処理 平成26年度版 …………… 65
日本の廃棄物処理 平成27年度版 …………… 65
日本の廃棄物処理 平成28年度版 …………… 65
日本の廃棄物処理 平成29年度版 …………… 65
日本の廃棄物処理 平成30年度版 …………… 65
日本の廃棄物処理 令和元年度版 …………… 65
日本の廃棄物処理 令和2年度版 …………… 65
日本の廃棄物処理 令和3年度版 …………… 65
日本の廃棄物処理 令和4年度版 …………… 65
日本の物流事業 2011 ………………………… 86
日本の物流事業 2012 ………………………… 86
日本の物流事業 2013 ………………………… 86
日本の物流事業 2014 ………………………… 86
日本の物流事業 2015 ………………………… 86
日本の物流事業 2016 ………………………… 86
日本の物流事業 2017 ………………………… 87
日本の物流事業 2018 ………………………… 87
日本の物流事業 2019 ………………………… 87
日本の物流事業 2020 ………………………… 87
日本の物流事業 2021 ………………………… 87
日本の物流事業 2022 ………………………… 87

にほん　　　　　　　　　書名索引

日本の物流事業 2023 ……………………… 87
日本の物流事業 2024 ……………………… 87
日本の水資源 平成23年版 ………………… 54
日本の水資源 平成24年版 ………………… 54
日本の水資源 平成25年版 ………………… 54
日本の水資源 平成26年版 ………………… 54
入門と実践！ 廃棄物処理法と産廃管理マニュアル ……………………………………… 62
ニュース・天気予報がよくわかる気象キーワード事典 ………………………………… 28

【ね】

NATURE ANATOMY自然界の解剖図鑑 ……… 25
熱供給事業便覧 令和5年版 ……………… 129
NEDO再生可能エネルギー技術白書 第2版 …… 172
NEDO水素エネルギー白書 ……………… 173
燃料電池関連技術・市場の将来展望 2023年版 …168

【の】

農薬安全適正使用ガイドブック 2024 ……… 76
農薬・防除便覧 ………………………………… 76
農薬要覧 2011 ………………………………… 77
農薬要覧 2012 ………………………………… 77
農薬要覧 2013 ………………………………… 77
農薬要覧 2014 ………………………………… 77
農薬要覧 2015 ………………………………… 77
農薬要覧 2016 ………………………………… 77
農薬要覧 2017 ………………………………… 77
農薬要覧 2018 ………………………………… 77
農薬要覧 2019 ………………………………… 77
農薬要覧 2020 ………………………………… 77
農薬要覧 2021 ………………………………… 77
農薬要覧 2022 ………………………………… 77
農薬要覧 2023 ………………………………… 77
農林業センサス総合分析報告書 2015年 …… 71
農林水産省統合交付金要綱要領集 平成28年度版 …70
農林水産省名鑑 2012年版 ………………… 70
農林水産省名鑑 2013年版 ………………… 70
農林水産省名鑑 2014年版 ………………… 70
農林水産省名鑑 2015年版 ………………… 70
農林水産省名鑑 2016年版 ………………… 70
農林水産省名鑑 2017年版 ………………… 70
農林水産省名鑑 2018年版 ………………… 70
農林水産省名鑑 2019年版 ………………… 70
農林水産省名鑑 2020年版 ………………… 70
農林水産省名鑑 2021年版 ………………… 70

農林水産省名鑑 2022年版 ………………… 70
農林水産省名鑑 2023年版 ………………… 70
農林水産省名鑑 2024年版 ………………… 70
農林水産統計用語集 2018年版 …………… 70
農林水産便覧 2022年版 …………………… 71
農林水産六法 令和6年版 ………………… 71

【は】

バイオケミカル・脱石油化学市場の現状と将来展望 2024年 ……………………………… 174
バイオスタートアップ総覧 2021-2022 ……… 173
バイオスティミュラントハンドブック ……… 71
バイオマス活用ハンドブック ……………… 174
バイオマスプロセスハンドブック ………… 175
バイオマス利活用技術・市場の現状と将来展望 2017年版 …………………………………… 175
廃棄物焼却施設関連作業におけるダイオキシン類ばく露防止対策要綱の解説 第3版 ……… 62
廃棄物処理施設維持管理業務積算要領 令和5年度版 ………………………………………… 63
廃棄物処理施設点検補修工事積算要領 令和5年度版 ………………………………………… 63
廃棄物処理施設保守・点検の実際 ごみ焼却編 … 63
廃棄物処理早わかり帖 4訂版 ……………… 63
廃棄物処理法Q&A 9訂版 ………………… 66
廃棄物処理法に基づく感染性廃棄物処理マニュアル 平成24年5月改訂 ……………………… 63
廃棄物処理法の解説 令和2年版 ………… 66
廃棄物処理法の重要通知と法令対応 改訂版 …… 66
廃棄物処理法法令集 2022年版 …………… 66
廃棄物処理法法令集 令和5年版 ………… 66
廃棄物処理法令〈三段対照〉・通知集 令和6年版 …67
廃棄物等の越境移動規制に関する資料集 …… 63
廃棄物等の越境移動規制に関する資料集 令和3年度［版］ …………………………………… 63
廃棄物等の越境移動規制に関する資料集 令和4年度［版］ …………………………………… 63
廃棄物等の越境移動規制に関する資料集 令和5年度［版］ …………………………………… 63
廃棄物熱回収施設設置者認定マニュアル …… 63
廃棄物年鑑 2012年版 ……………………… 63
廃棄物年鑑 2013年版 ……………………… 63
廃棄物年鑑 2014年版 ……………………… 63
廃棄物年鑑 2015年版 ……………………… 64
廃棄物年鑑 2016年版 ……………………… 64
廃棄物年鑑 2017年版 ……………………… 64
廃棄物年鑑 2018年版 ……………………… 64
廃棄物年鑑 2019年版 ……………………… 64
廃棄物年鑑 2020年版 ……………………… 64
廃棄物年鑑 2021年版 ……………………… 64
廃棄物年鑑 2022年版 ……………………… 64

廃棄物年鑑 2023年版 ……………………… 64
廃棄物年鑑 2024年版 ……………………… 64
廃棄物・リサイクル・その他環境事犯捜査実務
　ハンドブック ……………………………… 63
廃棄物・リサイクル六法 平成25年版 ……… 67
廃食用油回収・処理業者全国名鑑 2013 …… 61
廃食用油回収・処理業者全国名鑑 2014 …… 62
廃食用油回収・処理業者全国名鑑 2015 …… 62
廃食用油回収・処理業者全国名鑑 2016/2017 … 62
廃食用油回収・処理業者全国名鑑 2019 …… 62
廃食用油回収・処理業者全国名鑑 2021 …… 62
廃食用油回収・処理業者全国名鑑 2022 …… 62
はじめての原発ガイドブック 改訂版 ………156
働く者の漁業白書 復刻版 …………………… 83
発電所海水設備の汚損対策ハンドブック …150
パーマカルチャー …………………………… 75
ハンドブック悪臭防止法 6訂版 …………… 68
ハンドブック原発事故と放射能 ……………156
Handbook原発のいま 2019 …………………156
Handbook原発のいま 2020 …………………156

【ひ】

PRTRデータを読み解くための市民ガイドブッ
　ク ……………………………………………… 51
ビジュアル海大図鑑 ………………………… 37
ビジュアル版 自然の楽園 …………………… 98
必携 住宅・建築物の省エネルギー基準関係法令
　集 2021 ……………………………………… 92
ヒートアイランドの事典 …………………… 39
ヒートポンプ温水・空調市場の現状と将来展望
　2023 …………………………………………175
ひと目でわかる 地球環境のしくみとはたらき図
　鑑 …………………………………………… 25
被曝社会年報 2012 01（2012-2013）………161
ひまわり8号と地上写真からひと目でわかる 日
　本の天気と気象図鑑 ………………………… 32

【ふ】

風力発電設備支持物構造設計指針・同解説
　2010年版 ……………………………………164
福島「オルタナ伝承館」ガイド ……………156
不思議で美しい「空の色彩」図鑑 ………… 32
ふしぎで美しい水の図鑑 …………………… 54
物流総覧 2011 ………………………………… 88
物流総覧 2013年版 …………………………… 88
物流総覧 2014年版 …………………………… 88
物流総覧 2015年版 …………………………… 88

物流総覧 2016年版 …………………………… 88
物流総覧 2017年版 …………………………… 88
物流総覧 2018年版 …………………………… 88
物流総覧 2019年版 …………………………… 88
物流総覧 2020年版 …………………………… 88
物流総覧 2021年版 …………………………… 88
物流総覧 2022年版 …………………………… 88
物流総覧 2023年版 …………………………… 88
物流総覧 2024年版 …………………………… 88
物流のすべて 2011年版 ……………………… 89
物流のすべて 2012年版 ……………………… 89
物流のすべて 2013年版 ……………………… 89
物流のすべて 2014年版 ……………………… 89
物流のすべて 2015年版 ……………………… 89
物流のすべて 2016年版 ……………………… 89
物流のすべて 2017年版 ……………………… 89
物流のすべて 2018年版 ……………………… 89
物流のすべて 2019年版 ……………………… 89
物流のすべて 2020年版 ……………………… 89
物流のすべて 2021年版 ……………………… 89
物流のすべて 2022年版 ……………………… 89
物流のすべて 2023年版 ……………………… 89
物流のすべて 2024年版 ……………………… 89
フラワータウンスケーピング ………………111
プロフェッショナル用語辞典環境テクノロジー… 98
分子科学者がやさしく解説する 地球温暖化
　Q&A181 …………………………………… 40

【へ】

閉鎖生態系・生態工学ハンドブック ……… 98
ベーシック環境六法 11訂 …………………… 96

【ほ】

保安林制度の手引き 令和4年 ……………… 78
貿易と環境ハンドブック Ver.2 ……………… 93
放射性同位元素等の規制に関する法令 改訂12
　版 ……………………………………………163
放射性物質等の輸送法令集 2021年版 ……162
放射線関係法規概説 第11版 ………………164
放射線計測ハンドブック ……………………164
放射線遮蔽ハンドブック 応用編 ……………162
放射線遮蔽ハンドブック 基礎編 ……………162
放射線の基礎知識と健康影響 平成29年度版 …162
放射線被ばくへの不安を軽減するために …162
放射能除染技術・特許調査便覧 2013 ……163
包装関連研究論文執筆のための用語集 …… 86

包装の事典 普及版 ……………………… 85
包装用語早わかり ……………………… 86
法律のどこに書かれているの？ わかって安心！ 企業担当者のための環境用語事典 ……… 95
北米新エネルギー・環境ビジネスガイドブック … 106
ポケット統計資料 2011 …………………… 13
ポケット統計資料 2012 …………………… 13
ポケット統計資料 2013 …………………… 13
ポケット統計資料 2014 …………………… 13
ポケット統計資料 2015 …………………… 14
ポケット統計資料 2016 …………………… 14
ポケット肥料要覧 2010年 ………………… 76
ポケット肥料要覧 2011/2012 ……………… 76
ポケット肥料要覧 2013/2014年 …………… 76
ポケット肥料要覧 2015/2016 ……………… 76
ポケット肥料要覧 2017/2018 ……………… 76
ポケット肥料要覧 2019/2020 ……………… 77
ポケット肥料要覧 2021/2022 ……………… 77
ポケット肥料要覧 2023 …………………… 77
保障措置ハンドブック …………………… 161
ポストハーベスト工学事典 ………………… 75
舗装再生便覧 令和6年版 ………………… 90
北極読本 …………………………………… 30

【ま】

マザーソイル工 改訂19版 ……………… 101
マンガでわかる若手技術者育成のための環境保全管理ハンドブック ………………… 90

【み】

身近な気象の事典 ………………………… 28
身近な有機フッ素化合物（PFAS）から身を守る本 ……………………………………… 51
水環境設備ハンドブック ………………… 53
水環境の事典 ……………………………… 52
水管理・国土保全局所管補助事業事務提要［2013］改訂27版 ………………………… 38
水循環白書 平成28年版 ………………… 54
水循環白書 平成29年版 ………………… 54
水循環白書 平成30年版 ………………… 54
水循環白書 令和元年版 ………………… 55
水循環白書 令和2年版 ………………… 55
水循環白書 令和3年版 ………………… 55
水循環白書 令和4年版 ………………… 55
水循環白書 令和5年版 ………………… 55
水循環白書 令和6年版 ………………… 55

緑の基本計画ハンドブック 令和3年改訂版 … 111
見ながら学習 調べてなっとく ずかん 雲 … 32
未来につなぐ行事SDGs …………………… 115

【め】

メタル元素・メーカー・リサイクル事典 …… 119
メタルスクラップ図鑑 …………………… 120
メタルマイニング・データブック 2010 …… 121
メタルマイニング・データブック 2011 …… 121
メタルマイニング・データブック 2012 …… 121
メタルマイニング・データブック 2013 …… 121
メタルマイニング・データブック 2015 …… 121
メタルマイニング・データブック 2017 …… 122
メタルマイニング・データブック 2019 …… 122

【や】

やさしい環境問題読本 …………………… 16
ヤングアダルトの本 ……………………… 115

【ゆ】

有害物質分析ハンドブック ………………… 51
雪と氷の事典 新装版 …………………… 28
雪と氷の図鑑 ……………………………… 32
雪のことば辞典 …………………………… 28

【よ】

洋上風力発電設備に係る海底地盤の調査及び評価の手引き ………………………………… 164
よくわかる土と肥料のハンドブック 土壌改良編 … 76
よくわかる土と肥料のハンドブック 肥料・施肥編 ……………………………………… 76
四・五・六級海事法規読本 3訂版 ………… 47
47都道府県 知っておきたい気象・気象災害がわかる事典 ……………………………… 28
46億年の地球史図鑑 ……………………… 25

【ら】

LIME3 改訂増補 …………………………………… 96

【り】

理科年表 2012 ……………………………………… 20
理科年表 2013 ……………………………………… 20
理科年表 2014 ……………………………………… 20
理科年表 2015 ……………………………………… 20
理科年表 2016 ……………………………………… 20
理科年表 2017 ……………………………………… 20
理科年表 2018 ……………………………………… 20
理科年表 2019 ……………………………………… 20
理科年表 2020 ……………………………………… 21
理科年表 2021 ……………………………………… 21
理科年表 2022 ……………………………………… 21
理科年表 2023 ……………………………………… 21
理科年表 2024 ……………………………………… 21
理科の地図帳 環境・生物編 改訂版 ………… 26
理科の地図帳 地形・気象編 改訂版 ………… 33
リコーの先進事例に学ぶ環境経営入門 ………… 100
リサイクルデータブック 2011 ………………… 119
リサイクルデータブック 2013 ………………… 119
リサイクルデータブック 2014 ………………… 119
リサイクルデータブック 2015 ………………… 119
リサイクルデータブック 2016 ………………… 119
リサイクルデータブック 2017 ………………… 119
リサイクルデータブック 2018 ………………… 119
リサイクルデータブック 2019 ………………… 120
リサイクルデータブック 2020 ………………… 120
リサイクルデータブック 2021 ………………… 120
リサイクルデータブック 2022 ………………… 120
リサイクルデータブック 2023 ………………… 120
リサイクルデータブック 2024 ………………… 120
リサイクル・廃棄物事典 ……………………… 118
リスク学事典 ……………………………………… 16
リンの事典 ………………………………………… 76
林野法令集 令和2年 ……………………………… 78

【れ】

レアメタル白書 …………………………………… 122
レアメタルハンドブック 2016 ………………… 122

レアメタル便覧 1 ………………………………… 122
レアメタル便覧 2 ………………………………… 122
レアメタル便覧 3 ………………………………… 122

【ろ】

労働CSRガイドブック ………………………… 100

著編者名索引

著編者名索引

【あ】

ISO環境法研究会
  ISO環境法クイックガイド 2024 ………… 96
愛甲 哲也
  自然保護と利用のアンケート調査 ………… 97
縣 秀彦
  かけらが語る地球と人類138億年の大図鑑 …… 24
赤羽 真紀子
  ひと目でわかる 地球環境のしくみとはたらき
  図鑑 …………………………………………… 25
秋永 広幸
  環境発電ハンドブック 第2版 ……………… 150
秋元 肇
  図説 地球環境の事典 ………………………… 22
秋吉 美也子
  化学物質の爆発・危険性ハンドブック ……… 50
アクセンチュア
  サーキュラー・エコノミー・ハンドブック … 113
浅賀 光明
  電気法規と電気施設管理 令和6年度版 …… 143
浅川 典敬
  水産海洋ハンドブック 第4版 ……………… 81
浅利 美鈴
  災害廃棄物管理ガイドブック ……………… 62
足立 吟也
  レアメタル便覧 1 …………………………… 122
  レアメタル便覧 2 …………………………… 122
  レアメタル便覧 3 …………………………… 122
阿部 彩子
  図説 地球環境の事典 ………………………… 22
安部 直文
  世界がわかる資源データブック …………… 121
荒井 勝
  グリーン投資戦略ハンドブック …………… 106
荒木 健太郎
  天気と気象大図鑑 …………………………… 32
有元 貴文
  水産海洋ハンドブック 第4版 ……………… 81
アール，シルビア・A.
  ビジュアル海大図鑑 ………………………… 37
有賀 祐勝
  世界自然環境大百科 10 ……………………… 23
アルヌー，ポール
  地図とデータで見るSDGsの世界ハンドブック
  ………………………………………………… 117

粟木 政明
  自然栽培の手引き …………………………… 71
安斎 育郎
  「原発」文献事典 …………………………… 153
安藤 敏夫
  フラワータウンスケーピング ……………… 111

【い】

五十嵐 収
  独占禁止法グリーンガイドライン ………… 100
幾島 幸子
  写真で比べる地球の姿 ……………………… 25
池田 圭一
  水滴と氷晶がつくりだす空の虹色ハンドブック
  ………………………………………………… 29
石井 善昭
  有害物質分析ハンドブック ………………… 51
石川 宗孝
  環境読本 ……………………………………… 29
石川 義孝
  地域と人口からみる日本の姿 ……………… 85
石原 元
  現代おさかな事典 第2版 …………………… 80
磯野 美奈
  独占禁止法グリーンガイドライン ………… 100
井田 喜明
  地球大百科事典 上 ………………………… 23
  地球大百科事典 下 ………………………… 23
市川 憲良
  水環境設備ハンドブック …………………… 53
一日一種
  いきものづきあいルールブック …………… 39
伊坪 徳宏
  LIME3 改訂増補 …………………………… 96
井出 雄二
  樹木学事典 …………………………………… 35
伊藤 秀三
  世界自然環境大百科 9 ……………………… 22
伊藤 朋之
  気象ハンドブック 第3版 新装版 ………… 29
  キーワード 気象の事典 新装版 …………… 26
稲葉 敦
  LIME3 改訂増補 …………………………… 96
乾 康代
  原発「廃炉」地域ハンドブック …………… 155

犬塚 浩
　建築紛争判例ハンドブック 92
稲 雄次
　雪のことば辞典 28
井上 孝
　地域と人口からみる日本の姿 85
井上 信夫
　佐潟＋御手洗潟ガイドブック 24
井上 真
　森林の百科 普及版 35
茨木 保
　知ってるつもりの放射線読本 162
今井 照
　原発「廃炉」地域ハンドブック 155
入江 安孝
　実務家のためのREACHマニュアル 52
入舩 徹男
　図説 地球科学の事典 22
イルドス，アンジェラ・S.
　ビジュアル版 自然の楽園 98
岩城 英夫
　世界自然環境大百科 3 22
岩槻 秀明
　雲の図鑑 31
　最新の国際基準で見わける雲の図鑑 31
　散歩の雲・空図鑑 31
　水滴や氷晶がつくりだす空の虹色ハンドブッ
　　ク 29
岩森 光
　図説 地球科学の事典 22
印旛沼環境基金
　印旛沼白書 令和元・2年版 38
インプレスR&Dインターネットメディア総合
研究所
　スマートハウス＆スマートグリッド用語事典
　　..................................91, 150

【う】

植田 和弘
　グローバル環境ガバナンス事典 93
植田 武智
　身近な有機フッ素化合物（PFAS）から身を守
　　る本 51
上田 宏
　水産海洋ハンドブック 第4版 81

植田 譲
　太陽電池技術ハンドブック 170
ヴェーバー，カールハインツ
　図解 樹木の力学百科 36
上堀 美知子
　有害物質分析ハンドブック 51
ヴェレ，イヴェット
　地図とデータで見るSDGsの世界ハンドブッ
　　ク 117
ウォリス，サイモン
　図説 地球科学の事典 22
宇田川 真人
　風と雲のことば辞典 38
内田 至
　海洋大図鑑 改訂新版 37
内山 裕之
　新 生物による環境調査事典 16
梅本 清作
　農薬・防除便覧 76
鵜山 義晃
　新・雲のカタログ 31

【え】

英保 次郎
　廃棄物処理早わかり帖 4訂版 63
　廃棄物処理法Q&A 9訂版 66
江口 卓
　図説 世界の気候事典 27
江口 智子
　再生可能エネルギー開発・運用にかかわる法
　　規と実務ハンドブック 171
エコ・フォーラム21世紀
　地球白書 2011-12 3
　地球白書 2012-13 3
　地球白書 2013-14 3
エシカル協会
　エシカル白書 2022-2023 106
SDGs・絵本プロジェクト
　SDGsの絵本棚 115
SDGs市民社会ネットワーク
　事典 持続可能な社会と教育 113
SDGs白書編集委員会
　SDGs白書 2020-2021 118
　SDGs白書 2022 118
江夏 あかね
　ESG/SDGsキーワード130 97

エネルギーフォーラム
　原子力実務六法 2017年版 ……………… 161
　2020年電力・ガス自由化法令集 ……… 123
江原 幸雄
　地熱エネルギー技術読本 ………………… 164
海老原 城一
　サーキュラー・エコノミー・ハンドブック … 113

【お】

及川 実
　四・五・六級海事法規読本 3訂版 …………… 47
応用地質研究会
　地下水調査のてびき …………………………… 50
大河内 直彦
　ひと目でわかる 地球環境のしくみとはたらき図鑑 …………………………………………… 25
大先 一正
　LNG Outlook 2015 …………………………… 140
　LNG Outlook 2016 …………………………… 140
　LNG Outlook 2017 …………………………… 140
　LNG Outlook 2020 …………………………… 140
大澤 雅彦
　世界自然環境大百科 1 ………………………… 22
　世界自然環境大百科 3 ………………………… 22
　世界自然環境大百科 8 ………………………… 22
　世界自然環境大百科 9 ………………………… 22
　世界自然環境大百科 10 ……………………… 23
大城 聡
　原発「廃炉」地域ハンドブック ……………… 155
太田 和宏
　佐渡+御手洗渡ガイドブック ………………… 24
太田 佐絵子
　地図とデータで見る農業の世界ハンドブック … 71
大竹 晶子
　3.11の記録 2期 ……………………………… 157
大竹 久夫
　リンの事典 ……………………………………… 76
大塚 直
　ベーシック環境六法 11訂 …………………… 96
大塚 柳太郎
　世界自然環境大百科 1 ………………………… 22
大畑 哲夫
　図説 地球環境の事典 ………………………… 22
大林 薫
　カラー 世界の原発と核兵器図鑑 …………… 156
大原 隆
　世界自然環境大百科 1 ………………………… 22

大政 謙次
　閉鎖生態系・生態工学ハンドブック ………… 98
大宅壮一文庫
　3.11の記録 2期 ……………………………… 157
大山 昌克
　尾瀬奇跡の大自然 ……………………………… 21
　尾瀬の博物誌 …………………………………… 21
岡井 康二
　原子力教育読本 ……………………………… 154
岡田 賢
　化学物質の爆発・危険性ハンドブック ……… 50
岡田 憲治
　風と雲のことば辞典 …………………………… 38
岡田 知也
　沿岸域における環境価値の定量化ハンドブック ……………………………………………… 97
緒方 由紀子
　廃棄物・リサイクル・その他環境事犯捜査実務ハンドブック ………………………………… 63
岡本 芳美
　実用水理学ハンドブック ……………………… 53
小川 清史
　日本人のための「核」大事典 ……………… 154
小川 勝
　石油類密度・質量・容量換算表 復刊 …… 131
奥田 誠
　LNG Outlook 2020 …………………………… 140
奥谷 喬司
　現代おさかな事典 第2版 …………………… 80
尾崎 雅彦
　サブシー工学ハンドブック 1 ………………… 81
　サブシー工学ハンドブック 2 ………………… 81
　サブシー工学ハンドブック 3 ………………… 81
　サブシー工学ハンドブック 4 ………………… 81
小澤 はる奈
　SDGs自治体白書 2020 ……………………… 117
　SDGs自治体白書 2021 ……………………… 117
　SDGs自治体白書 2022 ……………………… 118
　SDGs自治体白書 2023-2024 ……………… 118
　環境自治体白書 2018-2019年版 …………… 95
オスマー
　カーク・オスマー 化学技術・環境ハンドブック 1巻 普及版 ……………………………… 101
　カーク・オスマー 化学技術・環境ハンドブック 2巻 普及版 ……………………………… 101
尾上 雅典
　入門と実践！ 廃棄物処理法と産廃管理マニュアル ………………………………………… 62
　廃棄物処理法の重要通知と法令対応 改訂版 … 66
小野寺 真一
　地下水の事典 …………………………………… 50

おふい　　　　　　　　　　　著編者名索引

リンの事典 …………………………… 76
オフィス気象キャスター
　天気予報活用ハンドブック ……………… 30
オフィスゼロ
　環境・リサイクル施策データブック 2011 …… 95
　環境・リサイクル施策データブック 2012 …… 95
　環境・リサイクル施策データブック 2013 …… 95
　環境・リサイクル施策データブック 2014 …… 95
　環境・リサイクル施策データブック 2015 …… 95
　環境・リサイクル施策データブック 2016 …… 95
尾松 亮
　原発「廃炉」地域ハンドブック ………… 155
オーム社
　電気事業法関係法令集 23-24年版 ……… 149
　電気設備技術基準・解釈 2024年版 …… 142
〔オーム社〕電気と工事編集部
　電気工事基礎用語事典 第3版 …………… 140
オールトン，ウィル
　グリーン投資戦略ハンドブック ………… 106

【か】

海外電力調査会
　海外電気事業統計 2011年版 …………… 148
　海外電気事業統計 2012年版 …………… 148
　海外電気事業統計 2013年版 …………… 148
　海外電気事業統計 2014年版 …………… 148
　海外電気事業統計 2015年版 …………… 148
　海外電気事業統計 2016年版 …………… 148
　海外電気事業統計 2017年版 …………… 148
　海外電気事業統計 2018年版 …………… 148
　海外電気事業統計 2019年版 …………… 148
　海外電気事業統計 2020年版 …………… 148
　海外電気事業統計 2021年版 …………… 148
　海外電気事業統計 2022年版 …………… 148
海事法研究会
　海事法 第12版 ……………………………… 47
海事法令研究会
　港湾六法 2024年版 ……………………… 112
海洋政策研究財団
　海洋白書 2011 ……………………………… 48
　海洋白書 2012 ……………………………… 48
　海洋白書 2013 ……………………………… 48
　海洋白書 2014 ……………………………… 48
　海洋白書 2015 ……………………………… 48
科学技術振興機構研究開発戦略センター
　研究開発の俯瞰報告書 環境・エネルギー分野
　　2021年 ………………………………… 104
　研究開発の俯瞰報告書 環境・エネルギー分野
　　2023年 ………………………………… 104

化学工学会
　バイオマスプロセスハンドブック ……… 175
化学品の分類および表示に関する世界調和システム（GHS）関係省庁連絡会議
　化学品の分類および表示に関する世界調和システム（GHS）改訂9版 ……………… 50
化学物質等法規制便覧編集委員会
　実務者のための化学物質等法規制便覧 2024年版 ……………………………………… 50
「化学物質届出便覧」編集委員会
　化学物質届出便覧 ………………………… 52
香川 文代
　教師のためのSDGsアクティビティー・ハンドブック ………………………………… 116
香川 靖雄
　いまからできる放射線対策ハンドブック … 162
カーク
　カーク・オスマー 化学技術・環境ハンドブック 1巻 普及版 ……………………… 101
　カーク・オスマー 化学技術・環境ハンドブック 2巻 普及版 ……………………… 101
核物質管理センター事業運営部門事業推進部
　保障措置ハンドブック …………………… 161
核物質管理センター事業運営本部事業推進部
　核物質防護ハンドブック 2020年度版 …… 162
カーゴ・ジャパンカーゴニュース編集局
　物流総覧 2011 ……………………………… 88
　物流総覧 2013年版 ……………………… 88
　物流総覧 2014年版 ……………………… 88
　物流総覧 2015年版 ……………………… 88
　物流総覧 2016年版 ……………………… 88
　物流総覧 2017年版 ……………………… 88
　物流総覧 2018年版 ……………………… 88
　物流総覧 2019年版 ……………………… 88
　物流総覧 2020年版 ……………………… 88
　物流総覧 2021年版 ……………………… 88
　物流総覧 2022年版 ……………………… 88
　物流総覧 2023年版 ……………………… 88
　物流総覧 2024年版 ……………………… 88
樫村 佳汰
　原子力科学研究所気象統計 2006年—2020年 … 161
　原子力科学研究所気象統計 2017年—2021年 … 161
ガス事業法令研究会
　ガス事業法令集 改訂10版 ……………… 137
河川法研究会
　河川六法 令和5年版 ……………………… 38
勝見 武
　建設工事で発生する自然由来重金属等含有土対応ハンドブック ……………………… 90
桂井 誠
　電気データブック ……………………… 148

神奈川県立生命の星・地球博物館
　理科の地図帳 環境・生物編 改訂版 ……………26
　理科の地図帳 地形・気象編 改訂版 …………33
金谷 有剛
　図説 地球環境の事典 …………………………22
狩野 光伸
　SDGsの時代に探究・研究を進めるガイド
　ブック ……………………………………………116
河北新報社
　福島「オルタナ伝承館」ガイド ……………156
カーボンフロンティア機構
　石炭データブック COAL Data Book 2024
　年版 ………………………………………………130
亀井 太
　化学物質取扱いマニュアル 改訂 ……………50
亀山 章
　自然再生の手引き ………………………………97
嘉門 雅史
　建設工事で発生する自然由来重金属等含有土
　対応ハンドブック ………………………………90
花葉会
　フラワータウンスケーピング ………………111
火力原子力発電技術協会
　火力発電技術必携 ………………………………151
　地熱発電の現状と動向 2010・2011年 ………165
　地熱発電の現状と動向 2012年 ………………165
　地熱発電の現状と動向 2013年 ………………165
　地熱発電の現状と動向 2014年 ………………165
　地熱発電の現状と動向 2015年 ………………165
　地熱発電の現状と動向 2016年 ………………165
　地熱発電の現状と動向 2017年 ………………165
　地熱発電の現状と動向 2018年 ………………165
　地熱発電の現状と動向 2020年 ………………165
　地熱発電の現状と動向 2022年 ………………165
　発電所海水設備の汚損対策ハンドブック …150
川井 恵一
　放射線関係法規概説 第11版 …………………164
川上 勝弥
　コンクリート用高炉スラグ活用ハンドブック ‥90
川口 隆行
　〈原爆〉を読む文化事典 ………………………153
川崎 将亜
　原子力科学研究所気象統計 2006年─2020年…161
　原子力科学研究所気象統計 2017年─2021年‥161
川尻 秀樹
　造林・育林実践技術ガイド ……………………78
川端 淳一
　地下水の事典 ……………………………………50
河村 公隆
　低温環境の科学事典 ……………………………27

川村 康文
　今と未来がわかる電気 …………………………143
環境エネルギー政策研究所（ISEP）
　自然エネルギー世界白書 2013 ………………171
　自然エネルギー白書 2012 ……………………171
　自然エネルギー白書 2013 ……………………172
自然エネルギー政策プラットフォーム
　自然エネルギー白書 2011 ……………………171
環境技術交換会
　キーナンバーで綴る環境・エネルギー読本 ……2
環境経済・政策学会
　環境経済・政策学事典 …………………………21
環境自治体会議
　環境自治体白書 2011年版 ………………………94
環境自治体会議環境政策研究所
　SDGs自治体白書 2020 …………………………117
　SDGs自治体白書 2021 …………………………117
　SDGs自治体白書 2022 …………………………118
　環境自治体白書 2011年版 ………………………94
　環境自治体白書 2012-2013年版 ………………94
　環境自治体白書 2013-2014年版 ………………94
　環境自治体白書 2014-2015年版 ………………94
　環境自治体白書 2015-2016年版 ………………94
　環境自治体白書 2016-2017年版 ………………94
　環境自治体白書 2017-2018年版 ………………94
　環境自治体白書 2018-2019年版 ………………95
環境社会学会
　環境社会学事典 …………………………………16
環境省
　環境白書 循環型社会白書/生物多様性白書 平
　成23年版 …………………………………………16
　環境白書 循環型社会白書/生物多様性白書 平
　成24年版 …………………………………………17
　環境白書 循環型社会白書/生物多様性白書 平
　成25年版 …………………………………………17
　環境白書 循環型社会白書/生物多様性白書 平
　成26年版 …………………………………………17
　環境白書 循環型社会白書/生物多様性白書 平
　成27年版 …………………………………………17
　環境白書 循環型社会白書/生物多様性白書 平
　成28年版 …………………………………………17
　環境白書 循環型社会白書/生物多様性白書 平
　成30年版 …………………………………………18
　環境白書 循環型社会白書/生物多様性白書 令
　和元年版 …………………………………………18
　環境白書 循環型社会白書/生物多様性白書 令
　和2年版 …………………………………………18
　環境白書 循環型社会白書/生物多様性白書 令
　和3年版 …………………………………………18
　環境白書 循環型社会白書/生物多様性白書 令
　和4年版 …………………………………………18
　環境白書 循環型社会白書/生物多様性白書 令
　和6年版 …………………………………………19
　誰でもわかる!! 日本の産業廃棄物［2022］改
　訂9版 ……………………………………………66

かんき　　　　　　　著編者名索引

環境省環境再生・資源循環局総務課循環型社会推進室
　環境白書 循環型社会白書/生物多様性白書 令和5年版 ･･････････････････････ 18
環境省自然環境局国立公園課
　自然公園実務必携 5訂 ････････････････････････ 97
環境省総合環境政策局
　環境統計集 平成23年版 ････････････････････ 19
環境省総合環境政策局環境計画課
　環境統計集 平成24年版 ････････････････････ 19
環境省大臣官房総合政策課
　環境白書 循環型社会白書/生物多様性白書 令和5年版 ･･････････････････････ 18
環境省 水・大気環境局
　日本の大気汚染状況 平成22年版 ･･････････････ 43
　日本の大気汚染状況 平成23年版 ･･････････････ 43
　日本の大気汚染状況 平成24年版 ･･････････････ 43
　日本の大気汚染状況 平成25年版 ･･････････････ 43
　日本の大気汚染状況 平成26年版 ･･････････････ 43
　日本の大気汚染状況 平成27年版 ･･････････････ 43
　日本の大気汚染状況 平成28年版 ･･････････････ 43
　日本の大気汚染状況 平成29年版 ･･････････････ 43
　日本の大気汚染状況 平成30年版 ･･････････････ 44
　日本の大気汚染状況 令和元年版 ･･････････････ 44
　日本の大気汚染状況 令和2年版 ･･････････････ 44
　日本の大気汚染状況 令和3年版 ･･････････････ 44
　日本の大気汚染状況 令和4年版 ･･････････････ 44
環境総覧編集委員会
　環境総覧 2013 ･･････････････････････････････ 16
環境文化創造研究所
　地球白書 2011-12 ･･･････････････････････････ 3
　地球白書 2012-13 ･･･････････････････････････ 3
　地球白書 2013-14 ･･･････････････････････････ 3
神崎 朗子
　NATURE ANATOMY自然界の解剖図鑑 ･･････ 25
神野 郁夫
　放射線計測ハンドブック ･･････････････････ 164

【き】

菊池 武史
　化学物質の爆発・危険性ハンドブック ･･･････ 50
菊地 透
　いまからできる放射線対策ハンドブック ････ 162
菊池 真以
　ときめく雲図鑑 ･･････････････････････････ 32
　ひまわり8号と地上写真からひと目でわかる日本の天気と気象図鑑 ････････････････････ 32

危険物保安技術協会
　屋外タンク貯蔵所関係法令通知・通達集 3訂版 ･･････････････････････････････････ 136
気象業務支援センター
　気象年鑑 2011年版 ････････････････････････ 34
　気象年鑑 2012年版 ････････････････････････ 35
　気象年鑑 2013年版 ････････････････････････ 35
　気象年鑑 2014年版 ････････････････････････ 35
　気象年鑑 2015年版 ････････････････････････ 35
　気象年鑑 2016年版 ････････････････････････ 35
　気象年鑑 2017年版 ････････････････････････ 35
　気象年鑑 2018年版 ････････････････････････ 35
　気象年鑑 2019年版 ････････････････････････ 35
　気象年鑑 2020年版 ････････････････････････ 35
　気象年鑑 2021年版 ････････････････････････ 35
　気象年鑑 2022年版 ････････････････････････ 35
　気象年鑑 2023年版 ････････････････････････ 35
気象庁
　気象業務はいま 2011 ･･････････････････････ 33
　気象業務はいま 2012 ･･････････････････････ 33
　気象業務はいま 2013 ･･････････････････････ 33
　気象業務はいま 2014 ･･････････････････････ 33
　気象業務はいま 2015 ･･････････････････････ 33
　気象業務はいま 2016 ･･････････････････････ 33
　気象業務はいま 2017 ･･････････････････････ 34
　気象業務はいま 2018 ･･････････････････････ 34
　気象業務はいま 2019 ･･････････････････････ 34
　気象業務はいま 2020 ･･････････････････････ 34
　気象業務はいま 2021 ･･････････････････････ 34
　気象業務はいま 2022 ･･････････････････････ 34
　気象業務はいま 2023 ･･････････････････････ 34
　気象業務はいま 2024 ･･････････････････････ 34
　気象庁ガイドブック 2011 ･･････････････････ 29
　気象庁ガイドブック 2012 ･･････････････････ 29
　気象庁ガイドブック 2013 ･･････････････････ 29
　気象庁ガイドブック 2015 ･･････････････････ 29
　気象庁ガイドブック 2016 ･･････････････････ 29
　気象庁ガイドブック 2017 ･･････････････････ 29
　気象庁ガイドブック 2018 ･･････････････････ 29
　気象庁ガイドブック 2019 ･･････････････････ 29
　気象庁ガイドブック 2020 ･･････････････････ 29
　気象庁ガイドブック 2021 ･･････････････････ 29
　気象庁ガイドブック 2022[版] ･･････････････ 29
　気象庁ガイドブック 2023[版] ･･････････････ 29
　気象庁ガイドブック 2024[版] ･･････････････ 29
　気象年鑑 2011年版 ････････････････････････ 34
　気象年鑑 2012年版 ････････････････････････ 35
　気象年鑑 2013年版 ････････････････････････ 35
　気象年鑑 2014年版 ････････････････････････ 35
　気象年鑑 2015年版 ････････････････････････ 35
　気象年鑑 2016年版 ････････････････････････ 35
　気象年鑑 2017年版 ････････････････････････ 35
　気象年鑑 2018年版 ････････････････････････ 35
　気象年鑑 2019年版 ････････････････････････ 35
　気象年鑑 2020年版 ････････････････････････ 35

気象年鑑 2021年版 ………………………… 35
気象年鑑 2022年版 ………………………… 35
気象年鑑 2023年版 ………………………… 35

北川 哲雄
　サステナビリティ情報開示ハンドブック … 114

北澤 裕明
　包装関連研究論文執筆のための用語集 ……… 86

北村 喜宣
　ベーシック環境六法 11訂 …………………… 96
　法律のどこに書かれているの？　わかって安心！企業担当者のための環境用語事典 … 95

木部 勢至朗
　閉鎖生態系・生態工学ハンドブック ………… 98

木村 逸郎
　放射線計測ハンドブック …………………… 164

木村 伸吾
　最新 水産ハンドブック ……………………… 81

木村 富士男
　日本気候百科 ………………………………… 27

木村 龍治
　気象・天気の新事実 ………………………… 31
　キーワード 気象の事典 新装版 …………… 26
　地球大百科事典 上 …………………………… 23
　地球大百科事典 下 …………………………… 23

木本書店・編集部
　世界統計白書 2011年版 ……………………… 5
　世界統計白書 2012年版 ……………………… 5
　世界統計白書 2013年版 ……………………… 5
　世界統計白書 2014年版 ……………………… 5
　世界統計白書 2015-2016年版 ……………… 5

紀谷 文樹
　水環境設備ハンドブック …………………… 53

漁業法研究会
　漁業制度例規集 改訂3版 …………………… 82

【く】

空気調和・衛生工学会
　CFDガイドブック …………………………… 92

日下 博幸
　日本気候百科 ………………………………… 27

クストー財団
　海と環境の図鑑 ……………………………… 37

楠美 順理
　はじめての原発ガイドブック 改訂版 …… 156

久原 泰雅
　佐潟+御手洗潟ガイドブック ………………… 24

倉嶋 厚
　雨のことば辞典 ……………………………… 28
　風と雲のことば辞典 ………………………… 38

倉田 真木
　ビジュアル海大図鑑 ………………………… 37

グラタルー，クリスティアン
　地球史マップ ………………………………… 26

蔵持 不三也
　地図とデータで見るSDGsの世界ハンドブック ………………………………………… 117
　地図とデータで見るエネルギーの世界ハンドブック 新版 …………………………… 129
　地図とデータで見る資源の世界ハンドブック ………………………………………… 121
　地図とデータで見る森林の世界ハンドブック ………………………………………… 36

倉本 圭
　海大図鑑 ……………………………………… 37
　地球大図鑑 …………………………………… 25

倉本 宣
　自然再生の手引き …………………………… 97

厨川 道雄
　レアメタル白書 ……………………………… 122

栗山 浩一
　自然保護と利用のアンケート調査 ………… 97

グリーン・プレス農林水産経済研究所
　農林水産便覧 2022年版 ……………………… 71

黒崎 岳大
　スタディガイドSDGs 第2版 ……………… 116

黒図 茂雄
　マンガでわかる若手技術者育成のための環境保全管理ハンドブック ………………… 90

黒田 章夫
　リンの事典 …………………………………… 76

グローバル・コンパクト・ネットワーク・ジャパン
　事典 持続可能な社会と教育 ……………… 113

グローブ，ジェミー
　かけらが語る地球と人類138億年の大図鑑 …… 24

グローブ，マックス
　かけらが語る地球と人類138億年の大図鑑 …… 24

黒部 信一
　原発事故と子どもたち ……………………… 162

桑江 朝比呂
　沿岸域における環境価値の定量化ハンドブック ………………………………………… 97

【け】

慶應義塾大学SFC研究所xSDG・ラボ
 SDGs白書 2019 ········· 118
経済協力開発機構（OECD）
 図表でみる世界の主要統計 2010年版 ········· 19
 図表でみる世界の主要統計 2011-2012年版 ······ 19
 図表でみる世界の主要統計 2013年版 ········· 19
 図表でみる世界の主要統計 2014年版 ········· 20
 図表でみる世界の主要統計 2015-2016年版 ····· 20
経済産業省
 エネルギー白書 2011年版 ········· 123
 エネルギー白書 2012年版 ········· 123
 エネルギー白書 2013年版 ········· 123
 エネルギー白書 2014 ········· 124
 エネルギー白書 2015 ········· 124
 エネルギー白書 2016 ········· 124
 エネルギー白書 2017 ········· 124
 エネルギー白書 2018 ········· 124
 エネルギー白書 2019 ········· 124
 エネルギー白書 2020年版 ········· 125
 エネルギー白書 2021年版 ········· 125
 エネルギー白書 2022年版 ········· 125
 エネルギー白書 2023年版 ········· 125
 エネルギー白書 2024年版 ········· 125
経済産業省経済産業政策局調査統計部
 資源・エネルギー統計年報 平成22年 ········· 130
経済産業省産業保安グループガス安全室
 ガス事業便覧 2023年版 ········· 137
経済産業省産業保安グループ電力安全課
 電力小六法 令和4年版 ········· 143
経済産業省資源エネルギー庁
 電気事業便覧 2023年版 ········· 141
経済産業省資源エネルギー庁ガス市場整備室
 ガス事業便覧 2023年版 ········· 137
経済産業省資源エネルギー庁資源・燃料部
 資源・エネルギー統計年報 平成22年 ········· 130
 資源・エネルギー統計年報 平成23年 ········· 130
 資源・エネルギー統計年報 平成24年 ········· 130
 資源・エネルギー統計年報（政府統計）平成25年 ········· 131
 資源・エネルギー統計年報（政府統計）平成26年 ········· 131
 資源・エネルギー統計年報（政府統計）平成27年 ········· 132
 資源・エネルギー統計年報 平成28年 ········· 132
 資源・エネルギー統計年報 平成29年 ········· 132
 資源・エネルギー統計年報 平成30年 ········· 132
 資源・エネルギー統計年報（石油）令和1年 ········· 132
 資源・エネルギー統計年報（石油）令和2年 ········· 132
 資源・エネルギー統計年報（石油）令和3年 ········· 132
 資源・エネルギー統計年報（石油）令和4年 ········· 132
経済産業省資源エネルギー庁長官官房総合政策課
 石油等消費動態統計年報 平成28年 ········· 133
経済産業省資源エネルギー庁長官官房総務課
 石油等消費動態統計年報 平成29年 ········· 133
 石油等消費動態統計年報 平成30年 ········· 134
 石油等消費動態統計年報 平成31年・令和元年 ········· 134
 石油等消費動態統計年報 令和2年 ········· 134
 石油等消費動態統計年報 令和3年 ········· 134
 石油等消費動態統計年報 令和4年 ········· 134
経済産業省資源エネルギー庁電力・ガス事業部
 電力需給の概要 平成22年度 ········· 146
 電力需給の概要 平成23年度 ········· 146
 電力需給の概要 平成24年度 ········· 146
経済産業省資源エネルギー庁電力・ガス事業部政策課
 電力小六法 令和4年版 ········· 143
経済産業省大臣官房調査統計グループ
 資源・エネルギー統計年報 平成23年 ········· 130
 資源・エネルギー統計年報 平成24年 ········· 130
 石油等消費動態統計年報 平成22年 ········· 133
 石油等消費動態統計年報 平成23年 ········· 133
 石油等消費動態統計年報 平成24年 ········· 133
 石油等消費動態統計年報 平成25年 ········· 133
 石油等消費動態統計年報 平成26年 ········· 133
経済産業調査会
 石油等消費動態統計年報 平成27年 ········· 133
経済調査会
 下水道施設の維持管理ガイドブック 2014年版 ·· 59
 下水道の維持管理ガイドブック 2015年版 ······ 59
 公共下水道工事複合単価 管路編 平成25年度版 ········· 59
下水道工事適正化研究会
 下水道工事適正化読本 2018 ········· 59
下水道法令研究会
 下水道法令要覧 令和5年版 ········· 59
 逐条解説下水道法 第5次改訂版 ········· 60
KPMGサステナブルバリューサービス・ジャパン
 TCFD開示の実務ガイドブック ········· 100
原子力安全基盤機構
 原子力施設運転管理年報 平成24年版（平成23年度実績）········· 157
 原子力施設運転管理年報 平成25年版（平成24年度実績）········· 157
原子力安全基盤機構企画部技術情報統括室
 原子力施設運転管理年報 平成23年版（平成22年度実績）········· 157

原子力委員会
　原子力白書 平成28年版 ………………………160
　原子力白書 平成29年度版 ……………………160
　原子力白書 平成30年度版 ……………………160
　原子力白書 令和元年度版 ……………………160
　原子力白書 令和2年度版 ……………………160
　原子力白書 令和3年度版 ……………………160
　原子力白書 令和4年度版 ……………………160
原子力規制関係法令研究会
　原子力規制関係法令集 2022年 ………………161
原子力資料情報室
　原子力市民年鑑 2011-12 ………………………157
　原子力市民年鑑 2013 ……………………………157
　原子力市民年鑑 2014 ……………………………157
　原子力市民年鑑 2015 ……………………………157
　原子力市民年鑑 2016-17 ………………………158
　原子力市民年鑑 2018-20 ………………………158
　原子力市民年鑑 2023 ……………………………158
　Handbook原発のいま 2019 …………………156
　Handbook原発のいま 2020 …………………156
原子力総合年表編集委員会
　原子力総合年表 …………………………………153
「原子力年鑑」編集委員会
　原子力年鑑 2013 …………………………………158
　原子力年鑑 2015 …………………………………159
　原子力年鑑 2016 …………………………………159
　原子力年鑑 2017 …………………………………159
　原子力年鑑 2018 …………………………………159
　原子力年鑑 2019 …………………………………159
　原子力年鑑 2020 …………………………………159
　原子力年鑑 2021 …………………………………159
　原子力年鑑 2022 …………………………………159
　原子力年鑑 2023 …………………………………159
　原子力年鑑 2024 …………………………………159
　原子力年鑑 2025 …………………………………159
原子力・量子・核融合事典編集委員会
　原子力・量子・核融合事典 普及版 …………153
原水爆禁止日本国民会議
　原子力・核問題ハンドブック ………………154
建設経営サービス
　マンガでわかる若手技術者育成のための環境
　　保全管理ハンドブック ………………………90
建設副産物リサイクル広報推進会議
　建設リサイクルハンドブック 2020 …………90
現代理論研究会
　被曝社会年報 2012 01（2012-2013）…………161
建築技術者試験研究会
　建築設備関係法令集 令和6年版 ………………92
建築物の環境配慮技術手引き改訂委員会
　建築物の環境配慮技術手引き 改訂版 …………92
原発災害・避難年表編集委員会
　原発災害・避難年表 ……………………………153

【こ】

小泉 明
　水環境設備ハンドブック ………………………53
高圧ガス保安協会
　液化石油ガスの保安の確保及び取引の適正化
　　に関する法規集 第38次改訂版 ……………138
　高圧ガス・液化石油ガス法令用語解説 第6次
　　改訂版 …………………………………………137
　高圧ガス保安法規集―液化石油ガス分冊 第
　　20次改訂版 ……………………………………138
　高圧ガス保安法規集 第22次改訂版 …………137
　高圧ガス保安法令(抄) 第10次改訂版 ………137
公園緑地行政研究会
　公園・緑地・広告必携 平成25年版 …………111
公害等調整委員会
　公害紛争処理白書 平成23年版 …………………67
　公害紛争処理白書 平成24年版 …………………67
　公害紛争処理白書 平成25年版 …………………67
　公害紛争処理白書 平成26年版 …………………67
　公害紛争処理白書 平成27年版 …………………67
　公害紛争処理白書 平成28年版 …………………67
　公害紛争処理白書 平成29年版 …………………67
　公害紛争処理白書 平成30年版 …………………67
　公害紛争処理白書 令和元年版 …………………68
　公害紛争処理白書 令和2年版 …………………68
　公害紛争処理白書 令和3年版 …………………68
　公害紛争処理白書 令和4年版 …………………68
　公害紛争処理白書 令和5年版 …………………68
公害防止の技術と法規編集委員会
　新・公害防止の技術と法規 2011 ダイオキシ
　　ン類編 ……………………………………………44
　新・公害防止の技術と法規 2011 水質編 1 ……46
　新・公害防止の技術と法規 2011 水質編 2 ……46
　新・公害防止の技術と法規 2011 騒音・振動編 …69
　新・公害防止の技術と法規 2011 大気編 1 ……42
　新・公害防止の技術と法規 2011 大気編 2 ……42
　新・公害防止の技術と法規 2012 ダイオキシ
　　ン類編 ……………………………………………45
　新・公害防止の技術と法規 2012 水質編 ……46
　新・公害防止の技術と法規 2012 水質編 別冊 …46
　新・公害防止の技術と法規 2012 騒音・振動編 …69
　新・公害防止の技術と法規 2012 大気編 ……42
　新・公害防止の技術と法規 2012 大気編 別冊 …42
　新・公害防止の技術と法規 2013 ダイオキシ
　　ン類編 ……………………………………………45
　新・公害防止の技術と法規 2013 水質編 ……46
　新・公害防止の技術と法規 2013 騒音・振動編 …69
　新・公害防止の技術と法規 2013 大気編 ……42
　新・公害防止の技術と法規 2014 ダイオキシ
　　ン類編 ……………………………………………45

新・公害防止の技術と法規 2014 水質編 …… 46
新・公害防止の技術と法規 2014 騒音・振動編‥ 69
新・公害防止の技術と法規 2014 大気編 ‥ 42
新・公害防止の技術と法規 2015 ダイオキシ
 ン類編 …………………………………… 45
新・公害防止の技術と法規 2015 水質編 …… 46
新・公害防止の技術と法規 2015 騒音・振動編‥ 69
新・公害防止の技術と法規 2015 大気編 ‥ 42
新・公害防止の技術と法規 2016 ダイオキシ
 ン類編 …………………………………… 45
新・公害防止の技術と法規 2016 水質編 …… 46
新・公害防止の技術と法規 2016 騒音・振動編‥ 69
新・公害防止の技術と法規 2016 大気編 ‥ 42
新・公害防止の技術と法規 2017 ダイオキシ
 ン類編 …………………………………… 45
新・公害防止の技術と法規 2017 水質編 …… 46
新・公害防止の技術と法規 2017 騒音・振動編‥ 69
新・公害防止の技術と法規 2017 大気編 ‥ 42
新・公害防止の技術と法規 2018 ダイオキシ
 ン類編 …………………………………… 45
新・公害防止の技術と法規 2018 水質編 …… 46
新・公害防止の技術と法規 2018 騒音・振動編‥ 69
新・公害防止の技術と法規 2018 大気編 ‥ 42
新・公害防止の技術と法規 2019 ダイオキシ
 ン類編 …………………………………… 45
新・公害防止の技術と法規 2019 水質編 …… 46
新・公害防止の技術と法規 2019 騒音・振動編‥ 69
新・公害防止の技術と法規 2019 大気編 ‥ 42
新・公害防止の技術と法規 2020 ダイオキシ
 ン類編 …………………………………… 45
新・公害防止の技術と法規 2020 水質編 …… 46
新・公害防止の技術と法規 2020 騒音・振動編‥ 69
新・公害防止の技術と法規 2020 大気編 ‥ 42
新・公害防止の技術と法規 2021 ダイオキシ
 ン類編 …………………………………… 45
新・公害防止の技術と法規 2021 水質編 …… 46
新・公害防止の技術と法規 2021 騒音・振動編‥ 69
新・公害防止の技術と法規 2021 大気編 ‥ 42
新・公害防止の技術と法規 2022 ダイオキシ
 ン類編 …………………………………… 45
新・公害防止の技術と法規 2022 水質編 …… 46
新・公害防止の技術と法規 2022 騒音・振動編‥ 69
新・公害防止の技術と法規 2022 大気編 ‥ 42
新・公害防止の技術と法規 2023 ダイオキシ
 ン類編 …………………………………… 45
新・公害防止の技術と法規 2023 水質編 …… 46
新・公害防止の技術と法規 2023 騒音・振動編‥ 70
新・公害防止の技術と法規 2023 大気編 ‥ 42
新・公害防止の技術と法規 2024 ダイオキシ
 ン類編 …………………………………… 45
新・公害防止の技術と法規 2024 水質編 …… 46
新・公害防止の技術と法規 2024 騒音・振動編‥ 70
新・公害防止の技術と法規 2024 大気編 ‥ 43
公共建築協会
 電気設備工事監理指針 令和4年版 …………… 142
 電気設備工事施工チェックシート 令和4年版 ‥ 142

公共住宅事業者等連絡協議会
 公共住宅電気設備工事積算基準 令和5年度版…149
公共住宅事業者等連絡協議会公共住宅建設工事
 積算専門委員会・積算基準改定分科会
 公共住宅電気設備工事積算基準 令和5年度版…149
公共投資ジャーナル社
 下水処理場ガイド 2017 ……………………… 58
 下水処理場ガイド 2019 ……………………… 58
公共投資ジャーナル社編集部
 下水処理場ガイド 2013 ……………………… 58
 下水道維持管理業名鑑 2012 ………………… 58
香田 徹也
 日本近代林政年表 増補版 …………………… 77
交通エコロジー・モビリティ財団
 省エネ法 平成30年度改正 …………………… 175
高齢・障害・求職者雇用支援機構職業能力開発
 総合大学校基盤整備センター
 電気関係法規 改定4版 ……………………… 143
国際協力機構青年海外協力隊事務局
 環境教育ボランティア活動ハンドブック …… 113
国際原子力開発
 越日英原子力用語辞典 ……………………… 154
国際連合
 化学品の分類および表示に関する世界調和シ
 ステム（GHS）改訂9版 …………………… 50
国際連合経済社会局人口部
 国際連合世界人口予測 第1分冊 2022年改訂版‥ 85
 国際連合世界人口予測 第2分冊 2022年改訂版‥ 85
 国際連合世界人口予測 第1分冊 2024年改訂版‥ 85
 国際連合世界人口予測 第2分冊 2024年改訂版‥ 85
国際連合経済社会情報・政策分析局人口部
 国際連合・世界人口予測 第1分冊 〔2010年改
 訂版〕 …………………………………………… 84
 国際連合・世界人口予測 第2分冊 〔2010年改
 訂版〕 …………………………………………… 84
 国際連合世界人口予測 第1分冊 2015年改訂版‥ 84
 国際連合世界人口予測 第2分冊 2015年改訂版‥ 84
 国際連合世界人口予測 第1分冊 2017年改訂版‥ 85
 国際連合世界人口予測 第2分冊 2017年改訂版‥ 85
 国際連合世界人口予測 第1分冊 2019年改訂版‥ 85
 国際連合世界人口予測 第2分冊 2019年改訂版‥ 85
国土交通省海事局
 海事レポート 平成23年版 …………………… 47
 海事レポート 平成24年版 …………………… 47
 海事レポート 2013 …………………………… 47
 海事レポート 2014 …………………………… 48
 海事レポート 2015 …………………………… 48
 海事レポート 2017 …………………………… 48
国土交通省海事局検査測度課
 危険物船舶運送及び貯蔵規則 21訂版 ……… 47

国土交通省港湾局
　港湾小六法 令和6年版 ……………………… 112
　数字でみる港湾 2011 ………………………… 112
　数字でみる港湾 2012年版 …………………… 112
　数字でみる港湾 2013年版 …………………… 112
　数字でみる港湾 2014 ………………………… 112
　数字でみる港湾 2015 ………………………… 112
　数字でみる港湾 2016 ………………………… 112
　数字でみる港湾 2017 ………………………… 112
　数字でみる港湾 2018 ………………………… 112
　数字でみる港湾 2019 ………………………… 112
　数字でみる港湾 2020 ………………………… 112
　数字でみる港湾 2021 ………………………… 112
　数字でみる港湾 2022 ………………………… 112
　数字でみる港湾 2023年版 …………………… 113
　数字でみる港湾 2024年版 …………………… 113
国土交通省住宅局建築指導課
　建築設備関係法令集 令和6年版 ……………… 92
国土交通省総合政策局海洋政策課
　海洋汚染防止条約 2022年改訂版 …………… 47
　最新 海洋汚染等及び海上災害の防止に関する法律及び関係法令 ………………………………… 47
国土交通省総合政策局環境政策課
　省エネ法 平成30年度改正 …………………… 175
国土交通省大臣官房官庁営繕部
　電気設備工事監理指針 令和4年版 …………… 142
国土交通省都市局公園緑地・景観課
　公園・緑地・広告必携 平成25年版 ………… 111
　緑の基本計画ハンドブック 令和3年改訂版 … 111
国土交通省都市局都市計画課
　緑の基本計画ハンドブック 令和3年改訂版 … 111
国土交通省水管理・国土保全局上下水道審議官グループ
　下水道事業の手引 令和6年版 ………………… 59
国土交通省水管理・国土保全局水資源部
　日本の水資源 平成23年版 ……………………… 54
　日本の水資源 平成24年版 ……………………… 54
　日本の水資源 平成25年版 ……………………… 54
　日本の水資源 平成26年版 ……………………… 54
国立環境研究所地球環境研究センター
　地球温暖化の事典 ……………………………… 39
〔国立極地研究所〕南極観測センター
　南極環境保護関係法令集 2015年 …………… 98
国立天文台
　環境年表 第1冊（平成21・22年） ………… 15
　環境年表 第2冊（平成23・24年） ………… 15
　環境年表 第3冊（平成25・26年） ………… 15
　環境年表 第4冊（平成27・28年） ………… 15
　環境年表 第5冊（平成29-30年） …………… 15
　環境年表 第6冊（2019-2020） ……………… 15
　環境年表 第7冊（2021-2022） ……………… 15
　環境年表 第8冊（2023-2024） ……………… 15
　理科年表 2012 ………………………………… 20
　理科年表 2013 ………………………………… 20
　理科年表 2014 ………………………………… 20
　理科年表 2015 ………………………………… 20
　理科年表 2016 ………………………………… 20
　理科年表 2017 ………………………………… 20
　理科年表 2018 ………………………………… 20
　理科年表 2019 ………………………………… 20
　理科年表 2020 ………………………………… 21
　理科年表 2021 ………………………………… 21
　理科年表 2022 ………………………………… 21
　理科年表 2023 ………………………………… 21
　理科年表 2024 ………………………………… 21
コージェネレーション・エネルギー高度利用センター
　コージェネレーション導入関連法規参考書 2022 ……………………………………………… 166
　コージェネレーション白書 2012 …………… 166
　コージェネレーション白書 2014 …………… 167
　コージェネレーション白書 2016 …………… 167
　コージェネレーション白書 2018 …………… 167
　コージェネレーション白書 2021 …………… 167
古紙再生促進センター
　古紙統計年報 2010年版 ……………………… 120
　古紙統計年報 2011年版 ……………………… 120
　古紙統計年報 2012年版 ……………………… 120
　古紙統計年報 2013年版 ……………………… 120
　古紙統計年報 2014年版 ……………………… 120
　古紙統計年報 2015年版 ……………………… 120
　古紙統計年報 2016年版 ……………………… 120
　古紙統計年報 2017年版 ……………………… 120
　古紙統計年報 2018年版 ……………………… 120
　古紙統計年報 2019年版 ……………………… 120
　古紙統計年報 2020年版 ……………………… 120
　古紙統計年報 2021年版 ……………………… 120
　古紙統計年報 2022年版 ……………………… 120
　古紙統計年報 2023年版 ……………………… 120
　古紙ハンドブック 2023 ……………………… 119
　地方自治体紙リサイクル施策調査報告書 平成22年度 …………………………………………… 120
　地方自治体紙リサイクル施策調査報告書 平成24年度 …………………………………………… 120
　地方自治体紙リサイクル施策調査報告書 平成25年度 …………………………………………… 120
　地方自治体紙リサイクル施策調査報告書 平成26年度 …………………………………………… 120
　地方自治体紙リサイクル施策調査報告書 平成27年度 …………………………………………… 121
　地方自治体紙リサイクル施策調査報告書 平成28年度 …………………………………………… 121
　地方自治体紙リサイクル施策調査報告書 平成29年度 …………………………………………… 121
　地方自治体紙リサイクル施策調査報告書 令和元年度 …………………………………………… 121
　地方自治体紙リサイクル施策調査報告書 令和2年度 …………………………………………… 121
　地方自治体紙リサイクル施策調査報告書 令和

こせ　　　　　　　　　　著編者名索引

　　　3年度 ………………………………… 121
　　地方自治体紙リサイクル施策調査報告書 令和
　　　4年度 ………………………………… 121
　　地方自治体紙リサイクル施策調査報告書 令和
　　　5年度 ………………………………… 121
小瀬 博之
　　水環境設備ハンドブック ……………………… 53
小平 秀一
　　図説 地球科学の事典 …………………………… 22
こどもくらぶ
　　海の世界地図 …………………………………… 37
　　海の大図鑑 ……………………………………… 37
子どもと自然学会大事典編集委員会
　　子どもと自然大事典 …………………………… 113
小長井 誠
　　太陽電池技術ハンドブック ………………… 170
小林 定喜
　　カラー 世界の原発と核兵器図鑑 …………… 156
小林 亮
　　SDGs用語辞典 ……………………………… 116
　　世界でいちばん素敵なSDGsの教室 ……… 117
小林 玲子
　　かけらが語る地球と人類138億年の大図鑑 …… 24
小宮 剛
　　図説 地球科学の事典 …………………………… 22
コム・ブレイン出版部
　　世界資源企業年鑑 2011 ……………………… 122
　　世界資源企業年鑑 2012 ……………………… 122
薦田 康久
　　電気施設管理と電気法規解説 13版改訂 …… 143
近藤 三雄
　　フラワータウンスケーピング ……………… 111

【さ】

最終処分場技術システム研究協会
　　クローズドシステム処分場技術ハンドブック ‥ 62
最新材料の再資源化技術事典編集委員会
　　最新 材料の再資源化技術事典 ……………… 118
才野 敏郎
　　図説 地球環境の事典 …………………………… 22
佐伯 宏樹
　　最新 水産ハンドブック ………………………… 81
阪井 英次
　　放射線計測ハンドブック …………………… 164
酒井 重典
　　気象災害の事典 ………………………………… 26

阪口 秀
　　図説 地球科学の事典 …………………………… 22
坂爪 浩史
　　現代流通事典 第3版 …………………………… 85
坂元 茂樹
　　国際環境条約・資料集 ………………………… 96
坂本 裕尚
　　図解 超入門！ はじめての廃棄物管理ガイド
　　　改訂第2版 ……………………………………… 62
鷺谷 威
　　図説 地球科学の事典 …………………………… 22
佐久間 弘文
　　図説 地球環境の事典 …………………………… 22
桜井 尚武
　　森林の百科 普及版 ……………………………… 35
桜本 和美
　　最新 水産ハンドブック ………………………… 81
笹川平和財団海洋政策研究所
　　海のまちづくりガイドブック ……………… 110
　　海洋白書 2016 ………………………………… 48
　　海洋白書 2017 ………………………………… 49
　　海洋白書 2018 ………………………………… 49
　　海洋白書 2019 ………………………………… 49
　　海洋白書 2020 ………………………………… 49
　　海洋白書 2021 ………………………………… 49
　　海洋白書 2022 ………………………………… 49
佐々木 知子
　　カーボンフリーエネルギー事典 …………… 171
サスティナブル・コンストラクション事典編集
委員会
　　サスティナブル・コンストラクション事典 …… 89
　　サスティナブルコンストラクション事典 資料
　　　編 ………………………………………………… 90
サステナビリティ情報審査協会
　　ESG情報の外部保証ガイドブック ………… 99
佐竹 研一
　　リンの事典 ……………………………………… 76
サティスファクトリー
　　再資源化白書 2021 …………………………… 120
　　再資源化白書 2022 …………………………… 120
佐藤 大樹
　　原子力科学研究所気象統計 2017年―2021年 …… 161
佐藤 安男
　　佐渇+御手洗潟ガイドブック ………………… 24
佐藤 康之
　　再生可能エネルギー開発・運用にかかわる法
　　　規と実務ハンドブック …………………… 171
佐藤 嘉彦
　　化学物質の爆発・危険性ハンドブック ……… 50

ザ・ライトスタッフオフィス
　理科の地図帳 環境・生物編 改訂版 ………… 26
　理科の地図帳 地形・気象編 改訂版 ………… 33
澤 正宏
　詳説 福島原発・伊方原発年表 ………………… 153
澤口 晋一
　佐渇+御手洗渇ガイドブック ………………… 24
澤田 治美
　〈国別比較〉危機・格差・多様性の世界地図… 117
産業廃棄物処理事業振興財団
　建設現場従事者のための産業廃棄物等取扱
　　ルール 改訂4版 ……………………………… 66
　誰でもわかる!! 日本の産業廃棄物［2022］改
　　訂9版 ………………………………………… 66
「3.11の記録」刊行委員会
　3.11の記録 原発事故篇 ……………………… 157
　3.11の記録 震災篇 …………………………… 157
三冬社編集部
　地球温暖化統計データ集 2011年版 …………… 40

【し】

GHS関係省庁連絡会議
　化学品の分類および表示に関する世界調和シ
　　ステム（GHS）改訂9版 …………………… 50
ジェトロ（日本貿易振興機構）
　北米新エネルギー・環境ビジネスガイドブッ
　　ク ……………………………………………… 106
SI-CATガイドブック編集委員会
　気候変動適応技術の社会実装ガイドブック …… 29
竺 文彦
　環境読本 ………………………………………… 29
資源エネルギー庁省エネルギー対策課
　「省エネ法」法令集 平成25年度改正 ………… 176
資源エネルギー庁電力・ガス事業部政策課熱供
　給産業室
　熱供給事業便覧 令和5年版 ………………… 129
資源エネルギー年鑑編集委員会
　資源エネルギー年鑑 2011 ……………………… 126
　資源エネルギー年鑑 2012 ……………………… 126
　資源エネルギー年鑑 2014 ……………………… 126
　資源エネルギー年鑑 2015 ……………………… 126
　資源エネルギー年鑑 2016 ……………………… 126
次世代社会システム研究開発機構
　カーボンニュートラル脱炭素・低炭素白書
　　2021年版 ……………………………………… 40
　カーボンニュートラルの効用・事業機会白書
　　2021年版 ……………………………………… 40
　クリーンエネルギー/エネルギー革新白書

　　2021年版 ……………………………………… 171
　脱炭素・低炭素化の課題別テーマと適用技術
　　白書 2021年版 ………………………………… 40
実用水の処理・活用大事典編集委員会
　実用 水の処理・活用大事典 …………………… 52
JINED越日英原子力用語辞典編纂委員会
　越日英原子力用語辞典 ………………………… 154
柴田 治
　世界自然環境大百科 9 ………………………… 22
柴田 譲治
　世界環境変動アトラス ………………………… 26
柴山 元彦
　イラストで学ぶ 地理と地球科学の図鑑 ……… 24
島 一雄
　最新 水産ハンドブック ………………………… 81
島村 健
　ベーシック環境六法 11訂 ……………………… 96
下村 英嗣
　法律のどこに書かれているの？　わかって安
　　心！ 企業担当者のための環境用語事典 …… 95
シモン，ローラン
　地図とデータで見る森林の世界ハンドブック… 36
社会的責任投資フォーラム
　日本サステナブル投資白書 2015 …………… 109
社会保険労務士総合研究機構
　労働CSRガイドブック ……………………… 100
シャルヴェ，ジャン＝ポール
　地図とデータで見る農業の世界ハンドブック… 71
重化学工業通信社・化学チーム
　アジアの石油化学工業 2012年版 …………… 135
　アジアの石油化学工業 2013年版 …………… 135
　アジアの石油化学工業 2014年版 …………… 135
　アジアの石油化学工業 2015年版 …………… 135
　アジアの石油化学工業 2016年版 …………… 135
　アジアの石油化学工業 2017年版 …………… 135
　アジアの石油化学工業 2018年版 …………… 135
　アジアの石油化学工業 2019年版 …………… 135
　アジアの石油化学工業 2020年版 …………… 135
　アジアの石油化学工業 2021年版 …………… 135
　アジアの石油化学工業 2022年版 …………… 135
　アジアの石油化学工業 2023年版 …………… 135
　アジアの石油化学工業 2024年版 …………… 135
　日本の石油化学工業 2012年版 ……………… 136
　日本の石油化学工業 2013年版 ……………… 136
　日本の石油化学工業 2014年版 ……………… 136
　日本の石油化学工業 2015年版 ……………… 136
　日本の石油化学工業 2016年版 ……………… 136
　日本の石油化学工業 2017年版 ……………… 136
　日本の石油化学工業 2018年版 ……………… 136
　日本の石油化学工業 2019年版 ……………… 136
　日本の石油化学工業 2020年版 ……………… 136
　日本の石油化学工業 2021年版 ……………… 136

日本の石油化学工業 2022年版 136
日本の石油化学工業 2023年版 136
日本の石油化学工業 2024年版 136
日本の石油化学工業50年データ集 136
住環境計画研究所
　家庭用エネルギーハンドブック 2014 126
ジュニパー，トニー
　ひと目でわかる 地球環境のしくみとはたらき
　図鑑 25
シュレシンジャー，ウィリアム・H.
　生物地球化学事典 22
シュローダー，ジュリア
　生態学大図鑑 25
省エネルギー総覧編集委員会
　省エネルギー総覧 2015 176
庄子 康
　自然保護と利用のアンケート調査 97
正路 卓也
　原子力科学研究所気象統計 2006年—2020年 ... 161
食の安全・監視市民委員会
　身近な有機フッ素化合物（PFAS）から身を守
　る本 51
城川 桂子
　トランジション・ハンドブック 40
新エネルギー財団水力地熱本部
　中小水力発電ガイドブック 新訂5版 151
新エネルギー・産業技術総合開発機構
　NEDO再生可能エネルギー技術白書 第2版 ... 172
　NEDO水素エネルギー白書 173
深海と地球の事典編集委員会
　深海と地球の事典 36
信山社編集部
　省エネ法 法律・施行令・施行規則 176
森林計画研究会
　森林経営計画ガイドブック 令和5年度改訂版 .. 78
森林総合研究所
　森林大百科事典 新装版 35

【す】

水源地環境センター
　ダムの管理例規集 令和3年版 152
水産総合研究センター
　水産大百科事典 普及版 81
水産庁
　水産白書 平成23年版 82
　水産白書 平成24年版 82

　水産白書 平成25年版 82
　水産白書 平成26年版 82
　水産白書 平成27年版 82
　水産白書 平成28年版 82
　水産白書 平成29年版 83
　水産白書 平成30年版 83
　水産白書 令和元年版 83
　水産白書 令和2年版 83
　水産白書 令和3年版 83
　水産白書 令和4年版 83
　水産白書 令和5年版 83
水素エネルギー協会
　水素エネルギーの事典 172
　水素の事典 新装版 172
水道産業新聞社
　下水道年鑑 平成23年度版 60
　下水道年鑑 平成26年度版 60
　下水道年鑑 平成27年度版 60
　下水道年鑑 平成28年度版 60
　下水道年鑑 令和元年度版 60
　下水道年鑑 令和2年度版 60
　下水道年鑑 令和5年度版 61
　水道年鑑 平成26年度版 57
　水道年鑑 平成27年度版 57
　水道年鑑 令和5年度版 58
水道事業経営研究会
　水道経営ハンドブック 第2次改訂版 56
　水道事業経営戦略ハンドブック 改訂版 56
水道年鑑編集室
　水道年鑑 平成29年度版 57
水道法制研究会
　水道実務六法 令和2年版 56
　水道法ガイドブック 令和元年度 56
水道法令研究会
　水道法関係法令集 令和6年4月版 56
水文・水資源学会
　水文・水資源ハンドブック 第2版 53
末次 大輔
　図説 地球科学の事典 22
末永 芳美
　最新 水産ハンドブック 81
スキナー，ブライアン・J.
　地球大百科事典 上 23
　地球大百科事典 下 23
杉山 茂
　リンの事典 76
鈴木 和夫
　森林の百科 普及版 35
鈴木 和史
　気象災害の事典 26

鈴木 邦成
　新・物流マン必携ポケットブック 86
鈴木 健太
　独占禁止法グリーンガイドライン 100
鈴木 茂
　有害物質分析ハンドブック 51
鈴木 雄二
　環境発電ハンドブック 第2版 150
鈴木 力英
　図説 地球環境の事典 22
『図説日本の湿地』編集委員会
　図説 日本の湿地 27
須藤 修
　バイオスティミュラントハンドブック 71
ストラテジック・リサーチ
　スマートグリッド／スマートコミュニティ白
　書 2015年版 150
　スマートハウス白書 2014年版 93
　スマートハウス白書 2015年版 93
スピンドラー，ウェズレイ
　サーキュラー・エコノミー・ハンドブック ...113
スペルマン，フランク・R.
　環境のための数学・統計学ハンドブック 23
「住まいと電化」編集委員会「電化住宅のため
の機器ガイド2011」編集委員会
　電化住宅のための機器ガイド 2011 150
スマートエネルギーグループ
　次世代自動車市場・技術の実態と将来展望
　2020年版 167
　スマートグリッド市場の実態と将来展望
　2023 150
　スマートハウス市場の実態と将来展望 2022
　年版 93
　太陽光発電市場・技術の実態と将来展望
　2023年版 171
住 明正
　環境のための数学・統計学ハンドブック 23
　気象ハンドブック 第3版 新装版 29
　キーワード 気象の事典 新装版 26
スミス，ダン
　〈国別比較〉危機・格差・多様性の世界地図 ...117
スミソニアン協会
　EARTH 24
　地球博物学大図鑑 新訂版 25

【せ】

生態工学会出版企画委員会
　閉鎖生態系・生態工学ハンドブック 98

製品評価技術基盤機構化学物質管理センター
　化学物質リスク管理用語辞典 50
関 文威
　最新 水産ハンドブック 81
関 利枝子
　写真で比べる地球の姿 25
関岡 東生
　森林総合科学用語辞典 第5版 36
石炭フロンティア機構
　石炭データブック COAL Data Book 2021
　年版 130
　石炭データブック COAL Data Book 2022
　年版 130
石油化学新聞社LPガス資料年報刊行委員会
　LPガス資料年報 VOL.46（2011年版）...138
　LPガス資料年報 VOL.47（2012年版）...138
　LPガス資料年報 VOL.48（2013年版）...138
　LPガス資料年報 VOL.49（2014年版）...138
　LPガス資料年報 VOL.50（2015年版）...138
　LPガス資料年報 VOL.51（2016年版）...138
　LPガス資料年報 VOL.52（2017年版）...138
　LPガス資料年報 VOL.53（2018年版）...138
　LPガス資料年報 VOL.54（2019年版）...138
　LPガス資料年報 VOL.55（2020年版）...138
　LPガス資料年報 VOL.56（2021年版）...138
　LPガス資料年報 VOL.57（2022年版）...138
　LPガス資料年報 VOL.58（2023年版）...139
　LPガス資料年報 VOL.59（2024年版）...139
石油鉱業連盟
　石油・天然ガス開発資料 2010 129
　石油・天然ガス開発資料 2011 129
　石油・天然ガス開発資料 2012 129
　石油・天然ガス開発資料 2013 129
石油通信社編集局
　石油資料 平成28年 131
　石油資料 平成29年 131
　石油資料 2018年度 131
　石油資料 2020年度 131
石油通信社編集部
　石油資料 平成23年 131
　石油資料 平成24年 131
　石油資料 平成25年 131
　石油資料 平成26年 131
　石油資料 平成27年 131
　石油資料 2022年度版 131
石油天然ガス・金属鉱物資源機構
　石油・天然ガス開発資料 2013 129
石油天然ガス・金属鉱物資源機構金属資源開発
本部企画調査部
　メタルマイニング・データブック 2010 121
石油問題調査会
　新・石油読本 令和6年版 131

石油連盟
　戦後石油統計 新版 ……………………… 134
瀬戸内海環境保全協会
　里海づくりの手引書 ……………………… 97
セルビー，デイヴィット
　教師のためのSDGsアクティビティー・ハンドブック ……………………………… 116
全国建設業協会
　Q&A建設廃棄物処理とリサイクル 改訂新版 ‥ 90
全国社会保険労務士会連合会
　労働CSRガイドブック …………………… 100
全国都市清掃会議
　廃棄物処理施設維持管理業務積算要領 令和5年度版 …………………………………… 63
　廃棄物処理施設点検補修工事積算要領 令和5年度版 …………………………………… 63
全国農業協同組合連合会（JA全農）肥料農薬部
　よくわかる土と肥料のハンドブック 土壌改良編 ……………………………………… 76
　よくわかる土と肥料のハンドブック 肥料・施肥編 ……………………………………… 76

【そ】

創樹社
　必携 住宅・建築物の省エネルギー基準関係法令集 2021 ………………………… 92
送電鉄塔研究会
　送電鉄塔ガイドブック …………………… 165
総務省統計局
　世界の統計 2013年版 ……………………… 6
　世界の統計 2014 …………………………… 6
　世界の統計 2015 …………………………… 6
　世界の統計 2016 …………………………… 6
　世界の統計 2017 …………………………… 6
　世界の統計 2018 …………………………… 6
　世界の統計 2019 …………………………… 6
　世界の統計 2020年版 ……………………… 6
　世界の統計 2021年版 ……………………… 6
　世界の統計 2022年版 ……………………… 6
　世界の統計 2023年版 ……………………… 6
　世界の統計 2024 …………………………… 7
　日本統計年鑑 第61回（平成24年） ……… 10
　日本統計年鑑 第62回（平成25年） ……… 10
　日本統計年鑑 第63回（平成26年） ……… 10
　日本統計年鑑 第64回（平成27年） …… 10, 11
　日本統計年鑑 第65回（平成28年） ……… 11
　日本統計年鑑 第66回（平成29年） ……… 11
　日本統計年鑑 第67回（平成30年） ……… 11
　日本統計年鑑 第68回（平成31年） ……… 11
　日本統計年鑑 第69回（令和2年） ………… 11
　日本統計年鑑 第70回（令和3年） ………… 11
　日本統計年鑑 第71回（令和4年） ………… 12
　日本統計年鑑 第72回（令和5年） ………… 12
　日本統計年鑑 第73回（令和6年） ………… 12
　日本の統計 2011年版 ……………………… 12
　日本の統計 2012年版 ……………………… 12
　日本の統計 2013年版 ……………………… 12
　日本の統計 2014 …………………………… 12
　日本の統計 2015 …………………………… 12
　日本の統計 2016 …………………………… 12
　日本の統計 2017 …………………………… 12
　日本の統計 2018 …………………………… 13
　日本の統計 2019 …………………………… 13
　日本の統計 2020 …………………………… 13
　日本の統計 2021 …………………………… 13
　日本の統計 2022 …………………………… 13
　日本の統計 2023年版 ……………………… 13
　日本の統計 2024 …………………………… 13
総務省統計研修所
　世界の統計 2011年版 ……………………… 5
　世界の統計 2012年版 ……………………… 6
　世界の統計 2013年版 ……………………… 6
　日本統計年鑑 第61回（平成24年） ……… 10
　日本統計年鑑 第62回（平成25年） ……… 10
　日本の統計 2011年版 ……………………… 12
　日本の統計 2012年版 ……………………… 12
　日本の統計 2013年版 ……………………… 12
ソーニア，リチャード・E.
　グローバル環境ガバナンス事典 ………… 93

【た】

ダイアモンド・ガス・オペレーション
　LNG船・荷役用語集 改訂版 …………… 139
大気環境学会
　大気環境の事典 …………………………… 41
大成出版社企画編集部
　原子力規制委員会主要内規集 改訂版 … 161
大成出版社第2事業部
　水管理・国土保全局所管補助事業事務提要［2013］改訂27版 ……………………… 38
髙井 晋
　日本人のための「核」大事典 …………… 154
高木 薫
　建築紛争判例ハンドブック ……………… 92
高木 超
　SDGs×自治体実践ガイドブック ……… 116
高崎 真一
　除染電離則の理論と解説 ………………… 163

高島　正信
　環境読本 ……………………………………… 29
高橋　一弘
　電気データブック …………………………… 148
高橋　典嗣
　46億年の地球史図鑑 ………………………… 25
高橋　日出男
　図説 世界の気候事典 ………………………… 27
高橋　郁丸
　佐渡＋御手洗潟ガイドブック ……………… 24
高村　ゆかり
　国際環境条約・資料集 ……………………… 96
　ベーシック環境六法 11訂 …………………… 96
多賀谷　一照
　詳解 逐条解説港湾法 4訂版 ………………… 112
瀧下　哉代
　地球史マップ ………………………………… 26
滝山　森雄
　Q&Aでよくわかる ここが知りたい世界の
　　RoHS法 ……………………………………… 52
宅間　董
　電気データブック …………………………… 148
タクマ環境技術研究会
　基礎からわかる下水・汚泥処理技術 ……… 58
　基礎からわかるごみ焼却技術 ……………… 65
　基礎からわかる大気汚染防止技術 ………… 41
　基礎からわかる水処理技術 ………………… 53
　ごみ焼却技術絵とき基本用語 改訂3版 …… 65
竹内　謙礼
　SDGsアイデア大全 …………………………… 115
竹内　俊郎
　水産海洋ハンドブック 第4版 ……………… 81
　閉鎖生態系・生態工学ハンドブック ……… 98
竹下　愛実
　天気予報活用ハンドブック ………………… 30
武田　康男
　気象観察ハンドブック ……………………… 29
　雲と出会える図鑑 …………………………… 31
　空の図鑑 ……………………………………… 31
　空の見つけかた事典 ………………………… 27
　楽しい雪の結晶観察図鑑 …………………… 31
　虹の図鑑 ……………………………………… 32
　ひまわり8号と地上写真からひと目でわかる
　　日本の天気と気象図鑑 …………………… 32
　不思議で美しい「空の色彩」図鑑 ………… 32
　ふしぎで美しい水の図鑑 …………………… 54
　見ながら学習 調べてなっとく ずかん 雲 … 32
　雪と氷の図鑑 ………………………………… 32
竹谷　豊
　リンの事典 …………………………………… 76

竹野　正二
　電気法規と電気施設管理 令和6年度版 …… 143
竹花　秀春
　ビジュアル海大図鑑 ………………………… 37
竹村　公太郎
　水環境設備ハンドブック …………………… 53
田近　英一
　地球・生命の大進化 新版 …………………… 25
田代　大輔
　天気予報活用ハンドブック ………………… 30
立木　勝
　カーボンフリーエネルギー事典 …………… 171
タッジ，コリン
　生物の多様性百科事典 ……………………… 39
田中　則夫
　国際環境条約・資料集 ……………………… 96
田中　勝
　環境配慮契約法 産業廃棄物処理契約ハンド
　　ブック ……………………………………… 66
谷　達雄
　リコーの先進事例に学ぶ環境経営入門 …… 100
谷口　真人
　地下水の事典 ………………………………… 50
田林　明
　日本気候百科 ………………………………… 27
田原　紘一
　電気データブック …………………………… 148
田原　裕子
　地域と人口からみる日本の姿 ……………… 85
田淵　誠也
　在来野草による緑化ハンドブック ………… 111
田部井　淳子
　尾瀬の博物誌 ………………………………… 21
丹下　博文
　地球環境辞典 第4版 ………………………… 23
ダンロップ，ストーム
　オックスフォード気象辞典 新装版 ………… 28

【ち】

近岡　一郎
　農薬・防除便覧 ……………………………… 76
地下水・地下熱資源強化活用研究会
　地中熱利用技術ハンドブック ……………… 166
地中熱利用促進協会
　地中熱ヒートポンプシステム施工管理マニュ
　　アル ………………………………………… 175

千葉 喜久枝
　ひと目でわかる 地球環境のしくみとはたらき
　　図鑑 ………………………………………… 25
中央労働災害防止協会
　石綿障害予防規則の解説 第9版 …………… 93
　電離放射線障害防止規則の解説 第6版 …… 163
　廃棄物焼却施設関連作業におけるダイオキシ
　　ン類ばく露防止対策要綱の解説 第3版 …… 62
中国環境問題研究会
　中国環境ハンドブック 2011-2012年版 ……… 16
千代 豪昭
　放射線被ばくへの不安を軽減するために …… 162
智和 正明
　生物地球化学事典 …………………………… 22

【つ】

辻村 真貴
　地下水の事典 ………………………………… 50
辻森 樹
　地球史マップ ………………………………… 26

【て】

DK社
　地球の自然と環境大百科 …………………… 23
DBジャパン
　お話から考えるSDGs 絵本・児童文学・紙芝
　　居 2010-2014 …………………………… 115
　お話から考えるSDGs 絵本・児童文学・紙芝
　　居 2015-2019 …………………………… 115
　学習支援本から理解を深めるSDGs 2010-
　　2014 ……………………………………… 115
　学習支援本から理解を深めるSDGs 2015-
　　2019 ……………………………………… 115
　未来につなぐ行事SDGs …………………… 115
デジタルリサーチ
　電力システム改革戦略ハンドブック ………… 143
テックタイムス
　紙パルプ産業と環境 2012 ………………… 102
　紙パルプ産業と環境 2013 ………………… 102
　紙パルプ産業と環境 2014 ………………… 102
　紙パルプ産業と環境 2015 ………………… 102
　紙パルプ産業と環境 2016 ………………… 102
　紙パルプ産業と環境 2017 ………………… 102
　紙パルプ産業と環境 2018 ………………… 102
　紙パルプ産業と環境 2019 ………………… 103
　紙パルプ産業と環境 2020 ………………… 103

　紙パルプ産業と環境 2021 ………………… 103
　紙パルプ産業と環境 2022 ………………… 103
　紙パルプ産業と環境 2023 ………………… 103
　紙パルプ産業と環境 2024 ………………… 103
　紙パルプ産業と環境 2025 ………………… 104
テピア総合研究所
　中国原子力ハンドブック 2012 ……………… 155
　中国原子力ハンドブック 2015 ……………… 156
寺内 かえで
　エネルギー読本 1 …………………………… 129
寺内 衛
　エネルギー読本 1 …………………………… 129
寺沢 孝毅
　天売島の自然観察ハンドブック ……………… 24
テルトレ，ブルーノ
　カラー 世界の原発と核兵器図鑑 …………… 156
電気学会
　電気工学ハンドブック 第7版 ……………… 141
　電気データブック …………………………… 148
電気学会電気電子機器のノイズイミュニティ調
査専門委員会
　電気電子機器におけるノイズ耐性試験・設計
　　ハンドブック ……………………………… 142
電気学会・電食防止研究委員会
　電食防止・電気防食ハンドブック …………… 143
電気技術研究会
　図解 電気設備技術基準・解釈ハンドブック
　　[2012]改訂第8版 ………………………… 141
「電気給湯機マニュアル」編集委員会
　電化住宅のための電気給湯機マニュアル
　　2011 ……………………………………… 150
電気新聞
　原子力ポケットブック 2011年版 …………… 155
　原子力ポケットブック 2012年版 …………… 155
　原子力ポケットブック 2013年版 …………… 155
　原子力ポケットブック 2014年版 …………… 155
　原子力ポケットブック 2015年版 …………… 155
　電気の選び方 ……………………………… 142
電気新聞メディア事業局
　電力役員録 2011年版 ……………………… 140
　電力役員録 2012年版 ……………………… 140
　電力役員録 2013年版 ……………………… 140
　電力役員録 2014年版 ……………………… 140
　電力役員録 2015年版 ……………………… 140
　電力役員録 2016年版 ……………………… 140
　電力役員録 2017年版 ……………………… 141
　電力役員録 2018年版 ……………………… 141
　電力役員録 2019年版 ……………………… 141
　電力役員録 2020年版 ……………………… 141
　電力役員録 2021年版 ……………………… 141
　電力役員録 2022年版 ……………………… 141
　電力役員録 2023年版 ……………………… 141

電力役員録 2024年版 141
電気設備学会
　電気設備ハンドブック 142
　電気設備用語辞典 第3版 140
電気設備技術基準研究会
　絵とき電気設備技術基準・解釈早わかり
　　2023年版 141
電食防止研究委員会
　電食防止・電気防食用語事典 140

【と】

東京水産振興会
　漁村・漁港地域への再生可能エネルギー導入
　　に関するハンドブック 171
東京電機大学
　電気設備技術基準・解釈 平成28年版 141
東京電力福島原子力発電所における事故調査・
　検証委員会
　政府事故調 中間・最終報告書 155
東京農工大学農学部森林・林業実務必携編集委
　員会
　森林・林業実務必携 第2版補訂版 78
東辻 千枝子
　イラストで学ぶ 地理と地球科学の図鑑 24
時岡 達志
　図説 地球環境の事典 22
常盤 勝美
　気候変動の事典 26
　図説 世界の気候事典 27
徳田 正満
　EMC設計・測定試験ハンドブック 148
戸谷 次延
　電気のことがわかる事典 140
鳥取 絹子
　地図とデータで見る気象の世界ハンドブック
　　新版 30
外崎 紅馬
　SDGsの絵本棚 115
土木学会構造工学委員会風力発電設備の動的解
　析と構造設計小委員会
　風力発電設備支持物構造設計指針・同解説
　　2010年版 164
土木学会コンクリート委員会石炭ガス化スラグ
　細骨材を用いたコンクリートの設計・施工研
　究小委員会
　石炭ガス化スラグ細骨材を用いたコンクリー
　　トの設計・施工指針 91

土木研究所
　建設工事で発生する自然由来重金属等含有土
　　対応ハンドブック 90
土木研究センター地盤汚染対応技術検討委員会
　建設工事で発生する自然由来重金属等含有土
　　対応ハンドブック 90
富岡 仁
　国際環境条約・資料集 96
富田 文一郎
　森林の百科 普及版 35
冨田 稔
　日本人のための「核」大事典 154
冨高 幸雄
　鉄鋼・鉄スクラップ業主要人物・会社事典 ...119
富山 晴仁
　〈国別比較〉危機・格差・多様性の世界地図...117
鳥海 光弘
　図説 地球科学の事典 22
　地球大百科事典 上 23
　地球大百科事典 下 23
トリフォリオ
　図表でみる世界の主要統計 2010年版 19
　図表でみる世界の主要統計 2011-2012年版 19
　図表でみる世界の主要統計 2013年版 19
　図表でみる世界の主要統計 2014年版 20
　図表でみる世界の主要統計 2015-2016年版 20

【な】

内閣官房水循環政策本部事務局
　水循環白書 平成28年版 54
　水循環白書 平成29年版 54
　水循環白書 平成30年版 54
　水循環白書 令和元年版 55
　水循環白書 令和2年版 55
　水循環白書 令和3年版 55
　水循環白書 令和4年版 55
　水循環白書 令和5年版 55
　水循環白書 令和6年版 55
直木 哲
　樹木学事典 35
長岡 文明
　廃棄物処理法の重要通知と法令対応 改訂版 ...66
中川 昭男
　イラストで学ぶ 地理と地球科学の図鑑 24
中川 貴司
　図説 地球科学の事典 22
中口 毅博
　SDGs自治体白書 2020 117

SDGs自治体白書 2021 ……………………117
SDGs自治体白書 2022 ……………………118
SDGs自治体白書 2023-2024 ……………118
環境自治体白書 2012-2013年版 ………… 94
環境自治体白書 2013-2014年版 ………… 94
環境自治体白書 2014-2015年版 ………… 94
環境自治体白書 2015-2016年版 ………… 94
環境自治体白書 2016-2017年版 ………… 94
環境自治体白書 2017-2018年版 ………… 94
環境自治体白書 2018-2019年版 ………… 95

中静 透
　森林の百科 普及版 ……………………… 35
中田 英昭
　水産海洋ハンドブック 第4版 ………… 81
中田 宗隆
　分子科学者がやさしく解説する 地球温暖化
　Q&A181 ………………………………… 40
中谷 昌文
　全図解 中小企業のためのSDGs導入・実践マ
　ニュアル ………………………………… 100
長友 俊一郎
　〈国別比較〉危機・格差・多様性の世界地図…117
長野 章
　最新 水産ハンドブック ………………… 81
梨田 莉利子
　今すぐマネできるエシカルライフ118のアイ
　デア図鑑 ………………………………… 106
南極OB会編集委員会
　北極読本 ………………………………… 30

【に】

新野 宏
　風の事典 ………………………………… 38
におい・かおり環境協会
　ハンドブック悪臭防止法 6訂版 ……… 68
西尾 香苗
　地球博物学大図鑑 新訂版 ……………… 25
西野 順也
　やさしい環境問題読本 ………………… 16
西村 智朗
　国際環境条約・資料集 ………………… 96
西山 賢吾
　ESG/SDGsキーワード130 ……………… 97
西山 孝
　エネルギー資源データブック ………… 126
　国別鉱物・エネルギー資源データブック … 3
　鉱物資源データブック 第2版 ………… 121

日外アソシエーツ
　環境・エネルギーの賞事典 ……………… 1
　環境・エネルギー問題レファレンスブック … 1
　環境史事典 2007-2018 ………………… 21
　原子力問題図書・雑誌記事全情報 2000-2011 …152
　原子力問題図書・雑誌記事全情報 2011-2020 …153
　国際比較統計索引 2020 …………………… 1
　資源・エネルギー史事典 ………………… 4
　持続可能・自然共生の賞事典 ………… 115
　事典・日本の自然保護地域 …………… 97
　地球・自然環境の本全情報 2004-2010 … 20
　統計図表レファレンス事典 環境・エネルギー
　　問題 …………………………………… 1
　統計図表レファレンス事典 「食」と農業 … 83
　ヤングアダルトの本 …………………… 115
日刊工業出版プロダクション
　環境ソリューション企業総覧 2011年度版
　　（Vol.11） ……………………………… 104
　環境ソリューション企業総覧 2012年度版
　　（Vol.12） ……………………………… 104
　環境ソリューション企業総覧 2013年度版
　　（Vol.13） ……………………………… 104
　環境ソリューション企業総覧 2014年度版
　　（Vol.14） ……………………………… 104
　環境ソリューション企業総覧 2015年度版
　　（Vol.15） ……………………………… 104
日刊市況通信社
　金属リサイクル・ハンドブック 2024 … 119
日刊市況通信社編集部
　メタル元素・メーカー・リサイクル事典 … 119
日刊自動車新聞社
　自動車リサイクル部品名鑑 2014 ……… 119
　自動車リサイクル部品名鑑 2016 ……… 119
日経エコロジー
　環境キーワード事典 …………………… 21
　環境・CSRキーワード事典 …………… 98
日経バイオテク
　日経バイオ年鑑 2012 …………………… 173
　日経バイオ年鑑 2013 …………………… 173
　日経バイオ年鑑 2014 …………………… 173
　日経バイオ年鑑 2015 …………………… 173
　日経バイオ年鑑 2016 …………………… 174
　日経バイオ年鑑 2017 …………………… 174
　日経バイオ年鑑 2018 …………………… 174
　日経バイオ年鑑 2019 …………………… 174
　日経バイオ年鑑 2020 …………………… 174
　日経バイオ年鑑 2021 …………………… 174
　日経バイオ年鑑 2022 …………………… 174
　日経バイオ年鑑 2023 …………………… 174
　日経バイオ年鑑 2024 …………………… 174
　バイオスタートアップ総覧 2021-2022 … 173
日経BP社
　プロフェッショナル用語辞典環境テクノロ
　ジー ……………………………………… 98

日経BP総研クリーンテックラボ
　世界エネルギー新ビジネス総覧 127
新田 尚
　気象災害の事典 26
　気象ハンドブック 第3版 新装版 29
　キーワード 気象の事典 新装版 26
　身近な気象の事典 28
日報ビジネス
　環境関連機材カタログ集 2012年版 109
　環境関連機材カタログ集 2013年版 109
　環境関連機材カタログ集 2014年版 109
　環境関連機材カタログ集 2015年版 109
　環境関連機材カタログ集 2016年版 109
　環境関連機材カタログ集 2017年版 109
　環境関連機材カタログ集 2019年版 109
　環境関連機材カタログ集 2020年版 109
　環境関連機材カタログ集 2021年版 110
　環境関連機材カタログ集 2022年版 110
　環境関連機材カタログ集 2023年版 110
　全国産廃処分業中間処理・最終処分企業名覧 2015 65
日本アイソトープ協会
　アイソトープ法令集 1 2023年版 163
　アイソトープ法令集 2 2023年版 163
　アイソトープ法令集 3 2022年版 163
　放射性同位元素等の規制に関する法令 改訂12版 163
日本安全保障戦略研究所
　日本人のための「核」大事典 154
日本植木協会新樹種部会
　フラワータウンスケーピング 111
日本埋立浚渫協会技術委員会環境・海洋部会
　Doctor of the sea 改訂第3版 90
日本エコノミックセンター
　新エネルギービジネスの将来展望 2011 172
日本エコノミックセンター調査部
　スマートエネルギー市場の実態と将来展望 2024 129
日本エシカル推進協議会
　エシカルバイブル 105
日本エネルギー学会
　バイオマスプロセスハンドブック 175
日本エネルギー経済研究所計量分析ユニット
　EDMC／エネルギー・経済統計要覧 2011年版 127
　EDMC／エネルギー・経済統計要覧 2012年版 127
　EDMC／エネルギー・経済統計要覧 2013年版 127
　EDMC／エネルギー・経済統計要覧 2014年版 127
　EDMC／エネルギー・経済統計要覧 2015年版 127
　EDMC／エネルギー・経済統計要覧 2016年版 128
　EDMC／エネルギー・経済統計要覧 2017年版 128
　EDMC／エネルギー・経済統計要覧 2018年版 128
　EDMC／エネルギー・経済統計要覧 2019年版 128
　EDMC／エネルギー・経済統計要覧 2020年版 128
　EDMC／エネルギー・経済統計要覧 2021年版 128
　EDMC／エネルギー・経済統計要覧 2022年版 128
　EDMC／エネルギー・経済統計要覧 2023年版 129
　EDMC／エネルギー・経済統計要覧 2024年版 129
日本エレクトロヒートセンター
　エレクトロヒートハンドブック 141
日本海事検定協会
　液体貨物ハンドブック 2訂版 123
日本海事検定協会検査第二サービスセンター
　液体貨物ハンドブック 2訂版 123
日本海事広報協会
　海事レポート 平成23年版 47
　海事レポート 平成24年版 47
　海事レポート 2013 47
　海事レポート 2014 48
　海事レポート 2015 48
日本海事センター
　海事レポート 平成23年版 47
　海事レポート 平成24年版 47
　海事レポート 2013 47
　海事レポート 2014 48
　海事レポート 2015 48
日本化学会
　カーク・オスマー 化学技術・環境ハンドブック 1巻 普及版 101
　カーク・オスマー 化学技術・環境ハンドブック 2巻 普及版 101
日本学術振興会産学協力研究委員会鉱物新活用第111委員会土壌中の鉱物におけるCs吸着に関するワーキンググループ
　土壌中の鉱物におけるCs吸着ハンドブック 50
日本風工学会
　都市の風環境ガイドブック 39, 110
日本学校教育学会
　事典 持続可能な社会と教育 113
日本環境衛生センター
　解説・放射性物質汚染対処特別措置法 162
日本環境技術協会技術委員会水質部会
　水質計測機器維持管理技術・マニュアル 45
日本環境教育学会
　環境教育辞典 113
　事典 持続可能な社会と教育 113
日本環境整備教育センター
　浄化槽整備事業の手引 2012年版 93

日本機械学会
　海外原子力発電所安全カタログ ……………… 156
日本規格協会
　JIS電気用図記号ハンドブック 1 新版 ………… 148
　JIS電気用図記号ハンドブック 2 新版 ………… 149
　JISハンドブック シックハウス 2015 ………… 93
　JISハンドブック リサイクル 2013 …………… 121
　JISハンドブック 医用放射線 2018 …………… 164
　JISハンドブック 環境マネジメント 2024 …… 101
　JISハンドブック 環境測定 2024-1-1 ………… 41
　JISハンドブック 環境測定 2024-1-2 ………… 41
　JISハンドブック 環境測定 2024-2 …………… 41
　JISハンドブック 省・新エネルギー 2024-1 … 172
　JISハンドブック 省・新エネルギー 2024-2 … 172
　JISハンドブック 石油 2024 …………………… 134
　JISハンドブック 電気安全 2024 ……………… 149
　JISハンドブック 電気計測 2023 ……………… 149
　JISハンドブック 電気設備 2024-1-1 ………… 149
　JISハンドブック 電気設備 2024-1-2 ………… 149
　JISハンドブック 電気設備 2024-2-1 ………… 149
　JISハンドブック 電気設備 2024-2-2 ………… 149
　JISハンドブック 電気設備 2024-3 …………… 149
　JISハンドブック 物流 2022 …………………… 89
　JISハンドブック 包装 2022 …………………… 89
　JISハンドブック 放射線（能）2011 ………… 164
　JISハンドブック 放射線計測 2013 …………… 164
日本気象予報士会
　身近な気象の事典 ………………………………… 28
日本経営士会中部支部ECO研究会有志
　環境用語ハンドブック 改訂3版 ………………… 23
　これだけは知っておきたい環境用語ハンド
　　ブック ………………………………………… 23
日本下水道新技術機構
　下水道管きょ更生工法ガイドブック 2024年版 … 59
日本原子力学会水化学部会
　原子炉水化学ハンドブック 改訂 ……………… 155
日本原子力産業協会
　原子力年鑑 2012 ……………………………… 158
　原子力年鑑 2013 ……………………………… 158
　原子力年鑑 2014 ……………………………… 158
　放射性物質等の輸送法令集 2021年版 ………… 162
日本建築学会
　居住性能確保のための環境振動設計の手引き … 92
　原子力施設における建築物の耐震性能評価ガ
　　イドブック …………………………………… 154
　建築環境心理生理用語集 ………………………… 91
　石炭ガス化スラグ細骨材を使用するコンク
　　リートの調合設計・製造・施工指針〈案〉・
　　同解説 ………………………………………… 90
　建物のLCA指針 改定版 ………………………… 92
　都市の風環境予測のためのCFDガイドブック
　　…………………………………………… 39, 110
日本公園緑地協会
　緑の基本計画ハンドブック 令和3年改訂版 … 111

日本港湾経済学会
　海と空の港大事典 ……………………………… 111
日本呼吸器学会大気・室内環境関連疾患予防と
　対策の手引き2019作成委員会
　大気・室内環境関連疾患予防と対策の手引き
　　2019 …………………………………………… 42
日本国際理解教育学会
　事典 持続可能な社会と教育 …………………… 113
日本沙漠学会
　沙漠学事典 ………………………………………… 38
日本産業廃棄物処理振興センター
　建設廃棄物適正処理マニュアル ………………… 66
　廃棄物処理法に基づく感染性廃棄物処理マ
　　ニュアル 平成24年5月改訂 ………………… 63
　廃棄物処理法令〈三段対照〉・通知集 令和6年
　　版 ……………………………………………… 67
日本湿地学会
　図説 日本の湿地 ………………………………… 27
日本社会教育学会
　事典 持続可能な社会と教育 …………………… 113
日本商品先物取引協会
　コモディティハンドブック 貴金属編 第2版 … 121
　コモディティハンドブック 石油・ゴム編 第2
　　版 ……………………………………………… 131
日本植物防疫協会
　生物農薬・フェロモンガイドブック 2014 …… 76
　農薬要覧 2011 …………………………………… 77
　農薬要覧 2012 …………………………………… 77
　農薬要覧 2013 …………………………………… 77
　農薬要覧 2014 …………………………………… 77
　農薬要覧 2015 …………………………………… 77
　農薬要覧 2016 …………………………………… 77
　農薬要覧 2017 …………………………………… 77
　農薬要覧 2018 …………………………………… 77
　農薬要覧 2019 …………………………………… 77
　農薬要覧 2020 …………………………………… 77
　農薬要覧 2021 …………………………………… 77
　農薬要覧 2022 …………………………………… 77
　農薬要覧 2023 …………………………………… 77
日本森林学会
　森林学の百科事典 ………………………………… 35
日本森林林業振興会
　保安林制度の手引き 令和4年 ………………… 78
日本水道新聞社
　日本の下水道 平成23年度 ……………………… 61
　日本の下水道 平成24年度 ……………………… 61
　日本の下水道 平成25年度 ……………………… 61
　日本の下水道 平成26年度 ……………………… 61
　日本の下水道 平成27年度 ……………………… 61
　日本の下水道 平成28年度 ……………………… 61
　日本の下水道 平成29年度 ……………………… 61
　日本の下水道 令和元年度 ……………………… 61
　日本の下水道 令和2年度 ……………………… 61

日本の下水道 令和3年度 ················ 61
日本の下水道 令和4年度 ················ 61
日本の下水道 令和5年度 ················ 61
日本雪氷学会
　雪氷辞典 新版 ···························· 28
　雪と氷の事典 新装版 ···················· 28
日本騒音制御工学会
　騒音規制の手引き 第3版 ················ 69
日本総合研究所
　サステナビリティ審査ハンドブック ·······114
日本太陽エネルギー学会
　新太陽エネルギー利用ハンドブック 改訂 ·····169
日本地下水学会
　地下水の事典 ····························· 50
　地下水用語集 ····························· 50
日本地球化学会
　地球と宇宙の化学事典 ···················· 23
日本治山治水協会
　治山必携 法令通知編 平成30年版 ········ 78
日本地熱学会地熱エネルギーハンドブック刊行委員会
　地熱エネルギーハンドブック ·············164
日本鉄鋼協会第5版鉄鋼便覧委員会
　鉄鋼便覧 第6巻 第5版 ··················· 98
日本鉄塔協会
　鉄塔関連用語集 第2版 ···················165
日本電設工業協会出版委員会単行本企画編集専門委員会
　電気設備技術者のための建築電気設備技術計算ハンドブック 上巻 改訂版 ···············142
　電気設備技術者のための建築電気設備技術計算ハンドブック 下巻 改訂版 ···············142
日本トイレ協会
　トイレ学大事典 ··························· 58
日本道路協会
　舗装再生便覧 令和6年版 ················· 90
日本微生物生態学会
　環境と微生物の事典 ······················ 22
日本ヒートアイランド学会
　ヒートアイランドの事典 ·················· 39
日本ファシリティマネジメント協会エネルギー環境保全マネジメント研究部会
　施設におけるエネルギー環境保全マネジメントハンドブック 2016 ···················· 97
日本フライアッシュ協会
　石炭灰ハンドブック 平成27年版 ·········130
日本文教出版編集部
　ポケット統計資料 2014 ··················· 13
　ポケット統計資料 2015 ··················· 14
　ポケット統計資料 2016 ··················· 14

日本分析化学会
　環境分析ガイドブック ···················· 41
日本粉体工業技術協会
　ナノ粒子安全性ハンドブック ·············· 51
日本包装学会
　包装の事典 普及版 ······················· 85
日本包装技術協会
　包装用語早わかり ························ 86
日本保全学会
　原子力保全ハンドブック ·················155
日本水環境学会
　水環境の事典 ····························· 52
日本有機資源協会
　バイオマス活用ハンドブック ·············174
日本リスク研究学会
　リスク学事典 ····························· 16
日本立地ニュース社
　環境プロジェクトの現況と計画 2012年版 ·····108
　環境プロジェクトの現況と計画 2013年版 ·····109
日本流通学会
　現代流通事典 第3版 ······················ 85
日本緑化工学会
　環境緑化の事典 普及版 ···················111
日本冷凍空調工業会蓄熱空調専門委員会
　氷蓄熱空調システム設計の手引き POD版 ·····166
饒村 曜
　気象災害の事典 ··························· 26

【ね】

根岸 宏和
　日中中日物流用語集 ······················ 86
根本 正之
　在来野草による緑化ハンドブック ·········111

【の】

農業食料工学会
　ポストハーベスト工学事典 ················ 75
農林水産省統合交付金要綱要領集編集委員会
　農林水産省統合交付金要綱要領集 平成28年度版 ······································ 70
農林水産省
　食料・農業・農村白書 平成23年版 ········ 71
　食料・農業・農村白書 平成24年版 ········ 72

食料・農業・農村白書 平成25年版 72
食料・農業・農村白書 平成26年版 72
食料・農業・農村白書 平成27年版 72
食料・農業・農村白書 平成28年版 72, 73
食料・農業・農村白書 平成29年版 73
食料・農業・農村白書 平成30年版 73
食料・農業・農村白書 令和元年版 73
食料・農業・農村白書 令和2年版 73
食料・農業・農村白書 令和3年版 73, 74
食料・農業・農村白書 令和4年版 74
食料・農業・農村白書 令和5年版 74
食料・農業・農村白書 令和6年版 74
食料・農業・農村白書 参考統計表 平成23年版 .. 74
食料・農業・農村白書 参考統計表 平成24年版 .. 74
食料・農業・農村白書 参考統計表 平成25年版 .. 74
食料・農業・農村白書 参考統計表 平成26年版 .. 74
食料・農業・農村白書 参考統計表 平成27年版 .. 75
食料・農業・農村白書 参考統計表 平成28年版 .. 75
食料・農業・農村白書 参考統計表 平成29年版 .. 75
食料・農業・農村白書 参考統計表 平成30年版 .. 75
食料・農業・農村白書 参考統計表 令和元年版 .. 75
農林業センサス総合分析報告書 2015年 71

農林水産省大臣官房統計部
　食品ロス統計調査報告 平成21年度 84
　食品ロス統計調査報告 平成26年度 84
　森林組合一斉調査 令和元年度 80

農林水産法令研究会
　農林水産六法 令和6年版 71

農林統計協会
　世界農林業センサス総合分析報告書 2010年 ... 71
　世界農林業センサス総合分析報告書 2015年 ... 71
　農林業センサス総合分析報告書 2015年 71
　農林水産統計用語集 2018年版 70
　ポケット肥料要覧 2010年 76
　ポケット肥料要覧 2011/2012 76
　ポケット肥料要覧 2013/2014年 76
　ポケット肥料要覧 2015/2016 76
　ポケット肥料要覧 2017/2018 76
　ポケット肥料要覧 2019/2020 77
　ポケット肥料要覧 2021/2022 77
　ポケット肥料要覧 2023 77

野口　邦和
　原発・放射能キーワード事典 154

野口　武悟
　3.11の記録 テレビ特集番組篇 156
　3.11の記録 2期 157

野口　正雄
　地球の自然と環境大百科 23

野瀬　純一
　気象ハンドブック 第3版 新装版 29

野田　彰
　図説 地球環境の事典 22

野田　徹郎
　地熱エネルギー技術読本 164

のと里山農業塾
　自然栽培の手引き 71

野中　浩一
　生物の多様性百科事典 39

野村　卓史
　風の事典 38

ノル，グレン・F.
　放射線計測ハンドブック 164

【は】

バイ，チヤン
　サブシー工学ハンドブック 1 81
　サブシー工学ハンドブック 2 81
　サブシー工学ハンドブック 3 81
　サブシー工学ハンドブック 4 81

バイ，ヨン
　サブシー工学ハンドブック 1 81
　サブシー工学ハンドブック 2 81
　サブシー工学ハンドブック 3 81
　サブシー工学ハンドブック 4 81

バイイ，アンヌ
　地図とデータで見るエネルギーの世界ハンド
　　ブック 新版 129

廃棄物資源循環学会
　災害廃棄物管理ガイドブック 62
　災害廃棄物分別・処理実務マニュアル 62

廃棄物処理法編集委員会
　廃棄物処理法の解説 令和2年版 66

廃棄物処理法令研究会
　廃棄物処理法法令集 2022年版 66

ハーヴィー，L.D.ダニー
　カーボンフリーエネルギー事典 171

萩原　雅紀
　ダム大百科 151

橋本　牧
　水産海洋ハンドブック 第4版 81

橋本　光史
　リンの事典 76

長谷　成人
　いきものづきあいルールブック 39
　水産海洋ハンドブック 第4版 81

長谷川　敦子
　有害物質分析ハンドブック 51

長谷川　昌弘
　環境読本 29

服部 貴昭
　水滴と氷晶がつくりだす空の虹色ハンドブック ·················· 29
花嶋 正孝
　クローズドシステム処分場技術ハンドブック ·· 62
バーニー，デイヴィッド
　地球博物学大図鑑 新訂版 ························ 25
馬場 駒雄
　こと典百科叢書 第39巻 ···················· 81
馬場 滋
　全図解 中小企業のためのSDGs導入・実践マニュアル ·· 100
パーマカルチャー・センター・ジャパン
　パーマカルチャー ······························ 75
林 讓
　Q&Aでよくわかる ここが知りたい世界のRoHS法 ······································· 52
林 陽生
　風の事典 ······································ 38
林 良博
　ジュニア地球白書 2010-11 ····················· 2
　ジュニア地球白書 2012-13 ···················· 2
原 由美子
　3.11の記録 テレビ特集番組篇 ················ 156
　3.11の記録 2期 ····························· 157
原澤 英夫
　環境のための数学・統計学ハンドブック ····· 23
原書房編集部
　国際連合・世界人口予測 第1分冊〔2010年改訂版〕······································· 84
　国際連合・世界人口予測 第2分冊〔2010年改訂版〕······································· 84
　国際連合世界人口予測 第1分冊 2015年改訂版 ·· 84
　国際連合世界人口予測 第2分冊 2015年改訂版 ·· 84
　国際連合世界人口予測 第1分冊 2017年改訂版 ·· 85
　国際連合世界人口予測 第2分冊 2017年改訂版 ·· 85
　国際連合世界人口予測 第1分冊 2019年改訂版 ·· 85
　国際連合世界人口予測 第2分冊 2019年改訂版 ·· 85
原田 稔
　雨のことば辞典 ······························ 28
　風と雲のことば辞典 ·························· 38
バルデッリ，ジョルジオ・G.
　ビジュアル版 自然の楽園 ····················· 98
バレ，ベルトラン
　地図とデータで見るエネルギーの世界ハンドブック 新版 ································· 129
ハンコック，ポール・L.
　地球大百科事典 上 ··························· 23
　地球大百科事典 下 ··························· 23
バーンハート，エミリー・S.
　生物地球化学事典 ··························· 22

【ひ】

ピー・アンド・イー・ディレクションズ
　再資源化白書 2021 ·························· 120
　再資源化白書 2022 ·························· 120
日置 佳之
　自然再生の手引き ···························· 97
ピオレ，ユーグ
　地図とデータで見る気象の世界ハンドブック 新版 ···································· 30
樋口 讓次
　日本人のための「核」大事典 ················ 154
肱岡 靖明
　世界環境変動アトラス ······················· 26
ビズサポート
　放射能除染技術・特許調査便覧 2013 ········· 163
平井 信行
　天気と気象のしくみパーフェクト事典 ······· 27
平井 史生
　図説 世界の気候事典 ························ 27
平沼 光
　カーボンニュートラルに向けた地域主体の再エネ普及と企業の貢献 ···················· 40
廣 和仁
　自然栽培の手引き ···························· 71
広瀬 朗子
　カーボンフリーエネルギー事典 ············· 171
ヒンリクセン，ドン
　海の世界地図 ······························· 37

【ふ】

ファーンドン，ジョン
　海と環境の図鑑 ····························· 37
フォルチ，ラモン
　世界自然環境大百科 1 ······················· 22
　世界自然環境大百科 3 ······················· 22
　世界自然環境大百科 9 ······················· 22
深井 宣光
　SDGsビジネスモデル図鑑 ··················· 106
深澤 理郎
　海の大図鑑 ································· 37
　図説 地球環境の事典 ························ 22

福岡 雅子
　環境読本 29
福原 安里
　環境測定実務者のための騒音レベル測定マ
　　ニュアル 上巻 新版 41
　環境測定実務者のための騒音レベル測定マ
　　ニュアル 下巻 新版 41
福原 博篤
　環境測定実務者のための騒音レベル測定マ
　　ニュアル 上巻 新版 41
　環境測定実務者のための騒音レベル測定マ
　　ニュアル 下巻 新版 41
福本 学
　知ってるつもりの放射線読本 162
藤川 真行
　都市水管理事業の実務ハンドブック 59
〔富士キメラ総研〕第一部
　バイオケミカル・脱石油化学市場の現状と将
　　来展望 2024年 174
藤倉 克則
　海大図鑑 37
〔富士経済〕ECO・マテリアル事業部
　環境対応が進む印刷インキ関連市場の全貌
　　2023 104
　電池関連市場実態総調査 2022 下巻 169
〔富士経済〕エネルギーシステム事業部
　エネルギー・大型二次電池・材料の将来展望
　　2022〔版〕電動自動車・車載電池分野編 ... 168
　エネルギー・大型二次電池・材料の将来展望
　　2023〔版〕ESS・定置用蓄電池分野編 168
　エネルギーデジタルビジネス/DX市場の現状
　　と将来展望 2022 127
　エネルギーマネジメントシステム関連市場実
　　態総調査 2020 168
　エネルギーマネジメント・パワーシステム関
　　連市場実態総調査 2022 168
　エネルギーマネジメント・パワーシステム関
　　連市場実態総調査 2023 168
　カーボンニュートラル燃料の現状と将来展望
　　2022 171
　CO_2・環境価値取引関連市場の現状と将来展
　　望 2023 40
　水素利用市場の将来展望 2023年版 173
　太陽電池関連技術・市場の現状と将来展望
　　2023年版 171
　燃料電池関連技術・市場の現状と将来展望 2023年
　　版 168
　ヒートポンプ温水・空調市場の現状と将来展
　　望 2023 175
〔富士経済〕大阪マーケティング本部第一事業部
　エネルギーマネジメント関連市場実態総調査
　　2011 167
　エネルギーマネジメント関連市場実態総調査
　　2012 167
　エネルギーマネジメントシステム関連市場実
　　態総調査 2014 167

電池関連市場実態総調査 2013 上巻 168
電池関連市場実態総調査 2013 中巻 168
電池関連市場実態総調査 2013 下巻 168
電池関連市場実態総調査 2014 上巻 168
電池関連市場実態総調査 2014 中巻 169
電池関連市場実態総調査 2014 下巻 169
〔富士経済〕大阪マーケティング本部第二部
　エネルギーマネジメントシステム関連市場実
　　態総調査 2017 167
　エネルギーマネジメントシステム関連市場実
　　態総調査 2018 167
　電池関連市場実態総調査 2015 下巻 169
　電池関連市場実態総調査 2016 上巻 169
　電池関連市場実態総調査 2016 下巻 169
　電池関連市場実態総調査 2017 上巻 169
〔富士経済〕大阪マーケティング本部第三部
　エネルギーマネジメントシステム関連市場実
　　態総調査 2015 167
　エネルギーマネジメントシステム関連市場実
　　態総調査 2016 167
　エネルギーマネジメントシステム関連市場実
　　態総調査 2019 168
　電池関連市場実態総調査 2015 上巻 169
〔富士経済〕大阪マーケティング本部第四部
　電池関連市場実態総調査 2017 下巻 169
　電池関連市場実態総調査 2018 no.1 169
　電池関連市場実態総調査 2018 no.2 169
　電池関連市場実態総調査 2018 no.3 169
　バイオマス利活用技術・市場の現状と将来展
　　望 2017年版 175
〔富士経済〕大阪マーケティング本部プロジェ
　クト
　電池関連市場実態総調査 2012 上巻 168
　電池関連市場実態総調査 2012 下巻 168
　電池関連市場実態総調査 2019 次世代電池編 .. 169
　電池関連市場実態総調査 2019 電池セル市場
　　編 169
　電池関連市場実態総調査 2019 電池材料市場
　　編 169
〔富士経済〕環境・エナジーデバイスビジネス
　ユニット
　電池関連市場実態総調査 2020 上巻 169
　電池関連市場実態総調査 2020 下巻 169
　電池関連市場実態総調査 2022 上巻 169
〔富士経済〕東京マーケティング本部第二統括
　部第四部
　業務施設エネルギー消費実態・関連機器市場
　　調査 130
　電力・エネルギーシステム新市場 2014 126
〔富士経済〕東京マーケティング本部第三部
　業務施設エネルギー消費実態総調査 130
〔富士経済〕東京マーケティング本部第四部
　環境・エネルギー触媒関連市場の現状と将来
　　展望 2018 2
　業務施設エネルギー消費実態調査 2018年版 .. 130

藤田　英夫
　環境ビジネス白書 2011年版 107
　環境ビジネス白書 2012年版 107
　環境ビジネス白書 2017年版 107
　環境ビジネス白書 2018年版 108
　環境ビジネス白書 令和元年版/平成最終版
　　(2019年版) 108
　環境ビジネス白書 2020年版 108
　環境ビジネス白書 2021年版 108
　環境ビジネス白書 2022年版 108
　環境ビジネス白書 2023年版 108
藤縄　克之
　地中熱利用技術ハンドブック 166
藤野　大輝
　ESG情報開示の実践ガイドブック 99
藤部　文昭
　日本気候百科 27
藤村　奈緒美
　地球史マップ 26
藤原　幸一
　環境破壊図鑑 24
藤原　多伽夫
　ビジュアル版 自然の楽園 98
二川　和郎
　原子力科学研究所気象統計 2006年—2020年 ... 161
　原子力科学研究所気象統計 2017年—2021年 .. 161
物質・材料研究機構
　環境・エネルギー材料ハンドブック 166
筆保　弘徳
　ニュース・天気予報がよくわかる気象キー
　　ワード事典 28
ブーマ，ブライアン
　世界環境変動アトラス 26
ブランション，ダヴィド
　地図とデータで見る水の世界ハンドブック 新
　　版 53
ブーリエ，ジョエル
　地図とデータで見る森林の世界ハンドブック .. 36
古市　徹
　クローズドシステム処分場技術ハンドブック .. 62
ブレオン，フランソワ＝マリー
　地図とデータで見る気象の世界ハンドブック
　　新版 30
文献情報研究会
　「原発」文献事典 153

【へ】

ベスゲ，クラウス
　図解 樹木の力学百科 36
別所　昌彦
　エネルギー資源データブック 126
　国別鉱物・エネルギー資源データブック 3
　鉱物資源データブック 第2版 121
ベン，S.
　50のテーマで読み解くCSRハンドブック 100
編集企画委員会
　廃棄物処理施設保守・点検の実際 ごみ焼却編 .. 63

【ほ】

北海道自然エネルギー研究会
　自然エネルギーと環境の事典 171
ボネット，アラステア
　地球情報地図50 26
ホプキンス，ロブ
　トランジション・ハンドブック 40
堀　大才
　樹木学事典 35
　図解 樹木の力学百科 36
堀井　大輝
　西表島の自然図鑑 24
堀江　博道
　樹木学事典 35
ボルトン，D.
　50のテーマで読み解くCSRハンドブック 100
ホワイティング，ナンシー・E.
　環境のための数学・統計学ハンドブック ... 23
ボワシエール，オーレリー
　地図とデータで見る水の世界ハンドブック 新
　　版 53
本荘　幸雄
　石油類密度・質量・容量換算表 復刊 131

【ま】

前田　昌調
　最新 水産ハンドブック 81

前田 正史
　エネルギー資源データブック 126
　国別鉱物・エネルギー資源データブック 3
　鉱物資源データブック 第2版 121

真木 太一
　風の事典 38

増田 まもる
　地球博物学大図鑑 新訂版 25

増原 直樹
　環境自治体白書 2012-2013年版 94

松井 芳郎
　国際環境条約・資料集 96

松浦 徹也
　Q&Aでよくわかる ここが知りたい世界の
　　RoHS法 52

松倉 真理
　地球博物学大図鑑 新訂版 25

松下 和夫
　グローバル環境ガバナンス事典 93
　地球環境データブック 2010-11 2
　地球環境データブック 2011-12 2
　地球環境データブック 2012-13 2

松永 猛裕
　化学物質の爆発・危険性ハンドブック 50

松野 弘
　50のテーマで読み解くCSRハンドブック 100

松葉口 玲子
　省エネ行動スタートBOOK 新版 175

松本 淳
　図説 世界の気候事典 27

マテック，クラウス
　図解 樹木の力学百科 36

丸山 茂徳
　最新 地球と生命の誕生と進化 23

【み】

三神 彩子
　省エネ行動スタートBOOK 新版 175

三河内 岳
　EARTH 24

三島 慎一郎
　リンの事典 76

水上 貴央
　再生可能エネルギー開発・運用にかかわる法
　　規と実務ハンドブック 171

水谷 知生
　いきものづきあいルールブック 39

三隅 良平
　47都道府県 知っておきたい気象・気象災害
　　がわかる事典 28

道上 勉
　電気データブック 148

三菱商事天然ガス事業本部
　LNG船・荷役用語集 改訂版 139

三戸 久美子
　樹木学事典 35
　図解 樹木の力学百科 36

三戸 勇吾
　沿岸域における環境価値の定量化ハンドブッ
　　ク 97

ミニ・ミュージアム
　かけらが語る地球と人類138億年の大図鑑 24

宮 誠而
　日本一の巨木図鑑 36

宮沢 伸吾
　コンクリート用高炉スラグ活用ハンドブック .. 90

宮島 咲
　ダムカード大全集 151
　ダムカード大全集 Ver.2.0 152

宮田 義晃
　建築紛争判例ハンドブック 92

宮本 英昭
　図説 地球科学の事典 22

宮脇 良二
　地域エネルギー会社のデジタル化読本 127

【む】

武蔵野大学サステナビリティ学科
　キーワードで知るサステナビリティ 113

武舎 広幸
　海と環境の図鑑 37

武舎 るみ
　海と環境の図鑑 37

村井 昭夫
　新・雲のカタログ 31

村上 孝雄
　リンの事典 76

村上 秀二
　こと典百科叢書 第54巻 52

村頭 秀人
　解説 悪臭防止法 上 68
　解説 悪臭防止法 下 69

村田 健史
　ひまわり8号と地上写真からひと目でわかる
　　日本の天気と気象図鑑 ·························· 32
村田 昌彦
　図説 地球環境の事典 ···································· 22

【め】

メガンク，リチャード・A.
　グローバル環境ガバナンス事典 ················ 93
メレンヌ＝シュマケル，ベルナデット
　地図とデータで見るエネルギーの世界ハンド
　　ブック 新版 ·· 129
　地図とデータで見る資源の世界ハンドブック ·· 121

【も】

本橋 恵一
　電力システム改革戦略ハンドブック ········ 143
森田 竜斗
　〈国別比較〉危機・格差・多様性の世界地図 ··· 117
森永 勤
　最新 水産ハンドブック ······························· 81

【や】

八木 信行
　最新 水産ハンドブック ······························· 81
薬師寺 公夫
　国際環境条約・資料集 ································ 96
八杉 貞雄
　生物の多様性百科事典 ································ 39
安成 哲三
　キーワード 気象の事典 新装版 ················· 26
　図説 地球環境の事典 ································· 22
矢野 義明
　日本人のための「核」大事典 ··················· 154
矢野恒太記念会
　数字でみる日本の100年 改訂第7版 ············ 3
　世界国勢図会 2011/12年版 第22版 ············· 3
　世界国勢図会 2012/13年版 ·························· 4
　世界国勢図会 2013/14年版 第24版 ············· 4
　世界国勢図会 2014/15 第25版 ····················· 4
　世界国勢図会 2015/16 第26版 ····················· 4

　世界国勢図会 2016/17 第27版 ····················· 4
　世界国勢図会 2017/18 第28版 ····················· 4
　世界国勢図会 2018/19 第29版 ····················· 4
　世界国勢図会 2019/20 第30版 ····················· 4
　世界国勢図会 2020/21 第31版 ····················· 4
　世界国勢図会 2021/22 ··································· 4
　世界国勢図会 2022/23 第33版 ····················· 5
　世界国勢図会 2023/24 ··································· 5
　世界国勢図会 2024/25 ··································· 5
　日本国勢図会 2011/12 ··································· 7
　日本国勢図会 2012/13年版 第70版 ············· 8
　日本国勢図会 2013/14年版 第71版 ············· 8
　日本国勢図会 2014/15 第72版 ····················· 8
　日本国勢図会 2015/16 第73版 ····················· 8
　日本国勢図会 2016/17 第74版 ····················· 8
　日本国勢図会 2017/18 第75版 ····················· 8
　日本国勢図会 2018/19 第76版 ····················· 9
　日本国勢図会 2019/20 第77版 ····················· 9
　日本国勢図会 2020/21 第78篇 ····················· 9
　日本国勢図会 2021/22 第79版 ····················· 9
　日本国勢図会 2022/23 第80版 ····················· 9
　日本国勢図会 2023/24 ··································· 9
　日本国勢図会 2024/25 ································· 10
山内 靖雄
　バイオスティミュラントハンドブック ······ 71
山川 修治
　風の事典 ·· 38
　気候変動の事典 ·· 26
　図説 世界の気候事典 ································· 27
山岸 米二郎
　オックスフォード気象辞典 新装版 ··········· 28
山口 隆子
　図説 世界の気候事典 ································· 27
山口 幸夫
　ハンドブック原発事故と放射能 ··············· 156
山崎 哲
　ニュース・天気予報がよくわかる気象キー
　　ワード事典 ·· 28
山崎 正浩
　地球情報地図50 ·· 26
山下 脩二
　図説 世界の気候事典 ································· 27
山田 勇
　世界の森大図鑑 ·· 36
山田 健太
　3.11の記録 テレビ特集番組篇 ················· 156
　3.11の記録 2期 ··· 157
山田 晋
　在来野草による緑化ハンドブック ··········· 111
山中 英明
　最新 水産ハンドブック ······························· 81

山本　芳華
　環境読本 29

【ゆ】

油業報知新聞社編集部
　新・石油読本 令和6年版 131
輸送経済新聞社
　ことば教えて！ 物流の"いま"がわかる。
　　2018年版 86

【よ】

除本　理史
　福島「オルタナ伝承館」ガイド 156
横室　隆
　コンクリート用高炉スラグ活用ハンドブック .. 90
吉﨑　正憲
　図説 地球環境の事典 22
吉田　智
　稲妻と雷の図鑑 30
吉田　春美
　地図とデータで見る水の世界ハンドブック 新
　　版 53
吉田　寧子
　有害物質分析ハンドブック 51
吉武　惇二
　LNG Outlook 2015 140
　LNG Outlook 2016 140
　LNG Outlook 2017 140
　LNG Outlook 2020 140
吉野　正敏
　日本気候百科 27
四元　忠博
　ナショナル・トラストへの招待 改訂カラー版 .. 98
米盛　康正
　環境省名鑑 2012年版 95
　環境省名鑑 2013年版 95
　環境省名鑑 2014年版 95
　環境省名鑑 2015年版 95
　環境省名鑑 2016年版 95
　環境省名鑑 2017年版 95
　環境省名鑑 2018年版 95
　環境省名鑑 2019年版 95
　環境省名鑑 2020年版 95
　環境省名鑑 2021年版 95
　環境省名鑑 2022年版 95
　環境省名鑑 2023年版 95

　環境省名鑑 2024年版 95
　農林水産省名鑑 2012年版 70
　農林水産省名鑑 2013年版 70
　農林水産省名鑑 2014年版 70
　農林水産省名鑑 2015年版 70
　農林水産省名鑑 2016年版 70
　農林水産省名鑑 2017年版 70
　農林水産省名鑑 2018年版 70
　農林水産省名鑑 2019年版 70
　農林水産省名鑑 2020年版 70
　農林水産省名鑑 2021年版 70
　農林水産省名鑑 2022年版 70
　農林水産省名鑑 2023年版 70
　農林水産省名鑑 2024年版 70
米山　伸吾
　農薬・防除便覧 76

【ら】

La Grupo NUN-Vortoj
　日エス環境問題用語集 16
ラボルド，グゼマルタン
　地図とデータで見る森林の世界ハンドブック .. 36

【り】

「リサイクル・廃棄物事典」編集委員会
　リサイクル・廃棄物事典 118
リスク低減のための最適な原子力安全規制に関
　する研究会
　海外原子力発電所安全カタログ 156
リュノー，ジル
　地図とデータで見る気象の世界ハンドブック
　　新版 30
林野庁
　森林・林業統計要覧 2011 80
　森林・林業統計要覧 2012 80
　森林・林業統計要覧 2013 80
　森林・林業統計要覧 2014 80
　森林・林業統計要覧 2015 80
　森林・林業統計要覧 2016 80
　森林・林業統計要覧 2017 80
　森林・林業統計要覧 2018 80
　森林・林業統計要覧 2019 80
　森林・林業統計要覧 2020 80
　森林・林業統計要覧 2021 80
　森林・林業統計要覧 2022 80
　森林・林業統計要覧 2023 80

森林・林業白書　平成23年版 ……………… 78
森林・林業白書　平成24年版 ……………… 78
森林・林業白書　平成25年版 ……………… 79
森林・林業白書　平成26年版 ……………… 79
森林・林業白書　平成27年版 ……………… 79
森林・林業白書　平成28年版 ……………… 79
森林・林業白書　平成29年版 ……………… 79
森林・林業白書　平成30年版 ……………… 79
森林・林業白書　令和元年版 ……………… 79
森林・林業白書　令和2年版 ………………… 80
森林・林業白書　令和3年版 ………………… 80
森林・林業白書　令和4年版 ………………… 80
森林・林業白書　令和5年版 ………………… 80
林野庁林政部経営課
　森林組合一斉調査　令和元年度 …………… 80

【る】

ルヴァスール，クレール
　地図とデータで見るSDGsの世界ハンドブック ……………………………………………… 117
　地図とデータで見る資源の世界ハンドブック ‥ 121
　地図とデータで見る農業の世界ハンドブック ‥ 71

【れ】

レイシー，ピーター
　サーキュラー・エコノミー・ハンドブック … 113

【ろ】

RoHS研究会
　Q&Aでよくわかる　ここが知りたい世界の
　　RoHS法 ……………………………………… 52
ロスマン，ジュリア
　NATURE ANATOMY自然界の解剖図鑑 …… 25
ロング，ジェシカ
　サーキュラー・エコノミー・ハンドブック … 113

【わ】

涌井　晴之
　佐渇+御手洗渇ガイドブック ………………… 24

鷲谷　いづみ
　生態学大図鑑 …………………………………… 25
和田　哲夫
　バイオスティミュラントハンドブック ……… 71
和田　時夫
　水産海洋ハンドブック　第4版 ……………… 81
和田　長久
　原子力・核問題ハンドブック ……………… 154
渡辺　修一
　図説　地球環境の事典 ………………………… 22
渡邉　優
　SDGs辞典 ……………………………………… 116
渡部　終五
　水産海洋ハンドブック　第4版 ……………… 81
渡来　靖
　気候変動の事典 ………………………………… 26
　図説　世界の気候事典 ………………………… 27
ワールドウォッチ研究所
　ジュニア地球白書 2010-11 …………………… 2
　ジュニア地球白書 2012-13 …………………… 2
　地球環境データブック 2010-11 ……………… 2
　地球環境データブック 2011-12 ……………… 2
　地球環境データブック 2012-13 ……………… 2
　地球白書 2011-12 ……………………………… 3
　地球白書 2012-13 ……………………………… 3
　地球白書 2013-14 ……………………………… 3

事項名索引

【あ】

ISO　→環境法 95
アイソトープ　→放射線防護 162
悪臭　→悪臭 68
悪臭防止法
　　→下水道 58
　　→悪臭 68
アスベスト　→アスベスト 93
雨　→気候・気象 26
ESG
　　→環境保全 97
　　→環境経営 98
EMC（規格）　→電気（規格） 148
石綿　→アスベスト 93
ISO　→環境法 95
一般廃棄物　→一般廃棄物 65
医用放射線（規格）　→放射線（規格） ... 164
海　→海洋 36
運送　→物流・包装 85
運輸　→物流・包装 85
液化石油ガス　→LPガス 137
液化天然ガス　→天然ガス 139
エコスラグ　→建設リサイクル 90
エコデバイス　→環境技術 101
エコロジー
　　→環境ビジネス 106
　　→環境配慮型製品 109
エシカル　→環境対策 105
SDGs
　　→環境保全 97
　　→SDGs 115
SDGsビジネス
　　→環境ビジネス 106
　　→環境配慮型製品 109
エネルギー
　　→エネルギー 129
　　→新エネルギー 171
　　→バイオエネルギー 173
　　→ヒートポンプ 175
　　→省エネルギー 175
エネルギー価格　→エネルギー経済 ... 127

エネルギー技術
　　→環境技術 101
　　→エネルギー技術 166
エネルギービジネス
エネルギー経済　→エネルギー経済 ... 127
エネルギー源別需給　→エネルギー経済 ... 127
エネルギー作物　→バイオマス 174
エネルギー需給見通し　→エネルギー経済 127
エネルギー消費
　　→エネルギー 129
　　→石油 131
エネルギー政策　→環境政策 93
エネルギー統計　→エネルギー 129
エネルギー発熱量　→エネルギー経済 ... 127
エネルギー問題
　　→環境・エネルギー問題 1
　　→環境・エネルギー問題全般 ... 1
　　→エネルギー問題 123
　　→エネルギー問題全般 123
LNG　→天然ガス 139
LPガス　→LPガス 137
汚物処理　→下水道 58
温室効果ガス　→地球温暖化 39

【か】

海事政策　→海事政策 47
海事法　→海洋汚染 47
海上災害　→海洋汚染 47
海洋　→海洋 36
海洋汚染　→海洋汚染 47
海洋汚染防止法　→海洋汚染 47
海洋生物　→海洋 36
海洋法　→海洋汚染 47
化学技術　→環境技術 101
化学工業　→環境対策 105
化学品の分類および表示に関する世界調和システム　→化学物質 50
化学物質　→化学物質 50
化学薬品　→化学物質 50
核燃料サイクル　→原子力発電 152
核物質防護　→放射線防護 162

かくゆ　　　　　　　　　　　　　　　　事項名索引

核融合　→原子力発電 ……………… 152	→環境問題全般 ……………………… 15
ガス　→ガス ………………………… 137	環境社会学　→環境問題全般 ……… 15
ガス事業　→ガス …………………… 137	環境省　→環境政策 ………………… 93
風　→風 ……………………………… 38	環境政策　→環境政策 ……………… 93
風環境	環境騒音　→騒音・振動 …………… 69
→風 ………………………………… 38	環境測定　→環境測定 ……………… 41
→環境計画 ………………………… 110	環境測定(規格)　→環境測定(規格) …… 41
風工学　→風 ………………………… 38	環境ソリューション　→環境技術 …… 101
河川　→河川・湖沼 ………………… 38	環境対策　→環境対策 ……………… 105
河川行政　→河川・湖沼 …………… 38	環境テクノロジー　→環境工学 …… 98
河川法　→河川・湖沼 ……………… 38	環境配慮　→建築 …………………… 91
カーボンニュートラル　→CO2排出 …… 40	環境配慮型製品　→環境配慮型製品 …… 109
カーボンフリーエネルギー　→新エネルギー …………………………… 171	環境ビジネス
雷　→気候・気象 …………………… 26	→環境ビジネス …………………… 106
紙パルプ	→環境配慮型製品 ………………… 109
→環境技術 ………………………… 101	環境法　→環境法 …………………… 95
→環境対策 ………………………… 105	環境保護　→自然保護 ……………… 97
紙リサイクル　→リサイクル ……… 118	環境保全
火力発電	→建設 ……………………………… 89
→発電 ……………………………… 150	→環境保全 ………………………… 97
→火力発電 ………………………… 151	環境保全型農業　→環境保全型農業 …… 75
環境アセスメント	環境マネジメント　→環境経営 …… 98
→環境測定 ………………………… 41	環境マネジメント(規格)　→環境経営(規格) …………………………… 101
→環境測定(規格) ………………… 41	環境問題
→環境アセスメント ……………… 96	→環境・エネルギー問題 ………… 1
環境影響評価　→環境アセスメント …… 96	→環境・エネルギー問題全般 …… 1
環境汚染　→環境汚染 ……………… 41	→環境問題 ………………………… 15
環境ガバナンス　→環境政策 ……… 93	→環境問題全般 …………………… 15
環境関連機材　→環境配慮型製品 …… 109	環境リスク
環境技術	→環境問題全般 …………………… 15
→環境技術 ………………………… 101	→化学物質 ………………………… 50
→環境配慮型製品 ………………… 109	環境緑化　→緑化 …………………… 111
環境教育　→環境教育 ……………… 113	感染性廃棄物　→廃棄物 …………… 61
環境行政　→環境政策 ……………… 93	乾燥地　→沙漠 ……………………… 38
環境経営	貴金属　→鉱物資源 ………………… 121
→環境保全 ………………………… 97	気候　→気候・気象 ………………… 26
→環境経営 ………………………… 98	気候関連財務情報開示タスクフォース
環境経営(規格)　→環境経営(規格) …… 101	→環境経営 ………………………… 98
環境計画　→環境計画 ……………… 110	気候変動
環境工学　→環境工学 ……………… 98	→気候・気象 ……………………… 26
環境自治体　→環境政策 …………… 93	→地球温暖化 ……………………… 39
環境指標	気象　→気候・気象 ………………… 26
→環境・エネルギー問題全般 …… 1	業種別エネルギー消費
	→エネルギー ……………………… 129

238　環境・エネルギー問題 レファレンスブック2

| 　→石油 ……………………………… 131
漁業
　　→漁業 …………………………… 80
　　→食糧問題 ……………………… 83
漁港　→漁業 ………………………… 80
巨樹　→森林 ………………………… 35
漁場　→漁業 ………………………… 80
巨木　→森林 ………………………… 35
魚類　→漁業 ………………………… 80
金属資源　→鉱物資源 …………… 121
金属リサイクル　→リサイクル … 118
雲　→気候・気象 …………………… 26
クリーンエネルギー　→新エネルギー … 171
グリーン投資　→環境ビジネス … 106
グリーンビジネス
　　→環境ビジネス ……………… 106
　　→環境配慮型製品 …………… 109
グリーン技術　→環境工学 ……… 98
クローズドシステム処分場　→廃棄物 … 61
下水処理　→下水道 ………………… 58
下水道　→下水道 …………………… 58
下水道法　→下水道 ………………… 58
原子力規制委員会　→原子力政策 … 161
原子力基本法　→原子力政策 …… 161
原子力政策　→原子力政策 ……… 161
原子力発電
　　→発電 ………………………… 150
　　→原子力発電 ………………… 152
原子力法　→原子力政策 ………… 161
原子炉　→原子力発電 …………… 152
建設　→建設 ………………………… 89
建設業法　→建設 …………………… 89
建設廃棄物
　　→産業廃棄物 ………………… 65
　　→建設リサイクル …………… 90
建設リサイクル　→建設リサイクル … 90
建築　→建築 ………………………… 91
建築環境　→建築 …………………… 91
建築設備　→建築 …………………… 91
建築紛争　→建築 …………………… 91
原発　→原子力発電 ……………… 152
原発事故　→原子力発電 ………… 152
高圧ガス　→ガス ………………… 137

公害
　　→環境汚染 ……………………… 41
　　→大気汚染 ……………………… 41
　　→ダイオキシン ……………… 44
　　→水質汚濁 ……………………… 45
　　→公害 …………………………… 67
　　→悪臭 …………………………… 68
　　→騒音・振動 ………………… 69
公害行政　→公害 …………………… 67
公害等調整委員会　→公害 ……… 67
公害紛争処理　→公害 …………… 67
公害防止産業　→環境配慮型製品 … 109
鉱物資源　→鉱物資源 …………… 121
港湾　→港湾 ……………………… 111
港湾行政　→港湾 ………………… 111
港湾工事　→建設 …………………… 89
港湾法　→港湾 …………………… 111
氷　→気候・気象 …………………… 26
国際環境条約　→環境法 ………… 95
国内人口　→人口問題 …………… 84
国立公園　→自然保護 …………… 97
古紙　→リサイクル ……………… 118
コージェネレーション　→エネルギー技術 ……………………………… 166
湖沼　→河川・湖沼 ………………… 38
ごみ処理
　　→下水道 ………………………… 58
　　→廃棄物 ……………………… 61
　　→一般廃棄物 ………………… 65
　　→産業廃棄物 ………………… 65
　　→環境計画 …………………… 110
　　→循環型社会 ………………… 113

【さ】

災害廃棄物　→廃棄物 …………… 61
再資源化　→リサイクル ………… 118
最終需要部門別エネルギー需要　→エネルギー経済 …………………… 127
再生可能エネルギー　→新エネルギー … 171
サーキュラー・エコノミー　→循環型社会 ……………………………… 113
サスティナブル・コンストラクション
　　→建設 …………………………… 89

さすて　　　　　　　　　　　　　事項名索引

サステナビリティ　→循環型社会 ……… 113
サステナブル投資　→環境ビジネス …… 106
里海　→環境計画 ………………………… 110
沙漠　→沙漠 ………………………………… 38
サブシー工学　→漁業 ……………………… 80
3R　→循環型社会 ………………………… 113
産業廃棄物
　　→廃棄物 ………………………………… 61
　　→産業廃棄物 …………………………… 65
酸性雨　→酸性雨 ………………………… 41
GHS　→化学物質 ………………………… 50
CSR　→環境経営 ………………………… 98
Cs汚染　→土壌・地下水汚染 …………… 50
CO2排出　→CO2排出 …………………… 40
資源　→鉱物資源 ………………………… 121
資源循環
　　→循環型社会 ………………………… 113
　　→リサイクル ………………………… 118
資源統計　→エネルギー ………………… 129
自然エネルギー　→新エネルギー ……… 171
自然環境　→地球環境 …………………… 20
自然公園　→自然保護 …………………… 97
自然再生　→自然保護 …………………… 97
自然栽培　→農業 ………………………… 71
自然保護　→自然保護 …………………… 97
持続可能な開発
　　→建設 ………………………………… 89
　　→環境保全 …………………………… 97
　　→環境計画 ………………………… 110
　　→循環型社会 ……………………… 113
持続可能な開発目標　→SDGs ………… 115
シックハウス（規格）　→シックハウス
　　（規格） ……………………………… 93
湿地　→気候・気象 ……………………… 26
室内環境　→大気汚染 …………………… 41
自動車排出ガス　→大気汚染 …………… 41
自動車リサイクル　→リサイクル ……… 118
し尿処理
　　→下水道 ……………………………… 58
　　→環境計画 ………………………… 110
充電式電池　→電池 …………………… 168
樹木　→森林 ……………………………… 35
循環型社会
　　→廃棄物 ……………………………… 61

　　→環境計画 ………………………… 110
　　→循環型社会 ……………………… 113
　　→リサイクル ……………………… 118
循環経済　→循環型社会 ……………… 113
省エネルギー
　　→建築 ………………………………… 91
　　→省エネルギー …………………… 175
省エネルギー（規格）　→新エネルギー
　　（規格） ……………………………… 172
省エネルギー法　→省エネルギー …… 175
浄化槽　→浄化槽 ………………………… 93
浄水　→水 ………………………………… 52
植生　→緑化 …………………………… 111
食品ロス　→食糧問題 …………………… 83
食料
　　→農業 ………………………………… 71
　　→食糧問題 …………………………… 83
食糧問題　→食糧問題 …………………… 83
植林　→林業 ……………………………… 77
除染　→放射線防護 …………………… 162
新エネルギー　→新エネルギー ……… 171
新エネルギー（規格）　→新エネルギー
　　（規格） ……………………………… 172
深海　→海洋 ……………………………… 36
人口問題　→人口問題 …………………… 84
振動　→騒音・振動 ……………………… 69
森林
　　→森林 ………………………………… 35
　　→林業 ………………………………… 77
水源
　　→水 …………………………………… 52
　　→水道 ………………………………… 56
水産業　→漁業 …………………………… 80
水産政策　→漁業 ………………………… 80
水質　→水 ………………………………… 52
水質異常　→水質汚濁 …………………… 45
水質汚濁
　　→水質汚濁 …………………………… 45
　　→下水道 ……………………………… 58
水質調査　→水質汚濁 …………………… 45
水素エネルギー　→水素エネルギー … 172
水道　→水道 ……………………………… 56
水道経営　→水道 ………………………… 56
水道施設　→水道 ………………………… 56
水道法　→水道 …………………………… 56

水文　→水		52
水力発電		
→水力発電		151
→ダム		151
スクラップ　→リサイクル		118
スマートグリッド　→発電		150
スマートハウス　→建築		91
スラグ　→建設リサイクル		90
3R　→循環型社会		113
生態学　→地球環境		20
生態系保全　→環境保全		97
生態工学　→環境工学		98
生物多様性　→生物多様性		39
生物農薬　→農薬・肥料		75
世界人口　→人口問題		84
石炭　→石炭		130
石炭統計　→石炭		130
石炭灰　→石炭		130
石油　→石油		131
石油会社　→石油産業		134
石油化学　→石油産業		134
石油（規格）　→石油（規格）		134
石油鉱業　→石油産業		134
石油産業　→石油産業		134
石油タンク　→石油タンク		136
石油統計　→石油		131
セシウム汚染　→土壌・地下水汚染		50
騒音　→騒音・振動		69
送電　→送電		165
造林　→林業		77
空　→気候・気象		26

【た】

ダイオキシン		
→大気汚染		41
→ダイオキシン		44
→廃棄物		61
大気汚染　→大気汚染		41
大気環境　→大気汚染		41
代替エネルギー　→新エネルギー		171
太陽エネルギー　→太陽電池		169

太陽光発電		
→発電		150
→太陽電池		169
太陽電池　→太陽電池		169
脱炭素　→CO_2排出		40
ダム　→ダム		151
炭素　→エネルギー技術		166
地下水　→土壌・地下水汚染		50
地下水汚染　→土壌・地下水汚染		50
地球温暖化　→地球温暖化		39
地球科学　→地球環境		20
地球環境　→地球環境		20
地球環境工学　→環境工学		98
地球史　→地球環境		20
畜産業　→食糧問題		83
蓄電池　→電池		168
蓄熱　→ヒートポンプ		175
治山　→林業		77
地中熱		
→エネルギー技術		166
→ヒートポンプ		175
窒素酸化物　→大気汚染		41
地熱エネルギー　→地熱発電		164
地熱発電　→地熱発電		164
TCFD　→環境経営		98
低炭素　→CO_2排出		40
鉄塔　→送電		165
電化住宅　→電化住宅		150
天気　→気候・気象		26
電気		
→電気		140
→送電		165
電気（規格）　→電気（規格）		148
電気工事　→電気		140
電気事業法　→電気事業法		149
電気設備　→電気		140
電気設備（規格）　→電気設備（規格）		149
電気設備技術基準　→電気		140
電気防食　→電気		140
電源開発　→電気		140
天候　→気候・気象		26
電食　→電気		140
電線　→送電		165
電池　→電池		168

天然ガス　→天然ガス	139
天然ガスコージェネレーション　→天然ガス	139
電力統計　→電気	140
電力　→電気	140
電力会社　→電気	140
電力需給　→電気	140
電力小六法　→電気	140
電力発電設備　→電気	140
電力ビジネス　→電気	140
トイレ　→下水道	58
東京電力福島第一原発事故　→原子力発電	152
都市ガス　→ガス	137
都市環境　→環境計画	110
都市計画　→環境計画	110
土壌　→農薬・肥料	75
土壌汚染　→土壌・地下水汚染	50
鳥衝突　→風力発電	164

【な】

ナショナル・トラスト　→自然保護	97
ナノマテリアル　→化学物質	50
ナノ粒子　→化学物質	50
二酸化炭素　→CO2排出	40
二次電池　→電池	168
湖沼　→河川・湖沼	38
熱ポンプ　→ヒートポンプ	175
燃料電池　→電池	168
農業	
→農業	71
→食糧問題	83
農業法　→農林水産	70
農村　→農業	71
農薬　→農薬・肥料	75
農林業　→農林水産	70
農林水産　→農林水産	70

【は】

バイオエネルギー	
→新エネルギー	171
→バイオエネルギー	173
バイオ企業　→バイオエネルギー	173
バイオマス　→バイオマス	174
バイオマス政策　→環境政策	93
廃棄物　→廃棄物	61
廃棄物処理	
→廃棄物	61
→一般廃棄物	65
→産業廃棄物	65
→環境計画	110
→循環型社会	113
廃棄物処理法	
→廃棄物	61
→廃棄物処理法	66
廃食用油　→廃棄物	61
ばいじん　→大気汚染	41
排水　→下水道	58
廃炉　→原子力発電	152
バーゼル法　→廃棄物処理法	66
発電　→発電	150
バードストライク　→風力発電	164
パーマカルチャー　→環境保全型農業	75
PRTR制度　→化学物質	50
東日本大震災　→原子力発電	152
ヒートアイランド　→地球温暖化	39
ヒートポンプ　→ヒートポンプ	175
PFAS　→化学物質	50
肥料　→農薬・肥料	75
風力発電	
→発電	150
→風力発電	164
物流　→物流・包装	85
物流（規格）　→物流・包装（規格）	89
浮遊粒子状物質　→大気汚染	41
ブルーエコノミー　→環境計画	110
粉じん	
→大気汚染	41

事項名索引　　わん

→アスベスト ………………………… 93
保安林　→林業 ……………………………… 77
貿易　→物流・包装 ………………………… 85
防疫　→農薬・肥料 ………………………… 75
放射性同位体　→放射線防護 …………… 162
放射性廃棄物　→原子力発電 …………… 152
放射線　→原子力発電 …………………… 152
放射線（規格）　→放射線（規格） ……… 164
放射線計測　→放射線計測 ……………… 164
放射線計測（規格）　→放射線（規格） … 164
放射線障害防止法　→放射線防護 ……… 162
放射線防護　→放射線防護 ……………… 162
放射能汚染　→原子力発電 ……………… 152
防除　→農薬・肥料 ………………………… 75
包装　→物流・包装 ………………………… 85
包装（規格）　→物流・包装（規格） ……… 89
捕鯨　→漁業 ………………………………… 80
保障措置　→原子力政策 ………………… 161
ポストハーベスト　→農薬・肥料 ………… 75
舗装再生　→建設 …………………………… 89

【ま】

マザーソイル　→環境技術 ……………… 101
水　→水 ……………………………………… 52
沼　→河川・湖沼 …………………………… 38
水環境　→水 ………………………………… 52
水資源　→水 ………………………………… 52
水循環　→水 ………………………………… 52
水処理　→水 ………………………………… 52
緑の基本計画　→緑化 …………………… 111
港　→港湾 ………………………………… 111
木材　→林業 ………………………………… 77
木質バイオマス　→バイオマス ………… 174
森　→森林 …………………………………… 35

【や】

有害物質　→化学物質 …………………… 50
有機フッ素化合物　→化学物質 ………… 50
雪　→気候・気象 …………………………… 26

洋上風力発電　→風力発電 ……………… 164

【ら】

ライフサイクル　→建築 ………………… 91
リサイクル
　→廃棄物 …………………………………… 61
　→廃棄物処理法 …………………………… 66
　→建設リサイクル ………………………… 90
　→循環型社会 …………………………… 113
　→リサイクル …………………………… 118
リサイクル（規格）　→リサイクル（規格）… 121
リサイクル政策　→環境政策 …………… 93
REACH規制　→化学物質 ………………… 50
リデュース　→循環型社会 ……………… 113
流通　→物流・包装 ……………………… 85
リユース
　→循環型社会 …………………………… 113
　→リサイクル …………………………… 118
緑化　→緑化 ……………………………… 111
緑地計画　→緑化 ………………………… 111
リン　→農薬・肥料 ………………………… 75
林業　→林業 ………………………………… 77
レアメタル　→鉱物資源 ………………… 121
労働衛生　→アスベスト ………………… 93
Rohs指令　→化学物質 …………………… 50

【わ】

湾　→港湾 ………………………………… 111

環境・エネルギー問題 レファレンスブック2　243

環境・エネルギー問題 レファレンスブック 2
―― 地球環境・公害・循環型社会

2025 年 1 月 25 日　第 1 刷発行

発 行 者／山下浩
編集・発行／日外アソシエーツ株式会社
　　　　　〒140-0013 東京都品川区南大井6-16-16 鈴中ビル大森アネックス
　　　　　電話 (03)3763-5241（代表）FAX(03)3764-0845
　　　　　URL　https://www.nichigai.co.jp/

電算漢字処理／日外アソシエーツ株式会社
印刷・製本／シナノ印刷株式会社

©Nichigai Associates, Inc. 2025
不許複製・禁無断転載
＜落丁・乱丁本はお取り替えいたします＞　《中性紙北越淡クリームキンマリ使用》
ISBN978-4-8169-3036-2　　Printed in Japan, 2025

本書はデジタルデータを有償販売しております。
詳細はお問い合わせください。

持続可能・自然共生の賞事典
―SDGs達成を目指して

A5・470頁　定価17,600円（本体16,000円＋税10%）　2024.1刊

持続可能・自然共生に関する72賞を収録。賞の概要と歴代の受賞情報を掲載。環境賞、KYOTO地球環境の殿堂、コスモス国際賞、ジャパンSDGsアワード、サステナアワード、気候変動アクション環境大臣表彰、カーボンニュートラル賞、物流環境大賞などを収録。個人・団体名から引ける「受賞者名索引」、賞の主要テーマから賞名を引ける「キーワード索引」付き。

日本の主要災害雑誌文献 自然災害篇（近現代）

B5・740頁　定価39,600円（本体36,000円＋税10%）　2024.7刊

明治～令和時代に起こった国内の主要な自然災害525件に関する雑誌記事2万件を収録した雑誌記事索引。明治から現在までに国内で発行された雑誌・論文情報を災害分に一覧することができる。災害の概略・発生年月日もわかる。「台風」「豪雨」「豪雪」「冷害・干害」「地震・津波」「噴火・爆発」「地滑り・土砂崩れ」「雪崩」など分野別構成。「災害発生年別一覧」「都道府県別一覧」付き。

環境史事典―トピックス2007-2018

A5・390頁　定価14,850円（本体13,500円＋税10%）　2019.6刊

2007～2018年まで、世界と日本の環境問題2,300件のトピックスを年月日順に掲載した記録事典。『環境史事典 トピックス1927-2006』（2007.6刊）の継続版。環境問題の主要120キーワードから引ける「キーワード索引」と、都道府県、国・地域別に引ける「地域別索引」付き。

福祉・介護 レファレンスブック2
―高齢者・障害者・児童福祉

A5・360頁　定価10,780円（本体9,800円＋税10%）　2024.7刊

2010～2024年に刊行された、福祉・介護に関する参考図書の目録。書誌、事典、辞典、ハンドブック、法令集、年鑑・白書、統計集など1,900点を収録。全てに目次・内容情報を記載。「書名索引」「著編者名索引」「事項名索引」付き。

データベースカンパニー
日外アソシエーツ

〒140-0013　東京都品川区南大井6-16-16
TEL.(03)3763-5241　FAX.(03)3764-0845　https://www.nichigai.co.jp/